Restauração Florestal

Pedro H. S. Brancalion
Sergius Gandolfi
Ricardo Ribeiro Rodrigues

Copyright © 2015 Oficina de Textos

Grafia atualizada conforme o Acordo Ortográfico da Língua
Portuguesa de 1990, em vigor no Brasil desde 2009.

Conselho editorial Arthur Pinto Chaves; Cylon Gonçalves da Silva; Doris C. C. K. Kowaltowski;
José Galizia Tundisi; Luis Enrique Sánchez; Paulo Helene;
Rozely Ferreira dos Santos; Teresa Gallotti Florenzano.

Capa e projeto gráfico Malu Vallim
Diagramação Alexandre Babadobulos
Preparação de figuras Letícia Schneiater e Alexandre Babadobulos
Preparação de textos Pâmela de Moura Falarara
Revisão de textos Hélio Hideki Iraha
Impressão e acabamento Intergraf

Dados Internacionais de Catalogação na Publicação (CIP)
(Câmara Brasileira do Livro, SP, Brasil)

Brancalion, Pedro Henrique Santin
    Restauração florestal / Pedro Henrique Santin
Brancalion, Sergius Gandolfi, Ricardo Ribeiro
Rodrigues. -- São Paulo : Oficina de Textos, 2015.

ISBN 978-85-7975-019-9

    1. Ecologia 2. Florestas - Conservação 3. Meio
ambiente 4. Reflorestamento I. Rodrigues, Ricardo
Ribeiro. II. Gandolfi, Sergius. III. Título.

15-05850   CDD-634.956

Índices para catálogo sistemático:

1. Restauração florestal : Ciências florestais
    634.956

Todos os direitos reservados à Editora Oficina de Textos
Rua Cubatão, 959
CEP 04013-043 São Paulo SP
tel. (11) 3085 7933   fax (11) 3083 0849
www.ofitexto.com.br   atend@ofitexto.com.br

RECUPERANDO O QUE SE PERDEU

Prezado(a) leitor(a),

A manutenção dos biomas é um grande desafio, principalmente para um país de proporções continentais como o nosso. O desflorestamento ilegal precisa ser combatido permanentemente.

Por outro lado, o compartilhamento das melhores técnicas de manejo, o engajamento de comunidades e governos locais e a divulgação das pesquisas e dos conhecimentos que permitem a valoração da floresta nativa podem ajudar a modificar radicalmente um cenário de degradação que temos testemunhado.

Graças aos esforços de diversos pesquisadores, acadêmicos, ONGs e entusiastas da questão ambiental, esses temas têm ganhado destaque e aos poucos vêm conscientizando a sociedade sobre a necessidade de proteger remanescentes e, principalmente, restaurar a dinâmica da natureza.

Iniciativas importantes surgiram no âmbito mundial, como as conferências promovidas pela ONU relacionadas à biodiversidade e os pactos setoriais entre a iniciativa privada e o terceiro setor. Cada vez mais as empresas reconhecem a dependência de seus negócios e da sociedade em relação aos serviços ecossistêmicos prestados pelas florestas, e tal situação possibilitou a criação e a ampliação de programas de conservação.

Esses esforços são possíveis graças à persistência de pesquisadores que, enfrentando as mais diversas dificuldades, são comprometidos com o desenvolvimento e a disseminação de técnicas que promovam a restauração dos ecossistemas – tão importantes para todos nós, seja do ponto de vista puramente científico, seja por sua beleza cênica, pelo uso de seus produtos ou simplesmente pela perpetuação de nossa própria espécie.

A Votorantim tem a honra de contribuir para que essa crença seja amplamente disseminada. Temos orgulho de apoiar esta publicação, que, entre outros ensinamentos, compartilha o conhecimento sobre metodologias de restauração.

Esperamos que apreciem a leitura e que ela inspire o compartilhamento desse aprendizado.

David Canassa
Gerente Geral de
Sustentabilidade Votorantim

Frineia Rezende
Gerente de Sustentabilidade Votorantim &
Legado das Águas – Reserva Votorantim

Agosto de 2015

Dedicatória

Dedicamos esta obra em conjunto ao Professor Dr. Paulo Yoshio Kageyama (Esalq/USP), pelo pioneirismo na inserção do conhecimento científico na prática da restauração florestal no Brasil, ao Dr. André Gustavo Nave (Bioflora - Tecnologia da Restauração), pelo companheirismo no enfrentamento dos desafios da restauração e principalmente pela liderança no desenvolvimento de tecnologias inovadoras de restauração florestal no Brasil, e ao Pacto pela Restauração da Mata Atlântica, por termos contribuído nessa nobre iniciativa e por hoje ser nossa casa, nossa escola e principalmente nossa inspiração e estímulo.

E, de forma particular, dedicamos:

A minha filha, Liz, e a minha esposa, Carol, meus eternos amores

Pedro H.S. Brancalion

A minha mulher, Sandra, com muito amor, e ao Caião e à Florinha, alegria total de nossas vidas

Sergius Gandolfi

A meus filhos maravilhosos Iasmim, Maíra e João Ricardo, a Dona Lourdes, minha mãe linda e amiga de sempre, e a Carlota, que me suporta e inspira muito

Ricardo R. Rodrigues

PREFÁCIO

A restauração florestal é uma atividade emergente no Brasil e no mundo e que muito rapidamente tem deixado de ser apenas um campo de investigação da Ecologia Aplicada para se tornar uma atividade profissional e econômica. Nesse contexto, a capacitação de recursos humanos para atuar na restauração florestal é necessária e premente. No entanto, por ser uma atividade multidisciplinar e transdisciplinar por excelência, ela traz grandes desafios para que seus profissionais consigam conciliar conhecimentos sobre Ecologia, Botânica, Silvicultura, Ciência do Solo, Economia e Ciências Sociais, entre outros. Em face desse desafio, constata-se grande escassez de obras didáticas que deem suporte para as iniciativas de capacitação de restauradores no cenário brasileiro, tanto na academia como na extensão universitária.

Diante desse contexto, os principais objetivos deste livro são 1) fornecer informações básicas para que estudantes e profissionais interessados ou já atuantes na restauração florestal possam compreender o histórico e as bases conceituais que sustentam essa atividade no Brasil, 2) aplicar esse conhecimento teórico e a experiência prática acumulada na escolha adequada e consciente dos melhores métodos de restauração para cada situação de degradação devidamente diagnosticada no campo, 3) orientar a forma mais eficiente de implantação desses métodos no campo, tanto em termos ecológicos como de operacionalidade e de custos, com uma definição adequada e devidamente planejada das ações de restauração, e, ainda, 4) monitorar, com base nos resultados obtidos, a efetividade da escolha dos métodos e da aplicação das ações de restauração, permitindo diagnosticar se a trajetória de restauração está adequada ou se são necessárias ações corretivas ou de manejo adaptativo.

Embora tenha sido escrito por três cientistas, professores e pesquisadores da Universidade de São Paulo (USP), este não é um livro caracteristicamente científico, mas sim um livro técnico, prático, sempre preocupado em sustentar as ações de restauração em fundamentos científicos. Buscou-se neste trabalho fazer reflexões e propor orientações gerais para a restauração florestal no Brasil, sempre atentando para o cumprimento da legislação ambiental, para a sustentabilidade da atividade agropecuária e para o bem-estar da sociedade em geral. Essas reflexões e orientações foram sustentadas na literatura científica e sobretudo na própria experiência prática e visão de mundo dos autores.

Os capítulos são ricamente ilustrados, usando imagens do amplo acervo dos autores, acumulado nos seus muitos anos de experiência de campo, implantando, visitando e colaborando com projetos de restauração florestal em todo o Brasil. A intenção dessa ilustração farta foi facilitar a compreensão de conceitos e dos exemplos apresentados, além de tornar o livro mais atrativo para estudantes de graduação e pós-graduação e para profissionais do setor, que são o principal público-alvo deste trabalho. Sendo assim, esta obra se baseou no uso da linguagem mais didática possível, sem fazer a apresentação de inúmeras citações de artigos científicos ao longo do texto, mas recomendando algumas leituras complementares no final de cada capítulo, com o intuito de permitir a complementação e a continuidade do aprendizado dos seus leitores. Em cada capítulo, foram também incluídas duas caixas de texto na versão impressa e disponibilizadas outras tantas em versão on-line (em www.ofitexto.com.br, na página do livro), visando discutir, complementar e ilustrar o conteúdo desses capítulos com base no conhecimento das principais lideranças brasileiras e mundiais em restauração florestal. A valiosa colaboração dessas lideranças certamente constitui um dos principais diferenciais desta obra, pois visa permitir uma aproximação dos leitores com as experiências práticas dessas lideranças, ampliando os horizontes de conhecimento e até de parcerias.

Mas, apesar da contribuição pretendida com este livro, há que se fazer algumas ressalvas. Embora a restauração ecológica possa ser aplicada na recuperação de diferentes tipos de vegetação, o enfoque deste trabalho foi o da restauração de florestas tropicais e subtropicais brasileiras e, portanto, as informações apresentadas nele se referem às florestas, e não às demais vegetações não florestais presentes no Brasil. Para restaurar vegetações que não são florestais, é preciso conhecer muito sobre a dinâmica dessas formações, e, ainda que alguns aspectos aqui discutidos possam se aplicar a outras vegetações, será sempre necessário buscar outras informações, diferentes das que foram apresentadas neste livro, para que se possa construir a base científica necessária que permita pensar e executar adequadamente a restauração ecológica desses outros tipos vegetacionais.

Adicionalmente, a experiência acumulada pelos autores em muitos anos de prática da restauração florestal, expressa na construção desta obra, foi obtida sobretudo em paisagens agrícolas muito fragmentadas, principalmente do Sudeste e do Nordeste brasileiros, que apresentam particularidades e limitações para a expressão da regeneração natural de florestas biodiversas. Diante disso, é provável que haja um viés contextual nas orientações apresentadas, que devem ser sempre refletidas e devidamente contextualizadas na realidade do restaurador antes de serem implementadas. Nesse sentido, esta obra não deve ser entendida como um livro de receitas prontas e acabadas para a restauração de florestas tropicais brasileiras, mas sim como um guia conceitual e prático para a identificação dos processos que definem o sucesso ou o insucesso das iniciativas de restauração florestal e para a orientação, mas não a prescrição, da busca de caminhos mais promissores, que levem a resultados mais satisfatórios.

Por fim, espera-se que este livro contribua com a formação e a atualização acadêmica e profissional dos restauradores florestais atuais e futuros, colaborando assim com o avanço, em quantidade e qualidade, da restauração florestal no Brasil.

SUMÁRIO

1   RESTAURAÇÃO FLORESTAL: CONCEITO E MOTIVAÇÕES.................................... 11
    1.1   Restauração ecológica e sua aplicação.. 16
    1.2   Por que restaurar?... 21
    1.3   Conclusão... 38

2   HISTÓRICO DA RESTAURAÇÃO FLORESTAL NO BRASIL 41
    2.1   Aspectos legais associados ao avanço da restauração ecológica no Brasil............ 49
    2.2   Fases conceituais da restauração florestal no Brasil.............................. 51
    2.3   Conclusão... 68

3   ECOSSISTEMAS DE REFERÊNCIA PARA A RESTAURAÇÃO FLORESTAL 71
    3.1   Atributos de ecossistemas restaurados 74
    3.2   Escolha de remanescentes de vegetação natural da região
         para uso como ecossistema de referência.. 78
    3.3   Levantamentos em ecossistemas de referência.................................... 83
    3.4   Uso de ecossistemas em processo de restauração como metas intermediárias .. 89
    3.5   Listas funcionais de espécies para a restauração florestal..................... 90
    3.6   Conclusão..100

4   BASES CONCEITUAIS PARA A RESTAURAÇÃO FLORESTAL:
    PROCESSOS ECOLÓGICOS REGULADORES DE COMUNIDADES VEGETAIS.........103
    4.1   Formação e organização de comunidades vegetais...............................105
    4.2   Ecologia da regeneração e sua aplicação à restauração........................111
    4.3   Considerações finais..132

5   BASES CONCEITUAIS PARA A RESTAURAÇÃO FLORESTAL:
    SUCESSÃO ECOLÓGICA E UM MODELO DE FASES.....................................135
    5.1   Sucessão ecológica..137
    5.2   A dinâmica de clareiras..146
    5.3   Proposição de um modelo de fases sobre o processo de restauração florestal..150
    5.4   Considerações finais..160

6   DIAGNÓSTICO E ZONEAMENTO AMBIENTAL DE UNIDADES
    ESPACIAIS PARA FINS DE RESTAURAÇÃO FLORESTAL...................................161
    6.1   A prática do diagnóstico ambiental para fins de restauração florestal...................164
    6.2   Conclusão..187

7 MÉTODOS DE RESTAURAÇÃO FLORESTAL: ÁREAS QUE POSSIBILITAM O APROVEITAMENTO INICIAL DA REGENERAÇÃO NATURAL 189

7.1 Fatores que afetam a possibilidade de aproveitamento inicial da regeneração natural na restauração florestal 191

7.2 Avaliação da regeneração natural 203

7.3 Condução da regeneração natural 204

7.4 Metodologias de facilitação da expressão da regeneração natural 213

7.5 Conclusão 218

8 MÉTODOS DE RESTAURAÇÃO FLORESTAL: ÁREAS QUE NÃO POSSIBILITAM O APROVEITAMENTO INICIAL DA REGENERAÇÃO NATURAL 219

8.1 Plantio de mudas em área total 225

8.2 Semeadura direta 233

8.3 Transposição de solo florestal superficial 242

8.4 Conclusão 249

9 PROCEDIMENTOS OPERACIONAIS PARA APLICAÇÃO DE MÉTODOS DE RESTAURAÇÃO FLORESTAL 251

9.1 Procedimentos operacionais de restauração 253

9.2 Manutenção 269

9.3 Equipamentos, insumos, rendimentos operacionais e custos de restauração 279

9.4 Conclusão 285

10 AVALIAÇÃO E MONITORAMENTO DE PROJETOS DE RESTAURAÇÃO FLORESTAL 287

10.1 Conceitos aplicados à avaliação e ao monitoramento 290

10.2 Indicadores para avaliação e monitoramento de áreas em processo de restauração 296

10.3 Exemplo de um protocolo de monitoramento da restauração florestal............... 304

10.4 Conclusão 315

11 PRODUÇÃO DE SEMENTES DE ESPÉCIES NATIVAS PARA FINS DE RESTAURAÇÃO FLORESTAL 317

11.1 Onde colher sementes de espécies nativas regionais? 320

11.2 De quantas árvores se devem colher sementes de espécies nativas regionais? 322

11.3 Marcação de matrizes para a colheita de sementes de espécies nativas regionais 326

11.4 Quando colher os frutos para a obtenção das sementes? 327

11.5 Como colher os frutos? 329

11.6 Como beneficiar as sementes? 331

11.7 Como armazenar as sementes? 337

11.8 Considerações finais 342

12 PRODUÇÃO DE MUDAS DE ESPÉCIES NATIVAS PARA FINS DE RESTAURAÇÃO FLORESTAL 343

12.1 Instalação do viveiro 344

12.2 Estratégias para aumentar a diversidade florística e genética das mudas 347

12.3 Planejamento das metas de produção de mudas 350

12.4 Semeadura 352

12.5 Recipiente 361

12.6 Preparo do substrato 364

12.7 Estabelecimento de plântulas 365

12.8 Crescimento de mudas 367

12.9 Rustificação 372

12.10 Expedição 373

12.11 Resumo do processo de produção de mudas de espécies nativas 373

12.12 Considerações finais 373

13 GERAÇÃO DE RENDA PELA RESTAURAÇÃO FLORESTAL EM LARGA ESCALA NO CONTEXTO DA ADEQUAÇÃO AMBIENTAL E AGRÍCOLA DE PROPRIEDADES RURAIS 377

13.1 Geração de trabalho 385

13.2 Geração de renda 387

13.3 Considerações finais 412

ANEXO: CHAVE PARA ESCOLHA DE MÉTODOS DE RESTAURAÇÃO FLORESTAL 415

Diagnóstico 415

Ações de restauração 418

REFERÊNCIAS BIBLIOGRÁFICAS 423

LISTA DE AUTORES DOS BOXES 429

Os boxes *on-line* estão disponíveis na página do livro
no *site* da editora (www.ofitexto.com.br)

1

Restauração florestal: conceito e motivações

As intervenções do homem visando melhorar a proteção dos recursos naturais e a função ambiental de áreas anteriormente degradadas por práticas danosas de uso e ocupação do solo se iniciaram muito antes de se pensar em qualquer conceito de restauração ecológica ou mesmo antes de se utilizarem termos específicos para definir essa atividade. Tratava-se de atividades intuitivas, sem fundamentação científica e baseadas no empirismo, voltadas para resolver de forma prática algum problema ambiental que diretamente afligia um determinado grupo de pessoas ou região. Por exemplo, se a falta de vegetação lenhosa era associada a problemas de erosão nas margens de um riacho e a população que dependia dessa fonte de água estivesse passando por problemas de abastecimento de água, nada mais natural do que tentar restabelecer essa vegetação nos locais em que os problemas com erosão eram observados. Dessa forma, ao longo de muito tempo, foram conduzidas inúmeras iniciativas pontuais destinadas a mitigar os impactos negativos decorrentes de atividades antrópicas no meio ambiente e que impactavam o bem-estar do próprio homem. Esse tipo de motivação levou à realização das primeiras iniciativas de restauração ecológica no Brasil, e o marco principal de início dessa atividade foi o reflorestamento da atual Floresta da Tijuca, no Rio de Janeiro, a partir de 1862.

Com o aumento da frequência e dimensão dessas atividades empíricas de recuperação ou melhoria ambiental de áreas degradadas, pesquisadores das mais diferentes áreas de atuação passaram a se interessar por esse novo campo de investigação científica e de aplicação de conhecimentos ecológicos, dando origem à Ecologia da Restauração. Assim como ocorre com todo ramo novo da ciência, uma das preocupações iniciais dos primeiros cientistas da restauração foi com a criação de um conjunto de termos e definições que comporiam a base conceitual de sustentação dessa ciência. E essa preocupação era mais do que justificada, estando respaldada na recomendação do renomado biólogo americano Edward O. Wilson (1998, p. 4): "o primeiro passo para a sabedoria é referir-se às coisas pelos seus nomes corretos". E

se a Ecologia da Restauração quisesse ser tratada mesmo como ciência, nada mais pertinente do que se preocupar com o uso de terminologia apropriada. No entanto, ninguém imaginava que o termo mais complexo a ser definido seria justamente o que dá nome à aplicação prática dessa nova área do conhecimento: restauração ecológica.

Considerando esse preâmbulo, Bradshaw e Chadwick (1980 apud Higgs, 1997) definiram *restauração* como "um termo geral usado para descrever todas as atividades que buscam melhorar áreas degradadas ou recriar áreas que foram destruídas e retorná-las a formas de uso benéficas, de forma que seu potencial biológico seja restaurado". A partir de 1988, com a fundação da Sociedade para a Restauração e Manejo Ecológico, mais tarde Sociedade para a Restauração Ecológica (SER), as discussões sobre a definição desse termo tomaram dimensões mais amplas, incorporando um grande número de pesquisadores com diferentes pontos de vista sobre o assunto. Na definição original da SER, de 1990, a restauração ecológica seria "o processo de alterar intencionalmente uma área para estabelecer um ecossistema histórico nativo" (SER, 1990 apud Higgs, 1997). Entretanto, enganou-se quem pensou que essa definição, criada certamente depois de muitas discussões entre um grande número de cientistas dedicados a esse tema, fosse ter vida longa, considerando que teria o papel de pedra fundamental conceitual de sustentação dessa nova ciência.

Já em 1994, a SER adotou uma nova definição, na qual restauração ecológica seria "o processo de reparar o dano causado pelo homem à diversidade e dinâmica de ecossistemas nativos" (SER, 1994 apud Higgs, 1997). Mas, em 1995, outra definição foi proposta por essa organização: "restauração ecológica é o processo de renovar e manter a saúde dos ecossistemas" (SER, 1995 apud Higgs, 1997). A dificuldade em estabelecer uma definição para essa prática reside justamente em criar um termo que não seja amplo o bastante para incluir toda e qualquer atividade voltada para a melhoria do meio ambiente, sem preocupação com os processos ecológicos e a biodiversidade, entre outros, nem restrito o suficiente para excluir atividades que porventura possam ser consideradas como uma das partes de um processo amplo e complexo de restauração. Nesse contexto, essa discussão ainda continuou por um bom tempo.

Ao longo do exercício da restauração ecológica, um novo questionamento passou a fazer parte dos debates. Seria ela uma disciplina estritamente ecológica ou multidisciplinar? Deveriam ser incorporados valores e conceitos das ciências humanas no seu escopo? Em 1995, Jackson, Lopukine e Hillyard (1995) retrataram que a restauração ecológica era composta por quatro principais componentes: ecológico, social, cultural e econômico. De forma semelhante, Higgs (1997) complementou esse ponto de vista ao defender que essa prática deveria ser trabalhada em um contexto histórico, social, político, cultural, estético e moral. Com base nessas reflexões, surgiram definições mais amplas e holísticas, tal como a proposta por Engel e Parrota (2003, p. 6):

> restauração ecológica é a ciência, prática e arte de assistir e manejar a recuperação da integridade ecológica dos ecossistemas, incluindo um nível mínimo de biodiversidade e de variabilidade na estrutura e funcionamento dos processos ecológicos, considerando-se seus valores ecológicos, econômicos e sociais.

Posteriormente, outros autores também reforçaram essa visão. De acordo com Clewell e Aronson (2007, p. 7), a restauração ecológica representa,

> sob o ponto de vista ecológico, uma atividade intencional que inicia ou acelera a recuperação do ecossistema com relação a sua composição de espécies, estrutura da comunidade, função ecológica, adequabilidade do ambiente físico para dar suporte à biota e conectividade com a paisagem circundante. Sob o ponto de vista socioeconômico, o restabelecimento de fluxos de bens e serviços naturais de consequências econômicas que os ecossistemas provêm à sociedade. Sob o ponto de vista dos valores pessoais e culturais, representa a renovação de nosso relacionamento com a natureza nos domínios da estética, realização pessoal e experiências compartilhadas.

Já a última e vigente definição adotada na cartilha da SER é mais enxuta e genérica: "restauração ecológica é o processo de auxiliar a recuperação de um ecossistema que foi degradado, danificado ou destruído" (SER, 2004, p. 3).

Diante da complexidade – e em certa medida confusão – que envolve a definição desse termo, um ponto fica evidente: dificilmente uma frase ou parágrafo conseguirá expressar de forma clara, concisa e didática o que é restauração ecológica. Em razão disso, torna-se necessário apresentar uma conceituação mais detalhada dessa prática, por se tratar de um livro-texto.

A restauração ecológica se diferencia das demais áreas do conhecimento dedicadas à recuperação de áreas degradadas principalmente com relação a sua meta geral. Quando se trata da revegetação, reabilitação, recuperação ambiental ou engenharia ecológica, parte-se de uma situação inicial de degradação ou disfunção ambiental e almeja-se criar nessa área uma cobertura vegetal – sem ser necessariamente com espécies nativas – que contribua para a proteção do solo e dos recursos hídricos, a melhoria estética e o restabelecimento de algumas funções ambientais desejadas (Fig. 1.1). Em casos de recuperação, a meta geral pode ser simplesmente devolver o potencial produtivo da área, a qual pode ser utilizada posteriormente para silvicultura, agricultura ou pecuária. No entanto, tais estratégias não têm como meta a recuperação das características da diversidade, estrutura e funcionamento históricos e típicos de condições pré-distúrbios, encontradas nos ecossistemas naturais do mesmo tipo de vegetação daquela condição fitogeográfica, os chamados *ecossistemas de referência*, que serão apresentados e detalhados no Cap. 3.

As técnicas utilizadas na Fig. 1.1B se baseiam no uso de blocos hidráulicos que permitem a infiltração de água e a regeneração de espécies herbáceas e arbustivas, enquanto a reabilitação ecológica por meio da semeadura de gramíneas invasoras e plantio de espécies arbóreas exóticas (Fig. 1.1C) visa à conservação do solo e à formação de uma fisionomia florestal. Embora as estratégias B e C permitam uma melhoria na proteção dos recursos naturais em face da situação inicial de degradação, elas não proporcionam o restabelecimento de um ecossistema nativo em toda a sua complexidade de composição, estrutura e funcionamento (Fig. 1.1E). Já quando são utilizados métodos de restauração ecológica, esse restabelecimento passa a ser possível, mas nem sempre é garantido. Assim, diferentes resultados podem ser atingidos para uma mesma situação inicial de degradação, cabendo ao profissional responsável pelo projeto a escolha dos métodos mais apropriados, dependendo dos objetivos inicialmente propostos.

No entanto, algumas dessas estratégias podem fazer parte da restauração ecológica como etapas intermediárias do processo. Por exemplo, nas situações em que o substrato local encontra-se muito alterado devido ao seu uso anterior, muitas das técnicas tradicionais de restauração ecológica poderiam não ser bem-sucedidas, pois a maioria das espécies nativas não vai conseguir se estabelecer e se desenvolver nas condições presentes de degradação. Nesse tipo de situação, pode ser necessária a adoção inicial de medidas de reabilitação ecológica, que vão ter um tempo determinado de atuação, visando modificar o ambiente para permitir a implantação posterior das ações de restauração. Nessa primeira fase de reabilitação, geralmente não se almeja restabelecer um conjunto relevante de espécies nativas, já que o objetivo maior dessa fase é superar a primeira limitação, que é ter as condições mínimas do substrato para expressão da restauração. Quando e se as condições ambientais locais estiverem mais propícias para dar suporte ao ecossistema nativo que se pretende restaurar, pode-se recorrer à adoção das ações de restauração ecológica, redirecionando a trajetória do ecossistema degradado rumo à restauração (Fig. 1.2). Assim, quando a meta é a restauração ecológica, não basta simplesmente melhorar as condições ambientais da área degradada dentro de níveis previamente estabelecidos como aceitáveis. É

Fig. 1.1 *Estratégias de recuperação de áreas degradadas em relevo acidentado e com subsolo exposto: (A) exemplo de área degradada por mineração ou erosão; (B) aplicação de técnicas de engenharia ambiental para estabilização de encostas; (C) reabilitação ecológica por meio da semeadura de gramíneas forrageiras e plantio de espécies arbóreas exóticas; (D) restauração ecológica, resultado da transposição de solo florestal superficial e plantio adensado de mudas de espécies arbóreas tardias da sucessão; (E) ecossistema nativo restabelecido*

necessário que o ecossistema resultante das intervenções se desenvolva a ponto de assumir características de composição, estrutura e funcionamento semelhantes aos ecossistemas de referência, representados no presente pelo conjunto de vários remanescentes naturais ocorrentes na paisagem regional e do mesmo tipo fitogeográfico que ocorria na área degradada.

Após o encerramento de atividades de mineração ou quando a área a ser restaurada passou por forte processo erosivo, o substrato local encontra-se normalmente impróprio para o crescimento da maioria das espécies nativas, fazendo com que muitas vezes se opte pelo plantio de espécies exóticas de maior rusticidade. A Fig. 1.2 consiste em um exemplo de uso da reabilitação como etapa intermediária de um processo de restauração ecológica.

Nesse contexto, o uso do termo restauração ecológica para as situações tratadas neste capítulo sempre gerou muita divergência e resistência no meio técnico-científico em virtude da interpretação de que restaurar uma área significaria restabelecer no local um ecossistema exatamente idêntico ao que existia ali antes da degradação. Essa visão simplista de restauração ecológica tem restringido, por exemplo, o uso do termo em instrumentos legais, em razão da dificuldade de comprovar o cumprimento dessa condição. Outro assunto que tem gerado grande confusão nos últimos anos é a profusão de diferentes nomenclaturas usadas para supostamente diferentes tipos de restauração. Na literatura, é comum encontrar os termos *restauração ativa*, *restauração passiva* e *restauração autóctone*, entre outros. Adicionalmente, há divergências em como diferenciar a restauração ecológica, que é resultado direto da ação intencional do homem, da expressão natural de sucessão secundária, que ocorre sem intervenção do homem, mas que também pode resultar na recuperação de uma

Fig. 1.2 *Em uma área minerada para extração de bauxita em Poços de Caldas (MG), foi realizado o plantio de pinus (Pinus sp.) como estratégia de reabilitação. Vinte anos após o plantio, quando se observava uma densa e diversificada regeneração de espécies nativas no sub-bosque (A), as árvores de pinus foram cortadas para favorecer o desenvolvimento dessas espécies nativas (B)*

dada área degradada. Sendo assim, diante dessa grande divergência entre as nomenclaturas utilizadas para conceituar a restauração ecológica, este livro apresenta uma nova proposta, que visa facilitar o entendimento dessas nomenclaturas.

1.1 RESTAURAÇÃO ECOLÓGICA E SUA APLICAÇÃO

Nas paisagens do mundo atual, encontram-se ecossistemas ainda praticamente inalterados, ecossistemas pouco alterados e também ecossistemas intensamente modificados pelo homem para a produção de alimentos, fibras, energia, minérios, urbanização e muitos outros processos que levam à degradação dos recursos naturais. Há ainda áreas desgastadas, abandonadas, poluídas intencionalmente ou não e muitas outras submetidas a diferentes tipos e níveis de interferência antrópica, que formam um caleidoscópio cada vez mais complexo de degradação sobre a biosfera. Nem todos esses ecossistemas parecem sequer poder voltar a ser semelhantes ao que eram originalmente, por restrições intrínsecas do seu estado atual, por limitações de recursos, de como promover a recuperação ou até por desconhecimento do que eram originalmente. Todavia, mesmo esses ecossistemas muito alterados não estão condenados a permanecerem no estado atual de degradação. Seja pela força incontrolável da natureza, que consegue recuperar situações inimagináveis com o tempo, tal como em áreas completamente destruídas por erupções vulcânicas, seja pela intervenção do homem, áreas intensamente alteradas por distúrbios naturais e antrópicos podem voltar a constituir ecossistemas com elevada semelhança em relação ao ecossistema pré-distúrbio ou aos remanescentes pouco alterados ainda existentes na região.

Diante do avanço da extensão e magnitude da degradação ambiental na Terra, acredita-se que, entre as tarefas ambientais atuais, a mais prioritária é a proteção efetiva dos ecossistemas nativos ainda inalterados ou pouco alterados. Em seguida, em um segundo patamar de prioridade, está a conservação dos ecossistemas naturais já alterados, mas ainda ocupados com parcela representativa das espécies nativas regionais e que se encontram em situações considerados como prioritárias para a proteção ambiental, como os localizados nas margens dos rios, de reservatórios de água, no entorno de nascentes, sobre relevos frágeis, em zonas fundamentais para a reprodução da fauna, entre outros. No terceiro plano de prioridade, está a restauração dos ecossistemas degradados pelo homem, abandonados ou ainda em uso, sobre os quais a intervenção humana intencional pode permitir que voltem a se assemelhar ao ecossistema de referência. Com relação àqueles ecossistemas muito alterados pelo homem, para os quais a restauração parece ser inviável, difícil ou excessivamente custosa, recomenda-se que ainda assim eles sejam alvo de estudos aprofundados, para que em um futuro próximo soluções mais sustentáveis sejam testadas e permitam o restabelecimento de importantes funções ecológicas, não condenando esses ecossistemas a persistirem indefinidamente nessa condição de degradação.

1.1.1 Definindo a restauração ecológica

Para que se possa discutir como recuperar ecossistemas degradados, é preciso inicialmente definir alguns conceitos e termos. É importante deixar claro aqui que a Ecologia da Restauração deve ser entendida como uma ciência ampla, que abrange todo e qualquer ecossistema natural, desde recifes de corais até florestas tropicais e tundras. Quando se trata da restauração ecológica de ecossistemas florestais, é usual adotar o termo *restauração florestal*, sendo essa a causa da denominação deste livro. Assim, a intenção dos autores não é tratar da restauração ecológica sob essa ótica ampla de todos os ecossistemas, de forma que a conceituação a ser apresentada a seguir deve ser interpretada dentro do contexto em que ela foi formulada e desenvolvida, ou seja, ecossistemas florestais dos trópicos.

Para começar, suponha-se um exemplo simples: se a margem de um ribeirão era ocupada por uma floresta e agora está coberta por um pasto abandonado, um cultivo de cana-de-açúcar ou uma plantação de laranja, considera-se que, em relação ao ecossistema que originalmente existia no local, houve uma degradação, ou seja, em relação àquela condição original, esse é agora um *ecossistema degradado* ou simplesmente uma *área degradada*. Portanto, existe um determinado ecossistema que sofreu uma ação recente ou histórica, natural ou antrópica de degradação e que se pretende agora recuperar. Este livro tratará apenas dos ecossistemas degradados cujo interesse da recuperação é uma floresta tropical.

Tanto a natureza quanto o homem podem atuar sobre uma área degradada, permitindo que nessa área se recupere uma floresta tropical com características semelhantes às que originalmente ocorriam ali. Assim, é possível que se desencadeie a restauração dessa área que foi alvo de degradação apenas por processos naturais, pela ação direta do homem ou pela ação conjunta dessas duas forças. Todavia, é preciso definir mais detalhadamente o que significa a restauração de um ecossistema degradado, dada a grande diversidade de situações de degradação e de ações de restauração possíveis.

Quando a natureza se refaz sem uma intervenção humana intencional em ecossistemas que foram degradados por distúrbios naturais, como incêndios, desmoronamentos e inundações, ou pela ação humana, como pastos ou áreas agrícolas abandonadas, ela está desenvolvendo um processo ecológico básico denominado *sucessão ecológica*, que será detalhado no Cap. 5. Embora possa ser referida como *restauração natural*, sugere-se que se mantenha o uso do termo sucessão ecológica para esse tipo de recuperação espontânea de ecossistemas, pois já tem utilização consagrada na literatura científica há mais de cem anos e também isola um elemento importante para os propósitos deste livro, que é a intervenção humana.

A sucessão ecológica sempre ocorreu e continua ocorrendo na maioria dos ambientes, tanto naturais como antropizados. No entanto, a recorrência e a intensidade cada vez maiores das intervenções antrópicas nesses ambientes têm resultado em um tamanho nível de degradação que muitas vezes a atuação da sucessão ecológica não vai permitir a recuperação do ecossistema ou isso vai ocorrer numa escala de tempo muito distinta daquela em que foi gerada a degradação da área. Assim, tornam-se necessárias intervenções humanas intencionais para desencadear – ou pelo menos acelerar – esse processo de recuperação, trazendo-o para uma escala de

tempo aceitável e compatível com aquela em que se gerou a degradação e, consequentemente, que afeta a vida das populações humanas presentes e das suas gerações seguintes.

Na literatura internacional, o conceito de restauração ecológica inclui frequentemente 1) a expressão da sucessão ecológica, que é a expressão do processo natural de recuperação da área, em que não há a atuação intencional do homem no processo de restauração (restauração passiva); 2) a restauração ativa ou também chamada de assistida, fundamentada nas ações de restauração promovidas pelo homem, na maioria das vezes com a intenção de conduzir, direcionar e favorecer o processo natural de sucessão ecológica em áreas e paisagens degradadas, em que a sucessão não iria permitir por si só a restauração efetiva da área em um prazo condizente; e 3) a atuação desses dois processos de restauração conjuntamente (passiva e ativa/assistida), já que não é possível e também seria sem sentido isolar a restauração ativa dos processos de sucessão natural. Muito pelo contrário, mesmo nas áreas e paisagens excessivamente degradadas, os processos naturais certamente vão se expressar em algum grau de intensidade e serão determinantes para o sucesso da restauração. Há que se considerar que nesse conjunto de ações de restauração passiva são compreendidas também intervenções ou ações humanas intencionais que promovem o isolamento da área degradada dos fatores atuais e futuros de degradação, permitindo ou facilitando a expressão da sucessão ecológica para que a área seja restaurada. Com base no que foi exposto, a restauração florestal é conceituada neste livro como *a intervenção humana intencional em ecossistemas alterados para desencadear, facilitar ou acelerar o processo natural de sucessão ecológica*.

Dessa forma, enquanto *sucessão ecológica* é o processo natural de recuperação de um ecossistema alterado, *restauração ecológica* é o processo induzido de recuperação desse ecossistema, que se fundamenta na adoção de intervenções humanas intencionais de recuperação para desencadear, facilitar ou acelerar a sucessão ecológica, que opera antes, durante e após essas intervenções de recuperação. Como diversos elementos sociais, econômicos, políticos,

1 Restauração florestal: conceito e motivações   17

legais e culturais podem interagir para determinar onde, quando, como e por quem essas intervenções serão realizadas, a restauração assume uma posição interdisciplinar e transdisciplinar, extrapolando os limites da Ecologia Aplicada.

Por sua vez, aqueles que se ocupam em realizar essas ações intencionais são os *restauradores*. De forma mais ampla, pode-se dizer que o restaurador é aquele que planeja, executa, monitora e avalia a restauração e que intervém na sua trajetória, definindo e aplicando as ações corretivas quando necessário, visando converter o ecossistema degradado num ecossistema restaurado. A ação dos restauradores conta sempre, em maior ou menor grau, em mais curto ou longo prazo, com o auxílio da sucessão ecológica, que é um processo natural e ocorre independentemente da ação ou vontade do homem. Assim, tanto a restauração ecológica como a expressão da sucessão ecológica dependem de condições adequadas para acontecer, e essas condições podem ou não existir em um dado local. Em certas situações, será possível a natureza, por meio da sucessão ecológica, com ou sem a ajuda de intervenções humanas, retornar o ecossistema degradado a uma condição semelhante à do ecossistema de referência dentro de um prazo adequado para os propósitos humanos. No entanto, isso pode não ser possível em outras situações, e a adoção de ações humanas pode ser necessária para que a sucessão seja devidamente restabelecida na área e viabilize a restauração do ecossistema.

Embora, ao pensar em restaurar algo, sempre se tenha em mente o retorno perfeito a uma condição anterior daquele objeto, em nenhum setor da atividade humana a restauração como ação absoluta existe, seja na restauração da lataria de um carro batido, seja na de uma parte do corpo humano deformada por um acidente. O resultado final que se pode alcançar é sempre o máximo de similaridade ou semelhança, mas alguma coisa o diferencia do original, pois, mesmo quando se obtém de novo exatamente a mesma forma do original, o resultado ainda é parcial. Da mesma forma, a restauração de uma floresta tropical é apenas a criação de uma nova floresta que deverá se assemelhar a outra floresta remanescente próxima tomada como referência, mas certamente não será idêntica a essa floresta e muito menos à que existia originalmente no local. Portanto, em uma floresta naturalmente restaurada, podem-se ou não encontrar as mesmas espécies que ocorrem na referência ou que ocorriam antes da degradação, e, mesmo que se encontrem as mesmas espécies, os indivíduos que agora as representam não são os mesmos de antes, não têm exatamente o mesmo tamanho, a mesma forma de copa, a mesma constituição genética etc.

De forma objetiva e no sentido absoluto, ninguém restaura nada, caso o termo *restauração* seja interpretado sob a perspectiva de cópia idêntica de uma condição original. Assim, toda restauração é a criação de uma nova condição que é similar a uma referência, e, como essa referência é uma condição aparentemente similar à condição que originalmente ocorria na área degradada, chama-se esse tipo de criação de *restauração*. É importante ressaltar, contudo, que não é porque não se pode alcançar uma condição exatamente idêntica a uma referência que se deve aceitar qualquer alteração feita em uma área degradada – geralmente definida pelo menor esforço ou custo – como sendo a restauração dessa área. Ou seja, na restauração de florestas, assim como ocorre em qualquer outra atividade humana em que se pratique a restauração, o termo se restringe àquelas práticas nas quais, dadas as possibilidades existentes, a semelhança se aproxima o máximo possível da referência. Portanto, um ecossistema restaurado nunca será idêntico ao de referência e muito menos ao que existia no local antes da degradação; ele deverá ser apenas semelhante a um ecossistema de referência com o qual ele pode ser comparado, mas não só na fisionomia, como também na composição, na estrutura e no funcionamento.

O objeto de restauração que será discutido neste livro é uma floresta tropical, mas existem vários tipos de florestas tropicais e cada um pode ocorrer na natureza em muitos estados diferentes em termos de maturidade sucessional. Portanto, para restaurar uma área, é preciso saber qual é o tipo de floresta tropical que se quer restaurar e qual o estado de maturidade a que se pretende chegar ao final do processo. Assim, surge a necessidade de definir o *ecossistema de referência*, que é o tipo de ecossistema ainda presente na paisagem regional próximo à área que se pretende restaurar e do mesmo tipo vegetacional que provavelmente ocupava a área degradada no passado. Todavia, o ecossistema de referência pode existir na natureza em diferentes estados de maturidade, por exemplo, jovem, intermediário ou maduro. Se há várias versões ou configurações nas quais um tipo de ecossistema pode existir na natureza, poderia se perguntar qual dessas configurações do ecossistema de referência deveria servir de suporte para a restauração da área degradada.

Tomando as florestas tropicais como exemplo, pode-se dizer, de forma genérica, que, quanto mais maduras essas florestas forem, mais espécies de plantas, animais e microrganismos elas apresentarão, maior será a interação entre essas espécies e mais complexos esses ecossistemas serão em termos estruturais e de funcionamento. Em razão disso, acredita-se que um ecossistema de referência maduro seja a melhor referência como meta final de um processo de restauração ecológica, já que o objetivo aqui é exatamente restaurar uma floresta tropical em uma versão ou configuração que maximize a complexidade ecológica, aumentando assim as chances de perpetuação futura em face de fatores de distúrbio imprevisíveis e estocásticos, bem como os benefícios resultantes para a humanidade por meio da geração de serviços ecossistêmicos. No entanto, quando se pensa no ecossistema de referência para a escolha das espécies que serão usadas na restauração, não se pode pensar apenas na floresta madura como referência, mas sim em ecossistemas intermediários de referência, que são todos os fragmentos remanescentes da paisagem, logicamente do mesmo tipo florestal daquele que se quer restaurar, já que cada um desses fragmentos, pela sua trajetória própria de degradação e regeneração, vai guardar informações florísticas e estruturais que vão ser importantíssimas no planejamento da restauração da área degradada em questão. Essas informações vão permitir restaurar os processos funcionais que garantirão que a área em restauração caminhe para uma floresta madura, aproximando-se da referência final, superando os filtros bióticos e abióticos inerentes ao processo sucessional daquele ecossistema

naquela região. Sendo assim, têm-se, além do ecossistema de referência final, também ecossistemas de referência intermediários, que vão balizar as etapas compreendidas entre o início e o final do processo de restauração. Essas questões estão detalhadamente discutidas no Cap. 3.

Neste livro, não serão focados todos os aspectos conceituais da sucessão ecológica, que está muito bem retratada em vários livros-texto de Ecologia. Serão aqui focados os processos ecológicos que são fundamentais para a definição das ações de restauração, apresentados e discutidos em detalhe no Cap. 4. Todavia, é importante salientar que a floresta em processo de restauração deve manter a sua capacidade de se modificar e se refazer continuamente. Portanto, um ecossistema restaurado será aquele semelhante ao ecossistema de referência num estado maduro, mesmo considerando a capacidade dos dois de renovação permanente, o que requer o prévio estabelecimento de parâmetros que definam o estado maduro e o grau de semelhança desejado. Isso porque um ecossistema degradado não se converte imediatamente em um ecossistema restaurado. Ao contrário, há em geral um lento processo de transformações que pode demorar muitos anos, décadas ou séculos. Durante esse período ele é um ecossistema em restauração ou em processo de restauração que vai passando por estados intermediários, os quais, em seu conjunto, definem uma trajetória que liga o estado degradado inicial ao restaurado final. Chama-se então de restauração ecológica o processo que inclui as intervenções intencionais feitas pelo restaurador (restauração ativa ou assistida) e as contribuições dos processos naturais para a restauração dessa área, processos esses não controlados pelo homem (sucessão ecológica) e que levam um ecossistema a passar por diferentes estados intermediários que criam uma dada trajetória progressiva.

Um destaque importante é que um ecossistema degradado pode seguir diversas trajetórias, mas nem todas necessariamente terminam no ecossistema restaurado. Em certos casos, elas podem levar a estados muito diferentes do desejado ou mesmo a estados alternativos que permanecem sem evoluir por longos períodos de tempo, não caminhando assim para o estado almejado. No entanto, se forem adotadas intervenções bem planejadas e executadas, elas podem trazer esses ecossistemas outra vez à trajetória desejada. Essas intervenções têm sido definidas como *manejo adaptativo* ou mesmo *ações corretivas* e têm por objetivo recolocar a trajetória de restauração numa possibilidade de maior sucesso, para que o sistema atinja o estado maduro de forma perpetuada. Todavia, ações deliberadas ou não podem estabelecer uma trajetória distinta, convertendo uma área degradada em um outro ecossistema, distinto daquele que ocorria no local. Nessas condições, não se pode caracterizar esse novo ecossistema recriado no local como restaurado, e, portanto, o processo de restabelecer um novo ecossistema na área degradada não deveria ser chamado de restauração ecológica. Em outras palavras, não é porque intervenções de restauração foram adotadas em uma área que se obterá um ecossistema restaurado.

A restauração ecológica de florestas tropicais é muito demorada, uma vez que elas são extremamente biodiversas e complexas e sua fisionomia é definida por espécies arbóreas com ciclos de vida muito longos. Por isso, na maioria das vezes, o restaurador não vai presenciar o estado final ou maduro da área em restauração, motivo pelo qual não se deve ficar preso a esse estado final, mas sim se deter em seus estados intermediários, cujos descritores permitirão predizer se há chances aceitáveis de o estado final ou maduro ser atingido um dia, caso nenhuma nova degradação (natural ou antrópica) interrompa essa trajetória, mesmo na certeza de que desvios vão ocorrer. Dessa forma, o que mais importa é saber se o ecossistema em restauração segue uma trajetória cuja tendência é alcançar os descritores do ecossistema de referência escolhido como final ou maduro.

Portanto, as questões básicas da restauração ecológica são 1) a escolha do ecossistema de referência final ou maduro, bem como dos ecossistemas de referência intermediários, que permitirão predizer a possibilidade de o ecossistema em restauração atingir o estado maduro; 2) a definição do nível de similaridade que a área em restauração deverá ter com o ecossistema de referência final ou com os

intermediários para se considerar que não há necessidade de novas intervenções antrópicas; e 3) quanto tempo se imagina que será necessário para que se possa alcançar essa similaridade desejada. Outro aspecto relevante é a maneira pela qual se espera que o ecossistema será restaurado, ou seja, quais processos/fases devem ocorrer em cada momento da restauração para que o processo seja considerado adequado ou na trajetória esperada para se atingirem os objetivos previamente definidos. No entanto, a restauração florestal carece de um modelo conceitual específico para ela semelhante aos que já foram desenvolvidos em outras áreas do conhecimento, tal como para a sucessão ecológica. Buscando contribuir com essa questão, os autores desenvolveram um modelo conceitual baseado em sua experiência empírica que visa organizar o processo de restauração de uma floresta tropical.

1.1.2 Tipos de restauração ecológica

Como já mencionado, a restauração ecológica de uma área é sempre o produto de uma ação intencional feita por um restaurador que se soma à ação da natureza. Por sua vez, essas ações intencionais podem ser subdivididas em dois grupos – restauração facilitadora e restauração dirigida –, dependendo do nível de intervenção necessário para desencadear o processo de restauração.

A restauração facilitadora é aquela na qual as ações de restauração são definidas para desencadear, favorecendo ou acelerando, a expressão dos processos naturais de sucessão ecológica já operantes na área degradada ou com potencial de atuação em função das características da paisagem regional. Essas ações visam facilitar uma trajetória de restauração já iniciada, aumentar sua possibilidade de sucesso e reduzir o tempo necessário para que essa restauração aconteça, por meio do isolamento de fatores de degradação e da remoção de filtros ecológicos que prejudicam a expressão da sucessão ecológica. Exemplos comuns de ações incluídas nesse tipo de restauração são o controle de competidores, o manejo de plantios florestais comerciais para fins de favorecimento da regeneração natural, a introdução de elementos atrativos da fauna e outras ações discutidas em detalhes no Cap. 7.

Já a restauração dirigida é aquela na qual as ações de restauração são necessárias para dar início a todo o processo de restauração, sem que se possa partir de uma vegetação regenerante preexistente na área ou que espontaneamente possa ali se estabelecer. Esse tipo de restauração é necessário em situações em que a área não tem nenhum potencial de recuperação natural ou esse potencial é tão baixo que não permite que a área se recupere em um tempo adequado, condizente com o tempo de sua degradação. Ou seja, nessa área a ser recuperada não há ou há muito poucas sementes, indivíduos jovens ou adultos de espécies nativas regionais que possam desencadear a sucessão ecológica, pelo fato de eles terem sido eliminados ao longo do processo de degradação dessa área e de a paisagem regional não fornecer os propágulos dessas espécies em quantidade e qualidade necessárias para restabelecer o processo natural de recuperação. Na ausência de indivíduos de espécies nativas já estabelecidos na área ou que ali possam facilmente se estabelecer via expressão do banco ou chuva de sementes, não há como a sucessão ecológica avançar localmente, o que impede que o restaurador defina ações de condução da regeneração natural. Portanto, para possibilitar a restauração da área degradada em situações como essas, será necessário introduzir inicialmente espécies nativas regionais para formar, de maneira dirigida (escolha de espécies, densidades e arranjo espacial), uma comunidade florestal que desencadeará os processos naturais de sucessão. Nesses casos, em vez de contar com a natureza para reocupar inicialmente a área degradada com espécies nativas, parte-se do plantio de mudas ou semeadura direta para desencadear o processo de restauração florestal.

O que importa salientar é que a restauração dirigida é feita na sua fase inicial sem poder aproveitar os processos naturais (sucessão ecológica), já que eles são pouco expressivos na área degradada ou na paisagem, pelo elevado estado de degradação, ou são muito incipientes para permitir a restauração da área em um tempo condizente com o de sua degradação. Esse tipo de restauração, se bem planejado e bem conduzido, criará inicialmente um processo de restauração na área degradada que tenderá a conduzi-la em direção ao ecossistema de referência preestabelecido à medida que os processos sucessionais forem se intensificando na área. Às vezes, a restauração dirigida resulta em uma floresta jovem em restauração em tempo mais curto e com mais espécies nativas do que por meio da própria sucessão ecológica ou da restauração desencadeadora, pois nela pode existir um maior controle de como, quando e quantos indivíduos serão introduzidos, bem como de quantas e quais espécies nativas serão empregadas de cada grupo funcional e/ou forma de vida. Como as espécies são reintroduzidas pelo restaurador, é ele quem define a trajetória inicial de restauração, aumentando muito a previsibilidade do processo em termos de resultados esperados em curto, médio e longo prazos, condicionando fortemente a dinâmica e as características do ecossistema em restauração.

1.2 POR QUE RESTAURAR?

Uma vez definido o termo restauração ecológica e explicadas algumas de suas nuanças, um questionamento importante a ser colocado é este: *por que restaurar?* Por que a sociedade deve investir parte de seus esforços e recursos limitados, que poderiam ser destinados para áreas como saúde e educação, na restauração de ecossistemas degradados? Por que produtores rurais e empresas deveriam buscar reparar o passivo ambiental de anos e anos de uso e ocupação desordenados do solo? Por que o Brasil, país com quase dois terços de seu território cobertos ainda por florestas nativas, deve e precisa se tornar um líder mundial na restauração de florestas tropicais para o bem de sua população e do planeta? Muitas das respostas a essas perguntas são tão límpidas quanto as águas que brotam de uma nascente protegida por floresta.

Encostas sofrendo forte erosão, rios com seus leitos quase totalmente assoreados, extensas áreas de vegetação queimadas por incêndios criminosos, reservatórios de abastecimento público com águas contaminadas por agrotóxicos e excesso de nutrientes ou praticamente secos, áreas de mineração ou de garimpo com solo exposto e contaminado por metais pesados são alguns poucos exemplos atuais de áreas degradadas que, em um passado recente, foram ecossistemas naturais ricos em espécies nativas e que prestavam um valiosíssimo papel para o bem-estar da sociedade como fonte de bens e serviços ecossistêmicos. Recuperar essas áreas não é tarefa impossível, embora dificuldades variadas existam. No mundo e também no Brasil, crescem os esforços de restauração ecológica à medida que a qualidade ambiental, diretamente associada à qualidade de vida das pessoas, vai se tornando um valor intrínseco às sociedades, cada vez mais pressionadas pela dimensão crescente da crise ambiental moderna (Boxe 1.1).

No Brasil, muitas causas passadas e presentes induziram o surgimento de áreas degradadas. Todas elas resultaram na dramática destruição de hábitats necessários à manutenção da fauna e flora, além de causar outros danos ambientais, como a perda de solo, o assoreamento de cursos d'água, a contaminação das águas superficiais e subterrâneas, a poluição do ar etc. Muito mais dramáticas são as perdas de vidas provocadas por cheias, deslizamentos ou grandes desmoronamentos, que na maioria das vezes foram favorecidos pela degradação do ambiente local, principalmente o desmatamento de encostas e o posterior uso indevido do solo. Vidas também são perdidas de forma menos catastrófica, silenciosamente, pela poluição da água, do ar e dos alimentos. Outras perdas menos evidentes também acabam ocorrendo, entre as quais a do fantástico potencial de matérias-primas da biodiversidade que foi destruída. O cuidado com a conservação e recuperação de ecossistemas nativos deverá representar no século XXI um importante diferencial econômico para as instituições e os proprietários que souberem manter e/ou recuperar ecossistemas nativos e tirar bom proveito disso.

Na era da biotecnologia, a diversidade biológica é um ativo que todo país sério deveria se preocupar não só em conservar, mas também em restaurar. Da mesma forma que uma poupança gera juros a partir de um montante acumulado, o capital natural (análogo à poupança) gera bens e serviços ecossistêmicos (análogos aos juros) essenciais para o bem-estar das presentes e futuras gerações. Se o valor acumulado na poupança começar a ser gasto indiscriminadamente, o valor resultante dos juros será cada vez menor, até

que a pessoa fique sem dinheiro. Analogamente, se o capital natural for gasto dessa maneira, haverá cada vez menor provisão e qualidade dos bens e serviços ecossistêmicos, o que, em última instância, resulta no comprometimento da qualidade de vida e do potencial produtivo da economia. Assim, é preciso tanto melhorar a gestão do aproveitamento do capital natural quanto restaurá-lo.

Várias razões distintas podem existir para restaurar o capital natural. Por exemplo, o interesse em reduzir ou eliminar um dano ambiental que está acontecendo ou em evitar um dano ambiental que pode vir a ocorrer ou para atender a alguma exigência legal que impõe a recuperação de áreas consideradas ecologicamente importantes ou para recuperar a vegetação e explorar economicamente sua vocação turística ou sua biodiversidade, bem como os serviços ambientais que presta e os produtos que podem ser extraídos do ecossistema em recuperação. Independentemente dos motivos de cada caso específico, reconhece-se hoje no mundo todo a importância de preservar áreas ainda não degradadas pela atividade humana e de recuperar aquelas indevidamente degradadas. No entanto, antes de apresentar algumas das situações de degradação que hoje demandam ações urgentes de restauração, é preciso questionar como surgiram essas áreas e o porquê de haver tantas áreas degradadas no Brasil e de elas estarem tão espalhadas por todas as regiões do país, pois o ponto de partida de qualquer projeto sério de restauração ecológica é a proposição de ações que resultem na interrupção de toda forma de degradação ambiental.

1.2.1 Por que há tantas áreas degradadas para restaurar?

Existem muitos tipos de área degradada, e muitas são as atividades que podem gerar degradação. No entanto, em termos de extensão territorial, seja no Brasil ou em outros países, a agricultura sempre foi e continua sendo a principal atividade geradora de áreas degradadas (Fig. 1.3). Portanto, é importante compreender a relação existente entre o surgimento de áreas degradadas e o contínuo processo de expansão da fronteira agrícola no território

BOXE 1.1 CUSTOS E BENEFÍCIOS DA PERSPECTIVA DE RESTAURAÇÃO DO CAPITAL NATURAL

Algumas pessoas ficam muito bravas quando ouvem pela primeira vez o termo *capital natural*. Muitos dizem: "a natureza não tem preço!", "vão pôr uma etiqueta de preço nela!". A mesma reação impulsiva ocorre, para alguns, quando ouvem os termos *serviços ecossistêmicos, compensação ambiental ou medidas de mitigação*. O medo por trás dessas reações está relacionado à ideia de que se colocar uma "etiqueta de preço" na natureza, nos serviços ecossistêmicos ou nas espécies, dos quais se esteve sempre acostumado a usufruir sem pagar nada, nos levaria à privatização, à comoditização ou à cooptação da natureza pelos "capitalistas". Sim, a natureza não tem preço, e isso é também a base de economias, saúde e bem-estar humanos hoje e no futuro. E há uma enorme diferença entre valor e preço. Em toda a história registrada, em todas as culturas, sempre se colocou um claro valor na natureza. Ainda há certo custo em usar essa expressão, já que afasta algumas pessoas que falham em distinguir *preço* de *valor*. *Preço* se refere a um valor monetário estabelecido para um determinado bem, produto ou serviço, ao passo que *valor* está mais relacionado à importância, que pode ser associada tanto à importância financeira como cultural, espiritual, histórica, psicológica etc.

Agora, quais são as vantagens de adotar essa perspectiva, emprestada da Economia? De forma muito simples, ela auxilia a comunicação com economistas e pessoas fora do meio acadêmico, incluindo juristas, proprietários rurais e pessoas das cidades, para que então comecem a cooperar com base em valores compartilhados. A noção atual de *restauração* do capital natural sugere como se pode abordar os problemas ecológicos e socioeconômicos simultaneamente. Investir nos "estoques" de capital natural em um dado local deveria, em teoria, aumentar a sustentabilidade, a resiliência ou a adaptação tanto de ecossistemas naturais e seminaturais como daqueles manejados pelo homem.

Em termos mais compreensíveis para o público em geral, a restauração do capital natural melhorará tanto a qualidade como a quantidade de bens e serviços ecossistêmicos (por exemplo, estoque de carbono em longo prazo, redução da erosão do solo, melhoria da qualidade da água e oferta de hábitat para a biodiversidade nativa), como resultado direto do fato de que ecossistemas mais saudáveis funcionam melhor. Fazendo uma analogia muito simples, é como se o capital natural fosse o dinheiro mantido em uma poupança. Quanto mais se tiver, maior será o rendimento com juros, análogos aos bens e serviços ecossistêmicos gerados por ecossistemas funcionais. Mas, caso as reservas se esgotem, é preciso recuperá-las, investir nelas para que se possa usufruir num futuro próximo dos juros ou serviços gerados. Para não cientistas, a restauração do capital natural resultará em maiores benefícios para as pessoas hoje e das gerações futuras. Agora, como se alcança isso? A restauração do capital natural inclui primeiramente a *restauração e reabilitação ecológica de ecossistemas degradados*, bem como melhorias ecológicas substanciais em *sistemas de produção*, na extração, no transporte, no processamento e na utilização de recursos biológicos e minerais, e, por último, mas não menos importante, inclui esforços para aumentar o reconhecimento e a apreciação pública da importância do capital natural em nossa vida diária. Em outras palavras, todos podem ver que é do seu maior interesse participar da restauração do capital natural e que a falsa dicotomia entre natureza e conservação e desenvolvimento econômico simplesmente desaparece.

James Aronson (james.aronson@cefe.cnrs.fr), Centre d'Ecologie Fonctionnelle et Evolutive/CNRS
(Montpellier, França) e Missouri Botanical Garden (Saint Louis, EUA)

Referências-chave

ARONSON, J.; MILTON, S. J.; BLIGNAUT, J. N. (Ed.). *Restoring natural capital:* science, business and practice. Washington, D.C.: Island Press, 2007.

DE GROOT, R. et al. Integrating the ecological and economic dimensions in biodiversity and ecosystem service valuation. In: KUMAR, P. (Ed.). *TEEB Foundations*: the economics of ecosystems and biodiversity: ecological and economic foundations. London and Washington, D.C.: Earthscan, 2010. p. 9-40.

Fig. 1.3 *Extensa área recém-desmatada para a produção de soja no Pará*

Fig. 1.4 *Fazenda de pecuária extensiva no sul da Bahia onde se verifica má condução do pasto. A manutenção de um número excessivo de cabeças de gado por área e a inadequada conservação do solo estão levando ao desaparecimento da pastagem e a um intenso processo de perda de solo, que vai sendo arrastado para o ribeirão situado na parte mais baixa do terreno. A rentabilidade de pastagens degradadas como essa é geralmente inferior a R$ 100,00/ha/ano, o que tende a ser muito inferior aos prejuízos econômicos resultantes da degradação, tal como o aumento de custos do tratamento de água ou de recuperação do solo*

brasileiro, pois, além de recuperar áreas já degradadas, é preciso também impedir ou reduzir o surgimento de novas áreas degradadas.

No Brasil, a falta de planejamento agrícola e ambiental na abertura de novas áreas agrícolas levou e ainda leva ao desmatamento irregular das áreas protegidas na legislação ambiental e ao desmatamento desnecessário de áreas de baixa aptidão agrícola, que possuem reduzido retorno produtivo, econômico e social. Em virtude disso, propriedades rurais recém-estabelecidas em fronteiras de expansão agrícola já nascem passíveis de autuações legais e apresentam trechos de baixa produtividade em estágio avançado de degradação, sem que se obtenham vantagens econômicas que justifiquem a ocupação dessas áreas. Como consequência, essas terras se degradam e passam a perder muito rapidamente sua viabilidade econômica, como aconteceu e ainda acontece na maior parte da área desmatada na Amazônia em solos arenosos ou na Mata Atlântica em solos muito declivosos, que, quando despidos de sua vegetação nativa, passam a sustentar apenas uma agricultura ou pecuária de baixa produtividade, com baixo rendimento para o produtor rural e prejuízos consideráveis para a sociedade (Fig. 1.4).

No entanto, mesmo áreas de alta aptidão agrícola podem seguir se degradando quando as práticas de conservação de solos, já amplamente conhecidas, não estão sendo devidamente empregadas em razão de uma deliberada opção pela maximização do lucro obtido em curto prazo. Essa degradação gradual dos solos agrícolas não tecnificados ou de baixa aptidão acaba por inviabilizar economicamente essas terras, levando parte dos agricultores a migrarem para outras regiões, desmatarem novas áreas e expandirem a fronteira do desmatamento, deixando no rastro dessa migração muitas áreas degradadas abandonadas ou ocupadas por atividades de baixa produtividade, onde se agravam os problemas ambientais e sociais (Fig. 1.5). No Brasil, esse sistema de uso do solo ocorre desde a época das Sesmarias, em que as terras cedidas a nobres portugueses eram exploradas intensivamente até serem exauridas e, depois de abandonadas, novas terras cobertas por florestas nativas eram cedidas a essas pessoas para terem esse mesmo destino, conforme descrito no Cap. 2. Até hoje, o sistema predominante de conversão de florestas nativas para usos alternativos do solo, principalmente para a pecuária, continua sendo o uso do fogo, que não permite planejamento agrícola e ambiental, condicionando essas propriedades a um enorme passivo ambiental desde o seu surgimento. Foi esse ciclo perverso que criou e continua a criar áreas degradadas e improdutivas, que levam o agricultor a migrar de uma região para outra, empurrando mais e mais as fronteiras agrícolas para áreas distantes e sem infraestrutura, que acabam por agravar a destruição da vegetação natural ainda existente.

Portanto, tão importante quanto restaurar áreas já degradadas é atuar para impedir que a expansão da fronteira agrícola continue a ser feita como nos últimos séculos, queimando-se indiscriminadamente toda a vegetação natural presente na propriedade sem nenhum critério de zoneamento agrícola e ambiental. Por outro lado, já há uma imensidão de áreas degradadas em todas as regiões do Brasil, inclusive nascentes e margens de rios, à espera de ações efetivas de restauração, com métodos ecologicamente eficazes, tecnicamente corretos e economicamente viáveis. É evidente que uma postura mais efetiva de governos, empresas e proprietários rurais para a restauração de ecossistemas degradados é urgentemente necessária no Brasil e no mundo para enfrentar os desafios impostos pelo crescimento da população e da economia, ambos extremamente dependentes de um capital natural que vem se esgotando rapidamente e que, se não protegido e restaurado, pode inviabilizar o crescimento econômico e o bem-estar social nos próximos anos.

1.2.2 Por que restaurar as margens dos cursos d'água e nascentes?

As populações humanas sempre estiveram próximas à água pela necessidade de sobreviver. Assim, quanto mais elas abandonaram a condição nômade, mais tenderam a construir casas e povoados nas proximidades das nascentes e rios, buscando garantir um adequado e facilitado suprimento de água às suas vidas e às dos animais de criação usados em seu sustento. Dessa forma, à medida que essas populações se fixaram junto às fontes de água, cresceu a pressão sobre os recursos hídricos e, muitas vezes, o uso intensivo e desordenado das áreas ripárias levou à degradação desse recurso essencial. Quanto mais a dependência humana do recurso hídrico foi assumida e a sua fragilidade percebida, mais iniciativas de proteção das águas foram implantadas e gradualmente incorporadas nos códigos sociais e na regulamentação legal de quase todos os povos. Por exemplo, a Lei das Águas foi estabelecida no Brasil já em 1934.

A explosão do crescimento populacional e a consequente intensificação da industrialização, da urbanização e da agricultura no século XX ampliaram a percepção de que o uso inadequado desse recurso poderia degradar não apenas as águas superficiais próximas dos povoados, mas também os estoques subsuperficiais, como os aquíferos, e os corpos d'água situados a grande distância das habitações humanas, das indústrias ou de áreas cultivadas. Aprendeu-se na prática que a descarga de esgotos urbanos e de

Fig. 1.5 *Exemplos de propriedades rurais em que o manejo inadequado do solo na condução de pastagens (A) e de culturas agrícolas (B) resultou em danos ambientais de grande magnitude. Com base nessas situações, é evidente que a restauração de apenas alguns trechos dessas propriedades, sem interromper a degradação das áreas em uso no entorno, será pouco efetiva para a conservação da biodiversidade e a proteção dos recursos naturais*

resíduos industriais e, em especial, a erosão dos solos, cada vez mais carregados de agrotóxicos e fertilizantes, podem levar à destruição de estoques de água potável em regiões próximas ou mesmo distantes daquelas onde se deu a contaminação inicial. Infelizmente, esse aprendizado ocorreu à custa da integridade da maioria dos cursos d'água do Brasil. Para confirmar esse fato, basta observar que mais de 60% da população brasileira vive hoje nos domínios da Mata Atlântica, que tem menos de 12% de cobertura florestal nativa. A crise hídrica enfrentada no Estado de São Paulo em 2014 e 2015 serve como um excelente exemplo didático desse problema, uma vez que o mais economicamente desenvolvido Estado do Brasil ficou à beira de um colapso social por causa da escassez do mais essencial dos recursos à vida, que não pode ser comprado de uma hora para outra para compensar anos e anos de descaso com a conservação dos recursos naturais. Nesse contexto, investir na restauração da cobertura de vegetação nativa de nascentes e margens de cursos d'água deve ser uma das prioridades de programas de restauração florestal de um país com as características do Brasil, embora frequentemente governos adotem como medida de reversão da crise hídrica a instalação de mais infraestrutura cinza, como a transposição de rios e a construção de barragens. Mas antes de decidir enfrentar esse problema, é preciso entendê-lo (Boxe 1.2).

No Brasil, a intensa perda e arraste de solo das áreas agrícolas para os cursos d'água têm várias causas conhecidas, estando entre as principais (Fig. 1.6):

- ✍ a retirada da vegetação natural que recobria relevos íngremes e a conversão dessas encostas em áreas de produção agrícola ou pecuária, favorecendo processos erosivos intensos e até deslizamento de solo em direção a áreas mais baixas, onde se encontram os cursos d'água (Fig. 1.7);
- ✍ a conversão de áreas ciliares, expondo solos naturalmente suscetíveis à erosão pluvial e favorecendo os processos erosivos e o deslocamento da terra erodida até os cursos d'água;
- ✍ a conversão de áreas com aptidão agrícola e pecuária, mas que, por manejo inadequado,

prejudicam a percolação profunda de água e favorecem o arraste de sedimentos com a enxurrada para os cursos d'água.

Resumidamente, a sequência de ações que resulta na ocorrência de processos erosivos é a seguinte: 1) as gotas de água da chuva atingem com grande energia o solo exposto, não protegido pela vegetação ou por restos dela; 2) essas gotas desestruturam os agregados de solo da superfície, fazendo com que suas partículas se desprendam e sejam lançadas ao ar juntamente com a água; 3) parte dessas partículas é carregada com a enxurrada e parte se acumula na superfície, formando crostas endurecidas que diminuem a infiltração da água da chuva; 4) a água não mais infiltra com facilidade, potencializando as enxurradas; 5) essas enxurradas carregam as partículas já soltas do solo e removem mais partículas do solo superficial no seu movimento em direção às partes baixas da vertente, com energia cinética cada vez maior; 6) a perda da camada superficial do solo, que, por seu maior acúmulo de matéria orgânica e melhor estruturação, favorecem a infiltração da água, tende a acentuar progressivamente o problema; 7) por fim, as partículas tenderão a ser depositadas nas porções mais baixas do relevo, ocupadas pela rede de drenagem, assoreando os cursos d'água e se tornando a principal fonte não pontual de poluição.

Já em uma área coberta por florestas nativas, as gotas da chuva incidente são interceptadas pelas copas das árvores e pelas várias camadas sobrepostas de plantas, fazendo com que elas levem mais tempo para chegar ao chão e tenham menos energia ao atingi-lo. Como o solo nas áreas florestadas não está exposto, mas sim recoberto por uma camada de restos vegetais, animais e húmus, as gotas de chuva normalmente não caem diretamente sobre o solo, de forma a não causar a desagregação de sua superfície. Como resultado, a infiltração da água nessas áreas florestadas ocorre de forma lenta e eficiente e são muito pequenas as perdas de solo por erosão.

Enquanto isso, nas áreas agrícolas, a baixa cobertura do solo pela vegetação ou a retirada periódica dessa cobertura temporária com a colheita, somada à desagregação e à compactação do solo,

Boxe 1.2 A interdependência entre Restauração Hidrológica e Restauração Florestal

Para que ecossistemas florestais sejam restaurados, é essencial entender processos de fluxo e armazenamento de água na bacia hidrográfica. Como visível componente da paisagem, a floresta tem papel fundamental no ciclo da água, além de influenciar processos hidrológicos básicos, como a infiltração de água no solo, que garantem o desenvolvimento da vegetação. Sendo assim, não é possível restaurar florestas sem que esses processos hidrológicos sejam recuperados, especialmente em áreas degradadas. No entanto, por assimilarem e transpirarem grandes quantidades de água, a floresta restaurada não resulta, necessariamente, num aumento da produção de água. Em vez disso, como descrevemos a seguir, as complexas interações entre água, atmosfera, vegetação e solo determinam o rendimento de água para rios e outros corpos d'água. O primeiro passo para a recuperação de processos hidrológicos que garantem o desenvolvimento da floresta é a recuperação da capacidade dos solos em absorver água. Para isso, são necessárias, muitas vezes, a descompactação mecânica do solo, a adição de nutrientes e matéria orgânica, a irrigação inicial e até mesmo a introdução de bioturbadores como minhocas. Uma vez que a cobertura florestal se estabelece, a porosidade do solo vai se recuperando, aumentando assim a capacidade de retenção de água e condutividade hidráulica do solo. A utilização de micorrizas também pode ajudar nesse processo, aumentando a disponibilidade de nutrientes para as plantas. Portanto, com os devidos cuidados, é possível aumentar significantemente os fluxos de água no solo por meio da restauração florestal, mesmo em paisagens altamente degradadas. A percolação da água para camadas mais profundas do solo, abaixo da zona de raiz ou base rochosa, é controlada por uma série de fatores, sendo a evapotranspiração um dos principais, pois determina a disponibilidade de água para a recarga do lençol freático e para as águas superficiais. A evapotranspiração inclui tanto a evaporação da água de chuva interceptada pelo dossel da floresta quanto a transpiração pela planta, bem como a evaporação no solo. A água interceptada pelo dossel evapora a taxas que variam de 4% a mais de 90%, dependendo do tipo de vegetação e das condições climáticas (Crockford; Richardson, 2000), e, portanto, somente a porção da precipitação não interceptada nem evaporada (i.e., a precipitação efetiva) é transferida para o solo ou para os corpos d'água. A quantidade de água perdida por evaporação no dossel e no solo e por transpiração da planta não estará, portanto, disponível para a recarga subterrânea e o escoamento para ecossistemas nas áreas de baixada, incluindo corpos d'água. Como o processo de recarga de aquíferos e do lençol freático é fundamental para o funcionamento de bacias hidrográficas, os projetos de restauração florestal devem se certificar de que esse processo é devidamente recuperado para que os objetivos hidrológicos da restauração sejam alcançados. Devido ao fato de vários estudos mostrarem aumento na vazão hídrica após desmatamento ou aumento na taxa de infiltração no solo após reflorestamento, é comum assumir que o restabelecimento da floresta aumenta a recarga de água subterrânea. Isso simplifica enormemente a dinâmica dos processos hidrológicos na bacia, pois qualquer mudança na produção de água em resposta ao desmatamento ou à restauração florestal depende do tamanho da parcela reflorestada, da sua posição na paisagem e do clima e da geologia locais.

Estudos de modelagem sugerem que o desmatamento em grande escala (i.e., superior a 104 km^2 – Lawrence; Vandecar, 2015) pode diminuir as taxas de precipitação em virtude de mudanças no balanço de energia e diminuição da evapotranspiração, em que menos umidade é devolvida à atmosfera. Se o inverso for verdadeiro e a restauração florestal em grande escala aumentar as taxas de precipitação e, assim, a produção de água, esse tipo de abordagem pode se tornar importante para a gestão de recursos hídricos. No entanto, mais informações científicas são necessárias para que seja possível identificar os fatores geográficos (por exemplo, distância do oceano e padrões de circulação atmosférica) que afetam o regime de precipitação regional em resposta a mudanças na cobertura florestal. Saber se o potencial de aumento na precipitação ocorrerá na área da restauração florestal e não em outra área a favor do vento, por exemplo, é importante, assim como conhecer o tamanho mínimo que um projeto deve ter para induzir o aumento da precipitação, e não sua diminuição. Mesmo que a restauração florestal não aumente substancialmente a quantidade de água, ela pode ajudar a recuperar o regime hidrológico de córregos e rios, sendo que o reflorestamento geralmente leva à redução da variabilidade das vazões e dos fluxos de pico após chuva. Porém, só existe evidência de melhorias na qualidade da água resultantes da restauração florestal para estudos de mata ciliar. Mais estudos são necessários para a avaliação dos impactos da restauração florestal em nível de bacia, principalmente nos trópicos. Por enquanto, o que se sabe é que há uma grande variação, tanto temporal como espacial, dos impactos da restauração florestal na hidrologia de uma bacia e, consequentemente, nas dinâmicas biogeoquímicas que controlam a quantidade e a qualidade de águas superficiais. Tal variação deve ser considerada cuidadosamente na avaliação, planejamento e implementação de projetos de restauração.

Margaret Palmer (mpalmer@umd.edu; mpalmer@sesync.org), University of Maryland/SESYNC (EUA)
Solange Filoso (filoso@umces.edu), University of Maryland, Center for Environmental Science (EUA)

Referências bibliográficas

CROCKFORD, R. H.; RICHARDSON, D. P. Partitioning of rainfall into throughfall, stemflow and interception: effect of forest type, ground cover and climate. *Hydrological Processes*, v. 14, p. 2903-2920, 2000.

LAWRENCE, D.; VANDECAR, K. Effects of tropical deforestation on climate and agriculture. *Nature Climate Change*, v. 5.1, p. 27-36, 2015.

dificulta a percolação da água e, consequentemente, aumenta o volume da enxurrada, resultando em intensos processos erosivos e assoreamento dos cursos d'água (Fig. 1.8). Estimativas apontam que a perda de solo por erosão em florestas nativas, cafezais e plantações de algodão é da ordem de, respectivamente, 5, 10.000 e 30.000 kg $\cdot$ ha^{-1} $\cdot$ ano^{-1}. De forma semelhante, quando as chuvas caem em uma área agrícola onde existe boa cobertura de plantas vivas ou de restos vegetais, tal como nos casos de plantio direto, maior é a infiltração local da água e menor é o desprendimento e o transporte de partículas de solo, reduzindo-se, assim, a erosão nessas terras.

É possível perceber que, sem a proteção da vegetação (Fig. 1.6), as gotas de chuva incidem diretamente no solo com muita energia, desestruturando seus agregados e resultando no espalhamento de argila em superfície, formando uma camada seladora que dificulta a infiltração de água. Além disso, o solo é regularmente movimentado no preparo de áreas agrícolas, reduzindo sua concentração de matéria orgânica e promovendo uma pro-

gressiva desestruturação, o que torna o solo mais vulnerável a processos erosivos. Nessas condições, a maior parte da chuva que chega ao solo escoa superficialmente, gerando uma enxurrada que arrasta solo, nutrientes e muitas vezes agrotóxicos para o curso d'água e resultando em perda de fertilidade do solo, assoreamento do leito de rios e riachos e contaminação da água. Como a maior parte da água não infiltra em profundidade, há rápido deslocamento da água das chuvas para os cursos d'água, o que aumenta os problemas decorrentes de alagamentos. Adicionalmente, a baixa percolação profunda da água restringe a alimentação do lençol freático, fazendo com que os cursos d'água fiquem mais secos no período de estiagem. Assim, sem a proteção da mata ciliar, há perda da fertilidade do solo, poluição da água, maiores problemas com alagamentos e com a falta de água, decorrentes da redução do volume da calha do curso d'água e do reduzido abastecimento do lençol freático.

Já quando o solo está coberto com uma floresta nativa (Fig. 1.8), as várias camadas de vegetação da flo-

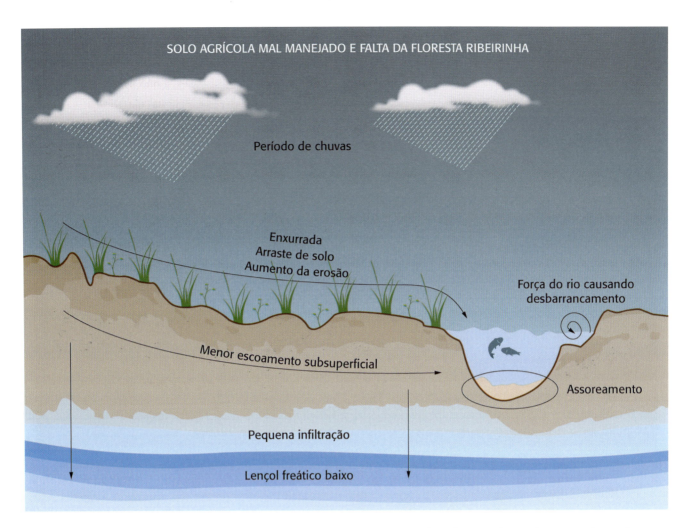

Fig. 1.6 *Esquema mostrando uma propriedade agrícola típica do interior brasileiro onde não há uma adequada conservação dos solos e as florestas nativas existentes nas margens dos rios foram destruídas. Nessa situação, as chuvas causam forte erosão e a enxurrada arrasta a terra das lavouras, que se deposita no leito dos rios (assoreamento). Como a maior parte da água escoa superficialmente, ela não infiltra devidamente, sendo reduzido o escoamento subsuperficial e o abastecimento do lençol freático*

resta, do dossel aos estratos regenerantes, interceptam a chuva e fazem com que a maior parte do volume d'água escoe pelos galhos e troncos até chegar ao solo, o qual está protegido por uma generosa camada de serapilheira e raízes finas superficiais. Assim, o solo não é desestruturado e a maior parte da água que chega à área infiltra em profundidade, evitando erosão do solo, enchentes, assoreamento dos cursos d'água e poluição dos recursos hídricos, além de contribuir para a maior disponibilidade de água nos períodos de seca, uma vez que o abastecimento do lençol freático na estação chuvosa permite a manutenção de níveis maiores de vazão dos cursos d'água mesmo sem que haja expressiva precipitação no período.

Quando as florestas ribeirinhas estão preservadas, o efeito prejudicial das enxurradas vindas das áreas agrícolas sobre os rios pode ser minimizado, embora não anulado. Isso ocorre porque, quando a água penetra no interior dessas florestas, a enxurrada tende a se distribuir na área, dividindo-se em fluxos menores e menos intensos à medida que se choca com raízes superficiais e restos de troncos, galhos, folhas e outros resíduos presentes no chão da floresta, proporcionando o aumento da rugosidade do terreno e consequentemente a maior infiltração de água no solo local. Esse processo permite que fertilizantes e agrotóxicos que podem ter sido arrastados junto com as enxurradas adsorvidos nos

Fig. 1.7 *Encosta convertida em pastagem no sul de Minas Gerais, em que se vê a erosão carreando solo para um ribeirão situado na base da encosta, onde se observam as copas das árvores*

sedimentos ou em solução sejam aí parcialmente retidos ou absorvidos. Nas florestas ribeirinhas os solos são muito porosos, devido à grande quantidade de matéria orgânica neles presente, à grande presença de fauna que escava e cria canais e galerias e à intensa trama de raízes que, ao morrerem, também deixam canais no seu interior. Dessa forma, eles são capazes de absorver parte das águas que escoam das áreas agrícolas em direção aos rios, evitando que esse excesso de água carregando solo chegue diretamente ao curso d'água pela superfície, refreando o depósito de sedimento na sua calha (assoreamento) e, com isso, as inundações rio abaixo.

São diversos os fatores que interferem na capacidade de filtragem das florestas ribeirinhas, como a largura da faixa ciliar florestada, o estado de desenvolvimento e conservação dessa floresta ciliar, as condições de manejo das áreas agrícolas do entorno, as características de relevo, geológicas e de solo desse local e os padrões de precipitação regional. Em virtude disso, esse efeito "filtro" pode ser muito reduzido em florestas ciliares muito estreitas ou já degradadas, e mesmo uma floresta ciliar bem conservada e larga pode ser insuficiente para conter os sedimentos de uma enxurrada muito volumosa oriunda das áreas agrícolas do entorno. Por isso a importância de um programa de restauração de matas ciliares estar inserido dentro de um plano maior de manejo e conservação da microbacia hidrográfica, no qual todos esses aspectos são trabalhados, incluindo as práticas de conservação de solo adotadas na área agrícola.

As raízes das árvores que crescem junto às margens dos rios nas florestas ribeirinhas exercem também um papel muito importante ao reduzir a ação erosiva da correnteza sobre os barrancos dos rios, principalmente na época de chuvas. Quando as margens são erodidas, grandes desbarrancamentos podem ocorrer, alargando a calha do rio e ao mesmo tempo reduzindo a profundidade do seu leito, em

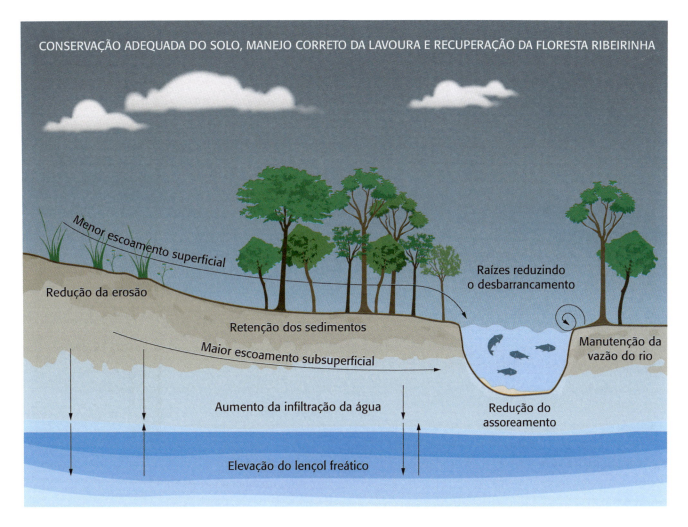

Fig. 1.8 *Esquema mostrando as diferenças observadas em um curso d'água protegido por mata ciliar em contraste com a Fig. 1.6*

razão da terra lançada no canal (Fig. 1.9). Após esse desbarrancamento, a estabilidade geológica das margens dos cursos d'água fica muito comprometida, favorecendo novos processos erosivos e o incremento do processo de assoreamento e reduzindo, assim, a capacidade de armazenamento de água dessa calha, já que parte dela recebeu grandes volumes de solo.

As florestas nativas situadas naturalmente sobre solos permanentemente encharcados são também muito importantes por protegerem os afloramentos de água na superfície, que são chamados de nascentes ou olhos-d'água. Esse nome de nascente se deve ao fato de aí se iniciarem ou "nascerem" os pequenos fluxos superficiais de água que, ao se juntarem, dão origem aos córregos, ribeirões e rios. A destruição dessas matas sobre nascentes, em geral, faz com que muitas nascentes desapareçam pelo soterramento ou mesmo pelo rebaixamento do lençol freático, reduzindo o fluxo superficial de água naquele ponto. Em contrapartida, a recuperação dessas florestas sobre nascentes faz com que a água volte a brotar no local com o tempo, sendo esse um relato muito comum de produtores rurais que restauraram suas florestas ciliares em áreas antes ocupadas por pastagem ou mesmo agricultura. Essas florestas sobre nascentes são chamadas de florestas de brejo (com exceção das florestas de brejo no Nordeste, que são florestas dos topos de morros), de florestas de várzea, de florestas paludosas ou paludícolas, de pindaíba e outras variações regionais.

Devido a esse contato íntimo que se estabelece entre a água vinda das áreas agrícolas do entorno e a superfície dos solos florestados, essas florestas

Fig. 1.9 *Exemplos de curso d'água (A) com vegetação ciliar protetora, (B) sem vegetação protetora e com forte desbarrancamento e (C) completamente assoreado devido à deposição de sedimentos trazidos pela enxurrada de áreas agrícolas do entorno e do próprio barranco*

são capazes de reter parte dos sedimentos, parte dos agrotóxicos e o excesso de nitrogênio, fósforo e outros elementos, bem como estabilizar os barrancos da calha dos cursos d'água, reduzindo ou evitando a poluição hídrica e, com isso, garantindo a qualidade da água para uso rural, urbano e industrial, com consequente redução dos elevados custos de tratamento de água e dos problemas de saúde resultantes da ingestão de água imprópria para o consumo. Todavia, quando as áreas ocupadas por essas florestas ciliares ou ribeirinhas são convertidas em pastagens ou cultivos agrícolas, elas perdem essas propriedades e quase invariavelmente têm sua capacidade de infiltração da água no solo reduzida, fazendo com que parte das enxurradas chegue aos cursos d'água e promova o assoreamento do rio, a redução da qualidade de suas águas e maiores e mais frequentes inundações. As florestas ribeirinhas exercem, portanto, um importante papel de "filtro" nas nascentes e ao longo dos rios e riachos, reduzindo o assoreamento. Esse mesmo processo de assoreamento ocorrendo nos açudes artificiais, nos reservatórios de geração de energia e/ou abastecimento público e mesmo nos portos fluviais ou marinhos, além das consequências já descritas, exige ainda grandes custos de dragagens para garantir os serviços para os quais esses reservatórios foram construídos.

Com base no que se discutiu anteriormente, pode-se afirmar que o manejo tecnicamente correto das lavouras e pastagens na microbacia hidrográfica como um todo, associado ao uso de práticas adequadas de conservação de solo nessas áreas agrícolas, é fundamental para evitar ou conter processos erosivos que atuariam como fatores de degradação das florestas sobre nascentes e das florestas ribeirinhas, nas margens de cursos d'água. Pode-se também perceber como a restauração e, principalmente, a preservação dessa floresta ciliar são importantes para melhorar a qualidade das águas superficiais, aumentar a estabilidade dos barrancos e evitar o assoreamento da rede de drenagem. A preservação e/ou a restauração da vegetação ripária irão também favorecer a fauna nativa que vive dentro desses cursos d'água, pois frutos, sementes, folhas, flores e outros restos vegetais em decomposição, além de insetos e outros animais que caiam sobre esses ribeirões e rios ou os utilizem, podem dar suporte à cadeia alimentar aquática. Por outro lado, troncos, galhos, raízes e árvores caídos ou arrastados por cheias para dentro dos rios podem ter importante papel na ecologia dos cursos d'água por fornecer abrigo e local de procriação para a fauna associada a ambientes aquáticos. Adicionalmente, a restauração das florestas ribeirinhas acaba por dificultar a ocupação urbana desses ambientes ciliares, que são ambientes muito sensíveis hidrologicamente, evitando assim os grandes desastres urbanos provocados pelas enchentes, que têm resultado na morte de milhares de pessoas no Brasil e no mundo.

1.2.3 Por que restaurar florestas em encostas íngremes e topos de morro?

As encostas íngremes e os topos de morro, apesar de muito variáveis nas suas feições e declives, geralmente são muito sensíveis a deslizamentos por serem cobertos por camadas relativamente finas de solo sobre a rocha que os sustenta num ambiente de elevada declividade, o que acaba por determinar a grande fragilidade dessa situação. Quando a floresta natural que cobre esses locais é retirada e a chuva incidente não mais é interceptada pelas copas das árvores da floresta e pela serapilheira depositada sobre o solo, os processos erosivos tornam-se muito mais intensos e recorrentes em razão da incidência direta das gotas de chuva no solo descoberto. Embora os deslizamentos sejam naturais nesse tipo de ambiente, eles são muito intensificados com a retirada da floresta. Em algumas condições geológicas mais específicas, nas quais ocorre a presença de arenitos sobre basalto, os deslizamentos de terra são ainda mais intensificados com a ausência de floresta.

Como a ocupação das encostas e topos de morro pela agropecuária e pelas populações humanas sempre ocorreu e continua ocorrendo de forma desordenada, os casos de grandes desmoronamentos em encostas degradadas e as consequentes tragédias, inclusive com perdas de vidas, de habitações e de infraestrutura, são uma realidade cada vez mais presente nos noticiários. Cabe notar que a frequência e a intensidade das tragédias resultantes de temporais têm aumentado muito nos últimos anos como consequência da maior degradação de áreas sensíveis e também dos eventos de chuvas extremas resultantes das mudanças climáticas. Assim, a remoção de habitações e de atividades agropecuárias em áreas de risco, seguida da restauração dessas áreas anteriormente ocupadas ou daquelas que estejam degradadas nas proximidades, pode constituir uma das principais estratégias a serem adotadas pela Defesa Civil para evitar essas tragédias, seja pela proteção do solo, seja pela restrição imposta a novas ocupações.

Feita a restauração da floresta nessas áreas de encosta e topos de morro, atenua-se a capacidade erosiva da chuva e recupera-se parcialmente a capacidade de infiltração da água no solo, diminuindo o volume de água que sai do sistema na forma de enxurrada. Especialmente no caso das áreas que necessitam de desocupação humana urgentemente por serem áreas de alto risco, a implantação de projetos de restauração florestal pode contribuir muito para evitar que a área seja reocupada pela população. Vale lembrar que os deslizamentos nesse ambiente de encostas são um processo natural que faz parte da dinâmica dos ecossistemas típicos nessa condição (Fig. 1.10) e que a presença da floresta nessas encostas não confere proteção total contra deslizamentos, embora a cobertura florestal possa atenuar ou reduzir a frequência dos deslizamentos de terra. Grandes deslizamentos normalmente acontecem quando chove moderadamente durante vários dias seguidos, fazendo com que o solo fique muito encharcado, e, algum momento depois, ocorrem chuvas mais intensas e concentradas. A ocorrência de fortes pancadas de chuva nesse solo já encharcado faz com que ele perca a aderência com a rocha que está debaixo dele, levando ao seu deslizamento, como

Fig. 1.10 *Deslizamento de terra natural em uma floresta de encosta*

se fosse um fluido, carregando as árvores, as casas e tudo que estiver no caminho morro abaixo. Algumas vezes, chuvas concentradas com grande intensidade podem gerar o mesmo resultado catastrófico (Boxe *on-line* 1.1).

Portanto, a restauração florestal de encostas cumpre o papel protetor fundamental de recobrir áreas que não deveriam ter sido expostas, mas é preciso destacar que sua capacidade de proteção, embora importante, tem limites naturais. De qualquer forma, independentemente desses limites, os prejuízos causados pelos eventos naturais ou potencializados pelo homem de deslizamentos de terra serão sempre menores se as encostas e topos de morro estiverem ocupados por floresta em vez de casas e agricultura.

1.2.4 Por que restaurar florestas para conservar a biodiversidade remanescente?

A conservação da biodiversidade é cada vez mais debatida nas sociedades atuais, que buscam se desenvolver sem degradar os recursos naturais, os ecossistemas e a qualidade de vida. No passado, havia uma grande concentração dos esforços de conservação na proteção de algumas poucas espécies animais em especial, principalmente daquelas carismáticas muito ameaçadas de extinção, chamadas de espécies-foco ou espécies-bandeira. Tratava-se de uma ação emergencial, pois em muitos casos essas espécies sobreviviam pela existência de algumas pequenas populações isoladas e/ou então de alguns poucos indivíduos. Espécies de tartarugas, golfinhos e baleias, a ararinha-azul (*Cyanopsitta spixii*) e o mico-leão-dourado (*Leontopithecus rosalia*) são exemplos populares que retratam esse esforço.

Com o tempo, percebeu-se que, na maioria das vezes, o foco na preservação de uma única espécie de animal tendia a ser inadequado, pois cada espécie necessita de um ou vários ecossistemas apropriados que forneçam abrigo, alimento e condições para sua reprodução e perpetuação. Adicionalmente, focando a conservação e/ou a restauração dos ecossistemas, e não apenas a conservação das espécies-foco ou espécies-bandeira, podia-se então preservar tanto a espécie de interesse quanto dezenas, centenas ou até

milhares de outras espécies que passariam a habitar ou utilizar o ecossistema conservado e/ou restaurado, muitas das quais são importantes em algum momento do ciclo de vida das espécies ameaçadas ou ainda nem foram descritas pela ciência.

Além da reconstrução de hábitats, as ações de restauração florestal podem também potencializar a conservação da biodiversidade pelo favorecimento da conectividade da paisagem, com os fragmentos naturais remanescentes na paisagem regional interligando-se por meio das florestas restauradas. No Brasil, assim como em outras regiões do planeta em que a agricultura substituiu a maior parte da vegetação natural na paisagem, os remanescentes de vegetação acabam por ficar isolados ou desconectados de outros trechos de vegetação nativa. Esses remanescentes, chamados de fragmentos para salientar que no passado faziam parte de um contínuo de vegetação, apresentam hoje, em geral, pequenas dimensões e, via de regra, já sofreram ou ainda sofrem grandes perturbações recorrentes, como incêndios, retirada clandestina de madeira, caça, invasão pelo gado, descargas de enxurradas e deriva de agrotóxicos. Mesmo isolados, pequenos e degradados, esses fragmentos retêm ainda, considerando o conjunto de fragmentos de uma dada paisagem, uma boa porção da biodiversidade original da região. Contudo, as espécies remanescentes são constituídas, em geral, por populações isoladas formadas por poucos indivíduos, o que aumenta naturalmente os riscos de extinção local. Se a área de hábitat dessas espécies não for aumentada e os remanescentes em que elas ocorrem não forem interligados com o tempo, há grandes chances de essas espécies serem extintas num futuro próximo. Assim, em virtude de nada ser feito para proteger e reconectar populações isoladas na paisagem, há um débito de extinções que ainda não ocorreram por uma mera questão de tempo.

A minimização dos efeitos nocivos da fragmentação sobre a biodiversidade pode ser obtida por um conjunto de medidas que vise restabelecer os fluxos biológicos (trocas de sementes, animais, genes) entre os fragmentos remanescentes e, assim, evitar a extinção local das espécies nativas que ainda persistem nessas paisagens antropizadas. Incluem-se nesse pacote de soluções a proteção dos fragmentos remanescentes contra novas degradações antrópicas, o manejo desses fragmentos visando potencializar seu papel na conservação da biodiversidade (controle das espécies superabundantes, como gramíneas e trepadeiras, e enriquecimento com espécies de grupos funcionais comprometidos, entre outros) e o restabelecimento dos corredores ecológicos por meio da restauração de áreas degradadas em locais que sirvam de elo estrutural e funcional entre esses fragmentos, minimizando as restrições de conectividade decorrentes das matrizes pouco permeáveis entre eles para o trânsito da biodiversidade. A priorização das áreas a serem restauradas deve considerar não só a fragilidade do ambiente degradado aos processos erosivos e de assoreamento, mas também seu papel de conectividade na paisagem, devendo ser interligados os fragmentos remanescentes com melhores características para a conservação da biodiversidade regional e ampliando a área de hábitat das espécies.

1.2.5 Restauração para conseguir vantagens de mercado

Regularização ambiental e legal das atividades produtivas

Uma particularidade importante do Brasil com relação a sua política ambiental diz respeito ao uso de instrumentos legais como medida de proteção dos recursos naturais. Desde a proibição de corte de espécies madeireiras de interesse da Coroa portuguesa até a elaboração da Lei de Proteção e Recuperação da Vegetação Nativa (Lei 12.651/2012), chamada popularmente de novo Código Florestal, o controle do Estado sobre o uso e a ocupação do solo sempre esteve fundamentado na elaboração de leis e na fiscalização do seu cumprimento, que não necessariamente caracterizam políticas conservacionistas efetivas (Boxe *on-line* 1.2).

No entanto, tal como ocorre em outros setores da sociedade, e não só na área ambiental, a fiscalização por si só tem sido muito pouco efetiva para coibir o descumprimento de instrumentos legais. Assim, a ausência histórica de políticas públicas que promovessem o planejamento ambiental e agrícola da propriedade rural, principalmente no momento de sua abertura, a falta de capacitação dos produtores rurais para isso, a ausência de uma política agrícola que promova a sustentabilidade social, econômica e ambiental da propriedade rural no Brasil e a cultura dos produtores de buscar o maior lucro possível no menor tempo resultaram em propriedades com muitas irregularidades ambientais e, geralmente, baixa rentabilidade, por causa de atividades agrícolas pouco produtivas, com exceção de alguns setores ligados à agroindústria. Nesse contexto, novamente pela ausência de política agrícola integrada adequadamente com a política ambiental, a solução aparentemente mais oportuna e fácil é a pressão constante para a flexibilização da legislação ambiental, que reduz o passivo legal acumulado dessas propriedades, mas contribui em praticamente nada para a sua sustentabilidade social, ambiental e econômica.

Em virtude da promulgação da Lei de Crimes Ambientais no Brasil, em 1998, que conseguiu reduzir a impunidade do não cumprimento da legislação ambiental expressa no Código Florestal de 1965, verificou-se um grande movimento dos proprietários rurais, principalmente dos mais esclarecidos culturalmente e com maior inserção econômica, na tentativa de regularização ambiental e legal de propriedades rurais. Essa questão legal e de fiscalização foi incrementada pela atuação cada vez mais incisiva do Ministério Público em questões ambientais (Boxe 1.2) e também pelo mercado consumidor, que passou a exigir mais claramente o cumprimento da legislação na comercialização dos produtos agrícolas, expressos no incremento de iniciativas de certificação ambiental e social de produtos agropecuários e de embargos comerciais. Atualmente, inclusive, as linhas de financiamento de produtos agrícolas exigem o cumprimento da legislação ambiental para cessão de crédito.

Diante dessa nova realidade, tem ocorrido um crescente movimento natural dos agricultores na busca da adequação ambiental e legal de suas propriedades rurais, o que levou a um grande aumento no número e na escala de projetos de restauração ecológica das duas entidades da propriedade rural (Áreas de Preservação Permanente e Reserva Legal) que são reguladas pela Legislação Ambiental. Por ser uma demanda cada vez mais crescente da sociedade e objeto de um envolvimento progressivamente maior dos órgãos de controle do Estado, a resolução de problemas legais ligados à questão ambiental assume destacada importância para a sobrevivência e viabilidade econômica de empresas agrícolas, e a restauração é uma das formas de atingir a adequação de propriedades agrícolas nesse âmbito.

Certificação da produção agrícola

A certificação surgiu como uma forma de comprovar que um determinado produto agrícola possui um grupo específico de características ou foi produzido dentro de certos processos considerados adequados por um padrão de avaliação previamente estabelecido. Entre outras funções, a certificação serve como fonte de informação para que consumidores em todos os níveis, desde indivíduos até empresas e governos, escolham produtos e serviços de forma mais consciente, com base em princípios públicos previamente definidos que buscam a sustentabilidade social, econômica e ambiental do processo de produção. De forma geral, o principal motivador da certificação é a demanda de mercado, impulsionada pela exigência dos consumidores e clientes, e é por isso mesmo que esse instrumento é tão efetivo e deve crescer ainda mais numa sociedade cada vez mais compromissada com as questões sociais e ambientais.

O fato de algumas empresas passarem a ter alguma certificação de seu processo de produção e outras não constitui um diferencial competitivo que pode garantir ou abrir novos mercados, inclusive com possível valorização dos produtos. Na área agrícola, a restauração florestal assume grande importância no âmbito das exigências da maioria das certificações, pois as principais irregularidades ambientais decorrem justamente da ocupação irregular dos solos agrícolas em virtude da legislação ambiental. Como a maioria das certificações adota como linha de base o cumprimento mínimo da legislação vigente define os locais na propriedade rural que não poderiam ter sido ocupados com atividade de produção, como as áreas ao longo dos cursos d'água (áreas ciliares) e a Reserva Legal (porcentagem da propriedade), verifica-se como consequência imediata da preparação de uma propriedade rural para receber a certificação ambiental seu envolvimento em ações de restauração visando à sua adequação ambiental e legal. Diversas são as certificações adotadas atualmente na agropecuária brasileira, tais como ISO 14.001 (norma aceita em vários países que define os requisitos para estabelecer e operar um sistema de gestão ambiental), Forest Stewardship Council (FSC), Cerflor, Sustainable Farm Certification (SFC), Rainforest Alliance e tantos outros selos específicos que incluem fortemente a questão ambiental no grupo de conformidades a serem verificadas pelos auditores.

Para entender como a lógica da certificação funciona na prática para impulsionar a restauração florestal, pode-se considerar o caso de uma usina sucroalcooleira que vende açúcar para uma empresa produtora de refrigerantes. Essa empresa recentemente obteve a certificação ISO 14.001 e só poderá, então, adquirir açúcar de outras que também sejam contempladas com essa certificação, o que é definido como cadeia de custódia, já que seria incoerente uma empresa certificada comprar matérias-primas produzidas sem responsabilidade social e ambiental assegurada. Nesse caso, ela irá pressionar a usina sucroalcooleira em questão para obter o ISO 14.001, sob a penalidade de mudança de fornecedor caso essa certificação não seja conseguida. Se recebida, a certificação dessa usina resultaria no cumprimento da legislação ambiental vigente e, portanto, na restauração de suas matas ciliares e da Reserva Legal.

Como resultado desse processo, milhares de hectares de florestas ripárias foram e estão sendo restaurados todos os anos em regiões sucroalcooleiras. Recentemente, foi criada mais uma certificação da cana-de-açúcar voltada principalmente para a exportação, denominada Better Sugarcane Initiative (BSI), a qual contém vários indicadores ambientais, incluindo a gestão dos ecossistemas nativos e ações de melhoria ambiental, e que promete também impulsionar a restauração florestal nesse setor do agronegócio. Esse mesmo sistema de certificação em cadeia da cana-de-açúcar também ocorre nas empresas de papel e celulose, para as quais ter a certificação FSC é quase uma obrigatoriedade de mercado para que possam exportar seus produtos.

Atualmente, grande parte das áreas em processo de restauração florestal no Brasil tem origem em demandas de mercado para a adequação ambiental e legal da produção agropecuária, evidenciando o papel central que a certificação e, consequentemente, os consumidores e empresas conscientes têm no incremento das ações de restauração no território nacional. Assim, a lógica de mercado conferida pela certificação ambiental é uma poderosa ferramenta de envolvimento dos produtores rurais no processo de restauração florestal. Um passo adicional que precisa ser ainda aperfeiçoado é a garantia da qualidade dessas ações de restauração na propriedade, pois é comum encontrar empresas certificadas com projetos de regularização ambiental ainda muito deficientes em termos de resultados efetivos, claramente implantados apenas para atender ao cumprimento das normas da certificação, sem um comprometimento com a sustentabilidade ecológica dessas áreas.

Marketing ambiental

A tão difundida crise ambiental por que passa a humanidade, expressa em distúrbios climáticos, extinções de espécies, poluição e desastres naturais, tem sensibilizado cada vez mais a sociedade moderna, principalmente a parcela da população com maior nível educacional. Por esse motivo, informações sobre os impactos ou benefícios que a aquisição de um determinado produto ou serviço pode ter na natureza têm orientado cada vez mais as decisões do consumidor no momento da compra, seja na gôndola de um supermercado, seja em uma concessionária de veículos.

Atentos a esse novo comportamento do consumidor, profissionais de *marketing* têm cada vez mais incluído temas ambientais nas campanhas publicitárias, embora em muitos casos isso seja apenas um jogo de *marketing* e não uma melhoria ambiental efetiva proporcionada por determinado produto ou serviço, caracterizando o chamado *greenwashing* (propaganda enganosa com relação a aspectos

ambientais). Contudo, empresas sérias e comprometidas com sua imagem estão investindo pesadamente em ações socioambientais e, logicamente, explorando isso em ações de *marketing*. Nesse contexto, a restauração florestal, expressa muitas vezes de forma simplificada como o plantio de árvores, tem aparecido com muita frequência nas propagandas. Esse tipo de "*marketing* verde" tem sido incorporado aos mais diversos produtos e setores da economia, como detergentes, sabões em pó, cartões de postos de gasolina, cartões de banco, *sites*, produtos alimentícios, condomínios residenciais e até *shows* de *rock*, muitas vezes associando o potencial das árvores plantadas em neutralizar o carbono emitido na produção daquele bem. Curiosamente, muitos condomínios divulgam em suas propagandas que possuem a mata ciliar restaurada como forma de atrair interessados em adquirir um imóvel que propicie um contato maior com a natureza. Consequentemente, o *marketing* ambiental passa a ser uma importante fonte de captação de recursos para aplicação em ações de restauração florestal, o que terá cada vez mais importância dentro da lógica de consumo e de uma sociedade progressivamente mais consciente da importância de reverter o atual quadro de degradação dos recursos naturais.

Felizmente, os políticos também estão percebendo que uma postura de comprometimento com o meio ambiente é bem vista pela sociedade e, potencialmente, por futuros eleitores. Isso tem estimulado o envolvimento de governos locais e estaduais em ações de restauração florestal e, como era de se esperar, tem também se convertido em *marketing* político. Um exemplo interessante de competição política saudável é o projeto Município Verde Azul, lançado em 2007 pela Secretaria de Meio Ambiente do Estado de São Paulo. Por meio desse projeto, é estabelecido um *ranking* entre os municípios paulistas com base em dez indicadores ambientais, incluindo o item "Mata Ciliar: participar em parceria com outros órgãos públicos e entes da sociedade da recuperação de matas ciliares, identificando áreas, elaborando projetos municipais e viabilizando a execução de outros projetos com este fim". Como o posicionamento nesse *ranking* pode interferir na avaliação da gestão do prefeito e do seu secretário de Meio Ambiente, há um estímulo para que os governos municipais se envolvam na restauração de matas ciliares para obterem uma boa pontuação. Consequentemente, já se está fazendo uso político disso.

1.2.6 Geração de renda com a exploração de produtos e serviços de áreas em processo de restauração

A biodiversidade é uma dádiva biológica e ecológica, mas também um diferencial econômico que o Brasil ainda precisa aprender a explorar de forma adequada, pois é o país com maior biodiversidade do mundo e, ao mesmo tempo, um dos que menos exploram de forma sustentável essa biodiversidade. Como cada organismo pode gerar simultaneamente vários produtos distintos, o país dispõe de uma imensidão de matérias-primas que podem e devem ser convertidas em bens úteis à sociedade. Considerando que muitas dessas espécies que têm potencial comercial são exclusivas do Brasil, há, então, um imenso potencial de exportação e de uso interno permanentemente subutilizado. Se, por um lado, muito tem sido discutido sobre a biopirataria de espécies brasileiras e a apropriação indevida do conhecimento tradicional associado ao uso comercial dessas espécies, seria incoerente simplesmente impedir o acesso a esse recurso genético sem investir no potencial que a biodiversidade brasileira oferece para a melhoria do bem-estar da humanidade. É preciso conhecer para valorizar e, na maioria dos casos, é preciso valorizar, usar bem e cuidar para não perder. Assim, a melhor forma de combater a biopirataria é investir pesadamente em pesquisa básica e tecnológica voltada para o desenvolvimento de produtos com base na biodiversidade brasileira, trazendo resultados imediatos na forma de patentes e registros que vão garantir a propriedade intelectual e a proteção das espécies nativas.

Se no passado bastava entrar nas florestas colhendo pau-brasil (*Caesalpinia echinata*) para a fabricação de tinturas, pau-rosa (*Aniba rosaeodora*) para a fabricação de perfumes ou jequitibás (*Cariniana* spp.), perobas (*Aspidosperma* spp.) e cedros (*Cedrella* spp.)

para a fabricação de móveis, hoje esse extrativismo já não é tão fácil assim e apresenta muitas restrições na maioria das regiões brasileiras, tanto legais como ecológicas, uma vez que muitas dessas espécies possuem populações muito reduzidas. Como o homem praticamente acabou com essas espécies no ambiente natural, destruindo seus ambientes e explorando sem controle nenhum os locais onde ainda existiam, a única alternativa que sobrou para voltar a desfrutar dessas espécies nativas e de seus produtos únicos é utilizando-as em sistemas de produção, tal como modelos de restauração florestal voltados para a exploração econômica, sustentados na produção de espécies nativas madeireiras, medicinais, frutíferas, melíferas, extrativas e ornamentais. Conforme discutido em detalhes no Cap. 13, a restauração florestal oferece várias oportunidades de geração de renda por meio do pagamento por serviços ambientais (água, carbono e biodiversidade), da geração de produtos florestais madeireiros e não madeireiros, do uso de modelos agrossilviculturais e do aproveitamento turístico.

À medida que a sociedade der mais valor aos produtos extraídos de forma sustentável de espécies nativas e a disponibilidade dessas espécies no mercado reduzir pela sobre-exploração e destruição de hábitats, a produção delas nos projetos de restauração florestal será cada vez mais uma opção economicamente vantajosa para o produtor rural, principalmente em áreas de baixa aptidão agrícola e elevado potencial florestal.

1.3 CONCLUSÃO

A restauração ecológica é um ramo recente da Ecologia que passou, nos últimos anos, por uma série de reflexões conceituais sobre o que é restaurar, trazendo consequências imediatas nas formas de definir e pensar a restauração ecológica. Passado esse período de maturação científica e de autoafirmação como uma nova linha de pesquisa e de práticas multidisciplinares e transdisciplinares, a Ecologia da Restauração e a restauração ecológica conseguiram se afirmar com grandes promessas para reverter e mitigar os inúmeros impactos ambientais resultantes das atividades antrópicas nos ecossistemas naturais. Isso é corroborado pelo crescente investimento da sociedade em esforços de restauração, bem como pelo envolvimento cada vez maior de técnicos e pesquisadores na ciência e arte de assistir à recuperação de ecossistemas alterados pelo homem.

Diante da enorme degradação histórica e presente dos ecossistemas naturais brasileiros, era natural que o Brasil se tornasse um dos grandes palcos da restauração ecológica no mundo, com destaque para a restauração florestal, dada a predominância de ecossistemas florestais em território nacional. Motivos não faltam para investir nessa atividade, conforme detalhado ao longo desse capítulo e do livro como um todo. Mais do que nunca, é preciso ampliar o entendimento sobre como atuar de forma sólida nessa nova e desafiante fronteira do conhecimento. À medida que a sociedade se convence de *por que* restaurar ecossistemas degradados, consciente *do que é restaurar*, é preciso formar recursos humanos capazes de orientar *quando, onde* e *como restaurar*, sendo esse o objetivo principal deste livro.

Literatura complementar recomendada

VAN ANDEL, J.; ARONSON, J. *Restoration Ecology*: the new frontier. Oxford, UK: Blackwell, 2006. 299 p.

CAIRNS Jr., J. (Ed.). *Rehabilitating damaged ecosystems*. 2nd ed. Boca Raton: Lewis Publishers, 1995. 425 p.

CLEWELL, A. F.; ARONSON, J. (Ed.). *Ecological restoration*: principles, values, and structure of an emerging profession. 2nd ed. Washington, D.C.: Island Press, 2013.

ENGEL, V. L.; PARROTA, J. A. Definindo a restauração ecológica: tendências e perspectivas mundiais. In: KAGEYAMA, P. Y.; OLIVEIRA, R. E.; MORAES, L. F. D.; ENGEL, V. L.; GANDARA, F. B. (Org.). *Restauração ecológica de ecossistemas naturais*. Botucatu: Fepaf, 2003.

GALATOWITSCH, S. M. *Ecological restoration*. Sunderland (MA): Sinauer, 2012. 630 p.

HOWELL, E. A.; HARRINGTON, J. A.; GLASS, S. B. *Introduction to Restoration Ecology*. Washington, D.C.: Island Press, 2011. 436 p.

RODRIGUES, E. *Ecologia da restauração*. 1. ed. Londrina: Planta, 2013. 300 p.

RODRIGUES, R. R.; LEITÃO FILHO, H. F. (Org.). *Matas ciliares*: conservação e recuperação. 3. ed. São Paulo: Edusp; Fapesp, 2004. 320 p.

Histórico da restauração florestal no Brasil

2

Conforme já discutido no capítulo anterior, a restauração ecológica e a Ecologia da Restauração constituem ramos muito recentes da ciência e prática, tanto no Brasil como no mundo. Antes de se criar uma disciplina específica sobre a restauração ecológica de ecossistemas degradados, a humanidade testou várias possibilidades de entender e manipular esses ecossistemas com o intuito de aproveitá-los melhor para sua sobrevivência e bem-estar. Ao longo da história humana, a recuperação de áreas degradadas sempre existiu como uma atividade voltada para resolver problemas práticos que afetavam uma dada população, mais comumente para proteger um recurso hídrico, ou mesmo para a estabilização de encostas, para a recuperação da fertilidade de solos agrícolas, para aspectos paisagísticos no ambiente urbano, entre outros.

Com o surgimento da Ecologia como ciência, no final do século XIX, ocorreram várias tentativas de usar conceitos ecológicos na orientação de ações práticas de recuperação de áreas degradadas. Assim, na primeira metade do século XX, o conceito de sucessão ecológica, que foi a principal teoria científica da Ecologia nesse período, serviu de base para várias dessas iniciativas de recuperação. Após a Segunda Guerra Mundial, o surgimento de novos conceitos e teorias, por exemplo, o conceito de ecossistema, introduziu uma nova visão sobre as causas e consequências da degradação, prevenindo-a e estimulando a restauração. Naquela época, os cientistas buscavam entender o funcionamento dos ecossistemas para predizer a resposta deles aos novos impactos resultantes da ação humana, como as guerras, incluindo a bomba atômica. Essa nova bagagem teórica foi incorporada ao conceito de sucessão na busca de soluções para questões cada vez mais importantes para a sociedade, como a poluição, a erosão genética, a perda de biodiversidade, o surgimento de espécies resistentes a agrotóxicos, a introdução de espécies invasoras etc., e também para a orientação das práticas mais adequadas de restauração.

Por conseguinte, nas últimas décadas do século XX, a expansão da crise ambiental, a demanda por uma regulamentação mais apropriada para o uso de ecossistemas e o surgimento de uma consciência ambiental na humanidade, somados a uma maior abrangência da visão conservacionista no meio acadêmico, permitiram um ambiente cultural e científico propício para o surgimento da nova disciplina, a Ecologia da Restauração, uma nova subárea da Ecologia dedicada à elaboração de conceitos e de modelos destinados à sustentação científica das práticas testadas na restauração ecológica.

No Brasil, o surgimento da Ecologia da Restauração e da restauração ecológica também esteve relacionado com as tentativas empíricas de trazer soluções para os problemas ambientais decorrentes da degradação histórica de seus ecossistemas. Ao contrário do que muitos pensam, a degradação dos ecossistemas florestais brasileiros se iniciou com a expansão dos tupis na Mata Atlântica séculos atrás, bem antes da colonização portuguesa, com seu sistema de agricultura migratória de corte e queima por uma vasta extensão do território nacional. O território tupi, que se estendia por quase toda a faixa atlântica brasileira, teria sido queimado por completo em apenas 55 anos, considerando 600 pessoas por aldeia de 70 km^2 (Dean, 1996). Em mil anos de ocupação tupi, suas terras teriam sido queimadas pelo menos 19 vezes.

Contudo, a degradação causada pelos tupis, que sempre ocorreu de forma pontual, espaçada no tempo e sem tecnificação, certamente não resultou em nenhum prejuízo evidente para a sua sobrevência, não estimulando assim uma redefinição do uso do solo e iniciativas de recuperação, mas simplesmente a expansão do território com o aumento da população. Isso porque o sistema de agricultura dos indígenas era migratório e conduzido na seguinte sequência: 1) áreas de floresta primária ou secundária em estágio avançado de regeneração eram queimadas para dar lugar a cultivos de subsistência, técnica chamada de *coivara*; 2) espécies como o milho e a mandioca eram cultivadas no solo recém-queimado da floresta, que estava enriquecido pelas cinzas da queimada; 3) após alguns poucos anos de cultivo naquela área, a produção declinava pela perda dos nutrientes liberados pelas cinzas, com consequente ataque de pragas e perda de competitividade dessas culturas para as plantas nativas que insistiam em voltar, fazendo com que essa área de cultivo fosse abandonada, liberando-a para ser reocupada com a regeneração natural da floresta; 4) depois de cerca de 40 anos de sucessão secundária naquela área, quando a floresta já apresentava elevada biomassa, ela poderia ser novamente queimada para dar lugar a um novo ciclo de cultivo.

Como não havia limitações para que novas áreas de floresta primária ou secundárias maduras fossem queimadas para dar lugar a cultivos de subsistência, a degradação não trazia grandes prejuízos para os indígenas. O fogo também era muito usado nas caçadas, para tirar os animais de dentro da floresta e conduzi-los para locais em que pudessem ser mais facilmente abatidos. Assim, não se tratava de um sistema de produção romanticamente em harmonia com a natureza, mas sim de um sistema prático que atendia às demandas do tamanho da população desses povoamentos humanos e que certamente não atenderia à demanda de produção de alimentos para a sociedade moderna, que chegará em pouco tempo à marca de 10 bilhões de habitantes. Mesmo assim, tanto os tupis quanto outros grupos indígenas tinham consciência de que o uso intensivo do solo poderia comprometer a sustentabilidade da produção agrícola e que a regeneração da floresta auxiliava na recuperação da fertilidade do solo.

Com a colonização portuguesa, a degradação cresceu enormemente, principalmente a partir do estabelecimento das sesmarias como forma de legitimar e sistematizar a ocupação do Brasil e restringir a tomada do novo território por outras potências europeias à época, como França e Holanda. Grandes extensões de floresta foram destruídas para suprir o apetite voraz da Coroa portuguesa por divisas, geradas pela exportação de pau-brasil, de açúcar e, posteriormente, de ouro, e também para atender a demanda crescente de alimentos da população brasileira. No entanto, enganou-se quem imaginou que o estabelecimento de uma área de exploração permanente, diferente do modelo migratório de exploração praticado pelos indígenas, iria aumentar o zelo pela terra, o que fica evidente no relato de Dean (1996, p. 163), que magistralmente descreveu o processo de destruição da Mata Atlântica brasileira:

"tendo consumido toda a floresta primária mais promissora de uma sesmaria, um donatário costumava vendê-la por uma ninharia e pedir outra, que normalmente obtinha sem dificuldade". Assim, a agricultura continuava migrando sobre novas áreas de floresta, deixando para trás fazendas abandonadas praticamente exauridas no seu potencial produtivo. José Vieira Couto, citado por Dean (1996, p. 155), descrevia o agricultor brasileiro como quem

> olha para duas ou mais léguas de florestas como se elas não fossem nada, e ele mal as reduziu a cinzas e já lança seu olhar mais adiante para levar a destruição a outras partes; não nutre nem feição nem amor pela terra que cultiva, tendo plena consciência de que ela provavelmente não irá durar para seus filhos.

Posteriormente, com o ciclo do café, o processo de transformação das incríveis florestas brasileiras em produtos primários de exportação atingiu seu apogeu, reduzindo a cinzas a maior parte das florestas do Sudeste, com destaque para o Estado de São Paulo (Fig. 2.1). Nesse período, a política agrícola praticada no Brasil era puramente extrativista, incentivando a expansão da fronteira agrícola sobre novas áreas de floresta, agricultura essa praticada sem nenhuma tecnologia de produção e, portanto, determinando uma rápida degradação dos recursos naturais e motivando a conversão de novas áreas. Nas áreas já exauridas, ocorria a substituição das culturas mais exigentes em nutrientes, como o café, por culturas cada vez menos exigentes, como as pastagens de gramíneas africanas, enquanto as mais exigentes migravam para novas áreas ocupadas ainda por florestas. Sendo assim, não era esperado no Brasil que a prática da restauração florestal fosse inaugurada com base em iniciativas do setor agrícola.

Embora as áreas de produção pudessem continuamente se deslocar no território em busca de áreas mais férteis, ocupadas por florestas que pudessem ser queimadas, os centros urbanos não dispunham dessa facilidade migratória, ficando sujeitos às consequências da degradação desses ecossistemas naturais, principalmente no que se refere ao abastecimento de água. Durante o período imperial brasileiro, a substituição das florestas de encosta do Rio de Janeiro pelos plantios de café causou sérios problemas para o abastecimento de água da cidade, já que eram essas florestas que protegiam os principais mananciais de água potável. Para enfrentar esses problemas de abastecimento da cidade, além da proibição de corte de algumas árvores de madeira nobre e desapropriações de terras nas regiões de nascentes, o próprio imperador ordenou a realização do que seria a primeira iniciativa de restauração florestal da América Latina e, provavelmente, também a primeira iniciativa de restauração de florestas tropicais úmidas do mundo. Entre 1862 e 1892, milhares de mudas de espécies nativas e também exóticas foram plantadas em uma área que hoje corresponde ao Parque Nacional da Tijuca e ao Jardim Botânico do Rio de Janeiro, conforme descreve o Boxe 2.1. Era, portanto, o nascimento da restau-

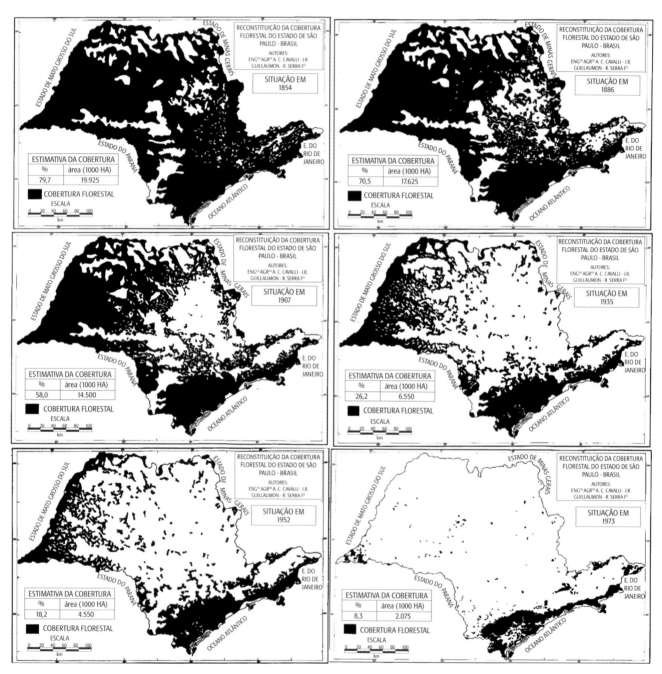

Fig. 2.1 *Redução histórica da cobertura florestal do Estado de São Paulo, resultado principalmente do avanço das lavouras de café sobre as florestas nativas do interior. Áreas em branco dentro do limite do Estado representam áreas originalmente ocupadas por Cerrado somadas a áreas de floresta desmatadas*

Fonte: adaptado de Vitor et al. (2005).

ração ecológica no Brasil, ordenada pelo imperador Dom Pedro II, como administrador público visionário, e implantada pelo major Manoel Archer, como o primeiro restaurador do Brasil e do mundo.

Embora metodologicamente mais associada à reabilitação florestal, a resiliência ainda muito ativa da área e a paisagem ainda predominantemente florestal, com muitos fragmentos remanescentes e vários deles bem conservados em razão do relevo acidentado, proporcionaram que esse plantio misto se transformasse de fato em uma floresta nativa restaurada. Em 2012, a Floresta da Tijuca completou 150 anos de história (Fig. 2.2), com todos os processos restaurados, apesar do impacto ainda negativo das exóticas que foram usadas no processo inicial de restauração, com destaque para as jaqueiras. Hoje, ações de reintrodução da fauna já são realizadas com sucesso nessa floresta.

Paralelamente, a restauração ecológica tinha se iniciado em outras partes do mundo por motivações semelhantes. O pioneiro da restauração ecológica no mundo tem sido considerado o pesquisador norte-americano Aldo Leopold, que restabeleceu, entre 1935 e 1941, uma vegetação nativa de pradaria em uma área degradada no atual arboreto na Universidade de Wisconsin, nos Estados Unidos, juntamente com o botânico John Curtis. As ideias do professor Aldo Leopold foram muito além da restauração ecológica e tiveram grande contribuição para o que hoje se chama de ciência da sustentabilidade. No entanto, os autores acreditam que, embora ele seja hoje considerado o pai da restauração ecológica no mundo, essa notoriedade deva ser creditada ao major Manoel Archer, que implantou o projeto de restauração da Floresta da Tijuca a partir de 1862, antes mesmo de Aldo Leopold nascer, em 1887, ao passo que Aldo Leopold, pela investigação de princípios científicos associados à restauração ecológica, deva ser considerado o pai da Ecologia da Restauração.

Outras iniciativas no Brasil também precederam a de Aldo Leopold, por exemplo, a implantação, em 1906, do parque da Escola Superior de Agricultura "Luiz de Queiroz", da Universidade de São Paulo, na cidade de Piracicaba (SP), que transformou 15 ha de áreas degradadas pelo cultivo de café e algodão em florestas nativas restauradas com elevada diversidade regional (Fig. 2.3). Esse projeto foi idealizado pelo paisagista belga Arsenio Puttemans e implantado pelo professor Philippe Westin Cabral de Vasconcellos, e, embora tenha se utilizado de algumas espécies exóticas, baseou-se principalmente no plantio de mudas de espécies nativas da região, refletindo a realidade

Fig. 2.2 *Floresta da Tijuca, no Rio de Janeiro (RJ), 150 anos após o início de sua implantação pelo major Manoel Archer*

BOXE 2.1 PIONEIRISMO NA RESTAURAÇÃO DE FLORESTAS TROPICAIS: A HISTÓRIA DA FLORESTA DA TIJUCA

Vicejando num perímetro de 21 km² no Maciço da Tijuca e circunscrita ao atual Parque Nacional da Tijuca, a Floresta da Tijuca continua a refletir as diferentes relações entre natureza e sociedade, passado e presente, ciência e cultura. O maciço que a abriga constitui um conjunto de montanhas onde se situam referências da paisagem carioca, como o Morro do Corcovado, a Pedra da Gávea, a Pedra Bonita e o Morro Dois Irmãos. Desde o período colonial a população nominava essa cobertura florestal como Matas da Tijuca ou Floresta da Tijuca. Enquanto o cultivo do café avançava sobre as altitudes em redor da cidade, o uso do solo e as inovações dele suscitadas acabaram por circunscrever, nas vertentes ao norte do maciço, o que se sagrou como Floresta da Tijuca, intimamente ligada à história de ocupação do território fluminense, aos ciclos econômicos e à construção da identidade cultural e científica da população que se estabeleceu nesse espaço geográfico desde a chegada da corte portuguesa até os dias atuais. A intricada rede de relações sociais e de poder tanto teceu, ao longo dos séculos XIX e XX, a destruição de áreas naturais quanto ensejou a busca por soluções para os problemas decorrentes.

Os primeiros plantios destinados ao reflorestamento, em 1862, encontraram na escassez de água para abastecimento da cidade do Rio de Janeiro sua explicação histórica mais emblemática e, por que não dizer, romântica. Se aos olhos do colonizador europeu a percepção das matas tropicais era como de natureza bizarra e impeditiva ao progresso, sua substituição por espécies exóticas, comercialmente viáveis e capazes de gerar uma paisagem mais homogênea, à semelhança do Velho Continente, era mais que oportuna.

Em 1860 foi criado o Imperial Instituto Fluminense de Agricultura (IIFA) com o projeto inicial de modernizar, por meio de estabelecimentos de ensino agrícola e da divulgação de conhecimento, as práticas rudimentares usuais, aliando teoria à prática. A maioria de seus membros eram proprietários rurais, porém também havia homens de ciência. Defendia-se ali a produção de conhecimento próprio sobre os recursos do país, bem como a resistência à introdução das práticas europeias como verdade absoluta. Embora estabelecido por portaria o plantio regular de árvores, num sistema de mudas e sementeiras, e com arvoredos do país, em linhas retas paralelas, com distância fixa a partir das nascentes, o major Gomes Archer – primeiro administrador da Floresta Nacional da Tijuca – optou por reproduzir a fisionomia desordenada da floresta tropical, o que mais tarde foi reconhecido. Essa atitude sugere refletir sobre as posições identitárias de construção de uma ciência nacional, dispersa entre os homens de ciência e os intelectuais à época.

As mudas vieram da Floresta das Paineiras (próxima ao Pico do Corcovado), de Guaratiba e outras mais cultivadas do Jardim Botânico do Rio de Janeiro (JBRJ). As coleções botânicas provenientes do Maciço da Tijuca e depositadas no herbário do JBRJ somam três mil espécimes e podem servir de fonte informativa para o estudo histórico da paisagem. Um embrião do que se compreende hoje por restauração ecológica pode ser encontrado nas práticas de Archer, cuja seleção de espécies – privilegiando a coleta de espécies autóctones à serrania –, bem como o arranjo espacial empírico – valendo-se de sua experiência em campo ao observar a organização natural dos indivíduos na fisionomia local e as associações de espécies –, propiciou em longo prazo a reconstituição florística e estrutural desse trecho de encosta do Maciço da Tijuca. Diferentes autores têm se ocupado de pensar o lugar do homem neste momento de grandes incertezas. Os que nos antecederam na experiência da Tijuca apostaram no futuro, no desconhecido e no improvável, e talvez nós tenhamos o grande desafio científico e humano, em face da contemporaneidade, de tornarmo-nos, a cada dia, "pessoas que façam da oposição ao pensamento consagrado uma virtude".

Rejan R. Guedes-Bruni (rejanbruni@puc-rio.br), Jardim Botânico do Rio de Janeiro e PUC-Rio

Fig. 2.3 *Implantação, em 1906 (A), e vista atual (B) do parque da Escola Superior de Agricultura "Luiz de Queiroz", da Universidade de São Paulo, em Piracicaba (SP)*
Fotos: (A) autor desconhecido e (B) Gerhard Waller.

da maioria dos projetos de restauração florestal da atualidade implantados no Brasil. Hoje, essa floresta abriga mais de 250 espécies de árvores e arbustos nativos da região e muitas outras de regiões diversas. Mais recentemente, outras iniciativas foram desenvolvidas visando à proteção dos recursos hídricos e edáficos, como as experiências realizadas em Itatiaia (RJ), no ano de 1954, e em Cosmópolis (SP), iniciadas em 1955 (Nogueira, 2010). Merece destaque também, entre as iniciativas pioneiras de restauração ecológica no Brasil, o plantio de 20 ha da Fazenda Cananéia, em Cândido Mota (SP), em que foram plantadas 165 espécies arbóreas, a maioria nativa.

Contudo, todas essas iniciativas de restauração florestal no Brasil não foram implantadas de acordo com modelos ecológicos previamente estabelecidos. Os primeiros dados científicos sobre restauração ecológica surgiram ao final da década de 1970, junto com os primeiros experimentos sobre o desempenho de espécies e modelos de plantio realizados, em sua maioria, por instituições oficiais e universidades. Esse caráter científico se consolidou nos trabalhos apresentados no Congresso Nacional sobre Essências Nativas (1982) e no 4º Congresso Florestal Brasileiro (1982), notavelmente por meio dos trabalhos de José Carlos Bolliger Nogueira. Consolidava-se também a íntima relação entre o nascimento da pesquisa em restauração ecológica no Brasil e as atividades silviculturais de produção, que usavam basicamente espécies exóticas.

Tomando-se como base o uso histórico de exóticas, é provável que as primeiras iniciativas de restauração no Brasil praticamente desconsiderassem a função dos processos ecológicos na construção e na perpetuação de florestas restauradas. A restauração era vista como uma prática puramente silvicultural de plantio de espécies florestais, sem nenhuma preocupação de uso de espécies nativas, muito menos regionais, e sem a preocupação da restauração dos processos ecológicos e das interações mantenedoras da dinâmica florestal. Questões relacionadas ao uso dos conhecimentos já disponíveis sobre sucessão secundária, dinâmica de clareiras e grupos ecológicos de espécies na restauração ecológica começaram a ser levados em consideração a partir da década de 1980, particularmente com os trabalhos do professor Paulo Yoshio Kageyama e seus colaboradores, em plantios de restauração em margens de represas da Companhia Energética de São Paulo (Cesp), que devem ser considerados como o marco inicial da Ecologia da Restauração no Brasil.

Nesse momento, o enfoque foi combinar espécies pioneiras com espécies não pioneiras, em linhas alternadas, o que permitiu reocupar as áreas degradadas em um tempo muito menor, reduzindo custos e permitindo restauração em larga escala. Ao final da década de 1980, a restauração florestal era feita no Sudeste brasileiro por meio de "receitas", ou seja, plantios mistos de espécies nativas buscando reproduzir a estrutura e o funcionamento de florestas remanescentes. Nesse momento, a florística e a fitossociologia dos remanescentes florestais bem conservados da região passaram a ser requisitos para os projetos de restauração, indicando as espécies mais finais da sucessão que deveriam ser usadas nos projetos e as suas respectivas densidades. Para o plantio, essas espécies mais finais eram combinadas com espécies pioneiras, formando as unidades sucessionais. Um exemplo de projeto realizado dentro dessa abordagem conceitual é o da restauração das margens da represa de abastecimento público de Iracemápolis (SP), dos professores Hermógenes Leitão-Filho e Ricardo Ribeiro Rodrigues, em que foram usados módulos de plantios combinando seis pioneiras, duas secundárias e uma clímax em cada módulo, resultando em mais de 125 espécies utilizadas em todo o projeto, a maioria nativas regionais, mas ainda usando algumas não regionais e exóticas (Boxe *on-line* 2.1).

Nesse período, apesar de algumas iniciativas de restauração em Cerrado coordenadas pela pesquisadora Giselda Durigan e colaboradores, a maioria das iniciativas de restauração ecológica no Brasil foi focada, por diferentes motivos, na restauração de matas ciliares (formações ribeirinhas). Essa priorização foi estabelecida entre restauradores nos simpósios e *workshops* específicos desse assunto que ocorreram a partir de 1989, sob coordenação do Instituto de Botânica do Estado de São Paulo, na pessoa do pesquisador Luiz Mauro Barbosa e colaboradores, os quais constituíram um importante fórum de discussão e apresentação dos avanços da restauração florestal no Estado e no Brasil.

Nas últimas décadas, a restauração ecológica avançou muito em termos conceituais, metodológicos e técnicos, tanto no Brasil como no exterior. O aumento do conhecimento sobre o funcionamento das florestas remanescentes e o conhecimento gerado com o monitoramento das iniciativas passadas de restauração foram os grandes contribuintes desse processo de avanço contínuo da restauração ecológica. Com o tempo, outros conceitos e práticas passaram a ser incorporados aos projetos de restauração além do tradicional plantio de mudas de espécies de diferentes grupos sucessionais. Os projetos almejavam aproveitar o potencial regenerativo da própria área e, ao mesmo tempo, garantir alta diversidade de espécies, que é a característica principal das formações naturais dos trópicos. Novas técnicas e modelos alternativos de restauração surgiram buscando restabelecer processos naturais da floresta, tal como o manejo da dispersão de sementes e a potencialização da expressão do banco de sementes, por meio de técnicas de menor custo de instalação e maior eficiência. Assim, a restauração deixou de ser a simples reconstrução da estrutura da floresta por meio de reflorestamentos e tornou-se uma alternativa para restabelecer processos ecológicos.

No entanto, apesar do incremento cada vez mais consistente dos conceitos ecológicos na restauração ao longo da história, muitas iniciativas, algumas em larga escala, não conseguiram produzir florestas perpetuadas no tempo. Reflorestamentos com baixa diversidade de espécies (p.ex., até 30 espécies) e domínio de pioneiras pouco longevas em plantios inseridos em paisagens muito fragmentadas, desfavoráveis para o enriquecimento natural, declinaram 15 a 20 anos após terem sido implantados. Contudo, essas experiências de insucesso tiveram papel importante, pois promoveram uma grande reflexão sobre os conceitos e as práticas de restauração ecológica no Brasil, permitindo a evolução do atual conhecimento sobre Ecologia da Restauração, tanto em termos técnicos quanto conceituais, que tem refletido na definição mais adequada dos objetivos de cada projeto e na particularização dos métodos adotados em cada situação de degradação, aumentando muito a efetividade dos projetos.

Vale destacar que as iniciativas de restauração são ainda recentes e não foram monitoradas por tempo suficiente para permitir análises mais adequadas. Adicionalmente, são poucas as áreas restauradas com um devido delineamento experimental, que permita a comparação segura de métodos de restauração e de efeitos diversos da manipulação de espécies e componentes do ecossistema no curso da restauração, de forma que muita pesquisa precisa ainda ser conduzida para elucidar aspectos básicos da transformação de ecossistemas degradados em restaurados. Em decorrência dessa limitação experimental da restauração ecológica, muitas das ideias correntemente defendidas por pesquisadores e técnicos da área nunca foram adequadamente testadas pela pesquisa, o que aumenta o risco de várias delas serem equivocadas. Assim, para que a restauração florestal ganhe solidez como ciência, tratando dessas questões com a seriedade requerida numa investigação científica, é preciso formar recursos humanos capacitados para refletir crítica e cientificamente sobre esse tema. Esse é um grande desafio a ser enfrentado para o avanço da restauração florestal no Brasil e no mundo.

Os primeiros trabalhos técnico-científicos em restauração ecológica no Brasil foram conduzidos por pesquisadores contratados na área de Ecologia Vegetal e Sistemática Vegetal nas universidades e instituições de pesquisa. Muitos desses pesquisadores migraram progressivamente para a restauração florestal por interesse pessoal, estabelecendo a restauração como suas principais linhas de pesquisa, o que resultou na fundação dos primeiros laboratórios dedicados ao tema a partir da década de 1990. O mesmo processo ocorreu em outros países do mundo, já que a Ecologia da Restauração é muito recente. Por exemplo, a Sociedade Internacional para a restauração ecológica foi criada em 1987 e o primeiro número da revista *Restoration Ecology* foi publicado em 1993. A Sociedade Brasileira de Recuperação de Áreas Degradadas (Sobrade), a Rede Brasileira de Restauração Ecológica (Rebre) e a Sociedade Brasileira de Restauração Ecológica (Sobre), que abrangem os principais profissionais ligados à restauração florestal no Brasil, surgiram também apenas nas últimas décadas.

Esses pesquisadores da área de Ecologia Vegetal, por sua vez, começaram a orientar alunos e a ministrar disciplinas de pós-graduação em restauração ecológica, dando uma grande contribuição para o estabelecimento e progresso da ciência e prática de restaurar ecossistemas no Brasil. Contudo, a flexibilidade e agilidade no meio acadêmico para definir temas de pesquisa e criar novas disciplinas de pós-graduação não é a mesma que uma possível reforma da grade curricular de cursos de graduação. Normalmente, novas áreas do conhecimento são incorporadas com muito atraso nos cursos de graduação e, por limitações na estrutura de universidades públicas, o ensino de novas disciplinas nesses cursos depende da contratação de novos professores, o que geralmente é um processo muito moroso, principalmente quando associado à aposentadoria de outro professor do mesmo departamento. Como consequência, a restauração ecológica tem sido incorporada apenas recentemente no programa pedagógico de cursos de graduação em Engenharia Florestal, Engenharia Agronômica, Biologia, Ecologia, Gestão Ambiental, Engenharia Ambiental e outros relacionados ao manejo dos recursos naturais. Isso faz com que a maioria dos profissionais formados até o momento nesses cursos não tenha capacitação adequada em restauração ecológica, embora o mercado para restauradores e mesmo para consultores nessa área esteja se expandindo.

2.1 Aspectos legais associados ao avanço da restauração ecológica no Brasil

Conforme discutido no item anterior, as ações de restauração florestal se iniciaram no Brasil no século XIX e meados do século XX, como forma de reverter danos ambientais que afligiam a sociedade ou como resultado do idealismo dos responsáveis por essas ações, sem que ainda houvesse uma imposição legal. No entanto, nesse último século, o aumento da demanda pela restauração de ecossistemas florestais degradados esteve intimamente ligado à elaboração e aplicação de instrumentos legais voltados para a compensação e reparação de danos ambientais autorizados ou não pelo poder público. Com base nesses instrumentos legais, projetos passaram a ser implantados com maior frequência e amplitude, colaborando para que a restauração florestal se desenvolvesse fortemente no Brasil nessas últimas décadas e viesse a se consolidar como nova atividade profissional e linha de pesquisa. Assim, resgatar o processo de surgimento e modificação de instrumentos legais que influenciaram a prática da restauração florestal no Brasil é um importante exercício para que se possa visualizar como essa atividade cresceu e ganhou forma com os anos.

Conforme revisado por Durigan e Melo (2011), o uso da restauração ecológica para a compensação de danos ambientais previstos nos empreendimentos foi principalmente resultante da instituição da Política Nacional do Meio Ambiente, em 1981, quando a restauração ecológica foi incluída como uma das medidas compensatórias e/ou mitigadoras possíveis de serem aplicadas como decorrência de processos de Licenciamento Ambiental e Autorização para Intervenção Ambiental. Como as empresas de mineração e de geração de energia hidroelétrica têm como uma das consequências de suas atividades a destruição de florestas nativas, seja para o acesso aos minérios, seja para a construção de represas, a aplicação dessa política resultou em uma grande demanda de ações de restauração florestal por parte desses setores.

Já em 1988, a Constituição Federal estabeleceu, em seu Artigo n° 225, § 1°, que caberia ao Poder Público contribuir com a restauração dos processos ecológicos essenciais para assegurar a efetividade do direito de todo cidadão a um meio ambiente equilibrado. Dez anos depois, com a instituição da Lei de Crimes Ambientais (1998), a restauração florestal teve um grande impulso no Brasil e foi concretamente incluída como medida de reparação de danos não autorizados, fazendo valer o texto constitucional. Assim, danos ambientais efetuados sem autorização ou à revelia da lei poderiam gerar como medida reparatória a restauração de ecossistemas degradados. Em se tratando de infrações na legislação que resultavam em ações de restauração, merece destaque o descumprimento do Código Florestal Brasileiro.

O Código Florestal Brasileiro, em sua primeira versão, datada de 1934, estabeleceu visionariamente que as florestas nacionais constituíam bens de interesse comum dos habitantes do país e que os direitos de propriedade deveriam ser exercidos respeitando-se as limitações que o referido código estabelecesse. Com base nesse preceito, a degradação ambiental não seria autorizada mesmo que realizada pelo legítimo proprietário da terra, pois os interesses coletivos, como a proteção dos mananciais que proveem água para o abastecimento público, deveriam se sobrepor aos privados, como o desmatamento de um remanescente florestal para aumentar a área de plantio. Foram definidas também nesse código as florestas denominadas protetoras, as quais tinham funções especiais para a proteção de bens e serviços ambientais importantes para a sociedade.

Posteriormente, o Novo Código Florestal Brasileiro, publicado em 1965, aperfeiçoou os dispositivos legais que visavam impor restrições ao uso e ocupação do solo, pois a falta de objetividade e clareza do código anterior tinha dificultado seu cumprimento. Por exemplo, embora ressaltasse a importância das florestas protetoras, o Código Florestal não estabelecia como essas florestas protetoras deveriam

ser delimitadas e/ou recuperadas, o que impedia a fiscalização. Em seguida, vários instrumentos legais complementares modificaram o conteúdo do Código Florestal, tal como a Lei n° 7.511, de 1986, a Lei n° 7.803, de 1989, a Medida Provisória n° 2.166-66, de 2001, e diversas resoluções do Conselho Nacional do Meio Ambiente (Conama), visando aperfeiçoar a proteção ambiental e coibir o uso indiscriminado dos recursos naturais em território nacional.

Apesar do conteúdo inovador e conservacionista, é sabido que esses códigos, tanto o de 1934 como o de 1965, não foram historicamente cumpridos da forma como se esperava. Mesmo com a existência dessas leis, as Áreas de Preservação Permanente (APP) foram irregularmente desmatadas e convertidas para usos alternativos do solo e não foram restauradas, ao passo que a abertura de novas áreas para uso agropecuário excedeu os limites impostos pela Reserva Legal (RL), fruto da ausência total de planejamento agrícola e ambiental na expansão da fronteira agrícola brasileira, apesar da existência de várias leis que incentivavam e cobravam isso. Em algumas situações específicas, a degradação anterior ao estabelecimento dessas diferentes limitações legais no tempo colocou na irregularidade proprietários rurais que cumpriram a lei vigente na época. De forma conjunta, o descumprimento do Código Florestal e as mudanças temporais de seu conteúdo e de suas limitações fizeram com que a maioria das propriedades rurais estivesse em desacordo com a lei, apresentando assim passivos ambientais.

No CF/1965, ficou estabelecido que as atividades agropecuárias em APP deveriam ser suspensas e que a área deveria ser devidamente protegida de fatores de degradação, de forma que esse simples isolamento possibilitaria a recuperação passiva da maior parte das APP no Brasil, ao passo que, em situações de maior degradação local e da paisagem, as áreas não se recuperariam sozinhas e se manteriam sem vegetação nativa. Assim, o CF/1965 não estabelecia explicitamente o dever de recuperação ativa das APP que já estavam desprovidas de vegetação nativa, embora o fizesse com a Reserva Legal. Apesar disso, a aplicação da Lei de Crimes Ambientais e o entendimento jurídico distinto do Ministério Público sobre esse assunto acabaram por tornar essa obrigação uma realidade mesmo antes da publicação da Lei de Proteção e Recuperação da Vegetação Nativa em 2012, que substituiu o CF/1965, que determinou a obrigatoriedade de restauração de trechos de APP ao longo de cursos d'água. Diante do exposto, a cobrança pelo cumprimento legal foi, nas últimas duas décadas, um dos grandes impulsionadores das ações compulsórias de restauração ecológica no Brasil (Boxe *on-line* 2.2).

Nos casos apresentados, os instrumentos legais se restringiam apenas a exigir que a restauração fosse realizada, de forma passiva ou ativa, sem definir como essa restauração deveria ser implantada e conduzida no campo. Contudo, insucessos na restauração compulsória de áreas degradadas, que não resultavam em sucesso de qualquer compensação ambiental do dano causado, levaram à instituição de instrumentos legais mais voltados para definir parâmetros técnicos a serem seguidos nos projetos de restauração, visando ampliar o sucesso dessas iniciativas. O primeiro instrumento legal desse tipo foi a Resolução nº 21 da Secretaria de Meio Ambiente do Estado de São Paulo, publicada em 21/11/2001 e elaborada com grande participação dos pesquisadores e praticantes de restauração ecológica do Brasil. Essa resolução teve novas versões publicadas em 2003, 2007 e 2008, também aperfeiçoadas com a participação de importantes atores da restauração (ver debate sobre a importância dessas resoluções para a restauração ecológica em Brancalion et al. (2010), Durigan et al. (2010) e Aronson (2010)).

Outros Estados brasileiros usaram a legislação paulista como modelo para criar suas próprias legislações regulamentadoras da restauração ecológica, muitas vezes corrigindo suas distorções, que acabaram por induzir novas versões da legislação paulista, demonstrando a grande interação dos pesquisadores e restauradores do Brasil, sempre buscando aperfeiçoar os procedimentos de restauração para potencializar seu sucesso. Posteriormente, foi publicada uma resolução em nível federal com instruções orientadoras de como restaurar áreas degradadas, a Resolução Conama nº 429, de 2011. Essa maior preocupação com a efetividade das ações de restauração florestal, expressa no estabelecimento de legislações atuais mais detalhadas sobre como restaurar, foi resultado de um processo gradual de avaliação dos erros e acertos dos projetos de restauração ecológica. Essa preocupação foi resultado do monitoramento de áreas em processo de restauração com diferentes idades, que subsidiaram a elaboração dessas legislações específicas e também proporcionaram uma aprofundada revisão das metodologias empregadas, resultando na elaboração de manuais práticos e de iniciativas de capacitação tanto dos elos da cadeia de restauração para uso dessas metodologias como dos fiscalizadores para auditarem os resultados obtidos.

Essas ações têm sido a base de sustentação de políticas públicas para a restauração ecológica no Brasil. Sendo assim, a avaliação crítica e continuada desses projetos de restauração, somada ao avanço do conhecimento em Ecologia da Restauração, culminou no avanço progressivo na forma de entender e planejar o processo de restauração de florestas tropicais e subtropicais brasileiras. O histórico de saltos conceituais e das mudanças de paradigma da ciência e prática da restauração ecológica no Brasil é apresentado a seguir.

2.2 FASES CONCEITUAIS DA RESTAURAÇÃO FLORESTAL NO BRASIL

Conforme já ressaltado, a restauração ecológica tem uma história de desenvolvimento recente em nosso país, havendo ainda muito que se descobrir e aperfeiçoar em termos metodológicos, principalmente quando se trata da restauração de florestas tropicais altamente complexas e heterogêneas como as brasileiras. Diante dessa realidade, é essencial que os atores dos vários elos da cadeia da restauração mantenham sempre o senso crítico aguçado e se desapeguem de qualquer preconceito enraizado em sua formação acadêmica para que essa ciência possa evoluir a passos largos, dada a demanda crescente de restauração de ambientes degradados. Nesse sentido, o desapego de propostas preconcebidas de restauração é necessário para que metodologias antigas possam ser melhoradas ou até descartadas e formas inovadoras de entender, planejar e conduzir a restauração surjam como vias alternativas. Nesse contexto, um dos principais exercícios que devem ser feitos para que a restauração florestal seja aperfeiçoada é a avaliação continuada dos projetos já implantados, para que se aprenda com os erros e se reconheçam os acertos. Assim, áreas em processo de restauração, tanto aquelas em bom estado como as mais precárias, constituem excelentes laboratórios a céu aberto, que devem ser continuamente monitorados para o avanço da ciência e prática.

A avaliação histórica da restauração também permite estabelecer um patamar conceitual e didático básico, com base no qual se explicitará o paradigma vigente da restauração florestal no Brasil sob a visão dos presentes autores, permitindo discutir seus desafios atuais e futuros. Será apresentada aqui uma síntese das experiências de restauração florestal no Brasil, já que a restauração de áreas não florestais ainda é muito incipiente no país. Isso se explica pelo fato de a maioria do território brasileiro ser originalmente ocupada por formações florestais, que historicamente receberam a maior parte dos impactos antrópicos. Nesse histórico, será dado enfoque especial para a região Sudeste do Brasil, onde se concentra a maioria dessas iniciativas pioneiras de restauração florestal, buscando demonstrar a evolução conceitual dessa atividade. Como os conceitos apresentados são baseados na dinâmica de florestas tropicais biodiversas, as quais constituem a maior parte dos ecossistemas naturais brasileiros, acredita-se que o panorama apresentado para as florestas do Sudeste também sirva de base para o entendimento do processo de restauração em outras partes do país e do mundo, mesmo que de outros tipos vegetacionais.

Essa síntese da evolução da restauração no Brasil foi dividida em fases que, apesar de arbitrariamente definidas, correspondem a uma abstração didática de um processo contínuo no tempo, apenas para facilitar o entendimento dos avanços dessa área do conhecimento. Deve-se ainda destacar que, apesar dessa partição didática em fases, muitas das iniciativas atuais ainda se enquadram nas fases definidas como iniciais, já que essas iniciativas não expressam ainda a evolução dos conceitos nas ações de restauração, encontrando-se em uma condição primária de aplicação dos conhecimentos científicos na restauração de florestas biodiversas auto-perpetuáveis.

2.2.1 Fase 1: Plantio de árvores sem critérios ecológicos para a escolha e combinação das espécies no campo

Como a primeira fase corresponde aos primórdios dos projetos de restauração, esses plantios eram chamados de *plantios de proteção*, exatamente porque visavam fundamentalmente à proteção do solo e dos cursos d'água, ainda sem nenhuma pretensão quanto à restauração da diversidade florestal ou preocupação com o aumento da complexidade ecológica ao longo do tempo. Seu início foi ainda no período do Brasil Imperial (1862), embora tenha se expressado de forma mais evidente entre as décadas de 1970 e 1980, após a criação do Código Florestal Brasileiro, em 1965. Por exemplo, como decorrência dessa visão de foco na proteção do solo e da água, sem considerar o papel das florestas recuperadas para a biodiversidade, foram implantados mais de cinco mil hectares de plantios puros de leucena (*Leucaena leucocephala*) no entorno do reservatório de Itaipu, no Paraná.

Dado o momento que essa fase ocorreu, suas características refletem exatamente um cenário de pouco interesse em restabelecer os processos ecológicos mantenedores da dinâmica de florestas nativas. Nessa fase, as ações de restauração eram estabelecidas apenas com base em aspectos silviculturais, desvinculadas de concepções teóricas de ecologia vegetal, de ecologia da paisagem e de interações mutualísticas. Nesse contexto, as primeiras tentativas para definir metodologias e técnicas de restauração florestal resultaram em plantios aleatórios de espécies arbóreas, nativas e exóticas, não previamente combinadas em grupos sucessionais e sempre favorecendo as espécies mais conhecidas pelo seu uso como madeira, as chamadas madeiras de lei, que geralmente apresentavam crescimento mais lento, bem como espécies exóticas cuja produção de mudas era facilitada e o crescimento em campo, vigoroso.

Como o foco nessa época era sempre a proteção pontual de algum recurso natural ou a mitigação de impactos anteriormente causados, tendo-se uma visão simplificada do processo de restauração florestal, buscava-se apenas a reconstrução de uma fisionomia florestal com os reflorestamentos. Nessa fase, foi muito característico o plantio também de muitas espécies exóticas, já que, pelo objetivo de apenas reconstruir a fisionomia florestal, esse uso de exóticas não causaria problemas, mas facilitaria o processo, uma vez que essas espécies eram muito usadas em plantios paisagísticos ou como frutíferas e por isso tinham grande disponibilidade de mudas e rusticidade de crescimento já bem conhecida. Praticamente inexistia conhecimento nessa época sobre os possíveis problemas do uso de espécies exóticas sobre as espécies nativas, principalmente daquelas exóticas com grande potencial de invasão de ambientes naturais, e por isso essas espécies foram muito usadas nessa fase.

Atualmente, com o conhecimento já disponível sobre os prejuízos trazidos pela utilização de muitas dessas espécies exóticas, perdeu-se o sentido de usar essas espécies em plantios cujo objetivo seja a restauração ecológica, já que muitas delas são comprovadamente invasoras ou podem ter potencial invasor ainda não reconhecido. Mais ainda, tem sido recomendado que tais espécies sejam sistematicamente eliminadas das áreas em processo de restauração e também das áreas naturais. Sendo assim, o entendimento da floresta restaurada se restringia apenas a um plantio de árvores com o objetivo de recuperar uma fisionomia florestal naquele local, plantio esse feito sem critérios ecológicos para a escolha das espécies que seriam usadas e também sem planejamento para a combinação e espacialização dessas espécies no campo. Isso não significa que todos os projetos dessa fase não foram bem-sucedidos. A Floresta da Tijuca, por exemplo, constitui um dos melhores projetos de restauração de florestas tropicais que se conhece e muito provavelmente é o mais antigo do mundo, conforme já explanado anteriormente. Mas foi a elevada resiliência da área e da paisagem que propiciou esse resultado tão satisfatório, em vez das próprias intervenções de plantio. No entanto, o principal problema enfrentado nessa floresta hoje é a invasão biológica causada por algumas espécies inicialmente introduzidas no plantio, sendo a principal a jaqueira (Artocarpus heterophyllus), que ameaça deslocar outras espécies vegetais nativas da floresta e precisaria, no presente, ser eliminada (Fig. 2.4).

Fig. 2.4 *Invasão biológica de jaqueira* (Artocarpus heterophyllus) *na Floresta da Tijuca, no Rio de Janeiro (RJ)*

Foram realizados nessa fase os primeiros ensaios de espaçamento e consórcios para avaliar o desempenho das espécies, com enfoque essencialmente silvicultural. Houve, ainda, plantios mistos com várias espécies, mas também sem quaisquer pretensões ecológicas de restaurar a biodiversidade local ou mesmo de estabelecer experimentos. A pesquisa com essas implantações mistas de espécies nativas não procurava entender o papel das espécies no funcionamento da floresta, apenas descreviam o comportamento silvicultural dessas espécies plantadas em consórcios. Essas experimentações iniciais introduziram as espécies casualizadamente no campo, sem a preocupação de combinar espécies segundo suas exigências ecológicas, o que dificultava generalizações sobre grupos de espécies com comportamentos comuns, ou seja, não incorporavam os conceitos de grupos ecológicos ou grupos funcionais de espécies nem o papel da diversidade na restauração de áreas degradadas. Nessa fase, o papel da floresta se resumia fundamentalmente à proteção dos recursos hídricos e edáficos e, portanto, à recuperação de bacias hidrográficas degradadas e à estabilização de encostas. Essa priorização serviu de justificativa fundamental para a elaboração de um conjunto de leis visando à proteção e à recomposição das florestas nativas brasileiras, com destaque para as ciliares, mas sem preocupação com os demais papéis ecossistêmicos desempenhados pelas florestas.

A escassez de água e a proteção das florestas foram consideradas no Brasil Colônia e no Império como dois aspectos muito importantes, sempre tratados conjuntamente na administração real. Como exemplo desse cenário, a necessidade de água para a população carioca foi o fator decisivo para a desapropriação de terras nas bacias hidrográficas dos rios que abasteciam a cidade, com o objetivo de recompor a vegetação original devastada pelo extrativismo e pelas plantações de café. O histórico dessa fase, no Brasil, iniciou-se no século XIX, com a implantação de ações de restauração florestal na atual Floresta Nacional da Tijuca, no município do Rio de Janeiro, tendo início em 1862. Processo semelhante ocorreu na recomposição de parte da floresta do Parque Nacional de Itatiaia, em 1954, com plantios de mudas que privilegiaram as espécies de rápido crescimento.

Outro trabalho de grande importância para essa fase, um pouco mais recente, iniciou-se no município de Cosmópolis (SP) em 1955, às margens do rio Jaguari, com o plantio de mudas de 71 espécies arbustivas e arbóreas, a maioria nativas regionais, sem espaçamento definido entre as mudas plantadas. Esse reflorestamento foi finalizado em 1960 e, segundo o autor, as espécies foram distribuídas de forma a não constituírem grupos homogêneos, com o objetivo de reconstruir a fisionomia da mata original e fornecer alimento à ictiofauna. Trata-se também de um projeto extremamente bem-sucedido, tendo restaurado uma floresta estruturada, com boa diversidade, apesar de elaborado e implantado sem os conhecimentos disponíveis hoje sobre a restauração florestal (Fig. 2.5).

Fig. 2.5 *Visão externa (A) e interna (B) do reflorestamento implantado a partir de 1955 nas margens do rio Jaguari, em Cosmópolis (SP)*

No entanto, o longo tempo demandado para a manutenção das mudas plantadas para que se conseguisse restaurar uma fisionomia florestal e o uso de muitas espécies exóticas foram elementos decisivos para questionar o seu sucesso em termos da relação custo-benefício, levando então a uma proposição de mudança de metodologia na fase posterior.

Já no final da década de 1970, houve alguns exemplos de iniciativas de plantios de mudas de nativas realizados pela Cesp, iniciados nos reservatórios da

Usina Hidrelétrica de Paraibuna (Paraibuna, SP) e da UHE Mário Lopes Leão (Promissão, SP), com base nos objetivos de consolidar as áreas de empréstimo para controle de deslizamentos de solo e de reafeiçoar a paisagem adulterada, recuperando os padrões visuais predominantes na região. Esses reflorestamentos basearam-se no modelo de plantio com distribuição ao acaso das espécies, resultando em florestas mistas, com longo tempo de manutenção para um efetivo fechamento das copas e insucesso de diversas espécies plantadas nas condições existentes, o que também reforçou a necessidade de reavaliação da metodologia e possibilitou a incorporação de novos objetivos. Embora as condições não tenham sido controladas experimentalmente, os resultados obtidos mostraram tendências a serem testadas no consórcio de espécies arbóreas. Esses resultados, aliados aos conceitos da sucessão secundária, permitiram delinear os primeiros experimentos de restauração florestal a partir de 1989, que iriam se constituir em uma nova fase da restauração no Brasil. Novamente vale destacar que muitas das iniciativas atuais de restauração, em razão de seus promotores não acompanharem essa evolução conceitual, ainda estão caracterizadas dentro dessa fase 1, evidenciando que a maioria delas não deverá ter sucesso e que muitos recursos ainda estão sendo desperdiçados.

Enfim, somente na década de 1980, com a evolução dos conhecimentos de ecologia de florestas naturais, os projetos passaram a incorporar os conceitos e paradigmas da Ecologia Florestal para a sustentação conceitual das metodologias, trabalhando com a concepção dos reflorestamentos mistos de espécies nativas planejados a partir de critérios para combinação e espacialização das diferentes espécies plantadas, principalmente com base no seu papel na sucessão secundária.

2.2.2 Fase 2: Plantio de árvores nativas brasileiras fundamentado na sucessão florestal

O longo tempo necessário de manutenção das mudas para conseguir construir uma fisionomia florestal, devido à ausência de critérios para a escolha de espécies e combinação e espacialização das mudas no campo, resultou em custos muito elevados para que se obtivesse sucesso nessas iniciativas. Assim, a limitação de recursos para a manutenção dos plantios e os problemas advindos do uso de espécies exóticas constituíram os principais impeditivos para a continuidade do modelo de restauração adotado na fase 1. O longo tempo de manutenção, fator limitante para o sucesso dessas iniciativas, devia-se ao predomínio de espécies finais da sucessão e ao uso de espaçamentos amplos no plantio, que favoreciam o crescimento de gramíneas africanas invasoras, as quais, por sua vez, desfavoreciam o crescimento das árvores.

A utilização de espécies exóticas também trouxe sérios problemas de desequilíbrio ecológico em alguns projetos, pois algumas dessas espécies se caracterizaram ao longo do tempo como invasoras muito agressivas, entrando em desequilíbrio não só na área em processo de restauração como também nas áreas degradadas do entorno e até nos remanescentes naturais próximos. Assim, os projetos de restauração florestal característicos da fase 1 podem ter sido uma importante fonte de disseminação de espécies invasoras nas mais diferentes regiões brasileiras, contraditoriamente sob o argumento de promover a recuperação ambiental. O mesmo ocorre hoje com os projetos atuais que ainda usam os conceitos dessa fase 1 e continuam a utilizar espécies exóticas com potencial invasor.

As espécies invasoras não possuem tantos inimigos naturais nas nossas condições e apresentam elevada rusticidade e grande capacidade reprodutiva, o que favorece seu desenvolvimento intenso e vigoroso, bem como a ocupação de novas áreas. Muitas dessas espécies arbóreas invasoras foram introduzidas no país com finalidades paisagísticas ou alimentícias e foram rapidamente incorporadas aos projetos de recuperação de áreas degradadas, pela grande disponibilidade de sementes e facilidade de propagação. Essa rapidez de crescimento e rusticidade, bem como a facilidade de produção de mudas, estimulou o uso dessas espécies nos primeiros projetos de restauração florestal, pois se obtinha uma fisionomia florestal em um curto prazo. Algumas dessas espécies se alastraram rapidamente nas áreas em processo de restauração e também nas naturais, comprometendo a sobrevivência das espécies nativas e a integridade dos ecossistemas. Para se ter noção da gravidade do problema, a introdução de espécies invasoras, considerando as espécies vegetais, animais e de outros organismos, é considerada a segunda principal causa de extinção de espécies no mundo, só perdendo para a destruição de hábitats pela exploração humana.

Com a constatação desses problemas, buscou-se uma mudança drástica na orientação dos projetos de restauração, no final da década de 1970, para a escolha das espécies a serem usadas, favorecendo ao máximo o uso de espécies nativas brasileiras em detrimento das espécies exóticas. Adicionalmente, priorizou-se a escolha de espécies de crescimento rápido, com destaque para as pioneiras, visando ocupar rapidamente a área e vencer o filtro ecológico constituído pelas gramíneas competidoras. Dessa forma, esperava-se reduzir os custos da restauração (principal limitante da fase 1), os quais são determinados em grande parte pela manutenção demandada para o pleno recobrimento do solo pelo dossel da floresta em restauração. No entanto, o critério adotado na fase 2 para a definição das espécies se resumiu à escolha daquelas que ocorriam naturalmente em território brasileiro, mas não necessariamente definidas pela formação vegetacional característica da região do projeto de restauração. Assim, os projetos implantados em uma região de floresta litorânea podiam incluir espécies ocorrentes nas mais variadas vegetações brasileiras, inclusive da floresta amazônica e/ou das florestas interioranas.

Considerando o Brasil como um país de dimensões continentais e com uma flora extremamente diversificada, a simples inserção de espécies nacionais brasileiras não representou um grande avanço no que se refere à restauração da diversidade regional. Embora para muitos técnicos o conceito de nativas brasileiras representasse o caminho a ser seguido, deve-se destacar que, para as plantas, a delimitação geográfica de um país, Estado ou cidade não tem significado algum. O que de fato determina a ocorrência e a distribuição espacial das espécies são os processos históricos de dispersão e as características bióticas e abióticas locais, que definem os tipos vegetacionais de cada região e o seu referido grau de endemismo, que se expressa pela classificação fitogeográfica.

Com base nas reflexões provocadas pelos erros e acertos da fase anterior (fase 1), uma nova fase da restauração florestal se iniciou (fase 2), baseada na aplicação do conhecimento ecológico gerado pela Ecologia da Restauração às práticas de restauração ecológica. O crescente conhecimento sobre a sucessão de florestas naturais (Cap. 4) passou a ser incorporado aos projetos de restauração, que agora passaram a selecionar e distribuir no campo as espécies segundo seu grupo ecológico ou grupo sucessional, de acordo com a classificação de Budowski (1965). Contudo, nessa fase 2, a motivação dos projetos ainda era promover o rápido recobrimento da área com grande abundância de indivíduos de espécies de rápido crescimento (pioneiras) e um início de preocupação em recompor a estrutura da floresta, a despeito da preocupação com a restauração da diversidade vegetal. Pouco se conhecia sobre a produção de sementes e mudas da maioria das espécies nativas e até então a disponibilidade dessas espécies em viveiros florestais era irrisória, o que deve ter sido o motivo da baixa inserção de elevada diversidade nos projetos incluídos na fase 2. Sendo assim, os projetos de restauração dessa fase usaram um número reduzido de espécies (máximo de 30 espécies), com destaque para as pioneiras, que eram plantadas em altas densidades (baixa equidade), podendo representar até mais de 70% do total de indivíduos plantados.

Foi justamente em razão da analogia entre a sucessão secundária e a restauração florestal que se utilizou um grande número de indivíduos de espécies pioneiras nessa fase. De fato, logo após a formação de uma clareira, a área é ocupada por um grande número de indivíduos (alta densidade) de poucas espécies pioneiras, que recolonizam essa área aberta, promovendo seu fechamento. Traduzindo essa constatação da dinâmica de clareiras na prática da restauração ecológica, era natural que as propostas de restauração se valessem de uma perspectiva semelhante. Mas, diferentemente do que ocorria na dinâmica de clareiras, a maioria dos plantios de restauração não foi gradativamente colonizada por espécies mais longevas da sucessão florestal, como acontece nas clareiras dentro de fragmentos florestais, o que impediu a reconstrução do dossel após a senescência das pioneiras. Isso porque esses plantios estavam inseridos em paisagens muito fragmentadas e com forte limitação de dispersão. O resultado era, geralmente, a reconstrução de fisionomias florestais, mas que na maioria das vezes não resultava em florestas perpetuadas no tempo, sendo que muitas dessas áreas voltaram à condição de degradadas após algumas poucas décadas (Fig. 2.6).

Fig. 2.6 *Visão interna do reflorestamento ciliar da Fazenda Nova Aliança (Sales de Oliveira, SP), com oito anos, já sendo totalmente reinvadido por gramíneas africanas invasoras após a senescência das árvores pioneiras*

Essa fase objetivava claramente o restabelecimento apenas da fisionomia florestal, contando que ocorreria ao longo do tempo um aporte significativo de sementes das espécies mais finais da sucessão por dispersão natural, oriundas dos fragmentos regionais. No entanto, como a maioria dessas iniciativas de restauração foi estabelecida em regiões muito antropizadas, com forte atividade agrícola e onde os fragmentos remanescentes estavam muito isolados e degradados, esse aporte não ocorreu. Isso impediu a restauração da dinâmica florestal e, portanto, comprometeu a perpetuação dessas áreas no tempo. Apesar desses problemas, cabe ressaltar que essa fase 2 representou o princípio da incorporação de conceitos ecológicos, com destaque para a sucessão florestal, na restauração ecológica. Esse avanço tecnológico permitiu que áreas degradadas fossem rapidamente substituídas por formações florestais iniciais da sucessão, reduzindo as manutenções e o custo das iniciativas e permitindo, assim, projetos em larga escala, com destaque para os projetos de restauração florestal das margens de represas de usinas hidrelétricas. Entretanto, cabe ressaltar que, nos projetos dessa fase 2, não ficou explicitada a preocupação de restauração da diversidade regional, tanto que os projetos usavam poucas espécies no plantio, em torno de 20 a 30, sendo só arbóreas e ainda muitas nativas não regionais.

2.2.3 Fase 3: Restauração florestal baseada na cópia florística e estrutural e nos processos sucessionais de florestas remanescentes bem conservadas da região

Essa fase da restauração florestal no Brasil se caracterizou pela tentativa de se fazer cópia florística e estrutural, bem como dos processos sucessionais, de uma floresta remanescente bem conservada da região em que seria implantado o projeto de restauração, floresta essa predefinida pelo restaurador como modelo a ser copiado no planejamento das ações. O estímulo para essa alteração metodológica surgiu no final da década de 1980, com base no questionamento feito aos projetos de restauração da fase 2, que apresentavam problemas de sustentabilidade por não terem conseguido restaurar o funcionamento e a composição dessas florestas, assumindo que uma das causas desses problemas era o fato de os projetos elaborados durante a fase 2 não terem a proposta clara de restauração da diversidade vegetal. Foi nessa fase que houve um maior envolvimento da academia com a temática de restauração florestal, que cientistas vinculados a institutos de pesquisa e universidades começaram a naturalmente incorporar suas bases teóricas na sustentação de proposições práticas de restauração ecológica. Conforme já discutido, a maioria dos pesquisadores pioneiros que começaram a trabalhar com restauração ecológica no Brasil era da área de Ecologia Vegetal, mais especificamente de Florística e Fitossociologia, e teve sua formação acadêmica fundamentada na caracterização da composição e estrutura horizontal de remanescentes de floresta nativa. Quando esses pesquisadores começaram a trabalhar com restauração, era natural que incorporassem essa visão da florística e estrutura de remanescentes naturais, junto com o processo sucessional já bem explorado cientificamente para essas formações, nas respectivas propostas de restauração.

A dúvida que poderia surgir nessa fase, sobre qual floresta escolher como modelo entre os remanescentes florestais existentes na região em que seria executado o projeto, foi superada pelo conhecimento ecológico disponível na época, que pregava o processo de sucessão ecológica como um processo determinístico ou de convergência de fases (ver Cap. 4). Nessa teoria, aceitava-se a existência de uma única comunidade clímax para cada situação do ambiente, e as perturbações eram definidas como eventos esporádicos, que não interferiam na florística e na estrutura final da floresta madura. Assim, essa fase se caracterizou como uma tentativa de cópia de um clímax de uma floresta previamente definida como modelo, que se constituiria como a base teórica principal para a definição metodológica dos projetos de restauração.

Dentro desse referencial, a elaboração de projetos de restauração se resumia a uma cópia bem-feita de um bom modelo de floresta, incorporando, a essa cópia florística e estrutural da floresta-modelo, os conhecimentos já disponíveis sobre sua dinâmica de clareiras. Dessa forma, a escolha do remanescente florestal regional era importantíssima, já que ele seria definido pelo restaurador como modelo a ser copiado. O modelo deveria ser um fragmento do mesmo tipo fitogeográfico, em bom estado de conservação, localizado o mais próximo possível da área a ser restaurada e que tivesse garantida a sua condição de autoperpetuação, uma vez que esse fragmento seria objeto de uma boa caracterização florística e estrutural, gerando os dados necessários para a reprodução desses parâmetros na área em processo de restauração. A caracterização florística e fitossociológica do fragmento florestal modelo passou a constituir um dos passos para o estabele-

cimento de metodologias de restauração de florestas tropicais nessa fase. Esses levantamentos determinariam a escolha das espécies, a definição do número de indivíduos que seriam usados de cada espécie e a espacialização desses indivíduos no campo, representando, assim, a metodologia mais fiel para copiar uma comunidade clímax em equilíbrio. Para a implantação do projeto no campo, a lista de espécies e de indivíduos de cada espécie a serem plantados, obtida com o levantamento da floresta-modelo, era incrementada com mais indivíduos e espécies do grupo de pioneiras típicas daquela formação, pois no fragmento-modelo eram amostradas poucas espécies e poucos indivíduos de pioneiras. Isso ocorria porque o pré-requisito do modelo era que este fosse representado por uma floresta madura bem conservada, ou seja, em estágio bem avançado de sucessão, que no geral apresenta poucas pioneiras.

Nessa fase, já transpareceu a preocupação com a autoperpetuação das áreas em processo de restauração e com o restabelecimento da diversidade vegetal regional, uma vez que os modelos escolhidos eram as florestas mais conservadas da região, interpretadas pelo restaurador como florestas de boa diversidade e perpetuáveis no tempo se devidamente protegidas. Os objetivos, assim como na fase anterior, eram bastante determinísticos, assumindo um clímax único e predefinido pelo restaurador nas características ambientais de cada região, com a vantagem de os projetos de restauração dessa fase buscarem o uso do maior número possível de espécies arbóreas regionais. Isso porque a elevada diversidade era uma das características de maior destaque dessas florestas definidas como modelos e alvo de cópia do restaurador, além do fato de ter sido considerado como a principal causa da falta de sustentabilidade das florestas restauradas na fase anterior. Ainda nessa fase, muitas vezes as espécies nativas regionais eram combinadas com espécies exóticas ou não regionais, em virtude da busca do uso de alta diversidade florística no plantio e pela dificuldade de mudas de um grande número de espécies do primeiro grupo, e ainda por não se ter muita clareza dos riscos do uso de espécies exóticas.

Como essa fase se sustentava na cópia florística e estrutural de um bom modelo de floresta, a metodologia de plantio a ser usada necessitaria de uma referência de área para permitir a reprodução da estrutura da floresta-modelo. Nesse sentido, o método de restauração mais usado e recomendado era o plantio total de mudas no campo (reflorestamentos), pois o uso de mudas permitia uma maior previsibilidade da cópia da floresta madura estabelecida como modelo em comparação ao uso de sementes e uma previsibilidade muito maior que o possível aproveitamento da regeneração natural, que praticamente não tinha qualquer previsibilidade. Essas mudas eram combinadas com mudas de espécies pioneiras acrescidas à lista das espécies mais finais obtida no levantamento da floresta-modelo, misturando, assim, espécies pioneiras com secundárias e clímaces da sucessão ecológica. Para viabilizar a reprodução da estrutura da floresta-modelo, eram utilizados módulos de nove, 16 ou mais indivíduos de espécies pioneiras, secundárias e clímaces em um espaçamento previamente definido, e a decisão do número de repetições de cada módulo e da espacialização dessas repetições no campo era baseada nos parâmetros estruturais identificados na floresta-modelo. A proposta do uso de módulos é que eles representassem unidades sucessionais, combinando no mesmo módulo espécies dos diferentes grupos ecológicos, em que as pioneiras fariam a primeira ocupação da área, modificando o ambiente em termos de luz, umidade e temperatura, e criariam condições adequadas para o desenvolvimento das espécies das fases mais finais na sucessão (secundárias e clímaces). Em um segundo momento, esse módulo seria dominado pelas espécies intermediárias da sucessão, e, no fim, pelos indivíduos das espécies mais finais, chegando a uma condição de floresta madura muito próxima, em termos florísticos e estruturais, da floresta-modelo (Fig. 2.7).

Esse conceito está fortemente enraizado nas teorias de ecologia de comunidades de florestas tropicais, nas quais a interação existente entre as várias espécies constituintes do sistema e a exploração de diferentes nichos por essas espécies é que possibilitam a geração, a coexistência e a manutenção de alta diversidade biológica. Dessa forma, além da preocupação em reproduzir a florística e a estrutura da floresta remanescente definida como modelo, buscou-se também nessa fase o uso de alta diversidade de espécies nativas regionais, que possibilitasse a reintrodução, nas áreas degradadas, dos

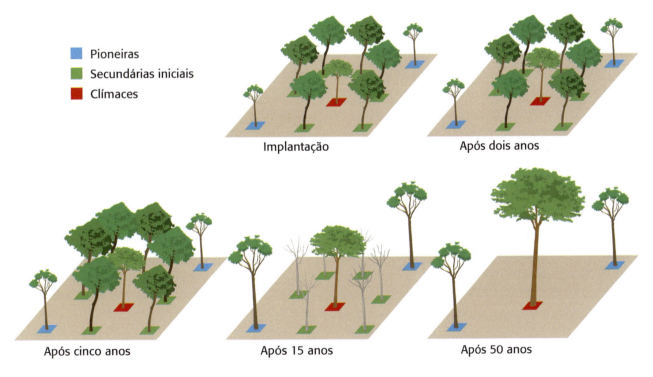

Fig. 2.7 *Esquema ilustrativo da organização dos módulos sucessionais e do processo de substituição gradual de espécies no tempo esperado*

processos responsáveis pela perpetuação de florestas nativas, o que não tinha sido obtido na fase anterior. Além disso, como um dos principais objetivos da restauração florestal era também o restabelecimento da biodiversidade remanescente, isso só seria possível se a grande maioria das espécies arbóreas originalmente presentes na floresta definida como modelo também estivesse representada nesses projetos, o que era obtido por meio do plantio de mudas.

Como exemplo de projeto de restauração da fase 3, pode-se citar o plantio de mudas no entorno da represa de abastecimento público do município de Iracemápolis (SP), feito de 1988 a 1992 sob coordenação do Laboratório de Ecologia e Restauração Florestal (Lerf) da Esalq/USP, no qual foram usados módulos de nove indivíduos em um espaçamento que variou, nos anos, em 4 m × 4 m, 4 m × 3 m e 3 m × 3 m, considerando que seis indivíduos eram de duas a três espécies pioneiras, dois indivíduos eram de duas espécies secundárias iniciais e um indivíduo era de uma espécie secundária tardia e/ou clímax, totalizando, no projeto todo, 125 espécies florestais, a maioria nativas regionais (Fig. 2.8). Apesar do sucesso obtido por esse projeto, o resultado final da restauração foi muito diferente do previsto inicialmente, justamente porque a sucessão florestal não seguiu o padrão determinístico esperado, em razão de perturbações naturais que ocorreram ao longo do processo de desenvolvimento sucessional da floresta restaurada.

É possível citar, por exemplo, a passagem de um minitornado na área em 2003, 13 a 15 anos após o plantio inicial, que derrubou várias árvores do dossel desse reflorestamento. Apesar dessa enorme perturbação natural e não previsível, a floresta se regenerou muito bem e conseguiu reconstruir seu dossel via processos naturais de sucessão, o que foi um alívio para os responsáveis pelo projeto. No entanto, a floresta regenerada após o distúrbio era muito distinta da inicialmente planejada e implantada, tanto em termos estruturais como florísticos, já que várias

Fig. 2.8 *Imagens antes e depois da restauração das margens da represa de abastecimento público de Iracemápolis (SP). Essas imagens demonstram o sucesso dessa iniciativa na restauração da fisionomia de floresta e da diversidade vegetal, já que foram usadas em torno de 140 espécies, das quais mais de 110 eram espécies nativas regionais, que permanecem na floresta até hoje, mais de 20 anos após a implantação, recebendo ainda por processos naturais muitas outras formas de vida*

espécies não implantadas, mas que se regeneraram naturalmente nesse período (15 anos), tiveram oportunidade de compor o dossel. Dessa forma, perdeu-se a organização inicial do plantio, muito meticulosa para a cópia florística e estrutural mais próxima possível da floresta-modelo. A ocorrência de fatos como esse tanto nas florestas restauradas como nas naturais, definindo grande heterogeneidade florística e estrutural entre fragmentos remanescentes de uma mesma região fitogeográfica, mesmo que bem conservados, levou a uma nova reflexão na forma de entender a sucessão ecológica e também a restauração florestal, resultando em uma nova fase do histórico brasileiro.

2.2.4 Fase 4: Foco na restauração dos processos ecológicos formadores e mantenedores de florestas tropicais

Essa fase é marcada por importantes mudanças conceituais nos objetivos e na metodologia de restauração florestal como fruto do avanço do conhecimento sobre a dinâmica de florestas tropicais remanescentes e constitui um bom exemplo da Ecologia da Restauração sustentando as mudanças da restauração ecológica. A principal evolução conceitual se refere à sucessão, que deixou de ser definida como determinística, caminhando para um único clímax naquela condição do ambiente, e passou a ser entendida como estocástica, destacando o papel das perturbações e dos processos aleatórios interferindo na trajetória sucessional das florestas tropicais e, portanto, na definição de diferentes comunidades clímaces, em termos florísticos e estruturais, na mesma condição de ambiente. Sendo assim, as bases da fase 3 começaram a ser questionadas conforme o entendimento de que as comunidades naturais são sistemas abertos, sofrendo a ação e sendo limitados por fatores internos e externos muitas vezes imprevisíveis (sucessão estocástica), como os fatores naturais e mesmo antrópicos de perturbação.

Admitiu-se a possibilidade de diferentes comunidades finais, em termos florísticos e estruturais, em um mesmo ambiente, dependendo da atuação de fatores estocásticos definidores da trajetória de sucessão e da dinâmica florestal e, portanto, dessas características da floresta. Nesse novo referencial, seria um erro basear a metodologia de restauração exclusivamente em levantamentos florísticos e fitossociológicos de um único fragmento florestal remanescente bem conservado da região, já que estão sendo retratadas as características florísticas e estruturais de uma única trajetória e de um único momento dessa trajetória de degradação ou de regeneração, que vai se alterar no tempo e certamente vai ser distinto da trajetória de outros fragmentos remanescentes da mesma paisagem regional e, principalmente, da área a ser restaurada. Dessa forma, perdia o sentido adotar uma metodologia de restauração que buscasse a reconstrução de uma floresta com florística e estrutura predefinidas, baseadas em uma única floresta estabelecida previamente como modelo.

Com isso, chega-se à fase 4, em que a grande mudança conceitual foi que a metodologia de restauração abandonou a pretensão de uma cópia de floresta remanescente bem conservada da região, ou seja, de reconstruir a floresta original que ocorria em uma dada área e que fosse predefinida como modelo pelo restaurador, para priorizar a restauração dos processos que levam à construção e à manutenção de uma floresta tropical madura, biodiversa e perpetuada no tempo. Nessa fase, o objetivo maior era que a comunidade restaurada tivesse uma trajetória que a direcionasse no sentido de uma comunidade madura, do mesmo tipo fitogeográfico da floresta que ocorria naquele local e não previamente definida como modelo, mas na qual os processos mantenedores da dinâmica florestal fossem gradualmente restaurados e garantissem a sua sustentabilidade ecológica. Nesse referencial, tira-se o foco das características florísticas e estruturais da comunidade madura que se pretende restaurar e o ponto focal passa a ser a restauração dos processos estruturadores dessa trajetória de reconstrução da floresta. Dessa forma, passou-se a aceitar, para uma mesma situação fisiográfica, que a trajetória de restauração resultasse em comunidades climáticas com diferentes características florísticas e estruturais, dependendo da atuação dos processos estocásticos definidores dessas características.

A fitossociologia de um ou poucos remanescentes florestais deixou de ter importância na definição metodológica da restauração, que passou a se fundamentar no conhecimento acumulado sobre a biologia das espécies a serem usadas no plantio ou naturalmente regenerantes na área, principalmente relacionando as espécies aos aspectos da adaptabilidade ao ambiente, do papel na sucessão natural, da fenologia, das interações com a fauna, das características de regeneração etc. A caracterização fitossociológica tem grande importância em regiões ainda pouco conhecidas em termos vegetacionais, contribuindo para a definição fitogeográfica regional, bem como para a escolha das espécies a serem usadas na restauração de cada ambiente e para o entendimento do funcionamento dessas comunidades. Em razão da lacuna de conhecimento sobre a biologia reprodutiva da maioria das espécies nativas, fica ainda a pendência dos aspectos reprodutivos das espécies usadas nos projetos, já que a metodologia de restauração deve evitar o isolamento reprodutivo dos indivíduos quando atingirem a fase adulta, permitindo a expressão da regeneração natural dessas espécies na área em restauração para que haja sua perpetuação.

Infelizmente, ainda não se dispõe de conhecimento adequado e suficiente sobre a biologia de muitas espécies nativas regionais, principalmente sobre aspectos fisiológicos, fenológicos e reprodutivos, incluindo tipo e características de polinizadores e dispersores efetivos, a distância de voo desses polinizadores, o papel dessas espécies na dinâmica florestal e outros, que garantam a perpetuação das espécies na área restaurada. Sendo assim, essa fase se caracteriza ainda pelo uso de alta diversidade (80 a 90 espécies) como forma de evitar a decadência do projeto pelo excesso e, dessa maneira, garantir alguma trajetória da restauração no sentido da comunidade madura, inserida no contexto dos fatores estocásticos atuantes. Hoje, erra-se conscientemente pelo excesso, definindo para a implantação da restauração ecológica de florestas tropicais um grande número de espécies em virtude da falta de conhecimento adequado sobre a biologia da maioria das espécies nativas, conhecimento esse que permitiria uma maior clareza quanto ao papel dessas espécies no funcionamento da floresta em cada etapa de regeneração. Além disso, na incerteza sobre quais espécies chegarão natural-

mente à área por dispersão dos fragmentos remanescentes, opta-se por plantar o maior número possível de espécies como forma de aumentar as chances de obter uma floresta biodiversa e autoperpetuável.

Dentro dessa nova perspectiva metodológica, o plantio de mudas, que era considerado como a única metodologia de restauração, já que possibilitava previsibilidade e permitia a cópia de uma comunidade madura definida como modelo (fase 3), foi questionado para várias situações de restauração, ao passo que várias outras metodologias começaram a ser testadas (Fig. 2.9). As metodologias de restauração passaram a ser particularizadas para cada situação de degradação, sendo definidas com base na resiliência dessas situações. Essa resiliência é determinada com base nas características da própria área a ser restaurada, nas características do ambiente local e que definem o tipo vegetacional, nas características do uso atual e histórico do solo, que definem a presença e a abundância de propágulos de espécies nativas regionais na área a ser restaurada, e também nas características de fragmentação das formações naturais na paisagem regional, que definem a possibilidade da chegada de propágulos de espécies nativas regionais a essa área.

Esse novo referencial metodológico se traduz numa diversificação efetiva dos métodos e ações de restauração, às vezes na mesma microbacia ou até em distâncias menores, dentro de uma mesma propriedade, não mais com preocupação de restauração de uma comunidade final predefinida pelo restaurador, mas sim da restauração dos processos ecológicos que levam à construção gradual de comunidades vegetais perpetuadas no tempo, com características florísticas e estruturais variáveis e não previsíveis, dependendo da atuação de fatores externos de perturbação natural ou antrópica. Sendo assim, muda-se o paradigma da restauração, dando enfoque não mais às características florísticas e fisionômicas da comunidade final restaurada, mas sim aos processos que garantam a construção e manutenção de uma comunidade biodiversa no tempo. Nesse conceito, as características florísticas e estruturais da comunidade restaurada são resultantes da interação das ações implementadas de restauração com os processos locais de migração e seleção de espécies.

RESTAURAÇÃO FLORESTAL

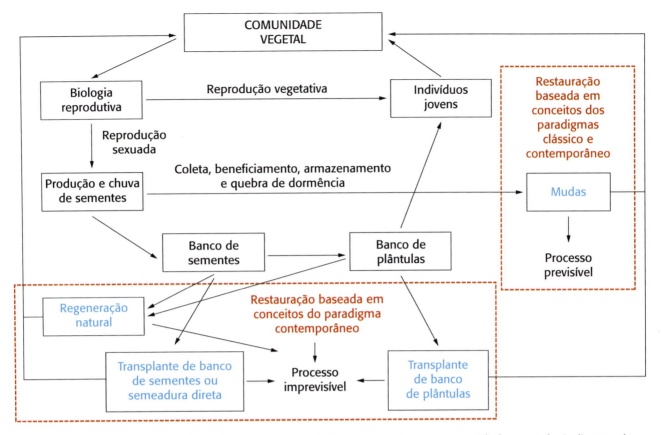

Fig. 2.9 *Representação esquemática dos processos ecológicos (preto) de uma comunidade vegetal e indicação das possíveis ações de restauração (azul), com base em uma única comunidade clímax como modelo (processo previsível) ou aceitando vários clímaces (imprevisível)*

Nesse novo referencial, o monitoramento periódico da área em processo de restauração passa a ter grande importância, focando principalmente i) a construção gradual de um dossel florestal biodiverso e longevo, modificando as condições ambientais locais; ii) as características da regeneração natural em termos de densidade, diversidade e sobreposição florística com as espécies do dossel; e iii) o papel dos diferentes grupos funcionais no funcionamento da comunidade e no incremento temporal da diversidade local, inclusive considerando outras formas de vida vegetal e até da fauna. Esses parâmetros permitem fazer inferências sobre a trajetória da área em restauração e o restabelecimento da sucessão ecológica e dos demais processos mantenedores dos ecossistemas naturais, constituindo bons indicativos da sustentabilidade temporal das áreas em processo de restauração e até definindo a necessidade da adoção de ações corretivas ou de manejo adaptativo que redirecionem a trajetória dentro de uma faixa de variação desejada.

Para a restauração de ecossistemas florestais com objetivo de restaurar a biodiversidade regional, sem perspectiva de aproveitamento econômico ou de geração de renda, é na fase 4 que conceitualmente nos encontramos hoje, o que certamente deverá evoluir em um futuro próximo para novos conceitos, fundamentados na evolução da Ecologia da Restauração, principalmente considerando o acúmulo futuro de conhecimento sobre a biologia das espécies e o papel delas nos processos sucessionais. Novamente cumpre ressaltar que nem todos que praticam restauração atualmente chegaram a essa fase 4 ou incluíram essa evolução conceitual nos seus projetos, podendo ainda hoje praticar restauração dentro dos conceitos das fases 1 ou 2 ou 3.

2.2.5 Fase 5: Modelos de restauração voltados para a redução de custos e a geração de renda

Os avanços graduais no entendimento dos processos ecológicos envolvidos no sucesso das ações de restauração, separados didaticamente em fases neste capítulo, trouxeram grandes melhorias na forma de conduzir os projetos. Com base nesse novo conceito de trabalho, representado pela visão de restauração discutida na fase 4, pôde-se enfim chegar a um *menu* de métodos mais voltados para o restabelecimento dos processos ecológicos reconstrutores e mantenedores de ecossistemas nativos, aproveitando-se ao máximo da resiliência da área propriamente dita e da paisagem. Embora muitos desafios ainda existam para o aperfeiçoamento da restauração, o salto representado pelos avanços incorporados na fase 4 à forma de conduzir e pensar a restauração florestal trouxe maior segurança metodológica para os restauradores. Assim, os métodos disponíveis hoje possibilitam que a restauração restabeleça ecossistemas nativos com boas chances de sustentabilidade ecológica em médio e longo prazo. Mas isso ainda não é suficiente para que a restauração ecológica possa cumprir seu papel de transformação de ecossistemas degradados e paisagens depauperadas. Não basta ter bons métodos se a restauração florestal não for definitivamente adotada pelos produtores rurais e empresas agrícolas, que detêm justamente a maioria das áreas degradadas e, muitas vezes, arcam com os custos dos projetos de restauração.

Nesse contexto, surgiu a fase 5 do histórico da restauração, que compreende a fase também em vigência no momento, convivendo harmonicamente com os conceitos definidos na fase 4, mas com propósito claro de testar iniciativas que visem reduzir os custos dos projetos de restauração florestal. Ganhou evidência nessa fase, por exemplo, o teste de mudas cada vez menores e mais baratas para uso em reflorestamentos, até chegar ao uso da semeadura direta como forma de implantar florestas nativas a baixo custo. Equivocadamente, a nucleação, que tem grande potencial para paisagens com elevada resiliência, também foi largamente adotada para a restauração de áreas com baixa resiliência e em paisagens não favoráveis à chegada de propágulos de fragmentos do entorno, seja porque esses fragmentos não existiam, seja porque, quando existiam, tinham pouca contribuição na dispersão por estarem muito degradados.

Outra vertente que merece destaque é a busca por tecnologias mais eficientes e baratas para realizar os mesmos procedimentos operacionais que já eram realizados no passado. O uso adequado e controlado de herbicidas, o uso de plantadeiras, o plantio com hidrogel e a forte mecanização das atividades de campo são consequências dessa busca pela redução de custos. Contudo, por mais que se tenha obtido avanços com essas novas tecnologias e métodos, a restauração continua sendo uma atividade com custos elevados, que depende do convencimento do dono da terra não só para aceitar que trechos de sua propriedade sejam restaurados, mas também para investir recursos a fim de cobrir os custos do processo. Diante disso, busca-se hoje criar modelos de restauração que apresentem perspectivas de algum retorno econômico ao produtor, que constituam modelos de produção com uma relação custo-benefício mais favorável que as atuais formas de uso e ocupação do solo que são adotadas nos locais que se pretende restaurar. Em outras palavras, é preciso que a restauração dê mais dinheiro que as atividades degradantes adotadas nas áreas a serem restauradas. Nesse momento, a restauração ecológica começa a mostrar de fato seu lado multidisciplinar, com aspectos sociais, econômicos e culturais, provando ser mais do que simplesmente um campo de atividade puramente ecológico. Mais do que criar métodos de restauração com maior eficiência em termos ecológicos, o grande desafio passou a ser o envolvimento dos proprietários rurais e empresas agrícolas para o aumento da escala das ações de restauração. Para isso, pode-se valer da redução dos custos de implantação e manutenção do projeto e, inclusive, da possibilidade de exploração econômica das áreas em processo de restauração como uma alternativa mais viável, do ponto de vista ambiental e econômico, de reocupação das áreas de baixa aptidão agrícola com espécies nativas passíveis de uma exploração sustentável e de baixo impacto ambiental.

Para demonstrar a importância do conteúdo apresentado nessa fase 5, ou melhor, a importância de a restauração ser considerada e planejada de forma integrada com a conservação da biodiversidade, será considerado o caso da Mata Atlântica, que é o bioma mais degradado do Brasil (Ribeiro et al., 2009). Nesse bioma, que possui hoje aproximadamente 12% de cobertura florestal nativa, menos de 20% da cobertura florestal remanescente está protegida em Unidades de Conservação. No Estado de São Paulo, do total de 4.300.000 ha de remanescentes naturais, apenas 864.000 ha estão inseridos em Unidades de Conservação, ao passo que 3.436.000 ha (79,9%) de remanescentes naturais estão localizados em propriedades particulares. Como agravante, verifica-se ainda uma desproporcionalidade na proteção dos diferentes tipos de ecossistema no bioma. Florestas de ambientes mais planos, com maior aptidão agrícola, por exemplo, as quais foram as mais afetadas pelo avanço desordenado da fronteira agrícola, estão sub-representadas na rede de Unidades de Conservação da Mata Atlântica em comparação com as florestas que ocorrem em áreas declivosas, de menor aptidão agrícola.

Existem também grandes disparidades na porcentagem de cobertura florestal entre as diferentes zonas biogeográficas que compõem esse bioma, também resultado dos diferentes níveis de aptidão agrícola que essas regiões apresentam e que, consequentemente, resultaram em diferentes intensidades históricas de conversão de ecossistemas naturais em usos alternativos do solo. Assim, verifica-se que a maior parte da cobertura florestal nativa da Mata Atlântica, em maior ou menor proporção e geralmente com avançado estado de degradação, está nas mãos de proprietários rurais, assim como estão nas mãos desses mesmos proprietários as áreas degradadas que deveriam ser restauradas por exigência da legislação ambiental ou por serem áreas de baixa aptidão agrícola. Sendo assim, a recuperação e a proteção desses remanescentes e a sua interligação na paisagem usando as áreas de baixa aptidão agrícola dependem obrigatoriamente da adoção de ações de restauração ecológica em áreas particulares. Certamente, esse cenário é ainda mais acentuado em outros biomas brasileiros, fazendo com que o envolvimento dos proprietários particulares no processo seja uma condicionante básica para que se aumente a escala das ações. Adicionalmente, as áreas degradadas que demandam cuidados especiais de restauração em decorrência da importância destacada para o restabelecimento dos serviços ecossistêmicos, tais como áreas ciliares ou áreas muito declivosas, também se encontram inseridas em propriedades particulares e somente poderão ali ser restauradas se houver o consentimento dos proprietários.

Apesar da importância da participação dos proprietários rurais nas ações de restauração, há vários entraves que dificultam esse envolvimento. Por exemplo, para que uma área seja restaurada, ela deverá deixar de ser utilizada pelo produtor da forma como estava sendo empregada, tal como para o cultivo de grãos, pecuária e silvicultura. Isso constitui um grande obstáculo, pois muitos proprietários rurais sentem que estão perdendo um pedaço de sua área produtiva ou então, quando as ações de restauração são conduzidas de forma obrigatória por demanda legal, o proprietário tem a sensação de que um trecho de sua propriedade está sendo "doado" ao Estado. Obviamente, essa visão do processo dificulta muito a alocação de áreas para a restauração, pois ninguém gostaria de perder ou doar um pedaço de sua propriedade sem ganhar nada em troca. Adicionalmente, os produtores rurais brasileiros não possuem uma cultura florestal. Sistematicamente, as árvores foram excluídas da paisagem rural, principalmente para a expansão das lavouras e para facilitar a mecanização. Reverter esse processo hoje é um grande desafio.

Além da questão cultural, há que se considerar também a renda que deixa de ser gerada nessas áreas. Por mais que diversas áreas degradadas sejam de baixa aptidão agrícola e, portanto, representem baixo retorno econômico, tal como a pecuária extensiva em áreas declivosas, o produtor conta com esse recurso e muitas vezes vive dele por falta de opção e orientação agrícola, razão pela qual dificilmente iria abandoná-lo espontaneamente caso não houvesse uma alternativa econômica melhor. Quando essas atividades agropecuárias são substituídas por florestas nativas sem perspectiva de exploração econômica, deixa-se de ter esse lucro com o uso da área, fazendo com que o produtor perca duas vezes: ao deixar de usar a área e ao ter que investir recursos na sua restauração. Sem dúvida, esse é um dos principais motivos para a resistência dos produtores rurais em relação à disponibilização de áreas para a restauração florestal, e esse problema precisa ser encarado com seriedade para que um dia a restauração seja conduzida em larga escala na propriedade rural e não apenas em iniciativas de governos ou de ONGs, que muitas vezes não são duradouras. Assim, se por um lado a Ecologia da Restauração pode aperfeiçoar gradativamente a forma de fazer restauração, será apenas por meio de uma abordagem socioeconômico-ecológica que a restauração poderá ser conduzida em larga escala, melhorando a relação custo-benefício dessas ações.

No entanto, deve-se considerar aqui a importância da legislação ambiental para disponibilizar áreas para a restauração florestal. Quando se determina que certos trechos da propriedade, tais como áreas ripárias e de declividade acentuada, constituem APP e, por conta disso, não podem ser cultivadas ou usadas para a pecuária e devem ser restauradas, exclui-se a possibilidade de uso continuado do solo para essas atividades. Dessa forma, fica mais fácil convencer os produtores rurais a aderirem a um programa de restauração florestal, pois nesse caso não é preciso cobrir o custo de oportunidade de uso do solo, já que, por determinação legal, essa área só poderia ser usada para restauração ecológica e não para produção agrícola. Apesar da importância de transformar a restauração ecológica em algo mais atrativo para o produtor rural, é inegável a necessidade de uma legislação ambiental bem consolidada para ampliar a disponibilidade de áreas para a restauração. Nesse sentido, a impunidade com relação ao descumprimento histórico do Código Florestal acaba gerando esse custo de oportunidade virtual, que prejudica o convencimento dos produtores rurais a restaurarem ou a permitirem que sejam restauradas partes de suas propriedades, mesmo que eles não tenham que arcar com os custos desse processo. Felizmente, nas regiões do país em que a fiscalização é mais efetiva e são conduzidas políticas públicas nesse sentido, já há uma aceitação generalizada de que as margens de cursos d'água e nascentes não devem ser usadas para fins de produção agropecuária.

Outro importante fator a ser considerado é como as próprias áreas agrícolas estão sendo utilizadas na propriedade rural. Muitas das áreas de baixa aptidão agrícola que hoje estão em uso refletem uma tentativa de ampliar um pouco os rendimentos da propriedade rural, os quais são cada vez menores em propriedades familiares. Trata-se de um problema de política agrícola que é resultado de uma longa história de concentração de terras e de limitações de assistência técnica, de financiamento, de crédito, de investimento em infraestrutura e assim por diante. Apesar da origem na política agrícola, esses problemas afetam necessariamente a conservação dos recursos naturais, pois a única alternativa possível para os produtores descapitalizados e deficientes em assistência técnica aumentarem seus rendimentos é por meio da expansão ilegal das suas áreas de cultivo, logicamente em detrimento dos ecossistemas nativos. O prejuízo dos recursos naturais poderia ser evitado caso houvesse uma tecnificação da área agrícola já disponível, aumentando assim a produtividade e o retorno econômico sem a necessidade de expansão. Nesse contexto, a restauração florestal apenas avançaria em larga escala se houvesse uma tecnificação da produção agrícola nas áreas de maior aptidão produtiva, o que liberaria áreas de menor aptidão ou protegidas pela legislação para a restauração florestal sem prejudicar a renda gerada na propriedade rural. Para que isso ocorra na prática, as entidades envolvidas na restauração florestal precisam trabalhar de forma conjunta e integrada com a área agrícola, com destaque para os órgãos de assistência técnica rural, e vice-versa, o que felizmente já está acontecendo em iniciativas de vários Estados brasileiros, como Pará e Espírito Santo.

Não bastassem as dificuldades para convencer um produtor rural ou empresa agrícola a ceder áreas para a restauração florestal, há ainda a necessidade de arcar com os custos de implantação e manutenção do projeto. Em áreas de histórico mais recente de expansão da fronteira agrícola, tais como áreas de pastagem na Amazônia e no Cerrado, cuja tecnificação agrícola não ocorreu ou não conseguiu eliminar todos os propágulos de espécies nativas preexistentes na área, a maior parte da restauração se dará por regeneração assistida, ou seja, o desencadeamento dos processos de sucessão secundária ocorrerá apenas isolando a área de possíveis fatores de perturbação e conduzindo a regeneração natural, sem demandar intervenções mais onerosas. No entanto, nas regiões de agricultura tecnificada e intensiva ou onde a agricultura e a pecuária se instalaram há mais tempo, com gradativa eliminação dos propágulos de espécies nativas preexistentes na área a ser restaurada, as ações de restauração podem demandar grande montante de recursos. Na maioria dos casos, cabe ao proprietário rural e às empresas agrícolas arcarem com esses custos.

Diante do panorama até aqui apresentado, fica evidente a necessidade de uma abordagem da restauração florestal que transforme essa atividade em uma opção atrativa ao produtor rural e às empresas agrícolas, em vez de apenas constituir uma obrigação legal. Para que isso ocorra, novas abordagens de restauração devem ser estabelecidas, passando a integrar análises de custo-benefício, modelagens econômicas, desenvolvimento de modelos de restauração voltados para a geração de serviços ambientais e produtos florestais e, sobretudo, de maior integração com políticas agrícolas. Em outras palavras, é preciso transformar a restauração florestal em uma atividade mais atrativa do ponto de vista econômico. Conforme discutido em detalhes no Cap. 13, oportunidades não faltam para transformá-la em uma importante fonte geradora de trabalho e renda. O pagamento por serviços ambientais, a geração de produtos florestais madeireiros e não madeireiros, o uso de modelos agrossilviculturais e o aproveitamento turístico são algumas dessas oportunidades. Além desses fatores, é preciso também que vários aspectos socioculturais sejam incluídos no processo, considerando particularidades históricas, culturais, educacionais e sociais do grupo de pessoas com o qual se está lidando.

Como exemplo da importância dessas questões, será considerado como estudo de caso dessa fase 5 o Programa de Adequação Ambiental e Agrícola de Propriedades Rurais em Paragominas (PA). O município de Paragominas (PA) era conhecido por apresentar uma das maiores taxas de desmatamento da Amazônia brasileira, concentrando grandes serrarias abastecidas pela madeira extraída, em grande parte, de forma irregular nas fronteiras do desmatamento, onde grandes áreas de florestas eram substituídas por pecuária extensiva. Recentemente, forçados pelo poder público, vários produtores rurais desse município se viram obrigados a adequar ambientalmente e legalmente suas propriedades. Tomando-se essa condição como base, foi elaborado um grande projeto de regularização ambiental e agrícola de algumas propriedades desse município visando estabelecer projetos-piloto que demonstrassem a viabilidade técnica e econômica de conciliar a produção agropecuária com a conservação ambiental e a restauração florestal.

Além de todo o trabalho de adequação ambiental e cumprimento da legislação ambiental, o que tem resultado na restauração das áreas degradadas das propriedades, esse projeto também focou a tecnificação da pecuária nas áreas de maior aptidão agrícola dessas propriedades. Com base no uso de técnicas simples de adubação dos pastos e manejo adequado das pastagens e do gado, a taxa de ocupação animal quintuplicou, o que permitiu aumentar a produção pecuária e ainda concentrá-la em uma área menor da propriedade (de maior aptidão agrícola) e, com isso, liberar áreas de menor aptidão agrícola, bem como APP, para a restauração florestal. Em vez de reduzir a produção pecuária em razão da diminuição da área em uso, esse projeto resultou no aumento da produção e da lucratividade do pecuarista, bem como na restauração de áreas degradadas da propriedade e ainda na proteção dos fragmentos florestais remanescentes, protegidos como Reserva Legal.

Esse tipo de abordagem do processo de restauração também tem sido adotado em outros países latino-americanos, com o adicional do uso de sistemas silvipastoris em áreas de produção pecuária da propriedade para a melhoria da conectividade da paisagem (Fig. 2.10). Adicionalmente, estão sendo implantados modelos de enriquecimento de capoeiras degradadas, enquadradas legalmente como Reserva Legal, com espécies madeireiras, frutíferas e medicinais nativas de alto valor de mercado, que podem ser exploradas em sistemas sustentáveis, bem como modelos econômicos de recomposição da Reserva Legal nas áreas de baixa aptidão de propriedades

Fig. 2.10 *Uso de sistema silvopastoril para a melhoria da conectividade da paisagem em propriedade rural da Colômbia (A), o qual já prove, hoje, renda adicional pela produção de madeira para carvão e serraria (B)*

com déficit de florestas remanescentes para cumprimento legal. Esse tipo de abordagem do processo de adequação ambiental certamente facilita o avanço da restauração florestal em larga escala e convence os produtores a aderirem a esse tipo de programa.

Além do envolvimento dos produtores rurais, outro elo da sociedade que precisa necessariamente integrar os programas de restauração em larga escala é o governo. Sem políticas públicas voltadas para a restauração ecológica e baseadas em bons instrumentos legais reguladores, de linhas de financiamento, de assistência técnica, de fiscalização e suporte governamental, dificilmente essa atividade irá se expandir da forma como deveria. E são diversos os benefícios trazidos pela restauração florestal à sociedade que justificariam um massivo esforço público para apoiar essa atividade. A restauração florestal oferece múltiplas oportunidades de geração de trabalho e renda, principalmente em comunidades rurais, as quais foram historicamente marginalizadas como decorrência do modelo de desenvolvimento agrário adotado na maioria dos países, inclusive no Brasil. Esse modelo privilegiou a produção em larga escala de culturas voltadas para a exportação em grandes propriedades patronais, em detrimento da produção de bens de consumo interno em propriedades familiares, que hoje são minoria em termos de área, mas maioria em número de propriedades. Caso a restauração florestal se concretize da forma como se espera, milhares de empregos diretos e indiretos serão gerados por sua cadeia de negócios, levando inclusão social a muitas comunidades tradicionais e agrícolas que se encontram hoje marginalizadas na sociedade. Trata-se, evidentemente, de uma atividade de destaque para todo e qualquer governo seriamente comprometido com a questão socioambiental e que certamente ganhará cada vez mais espaço na mídia, na opinião pública e na disputa política (Boxe 2.2).

Diante do exposto, essa nova fase da restauração florestal no Brasil está sendo marcada pela busca de estratégias de restauração com maior apelo ao produtor rural, por meio de pesquisas científicas e tecnológicas que resultem em metodologias de baixo custo e que gerem renda por intermédio dos bens e serviços ecossistêmicos providos pelas florestas em processo de restauração. São estratégias que visam estimular a restauração voluntária, já que só o cumprimento da legislação não é suficiente para que a restauração florestal alcance a escala necessária para a conservação da biodiversidade e a provisão efetiva de serviços ecossistêmicos em paisagens já excessivamente fragmentadas.

2.3 Conclusão

Como a restauração ecológica é uma atividade nova, cuja prática em território nacional apenas se difundiu há poucas décadas, a análise crítica de seu histórico é um importante exercício para que se consolidem definitivamente as bases conceituais

Boxe 2.2 Políticas públicas para a restauração

Os instrumentos de comando e controle previstos na legislação nacional têm sido aperfeiçoados e há boas perspectivas para que se tornem cada vez mais eficazes para coibir o desmatamento, especialmente em regiões onde a economia independe da exploração de florestas nativas. O uso de ferramentas tecnológicas, como o sensoriamento remoto e sistemas de informações, entre outros, permite que os órgãos de fiscalização monitorem os remanescentes de vegetação, evitando sua supressão. No Estado de São Paulo, os índices de cobertura nativa estão estabilizados, como mostram os últimos Inventários Florestais. Ocorre que parte da vegetação remanescente encontra-se muito pulverizada, em fragmentos de pequenas dimensões muitas vezes inseridos em matrizes de paisagem pouco permeáveis aos fluxos gênicos. Preservar a vegetação existente não é suficiente. É preciso restaurar ecossistemas degradados e assegurar a sustentabilidade ecológica dos remanescentes, conectando-os entre si e com as Unidades de Conservação.

As políticas de comando e controle, no entanto, não têm sido suficientes para induzir a restauração. Por essa razão, novos instrumentos estão sendo desenvolvidos, destacando-se o Pagamento por Serviços Ambientais. Reconhecer que as áreas rurais não têm potencial apenas para a produção agropecuária, mas que também são responsáveis pela geração de serviços ambientais essenciais para a sociedade e que esses serviços têm valor contribui de forma decisiva para a proteção e a restauração da vegetação nativa. Associar a presença de florestas à disponibilidade de água com regularidade e qualidade possibilita canalizar recursos da cobrança pelo uso da água para custear a conservação. O estabelecimento de metas de redução de emissões de gases de efeito estufa abre oportunidades promissoras para financiar a restauração de florestas com recursos de remuneração pelo sequestro de carbono. Por meio de programas de PSA, proprietários rurais têm sido remunerados pela proteção e restauração de florestas, como ocorre em São Paulo, onde o PSA foi instituído pela Política Estadual de Mudanças Climáticas. Os instrumentos de incentivo, associados aos de comando e controle, deverão mudar o cenário da restauração, que enfrenta grandes restrições em virtude do seu alto custo.

A implementação de Reservas Legais representa outra oportunidade importante para impulsionar a restauração. A possibilidade de compensar essas reservas quando o imóvel não tem vegetação suficiente permite direcionar investimentos para áreas prioritárias, de modo a otimizar os benefícios dos esforços realizados pelos proprietários rurais. O Poder Público deve orientar, por meio de política pública, a instituição de Reservas Legais considerando os aspectos ambientais e econômicos, visando compatibilizar produção e conservação. Atribuir aos proprietários rurais a responsabilidade por demonstrar, caso a caso, a inviabilidade de recompor a reserva no interior do próprio imóvel e por indicar as áreas para compensação, como tem ocorrido, reduz muito o potencial desse instrumento e encarece o processo.

A restauração florestal deve ser baseada em subsídios técnico-científicos consistentes, como os que o Projeto Biota/Fapesp e as diversas instituições de pesquisa e ensino disponibilizam no Estado de São Paulo. É necessário dispor de adequados e bons indicadores para monitorar e avaliar a restauração, evitando-se o desperdício de recursos e de tempo. E, fundamentalmente, é preciso integrar e coordenar políticas públicas visando gerar sinergia entre elas em benefício da restauração.

Helena Carrascosa von Glehn (hcarrascosa@sp.gov.br),
Coordenadoria de Biodiversidade e Recursos Naturais, Secretaria do Meio Ambiente do Estado de São Paulo

e aplicadas que sustentam essa atividade no Brasil. Adicionalmente, esse histórico é útil para que os novos profissionais da área conheçam as estratégias de restauração que já foram testadas em diferentes momentos de seu desenvolvimento no país, bem como os erros e acertos resultantes dessas estratégias, para que, com base nesse conhecimento, a restauração florestal possa avançar sem riscos de se voltar a cometer os mesmos equívocos do passado, resultando em soluções para os novos desafios que se fazem presentes hoje para a conservação da biodiversidade e a provisão de serviços ecossistêmicos em paisagens já muito modificadas pelo homem.

Literatura complementar recomendada

DEAN, W. *A ferro e fogo*: a história da devastação da Mata Atlântica brasileira. São Paulo: Companhia das Letras, 1996. 484 p.

DURIGAN, G.; MELO, A. C. G. Panorama das políticas públicas e pesquisas em restauração ecológica no estado de São Paulo, Brazil. In: FIGUEROA, B. (Org.). *Conservación de la biodiversidad en las Américas*: lecciones y recomendaciones de política. Santiago: Universidad de Chile, 2011.

MARTINS, S. V. *Restauração ecológica de ecossistemas degradados*. Viçosa: Editora UFV, 2012. 293 p.

PICKETT, S. T. A.; OSTEFELD, R. S. The shifting paradigm in ecology. In: KNIGHT, R. L.; BATES, S. F. (Ed.). *A new century for natural resources management*. Washington, D.C.: Island Press, 1992. p. 261-295.

RODRIGUES, R. R.; LEITÃO FILHO, H. F. (Org.). *Matas ciliares*: conservação e recuperação. 3. ed. São Paulo: Edusp; Fapesp, 2004. 320 p.

RODRIGUES, R. R.; BRANCALION, P. H. S.; ISENHAGEN, I. (Org.). *Pacto pela Restauração da Mata Atlântica*: referencial dos conceitos e ações de restauração florestal. São Paulo: Instituto BioAtlântica, 2009.

Ecossistemas de referência para a restauração florestal

Restaurar um ecossistema é análogo a conduzir um veículo, pois há que se saber de antemão aonde se quer chegar. Sem essa definição prévia, pode-se chegar a qualquer lugar e todo resultado passa a ser aceitável, mesmo que o ecossistema restaurado pouco se assemelhe aos ecossistemas naturais da região. Nesse caso, se estaria lidando com outras estratégias de recuperação de áreas degradadas que não a restauração ecológica. Para definir aonde se quer chegar com as ações de restauração é que se utiliza o conceito de ecossistemas de referência. Como não é possível voltar ao passado e estudar o ecossistema existente naquele lugar antes de sua degradação, o que seria também uma perda de tempo ao considerar que as condições para o desenvolvimento futuro desse ecossistema não necessariamente serão as mesmas do passado, o estabelecimento de um ecossistema de referência passa a ter grande importância. O ecossistema de referência pode ser constituído por um ecossistema natural ou, mais adequadamente, por um conjunto deles da mesma região ecológica em que o projeto será executado e do mesmo tipo fitogeográfico que ocorria na área a ser restaurada. Dessa forma, com base no estudo e conhecimento dos ecossistemas naturais de uma dada região, é possível estabelecer um conjunto de espécies nativas que poderiam integrar o ecossistema a ser restaurado, bem como as condições de funcionamento e estrutura que serão esperadas nessa área.

A Sociedade Internacional para a Restauração Ecológica (SER, 2004) define em sua cartilha um conjunto de informações que podem ser utilizadas para descrever um ecossistema de referência, tais como:

- Descrições ecológicas, listas de espécies e mapas da área do projeto antes do ecossistema ser degradado, perturbado ou destruído. Por exemplo, quando um dado remanescente florestal já estudado pela ciência sofre algum fator de distúrbio severo, tal como um incêndio, e perde parte das espécies que possuía ou é destruído por completo para a construção de alguma obra pública, as informações obtidas anteriormente à destruição podem dar subsídio ao projeto de restauração de todo

o remanescente destruído ou de pelo menos parte dele.

- Fotografias aéreas e ao nível do solo tanto históricas como recentes. Por exemplo, em regiões onde há florestas entremeadas por campos nativos, o uso de fotografias antigas da região pode auxiliar na definição dos locais em que deveriam ser implantadas espécies arbustivas e arbóreas e onde não deveriam.

- Descrições físicas e bióticas de trechos do ecossistema que não foram destruídos. Por exemplo, se metade de um grande remanescente for degradado ou destruído, o estudo da outra metade pode ser útil para caracterizar o ecossistema de referência. Da mesma forma, remanescentes conservados na mesma região fitogeográfica em que o projeto de restauração será realizado podem servir como fonte para essas informações.

- Descrições ecológicas e listas de espécies de ecossistemas similares intactos ou pouco degradados. Por exemplo, remanescentes naturais da região e do mesmo tipo vegetacional podem ser estudados como forma de inferir o conjunto de espécies e características ecológicas que a área a ser restaurada possuía no passado e que poderá voltar a ter no futuro.

- Espécimes de herbários e de museus. Por exemplo, quando alguma espécie já foi extinta localmente por superexploração ou pela degradação histórica de seu hábitat, os levantamentos da vegetação remanescente podem não indicar a ocorrência dessa espécie nos ecossistemas de referência. Caso essa espécie já tenha sido coletada no passado na área de abrangência do projeto, ela poderia ser reintroduzida como parte das ações de restauração. Assim, poderiam ser obtidos sementes ou materiais de reprodução vegetativa da espécie em outra região próxima onde ela ainda exista ou em jardins botânicos para posteriormente reintroduzi-la em seu hábitat natural por meio da restauração. Várias plantas ameaçadas de extinção ou mesmo já

extintas na natureza seriam muito beneficiadas por essa prática.

- ✑ Relatos históricos e orais de pessoas familia-
rizadas com a área do projeto antes do dano.
Por exemplo, relatos dos moradores antigos da
região confirmando ou substituindo as informações de herbários e museus podem indicar
as espécies que ocorriam na área e não são
mais encontradas para que possa ser conduzido um trabalho de reintrodução.
- ✑ Evidências paleoecológicas da área degradada,
como pólen fóssil, carvão, anéis de árvores e
fezes de roedores. Por exemplo, é muito comum
encontrar árvores de araucária (*Araucaria angustifolia*) em várias regiões do Sul e Sudeste
brasileiro, pois essa espécie foi amplamente
distribuída por bandeirantes e colonos no passado. Nesse caso, é difícil saber em certas situações se a araucária é ou não nativa da região.
Para resolver essa questão, pode ser verificada
a presença de pólen fossilizado de araucária
em camadas sedimentares do solo para diagnosticar se a espécie já ocorria na região antes
da chegada do homem.

Na maioria dos casos, são utilizadas descrições
ecológicas, principalmente no que se refere à composição de espécies arbustivas e arbóreas, para caracterizar o(s) ecossistema(s) de referência visando ao
uso dessas informações na restauração florestal. No
entanto, se essas descrições forem conduzidas sem
um olhar mais atento ao histórico e às características
do meio físico da área a ser restaurada, erros graves
podem ser cometidos. Para ilustrar isso, considere-se
o exemplo descrito por Dean (1996, p. 131):

> O terceiro século da invasão européia da Mata
> Atlântica reduziu consideravelmente sua
> extensão. A mineração, a lavoura e a engorda de
> gado no sudeste podem ter eliminado, durante
> o séc. XVIII, outros 3.000.000 ha. Tão ampla,
> completa e irreversível havia sido a eliminação
> da floresta em Minas Gerais durante o século
> XVIII que Karl Friedrich Philipp Von Martius, o
> mais famoso dos botânicos acolhidos no Brasil
> nos anos 1810, foi levado a supor que a região de
> ouro e diamante, a sudoeste de Minas Gerais, e
> a região nordeste da cidade de São Paulo nunca
> haviam sido floresta, mas eram constituídas
> de campos gramados nativos. Von Martius não
> consultou a população rural, que fazia uma dis-
> tinção clara entre campos naturais e terra de
> floresta derrubada. Seu erro continuou a ser
> repetido pelos biogeógrafos europeus por mais
> de um século.

Se naquela época houvesse a intenção de restaurar um campo em uma área cuja referência seria
uma floresta ou vice-versa, certamente o processo de
restauração seria fortemente desvirtuado.

Cabe ressaltar aqui que referência não é
sinônimo de cópia. Embora tenha havido iniciativas
históricas de tentativas de cópia de florestas nativas
em ações de restauração, conforme discutido em
detalhes no Cap. 2 (fase 3 do histórico da restauração),
esse não deve ser o caminho a ser seguido, pois foi
superado conceitualmente e na prática nas décadas
passadas. Hoje em dia, já se sabe que os ecossistemas
naturais não evoluem de acordo com uma trajetória
sucessional única, linear, unidirecional e previsível,
conforme preconizado nos trabalhos pioneiros de
sucessão ecológica. Os ecossistemas naturais sofrem
múltiplas interferências de fatores de distúrbios –
naturais e antrópicos – que modificam sua trajetória
de regeneração e, consequentemente, o ecossistema
a ser construído dentro de um determinado período
de tempo. Como não se conhece *a priori* quais foram
e serão esses fatores de distúrbio atuantes em uma
determinada área a ser restaurada ou mesmo qual a
sua intensidade, duração e recorrência no passado ou
no futuro, é impossível prever com exatidão quais as
características do ecossistema que se estabelecerão
na área a ser restaurada (Fig. 3.1).

Nesse contexto, apesar de as referências históricas também poderem ser utilizadas para planejar
e orientar as ações de restauração, são os vários
remanescentes que ocorrem na paisagem regional
do mesmo tipo fitogeográfico que ocorria na área
degradada que constituirão a base para a definição
do ecossistema de referência para planejamento,
implantação e monitoramento de um projeto de restauração. Nesse momento, como já destacado anteriormente, uma importante questão se coloca para
raciocínio da restauração: que tipo de ecossistema
deve-se adotar como referência?

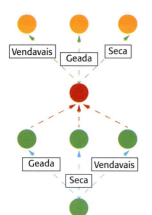

Fig. 3.1 *Esquema conceitual exemplificando como os ecossistemas podem ser influenciados por fatores de distúrbios ao longo de seu desenvolvimento e como a imprevisibilidade de ocorrência desses distúrbios no futuro dificulta a definição do ecossistema a ser obtido por meio de ações de restauração*

3.1 Atributos de ecossistemas restaurados

Um dos erros mais comuns no uso de termos e conceitos de restauração ecológica é dizer que uma dada área foi restaurada após a implantação de um determinado método de restauração. Por exemplo, é comum ouvir que um reflorestamento já bem estabelecido, com quatro ou cinco anos e dossel praticamente fechado, constitui uma área restaurada. No entanto, atingir o estado ou condição de ecossistema restaurado é uma meta muito mais audaciosa e difícil de ser atingida em um espaço curto de tempo, pois envolve diversos outros parâmetros que não apenas os fisionômicos, como a formação de um dossel. Nesse contexto, a SER definiu alguns atributos-chave para que um dado ecossistema possa ser considerado restaurado, os quais podem ser usados, em última instância, para avaliar se os objetivos finais do projeto já foram ou não atingidos com base na comparação dos resultados do monitoramento da área em restauração com o ecossistema eleito como referência:

1] O ecossistema restaurado contém um conjunto característico de espécies que ocorrem no ecossistema de referência e que proporcionam uma estrutura adequada de comunidade.

2] O ecossistema restaurado está composto em sua maior extensão possível por espécies nativas. Em ecossistemas restaurados com objetivos mais culturais, são aceitas espécies exóticas domesticadas e ruderais não invasoras que presumivelmente coevoluíram com elas. Ruderais são plantas que colonizam locais perturbados, enquanto, em cultivos, essas espécies tipicamente crescem misturadas com as cultivadas.

3] Todos os grupos funcionais necessários para o desenvolvimento continuado e/ou a estabilidade do ecossistema restaurado estão representados ou, se ainda não estiverem, os grupos ausentes têm potencial de colonização por vias naturais.

4] O ambiente físico do ecossistema restaurado é capaz de sustentar populações reprodutivas das espécies fundamentais para a estabilidade ou o desenvolvimento continuado desse ecossistema em restauração ao longo da trajetória desejada.

5] O ecossistema restaurado funciona normalmente para seu estágio ecológico de desenvolvimento, e sinais de disfunção estão ausentes.

6] O ecossistema restaurado está adequadamente integrado a uma matriz ecológica maior (paisagem), com a qual ele interage por meio de fluxos e trocas bióticas e abióticas.

7] Potenciais ameaças à resiliência e integridade do ecossistema restaurado oriundas da paisagem circundante foram eliminadas ou reduzidas da melhor forma possível.

8] O ecossistema restaurado é suficientemente resiliente para superar possíveis eventos de estresse periódicos, que são normais no ambiente local e contribuem para manter a integridade do ecossistema.

9] O ecossistema restaurado é autoperpetuável no mesmo grau que o ecossistema de referência e tem potencial de persistir indefinidamente sob as condições ambientais presentes. No entanto, aspectos de sua biodiversidade, estrutura e funcionamento podem variar como processo normal do desenvolvimento do ecossistema e flutuar em resposta a estresses periódicos normais e a eventos de distúrbio ocasionais de maior magnitude. Tal como um ecossistema intacto, a composição de espécies e outros atributos de ecossistemas restaurados podem evoluir à medida que as condições ambientais se alteram.

Os atributos de ecossistemas restaurados definidos pela SER também podem ser utilizados para o monitoramento dos mais diversos tipos de ecossistema natural, desde recifes de corais até florestas tropicais, uma vez que constituem parâmetros gerais e de amplo espectro em se tratando da avaliação de composição, estrutura e funcionamento, ou seja, do monitoramento de quaisquer ecossistemas em processo de desenvolvimento continuado, inclusive aqueles em restauração. No entanto, para que esse conjunto de atributos possa ser utilizado na prática do monitoramento de áreas em processo de restauração florestal, com destaque para as florestas tropicais e subtropicais brasileiras, é preciso "traduzir" esses atributos em indicadores específicos. Embora isso possa ser feito de várias formas, o Quadro 3.1 apresenta um exemplo prático de conversão dos atributos de ecossistemas restaurados definidos pela SER em indicadores de monitoramento de ecossistemas florestais em processo de restauração. Com base nesse modelo, pode ser escolhido um ou, de preferência, vários remanescentes florestais que servirão como ecossistema de referência para o monitoramento da área em questão.

Cabe lembrar que, conforme discutido anteriormente, o ecossistema de referência deve apresentar características ecológicas semelhantes ao ecossistema em processo de restauração, principalmente relacionadas com o tipo fitogeográfico, o tamanho, a forma, a posição no relevo, o histórico de degradação, a matriz circundante etc. Essa abordagem é muito mais adequada do que a seleção do maior e melhor fragmento florestal da região, pois, nesse caso, é possível que o ecossistema em processo de restauração nunca consiga atingir os valores dos indicadores observados na referência por limitações ecológicas inerentes, tais como aquelas resultantes do efeito de borda e das relações entre o tamanho da área e o número de espécies que ela comporta.

Uma vez escolhido o remanescente ou o conjunto de remanescente florestais que servirá de referência para o planejamento, implantação e monitoramento do projeto de restauração, deve-se definir uma metodologia de amostragem a ser aplicada de forma idêntica tanto no ecossistema de referência como no ecossistema em processo de restauração, para que os resultados possam ser comparados posteriormente e se tenha uma efetiva avaliação da evolução dos atributos ecológicos ao longo da trajetória de restauração. Caso não se utilize o mesmo procedimento de coleta de dados nessas áreas, as diferenças constatadas nos resultados podem ser reflexo também da diferença de amostragem, e isso certamente prejudicaria a interpretação dos resultados e a validade do monitoramento. Uma vez coletados os dados que expressam cada um dos atributos escolhidos para o monitoramento, é possível compará-los entre o ecossistema de referência e o ecossistema em processo de restauração em vários momentos de sua trajetória.

O ideal é que se adote um procedimento amostral que permita uma análise estatística robusta dos dados para a comparação objetiva dos resultados obtidos entre as áreas, a qual pode ser feita por meio de vários métodos analíticos, em vez de simplesmente se realizar uma comparação numérica das médias obtidas sem considerar as variações devidas à variabilidade espacial das parcelas amostrais. Assim, é possível diagnosticar se há diferenças significativas em cada um dos indicadores avaliados e também o quão próximos ou distantes os valores obtidos no ecossistema em processo de restauração estão daqueles obtidos no ecossistema de referência. Tal procedimento é fundamental para definir ações de manejo adaptativo, também entendidas como ações corretivas, pois permite identificar as principais deficiências apresentadas pela área em restauração em relação ao que se esperaria dela naquele momento específico de sua trajetória ambiental. (Fig. 3.2)

Quadro 3.1 Transformação dos nove atributos de ecossistemas restaurados definidos pela SER em indicadores específicos para o monitoramento de ecossistemas florestais tropicais. Tais indicadores podem ser comparados entre o ecossistema de referência e o ecossistema em processo de restauração, constituindo uma ferramenta de monitoramento

Atributos e indicadores	Ecossistema de referência	Área em processo de restauração	
	Valor	Valor	% da referência
Atributo 1: Composição e estrutura			
Riqueza			
Arbustivas e arbóreas			
Lianas			
Herbáceas			
Epífitas			
Estrutura			
Altura do dossel			
Cobertura do dossel na estação seca			
Cobertura do dossel na estação chuvosa			
Número de estratos			
Área basal (indivíduos > 5 cm DAP)			
Densidade (indivíduos > 5 cm DAP)			
Atributo 2: Espécies nativas e invasoras			
Espécies exóticas invasoras e não invasoras			
Proporção de espécies arbustivas e arbóreas nativas/não nativas			
Espécies não nativas invasoras arbóreas			
Espécies não nativas invasoras ruderais			
Espécies não nativas invasoras segetais			
Atributo 3: Grupos funcionais			
Composição funcional			
Síndromes de dispersão em espécies arbustivas e arbóreas			
Zoocoria			
Anemocoria			
Autocoria			
Deciduidade de espécies arbustivas e arbóreas			
Caducifólias			
Semicaducifólias			
Perenifólias			
Posição ocupada no estrato vertical da floresta			
Emergente			
Dossel			
Subdossel			
Sub-bosque			
Tolerância ao sombreamento			
Tolerantes			
Intolerantes			
Espécies fixadoras de nitrogênio			
Riqueza em formas de vida			
Vide item *riqueza* do atributo 1			
Atributo 4: Ambiente físico adequado			
Ambiente físico			
Compactação do solo			

76 RESTAURAÇÃO FLORESTAL

Quadro 3.1 (Continuação)

Atributos e indicadores	Ecossistema de referência	Área em processo de restauração	
	Valor	Valor	% da referência
Soma das bases			
Matéria orgânica do solo			
Umidade do solo			
Luz (*vide* item *estrutura* do atributo 1)			
Sustentação de populações reprodutivas das espécies			
Proporção de espécies reprodutivas arbustivas e arbóreas presentes na regeneração do sub-bosque			
Atributo 5: Funcionamento			
Funcionamento do ecossistema			
Polinização			
Frutificação			
Chuva de sementes			
Fluxo gênico			
Mortalidade de espécies arbustivas e arbóreas			
Recrutamento de espécies arbustivas e arbóreas na regeneração natural			
Recrutamento de espécies arbustivas e arbóreas na classe de DAP > 5 cm			
Incremento de biomassa de espécies arbustivas e arbóreas			
Sucessão florestal			
Atributo 6: Integração à paisagem			
Conectividade da paisagem			
Métricas de paisagem			
Fluxos bióticos			
Riqueza de espécies vegetais não introduzidas presentes na área			
Arbustivas e arbóreas			
Lianas			
Herbáceas			
Epífitas			
Fluxos abióticos			
Drenagem superficial da água			
Atributo 7: Potenciais ameaças à saúde e integridade do ecossistema			
Fatores de distúrbio antrópicos			
Isolamento de incêndios			
Extração de madeira			
Caça			
Desmatamento			
Atributo 8: Resiliência do ecossistema			
Eventos históricos de distúrbios naturais a que o ecossistema foi submetido			
Secas			
Chuvas			
Geadas			
Vendavais			
Atributo 9: Autossustentabilidade			
Ver indicadores avaliados nos oito atributos anteriores. Algumas das condicionantes para o cumprimento desse atributo refletem condições futuras do ecossistema e por isso não podem ser avaliadas no presente.			

3.2 Escolha de remanescentes de vegetação natural da região para uso como ecossistema de referência

É comum encontrar na literatura trabalhos que se valeram apenas de um remanescente florestal bem conservado como referência tanto para planejar a implantação do projeto como para monitorar as áreas em processo de restauração. Essa é uma escolha que a princípio parece natural, pois é evidente que todo restaurador almeja restabelecer um ecossistema natural com a maior complexidade possível, representando toda a riqueza biológica inerente a uma dada formação florestal. Tal escolha expressa muitas vezes um desejo não consciente do restaurador de se basear em um modelo ideal preconcebido e idealizado, como resquício da prática de restauração da fase 3 (Cap. 2) de planejar a restauração com base em uma cópia de floresta-modelo e, portanto, de monitorar uma área em restauração também considerando um único ecossistema de referência bem conservado. Contudo, essa escolha pode ser ilusória.

As características de composição, estrutura e funcionamento de um ecossistema natural são muito afetadas pelo tamanho e forma do fragmento, bem como pela sua posição no relevo e pelas características da paisagem regional. Em fragmentos grandes e com bom formato (arredondados e pouco estreitos), a maior proporção de áreas-núcleo em relação às áreas de borda permite que o ecossistema retenha um número maior de espécies, principalmente daquelas mais exigentes em qualidade de hábitat, geralmente mais finais da sucessão florestal. Por exemplo, as plantas epífitas estão entre aquelas com maiores exigências ambientais nas florestas tropicais, pois normalmente requerem condições de maior umidade do ar, dossel bem estruturado e árvores emergentes como suporte para se desenvolverem. De forma similar, muitas espécies herbáceas de florestas tropicais também requerem condições ambientais típicas de ambientes pouco perturbados para se desenvolverem. Em áreas naturais muito fragmentadas e expostas a maior incidência de luz e

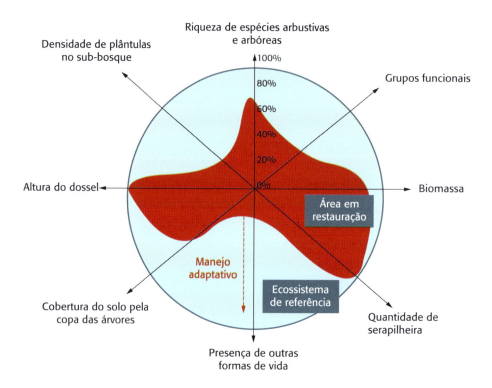

Fig. 3.2 *Representação gráfica do processo de avaliação: a linha externa (azul) da figura representa os estados que cada indicador possui no ecossistema de referência, ao passo que a linha interna (vermelha) representa os estados de cada indicador na área em processo de restauração. Com base na comparação entre esses estados é que se realiza a avaliação. A seta vermelha tracejada indica, por exemplo, a necessidade de manejo adaptativo para restabelecer outras formas de vida no ecossistema em restauração*

vento, espécies sensíveis aos efeitos de borda podem não ser encontradas ou então estarem presentes em abundância muito baixa.

Em fragmentos naturais sob forte efeito de borda, há também a predominância de alguns grupos funcionais, com atributos frequentes em espécies iniciais da sucessão florestal. Nessas situações, costuma-se usar o termo *secundarização* do fragmento florestal, em que as espécies pioneiras e secundárias iniciais se proliferam e tendem a dominar a comunidade vegetal. Esses mesmos fatores restritivos à biodiversidade em fragmentos naturais também interferem no desenvolvimento de áreas em processo de restauração. Para ilustrar esse contraste entre o que é idealizado e o que é possível na restauração ecológica, será considerado o efeito do tamanho e formato das áreas de floresta na retenção de biodiversidade. Enquanto as pesquisas em Biologia da Conservação indicam veementemente que a fragmentação de hábitat reduz o número de espécies nativas que potencialmente podem ser retidas em um dado remanescente, muitos restauradores creem que o restabelecimento de trechos pequenos e estreitos de floresta restaurada permitirá a recolonização de todas as espécies típicas daquele ecossistema, o que não é uma expectativa realista.

As observações colocadas indicam que os ecossistemas de referência devem representar metas factíveis, possíveis de serem atingidas nas ações de restauração em um período de tempo razoável, em vez de representarem uma situação utópica que deve ser emulada e eternamente buscada sem perspectivas reais de ser atingida. Traduzindo essas colocações em termos práticos, não é adequado estabelecer como única referência um grande e bem conservado fragmento florestal para planejar e monitorar a restauração de uma mata ciliar estreita, sob forte efeito de borda. Isso não significa que a restauração de faixas ciliares estreitas, tais como as previstas pela legislação ambiental, não deva buscar atingir florestas maduras, com elevada diversidade. Pelo contrário, mesmo os fragmentos pequenos e historicamente degradados normalmente ainda conservam um grande número de espécies animais e vegetais nativos, principalmente se for considerado o conjunto de fragmentos remanescentes da paisagem, embora não tão elevado como nas grandes florestas primárias. A questão é que não se devem excluir, com base na emulação de ecossistemas bem conservados, os fragmentos pequenos, com sinais claros de degradação e submetidos a forte efeito de borda, do grupo de fragmentos naturais que servirão como ecossistema de referência para o planejamento e monitoramento da restauração ecológica. Os remanescentes grandes e bem conservados também devem ser incluídos nesse grupo de fragmentos que vão constituir o ecossistema de referência, mas não devem sozinhos compor a única referência para definir o sucesso ou insucesso de um projeto de restauração.

Os fragmentos remanescentes ocorrentes na paisagem regional em diferentes posições do relevo, faces de exposição e níveis de degradação representam estados alternativos resultantes dos diferentes fatores de distúrbio aos quais os ecossistemas naturais foram submetidos historicamente na região de abrangência do projeto. Dessa forma, esses fragmentos fornecem informações valiosíssimas para a restauração, pois apontam os principais grupos de espécies, em cada situação ambiental em que esses fragmentos estão presentes, que podem superar os filtros ecológicos resultantes dos diferentes fatores de distúrbio. Consequentemente, a inclusão desses grupos de espécies no projeto proporcionará maiores chances de sucesso nas ações de restauração, já que é alta a possibilidade de a área a ser restaurada ser submetida a distúrbios tipicamente atuantes naquela paisagem.

Como não é possível prever os fatores de distúrbio a que os ecossistemas estarão submetidos em um futuro próximo, a estratégia mais conservadora é justamente trazer para a área em restauração os diferentes grupos de espécies que persistiram na paisagem, submetidos historicamente a toda essa gama de distúrbios naturais e antrópicos. Isso permite ampliar o *substrato ecológico* sob o qual os processos naturais irão atuar, ampliando as chances de sustentabilidade futura da área em processo de restauração. Caso não se adote essa estratégia e se trabalhe com um número restrito de espécies em uma condição de reduzida conexão entre a área a ser restaurada e os remanescentes nativos e por infelicidade as espécies implantadas no projeto não sejam as mais adequadas para enfrentar os futuros fatores de distúrbios impostos ao ecossistema em restauração, as chances de sucesso do projeto serão muito baixas, principalmente considerando a sua perpetuação no tempo.

Seguindo esse raciocínio, quanto maior for o número de fragmentos florestais amostrados como referência para uma dada região, maiores serão as chances de amostrar os possíveis estados alternativos que a área em restauração poderá atingir no futuro. Consequentemente, haverá maior base de conhecimento para planejar corretamente as ações de restauração e o conjunto de espécies a serem utilizadas no processo, bem como para monitorar no tempo a restauração dos processos ecológicos formadores e mantenedores de florestas tropicais. Adicionalmente, amplia-se o conjunto de situações definidas como sucesso das ações de restauração, pois o leque de ecossistemas de referência é maior. Desse modo, a escolha do ecossistema de referência deve levar em consideração todo o mosaico de remanescentes florestais de uma dada região, logicamente do mesmo tipo fitogeográfico que ocorria na área a ser restaurada, com diferentes posições na paisagem e diferentes trajetórias de degradação e de regeneração.

Entre esses vários tipos de fragmentos, alguns podem também expressar os diferentes clímaces possíveis daquele ambiente, resultado de um processo de sucessão estocástica e não determinística (substituição previsível de populações). Esse processo reconhece o importante papel dos distúrbios naturais e antrópicos na definição das diferentes trajetórias sucessionais, conduzindo a diferentes comunidades maduras ou climácicas, em termos florísticos e estruturais, em uma mesma condição fisiográfica. Portanto, diferentes áreas requererão tratamentos diversos de restauração, e a possível trajetória de regeneração da área a ser restaurada e os possíveis distúrbios atuantes naquela condição definirão a lista de espécies a serem usadas e as ações mais efetivas de restauração naquela área. No caso de uma área distante de qualquer fragmento remanescente e totalmente desprovida de vegetação natural tanto na forma de sementes como de indivíduos regenerantes, a restauração deverá envolver uma associação de espécies nativas regionais que contemple uma densidade suficiente de indivíduos iniciais da sucessão, típicos de clareiras de florestas e que sejam bons recobridores do ambiente, que promoverão a devida estruturação inicial da vegetação. Concomitantemente, deve ser prevista a adição futura (caso não cheguem naturalmente) de espécies finais da sucessão no interior da estrutura florestal inicialmente construída, as quais, por sua vez, irão futuramente compor a estrutura da vegetação madura.

O conjunto de espécies do ecossistema de referência que vai ser considerado para planejar o projeto também pode variar temporalmente, dependendo do estágio de evolução da comunidade vegetal em processo de restauração. Em uma área a ser restaurada que apresente um dossel pioneiro formado, mas que não esteja recebendo novas espécies naturalmente por limitações da distância de fragmentos remanescentes, as espécies a serem inseridas no planejamento da restauração deverão visar ao ganho de complexidade estrutural, criando micro-hábitats heterogêneos de regeneração, bem como a um ganho nas interações com a fauna, resultando assim em um aumento da diversidade geral. Nesse exemplo, a lista de espécies a ser usada na restauração deverá ter sido obtida em amostragens realizadas no interior de florestas mais maduras da paisagem regional, relacionando inclusive arvoretas e arbustos típicos de sub-bosque, lianas de final de sucessão, epífitas etc., respeitando-se sempre as limitações impostas pelo efeito de borda à persistência de certas espécies em comunidades vegetais.

Portanto, considerando uma área a ser restaurada dentro de certa região fitogeográfica, tipo de ambiente e nível de degradação, a caracterização florística dos remanescentes poderá apontar para o uso de distintos fragmentos como ecossistemas de referência, como etapas intermediárias do processo, unidades ecológicas correspondentes a, representando diferentes momentos na sucessão florestal. O conjunto de dados do levantamento florístico gerado pela amostragem em diversas unidades ecológicas e estados de conservação em uma região indicará quais vegetações deverão ser tomadas como referência em cada situação, bem como as guildas a serem favorecidas ou inseridas em cada microssítio e fase de um projeto de restauração (Boxe *on-line* 3.1).

A abordagem proposta neste livro de uso de ecossistemas de referência em projetos de restauração ecológica muito se assemelha à apresentada por alguns teóricos da restauração, os quais defendem que trabalhar com alvos mais amplos, que aceitam possíveis trajetórias diferentes, é o conceito mais apropriado para a restauração ecológica, especialmente diante das mudanças climáticas. Definir alvos muito pequenos, representados por um único ou um conjunto muito restrito de ecossistemas de referência bem conservados, pode frustrar o restaurador em virtude de esses alvos dificilmente serem atingidos no futuro, pois a trajetória da área em restauração muito provavelmente vai ser distinta daquela única ou das poucas referências. Como agravante, deve-se considerar que os ecossistemas de referência são alvos em movimento, como todo e qualquer ecossistema em equilíbrio dinâmico, submetidos a variações naturais de composição e funcionamento decorrentes dos fatores de distúrbio atuantes e da própria dinâmica populacional das espécies que os constituem. Nesse contexto, recomenda-se que o ecossistema de referência seja representado por um conjunto de fragmentos florestais regionais com diferentes tamanhos, formatos, posições no relevo e históricos de perturbação, mas todos do mesmo tipo fitogeográfico que ocorria na área a ser restaurada.

Outro ponto a ser considerado na definição do ecossistema de referência é o estado de desenvolvimento que os fragmentos que vão compor essa referência possuem. Para que o ecossistema eleito como referência (conjunto de fragmentos da paisagem regional) seja útil no planejamento da restauração ou no monitoramento da trajetória ambiental do ecossistema, de nada vale, por exemplo, comparar áreas naturais de cem anos ou mais de sucessão secundária com uma área em processo de restauração de cinco anos. Nessa condição, seria difícil estabelecer, por meio da comparação com o ecossistema de referência, se os resultados obtidos no monitoramento da área em restauração para cada indicador são adequados ou não. Haveria apenas os valores pretendidos dos indicadores para a meta de longo prazo (cem anos), mas poucos subsídios para orientar a adoção de ações corretivas no presente, com objetivo de reconduzir a área em restauração para a trajetória desejada. Nesse contexto, seria adequado que áreas de sucessão recente, ou mesmo áreas jovens também em processo de restauração, fossem incluídas no conjunto das áreas integrantes do planejamento e monitoramento da restauração. Assim, conhecer a trajetória de sucessão de ecossistemas naturais, mesmo que jovens, pode fornecer informações valiosas para o planejamento e monitoramento de áreas em processo de restauração florestal.

Além das complexidades já discutidas para a escolha adequada do ecossistema de referência, existem ainda situações de restauração em áreas de tensão ecológica, nas quais há grande dificuldade em identificar o tipo de vegetação que ocorria na área antes da degradação. Supondo situações em que a resiliência da área é muito reduzida e onde a reintrodução de espécies se faz necessária, por intermédio de sementes ou mudas, conhecer o tipo de vegetação a ser restaurado é essencial para que sejam escolhidas espécies adequadas para implantação na área, evitando que espécies de um dado tipo vegetacional sejam utilizadas para recompor um ecossistema diferente daquele no qual elas estão naturalmente presentes e adaptadas.

Apesar da importância evidente de saber qual tipo de vegetação que ocorria no local a ser restaurado, nem sempre essa informação é de fácil diagnóstico. Isso porque a vegetação pode mudar drasticamente no espaço em função de variações locais de solo e relevo. Caso houvesse ainda indivíduos regenerantes na área a ser restaurada, seria mais fácil predizer o tipo de vegetação pretérita. Por exemplo, se for encontrado um indivíduo regenerante de pequi (*Caryocar brasiliensis*) ou pimenta-de-macaco (*Xylopia aromatica*), que são espécies típicas de Cerrado, há grandes chances de que a área em questão fosse ocupada por esse tipo de vegetação no passado. No entanto, nem sempre os indivíduos regenerantes estão presentes. Nesse tipo de situação, as características do solo e a posição no relevo da área a ser restaurada podem fornecer valiosas informações para a definição do tipo de vegetação nativa que havia no local.

Assim, quando as áreas a serem restauradas se inserem em regiões de elevada tensão ecológica e não há vestígios da vegetação pretérita, deve haver especial atenção para a avaliação do tipo de ambiente em que os remanescentes naturais ocorrem naquela região, observando-se o solo e a posição do relevo durante o diagnóstico ambiental da área a ser restaurada, visando definir corretamente os tipos de vegetação a serem considerados na restauração de cada trecho em questão. Por exemplo, considere-se uma propriedade rural que contém quatro tipos de florestas remanescentes em seu interior, sendo elas a Floresta Estacional Semidecidual (Floresta de Planalto), a Savana Florestada (Floresta de Brejo), a Floresta Paludícola (Cerradão) e a Floresta Estacional Decidual (Mata Seca). Supondo que uma dada área a ser restaurada nessa propriedade foi muito utilizada por agricultura tecnificada e, por isso, encontre-se desprovida de indivíduos regenerantes de espécies indicadoras desses possíveis tipos de floresta, como se decidiria quais espécies seriam utilizadas no caso do plantio de mudas? A resposta para essa questão está na caracterização do solo local e na posição da área no relevo.

Em áreas de ecótono, a Floresta Estacional Semidecidual ocorre predominantemente nas partes mais baixas do relevo, entre o interflúvio e os cursos d'água, sobre solos mais argilosos e com maior teor de nutrientes e menor concentração de alumínio, cujo teor dos particulados finos aumenta com a profundidade. Já a Savana Florestada ocorre em partes mais elevadas do relevo, no interflúvio, em solos mais arenosos e profundos, com menor teor de nutrientes e maior concentração de alumínio. Contudo, nem sempre é fácil distinguir as condições de solo em que essas formações florestais ocorrem, principalmente porque há muitos casos de transição gradual entre elas. De forma mais característica, a Floresta Paludícola ocorre em baixadas, na zona de influência dos cursos d'água, em solos hidromórficos, permanentemente encharcados e com grande concentração de afloramentos de água na superfície, ao passo que

a Floresta Estacional Decidual ocorre nos topos de morro, em solos rasos e com afloramentos rochosos, com baixa capacidade de retenção hídrica, sendo o inverso da Floresta Paludícola. Assim, o conhecimento dos tipos predominantes de solos associados aos diferentes tipos de vegetação pode auxiliar o diagnóstico do tipo de vegetação que havia no local a ser restaurado antes da destruição do ecossistema nativo, para que então sejam indicadas as espécies mais adequadas para uso nas ações de restauração.

Para ressaltar a importância dessa etapa do diagnóstico, cabe lembrar que cada um desses tipos de vegetação apresenta florística própria, com número reduzido de espécies comuns (geralmente menos de 10%), ou seja, possui espécies adaptadas a condições bióticas e abióticas específicas e que morreriam caso fossem plantadas no hábitat de outro tipo de vegetação (Fig. 3.3). Esse tipo de dificuldade também é encontrada em áreas em que ocorrem complexos de vegetação, como as Restingas, que, dependendo das condições de encharcamento do solo e salinidade, podem apresentar desde uma vegetação herbácea rala, distribuída em moitas, até florestas exuberantes com árvores de mais de 30 m de altura, ou em áreas de Cerrado, que podem variar de campo cerrado, que é uma fisionomia herbácea, até Cerradão, que é uma fisionomia florestal, dependendo da recorrência de perturbações e dos fatores edáficos.

Uma vez definido o tipo de vegetação a ser restaurado em um dado local, passa-se à escolha das espécies que serão utilizadas, no caso de se utilizar o plantio de mudas ou a semeadura direta. Para que isso seja feito, é recomendável que os vários remanescentes florestais ocorrentes na região sejam estudados com relação a sua composição florística, conforme discutido no próximo item. Adicionalmente, os resultados de outros levantamentos florísticos e/ou fitossociológicos já realizados na região (dados secundários) podem incorporar novas espécies à lista, somando-se àquelas levantadas nos fragmentos remanescentes (dados primários), para uso nas ações de restauração daquela área. Com base nessa lista e na classificação das espécies em grupos de plantio, é possível definir as quantidades necessárias de mudas ou sementes de cada espécie,

Fig. 3.3 *Após um evento de forte cheia do rio Piracicaba (A), todos os indivíduos de espécies não adaptadas ao encharcamento do solo e que foram plantadas na restauração da mata ciliar desse trecho do rio morreram (B). Isso demonstra que o uso de espécies não adaptadas aos estresses naturais de cada unidade ecológica a ser restaurada pode levar ao insucesso do projeto. Como fatores de distúrbios mais intensos possuem um tempo de recorrência maior, mesmo as espécies não adaptadas a esses fatores podem se desenvolver bem nos primeiros anos da restauração, embora mais cedo ou mais tarde possam sucumbir quando esses eventos ocorrerem*

orientando um programa de coleta de sementes e produção de mudas ou mesmo a compra de mudas em viveiros comerciais da região.

Tais preocupações reduzem os riscos de uso de espécies exóticas, principalmente daquelas com potencial invasor, bem como aumentam as chances de serem utilizadas apenas espécies nativas de uma dada região, o que certamente favorece a restauração dos processos de construção e manutenção de uma floresta tropical biodiversa e, portanto, o sucesso da restauração florestal. Além disso, essa dinâmica de trabalho permite não só que se obtenha um maior sucesso na perpetuação das espécies, já que se procura utilizar espécies adaptadas aos diferentes tipos de ambiente que serão restaurados, mas também que se amplie a conservação da biodiversidade em uma escala regional, respeitando os diferentes tipos de vegetação e variações locais da flora. Dessa forma, as ações de restauração ecológica contribuirão com o aumento da diversidade alfa (diversidade local, de hábitats homogêneos), beta (diversidade entre hábitats) e gama (diversidade regional, que inclui o total de espécies encontrado em todos os hábitats de uma dada região geográfica) e, portanto, para a conservação da biodiversidade remanescente.

3.3 Levantamentos em ecossistemas de referência

3.3.1 Caracterização fitogeográfica dos fragmentos da paisagem

Embora exista uma macroclassificação da vegetação brasileira bastante aceita e utilizada pela comunidade científica nacional (IBGE, 2006), são muitas as variações regionais e locais da vegetação em função das características fisiográficas da região, tais como o tipo e a profundidade do solo, a dinâmica da água no solo, a disponibilidade de nutrientes, as variações da distribuição espacial e temporal de chuvas, entre outras. Assim, mapas oficiais de vegetação, imagens de satélite ou mesmo fotografias aéreas não devem ser as únicas ferramentas para classificar um fragmento remanescente quanto ao tipo de floresta que ele representa, mas podem ser utilizados em uma etapa inicial de classificação dos remanescentes florestais. Depois dessa primeira etapa, são necessários inventários dos remanescentes florestais regionais para caracterizar esses fragmentos quanto a sua fisionomia e comunidade florística para aí sim classificar fitogeograficamente, de forma mais categórica, esses remanescentes e justificar a lista de espécies definidas para as ações de restauração naquela região.

Para tanto, em uma dada microbacia onde serão implantadas as ações de restauração, primeiramente se localizam os fragmentos florestais remanescentes na paisagem regional por meio de fotos aéreas ou imagens de satélite. A maioria desses fragmentos deve ser visitada com a finalidade de realizar caracterizações fitogeográficas com base, principalmente, na fitofisionomia dos fragmentos e nas condições geográficas, climáticas e edáficas do seu ambiente de ocorrência, além da composição de espécies. Essas informações (fisionomia e florística) são então interpretadas, usando mapas oficiais dos tipos vegetacionais que ocorrem naquela região, para definir os tipos de formações vegetais que deverão servir de referência para a restauração de cada situação da paisagem regional e as espécies que deverão ser usadas no caso de plantio de mudas ou semeadura. Assim, se a região é composta por Florestas Estacionais Deciduais em áreas de afloramentos rochosos, por Florestas Estacionais Semideciduais nos fundos de vale e em áreas com solos mais argilosos ou por Savanas Florestadas nos interflúvios, o projeto de restauração ecológica deve considerar as características florísticas e fisionômicas próprias de cada um desses tipos vegetacionais no momento de indicar as espécies que devem ser utilizadas em cada situação encontrada no diagnóstico ambiental, conforme já discutido.

3.3.2 Caracterização de fragmentos florestais quanto ao estado de conservação

A caracterização dos fragmentos quanto ao seu estado atual de conservação é necessária para definir metas intermediárias para o processo de restauração, que representam o ecossistema de referência em diferentes posições em suas trajetórias de degradação ou regeneração. Adicionalmente, é essencial conhecer o estado de conservação dos remanescentes florestais para definir ações de restauração visando potencializar o papel de retenção da biodiversidade por esses remanescentes, conforme detalhado no Cap. 6.

O primeiro passo para essa caracterização consiste na análise de uma imagem de satélite ou fotografia aérea da região, de boa qualidade, para contextualizá-los em relação ao seu entorno imediato. Essa contextualização permite uma primeira avaliação do seu estado de degradação pela caracterização do mosaico sucessional, identificando e quantificando as áreas com dossel contínuo e a presença de árvores emergentes, clareiras e bordas do fragmento. Depois disso, são realizadas visitas a esses fragmentos a fim de confirmar a classificação em imagem do seu atual estado de conservação, bem como a identificação dos agentes principais de perturbação que estão ali atuando. A definição em campo do estado de conservação dos remanescentes naturais é obtida com base em critérios previamente estabelecidos, tais como o número de estratos da floresta, as características do dossel (continuidade e altura), a presença e frequência de árvores emergentes, de epífitas, de lianas em hiperabundância na borda e no interior dos fragmentos e a invasão de gramíneas ou árvores exóticas também na borda e no interior dos fragmentos (Quadro 3.2).

Geralmente, essa classificação é feita de forma visual, incluindo cada fragmento nas classes *fragmento degradado*, *fragmento pouco degradado* e *fragmento conservado*. Essas classes indicam justamente o tempo ou o nível de intervenção antrópica necessária para acelerar a restauração do fragmento e potencializar seu papel de conservação da biodiversidade remanescente. No caso de fragmentos degradados, a restauração passiva pode não ser possível pois a degradação da paisagem e do próprio fragmento foi tão severa que comprometeu a continuidade da sucessão secundária, por exemplo, devido à colonização do dossel por lianas hiperabundantes ou por gramíneas invasoras. Nesses casos, são necessárias ações de restauração para tirar o fragmento da condição de paraclímax, ou seja, de um clímax intermediário condicionado pela degradação. No caso de fragmentos degradados, considera-se que há potencial de restauração espontânea, sem intervenção antrópica, pelas características da paisagem regional e de degradação do próprio fragmento, embora ações de manejo possam acelerar o processo de restauração. Quando o fragmento é considerado conservado, basta mantê-lo isolado de fatores de

Quadro 3.2 Critérios utilizados para classificação dos fragmentos florestais remanescentes inseridos, por exemplo, em áreas de Floresta Estacional Semidecidual, com a proposição de três níveis de estado de conservação: florestas naturais conservadas, florestas naturais pouco degradadas e florestas naturais degradadas

Estado de conservação	Número de estratos	Dossel		Presença de epífitas*	Lianas em desequilíbrio		Gramíneas exóticas	
		Altura	Continuidade		Borda	Interior	Borda	Interior
Fragmentos conservados	>2	12-25 m	Contínuo	Frequente	Raro	Raro	Ocasional	Raro
Fragmentos pouco degradados	>2	7-15 m	Contínuo	Ocasional	Frequente	Frequente	Frequente	Ocasional
Fragmentos degradados	1 a 2	2-7 m	Descontínuo	Raro	Frequente	Frequente	Frequente	Frequente

* dependendo do quanto as epífitas são comuns na formação florestal considerada

degradação e eventualmente implantar zonas-tampão e corredores ecológicos para, respectivamente, reduzir os efeitos de borda e reduzir o nível de isolamento na paisagem regional das populações contidas em seu interior. Nesse sentido, fragmentos degradados podem servir de meta intermediária para a restauração de áreas desprovidas de cobertura florestal.

3.3.3 Inventários florísticos de fragmentos florestais para orientação da restauração

Uma vez escolhidos os remanescentes florestais que servirão de referência e as metas intermediárias para o planejamento das ações de restauração e após a categorização do estado de conservação dos fragmentos, são realizados inventários botânicos nessas áreas visando caracterizar a composição florística, que vai subsidiar a construção da lista de espécies que deverão ser usadas nas ações de restauração e definir a necessidade ou não da adoção de ações de restauração do próprio fragmento caracterizado. Para cada um dos remanescentes inventariados, é gerada uma lista de espécies vegetais, e os resultados obtidos para o conjunto de remanescentes amostrados permitem a elaboração de listas das espécies ocorrentes por tipo fitogeográfico da região. No entanto, levantamentos florísticos são normalmente demorados, onerosos e requerem pessoal especializado, de forma que nem sempre se consegue realizar um amplo e aprofundado levantamento, digno de trabalhos científicos ou de dissertações de mestrado e teses de

doutorado, dentro do escopo de um projeto de restauração florestal. Uma primeira estratégia possível de ser utilizada para superar essas limitações é o aproveitamento de dados secundários de levantamentos botânicos já realizados na região de abrangência do projeto. Tais levantamentos, quando existentes, podem ser facilmente encontrados em buscas na internet ou bibliotecas de universidades e institutos de pesquisas, e estão normalmente presentes na forma de artigos científicos, trabalhos técnicos, trabalhos de conclusão de curso, dissertações e teses. Essa etapa é então referida nos projetos como sendo a de obtenção de dados secundários.

Contudo, nem sempre tais levantamentos estão disponíveis ou são de qualidade aceitável, principalmente ao considerar regiões distantes dos centros de pesquisa, que normalmente concentram suas atividades em áreas próximas devido a limitações logísticas. Diante disso, a maioria dos projetos de médio/grande porte requer levantamentos florísticos para a obtenção de dados primários sobre as espécies nativas que ocorrem na região em que o trabalho será realizado. Para a abordagem apresentada neste capítulo – uso de ecossistemas de referência fundamentados em vários fragmentos florestais remanescentes na paisagem regional, com diferentes histórias de degradação e regeneração, e representativos de variadas condições ambientais – é evidente que os inventários florísticos devem ser ágeis e objetivos.

Caso se perca muito tempo e recurso inventariando uma mesma área, dificilmente será possível estudar o número de fragmentos florestais demandado para uma boa caracterização florística do ecossistema de referência. Pensando nesse desafio, o Laboratório de Ecologia e Restauração Florestal da Esalq/USP criou um método de levantamento expedito denominado Mosaico Vegetacional Quantificado para Restauração Ecológica, adaptado de Ratter et al. (2000). Esse método foi originalmente empregado em levantamentos florísticos em remanescentes de Cerrado do Brasil Central, sem a perspectiva de orientar ações de restauração, e vem agora sendo utilizado em áreas ocupadas por outras formações vegetacionais com o propósito de acumular dados florísticos regionais para sustentar as ações de restauração ecológica.

Nessa nova metodologia desenvolvida pelo Lerf/Esalq/USP, a escolha dos fragmentos onde será aplicada a caracterização florística é feita com base em uma análise prévia da paisagem regional (usando imagens aéreas e de acordo com os tipos fitogeográficos ocorrentes na região, o número de fragmentos de cada tipo e o estado de degradação desses fragmentos), de forma a caracterizar floristicamente o maior número de fragmentos (em diferentes tipos vegetacionais, estados de conservação, posições no relevo etc.) de cada unidade ecológica da paisagem regional. A decisão do esforço amostral, representado pelo número de fragmentos a ser avaliado, é definida com base no tipo florestal a ser restaurado, no número total de fragmentos da paisagem regional daquele tipo florestal e nos diferentes estados de conservação desses fragmentos, buscando amostrar o máximo possível de fragmentos da região (no mínimo três fragmentos de cada estado de conservação, e três de cada posição no relevo, considerando fundo de vale, encostas e topo).

Em cada fragmento selecionado, é realizado um levantamento florístico baseado no registro da ocorrência de espécies vegetais arbustivas e arbóreas em caminhadas aleatórias com intervalos de 15 minutos de duração cada. Quando o fragmento é muito heterogêneo, com trechos muito distintos em termos de degradação e/ou de tipos vegetacionais (por exemplo, um fragmento de Floresta Estacional Semidecidual com manchas de Floresta Paludícola e trechos degradados e conservados), o levantamento deve ser feito separa-

damente para cada trecho homogêneo do fragmento e para um mesmo tipo vegetacional. No primeiro intervalo cronometrado de 15 minutos, toda espécie nova encontrada é registrada, e essa mesma metodologia é repetida nos intervalos subsequentes, registrando apenas as espécies novas, não registradas nos intervalos anteriores. Considera-se que a suficiência amostral foi atingida naquele fragmento ou trecho homogêneo do fragmento quando, em dois intervalos de tempo consecutivos, o número de espécies novas acrescentadas à lista é de, no máximo, duas.

O esforço de coleta nos intervalos é padronizado e não inclui o tempo utilizado, por exemplo, para abrir picadas e trilhas ou para a coleta dos ramos dos indivíduos, de modo que, nesse tempo, o cronômetro deverá ser pausado. Sendo assim, para os casos de um mesmo fragmento florestal apresentar dois ou mais tipos de formações florestais ou dois ou mais estado de conservação, serão geradas listagens florísticas separadas para cada situação homogênea do fragmento. Por exemplo, a lista do fragmento é subdividida em trecho mais conservado e trecho degradado tanto para o trecho de Floresta Paludícola como para o de Floresta Estacional Semidecidual. É realizada a coleta de material botânico de todas as espécies amostradas e a identificação é feita até o nível específico, quando possível, por meio de bibliografia especializada e consulta a herbários e a especialistas. Ao final, é elaborada uma lista com diversas informações taxonômicas, biológicas, ecológicas e de uso na restauração, com destaque para grupos funcionais, de cada uma das espécies das diferentes unidades fitogeográficas presentes na paisagem ou dos diferentes trechos em estados variáveis de conservação.

Assim, com base no conhecimento das espécies vegetais ocorrentes em cada fitofisionomia da região, bem como dos tipos de floresta encontrados e dos diferentes estados de conservação e condições ambientais, têm-se então subsídios para a escolha do maior número possível de espécies nativas regionais para serem utilizadas nas ações de restauração ecológica para as diferentes situações da paisagem, levando-se em conta o objetivo de conservação e restauração da maior diversidade regional possível nessas ações e a possibilidade de perpetuação futura das comunidades em restauração. Paralelamente, o levantamento florístico poderá ainda apontar aquelas espécies regionais favoráveis para exploração econômica em Reserva Legal (RL), ou seja, que possuem grande potencial para plantio em regime consorciado ou para enriquecimento de florestas perturbadas em áreas destinadas à finalidade de RL, visando ao manejo e à produção econômica de espécies madeireiras, medicinais, frutíferas, melíferas, ornamentais, entre outros usos (Quadro 3.3). Dessa forma, o conhecimento das espécies que compõem o ecossistema de referência pode ser usado para sustentar a valorização da flora regional como fornecedora de produtos sustentáveis e a geração de trabalho e renda com essas atividades. No entanto, ressalta-se que essa possível exploração econômica deve ser reservada para fragmentos já alterados, e os mais conservados devem ficar restritos para o papel de conservação da biodiversidade remanescente, principalmente em regiões muito fragmentadas.

Na Tab. 3.1, é apresentada uma síntese dos resultados de vários levantamentos florísticos obtidos por esse método para diferentes projetos de restauração de regiões distintas e fragmentos de diferentes tipos vegetacionais e estados de conservação. Tais resultados mostram, primeiramente, a grande riqueza florística de fragmentos remanescentes inseridos em paisagens agrícolas dominadas por produção de cana-de-açúcar e, adicionalmente, que essa metodologia de levantamento florístico expedito tem um enorme potencial para amostrar uma elevada riqueza florística regional. Essa tabela destaca um aspecto muito importante que tem sido fortemente defendido pelo Lerf/Esalq/USP: o de que os fragmentos florestais remanescentes, mesmo inseridos em paisagens agrícolas muito degradadas, com baixa cobertura florestal e baixa conectividade, apresentam elevada riqueza de espécies nativas quando considerados no seu conjunto na paisagem regional, apesar de isoladamente apresentarem, no geral, riqueza comprometida.

Isso está refletido na teoria ecológica, apesar de nunca ter sido claramente explicitado, pois já é consenso que as florestas tropicais apresentam grande heterogeneidade florística e estrutural no espaço, em razão da heterogeneidade espacial e gradual das características fisiográficas e dos diferentes históricos de perturbação natural e antrópica a que cada trecho dessas florestas foi submetido. Por isso, as classificações fitogeográficas se suportam apenas na fisionomia florestal e nas características fisiográficas do ambiente de ocorrência desses tipos florestais, e não na sua florística. Com a forte fragmentação dessas florestas em virtude do processo de expansão das áreas agrícolas e de sua posterior tecni-

Quadro 3.3 Exemplo de indicação diferencial de espécies comerciais para o enriquecimento de remanescentes de Reserva Legal em função do seu estado de conservação. Nesse exemplo, são indicadas espécies para a região de Paragominas (PA), para matas residuais (que tiveram toda a madeira comercial explorada e foram submetidas a incêndios) com dossel aberto e fechado

Espécies madeireiras para matas residuais fechadas		Espécies madeireiras para matas residuais abertas	
Andiroba	*Carapa guianensis*	Araracanga	*Aspidosperma alba*
Fava-amargosa	*Vataireopsis speciosa*	Castanha-do-pará	*Bertholletia excelsa*
Fava-bolota	*Parkia gigantocarpa*	Marupá	*Simarouba amara*
Freijó-cinza	*Cordia goeldiana*	Morototó	*Didymopanax morototoni*
Ipê-amarelo	*Tabebuia serratifolia*	Parapará	*Jacaranda copaia*
Jutaí-açu	*Hymenaea courbaril*	Paricá	*Schizolobium amazonicum*
Mogno	*Swietenia macrophylla*	Taxi-branco	*Sclerolobium paniculatum*
Quaruba-verdadeira	*Vochysia maxima*		
Tatajuba	*Bagassa guianensis*		
Espécies frutíferas para matas residuais fechadas		**Espécies frutíferas para matas residuais abertas**	
Cacau orgânico	*Theobroma cacao*	Taperebá	*Spondias mombin*
Cupuaçu	*Theobroma grandiflorum*	Pupunha	*Bactris gasipaes*

Tab. 3.1 Aplicação do método de Mosaico Vegetacional Quantificado para levantamentos florísticos das espécies arbustivas e arbóreas em áreas de usinas sucroalcooleiras dos Estados de São Paulo e de Minas Gerais que passaram pelo Programa de Adequação Ambiental do Lerf/Esalq/USP

Projeto	Número de fragmentos amostrados	Número de espécies amostradas	Número de famílias botânicas	Formações florestais ocorrentes na região[a]
Usina Zilor: Unidade Barra Grande	13	320	60	FES, CF, TR CF/FES, FP
Usina Batatais: Unidade Lins	16	235	52	CE, CF, FES, TR CF/FES, FP
Usina Cerradinho	24	259	55	CF, FES, TR CF/FES, FP
Usina Colombo	13	255	56	CE, CF, FES, TR CF/FES, FP
Usina Zilor: Unidade Quatá	10	265	59	CF, FES, TR CF/FES, FP
Usina Frutal-Itapagipe	13	322	65	CE, CF, FP, FED

[a] FES (Floresta Estacional Semidecidual), CF (Savana Florestada), TR CF/FES (Transição entre Floresta Estacional Semidecidual e Savana Florestada), FP (Floresta Paludícola), CE (Cerrado *stricto sensu*)

ficação, um grande processo de extinção de espécies ocorreu nos fragmentos remanescentes pela própria fragmentação e pela recorrência de perturbações oriundas das áreas agrícolas do entorno. No entanto, para cada fragmento remanescente na paisagem agrícola, as pressões de extinção local foram distintas e comprometeram fortemente o papel de conservação de biodiversidade quando esses fragmentos remanescentes foram considerados isoladamente.

Porém, como já abrigava espécies distintas antes da fragmentação e foi submetido a diferentes pressões de extinção local ao longo do tempo de degradação, cada fragmento acabou conservando um número mais reduzido de espécies, que são distintas daquelas mantidas pelos fragmentos vizinhos. Dessa forma, apesar de cada um isoladamente conservar poucas espécies, no seu conjunto acabam desempenhando importante papel de conservação da diversidade remanescente. Se esses fragmentos forem ainda submetidos às ações de restauração ecológica, visando potencializar esse papel de conservação da diversidade de cada fragmento isoladamente e do conjunto deles, isso certamente trará uma grande contribuição para a conservação e restauração da biodiversidade regional, geralmente muito maior que a maioria das iniciativas de restauração de áreas desflorestadas. Daí a importância da adoção de ações de restauração dos fragmentos remanescentes inseridos na paisagem agrícola.

3.3.4 Outros atributos de ecossistemas de referência úteis para o planejamento da restauração

Embora se tenha discutido até aqui basicamente o levantamento de informações sobre a composição e a ecologia de espécies vegetais do ecossistema de referência, existem outras características que devem ser levadas em consideração no planejamento, implantação, condução e monitoramento de projetos de restauração ecológica. Considerando os nove atributos de ecossistemas restaurados definidos pela SER, apresentados anteriormente, pelo menos os descritores relacionados à estrutura e funcionamento do ecossistema de referência devem ser considerados. Como exemplos de indicadores ecológicos relacionados à estrutura do ecossistema de referência que podem ser obtidos para serem usados no contexto da restauração florestal, pode-se citar a altura e cobertura do dossel, a estratificação vertical, a densidade de indivíduos nas diferentes classes de diâmetro, a área basal, a biomassa, o estoque de carbono etc. Com relação ao funcionamento do ecossistema de referência, pode-se obter informações sobre o oferecimento de recursos para a fauna ao longo do ano pelo florescimento e frutificação; chuva de sementes; taxas esperadas de mortalidade, estabelecimento de plântulas e recrutamento de juvenis; deposição de serapilheira; ciclagem de nutrientes; fluxo gênico; sucessão florestal etc.

Com relação à composição de espécies do ecossistema de referência, cabe ressaltar também que é possível utilizar outros organismos que não apenas plantas e, principalmente, árvores para caracterizar os ecossistemas de referência e usar essas informações para monitorar a evolução temporal do processo de restauração. Por exemplo, pode-se utilizar como grupo indicador da restauração florestal a avifauna, a mastofauna, a herpetofauna, a comunidade de micro-, meso- e macroinvertebrados do solo, a comunidade bacteriana do solo e da filosfera etc. No caso da restauração de matas ciliares em pequenos cursos d'água, pode-se inclusive utilizar a comunidade de organismos aquáticos associada ao ecossistema de referência como forma de avaliar a recuperação do ecossistema como um todo, ou seja, do ambiente ripário associado ao aquático, e não só da faixa ciliar.

Existem ainda características do meio físico do ecossistema de referência que devem ser semelhantes às do ecossistema a ser restaurado, de forma que é necessário escolher a referência adequada para cada situação de restauração. Vários ecossistemas florestais brasileiros são claramente definidos pela condição de solo, o que torna esse atributo extremamente importante para definir o tipo de ecossistema a ser restaurado em cada situação ambiental e, consequentemente, o seu ecossistema de referência, que deve ser desse mesmo tipo e estar nessas mesmas condições, conforme já discutido anteriormente. Dessa forma, a caracterização do meio físico onde os ecossistemas de referência se encontram é de fundamental importância para o planejamento da restauração. No entanto, cabe ressaltar que em situações em que o solo foi muito alterado, tais como em casos de mineração ou encharcamento permanente, a caracterização do meio físico da área a ser restaurada pode também indicar que a referência histórica não mais se aplica, como no caso de neoecossistemas, e que novos objetivos devem ser estabelecidos para a recuperação da área em questão, tais como a reabilitação.

Diante do exposto, os ecossistemas de referência, se adequadamente escolhidos e definidos como tal, constituem laboratórios a céu aberto para que se entenda a estrutura, composição, funcionamento e fatores condicionantes dos ecossistemas a serem restaurados, de forma que essas informações são o ponto de partida para que se defina onde se quer chegar com as ações intencionais de recuperação de ecossistemas degradados, perturbados ou destruídos e quais caminhos e estratégias serão adotados para chegar a esse objetivo. Afinal, só se restaura aquilo que se conhece.

3.4 USO DE ECOSSISTEMAS EM PROCESSO DE RESTAURAÇÃO COMO METAS INTERMEDIÁRIAS

Diante de toda a complexidade envolvida no restabelecimento de um ecossistema nativo em uma área degradada, fica evidente que não será um plantio de mudas ou qualquer outra técnica que garantirá que uma restauração plena será atingida. Em outras palavras, não basta implantar uma ação de restauração e simplesmente esperar até que o ecossistema alcance a condição de restaurado com base na similaridade de composição, estrutura e funcionamento em relação à referência. Ao longo da trajetória ambiental da área em processo de restauração, diversos ajustes podem ser necessários, os quais podem ser conduzidos por meio de ações de manejo adaptativo. Esse manejo compreende intervenções deliberadas no ecossistema em restauração durante sua trajetória. No entanto, nem sempre é fácil definir quando e como intervir no ecossistema em restauração. Nesse contexto, é fundamental que haja informações sobre os estágios intermediários esperados para os diversos indicadores ecológicos de interesse, de forma que se possa diagnosticar as situações problemáticas nas quais filtros ou barreiras ecológicas estejam dificultando a evolução do ecossistema rumo ao estado maduro desejado (ecossistema de referência).

Apesar de o ecossistema de referência orientar o planejamento e o monitoramento do processo de restauração por definir onde se quer chegar, não é fácil obter informações desses ecossistemas em diferentes estágios de evolução ou de degradação pela dificuldade de reconstruir a história de perturbações naturais e antrópicas a que esses ecossistemas naturais foram submetidos no tempo. Uma complicação adicional é conhecer a idade dessas áreas naturais, que, por não serem ecossistemas planejados por um restaurador, dificilmente possuem qualquer tipo de registro histórico de regeneração. Mesmo que isso não fosse um obstáculo, a trajetória de restauração nem sempre é a mesma que a de sucessão natural, dadas as condições ecológicas completamente distintas nas quais muitas vezes ocorrem, com destaque para as condições edáficas, principalmente quando intervenções antrópicas são mais necessárias. Por exemplo, a maior parte das florestas secundárias é normalmente resultado de processos de sucessão em solos não degradados química e fisicamente, com banco de sementes de espécies nativas, sem invasão biológica e, muitas vezes, com menor limitação de dispersão. Já nas áreas degradadas submetidas às ações de restauração, o solo encontra-se quase sempre depauperado devido ao uso agrícola intensivo, o banco de sementes é constituído por espécies ruderais e invasoras e há forte limitação quanto à chegada de novos propágulos. Em decorrência dessas diferenças marcantes, a comparação com áreas em sucessão natural pode não ser suficiente para orientar as ações corretivas visando melhorar a trajetória das áreas em restauração.

Nesse contexto, é preciso não só estudar a sucessão ecológica dos ecossistemas naturais, mas também a dos ecossistemas em processo de restauração. Com base nessa abordagem, seria possível definir um conjunto de áreas em processo de restauração, considerando aquelas com diferentes idades, do mesmo tipo de ecossistema natural que se pretende restaurar e que tenham sido implantadas e conduzidas de forma adequada, ou seja, áreas em restauração em uma trajetória de sucesso, para fornecer valores de metas intermediárias para o manejo adaptativo futuro. Com isso, o manejo adaptativo é mais factível e possui maior possibilidade de acerto, pois a tomada de decisão é baseada em dados mais próximos da realidade da restauração ecológica, considerando todas as limitações inerentes a essa atividade. À medida que o monitoramento de áreas em processo de restauração se torne uma atividade mais comum no Brasil, será possível criar um banco de dados cada vez mais completo e robusto para estabelecer valores de referência para os vários indicadores ecológicos utilizados no monitoramento, para cada fase de desen-

volvimento e condição ecológica na qual a restauração está sendo conduzida.

No entanto, é preciso dar atenção ao fato de que ecossistemas em processo de restauração ou em sucessão secundária em paisagens antropizadas podem constituir ecossistemas emergentes ou neoecossistemas, os quais são formados em resposta a alterações ambientais decorrentes de atividades sociais, econômicas ou culturais humanas. Como consequência dessas atividades, podem ser originados ecossistemas nunca antes observados pelo homem, dadas as novas condições ecológicas nas quais esses ecossistemas evoluíram. A invasão biológica, as alterações do solo, a poluição e os demais fatores de distúrbio antrópicos podem resultar em ecossistemas realmente diferentes dos naturais, nos quais a composição de espécies, a estrutura, as interações ecológicas e o funcionamento do ecossistema podem ser completamente novos. No caso de ecossistemas híbridos, os ecossistemas apresentam diferentes características bióticas e abióticas em relação ao seu estado histórico, as quais, no entanto, podem ser modificadas pela adoção de ações adequadas de manejo adaptativo. Já os neoecossistemas constituem sistemas potencialmente irreversíveis devido ao grau avançado de modificações nas condições bióticas ou na composição biótica. Nesses casos, nem os ecossistemas híbridos nem os neoecossistemas seriam bons para serem usados como ecossistemas de referência no processo de restauração ecológica, pois divergem do estado pré-distúrbio dos remanescentes da região (Fig. 3.4).

3.5 LISTAS FUNCIONAIS DE ESPÉCIES PARA A RESTAURAÇÃO FLORESTAL

Com base na proposta apresentada de inventários florísticos de fragmentos florestais, é possível definir com segurança um conjunto representativo de espécies que podem ser utilizadas nos esforços de restauração ecológica. Contudo, há que se considerar que os ecossistemas não se reorganizam de forma puramente estocástica, como se todas as espécies tivessem o mesmo grau de importância em todas as fases do processo ecológico ou da dinâmica florestal. Para ilustrar isso, basta considerar a sucessão

Fig. 3.4 *Exemplos de: (A) ecossistema histórico, representado por um fragmento de floresta nativa; (B) ecossistema híbrido, representado por um talhão de eucalipto entremeado por espécies nativas regenerantes; e (C) neoecossistema, representado por uma área anteriormente minerada em que o solo não foi devidamente recuperado, de forma que todas as mudas de espécies nativas plantadas morreram e a área foi dominada pela gramínea invasora capim-gordura (Melinis minutiflora)*

ecológica. Existem grupos funcionais – chamados de diferentes nomes na literatura, como pioneiras, secundárias e climácicas ou pioneiras e não pioneiras – que apresentam características ecológicas relativamente bem definidas e que atuam de forma diferenciada em cada etapa do processo de reconstrução da floresta como um todo ou de uma clareira. A literatura recente em ecologia da restauração apresenta vários exemplos de regras de montagem de ecossistemas, de espécies que atuam como engenheiras do ecossistema em restauração ou como plantas facilitadoras desses processos, de grupos funcionais ou de espécies estruturadoras do ecossistema em restauração (*framework species*). Assim, um passo importante para aumentar as chances de sucesso na restauração florestal é conhecer a autoecologia das espécies utilizadas e suas interações com as outras espécies e com o meio físico, para então utilizar esse conhecimento como ferramenta no planejamento das ações de restauração.

É nesse contexto que são propostas as listas funcionais de espécies para a restauração florestal. Com base nessa abordagem, as espécies contidas em uma lista florística são classificadas em grupos funcionais para a restauração ecológica segundo alguns atributos funcionais que são de interesse para a restauração, permitindo que o responsável pelo projeto possa manipular o uso das espécies com base nas funções ecológicas mais críticas a serem restabelecidas na área a ser restaurada em cada momento do processo de restauração. De forma geral, as listas funcionais são utilizadas para aumentar a densidade de indivíduos das espécies do grupo de interesse em cada etapa do processo de reconstrução do ecossistema, mas não devem ser usadas como justificativa para reduzir a diversidade de espécies presentes no ecossistema em restauração. Isso porque, embora uma ou outra função possa ser mais importante em certas áreas em um certo momento, será apenas um conjunto representativo de espécies nativas típicas do ecossistema a ser restaurado que representará todos os atributos funcionais necessários para seu funcionamento pleno e restabelecimento do complexo dinamismo inerente às florestas tropicais altamente biodiversas. Nesse sentido, a *lista funcional de espécies para restauração* é sinônimo de *lista inteligente de espécies para restauração*, apenas indicando uma forma mais eficiente e inteligente de usar as espécies em cada ação de restauração, facilitando assim a reconstrução dos processos formadores e mantenedores de florestas tropicais. Apesar dos ganhos que o uso de listas funcionais ou inteligentes de espécies para a restauração possa trazer, sua organização é uma tarefa trabalhosa e que demanda ainda muitas informações básicas sobre a autoecologia das espécies. Assim, recomenda-se que sejam concentrados mais esforços de pesquisa nessa linha de identificação e caracterização de grupos funcionais de espécies na dinâmica de ecossistemas naturais e em restauração, para que o conhecimento acumulado sobre as espécies nativas esteja rapidamente acessível para os restauradores.

Apesar da importância dessa abordagem, a complexidade biológica e ecológica representada pelas inúmeras espécies nativas de interesse para os restauradores e o conhecimento ainda incipiente sobre as funções que a maioria dessas espécies desempenha no ecossistema dificultam a aplicação desse conhecimento no dia a dia dos projetos de restauração. Para facilitar isso, as espécies vegetais podem ser enquadradas em grupos funcionais de acordo com uma dada característica ecológica de interesse para o restaurador (Boxe *on-line* 3.2).

Por exemplo, pode-se criar um grupo com as espécies que apresentam frutos carnosos e favorecer a ocorrência desse grupo nos casos em que for conveniente, tal como quando se pretende aumentar a chuva de sementes na área em restauração pela atração de vertebrados frugívoros em paisagem com fragmentos bem conservados, onde foi constatada a presença de espécies mais raras ou de outras formas de vida que se deseja que sejam dispersas para as áreas em restauração. Outra possibilidade é a classificação das espécies em relação ao seu valor de conservação, priorizando o plantio de espécies que, pela ameaça de extinção, devem ter seu uso estimulado em projetos de restauração, como se pode ver no Boxe 3.1.

Ao se organizarem as espécies em grupos funcionais, simplifica-se a aplicação do conhecimento ecológico para facilitar a prática da restauração. Em vez de ter uma lista com 200 espécies sem nenhuma indicação de seus usos, têm-se essas mesmas espécies alocadas em alguns poucos grupos funcionais, facilitando a indicação de seu uso na restauração. Uma consequência desse processo é a percepção da

redundância ecológica, uma vez que várias espécies diferentes passam a ser tratadas como iguais, por representarem, para aquele processo considerado, a mesma função ecológica no sistema. Muitas vezes, acredita-se que a redundância ecológica torne desnecessária a presença de certas espécies no ecossistema para que ele atinja níveis satisfatórios de funcionamento. Isso decorre da aplicação inadequada da teoria Biodiversidade/Funcionamento do Ecossistema – BEF (*biodiversity and ecosystem functioning*) para a restauração ecológica, por meio da qual se supõe existir uma relação assintótica entre o nível de biodiversidade e o funcionamento dos ecossistemas (Fig. 3.5).

No entanto, é justamente a redundância ecológica que dá mais segurança em períodos de incerteza, por diluir o grau de importância associado a cada espécie em cada etapa do processo ecológico e reduzir as consequências negativas de desfavorecimento de uma espécie em particular no processo de restauração de uma dada área devido a fatores de distúrbio imprevisíveis (Fig. 3.6). Por analogia, a redundância ecológica pode atuar como um ou mais "estepes" no caso de o ecossistema ter um "pneu furado" ao longo da trajetória ambiental.

Diante do exemplo da Fig. 3.6, conclui-se que a redundância ecológica provê um "seguro" contra a extinção local de grupos funcionais importantes na área em restauração em decorrência de fatores de distúrbios imprevisíveis ou mesmo de outros filtros ecológicos típicos do ecossistema em questão.

Além disso, há que se considerar que dificilmente haverá casos de redundância absoluta, pois as espécies podem ser redundantes para uma característica considerada no grupo, como para a dispersão de sementes, mas certamente não serão redundantes para outras características, por exemplo, a polinização ou a exploração de água no solo. Outro fato é que, embora se criem classes categóricas para classificar as espécies em grupos funcionais, há uma variação contínua dentro de cada classe, fazendo com que cada espécie seja levemente distinta de outra mesmo quando pertencentes ao mesmo grupo funcional. Por exemplo, considerando o caso de espécies zoocóricas, existem espécies que são dispersas por aves, mamíferos, peixes e formigas. Simplificando essa classe e

BOXE 3.1 VALOR DE CONSERVAÇÃO: UM MÉTODO PRÁTICO PARA SELECIONAR ESPÉCIES PRIORITÁRIAS EM PROJETOS DE RESTAURAÇÃO DE FLORESTAS TROPICAIS

O método consiste em uma classificação seguida de um ranqueamento das espécies ocorrentes na região fitogeográfica de interesse do projeto, com base no somatório dos valores obtidos para quatro parâmetros de seleção: *status* de conservação (não ameaçada, ameaçada, extinta e extinta na natureza), raridade (não rara, rara), endemismo (não endêmica, endêmica ao bioma, endêmica à formação fitogeográfica) e tamanho da semente das espécies zoocóricas (quatro classes de tamanho; quanto maior a semente, maior a pontuação). Cada espécie recebe uma pontuação entre 0 e 8 na matriz de ranqueamento, que corresponde ao seu valor de conservação (VC).

Aplicado ao universo de 782 espécies arbóreas da Reserva Natural Vale, no Estado do Espírito Santo, constatou-se que as espécies com pontuação igual ou superior a 3 raramente são reproduzidas nos viveiros florestais do Estado, sendo, portanto, pouco utilizadas em projetos de restauração regionais que incluam plantios de mudas. Combinadas com as espécies de preenchimento (crescimento rápido e copa sombreadora), que em geral apresentam baixo VC, mas são essenciais para o sucesso dos projetos, os plantios com as espécies de maior VC podem resultar não só na restauração do ecossistema, mas também na conservação *in situ* das espécies ameaçadas, endêmicas e raras.

O método VC vem sendo utilizado em centenas de projetos de restauração no Estado do Espírito Santo e pode ser aplicado com poucas adaptações a outros tipos de floresta e formas de vida. Na seleção de espécies para os projetos de restauração, o VC pode ser combinado com características ecológicas da espécie (dispersão, grupo sucessional, crescimento, tolerância a solos hidromórficos, entre outras), da comunidade a ser restaurada, com atributos do solo (drenagem, textura, profundidade, *status* de conservação, entre outros) e da paisagem etc. Trata-se de um método bem simples, mas acreditamos que sua aplicação aos projetos de restauração pode resultar em um resgate bem mais efetivo da biodiversidade vegetal mais crítica da Floresta Atlântica.

Gilberto Terra (gilbertoterra@gmail.com), proprietário rural e especialista em silvicultura tropical

Geovane Siqueira (geovane.siqueira@vale.com), Reserva Natural Vale, Vale S/A

---

considerando agora apenas plantas zoocóricas dispersas por aves, pode haver, nesse grupo, espécies de diferentes tamanhos e cores de fruto, com variações no valor nutricional da polpa para seus dispersores e que são dispersas em diferentes momentos do ano. Consequentemente, cada espécie de planta pode assumir uma importância única como fonte de recursos para diferentes guildas de aves. Assim, é evidente que considerar as espécies zoocóricas como um grupo único e homogêneo é uma simplificação errônea, e certamente essa abstração não se expressará da forma como se espera nas comunidades vegetais em processo de restauração.

É comum também encontrar em trabalhos de ecologia florestal a separação de espécies em tolerantes ou intolerantes ao sombreamento, como se houvesse uma separação muito clara entre esses grupos, um limite bem definido entre eles. É evidente que existe uma clara gradação dentro de cada grupo,

de forma que, entre as espécies enquadradas como *tolerantes ao sombreamento*, há aquelas mais tolerantes e as menos tolerantes. Diante disso, é preciso ter consciência de que cada grupo funcional não é um grupo essencialmente natural, e sim concebido pelo homem para atender as demandas da restauração, com base em um conjunto muito heterogêneo de espécies, e que muitas das características funcionais consideradas apresentam variação contínua, e não discreta.

É preciso ficar claro também que a classificação de espécies em grupos funcionais não é um mero exercício acadêmico no qual são gerados inúmeros dados sem uma visão muito clara da aplicação desse conhecimento. O uso dos grupos funcionais só será válido na prática da restauração ecológica se apoiado em um bom conhecimento de ecologia da restauração e em um bom diagnóstico ambiental da área a ser restaurada, justamente para que esses grupos

3 Ecossistemas de referência para a restauração florestal

possam ser utilizados de forma eficiente, visando suprir as deficiências mais relevantes da área que será objeto de restauração. Assim, o uso de grupos funcionais, principalmente considerando grupos que foram concebidos com máxima riqueza possível, constitui uma ótima ferramenta para aumentar as chances de sucesso do projeto de restauração, desde que essa ferramenta seja bem usada. Feitas essas ressalvas, serão consideradas agora algumas das diferentes opções possíveis de agrupamento de espécies nativas com base nas funções que se espera que elas desempenhem no processo de restauração florestal e como os grupos formados podem ser indicados nas listas funcionais ou inteligentes de espécies para a restauração florestal com base na caracterização do ecossistema de referência.

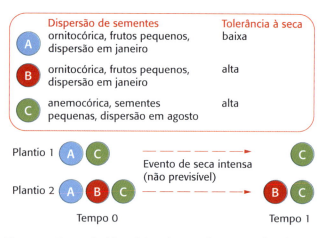

Fig. 3.6 *Exemplo hipotético do uso de grupos funcionais e da importância da redundância ecológica na restauração florestal. Considerando as três espécies indicadas na figura, cada uma com suas respectivas características funcionais, se o restaurador desejasse utilizar apenas espécies não redundantes com relação ao tipo de dispersão de sementes (plantio 1) e, com base nessa justificativa, não introduzisse na restauração a espécie B, o plantio perderia um importante grupo funcional caso houvesse um evento de forte seca. No entanto, se o restaurador investisse na redundância ecológica (plantio 2), a área em restauração se manteria com os dois grupos de espécies (zoocóricas e anemocóricas) mesmo após um forte evento de seca*

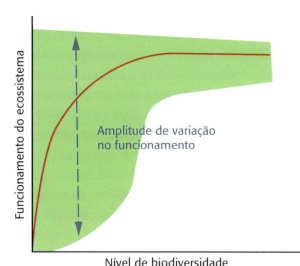

Fig. 3.5 *Modelo conceitual da teoria Biodiversidade/ Funcionamento do Ecossistema – BEF. A área hachurada incorpora a suposição, apoiada por evidências empíricas, de que é possível ter elevado funcionamento com um baixo número de espécies, bem como a suposição de que a variabilidade nos níveis de funcionamento diminui com o aumento da biodiversidade. Traduzindo esse modelo para a realidade dos projetos de restauração, assume-se que o uso de um número reduzido de espécies, mas que representem satisfatoriamente alguns grupos funcionais importantes, pode gerar ecossistemas com nível de funcionamento elevado. No entanto, quanto menor o número de espécies, maior o risco de o ecossistema não apresentar funcionamento satisfatório*
Fonte: adaptado de Wright et al. (2009).

3.5.1 Reconstituição da estrutura florestal

A primeira função que se espera das espécies nativas no início do processo de restauração é a reconstrução da fisionomia florestal. Essa é uma das etapas mais decisivas da restauração florestal, pois a formação de um dossel inicial via crescimento das árvores de crescimento mais rápido é fundamental para desfavorecer a maioria das espécies herbáceas invasoras e ruderais, para criar condições favoráveis para o crescimento e recrutamento de espécies mais finais da sucessão e das outras formas de vida (lianas, epífitas, arbustivas e herbáceas de sub-bosque), para proteger o solo contra a erosão e conservar os recursos hídricos, para criar um ambiente favorável para a recolonização da fauna etc. Diante desse desafio, é preciso escolher espécies que desempenhem satisfatoriamente a função de recobrir o solo em um curto espaço de tempo, mas simultaneamente mantenham esse solo recoberto pelo maior tempo possível por meio de uma alta longevidade do dossel, dando condições para as espécies mais finais da sucessão e outras formas de vida recrutarem no interior da área recoberta, seja nos casos em que essas espécies foram implantadas, seja naqueles em que se regeneraram naturalmente.

A primeira tentativa de aproveitar o conhecimento ecológico para a prática da restauração no Brasil, ou seja, a Ecologia da Restauração subsidiando a restauração ecológica, foi por meio do uso de grupos sucessionais para a implantação de reflorestamentos mistos de espécies nativas, como o plantio de pioneiras (70-80% dos indivíduos) e não pioneiras (20-30% dos indivíduos). Embora tenham sido obtidos resultados muito positivos, já que o plantio em maior densidade de espécies pioneiras propiciou uma aceleração da reconstrução da fisionomia florestal, observações de campo e avaliações científicas posteriores dessas áreas indicaram que ajustes deveriam ser feitos para garantir a perpetuação dessas áreas em processo de restauração, conforme descrito no capítulo anterior. Isso porque nem todas as pioneiras desempenhavam bem a função de sombrear o solo, embora crescessem rápido, ao passo que algumas espécies não exatamente classificadas como pioneiras cresciam rápido e recobriam bem o solo.

Adicionalmente, o uso de uma grande quantidade de indivíduos de espécies pioneiras em paisagens muito fragmentadas, em detrimento das não pioneiras, não permitiu que as áreas em restauração atingissem a sustentabilidade, já que as pioneiras apresentam senescência precoce e saem cedo do dossel, após cerca de 15 a 20 anos, antes mesmo que possa ter se estabelecido uma regeneração suficiente de espécies não pioneiras que garantissem a continuidade do processo de sucessão ecológica. Assim, foi criada uma nova abordagem, que passou a classificar as espécies em grupos de plantio em vez de

grupos sucessionais, considerando as observações de campo e posteriormente as experimentações científicas sobre o desempenho das espécies no que se refere ao recobrimento do solo em áreas em processo de restauração. Isso facilitou a classificação das espécies, pois não era mais necessário buscar na literatura – muitas vezes escassa sobre o tema e com informações divergentes entre os autores – dados ecológicos sobre o comportamento das espécies em clareiras para poder classificá-las em algum grupo sucessional. Ficou claro que os conceitos da sucessão ecológica elaborados com base nas investigações com dinâmica de clareiras em florestas naturais precisam ser adaptados para a restauração ecológica, definitivamente clareando o que seria uma prática adequada da Ecologia da Restauração sustentando a restauração ecológica. Bastava visitar um reflorestamento ou mesmo uma área em sucessão jovem e verificar as espécies que atendiam as demandas de rápida reconstrução da fisionomia florestal, ou seja, as espécies que tinham um bom crescimento, não necessariamente o melhor, mas que promoviam um bom recobrimento ou sombreamento do solo no curto prazo e, ao mesmo tempo, que não tivessem uma longevidade muito abreviada.

Com base nessas características, estabeleceu-se o grupo das espécies de recobrimento ou grupo de recobrimento, inicialmente intitulado grupo de preenchimento. O *grupo de recobrimento* é constituído por espécies arbustivas e arbóreas que possuem um bom crescimento em altura e uma copa ampla, proporcionando um rápido sombreamento da área plantada ou em regeneração. Essas espécies devem ainda, no seu conjunto, apresentar o máximo de longevidade, mantendo a área coberta ou sombreada pelo maior tempo possível. A maioria dessas espécies é classificada sucessionalmente como pioneiras e secundárias iniciais, embora nem todas as espécies desses grupos sucessionais pertençam ao grupo de recobrimento. Para exemplificar isso, podem-se citar as duas espécies mais tipicamente classificadas como pioneiras, que são a embaúba (*Cecropia* spp.) e o guapuruvu ou ficheira (*Schizolobium parahyba*), que, apesar de terem crescimento muito rápido e até boa longevidade, são sombreadoras muito ruins na fase inicial de seu desenvolvimento e por isso não são incluídas no grupo de recobrimento.

As demais espécies não incluídas no grupo de recobrimento, por não possuírem bom crescimento, boa cobertura do solo, longevidade adequada ou por não serem arbustivas nem arbóreas, foram incluídas no chamado *grupo de diversidade*. Esse grupo tem alguma semelhança com o referido na fase 2 do histórico de restauração no Brasil, apresentado no capítulo anterior como o grupo das não pioneiras (secundárias tardias e clímaces), com a grande diferença conceitual de que no grupo de diversidade estão incluídas também as espécies iniciais da sucessão (pioneiras e secundárias iniciais) que não promovem bom sombreamento da área, mas que exercem outros papéis importantes na dinâmica florestal, como as embaúbas, que não são boas sombreadoras, mas são belíssimas atrativas da fauna. Dessa forma, incluem-se no grupo de diversidade todas as demais espécies regionais não pertencentes ao grupo de recobrimento, inclusive espécies vegetais nativas de outras formas de vida que não as arbóreas do dossel e emergentes, como as arbustivas e herbáceas do interior da floresta, as lianas, as epífitas etc.

As espécies do grupo de diversidade são fundamentais para garantir a perpetuação da floresta, já que são elas que irão gradualmente substituir as espécies do grupo de recobrimento quando elas entrarem em senescência gradual. Isso porque, nesse grupo, são incluídas várias espécies, cada qual com seu ciclo de vida próprio, que ocupam definitivamente a área e garantem a sustentabilidade da floresta em restauração no tempo necessário para a reconstrução contínua do dossel (Fig. 3.7).

Com base no exposto, uma primeira tentativa de classificação funcional das espécies nativas regionais, levantadas na caracterização do ecossistema de referência, pode ser realizada por meio da separação das espécies em grupos de recobrimento e de diversidade. Assim, por meio de observações de campo em áreas em processo de restauração de diferentes idades para confirmar o recobrimento do solo por essas espécies, principalmente nas fases iniciais, será possível identificar boas espécies de recobrimento (em torno de dez espécies arbustivas

e arbóreas) da região onde será promovida a restauração, ao passo que as demais espécies regionais deverão ser usadas na restauração dentro do grupo de diversidade. Isso facilitou muito a restauração florestal, pois basta escolher cerca de dez espécies de recobrimento para que as demais espécies nativas regionais sejam automaticamente classificadas como de diversidade. É importante atentar para o fato de que, quando se tratar de plantios, o uso do grupo de recobrimento deve ser planejado espacialmente, de forma a permitir um sombreamento contínuo e homogêneo de toda a área em restauração, o que está detalhado no Cap. 8.

3.5.2 Potencialização da chuva de sementes

Outra função ecológica que se espera das espécies nativas introduzidas em uma área em processo de restauração, principalmente em paisagens antropizadas, é a atração de animais polinizadores e dispersores de sementes. Isso se faz necessário porque a limitação de polinização e dispersão – resultado da fragmentação de hábitat, baixa cobertura de vegetação nativa e defaunação – é um dos principais fatores de insucesso da restauração florestal. Para minimizar esse problema no que se refere à dispersão, podem ser introduzidas na área a ser restaurada espécies que atraiam animais dispersores, que vão trazer sementes dos remanescentes florestais da paisagem regional para a área em processo de restauração (Fig. 3.8). Essas espécies podem compor um grupo funcional intitulado *grupo de espécies atrativas de dispersores*.

A classificação das espécies pela síndrome de dispersão pode ser facilmente realizada por meio de observações de frutos e de pesquisa bibliográfica, bem como em uma boa observação dessas espécies em herbário, incluindo os dados da ficha de coleta. Dada a grande variação funcional existente dentro das espécies zoocóricas, podem ser criadas algumas subdivisões desse grupo funcional para aperfeiçoar seu uso nos diferentes contextos de restauração. Por exemplo, espécies com frutificação precoce e com frutos pequenos, que são consumidas por aves generalistas de menor porte, podem ajudar a acelerar o processo de restauração nas suas fases iniciais. Da

Fig. 3.7 *Exemplos de (A) um plantio de espécies nativas em linhas de recobrimento e de diversidade, (B) de uma típica espécie de recobrimento, a crindiúva* (Trema micrantha), *e (C) de uma espécie pioneira, o guapuruvu* (Schizolobium parahyba), *não incluída no grupo de recobrimento por sombrear pouco o solo nos primeiros anos de vida*

mesma forma, espécies dispersas por morcegos, que apresentam longa distância de voo, podem ser particularmente úteis na restauração de áreas muito distantes de remanescentes florestais.

No entanto, há que se considerar que a presença de espécies de frutos maiores e de maior especificidade com relação aos dispersores é fundamental para restabelecer, em médio e longo prazo, parte importante da complexidade ecológica que caracteriza as florestas tropicais, por mais que no início do processo essas espécies tenham menor importância para potencializar a chuva de sementes que chega à área em restauração. Assim, é possível ter um grupo de espécies atrativas de dispersores que aceleram o processo de regeneração e um grupo de espécies atrativas de dispersores que aumentam a complexidade biológica das florestas.

Em áreas inseridas em paisagens muito fragmentadas, é importante também considerar o período de frutificação das espécies vegetais. Nesse tipo de situação, é favorável criar condições propícias para a manutenção dos animais dispersores de sementes na área em processo de restauração durante o ano todo, o que é possível por meio de uma oferta regular e diversificada de alimento. Para que isso ocorra, é importante contar com espécies que frutifiquem em diferentes momentos do ano, resultando em uma oferta contínua de recursos pela comunidade vegetal aos dispersores de sementes. Em alguns tipos de floresta, essa oferta regular ao longo do ano só será possível por meio da inclusão de outras formas de vida vegetal, tais como lianas, que se diferenciam das árvores em relação aos períodos predominantes de florescimento e frutificação. Esse mesmo raciocínio vale para a manutenção de organismos polinizadores na área em processo de restauração. Cabe ressaltar que a maioria das espécies arbóreas tropicais é alógama e que por isso mesmo se deve dar atenção especial também aos polinizadores, além dos dispersores, no processo de restauração.

Fig. 3.8 *Abundante regeneração de espécies nativas sob a copa de uma espécie zoocórica em um plantio de restauração florestal de oito anos*

3.5.3 Recuperação do solo

Além de contribuir com o restabelecimento das interações ecológicas e da dinâmica florestal, o uso orientado de certas espécies vegetais com base em grupos funcionais pode ser importante na recuperação do solo. Por exemplo, leguminosas fixadoras de nitrogênio representam uma fonte natural e contínua de adubação da área em processo de restauração. À medida que essas leguminosas incorporam suas folhas na serapilheira e a decomposição da matéria orgânica ocorre, o nitrogênio passa a estar disponível para as outras espécies do sistema em restauração. Com isso, toda a comunidade vegetal é favorecida, e o crescimento adicional das espécies usadas na restauração da área, proporcionado pela presença dessas leguminosas, contribui para o avanço da sucessão secundária e o aumento da complexidade do ecossistema. Dessa forma, ao selecionar leguminosas nativas com boa fixação de nitrogênio, pode-se incluí-las em um grupo funcional intitulado *grupo de fixadoras de nitrogênio*, que poderá ser um subgrupo do grupo de recobrimento ou do grupo de diversidade, dependendo das características dessas espécies, conforme já descrito anteriormente. Ao optar por uso de espécies exóticas de leguminosas fixadoras de nitrogênio, a recomendação é que esse grupo seja definido separadamente dos demais, intitulado *grupo de exóticas fixadoras de nitrogênio*, cujas espécies deverão ser escolhidas com cuidado, e que seja dada atenção para sua permanência muito longa na restauração, competindo com as nativas, e para seu possível potencial invasor. Mesmo atentando para esses cuidados, é recomendável que, nos casos de plantio de exóticas, esse grupo seja usado nas entrelinhas do plantio das nativas, como no caso de espécies de adubação verde, permitindo seu fácil controle sem interferir nas nativas.

Adicionalmente, existem espécies com forte associação com micorrizas, as quais aumentam a superfície de absorção radicular e, consequentemente, favorecem a absorção de nutrientes menos acessíveis às plantas, como o fósforo. Da mesma forma como comentado para as leguminosas fixadoras de nitrogênio, o fósforo incorporado à biomassa da planta volta ao solo na forma de matéria orgânica por meio da serapilheira. Como o fósforo fica fortemente adsorvido à argila e demais coloides do solo, sua disponibilização nos horizontes superficiais via decomposição da serapilheira favorece sua absorção pela comunidade vegetal. Em outras palavras, parte do fósforo presente no solo que era inacessível para a maioria das plantas é absorvida por espécies com forte associação com micorrizas, e essas espécies, ao perder suas folhas, disponibilizam o fósforo de uma forma assimilável para as outras espécies. Essa dinâmica contribui para o restabelecimento da ciclagem desse nutriente, que é o mais limitante para o desenvolvimento de ecossistemas presentes sobre solos antigos e muito lixiviados, predominantes em florestas tropicais.

Algumas espécies da família *Proteaceae*, embora não se associem com micorrizas, apresentam uma estrutura radicular especializada na ponta das raízes, como se fossem tufos de pelos radiculares. Essa estrutura, chamada de raízes proteoides ou *cluster roots*, em inglês, também aumenta a superfície radicular e contribui para a absorção de fósforo. Dessa forma, as *Proteaceae* nativas, tais como as dos gêneros *Euplassa* spp. e *Roupala* spp., podem ser usadas em um grupo funcional com o objetivo de contribuir para a recuperação do solo. Existem também espécies arbóreas que concentram certos nutrientes em suas folhas, as quais podem ser usadas de forma direcionada nos plantios de restauração para favorecer a incorporação desses nutrientes às áreas em que eles são mais limitantes.

Particularmente nas condições tropicais, nas quais a lixiviação de nutrientes é mais intensa, a ciclagem de nutrientes por meio da matéria orgânica presente no solo apresenta destacada importância para a manutenção e recuperação da fertilidade do solo. Além de fornecer nutrientes às plantas, a matéria orgânica possui ainda diversas outras funções nos ecossistemas, tais como o aumento da estruturação, da agregação e da porosidade do solo, o aumento da retenção de água e nutrientes e o fornecimento de energia para os microrganismos e fauna edáfica. Normalmente, o teor de matéria orgânica do solo é substancialmente reduzido com o processo de degradação, resultado da redução do acréscimo de serapilheira e da perda de sua camada superficial por ação de processos erosivos. No caso de áreas agrícolas tradicionais, a perda de matéria orgânica no sistema é agravada pela maior decomposição microbiana induzida pelo revolvimento do solo. Contudo, a partir do início do processo de restauração florestal de uma área, essa situação se inverte, havendo um contínuo acúmulo de matéria orgânica no solo à medida que a floresta evolui estruturalmente, o que também favorece o aumento da biomassa microbiana e da fauna do solo (Fig. 3.9).

Algumas espécies, como as caducifólias (que perdem as folhas no período seco), podem incorporar grandes quantidades de matéria orgânica ao ambiente em restauração, fazendo com que este volte gradativamente a ter características funcionais semelhantes aos ecossistemas naturais remanescentes (Fig. 3.10). Além de possibilitar a incorporação de quantidades significativas de nitrogênio, as leguminosas arbóreas que fixam nitrogênio têm alta capacidade de elevar os teores de carbono devido ao alto potencial de produção e deposição de matéria orgânica. Somada a sua relevância para o solo e consequentemente para as plantas, a matéria orgânica apresenta fundamental importância para os demais níveis tróficos dos ambientes florestais, garantindo a sobrevivência de diversas espécies da fauna edáfica, as quais são fundamentais para o processo de recuperação do solo. Essas espécies caducifólias, além da grande contribuição para o solo, se presentes no dossel ou emergentes atuam ainda como excelentes poleiros, facilitando o pouso de animais dispersores. Dessa forma, compor um grupo funcional de espécies caducifólias em um projeto de restauração é de extrema importância para favorecer a incorporação de matéria orgânica ao solo. No entanto, o uso desse grupo deve ser cuidadosamente planejado, pois a caducifolia facilita também a entrada de luz no sub-bosque da floresta e, portanto, a recolonização de gramíneas invasoras. Sendo assim, pode ser necessário que o uso desse grupo seja restrito quanto ao número de indivíduos, limitando, dessa maneira, uma grande entrada de luz no sub-bosque, e que ele seja impossibilitado de se agrupar no espaço para impedir a formação de grandes clareiras sazonais que facilitem a regeneração de gramíneas invasoras.

3.5.4 Geração de renda

As espécies nativas podem ser agrupadas em grupos funcionais não só segundo aspectos ecológicos, mas também de acordo com os produtos florestais que potencialmente podem ser explorados delas. Esse agrupamento é importante quando são implantados modelos econômicos de restauração, pois o levantamento prévio dos usos comerciais que cada espécie possui é útil para que se possa planejar sua introdução e exploração nos projetos de restauração, visando obter a maior renda possível de uma dada área de floresta por meio de seu uso múltiplo. Vale destacar apenas que esses modelos de restauração com perspectiva de exploração econômica devem ser muito bem planejados, de forma que essa exploração não comprometa o importante papel de restauração e conservação da biodiversidade regional exercido pela área em restauração. Essa lista de espécies comerciais pode ser organizada com base em espécies que geram produtos florestais madeireiros e não madeireiros, dada a particularidade de exploração (Boxe 3.2).

O grupo de espécies de interesse para a produção de madeira pode ser subdividido em função dos usos preferenciais da madeira de cada espécie, tais como para carvão, caixotaria, madeira para carpintaria, para marcenaria, mourões, laminados etc. Adicionalmente, seria interessante indicar nesses grupos funcionais as espécies que possuem maior valor de mercado e bom potencial de crescimento para que seu plantio seja favorecido nos modelos econômicos de restauração. Outra possibilidade de agrupamento das espécies nativas com base em seu potencial gerador de renda é em relação à sua capacidade de sequestro e fixação de carbono. Espécies com maiores produções volumétricas de madeira por unidade de tempo e com maior densidade básica são mais indicadas para projetos de carbono, pois seu adensamento no planejamento do plantio pode resultar em maior quantidade de carbono retido no ecossistema em restauração e, consequentemente, maior quantidade de créditos de carbono potencialmente comercializados no futuro.

3.6 Conclusão

Os ecossistemas de referência representam o estado desejado do objeto da restauração, ou seja, constituem a meta principal a ser atingida por todo e qualquer projeto de restauração ecológica. Por constituírem a meta, os ecossistemas de referência definem

Fig. 3.9 *Diferenças na proteção do solo e no volume de matéria orgânica superficial em uma área de cultivo de cana-de-açúcar, onde a maior parte da superfície do solo está exposta, e em uma área em processo de restauração com 23 anos em Iracemápolis (SP), onde a superfície do solo está densamente coberta pela serapilheira*

Boxe 3.2 Espécies florestais e modelo de produção para recuperação de áreas degradadas na Amazônia

As áreas alteradas na Amazônia brasileira ocupam expressiva porção do território. A reincorporação dessas áreas ao processo produtivo a partir de plantações florestais pode contribuir significativamente para aumentar a oferta de madeira de elevado valor econômico e diminuir a pressão sobre as florestas nativas. Para a pesquisa, o desafio colocado é oferecer opções de espécies florestais e sistemas de produção passíveis de utilização. E, além disso, é preciso que os sistemas de plantios florestais escolhidos, além de serem economicamente atrativos, sejam adequados à legislação ambiental em termos de recuperação de áreas de Reserva Legal (RL).

Para o fomento de plantios florestais na Amazônia, são necessárias informações sobre o crescimento das espécies nativas, assim como arranjos espaciais de plantio. Em um universo de 16 espécies nativas estudadas pela Embrapa Amazônia Oriental, pode-se recomendar como potencial um modelo de produção florestal energético-madeireiro. Na utilização de castanha-do-pará (*Bertholletia excelsa* H.B.K.), andiroba (*Carapa guianensis* Aubl.), paricá (*Schizolobium amazonicum* Huber) e taxi-branco (*Sclerolobium paniculatum* Vogel), destaca-se o papel multiuso das espécies: madeira e frutos/sementes (castanha-do-pará e andiroba), madeira (paricá) e lenha/carvão (taxi-branco).

O arranjo das espécies em faixas facilita as atividades de implantação e manutenção, assim como a programação temporal da colheita, com minimização de possíveis danos às espécies que possuem maturação de médio e longo prazos. A eficiência econômica do modelo está diretamente ligada à implementação de melhorias em vários aspectos, tais como: (1) diminuição do preço da muda das espécies florestais; (2) aumento da produtividade das espécies taxi-branco e paricá por meio de melhoramento genético e adequação de tratos culturais como adubação; e (3) melhoria do preço pago pela madeira para lenha/carvão por meio de introdução de melhorias no processo de transformação da madeira, entre outros.

(A) Taxi-branco (9 anos); (B) paricá (1,2 anos); (C) andiroba (30 anos); (D) castanha-do-pará (30 anos)

Silvio Brienza Júnior (brienza@cpatu.embrapa.br), Embrapa Amazônia Oriental, Belém (PA)

Fig. 3.10 *O jequitibá-rosa* (Cariniana legalis) *é um exemplo de espécie caducifólia que deposita grande volume de folhas sobre o solo de áreas em restauração durante a estação seca*

a trajetória de restauração a ser seguida, que, por sua vez, estabelece as intervenções a serem adotadas nas áreas degradadas, inicialmente e durante o processo de restauração, para que atinjam o estado desejado. Com base nesse raciocínio, fica evidente que o conceito do que é restaurar, conforme discutido no Cap. 1, está intimamente associado ao entendimento do que se chama de referência. Assim, saber trabalhar com o conceito de ecossistemas de referência na prática da restauração florestal, incluindo a necessidade de estabelecer metas intermediárias para sustentar a adoção de ações corretivas e o uso inteligente das espécies nativas, é um dos grandes desafios para ser bem-sucedido nessa atividade. Diante disso, o presente capítulo precisa ser cuidadosamente analisado e os conceitos nele apresentados, claramente compreendidos para que se possa avançar na leitura deste livro.

Literatura complementar recomendada

CHAZDON, R. L. *Second growth*: the promise of tropical forest regeneration in an age of deforestation. Chicago: University Of Chicago Press, 2014.

CLEWELL, A. F.; ARONSON, J. *Ecological restoration*: principles, values, and structure of an emerging profession. Washington, D.C.: Island Press, 2007. 211 p.

LUGO, A. E.; LOWE, C. *Tropical forests*: management and ecology. New York: Springer Science & Business Media, 2012.

VAN DER MAAREL, E. (Ed.). *Vegetation Ecology*. Oxford, UK: Blackwell, 2005.

MARTINS, S. V. (Ed.). *Ecologia das florestas tropicais do Brasil*. Viçosa: Editora UFV, 2012.

PARKER, V. T.; PICKETT, S. T. A. Restoration as an ecosystem process: implications of the modern ecological paradigm. In: URBANSKA, K. M.; WEBB, N. R.; EDWARDS, P. J. (Ed.). *Restoration Ecology and sustainable development*. Cambridge, UK: Cambridge University Press, 1999. p. 17-32.

RODRIGUES, R. R.; LEITÃO FILHO, H. F. (Org.). *Matas ciliares*: conservação e recuperação. 3. ed. São Paulo: Edusp; Fapesp, 2004. 320 p.

Bases conceituais para a restauração florestal: processos ecológicos reguladores de comunidades vegetais

Na busca por reconstruir um ecossistema, tem-se intuitivamente a ideia de que deve existir um método milagroso que supere todos os outros métodos para restaurar uma área degradada e, mais ainda, que possa ser de aplicação universal para todas as situações de degradação. Portanto, bastaria identificar esse método milagroso e em seguida aplicá-lo em ampla escala, compensando, assim, todos os problemas gerados pelos impactos antrópicos na natureza. Infelizmente, a complexidade do mundo natural e a variabilidade das situações de degradação desautorizam esse tipo de raciocínio. Ao contrário, em diferentes paisagens, vegetações submetidas a diferentes graus de restauração apresentam diferentes barreiras que as impedem de se recuperarem naturalmente ou podem demandar um tempo muito longo para fazê-lo, necessitando assim de metodologias diferentes de restauração. Dessa forma, a melhor solução varia de local para local e, portanto, inexiste uma solução única e universal para todas as áreas degradadas.

Nessa realidade, é preciso pesquisar diferentes soluções, oferecendo ao restaurador várias ferramentas para que ele possa restaurar diferentes situações de degradação. É preciso que o restaurador aprenda a utilizar esse *menu* de soluções disponíveis, adaptando-as a cada uma das condições reais encontradas em cada situação de degradação. Isso é crítico, porque duas áreas degradadas podem ter limitações e potenciais de restauração semelhantes, mas ainda assim elas não são idênticas em algum aspecto, necessitando de um tratamento individualizado em algum grau. Por outro lado, apesar de diferentes áreas poderem demandar tratamentos específicos, há aspectos da ecologia dos ecossistemas nativos e também das teorias ecológicas que devem subsidiar o raciocínio do restaurador para conseguir definir a metodologia de restauração mais adequada e com maiores chances de sucesso para cada condição. Considera-se, portanto, imprescindível conhecer melhor essas informações gerais sobre o funcionamento de ecossistemas naturais, a fim de aplicar esse conhecimento nas atividades de restauração.

A restauração implica manejar processos ecológicos para induzir a criação ou mesmo criar uma vegetação inicial em um ecossistema degradado. Em alguns casos, esse manejo implica mobilizar o potencial local que o ecossistema degradado ainda possui de se recuperar e favorecer que processos externos, como a migração de espécies, colaborem com essa recuperação local. Outras vezes, quando esses fatores não estão disponíveis, será preciso escolher, planejar e ativamente implantar uma nova comunidade que catalise a atuação dos processos externos, que podem ser limitados pela degradação da paisagem, uma vez que a viabilidade ecológica de uma área em restauração sempre dependerá dos fluxos biológicos com os remanescentes de vegetação nativa presentes na paisagem.

Na reconstrução da vegetação inicial, a principal ferramenta empregada são as espécies vegetais; no caso da restauração de florestas, sobretudo as árvores, pois elas constituirão a maior parte da estrutura tridimensional da vegetação inicial e, por meio de seu comportamento biológico, favorecerão processos fundamentais para a reconstrução e manutenção do ecossistema florestal. Nesse sentido, o ideal seria ter o completo conhecimento do comportamento biológico e ecológico de todas as espécies vegetais que compõem o ecossistema a ser restaurado, pois isso permitiria manipulá-las de maneira a acelerar o processo de restauração. Infelizmente, esse conhecimento ainda não está disponível por causa da grande diversidade de espécies existentes, pela escassez de estudos ou ainda porque muitas das interações ecológicas são complexas e ainda pouco conhecidas no contexto da restauração. Todavia, ainda que o conhecimento científico disponível seja relativo e fragmentado, certamente é mais útil na restauração do que apenas o emprego de ações empíricas, baseadas exclusivamente em tentativas e erros.

Quando se procura planejar a restauração de uma floresta tropical sob uma perspectiva científica, em geral assume-se que muitos dos fenômenos que irão se desenvolver na nova vegetação tenderão a se dar de formas similares às que têm sido cientificamente documentadas nas vegetações naturais em que essas espécies ocorrem. Espera-se, assim, que processos ecológicos que promovem a reconstrução de uma floresta em restauração sejam semelhantes àqueles que ocorrem nas florestas naturais, que se recuperam espontaneamente após algum tipo de distúrbio. Tal pressuposição leva a duas reflexões. A primeira, de que um melhor conhecimento da biologia e ecologia das espécies nativas que participam das várias etapas desses processos pode fornecer informações úteis que, se agregadas à formulação de modelos de restauração, levarão a um maior sucesso dos projetos que são executados com base nesses conhecimentos. A segunda, de que é necessário também se ocupar em descrever e conhecer a biologia e a ecologia das vegetações em restauração, a fim de constatar em que medida a pressuposição de comportamentos similares aos que se observam em vegetações naturais é verdadeira e justifica seu uso. A comparação entre os aspectos esperados e os observados em campo permitirá, com o tempo, detalhar especificidades e peculiaridades do processo de restauração que nem sempre podem ser prontamente dedutíveis *a priori*, favorecendo a revisão de pressupostos e modelos e, talvez, maiores sucessos futuros. Nesse sentido, é necessário analisar alguns conceitos gerais que sustentam as teorias ecológicas e que podem ser aplicados à prática da restauração florestal, com destaque para a organização das comunidades vegetais e para a ecologia da regeneração.

4.1 FORMAÇÃO E ORGANIZAÇÃO DE COMUNIDADES VEGETAIS

Serão detalhados neste item os vários conceitos que compõem uma visão holística e integrada de comunidade vegetal. Esse detalhamento é necessário para que o restaurador compreenda como o restabelecimento de comunidades vegetais em áreas degradadas – o objetivo central das ações de restauração de ecossistemas terrestres – depende da análise e compreensão de vários subsistemas e processos que constroem e mantêm essas comunidades. Inicia-se então esse detalhamento pelo conceito de *vegetação*. É chamado de vegetação o conjunto de espécies de plantas que ocupam um determinado local, considerando-se como vegetação nativa aquela que foi sendo construída numa determinada área ao longo dos tempos, predominantemente por processos naturais, embora em alguns casos possa ter sofrido

também, em menor proporção, a influência da ação humana.

De forma didática, é possível separar a vegetação em três tipos fisionômicos gerais: os campos (vegetações dominadas por ervas), as savanas (vegetações com predominância de ervas, mas onde arbustos e árvores estão também presentes, em geral, em menor dominância que as plantas herbáceas) e as florestas (vegetações dominadas por arbustos e árvores). Desde o passado longínquo os povos reconheceram a existência de diferentes tipos de vegetação espalhados pela paisagem, embora nem sempre soubessem quais fatores naturais determinavam a existência de outro tipo de vegetação. Nos últimos duzentos anos, a fitogeografia e depois também a ecologia vêm procurando entender as causas que fazem com que as espécies vegetais não se distribuam aleatoriamente no espaço e, ao contrário, formem agrupamentos de plantas que podem ser reconhecidos como vegetações distintas.

Os estudos das vegetações revelaram que elas, apesar de poderem ser reconhecidas e separadas pelo seu aspecto visual (fisionomia), não representam entidades totalmente distintas no espaço e no tempo, ou seja, muitas vezes, ao longo da paisagem, gradualmente uma vegetação se converte em outra por meio de uma progressiva mudança de espécies, podendo-se encontrar trechos de vegetação que são intermediários entre extremos totalmente distintos (ecótono). Também, ao longo de grandes períodos de tempo, esses tipos de vegetação se alternam no mesmo espaço em resposta a mudanças climáticas, de relevo, de solo etc., assim como em função do surgimento de novas espécies e da extinção de outras. Toda essa complexidade, no entanto, longe de ser um problema, reflete apenas a natureza peculiar do objeto de trabalho do restaurador, que deve aprender a conviver com essa imprevisibilidade e fluidez natural dos sistemas ecológicos. Todavia, essas características peculiares da vegetação podem gerar dúvidas práticas importantes.

É importante ainda lembrar que a restauração é uma ação que se projeta para o futuro, que busca reconstruir vegetações que possam se perpetuar autonomamente e que irão interagir com a paisagem e as vegetações naturais e restauradas do seu entorno próximo ou distante. Portanto, considerando-se que as vegetações naturais não apresentam uma composição final permanente, também as áreas em restauração não devem ter uma composição final preestabelecida, até porque elas irão se modificar, em maior ou menor escala, nas décadas e séculos seguintes ao início do processo. Em síntese, restaurados os processos ecológicos capazes de criar uma floresta que se autoperpetue, ela estará submetida às condições ambientais e aos distúrbios naturais e antrópicos locais, tal como os remanescentes naturais, permanecendo em interação com a paisagem, as florestas e demais ecossistemas nela presentes. Em razão disso, tanto a composição quanto a estrutura dessa floresta sofrerão mudanças, permanecendo em fluxo rumo ao futuro que vier a existir.

Chama-se de *hábitat* o local que reúne as condições necessárias para que um organismo possa sobreviver, desenvolver-se, reproduzir e deixar descendentes, além de interagir com outras espécies e com o ambiente local. A ideia de hábitat está intimamente ligada à ideia de que cada espécie precisa de locais específicos que reúnam um mínimo de condições que garantam a sua sobrevivência e reprodução. Assim, locais em que uma espécie não pode sobreviver e reproduzir não são para ela um hábitat. Trata-se de mais um conceito simples e de importante aplicação, pois às vezes a principal intervenção necessária para a restauração de uma floresta em uma área degradada pode ser simplesmente a recriação do hábitat adequado à sobrevivência das espécies típicas do local, já que muitas vezes essas espécies podem até estar chegando na área degradada por dispersão, mas lá não conseguem se estabelecer e permanecer por não encontrar no local o hábitat necessário ao seu desenvolvimento, sobrevivência e reprodução. Por exemplo, florestas desmatadas e transformadas em pastos deixam de ser um hábitat para a maioria das espécies florestais. Cabe então à restauração converter o hábitat atual em um outro semelhante ao original, por meio do sombreamento da área, para recriar as condições favoráveis à regeneração de espécies florestais, ao mesmo tempo que se restringe o hábitat favorável às espécies ruderais de sistemas não sombreados.

O conjunto das populações de plantas, animais e microrganismos que compõe uma vegetação é o que se chama de *comunidade biológica*, mas, quando se refere apenas ao conjunto das espécies de plantas presentes nessa comunidade biológica, tal conjunto é chamado de *comunidade vegetal*. No entanto, para se referir ao conjunto formado por uma comunidade biológica, ou seja, os seres vivos que são capazes de sobreviver, crescer, desenvolver-se e reproduzir no local e também o meio físico (relevo, solo, microclima etc.) no qual essas espécies podem interagir umas com as outras e com o ambiente, usa-se o termo *ecossistema*.

A definição mais simples do que é uma comunidade vegetal não dependente de pressupostos, e considera apenas que ela é um conjunto de espécies que, ao mesmo tempo, ocupam um dado local. No estudo das comunidades vegetais, muitas perguntas importantes foram formuladas tentando compreender como efetivamente as comunidades de plantas funcionam. Por exemplo, já foram e continuam sendo investigados quais processos levam à formação e à manutenção de uma comunidade de plantas, quais níveis de integração e de dependência existem entre as espécies que compõem uma comunidade, que grau de estabilidade ou de capacidade de se recuperar existe em uma comunidade, entre várias outras perguntas importantes. A concepção de comunidade vegetal adotada pelo restaurador tem grande implicação prática, pois, de acordo com essa concepção, a importância dada aos diferentes processos ecológicos que garantem a manutenção de uma comunidade e de sua diversidade pode ser muito distinta, podendo resultar na proposição de diferentes métodos para sua restauração.

A visão de comunidade vegetal aqui empregada considera que a sobrevivência das espécies de plantas em um dado ambiente físico em que elas podem vir a formar uma vegetação depende de uma interação entre as características ambientais locais e a tolerância de cada espécie a essas condições. Adicionalmente, incorpora os paradigmas ecológicos contemporâneos que consideram que as comunidades vegetais não tendem a um estado único de equilíbrio, mas sim que elas são entidades dinâmicas, sistemas abertos, e que, portanto, sofrem a ação de – e são limitados por – fatores externos vindos de outros ecossistemas, estando, assim, em fluxo permanente. Como consequência dessa visão, deve-se planejar uma restauração florestal considerando-se que o restaurador tem apenas um controle parcial e, na maior parte dos casos, restrito às fases iniciais do processo sobre a composição, estrutura e funcionamento dessa comunidade que ele está tentando recriar ou manejar e que a dinâmica espacial e temporal da paisagem na qual uma área degradada se encontra inserida é parte importante do processo de recuperação da área a ser restaurada. Complementarmente, considera-se que as espécies não respondem apenas às características ambientais de uma determinada área, mas que elas também podem modificar essas características ambientais e, assim, condicionar a ocorrência, distribuição e desenvolvimento de outras espécies naquele local.

Embora o efeito das espécies sobre o meio seja conhecido desde os primórdios da Ecologia, apenas recentemente sua importância nas comunidades e nos ecossistemas se tornou mais clara. Por exemplo, como consequência das alterações produzidas sob as copas dessas diferentes espécies arbóreas do dossel, criam-se sob elas distintos *micro-hábitats*, que diferentes espécies vegetais, animais e de microrganismos poderão explorar e onde poderão ter maiores ou menores chances de sobreviver. Assim, considera-se hoje que todos os organismos, inclusive as árvores, pela sua presença e desenvolvimento, agem no meio ambiente como *engenheiros físicos do ecossistema*, causando mudanças físicas nos componentes abiótico e biótico do ecossistema. Dessa forma, qualquer organismo, por sua ação, cria, modifica ou mantém as condições ambientais sob sua influência, ou seja, cria, modifica ou mantém micro-hábitats e, consequentemente, controla a disponibilidade de recursos para outros organismos, favorecendo ou desfavorecendo a presença de outras espécies próximas sob sua influência. Portanto, quando o restaurador introduz ou favorece a regeneração de espécies em uma área degradada ou então restringe o desenvolvimento de outras espécies, como as exóticas e invasoras, pode também escolher e combinar dife-

rentes espécies considerando a engenharia que cada espécie ou o conjunto delas irá promover nessa área.

Como as espécies vegetais podem produzir diferentes tipos de engenharia, a introdução planejada ou a chegada espontânea de espécies em áreas em restauração pode aumentar e/ou diversificar o número de micro-hábitats criados, favorecendo dessa forma a manutenção ou o ingresso de novas espécies na comunidade. Vale reforçar nesse ponto que é muito útil criar, manter e constantemente atualizar as informações disponíveis sobre a biologia das espécies que compõem as formações florestais com que o restaurador comumente trabalha, pois esses dados podem ser muito úteis na seleção e combinação de espécies que serão empregadas em projetos de restauração que demandam alguma ação de plantio ou semeadura, assim como em pesquisas voltadas para a criação de modelos que combinem, no espaço e no tempo, espécies com diferentes atributos biológicos.

Considera-se também que os distúrbios naturais e antrópicos são eventos de grande importância na determinação da composição, estrutura e funcionamento atuais e futuros dos ecossistemas. Esses distúrbios, que são eventos esporádicos e imprevisíveis, são forças seletivas muito importantes, pois eles podem, em uma mesma vegetação, eliminar, prejudicar ou mesmo favorecer de forma diferencial algumas espécies. Os distúrbios são, portanto, capazes de alterar profundamente a dinâmica de todos os ecossistemas, podendo modificar a fisionomia, a estrutura e a composição de espécies de uma dada vegetação. Ao longo do tempo, vários distúrbios vão ocorrendo em uma paisagem. Todavia, esses eventos não necessariamente atingem todos os ecossistemas ali existentes, e mesmo aqueles que são atingidos por eles não são afetados nem da mesma forma, nem com a mesma intensidade ou severidade. Assim, por exemplo, enquanto uma floresta no fundo de um vale pode ser atingida por uma geada severa, a floresta situada pouco acima na mesma encosta pode nada sofrer com esse distúrbio, mas pode vir a ser afetada por deslizamentos de terra na estação das chuvas.

Dessa forma, os distúrbios que vão ocorrendo e se encadeando no tempo atingem as diferentes comunidades de uma paisagem de maneira imprevisível, tornando a composição, a estrutura e a dinâmica de cada vegetação o resultado de uma história única, que não pode ser prevista ou mesmo descrita com base no que ocorreu no passado nem com base nas características iniciais da comunidade, tampouco pelo que se observa nas vegetações que se situam no seu entorno imediato. Portanto, não pode ser replicada. Esses fatos são da maior importância para o restaurador, porque mostram que ele tem controle apenas relativo sobre o processo, que florestas em restauração continuarão sujeitas a distúrbios naturais e antrópicos com diferentes frequências, intensidades, magnitudes e severidades e que esses distúrbios determinarão em parte as características da vegetação que ali irá permanecer. Se com o tempo as comunidades e ecossistemas apresentam flutuações ou mudanças nas suas estruturas, composições e dinâmicas, então esse aspecto deve ser incorporado ao planejamento dos projetos de restauração. As consequências dessa tendência das comunidades estarem continuamente sujeitas a mudanças serão novamente abordadas quando se discutir o processo de sucessão ecológica e sua importância na orientação de projetos de restauração.

Desde já, pode-se perceber que objetivar uma cópia da composição florística e da estrutura de uma dada floresta bem conservada e tentar replicá-la o mais idêntica possível em diferentes áreas degradadas, conforme feito no passado e já discutido no Cap. 2, pode não levar à efetiva restauração dessas áreas, pois mesmo fragmentos florestais maduros de um mesmo tipo de floresta tropical situados em diferentes locais não têm a mesma composição florística nem a mesma estrutura e muito provavelmente há particularidades na dinâmica, demonstrando que a metodologia de adotar uma floresta madura como modelo único para a restauração de várias áreas degradadas em uma mesma paisagem não garante o sucesso dessa iniciativa. Assim, quando se procura restaurar uma floresta, pretende-se recriar localmente os processos ecológicos necessários para que ali exista novamente um ecossistema florestal, ou seja, pretende-se recriar localmente uma comunidade biológica *semelhante* à preexistente naquelas condições, sem necessariamente obter a mesma composição e estrutura observadas no passado, mas com a mesma condição de resistir e permanecer diante da ocorrência de distúrbios naturais e antrópicos.

Toda comunidade vegetal apresenta uma *composição florística,* que corresponde às populações de plantas presentes na sua área. Trechos distintos de uma extensa floresta ou diferentes fragmentos de um mesmo tipo de floresta não têm sempre as mesmas espécies de plantas, nem cada espécie tem sempre o mesmo número de indivíduos em cada um desses trechos, inclusive nas mesmas condições de maturidade. Essas e muitas outras características variam espacialmente dentro de um tipo florestal e, principalmente, entre tipos de florestas. Essas afirmações podem, em um primeiro momento, causar certa surpresa, pois se tende a imaginar que, se duas entidades ou objetos pertencem a um mesmo tipo, eles deveriam ser iguais. Todavia, a natureza não é assim, e por isso a separação das florestas em tipos distintos, como formações florestais, é feita apenas com base na *fisionomia* da vegetação, ou seja, no seu aspecto visual, e não nas espécies que compõem as vegetações (Fig. 4.1).

Isso porque a composição de espécies, a estrutura e mesmo outros aspectos de uma vegetação são normalmente muito variáveis no espaço e no tempo. Não que seja impossível separar as vegetações em tipos distintos com base nas características das espécies nelas presentes, apenas nesse caso é preciso usar métodos de amostragem específicos e análises estatísticas complexas e estabelecer graus de semelhanças mínimos para que duas amostras com distinção florística e estrutural sejam consideradas como de um mesmo tipo. Obviamente, essa separação será artificial e dependente do nível de similaridade predefinido, aspectos todos que fogem do foco de interesse do presente livro. Dessa maneira, neste livro, quando se fazem referências a *trechos de um tipo de floresta* ou *fragmentos de um mesmo tipo de floresta*, está-se considerando que esses trechos ou fragmentos pertencem a um mesmo tipo de vegetação florestal por terem fisionomias semelhantes, e não porque têm no seu interior exatamente as mesmas espécies e nas mesmas proporções. Assim, de forma

Fig. 4.1 *Exemplos de fisionomias de vegetação: (A) Floresta Estacional Decidual na estação seca; (B) Floresta Estacional Semidecidual; e (C) campo cerrado*

muito simplificada, pode-se dizer que as espécies que compõem um dado tipo de vegetação são, em teoria, a soma de todas as espécies nativas encontradas em diferentes trechos ou fragmentos desse tipo fisionômico de vegetação.

Cada uma das espécies vegetais que compõem uma floresta corresponde a uma *população* de plantas, enquanto o conjunto das populações consiste em uma *comunidade vegetal*. Essas populações presentes em uma floresta normalmente não têm o mesmo número de indivíduos, existindo muitas espécies com poucos indivíduos e outras, em menor número, com muitos indivíduos, ou seja, espécies com populações pequenas e outras com populações grandes.

Da mesma forma, existem espécies de pequeno porte, como ervas de apenas alguns centímetros, e outras com dezenas de metros de altura, como algumas grandes árvores. Há ainda espécies que na floresta têm todos os seus indivíduos agrupados e muito próximos entre si, enquanto outras naturalmente apresentam seus indivíduos mais espalhados por toda a área. Ou seja, em uma comunidade florestal, as espécies não se apresentam com o mesmo tamanho de população nem estão ocupando verticalmente o mesmo espaço, bem como não estão igualmente espalhadas pela área, criando, assim, uma comunidade que tem um arranjo espacial e uma estrutura tridimensional específica e própria. Portanto, se as proporções relativas de cada espécie fossem variadas em termos de tamanho de população, distribuição espacial e porte, seria possível, com a mesma composição florística, produzir uma comunidade muito diferente da anterior. Dá-se o nome de *estrutura de comunidade* a esse arranjo específico que as espécies apresentam na formação de uma dada comunidade, o qual envolve a densidade de cada população, o padrão espacial, a ocupação vertical de espaço de cada uma e outros aspectos que se pode descrever ou medir. A estrutura de uma comunidade em uma vegetação natural é o resultado da história específica de como ela se formou e desenvolveu, incluindo a maior ou menor adaptação de cada espécie ao solo e clima locais, as interações de cada espécie com outras espécies, a sequência temporal de invasão de cada espécie na área, o histórico de distúrbios a que a área foi submetida, entre outros fatores. Como será visto adiante no livro, não apenas a composição de espécies pode definir o sucesso de uma restauração, mas também a estrutura da comunidade implantada.

As plantas que formam a floresta apresentam diferentes hábitos, tamanhos, arquiteturas e formas de crescimento, o que permite dividi-las em grupos segundo a sua semelhança, tais como: árvores, arbustos, palmeiras, bambus, epífitas, ervas e lianas. As diferenças de aspecto entre esses grupos refletem o resultado da evolução que as espécies sofreram e que resultaram em adaptações do seu corpo vegetal aos hábitats que elas ocupavam, aos estresses e distúrbios naturais a que elas estiveram submetidas, às interações que tiveram com outras espécies, tais como polinizadores, dispersores, herbívoros e predadores, e que, assim, as levaram a ter certos padrões específicos de histórias de vida. Cada um desses grupos de plantas é denominado uma *forma de vida vegetal*, sendo fácil observar que, em diferentes florestas, as várias formas de vida vegetal podem estar mais ou menos representadas (Fig. 4.2).

As florestas brasileiras, em geral, são formadas por muitas espécies de plantas que têm diferentes portes e pertencem a diferentes formas de vida vegetal. Como consequência, várias dessas plantas podem se sobrepor verticalmente nessas florestas, formando camadas ou *estratos*. Esses estratos podem ser reconhecidos visualmente com certa facilidade e representam um aspecto fisionômico muito usado para descrever os diferentes tipos de vegetação. Por exemplo, campos naturais só formados por ervas constituem uma vegetação com um só estrato, o herbáceo. Savanas, compostas por ervas, arbustos e árvores, podem apresentar visualmente três estratos, cada um formando uma camada mais ou menos distinta. Já em florestas de regiões temperadas, como o número de espécies de plantas é pequeno, tem-se a impressão visual de existirem camadas vegetais bem definidas, em geral compostas por formas de vida distintas, que ocupam alturas específicas mais ou menos previsíveis. Nessas florestas, em geral, podem-se distinguir quatros estratos: um estrato de musgos, um estrato herbáceo, um estrato arbustivo e um estrato arbóreo. A separação vertical e visual da vegetação em camadas é chamada de *estratificação*.

No entanto, embora essa separação seja útil, ela não é fácil de ser aplicada em florestas tropicais e subtropicais compostas por muitas espécies. Nessas florestas, dezenas de árvores, arbustos, epífitas, lianas etc. podem estar presentes, cada qual com uma arquitetura específica e em uma altura peculiar. Nesses casos, forma-se, em geral, um contínuo de folhas desde o chão da floresta até o topo dela, às vezes situado a mais de 40 m de altura, o que, em geral, não permite ao observador visualizar claramente camadas distintas, uma vez que a vegetação se distribui de forma contínua, sem intervalos, desde o nível do solo até a parte superior do dossel (Fig. 4.3). Apesar dessa enorme complexidade e dificuldade de definir estratos nas florestas tropicais, será apresentada aqui uma forma simplificada de descrição da estratificação que atende aos objetivos deste livro e que será muito útil para a discussão de vários aspectos importantes da restauração, uma vez que o restabelecimento dessa complexidade estrutural é um dos condicionantes e, ao mesmo tempo, excelente indicador da recolonização de uma ampla diversidade de espécies nativas de diferentes formas de vida na área.

Nas florestas existe um estrato fácil de ser observado, que é denominado *dossel* e corresponde à região formada pelo conjunto de copas das árvores de maior porte que, em geral, se tocam lateralmente e formam um contínuo que se assemelha a uma espécie

Fig. 4.2 *Exemplos de formas de vida vegetal que podem ser encontradas em florestas nativas: (A) árvores, (B) ervas, (C) epífitas e (D) lianas*

Fig. 4.3 *Visão interna de um trecho de uma floresta tropical na qual se pode observar a sobreposição contínua da vegetação do chão ao topo do dossel, o que dificulta a separação de estratos*

de "telhado" que cobre a floresta. A maior parte das copas das árvores desse estrato está exposta a pleno sol e, assim, elas interceptam e filtram a luz do sol, criando abaixo delas um ambiente sombreado no qual as demais plantas situadas no interior da floresta vivem e as plântulas e indivíduos jovens da maior parte das espécies do dossel regeneram. Em virtude disso, o dossel exerce uma dominância ecológica sobre as demais espécies, ou seja, é ele quem determina ou, em grande parte, controla as condições microclimáticas sob as quais a maioria das demais espécies da floresta vive. A parte de cima das copas das árvores do dossel está, portanto, exposta a pleno sol e forma o limite superior desse estrato, enquanto a parte inferior dessas mesmas copas situa-se na sombra e forma o limite inferior dessa camada.

Vários estratos existem abaixo do dossel, que ficam situados à sombra; vários estratos arbóreos podem aí existir, assim como um estrato arbustivo e um estrato de erva. Todavia, eles são comumente difíceis de serem determinados, pois seus limites verticais se misturam. Como todos se situam abaixo do dossel, este livro se refere genericamente a eles apenas como *sub-bosque*. Além do dossel e do sub-bosque, muitas florestas podem apresentar acima do dossel um estrato descontínuo denominado estrato *emergente*, que é formado pelos troncos e copas mais ou menos isoladas das árvores de maior porte da floresta, que atravessam o dossel e mantêm suas copas acima dele (árvores emergentes). Em razão da importância da estruturação da comunidade vegetal no restabelecimento dos processos ecológicos, o primeiro desafio da restauração florestal é o de conseguir rapidamente reconstruir um novo dossel na área degradada que seja contínuo o suficiente para restringir o crescimento de espécies ruderais no sub-bosque e heterogêneo o bastante para favorecer o recrutamento de uma grande variedade de espécies florestais nativas.

Introduzidos alguns termos úteis na descrição das florestas, serão descritos a seguir alguns aspectos sobre os processos ecológicos que levam à formação, ao desenvolvimento e à manutenção das florestas nativas e que servem para orientar a formulação e o desenvolvimento de metodologias de restauração. É importante reforçar que muitos dos aspectos aqui apresentados se referem a florestas úmidas ou mésicas e que eles diferem significativamente quando se procura restaurar outras formações florestais, como florestas secas ou inundadas, que apresentam processos distintos de formação. Assim, aqueles que pretendem restaurar esses outros tipos de formações florestais devem, obrigatoriamente, fazer antes uma adequação das informações teóricas básicas aqui apresentadas para a formação florestal que se pretende restaurar, já que, sem essa adaptação, a restauração provavelmente não terá sucesso.

4.2 Ecologia da regeneração e sua aplicação à restauração

Considerando especificamente apenas as plantas, ou seja, uma comunidade vegetal, é importante entender que, para que uma floresta natural exista permanentemente em um dado local, muitos processos ecológicos terão que ocorrer, tais como a polinização, a dispersão e a germinação de sementes e o estabelecimento de plântulas. Adicionalmente, na restauração de uma floresta, esses e outros processos ecológicos são necessários e deverão igualmente ser restabelecidos durante a gradual reconstrução da comunidade local. Em síntese, as sementes dispersas ou semeadas terão que germinar e dar origem a *plântulas*, ao passo que parte das sementes dispersas irá morrer. As plântulas, após emergirem, devem conseguir se *estabelecer*, mas nem todas as plântulas se estabelecem e mesmo as estabelecidas podem não alcançar a condição de juvenis, em decorrência da alta mortalidade típica das fases iniciais de regeneração. Chama-se então de *recrutamento* o número de indivíduos que consegue passar de uma fase do ciclo de vida para outra em um dado intervalo de tempo. Pode-se considerar que um dos papéis mais importantes do restaurador é o de favorecer o recrutamento das espécies de interesse para a reconstrução da comunidade florestal, auxiliando para que a maioria dos indivíduos das diferentes espécies da floresta em restauração seja recrutada nas diferentes fases do ciclo de vida e consiga formar populações permanentes na área.

Para serem recrutados, os indivíduos de uma dada espécie têm que sobreviver, crescer e se desenvolver, podendo então passar pelas fases de jovem ou juvenil, depois de adulto jovem e mais tarde de adulto reprodutivo. No entanto, a efetiva formação e manutenção de uma população local da espécie na área apenas ocorrerão quando os indivíduos dessa espécie agora aí presentes atingirem a fase reprodutiva e forem capazes de se reproduzirem, formando frutos e sementes que, ao se espalharem pela floresta (dispersão), germinem e formem novos indivíduos que, por sua vez, reiniciem o ciclo de vida da espécie na área (Fig. 4.4A). Portanto, em uma área em restauração, a manutenção permanente das populações das espécies vegetais introduzidas pelo restaurador ou pela natureza só ocorrerá se essas espécies forem capazes de completar todo o seu ciclo de vida nesse local. Ou seja, dependerá da capacidade de regeneração natural dessas espécies no local, o que significa que elas deverão continuamente ser capazes de passar de sementes a adultos reprodutivos, em um processo contínuo de produzir novas sementes e gerar novos adultos (Fig. 4.4B).

Na Fig. 4.5, são destacados alguns desses processos ecológicos fundamentais para a constituição e manutenção das florestas tropicais e subtropicais que podem servir de ferramentas para o desencadeamento, manipulação ou manutenção de projetos de restauração. Será feita a seguir uma breve análise dos processos apresentados nessa figura, todavia sem a pretensão de esgotar ou rever amplamente cada tema, pois cada um deles poderia corresponder a um capítulo deste livro ou mesmo a um livro à parte sobre ecologia florestal. Outros processos ecológicos importantes na formação e manutenção de comunidades existem além dos citados nessa figura e nos próximos itens deste capítulo, tais como a predação de sementes e a herbivoria. Alguns desses outros processos ecológicos são tratados em outros capítulos do livro, mas não de forma tão intensiva – não porque sejam menos importantes na estruturação de comunidades vegetais, mas porque em projetos de restauração eles não são diretamente manipulados pelo restaurador.

4.2.1 Reprodução
Assexuada

Nas plantas, a reprodução vegetativa, denominada também assexuada, pode ocorrer por meio da rebrota de partes aéreas ou radiculares. Ela até pode se dar naturalmente em algumas espécies em uma floresta não alterada, mas geralmente acontece em resposta à remoção da parte aérea, como na roçada de um pasto, ou por fatores naturais, como incêndios. Pode ainda ocorrer quando se formam estruturas semelhantes a sementes, mas que não são produto de uma fecundação (sementes apomíticas). No geral, observa-se a reprodução vegetativa acontecendo em plantas nativas por meio da rebrota de troncos ou ramos cortados, mas ainda enraizados no solo (tocos), da rebrota de raízes (raízes gemíferas), da formação de estruturas subterrâneas, como estolões, rizomas e tubérculos, da produção de sementes apomíticas, entre outros (Fig. 4.6).

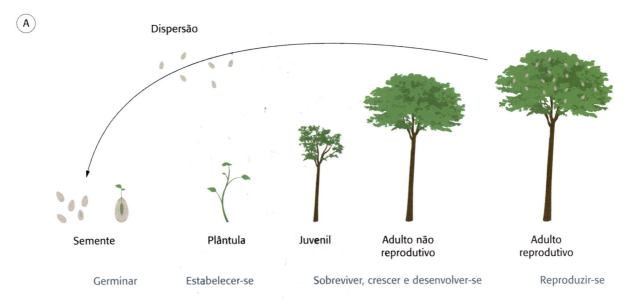

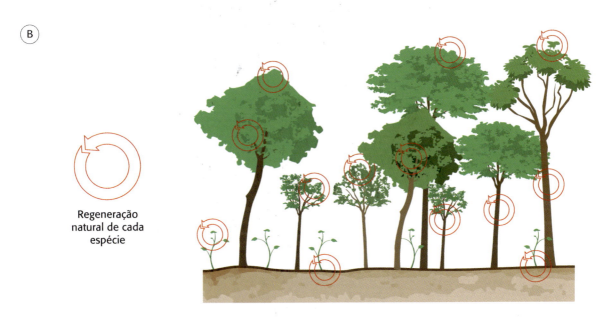

Fig. 4.4 *Regeneração de espécies vegetais: (A) as fases do ciclo de vida de uma planta – semente, germinação, plântula, juvenil, adulto não reprodutivo e adulto reprodutivo; (B) todas as espécies de plantas de uma floresta em restauração precisam regenerar localmente para que possam permanecer na comunidade florestal*

Em todos esses casos, os novos descendentes provenientes de alguma dessas estratégias de reprodução vegetativa serão geneticamente idênticos ao organismo que lhes deu origem, sendo assim formados clones da planta matriz. As espécies que apresentam reprodução vegetativa podem ter vários aspectos de sua população bastante distintos em relação a espécies que não apresentam esse mecanismo. Por exemplo, podem eventualmente ter populações maiores, já que muitos indivíduos jovens, por terem mantido ligação com a planta materna, sobreviveram melhor na fase de plântula (quando em geral a mortalidade é alta), bem como podem apresentar um padrão espacial da população na forma de manchas ou agregados, pela maior proximidade dos clones da planta-mãe em relação ao observado

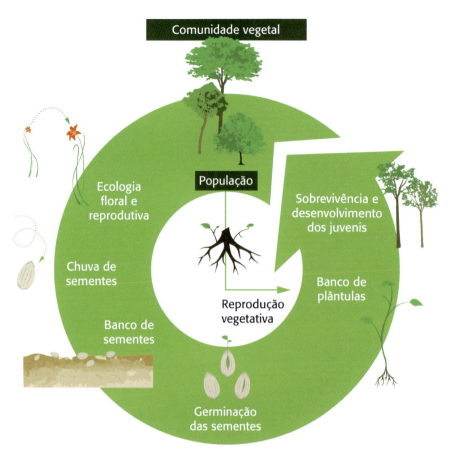

Fig. 4.5 *Alguns dos principais processos ecológicos envolvidos na regeneração de populações que compõem as comunidades vegetais e conexões entre esses processos*

quando as plântulas são formadas via sementes dispersas pelo vento ou por animais. Ainda, é comum observar nesses casos muitos indivíduos com classe diamétrica similar, pois regeneraram pela indução de um mesmo evento promotor.

Várias formas de manejo ainda em uso nos trópicos utilizam fogo, como o sistema de agricultura de corte e queima, a queima da palha nos cultivos de cana-de-açúcar e a queima para renovação de pastagens extensivas, práticas que continuam causando a queima parcial ou total dos fragmentos florestais remanescentes vizinhos às áreas em que o fogo é aplicado. Tais manejos fazem surgir muitas florestas secundárias e/ou bordas degradadas, nas quais muitas das árvores presentes são antigas rebrotas de tocos ou raízes surgidas da queima da parte aérea dos indivíduos preexistentes na área. Com a permanência de tais práticas, pode-se esperar que as espécies capazes de rebrotar aumentem suas populações nessas florestas, possivelmente em detrimento de outras mais suscetíveis ao fogo. Caso a comunidade seja protegida de distúrbios antrópicos, observa-se normalmente uma gradual redução na densidade de indivíduos provenientes de rebrotas, que tendem a morrer com o tempo e serem substituídos por indivíduos da mesma espécie advindos da reprodução sexuada. Para ilustrar a importância da rebrota na regeneração florestal, foram encontradas, em um fragmento de 3,6 ha de Floresta Estacional Semidecidual afetada por vários incêndios, 27 espécies arbóreas com brotos provenientes de raízes (Rodrigues et al., 2004). No entanto, estima-se que a importância da reprodução assexuada em árvores seja bem menor do que via sementes, pelo menos em florestas mais protegidas de distúrbios, o que talvez seja distinto entre outras formas de vida vegetal, tais como ervas, epífitas, lianas e bambus.

Sexuada

As plantas com flores (angiospermas) se reproduzem sexuadamente por meio dos processos de polinização e fecundação. A polinização corresponde à transferência de grãos de pólen desde a parte masculina das flores (androceu) até a sua parte feminina (gineceu). Por sua vez, a fecundação corresponde, em linhas gerais, ao processo de germinação e desen-

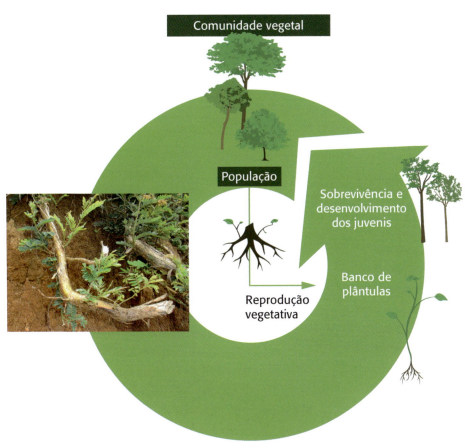

Fig. 4.6 *A reprodução vegetativa pode levar diretamente à formação de plântulas, simplificando o ciclo de regeneração de algumas espécies vegetais que apresentam esse processo e que fazem parte das comunidades vegetais que se pretende restaurar. Na imagem, pode-se observar a intensa emissão de brotações em raízes de um indivíduo de* Machaerium *sp., uma árvore típica de florestas tropicais do Sudeste brasileiro*

volvimento dos grãos de pólen sobre o estigma, formação de um tubo polínico, crescimento e penetração do tubo polínico no estilete e posterior fecundação de um óvulo dentro do ovário (fertilização) (Fig. 4.7). Ambos os processos são muito importantes, pois levam à formação de frutos e sementes, garantindo o surgimento de novos indivíduos e, dependendo de como esses processos ocorrem, determinando a maior ou menor variabilidade genética das espécies que estão se reproduzindo.

Na Fig. 4.7A, pode-se observar: (1) uma flor vista externamente; (2) a mesma flor cortada, permitindo ver suas pétalas, a parte feminina, ou seja, o gineceu, composto por estigma, estilete e ovário (com óvulos dentro), e a parte masculina, ou seja, o androceu, composto pelos estames formados pelos filetes e anteras (com grãos de pólen dentro); (3) a polinização e a fecundação, ou seja, a saída de grãos de pólen de uma antera e sua deposição sobre o estigma, a germinação de um grão de pólen e o surgimento de um tubo polínico, que passa através dos tecidos do estigma, estilete e ovário, alcança um óvulo e o fecunda. Já na Fig. 4.7B, são mostrados dois tipos dis-tintos de sistemas reprodutivos: a *autogamia* (X), em que os grãos de pólen saem da antera de uma flor e são levados e depositados no estigma da própria flor ou então nos estigmas de outras flores do mesmo indivíduo (autopolinização), ocorrendo em seguida a fecundação (autofecundação), e a *alogamia* (Y), em que os grãos de pólen de um indivíduo de uma espécie são levados e depositados no estigma de uma flor de um outro indivíduo da mesma espécie (polinização cruzada), acontecendo a seguir a fecundação (fecundação cruzada).

Dessa forma, percebe-se que a transferência do grão de pólen para o estigma pode envolver diferentes indivíduos (polinização cruzada) ou o mesmo indivíduo (autofecundação). Assim, quando o zigoto resulta da fusão de dois gametas vindos do mesmo indivíduo (autofecundação), o processo é denominado *autogamia*; já quando a formação do zigoto envolve a fusão de dois gametas oriundos de dois indivíduos distintos da mesma espécie, o processo é chamado de *alogamia*. Dessa forma, quando uma espécie predominantemente se autopoliniza e se autofecunda ela é dita *autógama*, enquanto outra espécie que predominantemente faz fecundação cruzada é dita *alógama*.

O sistema reprodutivo existente em uma dada espécie depende de vários fatores, por exemplo, de como os órgãos (funcionais) masculinos e femininos estão distribuídos, se em um mesmo indivíduo (na mesma flor ou em flores diferentes) ou em diferentes indivíduos da mesma espécie, se na espécie existem ou não mecanismos que permitem a autofecundação (mecanismos de autocompatibilidade) ou que a impedem (mecanismos de autoincompatibilidade). Tem-se observado que nas florestas úmidas da Ásia são muito frequentes as espécies dioicas (em que o indivíduo tem apenas flores masculinas ou femininas), enquanto nas florestas úmidas neotropicais são abundantes as espécies monoicas (plantas com flores de sexo separado, mas com flores masculinas e femininas em um mesmo indivíduo, ou flores hermafroditas, com órgãos masculinos e femininos na mesma flor). Mas há várias espécies nativas de destacada importância para a restauração florestal no Brasil, como as embaúbas (*Cecropia* spp.), que são dioicas (Fig. 4.8). Todavia, ao contrário do que se poderia imaginar, apesar de a presença de espécies

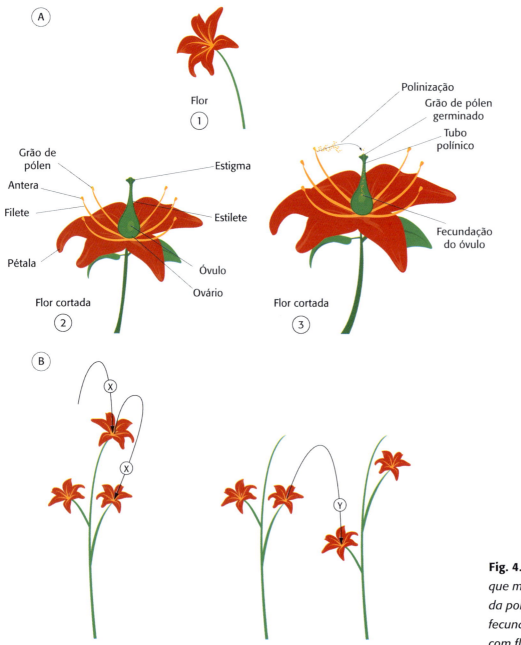

Fig. 4.7 *Diagrama que mostra aspectos da polinização e da fecundação em plantas com flores*

hermafroditas em florestas neotropicais ser grande, não predomina entre essas espécies a autogamia, e sim a alogamia.

Em muitas espécies, o processo evolutivo levou ao surgimento de diferentes mecanismos que impedem ou dificultam a ocorrência de autogamia. Esses mecanismos podem representar simples variações morfológicas, como estigmas mais compridos que as anteras, ou alterações fenológicas, como quando as anteras de uma dada flor amadurecem antes de o estigma da mesma flor estar receptivo. Entretanto, eles também podem depender de mecanismos muito complexos que, por meio de alterações metabólicas reguladas geneticamente por um ou vários *loci* e alelos, impedem que venha a ocorrer a autofecundação mesmo que a autopolinização tenha acontecido, por meio de sistemas de autoincompatibilidade. A autoincompatibilidade resulta sempre no impedimento da fertilização do óvulo pelo pólen proveniente de um mesmo indivíduo, garantindo que apenas ocorra fecundação cruzada obrigatória, embora em diferentes espécies essa autoincompatibilidade possa ocorrer por meio de mecanismos muito diferentes entre si.

Como já dito, os animais são os principais agentes de polinização das espécies na maioria das formações florestais tropicais e, portanto, especial atenção precisa ser dada pelo restaurador para favorecer a presença dessa fauna de polinizadores ao longo do processo de restauração. Essa preocupação se torna ainda mais importante quando se constata que a alogamia é o principal sistema de reprodução das espécies florestais tropicais e que, sem polinizadores adequados, a produção de frutos e sementes praticamente não se dará e a perpetuação das áreas em restauração será comprometida. Os estudos já realizados sobre a distribuição da alogamia e da autogamia entre espécies das florestas tropicais e subtropicais indicam que predomina a alogamia em razão dos muitos mecanismos de autoincompatibilidade nessas espécies. A frequência observada de autoincompatibilidade entre as espécies arbóreas em estudo feito em florestas úmidas, semideciduais e deciduais neotropicais (excetuando-se algumas florestas montanas) tem sido sempre maior do que 75%, mostrando que esse mecanismo é importante para a garantia da alogamia e de uma grande variabilidade genética nessas espécies. O restaurador, portanto, precisa criar um hábitat que forneça abrigo, proteção e fontes constantes de alimento aos polinizadores durante todo o ano. Detalhes desses processos podem variar muito em cada espécie, de forma que será feita aqui apenas uma descrição bem genérica para facilitar a compreensão dos capítulos seguintes desse livro.

A ecologia da polinização procura descrever tanto as peculiaridades da polinização (biologia e ecologia floral) como da fecundação (biologia reprodutiva). Todavia, apesar da crescente acumulação de informações sobre ambos os temas, ainda é relativamente limitado o conhecimento disponível sobre a polinização e a fecundação das espécies brasileiras, dado o grande número de espécies vegetais presentes nas diferentes formações florestais nativas. Embora quanto maior o conhecimento disponível sobre a biologia e ecologia das espécies que o restaurador possa manipular, maior o refinamento dos seus trabalhos, é perfeitamente possível iniciar projetos

Fig. 4.8 *Inflorescência masculina (A) e feminina (B) em indivíduos de* Cecropia pachystachya, *uma espécie dioica*

de restauração mesmo não se dispondo de todo esse vasto conjunto de informações. Serão abordados aqui os aspectos mais genéricos sobre a ecologia da polinização já disponíveis na literatura e que são suficientes para uma melhor orientação dos trabalhos de restauração florestal. No entanto, é aconselhável que o restaurador procure periodicamente se atualizar sobre esse e outros temas para que no futuro mais e melhores projetos possam ser elaborados.

São tantas as espécies de plantas nas regiões tropicais e tantos os possíveis polinizadores que estudar espécie por espécie para conhecer o agente polinizador de cada uma, apesar de necessário, é um trabalho muito difícil e demorado. Por isso, os pesquisadores tentam há muito tempo encontrar meios indiretos que possam fornecer essa informação mais facilmente, sem que se necessite fazer o estudo individual da polinização de cada espécie de planta a ser usada na restauração. Há várias décadas, surgiu a ideia de que se poderiam observar algumas características das flores de uma dada espécie, como a forma, a cor e o odor, e, com base nessas informações, deduzir quais seriam as características do agente polinizador daquela espécie em seu hábitat natural. Ou seja, acreditava-se que haveria uma correspondência das características morfológicas e do comportamento das flores de uma dada espécie em relação às características e ao comportamento do seu agente polinizador. Esse conceito permitiu que se estabelecesse um pequeno número de *síndromes de polinização*, ou seja, conjuntos de características e comportamentos das flores que indicariam qual seria o seu agente polinizador, facilitando assim a complexa e demorada tarefa de definir o polinizador efetivo de cada espécie em cada tipo de vegetação. Por exemplo, plantas com flores que se abrem à noite, de cores creme, esverdeada ou esbranquiçada, com odor desagradável, relativamente bem abertas e, em geral, com estames e estigmas projetados para além das pétalas e com abundante produção de néctar tenderiam a ser polinizadas por morcegos. Já plantas com flores de abertura diurna, com pétalas avermelhadas, amareladas ou alaranjadas, de formato tubular, sem odor e com boa produção de néctar tenderiam a ser polinizadas por aves.

Essa correspondência flor/polinizador seria o resultado de um longo e complexo processo de evolução em que as plantas selecionariam as caraterísticas nos polinizadores que favorecessem a interação entre ambos, assim como os polinizadores igualmente selecionariam as características das plantas que melhorassem a interação entre eles. A evolução então teria levado uma espécie de planta a ter flores com forma, cor, odor e alimento adaptados a uma certa espécie de polinizador ou grupo funcional de polinizadores, que, por sua vez, aumentaria o sucesso de essa planta produzir frutos e sementes. Essa reciprocidade evolutiva (coevolução), levando a um certo grau de dependência entre certos polinizadores e certas plantas, permitiria que, ao se observarem as síndromes da flor, se deduzisse o grupo de seu polinizador. A descrição detalhada dessas síndromes foge aos objetivos deste livro, podendo ser encontrada em obras específicas sobre polinização. Serão citados aqui (Quadro 4.1) apenas alguns dos nomes dessas síndromes e de seus agentes polinizadores correspondentes, para que se possa discutir a presença delas nas florestas tropicais e subtropicais e como essa questão pode ser devidamente tratada na restauração florestal.

Nas florestas tropicais úmidas, a importância da anemofilia como vetor do transporte de pólen é pequena, ao contrário do que se observa em florestas que perdem totalmente suas folhas, como as temperadas caducifólias e também aquelas situadas em regiões com muita neblina e/ou muito vento, onde o trânsito de animais voadores é dificultado. Em termos gerais, estima-se que cerca de 90% das árvores com flores são dependentes da polinização feita por animais e que, entre essas espécies de plantas, a polinização feita por vertebrados, como aves e morcegos, pode corresponder a até cerca de 15% do total, sendo os insetos os principais agentes nesse processo. Estudos realizados em Florestas Tropicais Úmidas e em Florestas Estacionais Semideciduais têm mostrado que a imensa maioria das espécies vegetais analisadas é polinizada por animais. Nas florestas tropicais, em geral, é muito grande a abundância e riqueza de animais polinizadores, tais como aves, morcegos e pequenos mamíferos, mas sobretudo de insetos, tais como vespas, borboletas, mariposas, moscas, besouros e, principalmente, abelhas. Por exemplo, em um extenso estudo sobre as síndromes de polinização realizado em uma Floresta Estacional Semidecidual do interior paulista, em que foram analisadas 265 espécies florestais (árvores e lianas), descobriu-se que 89% das espécies eram polinizadas por insetos, 5% por morcegos, 4% por beija-flores e apenas 2% pelo vento (Morellato; Leitão Filho, 1995).

Embora, em teoria, a evolução das características florais de uma dada síndrome tenha favorecido o acesso aos alimentos oferecidos pela flor apenas por animais que podem efetuar a polinização e garantir a sua reprodução, observa-se que é muito grande e variada a fauna que visita um dado tipo de flor. Entre esse grande número de visitantes florais, em geral, somente poucas espécies ou apenas uma acaba por atuar como polinizadora efetiva, pois visita a flor e transfere o pólen vivo ao estigma no momento em que este está apto a permitir o posterior desenvolvimento do tubo polínico. Já as outras espécies oportunistas que apenas se alimentam do pólen ou do néctar da flor, sem realizar o serviço de polinização, são comumente chamadas de *pilhadores*.

No entanto, o aumento de estudos detalhados sobre a ecologia da polinização das espécies das florestas tropicais tem mostrado que, em um grande número de casos, as síndromes florais não fornecem uma boa predição sobre quem são os efetivos agentes polinizadores de uma dada espécie. Dessa forma, embora o uso das síndromes seja por ora uma aproximação útil, estudos detalhados das espécies tropicais são fundamentais para ter uma maior compreensão sobre essa questão, que é crítica para o entendimento

da sobrevivência das espécies da flora tropical e, portanto, da perpetuação de uma floresta tropical em restauração. Vale a pena ressaltar ainda que a possibilidade de não apenas uma espécie, mas sim de várias espécies animais poderem polinizar efetivamente uma espécie de planta aumenta as chances de que plantas introduzidas em áreas de restauração venham a se reproduzir localmente. Também o fato de que não somente o polinizador, mas também outras espécies podem visitar uma flor e nela obter algum alimento aumenta as chances de que se consiga, com o tempo, manter-se localmente uma fauna variada, pois várias espécies vegetais poderiam simultaneamente colaborar na alimentação desses animais.

Outro aspecto interessante em relação à manutenção da fauna em uma vegetação pode ser visto, por exemplo, na interação que lianas e árvores podem ter, favorecendo a alimentação de polinizadores em algumas florestas. Estudos realizados em várias Florestas Estacionais Semideciduais têm demonstrado que, enquanto a maioria das espécies de lianas floresce no primeiro semestre, a maioria das espécies arbóreas floresce durante o segundo (Morellato; Leitão Filho, 1996; Stranghetti; Ranga, 1997). A assincronia na floração dessas formas de vida faz com que haja uma constante disponibilidade de recursos alimentares para a fauna de polinizadores locais ao longo de todo o ano, garantindo assim a manutenção dessas populações animais nessas florestas. Diversos estudos têm demonstrado também que muitas espécies florestais apresentam assincronia na floração dos seus indivíduos, ampliando o período de floração da espécie por vários dias ou semanas e, assim, a oferta de alimentos para seus polinizadores.

Quadro 4.1 Nomes das principais síndromes de polinização e dos agentes de polinização correspondentes

Nome da síndrome de polinização	Agente de polinização
Anemofilia	Vento
Cantarofilia	Besouros
Falenofilia	Mariposas
Melitofilia	Abelhas, vespas e formigas
Miiofilia e Sapromiiofilia	Moscas
Psicofilia	Borboletas
Ornitofilia	Aves
Quiropterofilia	Morcegos

Nas florestas tropicais preservadas, quando há sucesso na polinização e na fertilização das flores de uma espécie, tem-se, em geral, grande produção anual de frutos e sementes. Também nas áreas em restauração, espera-se que a polinização resulte em alimentação da fauna e regeneração de plantas, ambos aspectos necessários ao funcionamento da comunidade biológica. O restaurador deve, assim, estar bastante atento à oferta de alimentos para a fauna ao longo do ano e de todo o processo de restauração, pois, aos poucos, o hábitat local será recuperado, a comunidade vegetal será reconstruída e esta oferecerá abrigos e alimentos para a fauna, que se espera que invada gradualmente a área a partir da paisagem do entorno. Todavia, se não houver uma constante oferta de alimentos durante todo o ano, polinizadores e dispersores não terão condições de manter populações permanentes no local, afetando tanto a polinização quanto a dispersão interna e o aporte externo de sementes. O restaurador, sempre que possível, deve introduzir ativamente (por plantio ou semeadura) ou favorecer (pela condução da regeneração natural) a invasão local de um grande número de espécies nativas pertencentes a diferentes formas de vida vegetal e com diferentes síndromes de polinização, que floresçam em diferentes épocas do ano, favorecendo, dessa forma, a presença constante no ano e ao longo dos anos de uma fauna de polinizadores abundante e diversificada.

Como ainda se conhece muito pouco sobre a recolonização da fauna de polinizadores em uma área em restauração, o restaurador deve optar por introduzir ou favorecer a regeneração de espécies com características florais distintas, aumentando as chances de que algumas dessas espécies venham a ser polinizadas, principalmente em paisagens muito fragmentadas. Essa preocupação do restaurador ajuda a restabelecer um componente importantíssimo da biodiversidade: as interações ecológicas, que apenas recentemente têm ganhado a merecida atenção por parte dos pesquisadores e profissionais ligados à conservação ambiental como processos essenciais para a geração e manutenção da biodiversidade (Boxe 4.1).

Espécies que dependem de polinizadores mais generalistas parecem ter maiores possibilidades de se reproduzirem nas fases iniciais de um processo de restauração florestal do que outras que necessitam de um polinizador específico, principalmente em paisagens fragmentadas. Esse pressuposto, no entanto, não deve levar os restauradores a fazer uma seleção contra as espécies florestais de polinização mais complexa, introduzindo apenas espécies de polinização generalista, pois as espécies de polinização mais especializada são geralmente mais finais da sucessão e, assim, fundamentais para o pleno desenvolvimento da restauração. Sendo assim, sugere-se o uso e/ou o favorecimento de muitas espécies de plantas nativas ao longo do processo de restauração florestal, ou seja, o estabelecimento de uma alta biodiversidade, na esperança de que, ao longo dos anos, grande parte dessas espécies consiga se reproduzir e permanecer na área, contribuindo para fortalecer as interações ecológicas que foram comprometidas com a degradação da área.

4.2.2 Dispersão de sementes

A *dispersão de sementes* é o movimento de sementes para além da planta que as produz (planta-mãe), *chuva de sementes* é a deposição destas em um dado local e *banco de sementes* é o conjunto de sementes e outros materiais de propagação armazenados no solo. A restauração de uma área degradada pode se iniciar por meio de espécies já presentes na área, via expressão do banco de sementes acumulado após um período cumulativo de chuva de sementes, ou, muitas vezes, por meio de espécies que colonizam essa área após o início do processo de restauração, via dispersão de sementes. Pelo gradual ingresso de novas espécies via dispersão, pode-se ter um contínuo aumento do número de espécies vegetais em uma comunidade (enriquecimento), que leva a mudanças na estrutura da floresta em restauração. Se as sementes de uma dada espécie alcançarem a área por processos naturais de dispersão ou forem ali introduzidas via semeadura direta, germinarem e suas plântulas se estabelecerem, aos poucos se formará nesse local uma nova população. Todavia, essa população só será efetiva quando esses indivíduos crescerem, atingirem idade reprodutiva, florescerem, forem polinizados, frutificarem e tiverem suas sementes dispersas. Portanto, inicialmente, a

> **BOXE 4.1 RESTAURAÇÃO DE INTERAÇÕES ECOLÓGICAS**
>
> A restauração ecológica procura intencionalmente alterar uma área degradada a fim de reestabelecer atributos de estrutura e função de um dado ecossistema, incrementando assim sua biodiversidade. Dessa forma, a restauração ecológica tem sido considerada prioridade nas iniciativas de conservação biológica. A grande maioria das avaliações de restauração monitora aspectos estruturais da comunidade vegetal, como estrutura, densidade, recrutamento e biomassa. Porém, há consenso de que os parâmetros para avaliação de áreas restauradas devem mensurar o retorno de funções ecológicas que garantam a sustentabilidade do ecossistema que deve ser restaurado. Interações entre espécies são elementos funcionais na organização de comunidades biológicas, por expressarem em conjunto relações entre espécies na comunidade. Assim, o estudo de interações mutualísticas como planta-polinizador e planta-dispersor de sementes é um caminho adequado para avaliar a eficiência das práticas de restauração. Essas interações desempenham função crítica na dinâmica e na diversidade da comunidade e atuam sob a reprodução das plantas e a história de vida dos animais. A grande maioria das plantas necessita de um vasto número de polinizadores e dispersores de sementes para sua reprodução, assim como a maioria dos polinizadores e dispersores de sementes forrageia em um grande número de espécies vegetais, fazendo com que estejam conectados em uma complexa rede de interações. Além disso, variações na diversidade de espécies de plantas e de seus polinizadores e dispersores de sementes podem alterar a frequência de interação entre as espécies, determinando os níveis de generalização e especialização na comunidade. Tais propriedades das comunidades podem afetar a estabilidade e a resiliência de ecossistemas; assim, o estudo de redes ecológicas pode fornecer os parâmetros necessários para avaliar o retorno dessas interações em área submetida à restauração, bem como servir como indicador da estabilidade e da sustentabilidade desta. Apesar da dificuldade de coleta de dados de redes de interação, pelo número de espécies e pela dificuldade de acesso aos dados de frequência de visitas, eles fornecem dados essenciais sobre as interações biológicas, rastreando os processos ecológicos que definem padrões de biodiversidade.
>
> *Simone Bazarian (nonibazarian@yahoo.com.br), Departamento de Ecologia, Instituto de Biociências (IB), Universidade de São Paulo (USP), São Paulo (SP)*

dispersão de sementes vinda de florestas vizinhas para a área degradada será fundamental para criar localmente novas populações, mas, com o tempo, a dispersão das sementes produzidas pelos indivíduos estabelecidos na própria área será também importante para a perpetuação da comunidade.

A dispersão de sementes pode ser feita por diferentes agentes naturais, abióticos e bióticos, e, como o processo de dispersão afeta a sobrevivência e a permanência das espécies no tempo, a seleção natural tendeu a favorecer características morfológicas, fisiológicas e de comportamento das plantas que melhor lhes permitissem ser dispersas por esses agentes. Embora nem todas as características observadas de uma planta tenham evoluído para promover a dispersão de suas sementes, a análise de algumas das características dos frutos e sementes permite relacioná-los a um provável agente ou vetor de dispersão. O raciocínio a ser empregado é o mesmo já discutido em relação às síndromes de polinização, ou seja, as espécies de plantas podem também ser classificadas segundo síndromes de dispersão. Assim, conjuntos de caracteres que as plantas apresentam e que parecem ser adaptações mais ou menos especializadas para favorecer a sua dispersão permitem sugerir *a priori* um provável agente de dispersão.

Entre as principais síndromes de dispersão de propágulos reconhecidas estão a *autocoria* (a planta apresenta algum mecanismo que permite que ela mesma disperse o seu propágulo, como a abertura explosiva de frutos secos), a *anemocoria* (dispersão pelo vento), a *hidrocoria* (pela água), a *barocoria* (pela gravidade) e a *zoocoria* (por animais), a qual pode ser dividida em *epizoocoria* (quando o propágulo é transportado externamente, preso ao corpo do animal, como aderido ao pelo) e *endozoocoria* (quando o propágulo é ingerido pelo animal e depois descartado, como quando a semente é ingerida e regurgitada). A endozoocoria é predominantemente realizada por aves e mamíferos, como os morcegos e a anta, mas também existem vários casos de dispersão por peixes e répteis. As síndromes descrevem apenas a dispersão primária, ou seja, o movimento da semente desde a planta-mãe até o chão, mas não a dispersão secundária, isto é, o movimento posterior da semente após a sua dispersão primária, que pode alterar de forma relevante o padrão inicialmente esperado e que é realizado com frequência por formigas e roedores.

Embora a importância de diferentes agentes de dispersão varie entre as formações florestais, em geral os animais são os principais agentes de dispersão nas regiões tropicais. Por exemplo, estima-se que a zoocoria seja a síndrome de dispersão de mais de 70% das árvores nativas da Mata Atlântica (Almeida-Neto et al., 2008). Dessa forma, a abundância, a riqueza e a diversidade de comportamento de animais dispersores de sementes presentes em uma floresta natural ou em restauração terão grande influência no enriquecimento e na dinâmica dessa comunidade, sendo essenciais para sua sustentabilidade ecológica.

As características do dispersor podem ter consequências importantes no padrão de distribuição espacial das sementes de uma dada espécie vegetal dentro da floresta, afetando a futura distribuição de seus indivíduos jovens e adultos na área. Por exemplo, a queda de uma semente por gravidade ou por algum mecanismo que promova o lançamento das sementes próximo à planta-mãe gera padrões de dispersão a curta distância, que podem favorecer a agregação de indivíduos jovens e adultos, enquanto a dispersão a longa distância feita por aves (ornitocoria), morcegos (quiropterocoria) ou mesmo por peixes (ictiocoria) pode resultar em um grande espaçamento entre os indivíduos da espécie dispersa. No entanto, como a dispersão secundária é um evento muito comum nas florestas tropicais, é muito difícil prever a distribuição final das sementes de uma espécie florestal apenas com base na sua síndrome de dispersão.

No caso da restauração florestal, maior atenção deve ser dada à dispersão de sementes que ocorre de remanescentes de vegetação nativa para a área em processo de restauração, pois esse fluxo é crucial para o ingresso de novas espécies na comunidade (enriquecimento natural), principalmente de espécies de outras formas de vida não normalmente reintroduzidas pelo homem no processo de restauração, como epífitas e lianas, por causa das dificuldades de coleta de sementes, produção de mudas e plantio dessas formas de vida. Assim, em maior ou menor proporção, todos os projetos de restauração de áreas degradadas assumem implicitamente que a efetiva restauração de um local apenas se dará com o gradual enriquecimento das comunidades inicialmente formadas promovido pelo processo natural de dispersão, que introduzirá as espécies e formas de vida vegetal características do tipo florestal considerado que não estão ainda presentes no começo do processo de restauração. Adicionalmente, a chegada de sementes de espécies zoocóricas vindas dos fragmentos vizinhos à área em restauração indica o potencial de recolonização da área pela fauna nativa, processo esse essencial para a perpetuação da área em restauração, bem como favorece o fluxo gênico entre as populações vegetais. Dessa forma, a dispersão de sementes é um processo ecológico que pode e deve ser manipulado pelo restaurador para aumentar o sucesso dos projetos (Boxe 4.2). Por exemplo, o restaurador pode planejar a introdução, em áreas em restauração, de diferentes espécies de árvores zoocóricas, que produzam tipos distintos de frutos e que tenham diferentes épocas de frutificação, uma ação que, em paisagens com muitos fragmentos florestais, poderá resultar em uma aceleração do enriquecimento florístico e genético local.

No entanto, pode levar muito tempo até que uma nova espécie dispersa para uma área em restauração possa ali constituir uma nova população, pois os primeiros indivíduos regenerantes dessa espécie podem levar anos ou décadas para entrarem em idade reprodutiva e então poderem promover a dispersão interna de sementes. A velocidade de expansão populacional de uma espécie é, assim, determinada pelo grupo sucessional a que pertence e pelos processos demográficos particulares da espécie. Por exemplo, enquanto espécies iniciais da sucessão tendem a ser precoces, frutificando meses após seu estabelecimento, as secundárias iniciais, em geral, só o farão após alguns anos, e as clímaces, após algumas décadas. Tais diferenças podem reduzir a velocidade de expansão de determinadas populações em uma área em restauração ou a dispersão de uma espécie já presente em uma área para outras áreas vizinhas. Mais ainda, como visto anteriormente, não basta alcançar o período reprodutivo e florescer, pois, como grande parte das espécies florestais são alógamas, será preciso dispor também de polinizadores efetivos para obter produção de frutos e dispersão de sementes, o que pode atrasar esse processo.

Quando as áreas a serem restauradas estão inseridas em paisagens muito favoráveis à chegada de sementes vindas de remanescentes próximos de florestas do mesmo tipo de vegetação e essas florestas estão relativamente bem preservadas, com fauna dispersora abundante e elevada diversidade de espécies vegetais nativas, pode-se então optar por iniciar a restauração local por meio de plantio, semeadura direta ou outra ação que crie uma comunidade florestal com poucas espécies, assumindo-se que aí ocorrerá o suficiente enriquecimento natural para que a área em restauração atinja condições similares às dos ecossistemas de referência (Fig. 4.9). Todavia, quando se trabalha para restaurar uma área em uma condição oposta a essa, na qual o enriquecimento natural dificilmente acontecerá satisfatoriamente em termos de abundância e diversidade, é possível optar por promover a introdução de elevada diversidade ao longo do processo de restauração. Pode-se inclusive realizar um posterior enriquecimento assistido para sustentar um processo continuado de maturação sucessional, conforme discutido em capítulos seguintes.

Entretanto, não se deve assumir de imediato que a reduzida densidade e riqueza da comunidade regenerante no interior de uma área em restauração decorram essencialmente da baixa dispersão de sementes. Isso porque, muitas vezes, as sementes podem ser predadas por animais ou atacadas por patógenos após sua chegada ou não ser depositadas em sítios favoráveis à germinação da semente e/ou ao estabelecimento de plântulas, ou as próprias plântulas já estabelecidas podem sofrer o ataque de herbívoros ou sucumbir à severa competição de gramíneas exóticas que não estão sendo adequadamente controladas na área em restauração. Alguns desses problemas podem ser contornados e serão discutidos em outros capítulos deste livro.

Enfim, pela enorme importância da dispersão de sementes no processo de restauração, as ações do restaurador devem favorecer ao máximo a efetiva expressão da dispersão, permitindo o enriquecimento natural, e, quando por algum motivo isso não ocorrer satisfatoriamente em termos de densidade e diversidade, o aumento gradual de diversidade deve ser suprido por meio da introdução de novas espécies pelo enriquecimento artificial ou assistido, buscando compensar a carência local de dispersão pelo menos até que se amplie o período de atuação dos processos naturais de regeneração antes de a área sucumbir em virtude da baixa complexidade ecológica.

4.2.3 Germinação de sementes

O conhecimento da ecologia da germinação de sementes de um dado tipo de floresta é um componente importante para a compreensão da dinâmica natural e da restauração dessa floresta, pois, dispondo desse conhecimento, podem-se buscar estratégias para estimular a germinação de sementes já existentes na área a ser restaurada e que podem chegar por processos naturais de dispersão ou ser introduzidas por semeadura direta. Em termos gerais, a germinação é um processo que envolve a ativação do metabolismo da semente, a mobilização de suas reservas energéticas, o crescimento e o desenvolvimento dos tecidos do embrião e a ruptura dos envoltórios externos da semente, que permitem então a emissão da raiz primária e a gradual formação de uma plântula. Todos esses processos relacionados à germinação de uma semente demandam condições específicas para acontecer e variam ampla-

Boxe 4.2 O papel da avifauna na restauração ecológica

A restauração ecológica é um processo que pode ser desenvolvido com base em várias técnicas e perspectivas, porém um requisito básico para seu sucesso consiste na plena operação dos mecanismos mutualistas entre animais e plantas. Entre esses animais, as aves participam de dois mutualismos importantes relacionados ao ciclo reprodutivo das plantas: a polinização e a dispersão de sementes. São principalmente os beija-flores, mas também algumas outras espécies, os responsáveis pelo fluxo de pólen que produzirá sementes entre as plantas, sejam elas plantadas ou espontâneas numa área em restauração. Por sua vez, as plantas ornitocóricas dependem da ação de aves frugívoras para dispersarem suas sementes no ambiente. Esse mutualismo é altamente benéfico, pois não somente garante a dispersão das espécies introduzidas por plantio como também enriquece a área em restauração pela chegada de novas espécies trazidas pelos frugívoros. Essas duas guildas de aves são, portanto, excelentes parceiras da restauração ecológica e sua presença nas áreas em restauração deve ser favorecida e facilitada.

Hoje é consenso entre os profissionais da restauração que um dos propósitos do plantio de alta diversidade é fomentar a atração de vertebrados mutualistas, tais como polinizadores e dispersores de sementes. Além disso, algumas técnicas específicas para a atração desses grupos têm sido propostas em alguns estudos. Polinizadores podem ser atraídos e mantidos em áreas restauradas por meio do plantio de espécies que atuem como fontes previsíveis de néctar ou de espécies que forneçam néctar em períodos de baixa disponibilidade de alimento. Aves frugívoras também respondem positivamente ao plantio de espécies com frutos carnosos ou à introdução de estruturas que sirvam como poleiros em áreas degradadas, que podem atuar no incremento da chuva de sementes e, eventualmente, produzir focos de recrutamento das espécies dispersas com as fezes. Outra técnica importante numa escala de paisagem é permitir o livre trânsito desses mutualistas entre os ambientes mais íntegros e os que se pretende restaurar, criando ou mantendo corredores de conectividade para o seu deslocamento.

São muitas, portanto, as oportunidades para o estudo da contribuição da avifauna na restauração, incluindo o seu uso como ferramentas eficientes de manejo. A maior necessidade, contudo, é o desenvolvimento de estudos que resultem em técnicas de eficiência comprovada e suficientemente adequadas para serem utilizadas em larga escala nos programas de restauração.

Wesley Rodrigues Silva (wesley@unicamp.br), Departamento de Biologia Animal, Instituto de Biologia (IB), Universidade Estadual de Campinas (Unicamp), Campinas (SP)

---

mente entre as espécies vegetais. A germinação das sementes depende da existência de condições de temperatura, de concentração de oxigênio, de disponibilidade de água e, às vezes, de luz que não limitem o metabolismo germinativo da semente no microssítio em que ela se encontra. No entanto, cada espécie apresenta uma demanda própria em relação a cada um desses fatores, tornando difícil maiores generalizações. Em virtude dessa grande variação de comportamento entre as espécies, serão apresentados apenas alguns aspectos genéricos, complementados por informações mais técnicas nos capítulos sobre produção de sementes e mudas florestais.

São chamadas de *quiescentes* as sementes viáveis capazes de germinar quando as condições de temperatura, aeração e disponibilidade hídrica estiverem adequadas para as suas necessidades particulares e quando não houver no microssítio elementos químicos capazes de inibir a germinação. As sementes quiescentes, tendo sido dispersas e chegado ao chão da floresta, permanecerão no solo sem germinar até que essas condições ideais sejam alcançadas. Um exemplo são as muitas espécies arbóreas das Florestas Estacionais Semideciduais, principalmente aquelas anemocóricas, que tendem a apresentar seu pico anual de frutificação no mês de setembro e produzem

Fig. 4.9 Duas áreas em restauração que permitem mostrar a importância das características da paisagem regional no seu enriquecimento natural: (A) um plantio de restauração em uma paisagem muito fragmentada, sem fragmentos florestais remanescentes próximos, na qual praticamente não se observa a presença de regenerantes naturais, e (B) um plantio de restauração com a mesma idade em uma paisagem mais favorável, com menor fragmentação e maior proximidade de fragmentos florestais remanescentes, o que permitiu o estabelecimento de uma densa comunidade regenerante, com formação de um sub-bosque rico em espécies e formas de vida vegetais tolerantes à sombra

sementes que permanecem quiescentes, ou seja, vivas e sem germinar no chão dessas florestas até o início das chuvas de primavera, entre outubro e novembro. Caso as sementes não se deteriorem, sejam predadas ou atacadas por patógenos, poderão dar origem a plântulas mesmo alguns meses após a dispersão.

No entanto, quando as condições necessárias à germinação das sementes quiescentes não são logo alcançadas, elas podem morrer, pois têm uma viabilidade curta em ambiente natural. Existe outro conjunto de espécies nas florestas que tem características de germinação distintas das quiescentes. São as sementes chamadas de *dormentes* que, mesmo estando vivas e sendo submetidas a condições de temperatura, aeração e hidratação que, no geral, são favoráveis para as demais espécies, permanecem no solo sem germinar por possuir mecanismos de bloqueio do processo germinativo.

Embora a dormência de sementes seja observada com maior frequência em algumas famílias vegetais, como *Fabaceae* e *Malvaceae*, ela já foi constatada em uma ampla gama de famílias e gêneros, estando presente em milhares de espécies vegetais do mundo todo, nos mais variados grupos taxonômicos e em distintos ecossistemas terrestres, sem relação filogenética muito clara. A dormência é uma estratégia ecológica de grande importância para a sobrevivência das espécies vegetais em ambiente natural, pois favorece a ocorrência da germinação em condições mais favoráveis para a sobrevivência e para o crescimento das plântulas recém-germinadas. Por exemplo, o requerimento de luz para a germinação de sementes de espécies arbóreas pioneiras é um tipo de dormência que visa garantir que as plântulas emergidas estejam expostas à luz em uma condição de clareira na floresta, que é o requisito de sobrevivência e crescimento de espécies desse grupo sucessional. Caso essas sementes não demandassem tal estímulo e a germinação ocorresse sem essa exigência de luz, as plântulas produzidas não sobreviveriam por serem intolerantes ao sombreamento. Situação semelhante ocorre com espécies de clima temperado dispersas no início do inverno. Essas espécies precisam passar necessariamente um período de tempo em condições de umidade e baixa temperatura, requerimento este chamado de estratificação, para que então possam germinar. Tal requerimento é útil por possibilitar que a germinação ocorra apenas no início da primavera, quando as condições são mais favoráveis para a sobrevivência e para o crescimento da plântula recém-germinada, a qual é muito sensível a estresses.

A dormência de sementes também é favorável às espécies nativas por distribuir a germinação no tempo, o que pode aumentar o sucesso de estabelecimento das plântulas. Para exemplificar essa vantagem da dormência, considere-se o caso de uma espécie cujas sementes germinam tão logo se estabeleçam condições favoráveis de umidade no solo. Se todas as sementes germinassem em um único momento e em seguida ocorresse um período de estiagem (sem chuvas), mesmo que não muito longo, todas as plântulas morreriam, pois são muito frágeis nesse estágio inicial. De forma semelhante, o recrutamento massivo de plântulas de uma dada espécie nativa, ocorrendo num espaço curto de tempo, pode aumentar muito a mortalidade por herbivoria, pois expõe conjuntamente toda a descendência da população produzida naquele ano em particular ao forrageamento de herbívoros. Assim, a maior irregularidade da germinação no tempo, proporcionada pela incidência de dormência nas sementes de espécies nativas, distribui ao longo do tempo os riscos associados à fase pós-dispersão, que é a fase mais frágil do estabelecimento de uma planta, na qual se constatam as maiores taxas de mortalidade no ciclo de vida vegetal.

Para essas espécies com dormência, por mais que algumas plântulas morram por fatores abióticos ou pelo fato de terem sido predadas, haverá ainda no solo um estoque de sementes dormentes que poderá futuramente dar continuidade ao recrutamento da espécie. Adicionalmente, as sementes dormentes formam um banco permanente no solo, permitindo a regeneração da espécie após a ocorrência de distúrbios naturais ou antrópicos, tal como incêndios, que podem eliminar todas as plantas de uma população. A dormência também protege a semente durante sua passagem pelo trato digestivo de animais, possibilitando que a semente aproveite as vantagens de ser dispersa para longe da planta-mãe sem que haja prejuízo de seu potencial germinativo.

Apesar de alguns estudos apresentarem várias outras possíveis causas de dormência de sementes nas espécies vegetais, serão consideradas neste capítulo apenas duas dessas causas, a presença na semente de cobertura temporariamente impermeável à água (dormência mecânica) e de substâncias inibidoras da germinação (dormência fisiológica), pois explicam todas as outras. A impermeabilidade temporária da cobertura da semente à água ocorre quando o tegumento (envoltório ou casca da semente), o pericarpo (envoltório externo do fruto) ou o endocarpo (envoltório interno do fruto) de algumas espécies nativas constituem uma barreira à entrada de água na semente, impedindo, dessa forma, que o processo germinativo se inicie. É comum se referir às sementes que apresentam esse tipo de dormência como *sementes duras*. Essa impermeabilidade pode ser resultante da estrutura do tegumento da semente, como nos casos em que há baixa densidade de poros para a passagem de água ou a fenda do hilo funciona como uma válvula à entrada de água, e/ou ser resultante da composição química do tegumento, como o que ocorre com o acúmulo de lignina, ceras, suberina e cutina, que atuam como uma camada hidrofílica, repelindo a entrada de água. Na natureza, esse tipo de dormência é superado pela degradação lenta do tegumento por atuação de microrganismos do solo ou pelo surgimento de microfissuras no tegumento como resultado de sua expansão e contração pela variação natural de temperatura e umidade.

Além da impermeabilidade da cobertura à água, as sementes podem também apresentar dormência causada pelo desbalanço entre substâncias promotoras e inibidoras da germinação (dormência fisiológica). Existem diversas substâncias inibidoras da germinação que podem estar presentes nas sementes, tais como a cumarina, os taninos, os ácidos fenólicos, os ácidos aromáticos e, principalmente, o ácido abscísico. Por outro lado, existem substâncias promotoras do processo germinativo, como a citocinina, o etileno e, principalmente, a giberelina. Esta última substância em particular estimula a atividade enzimática da semente e desencadeia a digestão de reservas acumuladas no endosperma ou nos cotilédones, convertendo substâncias de estrutura complexa em substâncias mais simples (tal como a transformação de amido em glicose), que irão fornecer energia para as atividades metabólicas envolvidas no desencadeamento do processo germinativo. Apesar de a presença de substâncias inibidoras da germinação ser um obstáculo, é principalmente a falta de giberelina, como substância promotora da germinação, que está envolvida no estabelecimento da dormência fisiológica das espécies nativas.

O desbalanço entre substâncias promotoras e inibidoras da germinação é que também está por trás da necessidade de luz para a germinação de sementes de espécies pioneiras. Quando as sementes dessas espécies ficam expostas a radiações na faixa do vermelho (660 ηm), seus fitocromos são convertidos para a forma ativa (Fve) e desencadeiam a produção de giberelina pelo eixo embrionário, a qual irá atuar na digestão de reservas acumuladas e no consequente fornecimento da energia necessária para desencadear o processo germinativo. Sem a exposição das sementes a essa faixa de radiação, as sementes permanecem sem energia para iniciar o processo germinativo e, assim, continuam dormentes no solo.

O requerimento de luz para germinar é, em particular, um tipo de dormência muito importante para a restauração florestal por estar diretamente associado ao processo de regeneração de clareiras e de bordas de floresta e, potencialmente, à reocupação de áreas degradadas por espécies iniciais da sucessão, justificando um maior detalhamento sobre esse mecanismo neste livro. Existem espécies nas quais a germinação da semente independe da luz incidente, ou seja, elas não são dormentes em relação à luz, sendo chamadas de *afotoblásticas*, ou seja, indiferentes à luz. Há, todavia, espécies que necessitam de certo tipo de luz incidente para estimular a germinação ou que, ao serem submetidas ao tipo incorreto de luz, têm a sua germinação inibida, sendo denominadas sementes *fotoblásticas*. Existem ainda muitas espécies cujas plântulas são intolerantes ao sombreamento e requerem luz para a germinação, sendo classificadas como *fotoblásticas positivas*. Essas espécies têm sua germinação estimulada quando expostas à luz incidente, por exemplo, em áreas abertas, clareiras ou bordas de uma floresta, e têm sua germinação inibida quando suas sementes são submetidas à luz filtrada, por exemplo, quando estão no solo do interior da floresta, sob o dossel e o sub-

-bosque, ou quando estão recobertas pela serapilheira. Algumas espécies das florestas tropicais, ao contrário, têm sua germinação inibida na presença de luz solar direta, germinando apenas quando estão em condição de sombreamento, sendo denominadas *fotoblásticas negativas*.

A quantidade, a qualidade (espectro luminoso) e a periodicidade (comprimento do dia) da luz incidente em um dado ambiente fornecem às sementes informações importantes sobre as condições em que elas se encontram. Por exemplo, sinalizam se estão expostas a pleno sol ou sombreadas pela vegetação, pois, quando a luz solar é interceptada pela vegetação, ela sofre uma redução na sua quantidade e qualidade. A vegetação é muito mais eficiente em absorver os comprimentos de onda na parte vermelha (~ 660 ηm) do espectro visível da luz solar do que os comprimentos do vermelho extremo (~ 730 ηm), que praticamente passam pela vegetação de modo integral, sem serem absorvidos. Dessa forma, se a luz solar chega sem ser interceptada pelas nuvens ou pela vegetação, como ocorre em uma área degradada aberta, ela apresenta uma proporção de comprimentos de onda vermelho/vermelho extremo que possui uma quantidade muito semelhante de ambos os comprimentos, como 1,0 ou 1,2. Quando a luz solar penetra em uma clareira, alguma interceptação da luz geralmente ocorre, seja pelas folhas das árvores localizadas na sua borda, seja pelas folhas das plantas presentes no seu interior, o que reduz a quantidade de vermelho incidente, mas muito pouco a de vermelho extremo, tornando a proporção entre ambos os comprimentos que chega ao chão da clareira um pouco menor, algo como 0,6 ou 0,9. Por fim, quando a luz solar atravessa as folhas das árvores do dossel e do sub-bosque e alcança o chão da floresta, há uma forte absorção do vermelho, utilizado pelas plantas para fazer fotossíntese, mas não do vermelho extremo, fazendo com que a proporção entre ambos os comprimentos na luz incidente seja mais baixa, como 0,2 ou 0,6 (Fig. 4.10).

Nessas sementes fotossensíveis, o ambiente de luz a que a semente está submetida é detectado por um sistema de fotorrecepção que é mediado por um conjunto de moléculas denominadas coletivamente de fitocromos, para os quais se reconhecem pelo menos cinco tipos distintos. A descrição das interações da luz com o fitocromo ainda é muito complexa, envolvendo não só a proporção de vermelho e vermelho extremo, mas também outros processos ligados, por exemplo, a respostas relacionadas à prolongada exposição a alta irradiância, cujo detalhamento não será aqui feito por não atender aos objetivos deste livro.

4.2.4 Banco de sementes

Uma vez dispersas, as sementes, dormentes ou não, são normalmente depositadas sob a serapilheira ou o solo e aí formam um estoque que permanece na superfície ou no interior do solo e que se chama *banco de sementes*. A importância do banco de sementes na restauração está no fato de que uma área, apesar de degradada, pode ter ainda um banco de sementes de espécies florestais nativas que, se adequadamente estimulado e manipulado, poderá repor as espécies que o restaurador deseja sem que haja necessidade de plantio ou semeadura. Essa técnica é usada quando o banco de sementes não está contaminado por sementes de gramíneas invasoras, que também germinarão com esse estímulo e restringirão o crescimento das espécies nativas pela competição. Outra possível técnica, chamada transposição de solo florestal superficial ou *topsoil* e discutida em detalhes no Cap. 8, é a retirada do banco de sementes de uma área a ser legalmente desmatada, como para a construção de rodovias ou hidrelétricas, e seu transporte e deposição em uma área a ser restaurada do mesmo tipo da floresta que foi suprimida. Nem sempre, todavia, o banco de sementes existente em uma área traz vantagens para o restaurador. Por exemplo, é muito frequente a existência de espécies exóticas indesejadas em áreas que se quer restaurar, como gramíneas agressivas ou árvores invasoras, por exemplo, leucena, demandando do restaurador muito esforço e recursos materiais e econômicos para o controle dessas espécies competidoras.

Em função das características de germinação das sementes presentes no banco de sementes, que podem ser quiescentes ou dormentes, dois tipos distintos de bancos são reconhecidos. Chama-se *banco de sementes temporário* aquele estoque de sementes vivas composto por espécies que têm dormência curta e por espécies quiescentes, cujas sementes sobrevivem no chão da floresta sem germinar apenas por poucas semanas ou meses. Espécies que possuem dormência longa e nas quais a quebra da dormência e a efetiva germinação das sementes ocorrem apenas após um

Fig. 4.10 *Fotos tomadas no interior de uma floresta tropical úmida. (A) Trecho de dossel fechado que, de forma muito eficiente, intercepta a luz solar que incide sobre as copas. Sob o dossel, a irradiância é muito pequena e a composição espectral da luz, muito modificada, com níveis de vermelho extremo muito altos em relação aos níveis incidentes de vermelho. (B) Observa-se uma clareira de deciduidade em cujo centro a luz solar incidente apresenta pequena alteração em relação à luz que chega ao topo da floresta. Em ambos os locais, a irradiância e os níveis de vermelho e vermelho extremo são altos*

ano, vários anos ou mesmo décadas formam o que se chama de *banco de sementes permanente*.

O banco de sementes atualmente presente em um local se forma pela chuva de sementes que é depositada ao longo do tempo, podendo receber sementes tanto da própria comunidade ali existente como de áreas do entorno. A composição e abundância do banco de sementes geralmente diferem muito da composição e abundância da vegetação atual da área, pois podem ser resultado do acúmulo histórico de espécies que já fizeram parte da comunidade ou da paisagem regional e que hoje não encontram mais ali condições adequadas para se desenvolver. Um exemplo disso é o caso de pioneiras que aportam muitas sementes ao banco na fase de colonização de clareiras, cujos adultos são gradualmente substituídos por espécies mais longevas com o avanço da sucessão florestal, mas suas sementes permanecem no banco permanente.

Para ilustrar, em um levantamento da comunidade arbustiva e arbórea e do banco de sementes de um fragmento degradado de Floresta Estacional Semidecidual em Piracicaba (SP), encontrou-se apenas um único indivíduo de crindiúva *(Trema micrantha)*, uma típica espécie pioneira, entre os 2.340 indivíduos amostrados no levantamento com circunferência acima do peito igual ou superior a 5 cm. No entanto, essa espécie foi a mais abundante no banco de sementes, com 193 plântulas regenerantes/m² (Girão, 2014)! Isso indica que essa espécie pode ter sido muito abundante na área no passado, mas que hoje ali não encontra mais condições favoráveis para germinar. Contudo, trata-se de uma espécie potencial para uso em ações de restauração da área, caso sofra algum distúrbio, por meio de uma possível indução do banco de sementes.

O banco de sementes também não tem uma composição nem uma densidade constantes, apresentando com o tempo acréscimos e reduções pela gradual germinação de parte das sementes nele presentes, pelo maior ou menor aporte de novas sementes no local pelas variações temporais na chuva de sementes ou ainda pela morte de parte das sementes estocadas. O aporte de sementes em um dado local varia muito porque a frutificação das espécies varia com o tempo, existindo espécies que frutificam continuamente e são dispersas durante todo o ano e outras que são dispersas por apenas alguns dias ou semanas. Por exemplo, um estudo da chuva de sementes em uma Floresta Estacional Semidecidual revelou que, em um metro quadrado, ao longo de um ano, o número de sementes depositadas podia variar de 82 a 3.005 e o número de espécies, de 6 a 30 (Gandolfi, 2000).

Já a morte das sementes do banco pode se dar pela predação de sementes, ataque de patógenos ou deterioração fisiológica. A mortalidade também pode ser induzida naturalmente por fatores como inundações prolongadas, incêndios e soterramentos. Como resultado dessa grande variação espacial e temporal do ingresso (chuva de sementes) e egresso (germinação e mortalidade) das sementes no banco, a densidade e riqueza do banco de uma floresta ou em uma área degradada são extremamente heterogêneas tanto no espaço como no tempo, podendo resultar em regeneração também muito heterogênea e irregularmente distribuída na área que se pretende restaurar. Em capítulos futuros, serão detalhados outros aspectos sobre a germinação das sementes e o uso do banco de sementes na restauração, sendo, por ora, importante frisar apenas que bancos de sementes podem conter também tanto espécies de grande interesse para o restaurador como espécies que prejudicarão o desenvolvimento das nativas e implicarão custos elevados para o seu controle, devendo-se, portanto, ter atenção quando se manipulam esses estoques de sementes no solo.

4.2.5 Banco de plântulas e juvenis

Tecnicamente, são classificados como plântulas os indivíduos recém-emergidos por meio da germinação das sementes e que ainda dependem das reservas do embrião para sobreviver. Quando o indivíduo já consegue se manter autonomamente, sem as reservas da semente, ele passa então a ser denominado juvenil. No entanto, é muito difícil aplicar esse critério em nível de comunidade regenerante, sendo comum alguns autores considerarem como plântulas desde indivíduos recém-emergidos até aqueles com altura de 30 cm ou mesmo 50 cm. Plântulas e juvenis também são chamados de *mudas* em viveiros florestais.

Denomina-se *banco de plântulas* o conjunto de plântulas presentes no chão de uma floresta, que corresponde a uma comunidade que varia amplamente em composição e densidade no espaço e no tempo, como já descrito para o banco de sementes. Quanto à origem, o banco de plântulas é proveniente do banco de sementes temporário. No entanto, espécies presentes no banco de sementes permanente podem eventualmente emergir tanto no sub-bosque quanto em clareiras e, momentaneamente, compor o banco de plântulas de um dado local em restauração, principalmente nos primeiros anos do processo. O número médio de plântulas observado em florestas tropicais úmidas ou sazonais comumente varia entre 8 e 12 plântulas $\cdot$ m^{-2} (80.000-120.000 plântulas $\cdot$ hectare^{-1}), podendo chegar eventualmente a 16 até 22 plântulas $\cdot$ m^{-2} (160.000 a até 220.000 plântulas $\cdot$ hectare^{-1}).

O interior de uma floresta preservada tem condições bastante heterogêneas do ponto de vista ambiental, variando espacial e temporalmente a composição de solo superficial, a disponibilidade de água, a temperatura e a umidade do ar e, drasticamente, a disponibilidade de luz para as plântulas. Os níveis de luz solar direta e/ou filtrada incidente no chão da floresta (irradiância) variam tanto sob diferentes árvores do dossel e sub-bosque como sob pequenas, médias ou grandes clareiras que se formam no dossel. Essa disponibilidade maior ou menor de luz incidente sobre o banco de plântulas de um dado ponto da floresta terá uma grande importância na sobrevivência, crescimento ou morte das plântulas aí existentes, uma vez que varia muito a tolerância ou a intolerância ao sombreamento das espécies florestais.

Deve-se ainda considerar que o dossel florestal está sofrendo constantemente mudanças, com trechos se rompendo pela queda de galhos ou árvores ou com trechos que se encontravam abertos e estão em processo de fechamento. Essa dinâmica do dossel faz com que plântulas, jovens e também adultos presentes no sub-bosque possam receber maior ou menor irradiância ao longo de suas vidas, dependendo do local em que germinaram. A resposta das espécies vegetais a essas transições pode resultar em estresse e até morte ou em crescimento e maior sobrevivência, segundo a ecofisiologia de cada espécie de planta e as condições variáveis de luz em que ficar submetida ao longo do seu desenvolvimento.

Também é preciso levar em conta que, nos primeiros anos e até décadas após a implantação de um projeto de restauração passiva ou ativa, a heterogeneidade ambiental existente no interior da floresta pode ser muito menor do que aquela existente nas florestas nativas maduras. Florestas maduras são normalmente mais heterogêneas em razão de poderem apresentar um mosaico mais diversificado de nichos de regeneração, resultado do acúmulo temporal de alterações na estrutura da floresta. Por exemplo, podem ser encontradas clareiras com diferentes tamanhos e idades de cicatrização, bem como árvores enormes que exercem grande influência na sua vizinhança imediata e trechos dominados por espécies não decíduas e mais tardias da sucessão, que podem manter o dossel permanentemente fechado por décadas até séculos. Sendo menores os níveis de sombreamento nas florestas em restauração do que nas florestas maduras, tanto as espécies menos tolerantes como as mais tolerantes à sombra poderiam germinar e se estabelecer em todo o sub-bosque, de forma que restaurações jovens tenderiam a ser mais permeáveis a um enriquecimento (natural ou assistido) de espécies mais ou menos tolerantes à sombra do que, talvez, restaurações muito antigas, dado o favorecimento mais abrangente da regeneração de plântulas e juvenis com diferentes comportamentos ecofisiológicos.

Ao longo do processo natural de desenvolvimento temporal de uma floresta, a densidade e riqueza do banco de plântulas variam amplamente. Isso também ocorre nas áreas em restauração, onde tanto a densidade como a composição do banco de plântulas podem variar muito no espaço e no tempo. Por exemplo, quando florestas em restauração são implantadas pelo plantio de mudas em paisagens em que não há fragmentos florestais próximos, observa-se, em geral, que, na primeira década pós-plantio, o banco de plântulas, se existente, é dominado por espécies iniciais da sucessão nas áreas mais abertas e quase não são encontradas plântulas de espécies florestais sucessionalmente mais tardias no sub-bosque. Isso porque as únicas espécies do plantio em reprodução nesse período são as de rápido crescimento e de reprodução precoce, cujas sementes só germinam na luz e que, portanto, não germinam no sub-bosque, sob um dossel fechado. Quando no entorno dessas florestas plantadas existem fragmentos florestais próximos, que resultam em grande aporte de sementes de espécies que germinam na sombra e que têm plântulas tolerantes ao sombreamento, então, pode-se observar na área em restauração um denso banco de plântulas já nos primeiros anos. Todavia, após cerca de uma década, progressivamente se observa no chão de uma floresta em restauração um banco de plântulas gradualmente mais denso e rico em espécies tanto em paisagens fragmentadas como não fragmentadas. Esse padrão é determinado pela entrada em fase reprodutiva de um número crescente de espécies com sementes que germinam na sombra e têm plântulas que toleram sombra (espécies arbóreas secundárias iniciais e clímaces), que, a partir daí, estarão constantemente abastecendo o banco de plântulas com novos indivíduos.

O estabelecimento de uma plântula após sua emergência depende de muitos fatores, como a espessura da camada de serapilheira em que ela se encontra ou que tem de atravessar, a resistência a danos causados pela queda de serapilheira sobre ela, o seu requerimento de luz, a disponibilidade local de água e nutrientes, a competição com outras plantas, o ataque de herbívoros e de patógenos etc. No geral, apenas uma parte muito pequena daquelas plântulas emergidas em um dado ano conseguirá sobreviver e ser recrutada para a fase de juvenil e, mais tarde, para a fase adulta. Como consequência, variam bastante a sobrevivência e o recrutamento entre plântulas e juvenis, o que ajuda a tornar muito heterogênea a distribuição espacial e temporal dessas plantas em uma floresta, às quais se refere comumente como *regeneração natural*.

Como será discutido em outro capítulo, plântulas presentes no sub-bosque de florestas que serão legalmente cortadas podem ser transplantadas para florestas em restauração como estratégia de enriquecimento artificial de uma área com baixa diver-

sidade. Nesses casos, a densidade, a composição florística, os padrões de heterogeneidade temporal e espacial do banco de plântulas da floresta "doadora" irão parcialmente determinar o quão eficiente esse método poderá ser para agregar novas espécies e grupos funcionais à floresta em restauração. Pode-se também encontrar comunidades regenerantes de plântulas e juvenis em áreas abertas, como pastagens extensivas, onde a expressão do banco de sementes ou a rebrota de tocos e raízes em resposta à roçada periódica do pasto permite o estabelecimento de uma comunidade de espécies arbóreas nativas. O aproveitamento dessa comunidade regenerante, que é um excelente indicativo do potencial de resiliência local, é um dos métodos mais eficientes de restauração florestal, dada sua eficiência ecológica e baixo custo. Essa técnica, bem como outras que se valem da condução da regeneração natural, será detalhada em outro capítulo.

Superada a fase de plântula, o indivíduo atinge a condição de juvenil e depois de adulto, fases em que os riscos de mortalidade tendem a decrescer, fazendo com que muitos desses indivíduos componham a comunidade florestal por muitos anos ou décadas. A discussão de aspectos detalhados das demais fases do ciclo de vida das plantas foge aos objetivos deste livro, mas podem ser obtidas na literatura especializada sobre florestas tropicais.

4.2.6 Outros fatores que podem afetar a germinação, o estabelecimento e o crescimento de espécies nativas

Diferentes processos ecológicos e fatores naturais, além daqueles já citados até aqui, interferem na formação de novos indivíduos e sua sobrevivência em uma floresta natural ou em restauração. Por exemplo, mudas recém-plantadas de espécies arbóreas ou plântulas recém-emergidas em pastos abandonados podem morrer ou ter o seu crescimento muito retardado devido à baixa fertilidade do solo, à falta d'água, ao ataque de herbívoros, inclusive o gado, ou ainda à competição com gramíneas exóticas. O restaurador deve, assim, conhecer esses fatores e processos a fim de poder, se possível e quando necessário, isolá-los ou manipulá-los de maneira que a comunidade vegetal desejada consiga se implantar e permanecer na área degradada por meio da regeneração constante de todas ou de parte das espécies vegetais ali presentes. Ações como capina, irrigação, adubação e controle de formigas são exemplos de métodos empregados para reduzir ou evitar alguns desses problemas, constituindo ações dirigidas para superar filtros biológicos que restringem a regeneração das espécies de interesse.

Além de condições estressantes, outros fatores importantes a serem controlados podem ser a *predação* de sementes, a *herbivoria* e a *competição* entre plântulas e juvenis de espécies nativas em uma área em restauração. A predação de sementes dentro de florestas nativas é em geral muito alta, tendo grande importância na dinâmica populacional de espécies nativas tanto em florestas naturais como em restauração. Também as plântulas estão sujeitas a riscos, podendo ser total ou parcialmente consumidas por herbívoros, sendo eles tanto vertebrados, como coelhos e capivaras, quanto invertebrados, como formigas-cortadeiras, muito comuns em áreas degradadas. Nas florestas nativas, a predação de sementes e a herbivoria são processos-chave não só para o funcionamento de comunidades vegetais, como também para a geração e manutenção da biodiversidade. Pouco se sabe ainda sobre a influência desses processos em florestas em restauração, mas com certeza são de grande importância na definição do sucesso dessas ações.

As competições intraespecífica e interespecífica são também processos ecológicos fundamentais na estruturação de comunidades vegetais e, na restauração, estão inicialmente mais relacionadas à competição das plantas nativas de interesse com plantas daninhas, sejam elas gramíneas ou árvores exóticas, que pode resultar na morte de plântulas ou mudas de espécies florestais nativas ou retardar o seu desenvolvimento, postergando ou impedindo o surgimento de uma fisionomia florestal em uma área degradada que se pretenda restaurar.

No sentido oposto à competição, a *facilitação* é um processo ecológico que pode ser muito útil ao restaurador. Na facilitação, a espécie de planta facilitadora, por meio da sua engenharia, favorece ou permite o estabelecimento de outras espécies (faci-litadas) em uma área. Esse processo é em especial significativo em locais nos quais o solo superficial da área degradada foi muito alterado e os níveis de luz e de temperatura do solo e do ar são muito estressantes, restringindo o estabelecimento inicial das espécies nativas plantadas, semeadas ou regenerantes. Arbustos ou árvores que, uma vez introduzidos, atenuem essas condições podem funcionar como plantas facilitadoras, permitindo que, sob suas copas, muitas espécies antes impossibilitadas de se regenerar naquele local consigam se estabelecer.

Hoje já se sabe que, em geral, facilitação e competição estão sempre atuando simultaneamente quando espécies de plantas estão interagindo e que o efeito visível é aquele que momentaneamente predominou nessa relação, podendo, inclusive, o efeito oposto aparecer com o tempo. Assim, um arbusto pode facilitar uma dada espécie arbórea, permitindo que ela regenere sobre ele, e, mais tarde, essa espécie arbórea pode crescer, sombrear e resultar na morte do arbusto facilitador por competição. O manejo da facilitação/competição é um dos campos de pesquisa e experimentação que nos próximos anos deveria ser mais bem explorado na restauração ecológica. Já existem algumas abordagens de restauração que se valem desses conceitos, como o de *framework species*, que devem se expandir entre os projetos de restauração florestal do Brasil nos próximos anos.

4.3 Considerações finais

A restauração florestal consiste em, essencialmente, manipular processos ecológicos para favorecer o restabelecimento de uma trajetória sucessional de interesse na área a ser restaurada, permitindo a gradual conversão de um ecossistema degradado em uma comunidade florestal nativa com níveis cada vez mais elevados de composição, estrutura e funcionamento, cada vez mais similares aos de ecossistemas de referência. Dessa forma, é essencial conhecer os principais conceitos que embasam o estudo de comunidades biológicas em condições naturais para que eles possam ser adequadamente aplicados nas comunidades em restauração, permitindo descrever os processos que ali atuam para então manipulá-los a favor da recuperação da área. A restauração é, assim, um campo de prova para várias teorias ecológicas, pois, nessa atividade, os processos ecológicos podem ser manipulados com mais facilidade pelo homem, possibilitando confirmar as teorias ecológicas vigentes ou mesmo refutá-las ou aperfeiçoá-las para uso na restauração. Nesse contexto, o restaurador precisa adquirir conhecimentos básicos sobre ecologia vegetal, alguns deles apresentados e discutidos neste capítulo, para que então possa ir além da simples replicação de receitas técnicas desenvolvidas em outros contextos e possa adquirir senso crítico tanto para adaptar as recomendações existentes como para criar novas formas de intervenção, com base em um processo criativo sustentado na combinação de experiência prática, inovação e conhecimento científico. No entanto, pouco se sabe ainda sobre como o conhecimento existente dos processos ecológicos atuantes em florestas nativas naturais, que serviu de base para a redação deste capítulo, pode ser aplicado de forma eficiente nos ecossistemas em processo de restauração, principalmente em áreas mais degradadas que requerem mais interferência humana, para orientar a tomada de decisão. Trata-se, evidentemente, de um grande desafio científico, o qual será, na medida do possível, trabalhado nos próximos capítulos deste livro.

Literatura complementar recomendada

BAZZAZ, F. A. *Plants in changing environments*: linking physiological, population and community ecology. New York: Cambridge University Press, 1996.

FALK, D. A.; PALMER, M. A.; ZEDLER, J. B. (Ed.). *Foundations of Restoration Ecology*. Washington, D.C.: Island Press, 2006. 364 p.

FENNER, M. (Ed). *Seeds*: the ecology of regeneration in plant communities. Wallingford, UK: Commonwealth Agricultural Bureau International, 1992.

GALATOWITSCH, S. M. *Ecological restoration*. Sunderland (MA): Sinauer, 2012. 630 p.

HOWELL, E. A.; HARRINGTON, J. A.; GLASS, S. B. *Introduction to Restoration Ecology*. Washington, D.C.: Island Press, 2012. 417 p.

VAN DER MAAREL, E. (Ed.). *Vegetation Ecology*. Oxford, UK: Blackwell, 2005.

MARTINS, S. V. (Ed.). *Ecologia das florestas tropicais do Brasil*. Viçosa: Editora UFV, 2012.

Bases conceituais para a restauração florestal: sucessão ecológica e um modelo de fases

Há mais de cem anos os cientistas tentam entender como a natureza recupera vegetações que são destruídas por fenômenos naturais, como incêndios, avalanches e desmoronamentos, ou pela ação humana. Nesse esforço eles observaram, por exemplo, que áreas originalmente florestadas, quando destruídas por fenômenos naturais ou cortadas e usadas pela agricultura e depois abandonadas, podiam voltar a ser ocupadas por florestas que se assemelhavam às florestas vizinhas que nunca tinham sido perturbadas.

Os primeiros anos desse processo de recuperação natural, em geral, são os mais bem conhecidos, pois foram diretamente acompanhados e descritos em detalhe por um grande número de pesquisadores e em diferentes regiões e tipos de ecossistemas e formações florestais. Todavia, como esse processo natural pode demorar décadas ou séculos, nenhum pesquisador pôde acompanhar todo o seu desenrolar diretamente. O maior período de monitoramento continuado da sucessão de florestas tropicais secundárias é de aproximadamente 20 anos, cujo acompanhamento tem sido realizado pela professora Robin Chazdon na Costa Rica. Para contornar essa limitação, os pesquisadores passaram a estudar áreas que tinham diferentes idades de abandono e a comparar suas semelhanças e diferenças. Imaginaram ainda que, se elas fossem ordenadas em uma sequência crescente em termos de tempo de abandono, seria possível ter uma ideia da evolução local da vegetação, pois seriam como cenas de um filme, uma cronossequência. Eles também perceberam que, em geral, áreas mais jovens tinham espécies e uma fisionomia muito diferentes da floresta original que tinha sido destruída, enquanto áreas mais velhas, ou seja, abandonadas há muito mais tempo, eram mais parecidas com as florestas não alteradas.

Com o avanço das pesquisas, percebeu-se ainda que a forma como uma vegetação original era destruída afetava a maneira como depois ela iria se recuperar. Assim, uma área abandonada após a floresta local ter sido apenas cortada poderia apresentar inicialmente mais espécies florestais e evoluir mais rapidamente do que outra floresta que tivesse sido queimada e então abandonada ou do que outra que, além de queimada, tivesse o solo cultivado durante anos para só depois ter sua área abandonada. Concluiu-se, assim, que a vegetação que se formava nas fases mais jovens desse processo de recuperação natural podia ser bastante variada, seja em relação às espécies presentes, seja quanto ao porte da vegetação, assim como a velocidade com a qual a vegetação local se desenvolvia também podia variar muito. Quando, todavia, comparavam-se áreas com idades de abandono parecidas, mas todas abandonadas já há mais tempo, observava-se que a variação nas características entre elas parecia tender a ser menor, sugerindo que nas fases intermediárias ou mais finais do processo haveria menor variação entre diferentes locais abandonados, o que levou à interpretação de que, com o tempo, a trajetória de recuperação tendia a ser única e convergente.

Após as primeiras décadas de estudo, voltadas à descrição detalhada desse processo de transformação temporal de vegetações que haviam sido destruídas e que tendiam depois a naturalmente se recuperarem, consolidou-se uma visão geral de como esse processo deveria acontecer. Segundo essa visão tradicional, a vegetação que ressurgia inicialmente em um local degradado podia ter uma composição de espécies muito variada, ao passo que, nas fases intermediárias, essa variação parecia diminuir e, mais próximo do final desse processo, a variação tendia a ser ainda menor, resultando em uma vegetação bastante similar à que ali preexistiu. Inferiu-se, assim, que, embora o início do processo pudesse ser variado, com o tempo surgiria uma trajetória unidirecional, progressiva e obrigatória que gradualmente levaria a vegetação a um final previsível, ou seja, ao surgimento de uma vegetação muito semelhante à original. Essa vegetação final seria capaz de ali se autoperpetuar indefinidamente, sem ser naturalmente substituída por nenhum outro tipo de vegetação enquanto o clima regional não sofresse mudanças drásticas.

Essa interpretação sugeria a ideia de que toda vez que a vegetação de um local fosse destruída, haveria um processo cíclico, quase eterno de retorno à condição original, ou seja, propunha a existência de um estado inicial ao qual a natureza tenderia sempre a retornar, sugerindo implicitamente a ideia de um estado de equilíbrio ao qual os ecossistemas sempre regressariam naturalmente. Embora essa visão já tenha sido abandonada, ela foi cientificamente muito importante e orientou, no passado, muitas tentativas de restauração de áreas degradadas. As consequências do uso dessa visão e sua importância serão detalhadas mais adiante.

5.1 Sucessão ecológica

O processo que leva à recuperação natural de uma vegetação destruída ou degradada é o mesmo que leva ao surgimento de uma nova vegetação em um local em que nenhuma planta existia anteriormente, por exemplo, sobre áreas cobertas por lava vulcânica após ela ter se resfriado e solidificado. Durante a formação de uma vegetação, a comunidade vegetal que inicialmente se forma vai com o tempo se modificando e se convertendo em outra, pois surgem novas espécies no local que inicialmente não estavam ali presentes, algumas espécies desaparecem, enquanto outras apresentam aumentos ou reduções de densidade sem, no entanto, desaparecer. Esse processo de mudanças que leva à formação ou recuperação natural de uma vegetação, por ser um processo ecológico no qual diferentes comunidades se substituem ou sucedem em um mesmo lugar com o tempo, foi então chamado de *sucessão ecológica* (Fig. 5.1). Quando a sucessão ecológica se inicia em um local em que a vegetação preexistente foi eliminada, denomina-se esse processo de *sucessão secundária*, a forma mais comumente observada de sucessão. Se, todavia, ela se inicia em um local no qual nunca houve uma vegetação antes, como no caso anteriormente citado de áreas cobertas por lava vulcânica, chama-se o processo de *sucessão primária*.

Acreditava-se ainda que, após ir gradualmente evoluindo, a vegetação em sucessão de uma região atingiria o máximo desenvolvimento possível de acordo com as limitações impostas pelo clima regional, ou seja, ela evoluiria até se converter na forma mais avançada do tipo de vegetação que predominava na região e que o clima local permitiria existir. Assim, se uma área degradada passasse por uma sucessão em um trecho da costa sudeste

Fig. 5.1 *Fase inicial (A), intermediária (B) e avançada (C) de um processo de sucessão ecológica em cronossequência após mineração*

do Brasil, onde o clima é tropical quente e úmido, a sucessão ali terminaria obrigatoriamente produzindo um trecho de Mata Atlântica, e não um trecho de Caatinga, Cerrado ou outra vegetação qualquer, pois o clima daria condições para esse maior desenvolvimento vegetal. Essa comunidade florestal final, mais estável que as comunidades transitórias presentes nas fases intermediárias da sucessão, foi denominada comunidade *clímax*, enfatizando a ideia de que representava a condição máxima ou mais avançada de estado sucessional naquela região. Portanto, nessa visão tradicional até aqui descrita, o surgimento ou a recuperação de uma floresta se daria por meio de um processo de sucessão ecológica que seria progressivo, previsível, unidirecional e convergente para a comunidade clímax regional.

A sucessão ecológica é um fenômeno universal pelo qual passam todas as vegetações em toda e qualquer região e tem sido o grande conceito orientador dos projetos de restauração ecológica, pois se acredita que, aprendendo com o processo natural, é possível desenvolver métodos que permitam restaurar mais e melhor. Todavia, conhecer a descrição de como a sucessão ocorre, ou seja, conhecer a descrição de quais são os padrões de mudança no tempo, representa só parte da informação desejada, pois, a fim de entender por que essas mudanças ocorrem, é preciso saber quais os processos ecológicos que causam essas mudanças, para que então seja possível reproduzi-los ou induzi-los nas áreas que se quer restaurar.

Embora desde o início dos estudos sobre sucessão vários fatores tenham sido indicados como causas da sucessão ecológica, por muito tempo predominou a ideia de que o principal fator causal seria o processo de facilitação. De acordo com ela, cada comunidade preexistente alteraria as condições do ambiente local e favoreceria a instalação de novas espécies nessa área, ao mesmo tempo que desfavoreceria as espécies já instaladas, levando assim a mudanças da comunidade local ao longo do tempo. Por exemplo, plântulas de espécies arbóreas exigentes de sombra que naturalmente emergissem em uma área abandonada muito degradada e com o solo exposto não poderiam inicialmente ali sobreviver devido à condição de pleno sol. Obrigatoriamente, as primeiras espécies de árvores a colonizarem essa área seriam exigentes de luz, capazes, portanto, de germinar e crescer a pleno sol. Após a ocupação total da área por árvores pioneiras, haveria a criação de uma floresta inicial. Com a geração de um dossel fechado, o solo

não mais ficaria exposto a pleno sol e as sementes de espécies tolerantes à sombra que chegassem a esse local poderiam então ali germinar e se estabelecer de forma mais eficiente. Como as espécies pioneiras não mais poderiam formar novos indivíduos no local, já que na sombra suas sementes não germinariam, as espécies tolerantes à sombra que se estabelecessem sob o dossel iriam substituir, no futuro, as pioneiras que fossem morrendo, levando a uma mudança na composição de espécies da vegetação local. Ou seja, as espécies pioneiras estariam facilitando o estabelecimento e permanência das secundárias.

Com base no papel desempenhado na sucessão florestal, as espécies arbóreas da Floresta Estacional Semidecidual, da Floresta Ombrófila Densa e da Floresta Ombrófila Mista podem ser separadas, *grosso modo*, em pelo menos três grupos que apresentam comportamentos ecológicos distintos, um deles de espécies intolerantes e dois de espécies tolerantes à sombra.

As espécies chamadas *pioneiras* são árvores intolerantes à sombra que, em geral, apresentam sementes fotoblásticas positivas, formam bancos de sementes permanentes e têm reprodução precoce – que se inicia com 6 meses ou 1 ano de idade – e ciclo de vida curto – em geral, menor do que 20 anos. Entre as espécies tolerantes à sombra, o primeiro grupo é o das chamadas espécies *secundárias iniciais* ou simplesmente secundárias, as quais podem germinar e crescer sob o sol ou a sombra, mas que têm um crescimento em altura mais acelerado nos primeiros anos de vida, entram em reprodução com cerca de dez anos e têm ciclos de vida em torno de 40 anos ou um pouco mais. O segundo grupo de tolerantes à sombra é o das espécies *clímax* ou *clímaces*, que apresentam, em geral, um crescimento inicial muito lento, são mais exigentes em sombra ou em sombra mais densa, mas podem alcançar idades muito maiores que as secundárias, superando comumente os 100 anos. O grupo das espécies clímaces pode ainda ser subdividido em dois subgrupos: 1) clímaces de sub-bosque, que são espécies que crescem lentamente e têm vida longa, mas não alcançam o dossel, apresentando, em geral, altura inferior a 10 m, e que dominam em densidade os estratos inferiores das

138 RESTAURAÇÃO FLORESTAL

florestas nativas; e 2) clímaces de dossel, que são espécies que, apesar do crescimento lento, alcançam o dossel após 40 ou 50 anos, podendo aí permanecer por décadas ou mesmo séculos.

Retomando a visão tradicional sobre a sucessão ecológica de uma floresta e relacionando-a com esses grupos de espécies, seria possível ver que inicialmente as espécies de árvores pioneiras formariam uma capoeirinha que facilitaria o estabelecimento das árvores secundárias iniciais, tolerantes à sombra. Essas secundárias substituiriam as pioneiras, formando, no mesmo local, uma floresta mais alta e complexa, que normalmente se chama de capoeirão. Esse capoeirão teria um dossel dominado por secundárias, que, ao criar e manter por décadas um ambiente mais sombreado, facilitaria a germinação, o estabelecimento e o crescimento das espécies clímaces no seu sub-bosque. Após muitas décadas de crescimento lento, as espécies clímaces de dossel substituiriam as secundárias que fossem morrendo, formando-se, assim, o dossel da floresta madura, ao passo que as espécies clímaces de sub-bosque passariam a dominar esse estrato da floresta.

Essa classificação de espécies arbustivas e arbóreas florestais em pioneiras, secundárias iniciais e clímaces auxilia na descrição e na compreensão de como o processo sucessional se dá, mas é uma separação artificial. Ela representa uma grande simplificação da realidade, pois na natureza cada espécie tem um comportamento ecológico único, que é um pouco diferente do comportamento das demais espécies do mesmo grupo sucessional. Os critérios de separação usados na criação desses três grupos ou de quaisquer outros que se queira utilizar são artificiais, podendo existir várias classificações distintas segundo diferentes critérios e autores empregados, havendo inclusive muitas variações dentro de qualquer um desses grupos, pois cada espécie, como já foi dito, é única. O comportamento ecológico de cada espécie pode variar ainda em diferentes regiões, existindo, por exemplo, espécies pioneiras que morrem mais cedo em regiões sujeitas a maior déficit hídrico. Apesar de todas as limitações e críticas inerentes à separação das espécies arbustivas e arbóreas nativas em grupos de *status* sucessional ou grupos ecológicos, o uso

dessa classificação em poucos grupos de espécies é muito melhor do que tentar discutir a sucessão florestal considerando-se individualmente 150 ou 200 espécies, cada qual com um comportamento distinto. Acredita-se que, no futuro, a expansão do conhecimento sobre o comportamento biológico e ecológico de cada espécie permitirá descrever e entrever melhor a dinâmica do processo sucessional, assim como permitirá ao restaurador planejar com maior sabedoria e precisão a introdução de cada espécie em modelos de restauração. Todavia, isso não corresponde à condição que se tem hoje, a qual é limitada ainda pelo conhecimento disponível, necessitando-se, portanto, de soluções alternativas.

Retomando o que já foi discutido até então, é seguro dizer que o conceito tradicional de sucessão ecológica considerava que esse processo era predominantemente causado pela própria ação da comunidade por meio da facilitação, além de ser razoavelmente previsível, direcionado, progressivo e convergente para uma comunidade clímax estável. O restaurador, baseado nesse conceito, tenderia a pensar em modelos de restauração que privilegiassem a imediata reintrodução da comunidade definitiva e permanente, e não de comunidades transitórias que seriam mais cedo ou mais tarde substituídas. Coerentes com essa teoria, vigoraram no passado proposições e usos de modelos de restauração baseados na tentativa de fazer cópias mais ou menos exatas de florestas maduras preexistentes, que visavam acelerar a obtenção de um clímax previsível e quase inevitável.

Sempre houve muitas opiniões discordantes em relação a essa visão tradicional, e muitos exemplos que não se encaixavam nessa descrição foram tratados, à época, como meras exceções ou eventuais anomalias. Contudo, à medida que mais estudos foram sendo feitos em diferentes regiões, em diferentes tipos de vegetação e com diferentes graus de detalhamento, o acúmulo de evidências e contradições deixou claro que esse modelo tradicional já não era mais capaz de descrever adequadamente a sucessão dos diversos tipos de vegetação, levando-o a ser abandonado. Por exemplo, observou-se que no desenvolvimento de uma vegetação poderiam existir não apenas trajetórias progressivas, mas também regressivas, cíclicas, ou mesmo casos nos quais o processo podia estacionar durante décadas em uma comunidade sem evoluir, caracterizando um estágio alternativo estável (Fig. 5.2). Hoje, acredita-se que uma descrição mais realista da sucessão tem de admitir a possibilidade de existirem múltiplas trajetórias que podem ser divergentes, em vez de haver, obrigatoriamente, uma trajetória única, unidirecional e convergente. Há que se admitir também a existência de múltiplos estados finais estáveis, e não apenas a existência de uma única comunidade clímax, e que essas comunidades finais podem não ser longamente estáveis ou mudem apenas em função de mudanças climáticas regionais em uma escala de milhares de anos.

Embora a visão tradicional do clímax remeta à ideia de uma única comunidade final estável e em harmonia com o clima, muitas vezes ainda é comum se referir aos possíveis múltiplos estados finais estáveis de uma região como diferentes clímaces, um uso do termo que se perpetua mais por comodidade ou tradição, mas que não implica a aceitação da teoria original. Admite-se, atualmente, que qualquer vegetação está sempre em contínuo processo de fluxo ou de mudanças, em diferentes escalas de tempo e espaço conforme o aspecto considerado, sendo a sucessão apenas um tipo específico de mudança que ocorre em uma dada escala temporal e espacial.

Hoje, o processo sucessional é visto de forma muito diferente. Acredita-se que ele é um fenômeno de ocorrência universal a que todas as vegetações estão sujeitas; uma série de mudanças na composição, estrutura e fisionomia de uma comunidade vegetal de um dado local que ocorrem em uma escala de décadas ou centenas de anos. Embora essas mudanças tendam a ser direcionais, não se assume mais a existência de uma direção preferencial, podendo haver múltiplas trajetórias não previsíveis ou não necessariamente convergentes para um final único definido, isto é, é possível que haja também trajetórias divergentes que levem a finais abertos e não definidos, dependendo do impacto cumulativo de distúrbios e de variações nos processos ecológicos ao longo do tempo. Nesse sentido, os exemplos existentes que correspondem à visão tra-

Fig. 5.2 *Exemplo de floresta em estado alternativo estável na qual a superabundância de trepadeiras no dossel retarda o avanço da sucessão florestal*

dicional de sucessão são considerados apenas como um caso especial dentro da dinâmica da vegetação, e não como o padrão ou regra que sempre irá ocorrer. A multiplicidade de trajetórias que a sucessão de uma comunidade pode percorrer resulta não de uma causa isolada – a facilitação –, mas da interação complexa de muitas causas bem definidas, como a predação e a competição, e também de eventos aleatórios, como a chegada de novas espécies em uma dada área e a ação dos distúrbios naturais e antrópicos. Nesse novo paradigma de sucessão, destaca-se o papel dos distúrbios na alteração da trajetória de regeneração dos ecossistemas (Boxe *on-line* 5.1).

Distúrbios naturais são eventos esporádicos que ocorrem independentemente da interferência humana, como secas prolongadas ou extemporâneas, geadas severas, incêndios, inundações, deslizamentos de encostas, tornados, terremotos etc., os quais podem incidir sobre as comunidades. Na visão tradicional de sucessão, os distúrbios eram vistos como tendo efeitos apenas de curta duração, pois se acreditava que as comunidades dispunham de uma capacidade de autorregulação e logo retornariam à condição pré-distúrbio. Como consequência, os distúrbios eram vistos como de pouca importância no condicionamento da trajetória sucessional e na definição da composição e estrutura da comunidade clímax. A acumulação de muitos dados tem mostrado que, ao contrário do que se imaginava anteriormente, os distúrbios são fenômenos muito importantes, pois exercem fortíssima influência sobre a dinâmica da vegetação, tornando imprevisíveis as trajetórias sucessionais e, consequentemente, as comunidades finais. Por exemplo, uma seca muito intensa e duradoura, totalmente distinta das que tradicionalmente ocorrem em uma dada área, pode favorecer a ocorrência de incêndios em uma floresta em regeneração. A ação do fogo sobre espécies não adaptadas a esse tipo de evento pode levar a uma forte exclusão seletiva da comunidade. Seca e fogo reunidos podem então mudar drasticamente a composição de espécies da floresta e condicionar as características da floresta madura, que, nesse local e nessa escala de tempo, pode vir a ser dominada por poucas espécies tolerantes ao fogo, e não por muitas, incluindo as que normalmente não são tolerantes, como se esperaria na ausência desses distúrbios.

Um dos problemas que levavam a se acreditar numa visão linear e previsível de sucessão era a impossibilidade de acompanhar, por meio da observação direta, uma sucessão desde o seu começo até o seu final. Como foi dito anteriormente, a alternativa existente era a de observar, em uma dada região, áreas distintas com diferentes idades de abandono e, em seguida, mesmo sem dispor de todas as idades intermediárias de abandono, colocá-las em uma sequência cronológica que sugerisse como o processo se daria (cronossequência). Tal como se faz com fósseis em estudos de evolução, parte da sequência não observada deveria ser deduzida com base nas informações disponíveis. Dispondo de uma só comunidade com uma determinada idade, cada data de abandono disponível era vista como o resultado do que aconteceria até aquela data, ou seja, cada descrição refletiria a situação exata do processo no ponto considerado. Ligando-se cada ponto descrito ao seguinte, obtinha-se então uma sequência linear e previsível do processo.

Ao contrário, em um estudo em que cada idade de abandono era representada por muitas amostras, as comunidades em um mesmo período de abandono podiam variar muito em porte, composição e estrutura, podendo-se encontrar comunidades de mesma idade que tinham características muito distintas entre si. Como o mesmo podia acontecer não apenas nas idades mais jovens, mas em todas as analisadas, ficou claro que não era possível traçar uma sequência ou trajetória linear e que nenhuma idade considerada e tampouco todo o processo e seu final eram previsíveis em composição e estrutura, havendo apenas uma convergência em relação à fisionomia final observada (Fig. 5.3).

Se a vegetação de uma área não retorna cíclica e eternamente à condição estável inicial após ser alterada é porque não há na natureza o equilíbrio antes imaginado. Ao contrário, a natureza produz uma recuperação da vegetação que mantém, em linhas gerais, a fisionomia preexistente, mas não recria uma composição e estrutura idênticas às iniciais. A natureza apresenta mudança, porque as condições que surgem após uma alteração nunca são exatamente as que levaram ao surgimento da vegetação que preexistia, resultando em diferenças impossíveis de serem previstas. Assim, quando se faz um levantamento da estrutura e composição de um dado trecho de floresta, o resultado expressa um estado atual, como uma fotografia, que é um produto de processos e alterações que ocorreram no passado e que nunca irão se repetir de forma idêntica no futuro, inviabilizando qualquer predição exata.

Dessa forma, o hábitat recriado nunca será exatamente idêntico ao anterior, assim como a chegada de novas espécies na comunidade não será igual nem os distúrbios (naturais ou antrópicos) serão iguais e em mesma sequência temporal, e tampouco a comunidade local se autorregulará, fatos que produzem uma reconstrução natural sem cópia. Portanto, é crucial que o restaurador compreenda que uma das características da natureza é que ela está em fluxo permanente e que estados estáveis, ainda que pareçam duradouros na escala de observação, tendem a ser raros, e não a condição predominante. Pode-se agora mais claramente compreender como o uso de diferentes referenciais teóricos sobre o processo sucessional pode levar à prescrição de diferentes métodos e à definição de expectativas sobre a evolução do processo de restauração e o estado final que uma área em restauração pode alcançar.

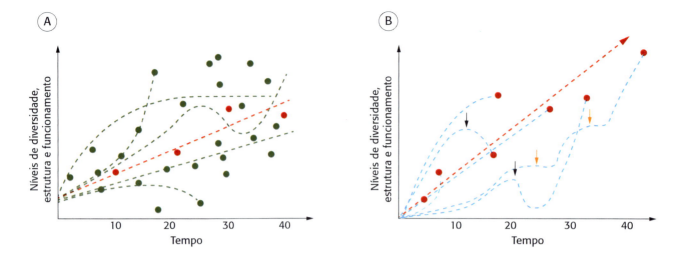

Fig. 5.3 *Exemplos de problemas decorrentes do uso de cronossequências para estudo da sucessão ecológica. (A) A trajetória gerada por cronossequências de poucas áreas (pontos vermelhos) tende a ser mais linear, direcional e previsível (linha vermelha tracejada). Quando se incorporam mais áreas, observa-se que outros tipos de trajetória são possíveis (linhas verdes tracejadas), podendo ocorrer casos de sucessão mais rápida ou lenta, de regressão sucessional e de estados alternativos estáveis. (B) Caso cada uma das áreas (pontos vermelhos) incluídas na cronossequência (linha vermelha tracejada) fosse monitorada ao longo do tempo, a trajetória observada poderia diferir daquela inferida pela abordagem de cronossequência. As setas pretas representam distúrbios severos, como queimadas, ao passo que as setas amarelas representam distúrbios menos severos, mas mais duradouros, como secas prolongadas*

Quando o processo sucessional era visto como predominantemente determinístico, a restauração de uma área degradada podia ser obtida por meio da simples retirada dos fatores de degradação, pois essa intervenção levaria fatalmente ao surgimento de uma sucessão previsível por intermédio de uma trajetória predeterminada e convergente para o clímax local desejado. Todavia, como o processo sucessional é, em geral, muito lento, a simples opção pelo abandono de uma área a fim de que ela se recuperasse naturalmente não era, na maioria dos casos, a opção mais adequada, pois o restaurador poderia ter de esperar décadas ou até séculos para obter novamente uma floresta em um sítio muito degradado. Essa escala de tempo muitas vezes não reflete os anseios da sociedade, cuja sobrevivência e bem-estar têm sido ameaçados por um rápido esgotamento do capital natural em decorrência da degradação dos ecossistemas nativos, devendo o processo de restauração ser rápido e amplo o suficiente para restabelecer os níveis de biodiversidade e fluxos de bens e serviços ecossistêmicos que sustentem a vida das populações humanas e também evitar que parte das espécies nativas seja extinta. Assim, em muitos casos o restaurador precisa intervir para acelerar o processo de recuperação.

Os métodos então empregados, implícita ou explicitamente, pretendiam acelerar ou, se possível, suprimir as fases intermediárias do processo sucessional, de maneira a alcançar o mais rapidamente possível a vegetação clímax local que se acreditava que ali deveria ressurgir. Se na área degradada não se iria introduzir comunidades intermediárias, teria de se introduzir diretamente a comunidade clímax, e o método mais adequado para isso seria o plantio de mudas, que permitiria se reproduzirem com exatidão a composição e a estrutura desejadas. Para que esses plantios pudessem ser feitos, era preciso dispor de um modelo de comunidade clímax que pudesse ser copiado. Conforme já discutido, procuravam-se então, na região em que se situava a área degradada, fragmentos florestais que pudessem ser considerados próximos ao clímax regional e, por meio de levantamentos florísticos ou fitossociológicos detalhados, buscava-se obter uma lista de espécies arbustivas e arbóreas que pudessem ser usadas para orientar os plantios de restauração. Os plantios eram então feitos buscando-se reproduzir de forma aproximada a densidade e a distribuição espacial que as espécies mais tardias ou clímaces apresentavam nessas florestas usadas como referência. Acreditava-se, assim, que se conseguiria garantir que em algumas décadas o futuro dossel da floresta em restauração apresentaria características semelhantes às da floresta escolhida como modelo de clímax regional.

No Brasil, vários projetos de restauração florestal foram implantados na década de 1980 seguindo abordagens semelhantes a essa. Desde então, observaram-se nos projetos mais bem conduzidos a criação de uma fisionomia florestal, a entrada das espécies em fase reprodutiva e o estabelecimento da regeneração de muitas das espécies arbustivas e arbóreas plantadas nessas florestas, que já apresentavam várias espécies clímaces formando parte do dossel local. Essas florestas mostram que, embora o processo sucessional seja, em linhas gerais, imprevisível, não necessariamente o mesmo acontece com a restauração conduzida por meio de plantios de mudas, que, quando feita de modo adequado (como será discutido em outros capítulos), mostrará um bom grau de previsibilidade, fato que auxilia muito o desenvolvimento de projetos nessa área. Se no processo sucessional há imprevisibilidade, principalmente em longo prazo, ao contrário, o restaurador busca conseguir a maior previsibilidade possível em relação às características que são críticas para o funcionamento das comunidades. Apesar dessa parcial previsibilidade, observa-se também que alguns indivíduos inicialmente introduzidos nessas florestas foram em muitos casos eliminados pela ação local de algum distúrbio, como ventanias, geadas, secas, inundações ou queimadas, ou então sucumbiram pela competição com outras espécies ou pela herbivoria. Com essa eliminação de algumas espécies e o favorecimento de outras, causados por esses distúrbios e pelo ingresso natural e imprevisível de novas espécies, observam-se já mudanças na composição e na estrutura da comunidade local, como seria de esperar, que não foram anteriormente previstas pelos modelos de restauração.

Quando surgiu uma visão contemporânea de sucessão ecológica, na qual o processo sucessional passou a ser visto como produto da combinação de eventos específicos previsíveis e estocásticos, tais como os distúrbios e a chegada de novas espécies, que se encadeavam de uma maneira não predeterminada e que não levavam a um clímax único, a restauração passou a ser planejada de novas maneiras. Por exemplo, visando desencadear e conduzir o processo sucessional, métodos como a indução do banco de sementes, a condução da regeneração natural e o favorecimento à dispersão passaram a ser utilizados isoladamente ou de maneira combinada, em vez de se adotar sempre o plantio de mudas, já que não havia mais a preocupação de produzir uma comunidade final clímax detalhadamente predefinida. Não se trata, no entanto, de prescrever o banimento ou a exclusão dos plantios de mudas como método de restauração, pois, em muitas das situações que se observam no Brasil, esse é o método mais adequado, cuja eficácia em desencadear a restauração já está bem comprovada.

Essa mudança conceitual levou então a se privilegiarem ações de restauração que tenham por finalidade desencadear ou recriar os processos ecológicos básicos que criem localmente um hábitat adequado para populações desejadas de plantas, animais e microrganismos, bem como as interações entre elas, garantindo o surgimento, a permanência e as condições de contínua mudança que caracterizam as comunidades florestais (Fig. 5.4 e Boxe 5.1). Não se busca mais copiar uma comunidade clímax modelo já existente em algum lugar da paisagem regional, mas sim recriar um ecossistema local que tenha como referência a formação florestal que originalmente ocupava o sítio hoje degradado, devendo, portanto, a comunidade restaurada conter predominantemente espécies nativas daquela formação. Com tantas mudanças de perspectiva, é preciso perguntar: quais seriam então as causas do processo sucessional?

A Fig. 5.4B representa o objetivo final dos projetos tradicionais de restauração do Brasil, que consiste no desenvolvimento de uma floresta por meio de uma trajetória unidirecional e convergente para um único clímax (ilustrado pelo círculo tracejado). Já pela adoção do conceito contemporâneo de sucessão (Fig. 5.4C), visto como um processo multidirecional e não convergente, no qual muitas comunidades finais maduras distintas podem ser produzidas, os esforços devem ser concentrados em induzir e/ou manejar processos ecológicos que possam garantir o desenvolvimento do processo sucessional (ilustrado pelo círculo tracejado), mais do que preestabelecer uma dada composição ou estrutura para a comunidade final que irá se formar.

O melhor modelo explicativo atualmente disponível para compreender o processo sucessional, que organiza as causas de sucessão em uma estrutura hierárquica composta por três níveis principais, surgiu no final da década de 1980 e vem sendo refinado com o tempo (para detalhes, consulte Pickett, Cadenasso e Meiners, 2009). O primeiro nível hierárquico indica apenas que as comunidades podem mudar as suas características, o segundo nível, de especial interesse para a restauração de áreas degradadas, reúne as três causas mais gerais que são indispensáveis para que uma sucessão ocorra, e o terceiro nível detalha os mecanismos específicos que operam dentro de cada uma dessas três causas gerais (Fig. 5.5).

As três causas de ação mais geral são: 1) a disponibilidade diferencial de sítios abertos e condições favoráveis para que plantas cresçam; 2) a disponibilidade diferencial de espécies, ou seja, o fornecimento contínuo de espécies vegetais para que umas possam substituir as outras, permitindo mudanças; e 3) a necessidade de que as espécies presentes e ingressantes apresentem diferentes comportamentos e exigências ecológicas, para que também umas possam substituir as outras ao longo do tempo. Essas três causas são um resumo bastante eficaz dos processos que precisam ser supridos para que se obtenha a restauração de qualquer área degradada, permitindo identificar, inclusive, qual ou quais dessas causas e processos a elas associados precisam ser garantidos em uma determinada situação real de restauração.

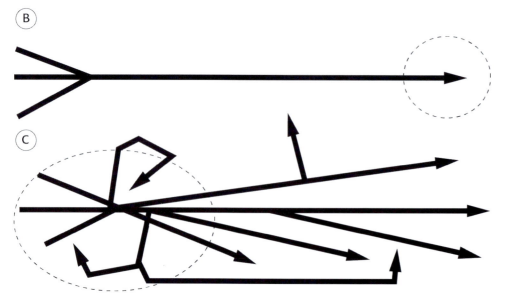

Fig. 5.4 *Visão fisionômica do desenvolvimento de uma floresta (A), que pode ser obtida de acordo com o conceito tradicional de sucessão ecológica, por meio de uma trajetória unidirecional e convergente para um único clímax (B) ou pela adoção do conceito contemporâneo de sucessão, visto como um processo multidirecional e não convergente (C)*

BOXE 5.1 SUCESSÃO FLORESTAL PARA A RESTAURAÇÃO ECOLÓGICA

Florestas tropicais podem ser descritas como mosaicos formados por áreas em diferentes estágios de regeneração, consequência das perturbações naturais constantes causadas pelas quedas de árvores, que podem abrir clareiras com dezenas de hectares. Da clareira à floresta madura, a floresta se regenera por meio de um processo conhecido como sucessão secundária. De forma breve, a regeneração via sucessão implica a chegada, o estabelecimento, a reprodução e a substituição de grupos biológicos com histórias de vida (estratégia) distintas. Restaurar, então, significa permitir que a floresta suprimida ou degradada se mova em direção a estágios de floresta madura via sucessão secundária. O reconhecimento de que a floresta se regenera após distúrbios naturais ou antrópicos via sucessão tem se transformado em um elemento norteador das ações de restauração não só no sentido das técnicas adotadas, mas em termos de objetivos ou dos resultados finais almejados pela restauração. Objetivamente, é preciso saber o que a sucessão necessita para ocorrer e originar florestas biologicamente viáveis (i.e., mosaicos) e que tipo de floresta madura é possível obter. Alguns desses condicionantes físicos e biológicos são básicos: o substrato deve ser adequado ao estabelecimento dos organismos pioneiros ou colonizadores, bem como a oferta de propágulos destes, pois esses organismos têm a função fundamental de alterar as características do ambiente e, assim, permitir que outros organismos se estabeleçam e os sucedam (i.e., sucessão). Outros condicionantes são mais complexos, pois se referem às necessidades dos organismos que precisam inicialmente colonizar a floresta em regeneração, mas posteriormente precisam se reproduzir para manter populações viáveis. O estudo da sucessão já ensinou que, quanto maior o número de espécies presentes, maior a chance de estabelecimento de populações viáveis e, consequentemente, do processo contínuo de alteração do ambiente e substituição de espécies em direção à floresta madura ou a estágios avançados de regeneração. A sucessão também já apontou que a ocorrência e a persistência de populações nas florestas em regeneração dependem de processos estocásticos ou totalmente aleatórios, como a chegada de sementes e eventos de perturbação natural (ocorrência de vendavais). São vários fatores incontroláveis e que determinam a ocorrência de várias trajetórias sucessionais e de florestas maduras com composições taxonômicas bastante distintas. A própria sucessão seleciona as espécies, cabe a nós garantir a presença de espécies a serem selecionadas naturalmente. Essa característica do processo de regeneração das florestas tropicais via sucessão indica que não é possível ter como objetivo da restauração a "cópia" de florestas remanescentes, e sim ter florestas biologicamente viáveis; florestas que sigam seu curso contínuo de perturbação natural-regeneração-perturbação natural. Como teoria norteadora, a sucessão já ensinou como obter tais florestas ou como restaurar; é preciso agora entender como a diversidade biológica (nos seus diferentes níveis) se manifesta na dinâmica natural das florestas, para produzir não só florestas autossustentáveis, mas também extremamente ricas.

Marcelo Tabarelli (mtrelli@ufpe.br), Universidade Federal de Pernambuco, Recife (PE)

Via de regra, uma ou mais dessas causas gerais e processos ecológicos associados não estão operando no local que se quer recuperar, devendo o restaurador suprir direta ou indiretamente o que esteja faltando. Às vezes, por exemplo, não há espécies pioneiras na área que possam formar uma fisionomia florestal, por sua ausência no banco de sementes local, pela falta de dispersão até a área ou, no caso de dispersão efetiva, pela falta de microssítios favoráveis ao estabelecimento, devendo-se então introduzi-las ativamente via semeadura direta ou plantio e remover os filtros que restringem o estabelecimento. Dispondo-se desse modelo hierárquico, passou-se a escolher quais métodos de restauração deveriam ser empregados em uma dada área degradada por meio de um diagnóstico dos problemas locais. Esse diagnóstico tem como objetivo reconhecer quais fatores de degradação operam localmente, para que sejam eliminados e então se verifique se as três causas básicas da sucessão estão ou não sendo naturalmente supridas pelas condições locais e qual ou quais delas deveriam ser induzidas ou fornecidas pela ação do restaurador. Essa estratégia de trabalho permite mostrar como a teoria de sucessão ecológica não apenas serve de guia para a criação de ações voltadas à restauração, mas também para a sua correta prescrição em cada caso específico.

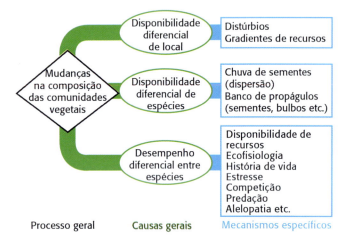

Fig. 5.5 *Diagrama conceitual mostrando a estrutura causal hierárquica que determina a dinâmica das vegetações. O primeiro nível indica o processo geral de mudanças da vegetação, o segundo mostra as três causas gerais ou processos diferenciais que determinam a sucessão e o terceiro decompõe cada uma dessas causas por meio de mecanismos mais específicos, sendo apresentados modelos desses mecanismos*
Fonte: modificado de Pickett, Cadenasso e Meiners (2009).

Uma vez que a área em restauração está estabelecida, apresentando dossel contínuo recobrindo o solo, toda a comunidade se encontra, a princípio, no mesmo estágio sucessional. No entanto, parte das árvores plantadas ou regenerantes começa a morrer com o tempo, por senescência natural, por efeito de distúrbios como vendavais ou por exclusão competitiva. Uma vez que essas árvores morrem, elas podem levar consigo outras árvores do dossel, abrindo clareiras de diferentes tamanhos e formatos, as quais devem ser reocupadas pelas espécies nativas de acordo com processos sucessionais semelhantes ao que levaram à ocupação da área como um todo, caracterizando a dinâmica de clareiras, tema do próximo item deste capítulo e processo ecológico essencial para a autoperpetuação de áreas em restauração.

5.2 A DINÂMICA DE CLAREIRAS

As florestas tropicais úmidas, quando vistas de longe, parecem ser um tapete verde, contínuo e homogêneo, dando a ideia de que apresentam uma estrutura simples e estática. Entretanto, como os outros tipos de vegetação, elas também sofrem mudanças em diferentes escalas de espaço e tempo, fazendo com que aquela cobertura que, em uma primeira impressão, assumiu-se homogênea seja na verdade um extenso mosaico. Como discutido anteriormente, em uma escala espacial de alguns ou de muitos hectares e em uma escala de tempo de décadas, centenas ou mesmo de milhares de anos, as vegetações passam por mudanças que se chamam sucessão ecológica e, portanto, não são estáticas. Mas as florestas também mudam em escalas espaciais e temporais menores que as da sucessão? Quando uma floresta atinge sua fase de clímax, ela não se modifica mais? Como uma floresta madura, ela mantém a composição do seu dossel se as grandes árvores que o formam com o tempo morrem? Sim, também há mudanças nessa escala menor, e as florestas maduras ou já no clímax também passam continuamente por mudanças, mas um tipo específico de mudança, que não descaracteriza a cobertura florestal e que mantém ou regenera a comunidade vegetal. Em qualquer floresta, as árvores que formam o dossel morrem com o tempo por senescência ou pela ação de fatores externos, como raios e doenças, deixando buracos no dossel, que, como já foi dito, chamam-se *clareiras* (Fig. 5.6).

Mesmo florestas bastante fechadas apresentam o seu dossel interrompido por uma grande quantidade de clareiras de diferentes tamanhos. Todavia, as clareiras não são permanentes na estrutura da floresta e, independentes umas das outras, todas vão se fechando por meio de um processo gradual que reconstrói cada trecho rompido do dossel. Assim, o dossel florestal não é estático em uma escala de décadas; ao contrário, é extremamente dinâmico, pois partes dele estão continuamente se desfazendo e formando clareiras, ao mesmo tempo que clareiras abertas vão também aos poucos se fechando e o dossel é novamente reconstruído. Dentro de uma floresta, cada trecho fechado de dossel já foi no passado uma clareira que se fechou e um dia voltará novamente a ser uma clareira aberta, em um contínuo fazer e desfazer. Portanto, uma floresta, em um dado momento, pode ser vista como uma "colcha de retalhos" ou um mosaico formado por diferentes manchas correspondentes a clareiras recém-abertas, clareiras com diferentes tamanhos, idades e graus de fechamento e clareiras fechadas recentemente e já há muitas décadas, estando hoje ocupadas por grandes árvores que formam extensas áreas contínuas de dossel fechado. Mais do que isso, as florestas são *mosaicos dinâmicos*, pois cada uma dessas manchas vai aos poucos se convertendo em uma outra, em uma sequência predefinida (dossel → clareira → dossel).

Fig. 5.6 *Clareira aberta já sendo ocupada por espécies pioneiras, como a embaúba* (Cecropia *sp.*), *em um trecho de Floresta Estacional Semidecidual*

As clareiras dentro de uma floresta surgem, em geral, pela queda de uma ou mais árvores ou de parte delas, como no caso de grandes galhos derrubados pelo vento. Cada clareira corresponde a uma área ou mancha tridimensional composta pela abertura presente no dossel e pela área que se estende desde essa abertura até o chão da floresta. Essa área abaixo do dossel era um sub-bosque sombreado onde se desenvolviam plantas tolerantes à sombra e que, com a queda de uma ou mais árvores, transformou-se em uma área iluminada na qual uma porção da vegetação do sub-bosque preexistente foi, em parte, destruída. Como cada uma dessas clareiras surgiu em um momento distinto, elas têm idades específicas e passarão por uma história particular de ocupação e fechamento (Fig. 5.7).

Os regimes de luz existentes nas florestas são muito complexos, variáveis e difíceis de descrever, podendo-se dizer, de maneira bem geral, que, enquanto no sub-bosque existem trechos com diferentes níveis de sombra, dentro das clareiras há grande penetração de luz direta. Alguns meses após a abertura de uma clareira grande ou média, podem-se encontrar no seu interior indivíduos de espécies arbóreas secundárias iniciais e clímaces que sobreviveram à abertura da clareira e também indivíduos jovens de espécies arbustivas e arbóreas pioneiras, que germinaram do banco permanente de sementes. Embora pioneiras, secundárias e clímaces estejam presentes na clareira aberta, inicialmente o fechamento da clareira será feito pelas pioneiras, que apresentam crescimento mais rápido que as outras espécies.

Didaticamente, a dinâmica do mosaico florestal pode ser separada em três fases, que correspondem a diferentes tipos de manchas (Fig. 5.8): 1) manchas de fase de clareira, 2) manchas de fase de construção e 3) manchas de fase madura, com cada fase gradualmente se convertendo em outra dentro de uma sequência predeterminada. Pode-se então denominar o período que vai desde a abertura da clareira até o momento em que ela se fecha de *fase de clareira*. Com a formação de um dossel de pioneiras, novamente surge um sub-bosque sombreado, que impede a germinação de novas pioneiras, levando à morte pioneiras jovens que ficaram na sombra, e que mantém um crescimento mais rápido de secundárias e mais lento de clímaces. As pioneiras entrarão em senescência após cerca de 10 a 20 anos e começarão a morrer, deixando um espaço aberto no dossel que irá aos poucos ser preenchido pelo crescimento das secundárias iniciais, as quais, por fim, substituirão todas as pioneiras, formando na clareira um novo

Fig. 5.7 *A queda de árvores na floresta tropical (A) causa descontinuidade da cobertura do dossel (B) e resulta na formação de clareiras, onde ocorre incidência direta de luz solar no solo (C), estimulando a germinação de sementes e o crescimento de plântulas de espécies arbóreas iniciais da sucessão (D), ao mesmo tempo que pode destruir a vegetação preexistente no sub-bosque sombreado*

dossel local. As espécies secundárias iniciais, tendo ciclo de vida de mais de 50 anos, manterão a clareira fechada por várias décadas. Denomina-se mancha de *fase de construção* a clareira preenchida por um dossel de árvores pioneiras, pioneiras e secundárias ou só secundárias. As espécies clímaces, por germinarem sob dossel e terem plântulas tolerantes à sombra, além de apresentarem um crescimento muito lento, somente alcançarão o dossel e substituirão as espécies secundárias após muitas décadas, mesmo que estejam presentes como plântulas desde antes da abertura da clareira. Todavia, tendo ciclo de vida superior a cem anos, podem permanecer no dossel por décadas ou séculos até morrerem e darem origem novamente a uma mancha de clareira. A chegada das espécies clímaces ao dossel marca a conversão de uma mancha de fase de construção em uma mancha de *fase madura*.

De acordo com esse modelo, denominado *ciclo de crescimento florestal* ou *dinâmica de clareiras*, a autoperpetuação de uma floresta tropical úmida se basearia principalmente na existência de diferentes regimes de luz nas diferentes manchas do mosaico florestal, na existência de espécies arbustivas e arbóreas que apresentam diferentes graus de tolerância à sombra, na ocupação preferencial das clareiras pelas espécies intolerantes à sombra e na substituição dessas espécies por outras progressivamente mais tolerantes a ela, conforme as clareiras fossem sendo sombreadas pela formação de um dossel. Esse modelo, baseado principalmente na tolerância à luz ou à sombra, descreve relativamente bem a rege-

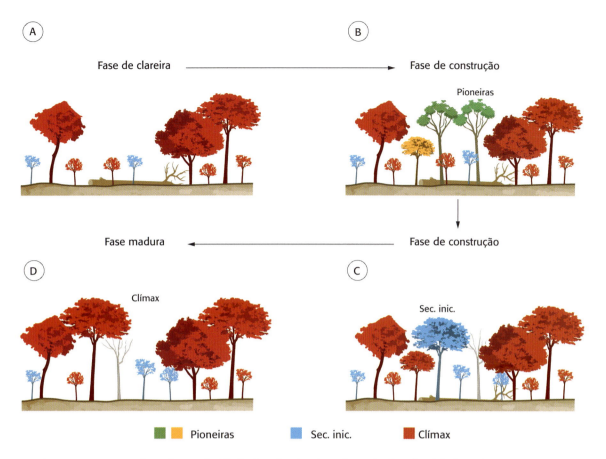

Fig. 5.8 *Diagrama mostrando as fases da dinâmica de clareiras: fase de clareira (A), fase de construção em que o dossel presente na antiga clareira é dominado por pioneiras (B), fase de construção já com um dossel de secundárias iniciais (C) e fase madura (D).*

neração interna que ocorre na Floresta Ombrófila Densa e Mista e na Floresta Estacional Semidecidual. Contudo, provavelmente não se adéqua à dinâmica das florestas de Restinga, Florestas Estacionais Deciduais, Florestas Paludosas e Cerradões, onde outros fatores, como a tolerância ao déficit hídrico, ao encharcamento e à salinidade, podem ser muito mais importantes na determinação da autoperpetuação dessas florestas do que a tolerância à luz e a abertura e fechamento de clareiras.

Como nesse ciclo de crescimento florestal o dossel que se forma nas clareiras é primeiro dominado por espécies pioneiras, depois por secundárias e mais tarde por clímaces, uma sequência semelhante à que ocorre durante uma sucessão secundária, a regeneração em cada clareira pode ser também considerada um processo de microssucessão. O restaurador, portanto, visando induzir, desencadear ou conduzir a construção de uma nova floresta, pretende gerar um processo semelhante ao de uma sucessão secundária que no futuro produza uma floresta madura em uma área degradada, floresta essa que deve ser um mosaico dinâmico que mantenha suas características ao fazer e refazer o seu dossel continuamente. Para tanto, como visto anteriormente, é preciso dispor de espécies com diferentes desempenhos ecológicos, ou seja, espécies arbóreas pioneiras, secundárias e clímaces.

É importante lembrar, contudo, que esses grupos são denominações genéricas que reúnem artificialmente espécies florestais apenas parcialmente similares, existindo, dentro de cada um desses grupos, espécies que variam em graus de tolerância e de desempenho quando submetidas a diferentes condições ambientais. Portanto, não se deve ter a pretensão de desencadear uma sucessão ou manter a dinâmica de clareiras em uma área com apenas uma só espécie de cada um desses grupos, ou seja, com apenas três espécies. É preciso dispor de várias espécies arbustivas e arbóreas de cada grupo na área em restauração, resultantes da introdução deliberada por plantio ou da regeneração natural, tanto para permitir que o processo sucessional ocorra como para manter a dinâmica de clareiras a fim de garantir a manutenção de uma alta biodiversidade, um dos aspectos inerentes às florestas tropicais biodiversas que se quer restaurar. Em outros capítulos, será discutido como diferentes métodos podem combinar distintas espécies ou grupos de espécies para restaurar áreas degradadas.

5.3 PROPOSIÇÃO DE UM MODELO DE FASES SOBRE O PROCESSO DE RESTAURAÇÃO FLORESTAL

Um dos fatores que dificultam a adequada realização de projetos de restauração de florestas tropicais é a falta de uma visão clara sobre como o processo de restauração efetivamente ocorre. Por exemplo, deve-se considerar que a restauração é um processo simplesmente linear? Ou, ao contrário, que se dá por meio de distintas fases, e, portanto, cuidados específicos e ações distintas devem ser planejados segundo cada uma delas? Essa dúvida é relevante, pois a falta de clareza sobre esse aspecto leva as pessoas a escolherem métodos errados ou a fazerem intervenções insuficientes.

Assim como o processo de sucessão secundária, também a restauração de áreas muito degradadas normalmente ocorre ao longo de décadas, dando a impressão de ser apenas um processo lento e contínuo de acumulação de espécies, de biomassa, de complexidade estrutural etc. No entanto, a observação de muitas áreas em restauração feita ao longo de mais de 25 anos em diferentes locais, mas principalmente no Sudeste brasileiro, sugere que o processo de restauração de florestas tropicais se dá segundo fases distintas, existindo períodos críticos que precisam ser controlados e outros que demandam menor atenção.

No sentido de contribuir para superar essa demanda, é proposto aqui um modelo teórico que descreve que a restauração das florestas tropicais ocorre em fases, e, para uma melhor compreensão dele, primeiro serão apresentadas sucintamente as fases desse processo, depois um diagrama que descreve as relações dinâmicas entre elas e os condicio-

nantes dessa dinâmica. Por fim, de maneira bastante resumida, será discutido como as intervenções do restaurador podem favorecer o desenvolvimento das fases do processo de restauração, um conteúdo que será mais bem explorado em outros capítulos deste livro. O modelo teórico que aqui será apresentado se refere apenas à restauração de florestas tropicais úmidas (Floresta Ombrófila Densa e Mista) e mésicas (Florestas Estacionais Semideciduais), pois outros tipos de florestas tropicais, como Florestas Estacionais Deciduais, Florestas Paludosas, florestas de Restinga e Cerradões, entre outras, provavelmente apresentam padrões distintos de restauração que ainda não foram suficientemente detalhados para a criação de modelos preditivos.

A criação e a manutenção de uma nova floresta tropical em um dado local dependem do desenvolvimento de um ambiente onde as espécies vegetais tipicamente florestais sejam capazes de sobreviver, crescer, atingir sua fase adulta e se reproduzir, deixando no local novos descendentes, que construirão novas populações e, no conjunto, a comunidade local. Como esse processo de reprodução das espécies florestais demanda a participação direta de animais polinizadores e dispersores, será preciso atraí-los, fornecer-lhes abrigo e alimento durante todo o ano, para que estejam presentes quando diferentes espécies de plantas estiverem em fase reprodutiva. Mais ainda, muitas espécies arbóreas, plantadas ou que tenham recolonizado a área por processos de dispersão, precisarão de uma ou duas décadas para começar a florescer e frutificar. Assim, o hábitat florestal precisa, no mínimo, ser mantido por algumas décadas para que as plântulas dessas espécies mais tardias possam chegar a se desenvolver e se converter em árvores adultas.

No entanto, uma floresta tropical restaurada não é uma simples mistura ao acaso de umas poucas espécies surgidas no começo do processo de restauração. Ao contrário, ela resulta da presença de centenas de espécies vegetais, animais e de microrganismos que terão de invadir a área, estabelecer-se e interagir. Portanto, é preciso que na área em restauração o ambiente florestal surja, permaneça e acumule espécies, interações, estrutura, processos etc., fazendo com que, aos poucos, as características da floresta em restauração se aproximem daquelas das florestas maduras remanescentes.

Considera-se que a evolução de uma comunidade em restauração se dá em fases porque se pode demonstrar que determinados processos ecológicos só ocorrem em um dado período, e não em outros, e também porque determinados processos, mesmo ocorrendo ao longo de toda a restauração, podem ser mais ou menos importantes segundo o período de tempo considerado. De acordo com o modelo proposto a seguir, uma sequência de três fases deve acontecer para que, em um dado local, o processo de restauração venha a ocorrer (Fig. 5.9).

A primeira dessas três etapas é a *fase de estruturação*, que corresponde ao início do processo de criação de uma floresta no local degradado. Durante essa fase, forma-se o primeiro dossel da floresta, surgindo na área uma fisionomia florestal. Em geral, esse dossel inicial é dominado por poucas espécies pioneiras arbóreas de rápido crescimento, cujo ciclo de vida dura geralmente entre 10 e 20 anos. A segunda etapa nesse processo é a *fase de consolidação*, que corresponde ao período durante o qual as árvores do dossel inicial vão entrando em senescência e começam a morrer, ao mesmo tempo que espécies arbóreas tolerantes à sombra, de crescimento rápido e já presentes sob o dossel inicial, ou seja, espécies secundárias iniciais, começam a crescer e ocupar o espaço deixado pelas copas das árvores pioneiras que morreram, formando, aos poucos, um novo dossel. A terceira etapa, *fase de maturação*, é a mais longa, estendendo-se por várias décadas sem ter um final predefinido. Nela deve ocorrer uma lenta acumulação de novas espécies e formas de vida vegetal, de fauna, de biomassa, de matéria orgânica, de nutrientes, de estratificação, de interações etc. e uma gradual conversão do dossel em um mosaico de manchas mantido por uma contínua dinâmica de clareiras. Esse dossel maduro será dominado por espécies clímaces, mas, sendo um mosaico dinâmico, nele estarão também presentes espécies pioneiras e secundárias iniciais. Chazdon (2008) propõe um modelo de quatro fases sobre a sucessão secundária em florestas tropicais cujas características são semelhantes às do modelo aqui apresentado (Boxe 5.2). Mas, como em projetos de restauração usam-se métodos para induzir ou acelerar o processo de sucessão, algumas diferenças importantes existem entre esses dois modelos nas características descritas de cada fase.

Para que esse modelo possa ser aplicado na prática da restauração florestal, é preciso também estabelecer as relações dinâmicas que podem existir entre as fases, assim como discutir quais fatores, condições ou processos ecológicos podem levar ao sucesso ou ao fracasso da restauração. Para tanto, será apresentado um diagrama que representa esquematicamente, com base no modelo proposto, os principais aspectos que devem ser considerados na restauração florestal (Fig. 5.10). Para facilitar a descrição e as discussões sobre os fatores que interferem nas fases da restauração, o conjunto de processos ecológicos que levam ao desenvolvimento de uma dada fase poderá ser mencionado genericamente no texto como processos de estruturação, consolidação ou maturação. O diagrama apresentado permite também explicitar que, por meio de uma sequência de transições, ou seja, por meio de uma dada *traje-*

Fig. 5.9 *Esquema fisionômico mostrando as três fases do processo de restauração de florestas tropicais que devem se desenvolver em um dado local e ao longo do tempo para que a restauração seja bem-sucedida*

Boxe 5.2 Fases da sucessão florestal

A sucessão florestal é um processo contínuo, fazendo de sua separação em fases ou estágios um processo impreciso e subjetivo. Como as trajetórias sucessionais variam amplamente entre regiões, climas e paisagens, padronizar o encadeamento dos estágios sucessionais impõe vários desafios. No entanto, a divisão da trajetória sucessional em estágios discretos facilita estudos comparativos e a avaliação de processos ecológicos que afetam transições na estrutura florestal, a composição de espécies e propriedades do ecossistema. Essas fases também podem ser usadas para avaliar o sucesso da restauração de forma relativa ao ecossistema de referência, constituído por florestas maduras. Os estágios sucessionais podem ser definidos com base em três critérios principais: estrutura florestal ou biomassa, idade ou estrutura de tamanho das populações arbóreas, e composição de espécies (Chazdon, 2008). Oliver e Larson (1996) conceituaram a dinâmica sucessional com base na substituição sucessiva de coortes de árvores pioneiras e secundárias por espécies mais tardias da sucessão. Durante o estágio de *iniciação da regeneração*, pioneiras de vida curta e longevas se especializam para colonizar áreas perturbadas, crescendo rápido em altura e diâmetro em condições de alta incidência de luz, embora plântulas de espécies arbóreas tolerantes ao sombreamento possam também se estabelecer ou rebrotar nessa fase (Fig. 1). O rápido crescimento das árvores e a elevada densidade de indivíduos levam ao fechamento do dossel, criando condições de sub-bosque e iniciando a transição para a fase de *exclusão de indivíduos*. Esse estágio é caracterizado pela exclusão competitiva e por altas taxas de mortalidade de espécies intolerantes ao sombreamento dominadas na estrutura florestal (Fig. 1). Espécies mais tolerantes ao sombreamento colonizam continuamente a área ao longo da sucessão, antes, durante e depois da fase de exclusão de indivíduos. Perto do final dessa fase, a composição de espécies do sub-bosque muda consideravelmente e passa a se assemelhar mais às comunidades encontradas em florestas maduras. Ao longo do tempo, a chegada de árvores tolerantes ao sombreamento no dossel inicia a terceira fase da sucessão, conhecida como estágio de *reiniciação do sub-bosque* (Oliver; Larson 1996). Enquanto isso, espécies tolerantes ao sombreamento chegam à maturidade reprodutiva e possibilitam a colonização do sub-bosque por suas plântulas e juvenis, e novas espécies arbóreas são dispersas para a floresta e se estabelecem. Chegar ao estágio final da sucessão, referido aqui como *floresta madura*, pode levar séculos.

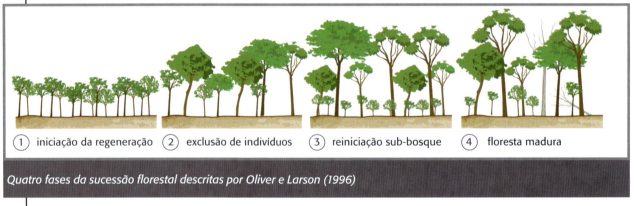

① iniciação da regeneração ② exclusão de indivíduos ③ reiniciação sub-bosque ④ floresta madura

Quatro fases da sucessão florestal descritas por Oliver e Larson (1996)

Robin L. Chazdon (robin.chazdon@uconn.edu), Department of Ecology & Evolutionary Biology, University of Connecticut, Storrs (EUA)

Referências bibliográficas

CHAZDON, R. L. Chance and determinism in tropical forest succession. In: CARSON, W.; SCHNITZER, S. Fig. 1 Quatro fases da sucessão florestal descritas por Oliver e Larson (1996)

OLIVER, C.; LARSON, B. *Forest stand dynamics*. New York: McGraw-Hill, 1996. (Biological resource management series).

tória, uma área degradada pode ser restaurada (por exemplo: R, 1, 3, 6 e 7), ou, ao contrário, que ela pode iniciar a sua restauração e depois voltar à condição degradada (por exemplo: R, 1 e 2 ou R, 1, 3 e 5). Portanto, de acordo com esse modelo, o trabalho do restaurador, por intermédio do planejamento e execução de um dado projeto, deve ser o de favorecer, induzir ou criar trajetórias favoráveis e, por meio de intervenções diversas, evitar trajetórias desfavoráveis ou então convertê-las em favoráveis. Com base nesse esquema simples, será discutido quais fatores, condições, processos e grupos de espécies podem interferir nessas transições e como as ações do restaurador podem favorecê-las ou desfavorecê-las, levando ou não à restauração de trajetórias desejadas (Quadro 5.1).

O diagrama da Fig. 5.10 indica que:

- existe uma área degradada (retângulo X) e que uma floresta pode apresentar três fases distintas durante o seu processo de restauração (retângulos E – estruturação, C – consolidação e M – maturação);
- a duração temporal de cada fase pode variar segundo o grau de degradação existente, as condições de solo, de clima, as espécies presentes ou introduzidas e as ações de restauração empregadas (sobreposição parcial dos limites dos retângulos E, C e M);
- a área degradada (retângulo X) pode, em certas circunstâncias, permanecer no estado degradado sem se restaurar (seta 0);
- é necessária a retirada e o isolamento dos fatores de degradação que incidem sobre a área degradada para que ela possa vir a ser restaurada (seta larga R);
- existem fatores, condições, processos ecológicos ou ações de restauração, representadas pelas setas numeradas (1 a 7), que podem levar a transformações progressivas ou regressivas ou à permanência em determinados estados, aspecto indicado pelo sentido para o qual cada seta aponta;
- existem fatores, condições, processos ou ações de restauração que levam a área degradada (X) a passar para a fase de estruturação (seta

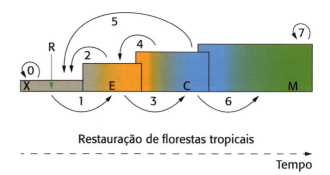

Fig. 5.10 *Diagrama esquemático que descreve o modelo trifásico de restauração de florestas tropicais (E = estruturação; C = consolidação; M = maturação)*

1), desta para a fase de consolidação (seta 3) e desta para a de maturação (seta 6);
- existem fatores, condições ou processos que podem levar uma fase a retornar à outra anterior (setas 2 e 4) ou até converter a floresta em restauração novamente em uma área degradada (seta 5);
- mantidos certos processos, a floresta em restauração pode permanecer na fase madura (seta 7).

Muitas áreas hoje degradadas, com ou sem vegetação, podem permanecer no estado degradado por anos ou décadas, sem sofrer sucessão secundária, por causa da contínua erosão do solo, de sucessivas queimadas ou ainda de muitos outros fatores. Essas áreas podem até mesmo se tornar progressivamente mais degradadas, fazendo com que a sua restauração, como se verá em capítulos futuros, envolva grandes esforços, tempo e custos. Um exemplo dessa situação são pastagens abandonadas em muitas regiões brasileiras, em que a gramínea que forma o pasto local é capaz de crescer muito rapidamente e formar uma grande biomassa (em geral, gramíneas africanas forrageiras, como as braquiárias). Essa grande biomassa de gramíneas muitas vezes inibe ou impede o desenvolvimento de arbustos e árvores nativos, de forma que esses locais podem permanecer anos sem se converterem em uma floresta. Adicionalmente, verifica-se que uma determinada área é convertida em pastagem depois de o solo ter sido degradado o suficiente para inviabilizar cultivos mais exigentes em fertilidade, como observado em extensas áreas do Vale do Paraíba que foram convertidas de cafezais em pastagens, fazendo com que a degradação do solo também restringisse a restauração da área. Em outros casos, o manejo inadequado das pastagens extensivas favorece a ocorrência de processos erosivos. Assim, a cobertura da área por uma espécie altamente competidora e a degradação histórica do solo podem restringir fortemente a regeneração posterior de espécies nativas, demandando do restaurador intervenções ativas e custosas.

Em todas as áreas degradadas, sejam elas pastos, áreas de cultivo agrícola, plantações florestais, áreas mineradas ou áreas com outros tipos de ocupação, é possível dar início ao processo de restauração ao eliminar os fatores de degradação que estão impedindo o desenvolvimento local de comunidades florestais e isolar essa área de maneira que estes ou outros possíveis fatores de degradação não venham futuramente a degradar a área que vai começar a ser restaurada (Fig. 5.11). Por exemplo, a retirada de um

Quadro 5.1 Características principais das fases do processo de restauração de uma floresta tropical

Fase de estruturação (0 - 15 anos)*

Ocupação da área por espécies arbóreas florestais intolerantes à sombra;

Rápido crescimento das espécies intolerantes à sombra;

Criação de um dossel e, consequentemente, de um hábitat florestal;

Sombreamento e eliminação de plantas competidoras ruderais, como gramíneas exóticas;

Gradual aumento na oferta de alimentos para animais (p. ex.: flores, frutos, sementes), uma vez que as espécies arbóreas pioneiras e parte das secundárias entrarão em reprodução durante essa fase, favorecendo assim o trânsito ou mesmo a manutenção local de populações de animais;

Atração de animais zoocóricos, que, vindos de florestas vizinhas para se alimentar na floresta em estruturação, podem introduzir na área propágulos de novas espécies de plantas;

Surgimento de regenerantes arbóreos autóctones tolerantes à sombra, uma vez que, após cerca de uma década, algumas espécies arbóreas secundárias entram em reprodução;

Início da senescência e morte das espécies arbóreas intolerantes à sombra e de rápido crescimento que compunham o dossel.

Fase de consolidação (15 - 30 anos)*

Senescência e morte das espécies pioneiras do dossel que se formou durante a fase de estruturação;

Criação de um novo dossel dominado por espécies secundárias iniciais;

Manutenção de hábitat florestal sombreado;

Aumento da heterogeneidade ambiental, criada pela engenharia produzida pelas árvores de espécies secundárias iniciais que compõem o novo dossel, e de micro-hábitats dentro da floresta;

Aumento no fornecimento de alimentos para a fauna, pois espécies arbóreas pioneiras, secundárias e clímaces estarão em estágio reprodutivo durante essa fase, favorecendo o trânsito e a manutenção local de populações animais;

Aumento da presença e abundância de regenerantes arbóreos autóctones e de várias formas de vida vegetal;

Aumento da oferta de alimentos, tendendo a atrair maior quantidade e variedade de dispersores, favorecendo a introdução local de novas espécies de plantas.

Fase de maturação (30 anos - em aberto)*

Gradual enriquecimento com espécies arbóreas e outras formas de vida vegetal florestais;

Aumento gradual das populações locais de animais;

Aumento geral na riqueza e biodiversidade da floresta, com especial destaque para o incremento de outras formas de vida vegetal;

Gradual formação de um dossel dominado por espécies arbóreas clímaces;

Aumento nas interações entre espécies, nas interações com o meio físico e na complexidade do ecossistema;

Maior estratificação da floresta, maior acumulação de biomassa, matéria orgânica, nutrientes etc.;

Estabelecimento de uma dinâmica de clareiras.

*As idades citadas representam apenas uma referência genérica, que pode variar muito de acordo com a formação florestal considerada, as condições de solo e de clima e as espécies presentes durante o processo de restauração.

canavial da margem de um ribeirão é fundamental para que se possa iniciar nesse local um plantio de mudas ou a semeadura direta de espécies florestais que levem a uma restauração. Pode-se então perguntar: que condições, processos e espécies permitem o desencadeamento da fase de estruturação?

O início do processo de restauração consiste na conversão de um hábitat aberto, favorável ao desenvolvimento de espécies adaptadas a pleno sol, como gramíneas e outras espécies ruderais, em um hábitat sombreado, que fornece condições favoráveis à regeneração das espécies florestais nativas. A formação de um sub-bosque sombreado resulta da criação de um dossel florestal fechado e leva à gradual eliminação de gramíneas e ervas ruderais eventualmente presentes. Algumas espécies arbóreas pioneiras e secundárias iniciais de dossel são as únicas capazes, simultaneamente, de se estabelecerem em áreas abertas degradadas e de crescer suficientemente rápido de maneira a vencer a competição com as gramíneas e de levar à gradual formação de um dossel fechado. Portanto, o primeiro passo necessário à restauração de uma floresta tropical é garantir a formação de um dossel dominado por pioneiras. Esse dossel pode surgir da rebrota de tocos ou raízes, da germinação de sementes já presentes no local (do banco ou vindas por dispersão) ou então do plantio de mudas, semeadura direta ou de outra ação do restaurador para reintroduzir na área uma comunidade inicial de espécies arbustivas e arbóreas. A *fase de estruturação* seria, então, o período de tempo que vai desde a gradual ocupação da área degradada por espécies florestais até o início da senescência das espécies pioneiras que dominam o dossel inicial estabelecido no local.

Como se discutirá em outros capítulos, quando a restauração é conduzida de forma adequada em áreas de pastagem ou de cultivos agrícolas, é possível recobrir toda a área degradada com uma floresta jovem de pioneiras e secundárias em dois ou três anos. Todavia, não basta apenas formar florestas dominadas por pioneiras para restaurar uma floresta tropical; é preciso que essas florestas se desenvolvam e atinjam a condição de floresta madura. Se não forem implantadas de forma correta, mesmo florestas com dossel fechado dominado por espécies pioneiras podem vir a desaparecer precocemente durante a fase de estruturação, ou seja, antes do período normal de senescência dessas espécies. Por exemplo, pioneiras da Floresta Estacional Semidecidual podem eventualmente crescer bem em sítios degradados sem maiores restrições de solo ou de encharcamento. No entanto, se for observado um período intenso de seca ou uma inundação mais prolongada após alguns anos, esses indivíduos, mesmo tendo já vários metros de altura, podem ser rápida e

Fig. 5.11 *Quinze anos após o isolamento de um pasto para fins de restauração florestal, já se observa uma densa regeneração de espécies nativas (direita), ao passo que no pasto vizinho, mantido roçado e com animais, não se observam espécies nativas lenhosas regenerando (esquerda)*

totalmente eliminados da área. Essa morte precoce revela que o diagnóstico inicial não foi feito adequadamente, pois, no primeiro caso, ele deveria ter levado à escolha de espécies da Floresta Estacional Decidual, e no segundo, de espécies mais tolerantes ao encharcamento. Em contrapartida, se estabelecido adequadamente, esse dossel inicial poderá persistir por décadas.

A fase de consolidação corresponde ao período de tempo que vai desde o início da senescência das pioneiras do dossel inicial até a criação de um novo dossel dominado por espécies secundárias iniciais. Agora, pode-se então perguntar: que condições, processos e espécies permitem a transição da fase de estruturação para a de consolidação? Para que o processo de consolidação se efetive, é preciso que a perda do dossel inicial não ocorra de forma abrupta e rápida, dando tempo e condições para que espécies secundárias iniciais presentes no sub-bosque sombreado cresçam e fechem as clareiras abertas pela senescência e morte das pioneiras, construindo, dessa forma, um novo dossel. A composição e a estrutura da floresta no final da estruturação têm uma grande importância no desenvolvimento do processo de consolidação, podendo fazer com que a floresta conclua a fase de consolidação ou que ela retorne à fase de estruturação ou mesmo à condição de área degradada.

O processo de consolidação pode não se concluir, por exemplo, se uma floresta na fase de estruturação tiver um dossel formado por uma única ou poucas espécies pioneiras. Como muitas espécies pioneiras normalmente entram em senescência e começam a morrer antes dos 15 anos, o plantio ou regeneração de uma ou poucas espécies pioneiras resultará na morte sincrônica da maioria dos indivíduos do dossel. Rapidamente, serão formadas muitas clareiras e/ou clareiras muito grandes, ou ainda muitas clareiras espacialmente concentradas, favorecendo a ocupação do antigo sub-bosque por gramíneas exóticas em vez da criação de um novo dossel que permita a regeneração de espécies mais tardias da sucessão. Nesses casos, a floresta pode se converter em uma espécie de pasto com algumas árvores mais ou menos isoladas, retornando gradualmente à condição de área degradada (Fig. 5.12).

Portanto, para que o processo de consolidação tenha mais chances de ter sucesso, é preciso que, na fase de estruturação, o dossel inicial seja formado principalmente por muitas espécies de crescimento rápido (pioneiras e algumas secundárias iniciais) com diferentes durações de ciclo de vida, que nenhuma seja muito mais abundante que as demais e que todas essas espécies estejam espacialmente bem misturadas pela área. Essas demandas são mais importantes em áreas inseridas em paisagens muito

Fig. 5.12 *Exemplo de uma floresta em restauração com 15 anos de plantio que já passou pela fase de consolidação (A) e de uma que, embora já tenha passado pela fase de estruturação, não passou pela de consolidação (B), em virtude de as pioneiras constituintes do dossel terem morrido sincronicamente e aberto grandes clareiras, que foram colonizadas por gramíneas exóticas, e não por espécies nativas secundárias e climácicas*

fragmentadas, onde a recolonização do sub-bosque por espécies florestais nativas é um processo lento. Já em áreas próximas a grandes fragmentos ou inseridas em matrizes mais favoráveis, o processo de recolonização é tão rápido e intenso que a transição da fase de estruturação para a de consolidação se dá sem maiores problemas. No entanto, não basta apenas a presença de uma floresta com um dossel inicial fechado que se desfaz aos poucos, pois as clareiras que se abrirem precisarão ser fechadas, formando um novo dossel. Entre as espécies arbóreas nativas, as secundárias iniciais são as únicas capazes de crescer em um sub-bosque sombreado suficientemente rápido durante a fase de estruturação de maneira a estarem aptas a formar um novo dossel quando as pioneiras morrerem.

Dessa forma, se no sub-bosque de uma floresta em consolidação não existirem secundárias iniciais, se elas estiverem presentes em baixa densidade, se estiverem pouco espalhadas pela área ou ainda se forem jovens demais, apresentando pequeno porte quando surgirem clareiras, as áreas abertas tenderão a ser ocupadas por gramíneas exóticas agressivas, que, por sua vez, tenderão a impedir a formação de um novo dossel ao evitar o surgimento de pioneiras vindas do banco de sementes ou ao competir com as espécies secundárias iniciais presentes nessas clareiras. Nesses casos, grande parte do que havia sido acumulado no período de estruturação, na forma de biomassa e riqueza de espécies e interações, tenderá a ser perdido. Por outro lado, se pioneiras puderem germinar do banco de sementes, crescer e vencer a competição com as gramíneas e forem capazes de reconstruir um novo dossel, então o hábitat florestal será mantido, embora a floresta também regresse à fase de estruturação. Mas se, ao final da estruturação, existir uma floresta com um dossel inicial fechado que se desfaz gradualmente e no seu sub-bosque estiverem presentes espécies secundárias iniciais em densidade, arranjo espacial e porte adequados, capazes de formar um novo dossel, então o processo de consolidação tenderá a ter sucesso, mantendo localmente o hábitat florestal sombreado.

Quando se forma um novo dossel dominado por espécies secundárias iniciais, considera-se encerrada a fase de consolidação, tendo início a mais longa das três fases do processo, a de maturação, que não tem um final definido. Esse novo dossel, sendo formado principalmente por espécies que sobrevivem por muitas décadas, vai garantir que o hábitat florestal se mantenha por um longo período (começo da maturação), possibilitando que, gradualmente e por meio de muitos processos, a comunidade florestal existente se converta em uma floresta madura. A fase de maturação envolve o acúmulo de biomassa, incrementos na ciclagem de nutrientes, maior estratificação da vegetação, ingresso de muitas espécies e formas de vida vegetal, invasão e estabelecimento de uma diversificada fauna, criação de complexas interações interespecíficas, ampliação da competição, predação, herbivoria e de outras interações ecológicas. Gradualmente, as espécies clímaces devem se estabelecer, desenvolver, alcançar e dominar o dossel, passando a manter esse estrato por meio de um processo de dinâmica de clareiras, que deve garantir a indefinida perpetuação da comunidade florestal no local. Todavia, isso não deve significar que a floresta tropical em restauração alcançou uma estabilidade definitiva e permanente, pois mesmo florestas nativas consideradas maduras são vistas como ecossistemas em fluxo, que estão em lenta e gradual transformação ao longo do espaço e do tempo.

Embora até aqui maior ênfase tenha sido dada à criação e manutenção de um hábitat florestal, outros importantes aspectos da ecologia florestal devem também ser supridos nas fases iniciais da restauração. Por exemplo, para que diferentes espécies vegetais cheguem por dispersão à floresta em restauração e possam ali se estabelecer no sub-bosque, é preciso que nele existam diferentes microssítios, pois diferentes espécies precisam de condições distintas para germinar, crescer e poder alcançar a fase adulta. A própria chegada de novas espécies de planta por meio da dispersão pode depender, na maior parte dos casos, da atração de animais dispersores, o que significa dispor de uma contínua oferta de alimentos na floresta e de locais apropriados para o pouso. O mesmo se aplica aos polinizadores, fundamentais para a formação de frutos e sementes e para a manutenção das populações já presentes ou que gradualmente cheguem à área. Assim, também é preciso dispor de diferentes fontes de alimento para ter diferentes espécies de polinizadores ao longo de todo o ano.

Tais demandas se aplicam principalmente a áreas em processo de restauração inseridas em paisagens muito fragmentadas, onde cada trecho a ser restaurado tem que ter um nível mínimo de autossuficiência ecológica para poder se perpetuar no tempo. Já em paisagens menos transformadas pelo homem, as áreas em restauração não precisam dispor de boa parte dos elementos necessários para a manutenção de comunidades de fauna na área, pois isso poderá ser suprido pelos fragmentos presentes na paisagem circundante. No entanto, a disponibilidade de uma maior diversidade de espécies vegetais e grupos funcionais pode ajudar a acelerar o processo de restauração por aumentar a atração da fauna. Assim, para evitar a mortalidade sincrônica no dossel, dispor de diferentes condições de luz e fertilidade no chão da floresta, fornecer alimentos abundantes e distintos durante todo o ano a dispersores e polinizadores ou ainda para que se tenham quaisquer outras condições heterogêneas dentro da floresta, é fundamental que haja um grande número de espécies vegetais na floresta em formação.

O modelo aqui apresentado permite, assim, verificar as tendências gerais esperadas do processo de restauração de florestas tropicais, ressaltando-se a presença de distintas fases com características peculiares, que, para ocorrerem, dependem de condições, fatores, espécies e processos ecológicos que podem ser identificados e que podem determinar a criação, manutenção ou transição entre essas fases. Nesse sentido, o modelo proposto permite que se faça um diagnóstico, em cada caso específico, de quais fases estão ou não sendo garantidas pelas condições existentes no sítio degradado e na sua vizinhança e, consequentemente, permite que se visualizem quais processos precisam ser favorecidos ou induzidos para que se obtenha o sucesso na restauração como um todo, restabelecendo, assim, uma trajetória de restauração adequada. Com base nesse diagnóstico, pode-se então fazer uma prescrição de quais ações de restauração poderiam ou deveriam ser utilizadas e como, quando e onde deveriam ser implementadas. Por exemplo, o modelo indica que,

em geral, não se consegue induzir ou manter o processo de estruturação de uma floresta sem a retirada do fator de degradação presente na área degradada e o isolamento da área desse ou de outros fatores de degradação. É o que se observa em muitas pastagens abandonadas, em que o controle das gramíneas muito agressivas é crítico para permitir que a regeneração natural, eventualmente já estabelecida no local, possa se desenvolver. Deve-se, portanto, prescrever esse controle, sendo menos relevante se ele será manual, mecânico ou químico, desde que efetivamente se induza o início da estruturação.

O modelo propõe também que há uma transição da condição degradada para a fase de estruturação, indicando que existem condições que precisam ser supridas para que essa transição ocorra, não bastando apenas a retirada do fator de degradação. É o que se observa, por exemplo, em margens de rios cultivadas intensivamente durante décadas na zona da mata do Nordeste brasileiro. Nelas, praticamente não há um banco de sementes de espécies florestais ou plântulas, juvenis e árvores de espécies florestais nativas do local, bem como pode nem haver fragmentos florestais próximos, não existindo, portanto, condições básicas para que ali volte a surgir uma floresta de forma passiva. Esse diagnóstico indica a necessidade de plantios ou semeaduras para, então, a fase de estruturação poder ter início. Como se pode notar, as ações de restauração requeridas variam muito segundo a situação e o contexto existentes. Por exemplo, em um certo local pode bastar apenas o controle inicial da competição com gramíneas para que a restauração siga até a maturação. Já em outro, havendo poucos fragmentos na paisagem e chegando poucas sementes de espécies clímaces, pode ser preciso o plantio inicial ou de enriquecimento com essas espécies para completar a maturação da floresta. Em outro caso ainda, um distúrbio pode ter mudado a trajetória de restauração em curso, necessitando-se agora que novas intervenções sejam feitas.

Tradicionalmente, o enfoque da restauração esteve sempre muito concentrado na identificação de ações ou métodos que solucionassem os diferentes problemas que foram sendo identificados e na indicação de quando, como e onde eles deveriam ser empregados. Nos métodos, portanto, e com toda razão, concentraram-se os esforços e ações dos restauradores. Todavia, o modelo aqui proposto chama a atenção para a existência de *fases* no processo de restauração, que precisam ser supridas para que a efetiva restauração de uma área seja obtida, isto é, os métodos devem servir a um propósito muito claro de garantir que essas etapas essenciais para o processo de restauração sejam devidamente satisfeitas. Como consequência, essa nova abordagem propõe que o restaurador passe a ter como primeira e maior preocupação as fases, e só depois as ações. O objetivo do restaurador, então, deveria ser o de garantir todas as fases do processo, e os métodos de restauração seriam apenas instrumentos para obtê-las. Os métodos devem, portanto, estar a serviço da obtenção das fases, que, por sua vez, estão associadas ao estabelecimento de uma trajetória ecológica adequada.

Em termos práticos, se a consolidação e maturação podem ser obtidas pela contribuição de fragmentos próximos, mas não há propágulos em um local para dar início à estruturação, o importante é introduzi-los para que, assim, todas as fases sejam garantidas. Não faz diferença se essa introdução será feita por meio de plantio, semeadura direta ou transferência de um banco de sementes, pois em princípio qualquer um seria suficiente, devendo então a decisão do método relacionar-se a outras razões, como custos, facilidades, disponibilidade de mão de obra e insumos etc. De forma semelhante, pode-se fazer um monitoramento a fim de avaliar se as condições existentes e os métodos já empregados estão tendo sucesso em desenvolver a fase já em curso no processo de restauração e se elas serão capazes ou não de garantir as fases ainda por vir. Isso permitirá identificar eventuais problemas e prescrever as soluções mais adequadas para que todas as fases sejam alcançadas. O Quadro 5.2 visa justamente permitir que se façam mais facilmente o diagnóstico das condições atuais existentes no sítio degradado e na paisagem do entorno (colunas e linhas) e a prescrição (letras A a E) de quais fases precisam ser garantidas.

Em todas as situações identificadas, primeiro é necessário remover os fatores de degradação e isolar a área e depois implementar as estratégias de restauração indicadas.

Pode-se observar no Quadro 5.2 que, em sítios sem nenhum potencial de autorregeneração e nos quais não chegam sementes vindas de florestas próximas, devem-se introduzir ativamente espécies arbustivas e arbóreas para que se possam garantir todas as fases. Já em sítios em que é grande a regeneração natural local, assim como a chegada de sementes vindas de fragmentos florestais da paisagem, será preciso apenas garantir que a estruturação se dê, e as demais fases ocorrerão naturalmente. Por exemplo, em um pasto "sujo" abandonado vizinho a um fragmento florestal preservado, bastaria apenas fazer a capina para permitir que a grande quantidade de regenerantes florestais ali presentes se estabelecesse e formasse um dossel fechado, vindo com o tempo o enriquecimento natural do fragmento vizinho. Essa

Quadro 5.2 Tomada de decisão desenvolvida para permitr que se identifiquem, de acordo com os potenciais de autorregeneração (resiliência local) e de chegada de sementes vindas de fragmentos florestais do entorno (resiliência da paisagem), quais estratégias de restauração precisam ser utilizadas para que se garantam as fases de estruturação (E), consolidação (C) e maturação (M) da restauração

Potencial de autorregeneração na área degradada	Potencial de dispersão de sementes pelos fragmentos florestais do entorno		
	Ausente ou pequeno	Médio	Alto
Ausente ou pequeno	A	B	C
Médio	A	B	D
Alto	E	E	D

A, B, C, D e E correspondem a estratégias de restauração, sendo:

A = introdução ativa de espécies para garantir a ECM; B = introdução ativa de espécies para garantir a EC e favorecimento da dispersão por fragmentos florestais do entorno para garantir a M; C = introdução ativa de espécies para garantir a E; D = manejo do potencial de autorregeneração para garantir a E; E = manejo do potencial de autorregeneração para garantir a E e introdução ativa de espécies para garantir a CM.

longa revisão de conceitos é fundamental para o melhor entendimento dos capítulos que se seguem, mas ela não esgota nenhum dos assuntos apresentados, permitindo apenas uma visão geral.

5.4 Considerações finais

A sucessão secundária é o grande conceito orientador da restauração florestal, e entender os conceitos e saber quais processos ecológicos causam as mudanças de composição, estrutura e funcionamento nas comunidades biológicas que resultam no processo sucessional são fundamentais para que se possam reproduzir ou induzir esses processos nas áreas que se quer restaurar. Como visto, as espécies nativas da formação florestal preexistente na área degradada, por serem tolerantes às condições locais e terem evoluído em interação com as demais espécies dessa vegetação, têm maiores possibilidades de ali se restabelecerem novamente e, portanto, devem ser localmente reintroduzidas ou favorecidas. No entanto, não se deve considerar a restauração como um processo dependente de um agrupamento aleatório de espécies florestais, pois as espécies constituem grupos funcionais que atuam de forma diferenciada nesse processo, garantindo que determinadas condicionantes da maturação sucessional da floresta sejam supridas. Essas espécies e grupos sucessionais são a chave do processo de restauração, pois fornecem alimentos, alteram o meio físico, criam micro-hábitats e podem restabelecer interações ecológicas, sendo a biodiversidade uma parceira indispensável do restaurador. Mas a efetiva manutenção de espécies florestais em uma área em restauração depende do restabelecimento local de vários processos ecológicos básicos para a formação de populações e da comunidade, e não apenas da presença das espécies, como visto no capítulo anterior, e parte relevante desses processos depende da dinâmica da paisagem em que o projeto de restauração está inserido, e não apenas das ações do restaurador.

Embora a sucessão secundária deva ser o processo ecológico norteador de todo e qualquer projeto de restauração florestal, é necessário dispor de um modelo conceitual que se aplique mais diretamente ao trabalho do restaurador, pois muitos dos filtros eco-lógicos a serem superados são particulares de áreas degradadas e não fazem parte de um processo natural de sucessão, tal como a competição com gramíneas invasoras, a fragmentação da paisagem, os distúrbios antrópicos, a degradação do solo etc. Assim, a adequada realização de projetos de restauração de florestas tropicais requer uma visão clara de como o processo efetivamente ocorre, sendo necessário integrar os conhecimentos sobre a dinâmica de ecossistemas naturais com as particularidades da sucessão secundária em áreas degradadas pelo homem. O modelo conceitual apresentado neste capítulo, composto pelas fases de estruturação, consolidação e maturação, propõe a existência de *fases* no processo de restauração que precisam ser supridas para que a efetiva restauração de uma área seja obtida. Assim, os métodos de restauração a serem descritos nos próximos capítulos devem servir ao propósito muito claro de garantir que essas etapas essenciais sejam devidamente satisfeitas. Embora a concepção desse modelo seja sustentada em quase 30 anos de vivência na restauração de florestas tropicais e subtropicais brasileiras, só agora ele começou a ser aplicado à prática da restauração florestal, sendo necessária visão crítica no uso e interpretação dos resultados gerados por esse modelo.

Literatura complementar recomendada

CARSON, W. P.; SCHNITZER, S. A. (Ed.). *Tropical forest community ecology*. Oxford, UK: Wiley-Blackwell, 2008.

CECCON, E. *Restauración en bosques tropicales*: fundamentos ecológicos, prácticos y sociales. Madrid: Ediciones Díaz de Santos, 2013. 288 p.

CHAZDON, R. L. *Second growth*: the promise of tropical forest regeneration in an age of deforestation. Chicago: University Of Chicago Press, 2014.

FALK, D. A.; PALMER, M. A.; ZEDLER, J. B. (Ed.). *Foundations of Restoration Ecology*. Washington, D.C.: Island Press, 2006. 364 p.

HOBBS, R. J.; SUDING, K. N. (Ed.). *New models for ecosystem dynamics and restoration*. Washington, D.C.: Island Press; SER, 2008. 352 p.

LUKEN, J. O. *Directing ecological succession*. London: Chapman and Hall, 1990.

Diagnóstico e zoneamento ambiental de unidades espaciais para fins de restauração florestal

As diferentes etapas de um trabalho de restauração florestal podem ser analogamente comparadas, para fins didáticos, às etapas de um tratamento médico. Nessa linha de raciocínio, o doente seria uma área degradada que precisa ser examinada com cuidado para que se possam estabelecer terapias ou tratamentos adequados para o problema observado, os quais são análogos aos métodos de restauração. Posteriormente à aplicação dessas medidas terapêuticas/métodos de restauração, o paciente/área em processo de restauração deve ser monitorado pelo médico/restaurador para que se possa aferir se os tratamentos recomendados estão surtindo efeito ou se são necessárias modificações e/ou complementações a esses tratamentos (ações corretivas) a fim de que se atinja o resultado esperado.

Aplicando esse raciocínio a uma unidade espacial, como uma microbacia ou uma propriedade rural, pode-se fazer essa analogia citada com um consultório médico, uma vez que cada paciente desse consultório, em virtude das particularidades de sua doença, vai ter um tratamento e um monitoramento específico, geralmente distintos daqueles dos demais pacientes. O mesmo ocorre numa unidade espacial qualquer, pois cada situação dentro dessa unidade deverá receber um tratamento de restauração específico, dependendo do diagnóstico de cada uma das suas situações ambientais. Nesse contexto, qualquer projeto de restauração florestal pode ser resumido em três itens principais, sendo eles o diagnóstico, a definição e aplicação de métodos de restauração e o monitoramento.

Essas etapas podem se repetir no tempo, como nos casos em que o monitoramento aponta problemas e ações corretivas são necessárias para a solução desses problemas, sendo que essas ações deverão ser novamente monitoradas para que se verifique a sua efetividade. Entre essas etapas, o diagnóstico assume importância decisiva justamente por constituir a base do processo de restauração, sob a qual todas as atividades e intervenções subsequentes serão sustentadas. Caso ocorra algum erro nessa fase, certamente haverá problemas na recomendação de metodologias de restauração e, consequentemente, na aplicação de ações de restauração, problemas esses que deverão

ser apontados em um monitoramento adequado da área. Em alguns casos de erros do diagnóstico inicial, pode ser que as ações corretivas consigam readequar a trajetória ambiental do ecossistema em restauração, para que ele não entre em declínio ou fique estagnado, sem evolução temporal. Contudo, em outros casos de erros de diagnóstico inicial, o trabalho deverá voltar ao ponto de partida inicial, ou seja, à mesma situação de degradação antes do início do projeto, pois as ações corretivas não vão conseguir recuperar a trajetória de restauração desejada ou a adoção dessas ações não compensará financeiramente. Sendo assim, quando erros de diagnóstico ocorrem, há grande desperdício de tempo e recursos, pois todo o trabalho de restauração aplicado em uma dada área deverá ser manejado intensamente para obter sucesso ou precisará ser inteiramente refeito. Se esse trabalho for simplesmente repetido, sem uma análise crítica dos possíveis erros de diagnóstico que o levaram ao insucesso e a devida correção desses erros para uma adequada definição de metodologias, serão novamente observados desperdícios.

Níveis mínimos de restauração do ecossistema poderiam ser obtidos com menor aporte de recursos por meio da definição de uma metodologia de restauração de menor custo. No entanto, como ocorre mais comumente, os erros de diagnóstico e de escolha das metodologias de restauração vão comprometer que se atinjam níveis mínimos de restauração do ecossistema em um prazo condizente com a degradação promovida na área. Certamente, ao se considerarem centenas ou milhares de anos sem perturbações antrópicas, muitas dessas áreas degradadas deverão atingir naturalmente esse nível mínimo de restauração. Nessa perspectiva, que desconsidera os motivos da degradação e os benefícios financeiros obtidos com as atividades degradadoras, de forma descuidada ou proposital, e não contempla a demanda urgente por melhorias ambientais a fim de evitar a extinção de espécies e o comprometimento da geração de serviços ecossistêmicos, a restauração ecológica poderia ser ignorada, pois trabalharia apenas nas situações em que essa restauração natural (sem intervenção antrópica) pudesse não ocorrer nessa escala de tempo de centenas ou milhares de anos. Contudo, diante da atual crise ambiental, na qual a provisão de serviços ecossistêmicos essenciais ao bem-estar da sociedade está comprometida e grande parte da biodiversidade está ameaçada, ações intencionais para desencadear, facilitar ou acelerar a recuperação dos ecossistemas nativos se fazem presentes, justificando intervenções bem planejadas.

Em linhas gerais, o diagnóstico de cada uma das situações degradadas de uma unidade espacial (microbacia, propriedade rural etc.) deverá consistir da avaliação das características da estrutura e dinâmica da paisagem em que as áreas a serem restauradas estão inseridas e da avaliação dos locais a serem restaurados. A identificação das características da paisagem regional em que se inserem as áreas a serem restauradas deve considerar a fragmentação e a conectividade das formações naturais nessa paisagem, o estado dominante de degradação dos remanescentes naturais e o uso predominante do solo agrícola, os quais determinam o potencial de recolonização das áreas em restauração por espécies da fauna e flora nativas. Esse diagnóstico da paisagem regional deverá ser realizado usando imagens aéreas de boa resolução (fotos aéreas ou imagens de satélite), o que permitirá definir o que se chama de resiliência da paisagem, sendo que essa etapa do diagnóstico servirá para todas as situações degradadas da unidade espacial considerada. No entanto, em escalas maiores, como de bacia hidrográfica ou município, essa análise deveria ser refinada, por exemplo, definindo setores espaciais menores, para não se correrem riscos de diagnósticos inadequados.

A seguir, deve-se realizar o exame minucioso de cada uma das áreas degradadas dessa unidade espacial que serão objeto das ações de restauração, considerando o processo de degradação a que essa situação ou área foi submetida em termos de tempo e intensidade de degradação, uso histórico, uso atual e características de seu entorno imediato. Essa caracterização deverá ser feita também usando imagens de boa definição agora da referida unidade espacial, e não da paisagem regional, com posterior checagem de campo para corrigir os possíveis erros de interpretação da imagem e atualizar a realidade de campo em relação à apresentada pela imagem, que

muitas vezes é defasada. O objetivo dessa etapa do diagnóstico é identificar todos os fatores limitantes locais que possam interferir no sucesso de restauração dessa área, para que, então, sejam indicados métodos específicos e mais adequados de superação de cada um desses fatores.

Esse exame minucioso se mostra necessário porque a heterogeneidade ambiental das áreas a serem restauradas, heterogeneidade essa promovida pelas diferenças intrínsecas da área antes da degradação e da particularização do processo de degradação, de uso atual e do entorno imediato, faz com que toda intervenção de restauração tenha que ser pensada caso a caso, para cada uma das situações definidas na unidade espacial considerada, mesmo que estejam inseridas na mesma condição da paisagem regional. Dessa forma, embora a resiliência da paisagem tenha uma destacada contribuição na definição das metodologias mais adequadas para cada situação ambiental, o sucesso da restauração está fortemente vinculado a uma correta identificação da resiliência local, pois dela depende, em grande parte, o restabelecimento inicial de uma fisionomia florestal na área degradada.

Como consequência dos resultados gerados pelo diagnóstico ambiental, diferentes métodos de restauração florestal podem ser indicados para os diferentes trechos de uma mesma unidade espacial, não havendo uma receita única que possa ser extrapolada espacialmente para uma mesma unidade de planejamento, principalmente quando se trata de unidades espaciais de dezenas de hectares. Adicionalmente, há que se considerar projetos de restauração conduzidos em amplas extensões geográficas e com grande diversidade de condições ecológicas e de uso do solo, que dificultam o planejamento, a coordenação e a execução de programas de restauração florestal. Em virtude disso, torna-se imprescindível um bom diagnóstico de cada unidade espacial, permitindo organizar onde e como as ações de restauração deverão ser realizadas, inclusive definindo áreas prioritárias de restauração, bem como a extensão das unidades a serem restauradas, considerando cada método definido no diagnóstico. Tais informações serão essenciais para que se definam os custos do processo, a quantidade de insumos a ser utilizada, o número de trabalhadores a ser contratado, o cronograma de execução e assim por diante, potencializando muito as chances de sucesso. Nesse contexto, torna-se necessário o zoneamento ambiental.

Dito isso, chega-se agora ao detalhamento, passo a passo, das etapas envolvidas no diagnóstico e zoneamento ambiental, para que se possa compreender como essa fase do planejamento da restauração é realizada na prática e como contribui para o sucesso das ações implantadas. Algumas dessas fases foram apresentadas de forma individualizada para fins didáticos, embora possam ser concomitantemente realizadas em campo para aumentar o rendimento de trabalho. Por exemplo, foram apresentados diferentes níveis de checagem de campo, referentes à validação da delimitação das APPs previamente definidas na fotointerpretação, à identificação de fatores de degradação e à avaliação das formas de uso e ocupação atual do solo e do potencial de autorrecuperação ou resiliência local de cada uma das situações da unidade espacial considerada. De forma semelhante, o diagnóstico do estado de degradação dos remanescentes florestais, definindo seu potencial de autorrecuperação se devidamente isolado e/ou manejado, e sua caracterização fitofisionômica e florística poderão ser realizados em uma única visita a cada fragmento e pelos mesmos profissionais, em vez de parcelar essas atividades em visitas de campo distintas. Isso torna o processo muito mais ágil, pois evita-se retornar a uma mesma unidade espacial várias vezes, o que seria um problema em se tratando de propriedades rurais, que muitas vezes estão distantes e são de difícil acesso.

Deve-se atentar também para o fato de que muitos dos detalhes apresentados, como a aquisição de fotografias aéreas ou imagens de satélite, são especialmente necessários em trabalhos com grandes extensões de área, pois podem facilitar muito os trabalhos de campo, mas poderiam ser dispensados no caso de projetos de restauração florestal em pequena escala. No entanto, mesmo os pequenos projetos de restauração devem ter especial atenção ao nível de detalhamento que é necessário para que se chegue a um bom diagnóstico ambiental

da unidade espacial definida, o que é decisivo para a escolha adequada de métodos de restauração para cada uma das situações de degradação e, consequentemente, para o sucesso do projeto como um todo.

6.1 A PRÁTICA DO DIAGNÓSTICO AMBIENTAL PARA FINS DE RESTAURAÇÃO FLORESTAL

6.1.1 Passo 1: Definição dos limites das propriedades rurais

Uma particularidade importante da restauração no Brasil é que a grande maioria dos projetos é conduzida em propriedades particulares. Conforme discutido em capítulos anteriores, a legislação ambiental brasileira estabelece que zelar pela integridade ecológica de determinados trechos de propriedades particulares, como APPs e RLs, é obrigação do dono da terra, restringindo legalmente o uso dessas áreas em detrimento da vontade do proprietário e em prol do benefício da coletividade. Justamente por se tratar de propriedades particulares, o primeiro passo do diagnóstico é a definição dos limites espaciais dessas propriedades. Apesar de parecer uma atividade simples, essa é uma das etapas que podem trazer maiores complicações, pois muitas vezes a documentação que define os limites da propriedade é muito antiga, a maioria sem definição de limites espaciais precisos, como coordenadas geográficas, já que são usados muitas vezes pontos referenciais da paisagem ou mesmo pontos passíveis de serem alterados no tempo, como linhas de café, árvores etc. Além disso, a regularização fundiária no Brasil ainda é caótica em muitas regiões, carecendo de uma delimitação confiável dos limites das propriedades, havendo várias sobreposições de trechos entre propriedades vizinhas. Em razão disso, muitas vezes é necessário validar os limites dos mapas das propriedades com base no memorial descritivo do imóvel, contido na matrícula depositada no cartório de registro de imóveis do município, e com base em uma confirmação desses limites no campo.

Apesar de a descrição dos limites e confrontações dos imóveis rurais contendo coordenadas geográficas ter sido uma obrigação legal por alguns anos no Brasil, muitas propriedades não se adequaram a essa legislação, que foi recentemente alterada com a Lei de Proteção e Recuperação da Vegetação Nativa. Nesses casos, o georreferenciamento dos limites da propriedade pode ser problemático, em função das possíveis sobreposições e deslocamentos. No entanto, é essencial que o mapa da propriedade rural a ser inserida em um projeto de restauração esteja adequadamente georreferenciado, pois somente assim será possível calcular com exatidão as APPs e RLs, a área das diferentes situações ambientais e a área a ser trabalhada com cada método de restauração, bem como localizar as nascentes e cursos d'água e sobrepor fotografias aéreas ou imagens de satélite com os limites da propriedade, para permitir a elaboração do mapa de diagnóstico e de regularização da propriedade.

Todas essas etapas são feitas em um Sistema de Informações Geográficas (SIG), que serve como uma plataforma de trabalho para dados georreferenciados com a função de integrar imagens, situações particulares identificadas no campo e *layout* de mapas em um mesmo padrão cartográfico. Adicionalmente, a responsabilidade por restaurar uma dada área depende de onde essa área está localizada, e, se não há segurança na definição dos limites de uma propriedade, muitas vezes não se sabe também se essas áreas definidas para restauração estão dentro ou fora da propriedade rural alvo dessas ações. Além disso, a definição do tamanho da RL e da faixa de recuperação obrigatória em APPs ao longo de cursos d'água é, de acordo com a nova lei ambiental, dependente do tamanho da propriedade rural, o qual também pode ser modificado em virtude do deslocamento dos limites previamente estabelecidos.

6.1.2 Passo 2: Macrozoneamento

Uma vez viabilizado o mapa de limites da propriedade com a maior confiabilidade possível, passa-se ao macrozoneamento, que consiste na contextualização macrogeográfica da propriedade. Em termos práticos, essa etapa consiste na inserção do mapa da propriedade ou de um conjunto de propriedades que integram um determinado programa de restauração florestal em mapas regionais específicos contendo alguma informação importante para a restauração. Por exemplo, pode-se realizar o macrozoneamento com base em mapas nacionais e estaduais de biomas e formações vegetacionais, em mapas de vegetação remanescente, de microbacias hidrográficas, de geomorfologia, de unidades compartimentalizadas do relevo, de áreas prioritárias para o inventário biológico e o aumento da conectividade, de Unidades de Conservação etc. (Fig. 6.1). Com isso, espera-se ter uma visão geral do contexto em que o projeto se insere, o que vai ser importante para a definição de metodologias de restauração, pois pode-se prever uma possível contribuição dessa paisagem regional em prover sementes de espécies nativas e fauna para as áreas em restauração, definir os possíveis tipos vegetacionais a serem restaurados e ter uma boa ideia dos trechos prioritários de restauração para servirem de corredores ecológicos e para a inclusão do projeto em políticas públicas de apoio à restauração.

6.1.3 Passo 3: Aquisição de imagens aéreas

A obtenção de imagens aéreas do local é essencial em projetos de larga escala, pois possibilita o uso de análises computadorizadas de imagens como ferramenta de diagnóstico e zoneamento ambiental, de forma integrada ao uso de SIG. Nessa fase, podem ser utilizadas tanto fotografias aéreas como diferentes tipos de imagens obtidas por satélite, as quais podem apresentar grande variação de resolução, de disponibilidade, de preço e de adequação de qualidade para os trabalhos de fotointerpretação, que consiste na análise visual das imagens visando identificar e delimitar diferentes situações de uso e ocupação do solo. As imagens de satélites têm sido mais usadas em virtude de poderem ser repetidas no tempo, terem preço mais acessível, serem disponibilizadas por muitos satélites de diferentes nacionalidades e também devido à popularização de seu uso, por meio de programas como o Google Earth.

Por se tratar de um trabalho minucioso, de definição de limites muitas vezes de pequena extensão que exige elevada definição de imagens, deve-se dar preferência a imagens com resolução igual ou menor que 2,5 m/*pixel* e com escala menor que 1:15.000 (Fig. 6.2). Apesar de a disponibilidade

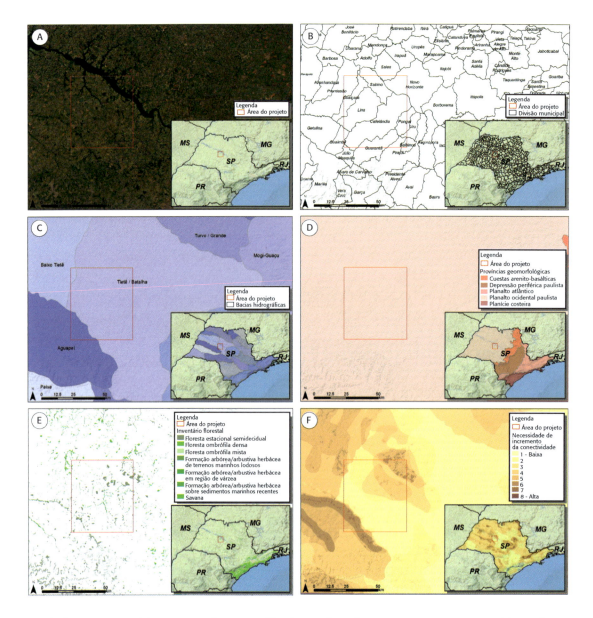

Fig. 6.1 *Possíveis mapas temáticos que podem ser utilizados na fase de macrozoneamento, considerando-se como exemplo uma área localizada na região central do Estado de São Paulo, em que: (A) área do projeto delimitada em imagem de satélite; (B) divisas municipais; (C) Unidade de Gerenciamento de Recursos Hídricos; (D) províncias geomorfológicas; (E) remanescentes florestais e formações vegetacionais, dando ideia da cobertura florestal remanescente da paisagem regional; (F) áreas prioritárias para o incremento da conectividade da paisagem*
Fonte: (E) Kronka et al. (2005) e (F) Rodrigues et al. (2008).

de fotografias aéreas ser limitada em certas regiões devido à falta de sobrevoos por empresas especializadas, imagens de satélite de alta resolução, tais como as obtidas pelos satélites CBERS-HRC, ALOS, IKONOS, QuickBird e GeoEye, já estão amplamente disponíveis no mercado e podem ser adquiridas para uso nos trabalhos de diagnóstico ambiental, tendo a vantagem de maior facilidade de disponibilização de diferentes tempos da mesma imagem para a realização de um monitoramento temporal do avanço ou retração da cobertura florestal. Além das imagens fornecidas por esses satélites, o uso do *software* Google Earth permite uma checagem preliminar bastante precisa e adequada para esses trabalhos quando as imagens disponíveis no programa estão em alta resolução.

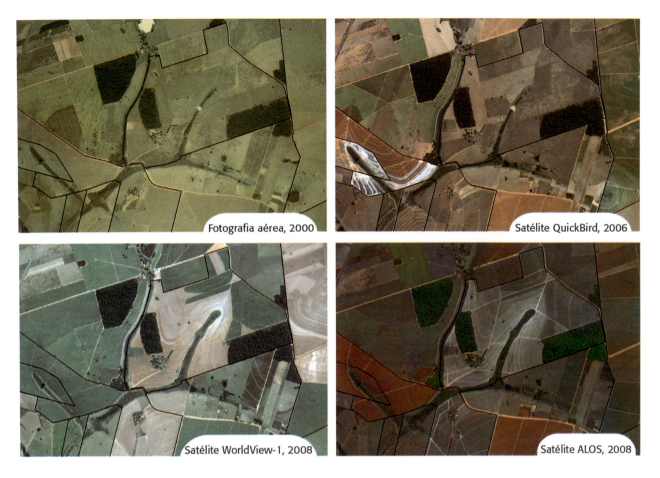

Fig. 6.2 *Exemplos de diferentes tipos de imagens que podem ser utilizadas no diagnóstico e zoneamento ambiental de unidades espaciais para fins de restauração*

Além da importância da definição das imagens, é preciso também priorizar o uso de imagens recentes, de forma a minimizar a defasagem da informação transmitida pela imagem em relação à realidade de campo. Quanto mais antiga a imagem, maior deverá ser o investimento nas checagens de campo, como forma de aferir mudanças de uso do solo agrícola, de estradas, de reservatórios de água, de áreas protegidas pela legislação ambiental etc. Essa preocupação é especialmente importante quando se utilizam fotografias aéreas, pois o longo intervalo de tempo entre os sobrevoos pode fazer com que apenas estejam disponíveis imagens antigas e muito desatualizadas em relação à verdade terrestre atual. A aquisição de imagens atualizadas é particularmente necessária em regiões que passaram por mudanças rápidas e recentes no uso e ocupação do solo, tais como abertura de novas fronteiras agrícolas, pois novas áreas de vegetação nativa podem ter sido destruídas ou então novas formas de uso do solo podem ter sido estabelecidas (Fig. 6.3). Contudo, em algumas situações, o que se observa é o aumento da cobertura vegetal nativa, de modo que florestas secundárias são observadas em áreas convertidas anteriormente para uso alternativo do solo (Fig. 6.4).

6.1.4 Passo 4: Fotointerpretação para delimitação das áreas a serem restauradas

A definição de quais áreas deverão ser restauradas em uma propriedade rural ou mesmo em uma microbacia pode ser influenciada por diversos fatores, tais como a legislação ambiental, o interesse do proprietário, a aptidão agrícola da área, a proteção do solo e dos recursos hídricos, o aumento da conectividade da paisagem, o favorecimento de alguma espécie ameaçada da fauna, a valorização cênica de algum local com potencial turístico, o pagamento por serviços ambientais e assim por diante. No entanto, o

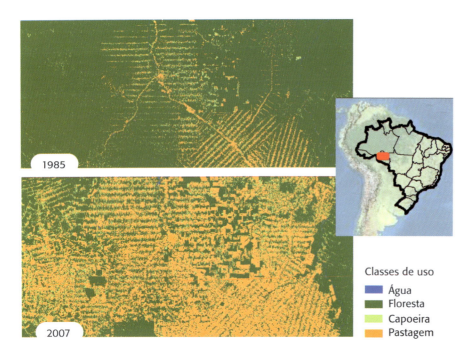

Fig. 6.3 *Exemplo de mudança de uso do solo em Rondônia, com redução da cobertura florestal, evidenciada por imagens de satélite obtidas em diferentes períodos*

Fig. 6.4 *Exemplo de aumento de cobertura florestal, evidenciada por fotografias aéreas obtidas em diferentes períodos, resultante da evolução dos limites da regeneração natural em área de pastagem abandonada*

cumprimento da legislação ambiental é o fator indutor mais comum dos programas de restauração na propriedade privada, resultado da busca para resolver pendências com a Justiça, liberar processos de licenciamento de atividades agrícolas, obter financiamento agrícola e certificação ambiental etc. Para tanto, o diagnóstico ambiental da propriedade tem sido essencialmente utilizado para identificar as regularidades e irregularidades em relação à legislação e indicar as intervenções de restauração necessárias nos locais em que se observam irregularidades.

Esse diagnóstico ambiental passou a ser obrigatório para todas as propriedades rurais no Brasil com o novo Código Florestal (Lei nº 12.651, de 2012), por meio do Cadastro Ambiental Rural (CAR). Além do cumprimento da legislação, o proprietário pode querer restaurar uma dada área por outro motivo qualquer, como já citado anteriormente, o que faz com que a escolha dessas áreas seja sempre feita caso a caso, sendo difícil estabelecer qualquer tipo de generalização de receitas a serem seguidas para definir quais áreas degradadas serão restauradas e quais não serão, logicamente fazendo a ressalva da adequação da propriedade ao cumprimento das normas legais vigentes. Assim, serão apresentados agora alguns procedimentos técnicos envolvidos na delimitação de APPs e potenciais RLs, os quais também podem ser usados para a delimitação de qualquer outra situação de restauração, de acordo com os interesses do proprietário e do restaurador.

Áreas de Preservação Permanente

A delimitação das APPs é prioritária em um trabalho de diagnóstico ambiental de propriedades agrícolas por ser nessas áreas que os esforços de restauração florestal serão concentrados na maioria dos projetos, em virtude das restrições legais para a condução de atividades agropecuárias nessas áreas e da obrigatoriedade de recuperação de alguns trechos de APP. Primeiramente, é preciso identificar, localizar e alocar as situações geradoras de APPs, tais como APPs "úmidas", onde se incluem nascentes, cursos d'água, represas, lagos, campos úmidos naturais e antrópicos, florestas paludícolas e veredas, entre outras; as APPs de encosta, com declividade superior a 45°; e as APPs de topo de morro, de elevadas altitudes (superiores a 1.800 m) e de bordas de tabuleiros. As APPs úmidas são geradas por corpos d'água, que precisam ser alocados na fotointerpretação.

Para localizar as situações geradoras de APPs úmidas, pode-se construir um traçado prévio da hidrografia local por meio da própria imagem ou com o auxílio de dados secundários, de malha hidrográfica regional, quando existentes, ao passo que para as APPs de encostas, de topos de morros e de bordas de tabuleiros podem ser usadas cartas planialtimétricas. Essas informações secundárias são muito importantes, principalmente em regiões com relevo declivoso, e devem ser preferencialmente convertidas para meio digital. Uma boa opção é o uso de cartas e mapas da hidrografia, disponíveis em nível federal, estadual e municipal. Contudo, apesar de facilitarem a alocação prévia das APPs, normalmente essas cartas e mapas não apresentam precisão adequada para a escala de propriedade, principalmente no caso de nascentes e campos úmidos antrópicos, sendo necessária a correção e complementação do trabalho de delimitação das APPs por meio da checagem de campo.

Após a localização prévia das situações geradoras de APPs, é preciso definir o conjunto de instrumentos legais que serão aplicados para a delimitação dessas APPs. Normalmente, adotam-se os valores estabelecidos no nível federal, pelo novo Código Florestal (Lei nº 12.651, de 2012), embora alguns Estados ou mesmo municípios possam ter legislações próprias que podem ser mais restritivas e ampliam a faixa a ser protegida na forma de APPs. Com base na definição das larguras de APP a serem aplicadas, por meio de uma revisão das normas legais, os limites das APPs são gerados por meio de SIGs, usando *softwares* específicos como ArcGIS, AutoCad, Quantum GIS e Spring, que, além de delimitar e qualificar os polígonos das áreas de APP a serem restauradas, permitem também o cálculo das áreas desses polígonos, informações que serão utilizadas posteriormente para gerar o mapa de restauração florestal ou de adequação ambiental.

Reserva Legal e áreas de baixa aptidão agrícola

Com a delimitação das APPs e do limite da propriedade, é possível estabelecer a quantidade de vegetação nativa que poderá ser contabilizada para a composição da RL. Em propriedades rurais que possuem ainda razoável cobertura de vegetação nativa, as exigências legais referentes à RL poderão ser cumpridas simplesmente pela inclusão dos fragmentos remanescentes e sem a recomposição de áreas, ou seja, sem que áreas desprovidas de vegetação nativa sejam restauradas, estando ou não em uso agrícola atual. No entanto, nas regiões mais antigas em termos de ocupação agrícola ou mesmo nas mais recentes com uso agropecuário intensivo e tecnificado, o que se observa é que o percentual da propriedade a ser protegido como RL só poderá ser atingido mediante compensação da RL em outra propriedade, por intermédio da compra de outra propriedade com excedente de RL, de contrato de servidão florestal com outra propriedade com excedente de RL ou de compra na bolsa de valores de cotas de reserva ambiental (CRA). Outra opção é por meio da complementação da RL na própria propriedade, restaurando algum trecho sem floresta. Apesar de a compensação de RL fora da matrícula da propriedade rural ser uma importante estratégia para a regularização ambiental – pois, geralmente, a compensação ocorre com áreas de vegetação nativa remanescente, sem envolver ações de restauração –, será tratada neste capítulo apenas a complementação da RL na própria propriedade, por constituir uma atividade que envolve necessariamente a restauração florestal.

A complementação de RL na mesma propriedade deve ser buscada nas áreas de menor aptidão agrícola – em razão da declividade, do afloramento rochoso, da dificuldade de tecnificação, dos solos com dificuldade de correção de fertilidade etc. –, mas que tenham também função ambiental destacada, evitando-se as áreas de elevada aptidão agrícola, que devem ser mantidas com agricultura produtiva, garantindo a sustentabilidade econômica da propriedade. Embora sejam abordadas neste item principalmente as possibilidades de recomposição da RL nas áreas de menor aptidão agrícola, o mesmo raciocínio se aplica às demais áreas da propriedade, que poderiam ser restauradas e usadas, por exemplo, para compensação de outras propriedades de mesma titularidade ou de terceiros, por meio da emissão de CRAs ou de contratos de servidão florestal, permitindo aumentar a remuneração do proprietário.

Tendo em vista a função ambiental esperada da RL, a escolha de áreas para sua recomposição deve ser pautada pela possibilidade de uso sustentável dos recursos naturais, conservação e reabilitação dos processos ecológicos, conservação da biodiversidade e abrigo e proteção de fauna e flora nativas, tal como estabelecido pelo novo Código Florestal (Lei nº 12.651, de 2012) (Boxe 6.1). Por causa disso, é evidente que essa escolha deve levar em consideração não apenas a baixa aptidão agrícola, mas também aspectos ecológicos e da paisagem que permitem que essas áreas cumpram de fato sua função ambiental na propriedade rural. Geralmente as áreas de menor aptidão agrícola são as que também exercem o maior papel ambiental, pois parte dessas áreas foram mantidas com fragmentos naturais remanescentes. Nesse contexto, é fundamental considerar os efeitos nocivos da fragmentação na biodiversidade remanescente e, com base em conhecimentos de Ecologia da Paisagem, propor formas de utilizar as ações de restauração florestal como estratégia para atenuar esses efeitos, buscando interligar os fragmentos na paisagem regional por meio da restauração dos corredores ou trampolins ecológicos.

A fragmentação representa a ruptura da continuidade espacial e funcional de hábitats naturais, restringindo os fluxos biológicos entre as manchas remanescentes de hábitat. Em outras palavras, ela se refere ao processo de intensa separação de uma área antes contínua de vegetação nativa em pedaços menores e isolados, dispersos na paisagem e denominados *fragmentos*. Com a fragmentação, ocorre o aumento em maior proporção de áreas de borda em relação às de interior de floresta (Fig. 6.5). Apesar de a largura do efeito de borda depender da espécie considerada e de que, para as espécies mais sensíveis, esse efeito pode ser sentido por até 500 m no interior do fragmento, os efeitos de borda imediatos e mais intensos normalmente se concentram nos primeiros 20 m ou 30 m. Além disso, cada espécie responde de forma particular à fragmentação, havendo espécies mais e menos sensíveis e, inclusive, espécies que são beneficiadas pelo aumento de áreas de borda, tais como as árvores iniciais da sucessão.

As bordas de fragmentos florestais são caracterizadas pelo aumento de distúrbios, da insolação e da incidência de ventos quentes e secos, bem como pela redução da umidade relativa do ar e do solo. Tais características tornam o hábitat de borda mais restritivo e competitivo para as espécies típicas de interior de floresta, que representam a maioria das espécies florestais nativas. Como consequência, há aumento da mortalidade e redução da densidade de árvores, diminuição do recrutamento de plântulas, aumento da densidade de lianas e gramíneas heliófitas e alteração da estrutura e composição da comunidade vegetal, com predomínio de espécies pioneiras, e maior vulnerabilidade a invasões biológicas. Tais modificações também têm reflexos nas interações ecológicas, afetando a polinização, a dispersão e predação de sementes, a herbivoria, a competição etc. Em resumo, algumas poucas espécies mais iniciais da sucessão e de menor exigência de hábitat são favorecidas, ao passo que a maioria das espécies nativas, exigentes de hábitat típico de interior de floresta, é prejudicada. Em virtude disso, grande parte dos sistemas fragmentados, que normalmente também tem maior recorrência de perturbações, não sustenta a mesma diversidade de espécies encontrada em ecos-

BOXE 6.1 TRANSFORMANDO PAISAGENS DEGRADADAS EM FLORESTAS NATIVAS

O Instituto Terra é uma organização civil sem fins lucrativos fundada em abril de 1998 pelo casal Lélia Deluiz Wanick e Sebastião Salgado e atua na região do Vale do Rio Doce, entre os Estados de Minas Gerais e Espírito Santo. Trata-se de uma região do Brasil que vivencia os efeitos do desmatamento e do uso desordenado dos recursos naturais, como a exploração extensiva da pecuária, o uso de fogo e suas consequências: erosão do solo e assoreamento dos recursos hídricos, entre outras. Nossas principais ações envolvem a restauração ecossistêmica, a produção de mudas de Mata Atlântica, a extensão ambiental, a educação ambiental e a pesquisa científica aplicada. Estabelecido na cidade de Aimorés, a leste de Minas Gerais, o instituto tem como sede a Reserva Particular do Patrimônio Natural (RPPN) Fazenda Bulcão, primeira RPPN constituída em uma área degradada de Mata Atlântica. Possui área total de 709,84 ha, dos quais 608,69 ha são reconhecidos como RPPN. Desde sua fundação, realiza a recuperação ecossistêmica por meio do reflorestamento da RPPN Fazenda Bulcão com espécies nativas. Executamos um trabalho de recuperação florestal de Mata Atlântica sem precedentes no Brasil em termos de área contínua. O primeiro plantio foi realizado em dezembro de 1999 e, desde então, 549,80 ha foram recuperados, com o plantio de mais de 1.700.000 mudas. O Instituto Terra transformando paisagens: "O que antes era pasto degradado hoje é uma jovem floresta".

Imagens antes e seis anos depois do reflorestamento da RPPN Fazenda Bulcão, Instituto Terra, Aimorés (MG), e visão panorâmica do projeto

Jaeder Lopes Vieira, engenheiro agrônomo e licenciado em Biologia – M. Sc. – gerente ambiental (jaeder@institutoterra.org), Instituto Terra, Aimorés (MG)

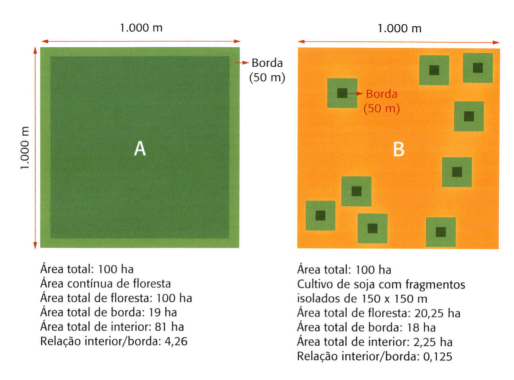

Fig. 6.5 *Exemplo de como a fragmentação aumenta em maior proporção a quantidade de áreas de borda. Uma dada área contínua de floresta de 1.000 m × 1.000 m ou 100 ha (A) foi desmatada para a implantação de lavouras de soja, e, nesse processo, foram conservados nove fragmentos de 150 m × 150 m em áreas de baixa aptidão agrícola para a constituição da Reserva Legal (B). Devido ao desmatamento, a área total de floresta foi reduzida em cerca de 80%, ao passo que a fragmentação reduziu as áreas de interior de floresta em aproximadamente 97% e praticamente manteve a mesma área de borda de floresta, mesmo com menor área total de mata. Vale notar também que as áreas remanescentes de vegetação nativa estão sem ligação umas com as outras, o que desfavorece os fluxos biológicos na paisagem*

sistemas contínuos por influência do efeito de borda, que resulta em extinções locais devido à simplificação ecológica e à redução de nichos.

Uma das formas de reduzir o efeito de borda nos fragmentos florestais remanescentes é a restauração do entorno desses fragmentos, criando uma borda protetora de vegetação nativa restaurada. Dessa forma, a recomposição da RL no entorno dos fragmentos é favorável por aumentar a área-núcleo do fragmento, uma vez que a borda passa a ser a floresta em restauração, que cria condições propícias para que a antiga área de borda adquira gradativamente condições ecológicas favoráveis às espécies típicas de interior de floresta, ao passo que estimula a recolonização da área em restauração pelas espécies nativas do fragmento. Em projetos de restauração que envolvem a comunidade local, essa estratégia tem sido comumente referida como "abraço verde", para facilitar a comunicação. Nesse tipo de estratégia, a implantação de sistemas agroflorestais, bem como de povoamentos comerciais de espécies arbóreas, contribui para a redução dos efeitos de borda.

Contudo, os efeitos nocivos da fragmentação na biodiversidade não se restringem ao aumento das áreas de borda. Outro impacto importante é a redução da conectividade da paisagem, que é a capacidade de uma paisagem facilitar o fluxo de organismos, sementes e grãos de pólen, permitindo o fluxo gênico. De forma geral, a redução da conectividade da paisagem é danosa à biodiversidade pelos seguintes motivos:

- *Restrição de migração*: alguns organismos, como certas espécies de aves, pequenos mamíferos, insetos, répteis etc., possuem limitações para se deslocar em ambientes não florestais, tais como pastagens, cultivos agrícolas e agrupamentos urbanos, o que dificulta sua movimentação na paisagem. Mesmo que esses organismos tentem se deslocar para outros fragmentos, eles ficam mais vulneráveis à predação, à falta de alimento e a condições inóspitas em geral, aumentando as chances de morrerem antes de chegar ao fragmento mais próximo. Cabe ressaltar que a sobrevivência e a mobilidade das espécies vegetais são, na maioria das vezes, dependentes de organismos polinizadores e dispersores de sementes e que, consequentemente, a restrição de migração desses organismos tem impacto direto na comunidade vegetal. Uma vez que esses organismos não se deslocam na paisagem, suas populações se tornam isoladas, o que traz novos desafios à persistência da biodiversidade em paisagens fragmentadas.

- *Isolamento da população*: populações sem possibilidade de fluxo gênico com outras populações são mais propensas a terem problemas genéticos, decorrentes da depressão por endogamia (cruzamentos entre indivíduos aparentados), redução da heterose (queda do vigor híbrido resultante do menor número de alelos heterozigotos) e expressão de genes deletérios (genes que na forma recessiva expressam doenças com mais frequência), os quais reduzem as chances de perpetuação das espécies. Além disso, esse processo leva à chamada erosão genética por meio da perda aleatória de alelos, principalmente por deriva genética, o que resulta na perda de parte do patrimônio genético da espécie, que pode reduzir sua adaptabilidade às atuais e novas pressões de seleção natural.

- *Vulnerabilidade a distúrbios*: distúrbios naturais e antrópicos são verificados em praticamente todos os ecossistemas, mas trazem diferentes consequências dependendo da conformação espacial do fragmento. Ecossistemas com maior resiliência e resistência conseguem tolerar melhor esses distúrbios, ao passo que ecossistemas cuja integridade ecológica foi comprometida não conseguem. Quando o ecossistema é subdividido em porções menores por meio da fragmentação, ele fica mais vulnerável a esses distúrbios, pois quanto menor é o fragmento,

menor é a intensidade e/ou frequência de distúrbios necessários para destruir o hábitat. Além disso, a maior proporção de bordas, que são ambientes mais secos, contribui para a propagação de incêndios, que são importantes geradores de degradação de remanescentes nativos em paisagens antropizadas.

Uma forma de combater os efeitos negativos da fragmentação é justamente o aumento da conectividade da paisagem por meio do uso da restauração ecológica para restabelecer trechos de vegetação nativa que exerçam a função de corredores ou de trampolins ecológicos (Fig. 6.6 e Boxe 6.2). Apesar de a restauração das matas ciliares, que são corredores ecológicos por excelência, já ajudar bastante nessa questão, ações adicionais fora de APP podem contribuir para o aumento da conectividade na paisagem. Outras possibilidades poderiam ser o alargamento das APPs com RL, para melhorar o papel de conectividade, e a implantação de novos corredores ecológicos fora de APP, para reconectar fragmentos florestais isolados na paisagem.

Algumas recomendações gerais podem ajudar a aumentar a funcionalidade ecológica dos corredores implantados pelas ações de restauração florestal, tais como:

- os corredores não devem ser formados por espécies vegetais unicamente de borda, pois isso não facilitaria o movimento das espécies típicas de interior de florestas na paisagem;

- o contraste entre a vegetação nativa do corredor e a do fragmento deve ser o menor possível para estimular o uso do corredor pela fauna de interior de floresta, que é um dos grupos principais que se pretende beneficiar com o corredor;

- os corredores devem ser largos o suficiente, preferencialmente com 100 m, no mínimo, considerando 50 m de APP de cada lado do rio, para incluir parte considerável das espécies de interior;

- suas áreas internas devem ter boa qualidade ambiental, ou seja, devem ter características microclimáticas semelhantes às de interior de florestas, para que o corredor seja funcional para a maioria das espécies nativas.

BOXE 6.2 POR QUE CONSIDERAR A PAISAGEM AO PLANEJAR AÇÕES DE RESTAURAÇÃO ECOLÓGICA?

A restauração de áreas degradadas é uma atividade custosa e seus resultados podem variar em função de uma série de fatores, como o grau de degradação, o histórico de uso da terra, as técnicas utilizadas para a restauração, o clima e o contexto socioeconômico. Nas últimas duas décadas, a estrutura da paisagem também tem sido reconhecida como um aspecto importante a ser levado em conta durante o planejamento da restauração, permitindo uma melhor escolha do método de restauração e uma otimização das chances de sucesso dessa ação (Tambosi et al., 2014). Entre as características da paisagem mais consideradas estão a quantidade de hábitat remanescente, a proximidade da área restaurada a remanescentes de vegetação nativa do entorno e o tipo predominante de uso do solo na paisagem (Leite et al., 2013).

Paisagens com alta porcentagem de hábitat remanescente geralmente possuem fragmentos de vegetação grandes e próximos uns dos outros, apresentando alto potencial de manutenção da biodiversidade. Nessas condições, é possível ter um grande fluxo de organismos entre fragmentos e um alto potencial de recolonização das áreas restauradas, dado tanto pela chuva de sementes proveniente de fragmentos próximos quanto pela chegada de animais e sementes trazidas por eles. Nesse caso, o uso de técnicas de restauração voltadas para a condução da regeneração natural pode ser o mais adequado. Além de essas técnicas serem mais baratas, elas propiciam maiores chances de sucesso, uma vez que a intensa recolonização das áreas restauradas proporciona o rápido restabelecimento de uma série de processos ecológicos, como a polinização e a dispersão de sementes.

Por outro lado, paisagens com baixa porcentagem de hábitat remanescente geralmente apresentam fragmentos menores e mais distantes entre si. Por conta do menor tamanho e do maior isolamento entre os fragmentos, os organismos dependentes de hábitats nativos dispõem de menos hábitat na paisagem, resultando em maiores chances de ocorrerem extinções locais. Em virtude do maior isolamento, a chance de a extinção local ser revertida pelo processo de recolonização é baixa, levando a uma menor diversidade de espécies na paisagem. Ademais, o potencial de chegada de indivíduos e de sementes em paisagens degradadas se restringe às regiões mais próximas dos fragmentos remanescentes. Como há baixa diversidade na paisagem, a recolonização, quando ocorre, é restrita a poucas espécies, que são em geral espécies generalistas, que não dependem exclusivamente da vegetação nativa. Nessas condições, as ações de restauração têm baixo potencial de contar com a regeneração natural, necessitando de estratégias mais custosas, como as de enriquecimento ou de plantio direto de mudas. Além disso, dada a baixa diversidade e a limitada possibilidade de recolonização, as chances de recuperação de processos ecológicos essenciais para a manutenção das áreas restauradas são menores, resultando em chances reduzidas de sucesso da restauração em longo prazo.

Além da quantidade e da proximidade com as áreas de hábitat nativo, a matriz da paisagem, ou seja, o uso predominante das terras entre os fragmentos e ao redor da área restaurada, também é extremamente importante. Áreas com matrizes de uso mais intenso, como áreas urbanas ou monoculturas agrícolas, podem representar uma barreira para o deslocamento de animais e para a dispersão de sementes, limitando as chances de recolonização das áreas restauradas. Já paisagens que possuem matrizes com atividades humanas de baixa intensidade ou que mantêm vegetação com estrutura mais similar ao hábitat nativo permitem um maior deslocamento de indivíduos entre os fragmentos, aumentando assim a disponibilidade e a diversidade de recursos para as espécies nativas na paisagem e as chances de recolonização das áreas restauradas.

Dessa forma, a estrutura da paisagem, em particular a quantidade e a proximidade de hábitat nativo e o tipo de matriz de uso humano, é altamente relevante tanto para definir as melhores estratégias de restauração quanto para otimizar as chances de sucesso dessas ações. Se uma restauração for feita em paisagens demasiadamente degradadas, com pouco hábitat nativo e em matrizes muito inóspitas, é muito provável que algumas metas do projeto de restauração, como a recuperação da biodiversidade local, não sejam atingidas. Desse modo, as limi-

174   RESTAURAÇÃO FLORESTAL

tações ou o potencial da paisagem em facilitar os processos de restauração devem ser considerados ao planejar uma ação de restauração.

Leandro Reverberi Tambosi (letambosi@usp.br), Laboratório de Ecologia da Paisagem e Conservação (Lepac), Instituto de Biociências (IB), Universidade de São Paulo (USP), São Paulo (SP)

Jean Paul Metzger (jpm@ib.usp.br), Laboratório de Ecologia da Paisagem e Conservação (Lepac), Instituto de Biociências (IB), Universidade de São Paulo (USP), São Paulo (SP)

Referências bibliográficas

LEITE, M. S.; TAMBOSI, L. R.; ROMITELLI, I.; METZGER, J. P. Landscape ecology perspective in restoration projects for biodiversity conservation: a review. *Natureza & Conservação*, v. 11, p. 108-118, 2013.

TAMBOSI, L. R.; MARTENSEN, A. C. M.; RIBEIRO, M. C.; METZGER, J. P. A framework to optimize biodiversity restoration efforts based on habitat amount and landscape connectivity. *Restoration Ecology*, v. 22, p. 169-177, 2014.

Fig. 6.6 *Exemplo de (A) trechos de vegetação atuando como corredor ecológico (faixa linear de floresta interligando estruturalmente dois remanescentes de vegetação nativa) e (B) trampolim ecológico (manchas de vegetação presentes entre remanescentes de vegetação nativa, podendo interligar funcionalmente esses remanescentes por meio da facilitação do movimento das espécies nativas na matriz)*

Outra possibilidade é o aumento da largura das faixas de vegetação em APPs ripárias. Apesar de os limites legais das APPs, estabelecidos pelo novo Código Florestal (Lei nº 12.651, de 2012), constituírem um importante marco legal para possibilitar a maior conectividade da paisagem e sustentar os fluxos de fauna e flora, em algumas situações esses limites não são suficientes para isso. Por exemplo, vários trabalhos de pesquisa apontam que seria necessário que os corredores ecológicos tivessem, no mínimo, 100 m de largura para serem funcionais para diversos grupos de organismos florestais. Essa demanda de corredores mais largos é devida ao efeito de borda, que reduz a qualidade ambiental dos corredores estreitos para espécies de interior de floresta. Por exemplo, considerando-se que os efeitos de borda mais intensos são verificados nos primeiros 35 m, um corredor de 60 m (30 m para cada lado) seria constituído praticamente de bordas. Mesmo em APPs de 50 m (100 m de largura total, sendo 50 m de cada lado do curso d'água), a passagem do curso d'água no meio do corredor, dependendo de sua largura, quebra a continuidade da vegetação, o que diminui sua eficácia em comparação com um corredor de 100 m de largura contínua. Assim, a restauração de faixas de vegetação mais largas do que determina a legislação ambiental poderia contribuir para o aumento da funcionalidade dos corredores ecológicos constituídos por APPs. Obviamente, essa quantidade adicional de vegetação nativa nos corredores ripários poderia ser incluída na RL.

Além dos fatores relacionados à melhoria dos atributos da paisagem para a definição de áreas de recomposição de RL, é necessário também que se inclua na tomada de decisão a resiliência local, além da resiliência da paisagem, que pode ser didaticamente resumida como o potencial de autorrecuperação do local ou da situação a ser restaurada, pois, em áreas em que esse potencial é elevado, certamente será mais fácil, rápido e barato restaurar florestas nativas. Coincidentemente, as áreas de maior resiliência local (maior potencial de autorrecuperação), que apresentam ainda elevado potencial de regeneração de espécies nativas via expressão do banco de sementes e rebrota de estruturas de reprodução vegetativa, são geralmente aquelas de menor aptidão agrícola, onde a declividade, pedregosidade do solo ou outras limitações restringiram seu cultivo intensivo e tecnificado, que eliminaria os propágulos de espécies nativas.

Apesar de que, se fossem seguidas recomendações técnicas de uso e ocupação do solo, essas áreas nunca seriam destinadas para práticas agrícolas exatamente por serem de baixa aptidão, isso ocorreu e ocorre na agricultura brasileira pelo fato de a abertura de fronteiras agrícolas ainda ser feita usando o fogo como instrumento de conversão de áreas naturais, instrumento esse que não permite planejamento espacial e muito menos ambiental. Depois de abertas e confirmadas como de baixa aptidão agrícola, com custo inviável de produção tecnificada pela impossibilidade de mecanização, essas áreas são normalmente destinadas à pecuária extensiva (Fig. 6.7).

A baixa rentabilidade econômica da pecuária extensiva praticada nas áreas de baixa aptidão agrícola está muito bem comprovada, com rendimento geralmente inferior a R$ 150,00/ha/ano, o que facilita o convencimento da restauração dessas áreas. Esse convencimento é ainda estimulado quando se propõe a implantação de florestas nativas para a produção de madeira, tal como descrito no Cap. 13 deste livro, as quais certamente apresentarão perspectivas ambientais e econômicas muito mais favoráveis do que a pecuária de baixa produtividade, principalmente quando se agrega o pagamento por serviços ambientais.

Fig. 6.7 *Área de baixa aptidão agrícola em razão da declividade e do afloramento rochoso, com elevado potencial de autorrecuperação local*

É evidente que a maior parte das ações de restauração florestal conduzidas no Brasil é concentrada nas APPs e RLs, devido à limitação legal de uso dessas áreas por atividades agropecuárias. No entanto, nada impede que as ações de restauração excedam os limites das APPs e RLs, incluindo as áreas de baixa aptidão agrícola, definindo que a restauração seja conduzida além das obrigações legais da propriedade e certamente remunerando o proprietário por isso, como compensação de RL de outra propriedade, pagamento por serviços ambientais e mesmo processos mais inovadores de certificação ambiental da atividade de produção (Fig. 6.8).

6.1.5 Passo 5: Fotointerpretação para diagnóstico prévio das classes de uso e ocupação do solo das áreas a serem restauradas

Uma vez delimitadas as áreas a serem restauradas, passa-se à definição preliminar das formas de uso e ocupação do solo dessas áreas por meio da fotointerpretação. Contudo, é necessário, primeiramente, definir quais classes de uso e ocupação do solo serão adotadas no diagnóstico. Para a definição dessas classes, deve-se ter em mente qual a consequência que um determinado uso do solo teria para a

Fig. 6.8 Devido às perspectivas favoráveis de retorno econômico de modelos de restauração florestal para aproveitamento madeireiro, toda a área agrícola da Fazenda Guariroba, em Campinas (SP), foi ocupada por esses modelos, excedendo, assim, as demandas legais de florestas nativas para o cumprimento da legislação. Nas imagens, é apresentado um desses trechos em processo de restauração com um ano (A) e com quatro anos (B). Hoje, esse excedente de florestas está gerando retorno econômico por meio do sistema de servidão florestal, compensando RL de propriedades com déficit na bacia

definição das ações de restauração, baseando-se em como cada uma dessas classes afetaria o potencial de autorrecuperação local. Não se trata, portanto, de uma fotointerpretação apenas apontando o tipo de ocupação, com análise simplesmente descritiva das inúmeras formas de uso e ocupação do solo possíveis, de maneira desvinculada da aplicação desse diagnóstico no planejamento da restauração. Por exemplo, o fato de uma área estar ocupada por milho ou soja pode afetar a estratégia de restauração a ser adotada? Provavelmente não, pois ambas as culturas representam cultivos anuais, que normalmente se valem de práticas agrícolas parecidas, com forte mecanização no preparo do solo e uso repetido de herbicidas pré e pós-emergentes, atividades que reduzem progressivamente a resiliência local de áreas a serem restauradas. Essas áreas com milho e soja ainda se diferenciam de áreas com cana-de-açúcar, que, além da mecanização e dos herbicidas, ainda são regularmente queimadas para colheita.

No entanto, é interessante separar as áreas ocupadas por culturas anuais daquelas que são usadas como pasto, pois em muitas situações de pastagem, principalmente extensiva e em área declivosa, há maior potencial de aproveitamento da regeneração natural, pelo fato de o manejo tradicional de pastagens não revolver solo periodicamente e de normalmente não se usar herbicida, o que permite a recolonização do pasto por espécies nativas por meio da rebrota de tocos e raízes. Assim, em vez de se criarem classes como área ocupada por soja, área ocupada por milho, pasto de braquiária, pasto de colonião etc., a fotointerpretação para restauração vai criar as classes *culturas anuais* e *pastagem*, para que, dentro dessas classes, possam-se definir a presença e a densidade de indivíduos regenerantes e a proximidade local de fragmentos remanescentes, que por fim culminarão na escolha mais acertada de um método de restauração adequado para cada situação ambiental levantada no diagnóstico, considerando as particularidades dessas situações em termos da aptidão agrícola, do uso atual e histórico do solo, da probabilidade de chegada de propágulos oriundos do entorno e outros fatores influentes.

De forma geral e exemplificativa, podem ser adotadas as seguintes classes de uso e ocupação do solo para a caracterização inicial, por meio da fotointerpretação das áreas a serem restauradas: florestas nativas, campos nativos, culturas anuais, culturas perenes, pastagens, povoamentos comerciais de espécies arbóreas, estradas não pavimentadas e áreas com subsolo exposto (áreas decapeadas), sendo tais classes facilmente diferenciadas unicamente por meio dessa prática de avaliação de imagens. Seria interessante também incluir nesse diagnóstico prévio as áreas abandonadas, que não estão em uso pelo proprietário. No entanto, só será possível definir se uma dada área marginal está abandonada, em pousio temporário ou sendo usada como pastagem mal manejada por meio da checagem de campo. A diferenciação de áreas abandonadas daquelas usadas como pastagem é importante porque as pastagens podem não apresentar regeneração natural ou apresentar baixa densidade de indivíduos regenerantes de espécies nativas em razão da pressão de herbivoria exercida pelo gado que permanece na área, ou mesmo devido às roçagens periódicas para limpeza do pasto, ao passo que na área abandonada a falta de regeneração poderia ser automaticamente atribuída à baixa resiliência local.

Assim, o planejamento do diagnóstico ambiental, com base em classes de uso e ocupação do solo, é adotado como ponto de partida para a avaliação do potencial de autorrecuperação local de cada área a ser restaurada. No entanto, é preciso refinar essas classes com base na capacidade de regeneração natural e no grau de isolamento dessa área de fragmentos remanescentes do mesmo tipo fitogeográfico que ocorria na área degradada, conforme discutido a seguir.

6.1.6 Passo 6: Checagem de campo para correção da fotointerpretação

O uso da fotointerpretação de imagens recentes e de boa resolução é, sem dúvida, uma estratégia que dinamiza o diagnóstico ambiental e que, consequentemente, favorece a realização de projetos de restauração florestal em larga escala e com maior rendimento operacional. No entanto, há que se considerar as limitações inerentes a essa estratégia, como a defasagem temporal da imagem em relação ao uso atual da área e os erros de fotointerpretação, para se corrigirem os eventuais problemas resultantes dessas limitações por meio da checagem de campo. A checagem de campo consiste na validação dos resultados da fotointerpretação por meio da confrontação entre o que foi definido no pré-diagnóstico e a realidade de campo e também na complementação desses resultados pela verificação de situações duvi-

dosas que não puderam ser definidas com segurança na fotointerpretação ou mesmo para as quais não se atentou previamente. Por exemplo, a defasagem da imagem utilizada com relação à data em que a imagem foi obtida e às mudanças posteriores de uso e ocupação do solo pode modificar consideravelmente o resultado do diagnóstico. Áreas de florestas podem ter sido desmatadas, outras áreas podem ter se regenerado, pastagens podem ter sido substituídas por plantios de eucalipto ou mesmo ter sido abandonadas. Essa defasagem tende a ser mais pronunciada em paisagens ainda em intensa transformação pela conversão de ecossistemas naturais em áreas de uso alternativo do solo, tal como se observa nas fronteiras agrícolas, com forte ação de desmatamento e alteração do uso do solo. Ao mesmo tempo, áreas recentemente convertidas possuem maior resiliência e podem se transformar em florestas secundárias jovens pouco tempo após serem abandonadas.

Em algumas situações, é necessário também corrigir a delimitação das áreas a serem recuperadas, principalmente na restauração de matas ciliares. Por exemplo, considere-se uma situação em que o traçado da hidrografia local foi utilizado para demarcar no mapa da propriedade a localização hipotética de um curso d'água e que essa localização foi adotada para a delimitação de sua faixa de proteção ciliar. Se esse curso d'água foi assoreado em algum trecho e nesse ponto estabeleceu-se um campo úmido antrópico, o início da faixa de proteção ripária deverá ser revisto, pois deverão ser considerados agora os limites do campo úmido, começando pelo ponto em que o solo deixa de ser encharcado (Fig. 6.9). Em várias situações, principalmente em terrenos declivosos, o ponto de afloramento de água pode sofrer relevantes mudanças de posicionamento em virtude das flutuações do lençol freático e, consequentemente, pode mudar de lugar com o tempo. Nessa situação, referida muitas vezes como *dança das nascentes*, é necessária também uma verificação mais detalhada de campo para estabelecer a delimitação mais acertada das APPs dessas nascentes.

Cabe ressaltar que a checagem de campo deve ser preferencialmente realizada na estação chuvosa, pois é nesse período que as nascentes e córregos inter-

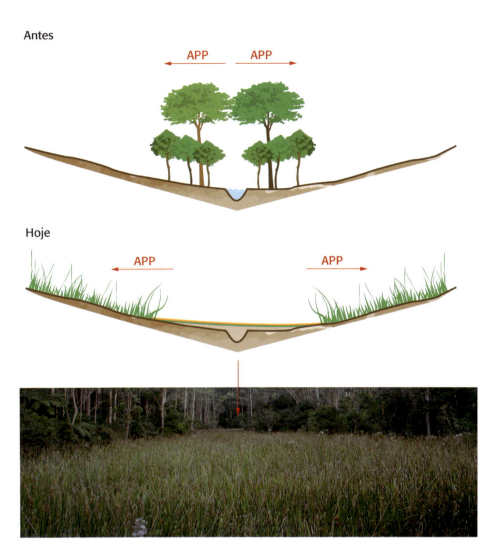

Fig. 6.9 *A formação de campos úmidos antrópicos em áreas ripárias degradadas, resultante do assoreamento da calha do curso d'água, provoca o deslocamento da APP, cujo início deve ser considerado no ponto em que o solo deixa de ser encharcado*

mitentes estão ativos, as nascentes perenes estão em sua cota mais alta e o nível dos cursos d'água está ocupando toda a calha. Além de possibilitar a correção do pré-diagnóstico ambiental, a checagem de campo é necessária para se obterem informações impossíveis de serem avaliadas por fotointerpretação, tal como discutido nos próximos itens.

6.1.7 Passo 7: Checagem de campo para identificar fatores de degradação

Uma vez definida a área a ser restaurada, é necessário fazer um exame minucioso dessa área e do seu entorno imediato para identificar as perturbações antrópicas que levaram à degradação daquele ecossistema que deverá ser restaurado e/ou que possam estar mantendo o ecossistema em estado permanente de degradação, impedindo sua restauração passiva. O primeiro e mais óbvio fator de degradação a ser verificado é a destruição da vegetação nativa. Em áreas de fronteira agrícola, onde a conversão de ecossistemas naturais em pastagens e lavouras é ainda intensa, frequentemente a vegetação nativa presente em APP ou mesmo em áreas que poderiam ser utilizadas para compor a Reserva Legal é indevidamente destruída. Em situações como essas, seria incoerente estabelecer um plano de restauração para determinados trechos ou situações de uma propriedade rural enquanto a floresta é indevidamente destruída em outro canto dessa mesma propriedade, apesar de isso ser muito frequente na prática em regiões de fronteira agrícola.

Por exemplo, algumas propriedades rurais localizadas na fronteira do desmatamento estão sendo penalizadas por moratórias ambientais aplicadas por empresas compradoras de produtos agropecuários, como carne e soja, que suspenderam a compra desses produtos devido à constatação de irregularidades ambientais nessas unidades produtoras, principalmente o desmatamento. Muitas vezes, para voltar a ter relações comerciais com seus clientes, essas propriedades aderiram a um programa de regularização ambiental, o que implicou a restauração de áreas que foram indevidamente desmatadas. Contudo, na ausência de uma fiscalização efetiva, novos desmatamentos foram constatados mesmo em uma propriedade que formalmente estava passando pelo processo de adequação ambiental (Fig. 6.10). Assim, a primeira atitude a ser adotada em um bom programa de adequação ambiental de uma propriedade é tomar as medidas cabíveis para que deixem de ser geradas novas áreas degradadas, para que só então se pense em estabelecer medidas efetivas de recuperação das áreas que foram indevidamente desmatadas no passado, depois que a destruição e a degradação de ecossistema naturais já cessaram na propriedade.

Em certas situações, a destruição do ecossistema natural já foi consumada, mas a presença recorrente de perturbações antrópicas impede a regeneração do ecossistema. Isso ocorre frequentemente em áreas de pastagens extensivas, que periodicamente são roçadas ou queimadas para favorecer a pastagem, liberando as gramíneas forrageiras para se desenvolverem sem maiores restrições. Além das situações em que a vegetação é

Fig. 6.10 *Processo de conversão de florestas nativas para áreas de uso alternativo do solo: (A) floresta nativa degradada, da qual as espécies madeireiras de interesse já foram extraídas; (B) corte e queima continuada da vegetação remanescente; (C) destocamento e enleiramento dos restos de vegetação para queima; e (D) solo preparado para o cultivo. Essas atividades foram observadas em uma propriedade rural com déficit de Reserva Legal, mas que, em virtude de um Termo de Ajustamento de Conduta firmado com o Ministério Público, está recuperando um trecho de Área de Preservação Permanente em outro canto da propriedade*

intencionalmente destruída ou degradada pela ação direta do homem, existem situações em que isso ocorre de forma indireta ou acidental, embora quase sempre irresponsável. Destacam-se nesse contexto os incêndios, que podem ser originados por atitudes irresponsáveis e criminosas (como jogar bitucas de cigarro em rodovias, fazer fogueiras ou queimar lixo próximo de fragmentos naturais, soltar balões etc.), pelo uso do fogo para a renovação de pastagens e pela queimada da palha da cana-de-açúcar (Fig. 6.11). Com o passar do tempo, os fragmentos que são periodicamente incendiados atingem níveis críticos de degradação, tornando cada vez mais difícil e custosa sua restauração.

Outra situação muito comum de dano ambiental não intencional e que resulta em degradação praticamente irreversível de ecossistemas florestais é o alagamento da vegetação nativa pela interceptação inadequada de cursos d'água por estradas e carreadores. Mesmo as árvores características de solos encharcados morrem nessa situação, pois são adaptadas à presença permanente da água no solo, contanto que seja água em movimento, já que a água acumulada forma um ambiente anaeróbico para as raízes e acaba por resultar na morte das árvores e no favorecimento de herbáceas mais tolerantes ao encharcamento, formando um campo úmido. Nessas situações, é comum se formarem grandes conjuntos de árvores secas, que recebem o nome de *paliteiros* (Fig. 6.12). A diferença do ambiente de floresta paludícola ou de brejo para o de campo úmido é o tempo de residência da água no solo, sendo maior nas formações mais campestres. Essa forma de degradação não intencional poderia ser evitada pela instalação correta de condutores de água bem dimensionados e drenos sob essas vias no cruzamento de áreas úmidas ou cursos d'água. Diante disso, a melhor alternativa para lidar com esse fator de degradação é o treinamento dos técnicos responsáveis pelo planejamento e construção de estradas rurais, incorporando a questão ambiental na tomada de decisão desses profissionais. Isso porque, depois que esse tipo de degradação foi consumado, não há nada mais a ser feito.

Outro grupo de perturbações que resulta em degradação da vegetação remanescente e/ou do solo e que, consequentemente, precisa ser isolado antes

Fig. 6.11 *No período de safra de cana-de-açúcar, é comum a ocorrência de incêndios nos fragmentos florestais, resultantes da falta de controle sobre a propagação do fogo em áreas de queimada da palha para a colheita da cana-de-açúcar (A). Esses incêndios queimam as bordas de fragmentos florestais maiores (B) e, frequentemente, destroem por completo os fragmentos menores (C e D)*

das ações de restauração é a prática da pecuária, agricultura ou silvicultura. No caso da pecuária, o pisoteio dos animais pode resultar em sulcos de erosão, que podem se alargar na época das chuvas, principalmente em áreas declivosas, e virem a formar voçorocas. Mesmo em situações menos drásticas, a erosão laminar e em sulcos pode carrear grandes quantidades de sedimentos para os cursos d'água, comprometendo os recursos hídricos e as espécies aquáticas, sem falar na redução do potencial produtivo do solo. Uma vez perdida a camada superficial do solo por erosão, haverá também dificuldades muito maiores para o restabelecimento da vegetação nativa devido às limitações impostas pela compactação e baixa disponibilidade de nutrientes.

Além de pisotear a vegetação remanescente, o gado e outros animais de criação também se alimentam das espécies nativas, principalmente quando a disponibilidade de forragem é reduzida na área de pastagem, situação comum em pastos degradados (Fig. 6.13). No entanto, cabe ressaltar que a presença de animais de criação em áreas de alta resiliência pode ser favorável ao processo de restauração, pois esses animais, se presentes na área por tempo limitado, irão consumir preferencialmente as gramíneas forrageiras, favorecendo o crescimento da vegetação lenhosa pela redução da competição. O pastoreio do gado também pode ser prejudicial aos remanescentes florestais, pois eles vão pisotear ou se alimentar dos regenerantes de espécies nativas que estão no sub-bosque, colapsando o recrutamento e comprometendo, assim, a estrutura da floresta e a perpetuação dessas espécies.

Tal como o uso do solo para a pecuária é prejudicial para a vegetação nativa, o mesmo pode ser válido para o uso agrícola e para monocultivos de espécies arbóreas exóticas. Nessas situações, as práticas agrícolas/silviculturais, tais como preparo do solo, controle de plantas daninhas, trânsito de maquinário e operações de colheita, podem comprometer a regeneração natural ou compactar o solo, de forma que qualquer ação de restauração deva ser precedida pela interrupção do uso da área para qualquer atividade de produção que resulte em danos ao solo e/ou à vegetação nativa remanescente. Cabe ressaltar também que a identificação de fatores de degradação não deve ficar restrita às áreas a serem restauradas, mas sim compreender todo o seu entorno. Isso porque muitos dos fatores de degradação, tais como processos erosivos e descarga de enxurradas,

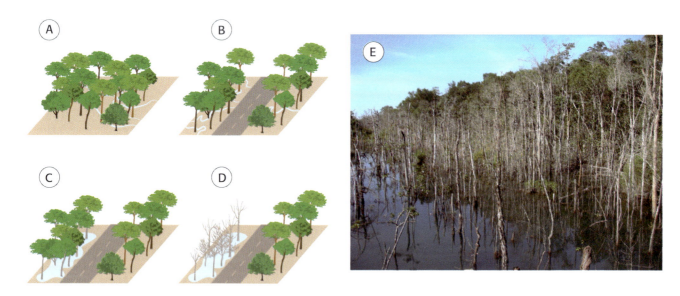

Fig. 6.12 *Nas florestas paludícolas ou de brejo, o solo é permanentemente encharcado e a movimentação da água no solo é bem definida em pequenos canais superficiais, em deslocamento contínuo (A). Caso esse tipo de vegetação seja cruzado por estradas e não sejam instalados corretamente condutores de água que permitam a continuidade de movimentação da água nesses canais superficiais (B), haverá o acúmulo de água a montante (C), o qual resultará na morte da vegetação nativa (D), formando os chamados paliteiros (E)*

são gerados nas áreas agrícolas do entorno, de forma que o isolamento dos fatores de degradação depende mais da adequação das atividades produtivas do que do simples isolamento das áreas a serem restauradas. Nesse momento, a adequação ambiental de todo o processo produtivo é necessária.

6.1.8 Passo 8: Checagem de campo para avaliar a regeneração natural e definir as metodologias de restauração de cada situação do zoneamento

Para que a restauração florestal apresente uma relação custo-benefício favorável, é fundamental aproveitar ao máximo o potencial de autorrecuperação local do ecossistema (resiliência local), o que possibilita reduzir o nível de intervenções de restauração e, consequentemente, os custos do processo. O aproveitamento desse potencial também deve ser estimulado ao máximo por se tratar da manutenção de indivíduos já estabelecidos na área, com bom sistema radicular, e que consequentemente terão maiores chances de contribuir para a formação de um dossel florestal inicial. Não obstante, trata-se de uma amostra da florística e genética regional, que deve ser mantida pelas ações de restauração.

Sendo assim, a avaliação do potencial de autorrecuperação local, que é determinado em grande parte pelo estudo da comunidade vegetal nativa regenerante presente na área a ser restaurada, é um dos passos mais importantes do diagnóstico ambiental. Essa avaliação consiste basicamente na quantificação da densidade, distribuição espacial e composição da regeneração natural, bem como nas barreiras presentes para seu desenvolvimento estrutural, que, juntas, irão sintetizar os vários processos envolvidos no surgimento e permanência da vegetação nativa no local.

Densidade da regeneração natural

A densidade de indivíduos regenerantes de espécies nativas presentes em uma área a ser restaurada oferece uma perspectiva segura do potencial de autorrecuperação dessa área, pois expressa bem o potencial de essa comunidade vegetal vir a se tornar uma capoeira dentro de um curto período de tempo, pois o número de regenerantes está diretamente relacionado à possibilidade de as árvores e arbustos nativos ocuparem definitivamente a área e, posteriormente, constituírem uma fisionomia florestal no local. A continuidade dessa fisionomia florestal no espaço vai depender da regularidade de distribuição espacial dos regenerantes na área. Assim, é fundamental que se avaliem corretamente a abundância e a distribuição espacial de indivíduos de espécies nativas no local a ser restaurado.

Uma primeira dúvida que surge nesse tipo de avaliação é o tamanho que os indivíduos regenerantes devem ter para entrar na contagem de densidade. Por exemplo, deveriam ser contadas plântulas ou indi-

Fig. 6.13 *O uso permanente de Áreas de Preservação Permanente (APPs) como pastagem resulta no comprometimento da regeneração natural de espécies nativas. Com a expansão da cana-de-açúcar em áreas anteriormente ocupadas por pastagens extensivas, tem sido cada vez mais comum o deslocamento das pastagens para as APPs, ao passo que a área agrícola é utilizada como canavial*

víduos juvenis ainda muito pequenos? Ou então indivíduos adultos? Com relação à primeira pergunta, os indivíduos muito pequenos normalmente não são incluídos na avaliação porque há elevada mortalidade natural nas fases iniciais do ciclo de vida de uma planta, de forma que não há segurança em contabilizar esses indivíduos como potenciais formadores do dossel da floresta jovem. Assim, costuma-se incluir na contagem apenas os indivíduos com, no mínimo, 30 cm ou 50 cm de altura. Com relação à segunda pergunta, os indivíduos adultos isolados são sempre contados, pois constituem um indicativo concreto da ocupação da área por espécies nativas. Outra dúvida frequente é sobre quais formas de vida devem ser contabilizadas. Geralmente, apenas árvores, arvoretas, arbustos e palmeiras entram na contagem de indivíduos regenerantes, deixando de lado lianas e espécies herbáceas nativas, pois a avaliação da regeneração natural em áreas abertas tem como objetivo maior, no caso específico da restauração florestal, avaliar o potencial de esses regenerantes constituírem um dossel florestal sem a necessidade do plantio de mudas ou de semeadura direta. Isso não significa que as lianas e herbáceas não sejam importantes para a restauração; pelo contrário, são grupos de plantas fundamentais e altamente desejáveis para a restauração efetiva de florestas tropicais nativas e, por isso, vão ser mantidas nas ações de restauração da área. Elas apenas não são contabilizadas para formar o dossel da floresta, por não contribuem com a estrutura florestal inicial que se almeja, a qual é necessariamente dependente da presença de plantas de maior porte.

Uma possibilidade de avaliação da regeneração natural em uma área é por meio do estabelecimento de faixas de amostragem. Os projetos de restauração florestal normalmente estabelecem valores arbitrários sobre densidades consideradas insuficientes, regulares e boas, sempre se considerando a perspectiva da regeneração natural por si só vir a formar a fisionomia florestal inicial, sem o plantio de mudas ou semeadura. Por exemplo, podem-se considerar como insuficientes, regulares e boas, respectivamente, densidades menores que 1.500, entre 1.501 e 3.000, e maiores que 3.000 indivíduos por hectare. Os valores de densidade considerados como adequados para a regeneração natural são normalmente muito superiores aos observados para os plantios de mudas (1.666 indivíduos/ha, em plantios 3 m × 2 m, ou 1.111 indivíduos/ha, em plantios 3 m × 3 m), porque a regeneração natural ocorre de maneira irregular pela área, de forma que haja sempre a concentração dos regenerantes em algum ponto e falta deles em outro. Por isso, consideram-se como referência 3.000 indivíduos por hectare, que é o dobro da densidade de plantio de mudas, o que deve expressar uma densidade alta o suficiente para permitir uma boa ocupação de toda a área, eventualmente suprindo essa irregularidade espacial.

Distribuição espacial da regeneração natural

Os indivíduos regenerantes apresentam geralmente distribuição espacial irregular na área a ser restaurada, concentrando-se em alguns trechos, ao passo que o espaço presente entre esses núcleos de regeneração (reboleiras de regeneração) possuem menor densidade de indivíduos. Esse padrão é resultado da irregularidade inerente aos processos naturais de regeneração natural, relacionados à dispersão de sementes e à disponibilidade de microssítios favoráveis ao estabelecimento de plântulas, ou mesmo dos históricos distintos de degradação desses trechos durante o processo de uso agrícola anterior da área. Dessa forma, a avaliação da regeneração natural deve sempre levar em consideração essa heterogeneidade espacial, a qual deve ser incluída na distribuição espacial das parcelas de amostragem da comunidade regenerante, tal como descrito no item anterior. Isso é fundamental para que se estabeleçam de forma adequada os locais que deverão receber plantios de adensamento para que se forme rapidamente uma fisionomia florestal e aqueles locais em que apenas o favorecimento da regeneração natural é necessário, conforme descrito no próximo capítulo. As diferenças de valores nos resultados de número de regenerantes entre as faixas amostrais também podem expressar bem essa heterogeneidade espacial da regeneração natural, permitindo redividir a área a ser restaurada para a aplicação de metodologias distintas, sendo que, nos trechos de menor densidade, seria proposto plantio, e, nos trechos de maior densidade, a condução da regeneração natural.

Composição da regeneração natural

A composição da regeneração natural é outro fator de destacada importância para a prescrição de métodos de condução mais adequados para cada situação. Por exemplo, áreas isoladas de remanescentes florestais nativos e que possuem elevada densidade de indivíduos regenerantes, mas apenas de espécies pioneiras, podem necessitar de plantios de enriquecimento (ver detalhes no próximo capítulo), a fim de aumentar a diversidade de espécies e assegurar a continuidade da sucessão secundária ao longo do processo de restauração, mesmo que haja restrições ao enriquecimento natural da área por espécies secundárias e climácicas. Quando esse tipo de situação é observado em áreas não isoladas de fragmentos florestais e, consequentemente, com potencial de dispersão contínua de sementes para a área em restauração, plantios de enriquecimento podem não ser necessários, uma vez que se espera o enriquecimento natural e gradativo da área por meio da chuva de sementes vinda dos fragmentos do entorno.

Por outro lado, algumas áreas podem possuir densidade satisfatória de indivíduos regenerantes, mas com predomínio de espécies intermediárias e finais da sucessão, com destaque para espécies típicas de sub-bosque. Esse tipo de situação é muito comum de ser observado quando se conduz a regeneração natural anteriormente presente no sub-bosque de plantios florestais comerciais, pois a regeneração de espécies iniciais da sucessão é inibida pelo sombreamento promovido pelas árvores do povoamento comercial. Nesses casos, o simples abandono ou mesmo o favorecimento da comunidade vegetal regenerante pode não ser suficiente para a formação de uma fisionomia florestal logo após a retirada das espécies exóticas, pois esse grupo de regenerantes (espécies finais da sucessão e de sub-bosque) não cresce bem a pleno sol e possui baixo poder de competição com gramíneas invasoras. Assim, pode ser necessário o plantio complementar de espécies nativas de recobrimento em meio à comunidade regenerante de espécies típicas de locais sombreados, para estimular o crescimento das demais espécies e desfavorecer as gramíneas. Outra possibilidade nesses casos é o aproveitamento da rebrota das espécies exóticas comerciais para o sombreamento temporário do solo, como espécies de eucalipto. Em algumas situações, pode haver também espécies exóticas arbóreas invasoras regenerando em meio às nativas, o que futuramente pode comprometer a sustentabilidade da área em processo de restauração devido à invasão biológica. Nesse caso, as espécies indesejadas devem ser localizadas em meio à regeneração, durante o levantamento da comunidade regenerante, para que posteriormente seja recomendado seu controle.

Barreiras para o desenvolvimento da regeneração natural

Em algumas situações, pode haver densidade satisfatória de indivíduos regenerantes de diferentes grupos sucessionais por toda a área a ser restaurada, mas, mesmo assim, a regeneração pode não se desenvolver por si só em virtude da competição exercida por gramíneas invasoras (Fig. 6.14). Nesse caso, a condução da regeneração natural deve consistir do controle periódico dessas gramíneas até que se forme uma fisionomia florestal densa o suficiente para promover o sombreamento do solo. Esse controle é feito apenas como uma coroa ao redor da base de cada regenerante. Outro fator que pode coibir o avanço da regeneração natural é a presença abundante de formigas-cortadeiras, que devem ser controladas a fim de favorecer o crescimento das espécies nativas regenerantes. Assim, se a intenção do diagnóstico é fornecer subsídios para a orientação das ações de restauração, é fundamental que se indique em que condições serão necessárias ações de condução da comunidade regenerante presente na área ou então quando basta proteger essa regeneração da degradação para que ela se desenvolva.

6.1.9 Passo 9: Avaliação do grau de isolamento na paisagem regional das áreas a serem restauradas

Apesar de a resiliência local da área exercer influência determinante no potencial atual de autorrecuperação local, ela expressa as perturbações e processos ecológicos ocorridos apenas no passado, não permitindo vislumbrar os potenciais e limitações futuros de chegada de sementes para a restauração.

Diante disso, a avaliação do grau de isolamento na paisagem das áreas a serem restauradas permite complementar o diagnóstico, ao oferecer uma expectativa de incremento temporal de espécies e indivíduos nativos por meio da colonização da área em processo de restauração via dispersão de propágulos vindos dos remanescentes regionais de vegetação nativa. No entanto, essa avaliação não é simples, e vários fatores, como a distância da fonte de sementes, a abundância e composição de dispersores de sementes e o grau de degradação dos remanescentes, interferem nesse grau de isolamento funcional. Por essa razão, não há uma fórmula mágica para calcular o grau de isolamento de uma área a ser restaurada, apesar de essa informação ser de grande relevância para a definição de metodologias mais promissoras de restauração e para o sucesso da restauração em si.

Fig. 6.14 *Restrição da regeneração natural de espécies nativas em virtude da massiva colonização da área em processo de restauração florestal por gramíneas exóticas*

Diante disso, recomenda-se, para avaliação da resiliência da paisagem, a classificação das áreas a serem restauradas em isoladas e não isoladas com base na expectativa do restaurador de que essas áreas tenham potencial de serem enriquecidas naturalmente com as espécies nativas dispersas pelos remanescentes de vegetação nativa ocorrentes nas proximidades da área em restauração. Trata-se evidentemente de uma classificação artificial, pois o grau de isolamento varia de espécie para espécie e pode variar em função da permeabilidade da matriz. No entanto, essa simplificação é necessária para facilitar o uso dessa informação no planejamento inicial das ações de restauração. Cabe ressaltar que apenas o monitoramento poderá assegurar se a expectativa sobre o grau de isolamento da área foi acertada ou não, bem como se ações corretivas deverão ser tomadas para corrigir os eventuais problemas observados, tais como ações de enriquecimento ou de melhoria da rede de corredores ecológicos.

6.1.10 Passo 10: Avaliação do estado de degradação dos remanescentes florestais

Juntamente com a avaliação da composição florística e da classificação do tipo de vegetação dos remanescentes florestais regionais, conforme apresentado no Cap. 3, deve ser realizado um diagnóstico do estado de conservação/degradação dos remanescentes, visando à avaliação de contribuição exercida como fonte de propágulos para as áreas em restauração na paisagem regional e para a proposição de ações de restauração dos fragmentos degradados. O conhecimento e a valorização dos fragmentos de vegetação nativa remanescentes são fundamentais para a restauração e conservação da biodiversidade regional, já que esses fragmentos, por mais que estejam degradados, ainda abrigam parte importante da biodiversidade remanescente e podem conservar ainda muito mais da biodiversidade regional se devidamente protegidos, manejados, enriquecidos e interligados na paisagem. Além disso, esses remanescentes também exercem importante papel como fonte de sementes e organismos, tal como agentes polinizadores e dispersores de sementes, para colonizar as áreas em processo de restauração, contribuindo assim para a viabilidade biológica e a perpetuação dessas áreas.

Assim, com base nos critérios indicados no Cap. 3, os fragmentos florestais são classificados nas classes: a) *fragmento degradado*, que são os fragmentos que necessitam de ações de controle de competidores e de enriquecimento para se recuperarem e que dificilmente se recuperarão espontaneamente se essas ações não forem adotadas; b) *fragmento pouco degradado*, que são os fragmentos que, se forem devidamente isolados dos fatores de perturbação, como fogo, poderão se recuperar em um prazo mais longo, mas, se manejados com controle de competidores apenas nas bordas e enriquecimento dos grupos mais comprometidos, poderão ter um processo de restauração acelerado; e c) *fragmento conservado*, que são os fragmentos que só precisam ser isolados de possíveis ações de perturbação, pois estão em bom estado de conservação em termos de estrutura e composição. Essas classes indicarão as ações necessárias para a restauração do fragmento e/ou a maximização de seu potencial de conservação da biodiversidade.

6.1.11 Passo 11: Uso de um SIG para integrar as informações coletadas pelo diagnóstico e consolidação do zoneamento ambiental

Uma vez finalizado o diagnóstico ambiental, passa-se à integração dessas informações no zoneamento ambiental, o qual consiste na quantificação e alocação espacial dos fragmentos naturais remanescentes, das áreas a serem restauradas e das áreas agrícolas de baixa aptidão com base nos resultados do diagnóstico ambiental. Para realizar o zoneamento, normalmente são utilizados SIGs, *softwares* desenvolvidos para integrar mapeamentos e análises espaciais, que permitem relacionar os resultados do diagnóstico em um único mapa, compilado na forma de um mapa de situações ambientais a serem manejadas e conservadas (fragmentos naturais remanescentes), a serem restauradas (APPs e RLs degradadas) e situações que deverão ter uso alterado (áreas de baixa aptidão agrícola), e as recomendações de restauração de cada uma dessas situações, gerando o produto final das análises para a elaboração do projeto técnico. Dessa forma, é possível alocar espacialmente cada uma das situações ambientais identificadas no diagnóstico, bem como calcular a área ocupada por essas situações e verificar a conexão espacial entre elas.

A apresentação do zoneamento é normalmente feita por meio de um mapa ilustrativo individualizado por propriedade rural, com legendas para cada situação ambiental levantada. Essas situações apresentam particularidades nas ações de restauração, de forma que as situações que deverão receber as mesmas ações deverão também ser agrupadas, por constituírem um mapa de adequação ambiental, e não um simples diagnóstico de situações da propriedade (Fig. 6.15). Complementarmente, é gerado um memorial descritivo contendo todas as situações ambientais levantadas no diagnóstico e as estimativas de área, participação na APP, na RL e na área total da propriedade rural.

6.2 CONCLUSÃO

O diagnóstico de uma propriedade rural ou de uma unidade da paisagem constitui a base de sustentação de todo e qualquer trabalho de restauração florestal, pois somente por meio do conhecimento dos potenciais de autorrecuperação e das limitações de restauração de cada área é que se pode recomendar de forma segura um conjunto de métodos específicos de restauração para cada situação do diagnóstico, visando superar os eventuais filtros ecológicos que impedem e/ou dificultam o avanço da sucessão secundária nessas áreas degradadas. Trata-se, dessa forma, de uma etapa que merece toda a atenção por parte do restaurador. Assim, com base no diagnóstico e no conhecimento dos métodos de restauração é que se recomendam as ações necessárias para cada situação ambiental definida por esse diagnóstico, ações essas particularizadas para cada situação da paisagem, dependendo de suas características próprias, para que, posteriormente, o zoneamento dessa unidade possa indicar espacialmente como esse conjunto de informações será utilizado para o planejamento, implantação e condução do projeto de restauração em cada uma das situações diagnosticadas. Esses são os temas dos próximos três capítulos.

Literatura complementar recomendada

KAGEYAMA, P. Y.; OLIVEIRA, R. E.; MORAES, L. F. D.; ENGEL, V. L.; GANDARA, F. B. (Org.). *Restauração ecológica de ecossistemas naturais*. Botucatu: Fepaf, 2003.

MARTINS, S. V. (Org.). *Restauração ecológica de ecossistemas degradados*. 2. ed. Viçosa: Editora UFV, 2015. v. 1. 376 p.

NBL – ENGENHARIA AMBIENTAL LTDA.; TNC – THE NATURE CONSERVANCY. *Manual de Restauração Florestal*: um instrumento de apoio à adequação ambiental de propriedades rurais do Pará. Belém: The Nature Conservancy, 2013. 128 p. Disponível em: <http://www.nature.org/media/brasil/manual-de-restauracao-florestal.pdf>.

RIETBERGEN-MCCRACKEN, J.; MAGINNIS, S.; SARRE, A. *The forest landscape restoration handbook*. London, UK: Earthscan, 2007. 175 p.

RODRIGUES, R. R.; MARTINS, S. V.; GANDOLFI, S. (Org.). *High diversity forest restoration in degraded areas*: methods and projects in Brazil. 1st ed. New York: Nova Science Publishers, 2007. v. 1. 274 p.

RODRIGUES, R. R.; GANDOLFI, S.; NAVE, A. G.; ATTANASIO, C. M. Adequação ambiental de propriedades agrícolas. In: FUNDAÇÃO CARGILL (Coord.). *Manejo ambiental e restauração de áreas degradadas*. São Paulo, 2007. p. 145-171.

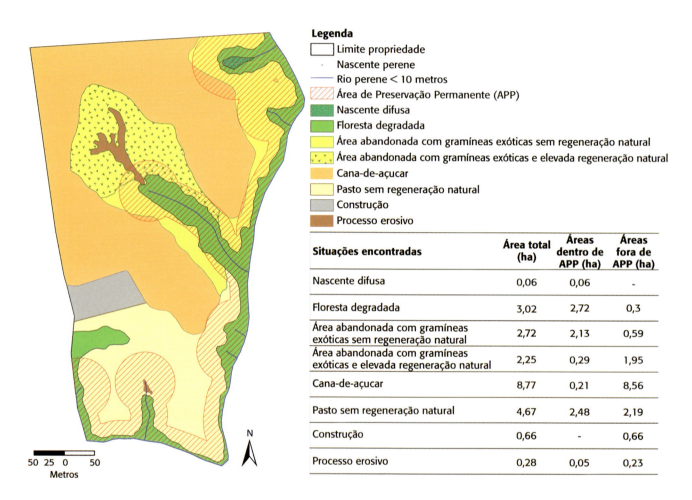

Fig. 6.15 *Exemplo de um mapa de diagnóstico e zoneamento para fins de restauração florestal, no qual as diferentes situações ambientais levantadas no diagnóstico são indicadas por cores diferentes na legenda. Abaixo da figura, é apresentado o memorial descritivo que acompanha esse tipo de mapa, com a descrição e quantificação das situações levantadas*

7

MÉTODOS DE RESTAURAÇÃO FLORESTAL: ÁREAS QUE POSSIBILITAM O APROVEITAMENTO INICIAL DA REGENERAÇÃO NATURAL

Diversos fatores econômicos, sociais e ecológicos podem interagir para determinar quais estratégias serão adotadas para a restauração de uma dada área. No entanto, é a resiliência da área a ser restaurada, entendida como seu potencial de autorrecuperação e estimada pela possibilidade ou não de aproveitamento da regeneração natural, que determina a tomada de decisão para as ações de restauração e, por sua vez, define em grande parte as chances de sucesso e os custos associados ao processo. Entre as situações que permitem a restauração passiva e aquelas que demandam restauração ativa, há amplo gradiente de situações ambientais, que vai da maior à menor possibilidade de aproveitamento dos indivíduos regenerantes já presentes na área e, portanto, dos processos de regeneração natural, dependendo da resiliência da área a ser trabalhada (Fig. 7.1). Diante disso, é fundamental entender o que determina a presença ou a chegada de indivíduos regenerantes de espécies nativas na área a ser restaurada e como esses indivíduos desencadeiam o processo de regeneração natural, principalmente no sentido de conseguir diagnosticar as possibilidades e limitações para o aproveitamento dessa regeneração na definição das ações de restauração de cada área.

A presença de indivíduos regenerantes de espécies nativas em uma dada área é resultado a) da expressão do banco de sementes, b) da rebrota de estruturas vegetativas, como tocos e raízes gemíferas e c) da presença prévia de plântulas e indivíduos juvenis remanescentes da vegetação original ou resultado dos processos de regeneração natural (Fig. 7.2). Assim, a resiliência local de uma determinada área vai ser influenciada pela quantidade, composição e distribuição espacial dos indivíduos regenerantes de espécies nativas já presentes ou que poderão se estabelecer pela expressão do banco de sementes do solo e da chuva de sementes oriunda dos fragmentos florestais vizinhos. Nesse caso, a resiliência da paisagem, expressa na forma da chegada de sementes à área a partir dos fragmentos da paisagem, determinará a possibilidade de colonização futura do local após terem sido isolados os fatores de degradação que dificultaram ou impediram o restabelecimento de uma comunidade vegetal nativa no local desde a destruição da floresta até o presente momento. A interação da resiliência da pai-

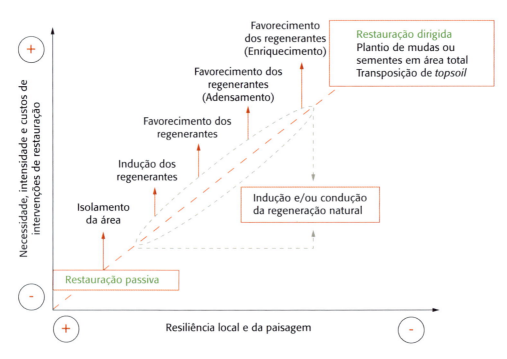

Fig. 7.1 *Necessidade e intensidade de ações de restauração florestal, expressas nas diferentes metodologias possíveis, são inversamente proporcionais ao potencial de aproveitamento da regeneração natural nas fases iniciais do processo de restauração*

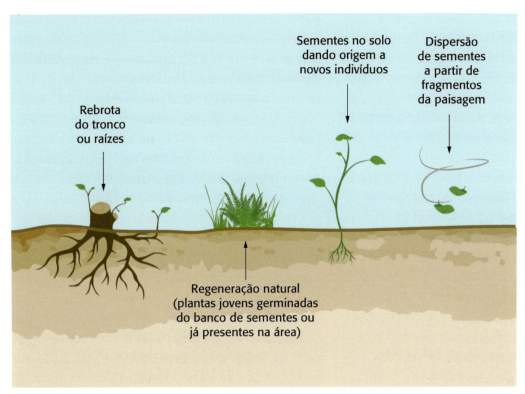

Fig. 7.2 *Formas de expressão da regeneração natural*

sagem com a resiliência local é que vai determinar o potencial da área de retornar à condição ecológica anterior à degradação com maior ou menor nível de intervenção humana.

Diante do exposto, é fundamental entender quais fatores naturais e/ou antrópicos condicionam a resiliência local e de paisagem de um dado projeto de restauração para que se possa diagnosticar corretamente se será possível contar com o uso inicial da regeneração natural e, em caso positivo, determinar quais ações de aproveitamento e condução dos indivíduos regenerantes poderão ser adotadas no sentido de potencializar os processos de regeneração e, consequentemente, aumentar a efetividade da restauração ecológica com os menores custos possíveis.

7.1 Fatores que afetam a possibilidade de aproveitamento inicial da regeneração natural na restauração florestal

7.1.1 Tempo de uso do solo

A conversão de ecossistemas naturais em áreas antropizadas tem ocorrido desde os séculos passados como resultado de práticas agrícolas de subsistência, destacadamente a agricultura itinerante de corte e queima, praticadas pelos povos indígenas e por populações tradicionais. Contudo, tais práticas afetavam pouco a resiliência dos ecossistemas nativos, uma vez que não eliminavam da área cultivada o banco de sementes de espécies nativas ou mesmo o banco de plântulas. Por serem práticas adotadas em pequena extensão, também não comprometiam o potencial da paisagem em suprir continuamente sementes para a recolonização do local por espécies nativas. Pouco tempo após o abandono da área, os processos de regeneração natural iniciavam a formação de uma área agrícola "suja", com invasão de regenerantes de espécies nativas, posteriormente uma capoeira, e, por fim, o avanço da sucessão florestal culminava na formação de uma floresta secundária, com potencial de restabelecer ao longo do tempo parte considerável da biota que fora deslocada com a substituição da floresta conservada por atividade agrícola não intensiva.

Contudo, com a gradual evolução das técnicas de cultivo tradicionais para agricultura cada vez mais tecnificada, desde a colonização do território nacional pelos portugueses e, principalmente, a partir do desenvolvimento da agricultura industrial com a Revolução Verde, cada vez mais foram adotados modelos intensivos e tecnificados de cultivo do solo, que têm como um dos objetivos iniciais eliminar o máximo de resiliência dos ecossistemas naturais para que a cultura agrícola se desenvolva sem competição. Esses modelos, que eliminaram a prática de pousio para exploração de vários ciclos sucessivos da cultura, têm como base para controle dos regenerantes naturais de espécies nativas – intitulados, nesse contexto, plantas daninhas – o uso repetido de herbicidas tanto em pré-emergência como em pós-emergência. O objetivo maior dessa prática altamente tecnificada de produção agrícola é suprir as demandas crescentes de uma economia exportadora de *commodities* agrícolas, que tem resultado em profundas modificações na paisagem de países emergentes com grande vocação agrícola, como é o caso do Brasil. Como consequência dos ciclos desenvolvimentistas específicos de cada momento histórico, os diferentes biomas e regiões brasileiras passaram por diferentes pulsos de conversão de florestas em áreas agrícolas, pecuárias, mineradoras ou mesmo urbanas. Diante da importância de conhecer o tempo de degradação das áreas a serem restauradas, será feito aqui um breve relato dos principais ciclos econômicos e períodos de expansão da fronteira agrícola que marcaram a substituição dos ecossistemas naturais brasileiros por áreas de produção agropecuária. Maiores detalhes sobre a história da degradação dos ecossistemas nacionais, com destaque para a Mata Atlântica, podem ser obtidos em Dean (1996).

O primeiro ciclo econômico nacional foi o da exploração do pau-brasil (*Caesalpinia echinata*) na floresta atlântica brasileira para fins de tintura e madeira, iniciado logo após a descoberta do país pelos portugueses, em 1500. Para ter noção da extensão da transformação das florestas costeiras nesse período, calcula-se que foram extraídas cerca de dois milhões de árvores de pau-brasil apenas no primeiro século de exploração, o que teria afetado 600.000 ha de Mata Atlântica (Dean, 1996). Embora a extração indiscriminada do pau-brasil possa ter resultado em degradação dos fragmentos remanescentes, ela não implicou a derrubada propriamente dita das florestas nativas. No entanto, com o ciclo do

açúcar (séculos XVI e XVII), notadamente na Zona da Mata nordestina, mas se estendendo por toda a costa brasileira, milhares de hectares de Mata Atlântica foram destruídos e convertidos em canaviais, permanecendo com a mesma ocupação do solo até os dias atuais. Em razão do uso intenso do solo na paisagem regional por quase cinco séculos, a maioria das áreas em processo de restauração florestal inseridas nessas regiões apresenta resiliência muito baixa, devendo ser adotadas metodologias de restauração que se baseiem no plantio ou semeadura de árvores nativas em toda a área, já que a chegada espontânea de sementes de espécies nativas dificilmente será suficiente para desencadear a recolonização da área e o início de sua restauração.

Posteriormente, com o ciclo do ouro, nos séculos XVII e XVIII, outros milhares de hectares de florestas naturais foram destruídos e convertidos em áreas degradadas, mas nesse caso de forma muito mais reduzida e localizada que o ciclo da cana-de-açúcar. No entanto, a exploração de ouro nesse período teve um agravante, que foi a degradação do solo e das águas. De acordo com o relato de Alexander Caldcleugh em viagem pelo interior de Minas Gerais, descrito por Dean (1996), "era difícil acreditar que no período breve de 120 anos, tinha havido mãos e engenho suficiente para dar ao solo sua atual aparência esburacada". Esse relato dá ideia do nível de degradação que a exploração de minérios trouxe aos ecossistemas nativos no período, principalmente nas matas ciliares, já que grande parte do ouro era extraída pelo sistema de aluvião, no qual se realiza a extração do minério no leito e nas margens de cursos d'água.

Diante do desenvolvimento trazido pelo ciclo do ouro e do aumento da demanda por alimentos resultante do crescimento da população no período, estima-se que a mineração, a lavoura e a engorda de gado praticadas no Sudeste brasileiro podem ter eliminado 3.000.000 ha de florestas nativas no século XVIII (Dean, 1996). Nesse contexto, parte significativa das áreas a serem restauradas nas regiões auríferas do Estado de Minas Gerais pode apresentar, além da falta de resiliência, grandes limitações ao crescimento de plântulas e mudas como resultado da antiga e intensa degradação do solo.

A partir do ciclo do café (séculos XIX e XX), a Mata Atlântica do Sudeste brasileiro sofreu a sua mais intensa destruição. A maior parte da perda de cobertura florestal dessa região do país ocorreu justamente nesse ciclo econômico, em decorrência da conversão de florestas nativas e até mesmo áreas ocupadas com cultura de cana-de-açúcar em cafezais. De acordo com Dean (1996), "A derrubada e queimada da floresta com propósito de assentar cafezais prosseguiu em São Paulo até o séc. XX, em todo o estado e atravessou a fronteira, entrando no Paraná, até consumir totalmente a Mata Atlântica que recobria o que se presumia fossem solos adequados ao café" (ver Fig. 2.1). Como era de se esperar, essas áreas de ocupação agrícola mais antiga do Sudeste brasileiro tiveram sua resiliência muito comprometida e, consequentemente, apresentam hoje maiores dificuldades para a restauração florestal. Portanto, a possibilidade de essas áreas serem restauradas mediante a condução da regeneração natural é mais limitada, principalmente nas situações que continuaram com uso agrícola variado até os dias atuais, que são a grande maioria das áreas degradadas nessa região.

Na história mais recente, o período militar também deu sua contribuição à destruição do que havia sobrado de florestas nativas em outras regiões do país. Na década de 1970, com a integração do Sul/Sudeste com as regiões Centro-Oeste/Norte por meio da construção de rodovias, da mudança da capital para Brasília e do início da ocupação do Cerrado para o cultivo de grãos com o desenvolvimento da tecnologia necessária por instituições públicas de pesquisa, deu-se início a um novo momento relevante de substituição de formações naturais pela expansão da fronteira agrícola e consequente desmatamento no Cerrado e na Amazônia. Justamente em razão do histórico recente de conversão de formações naturais para uso agrícola do solo é que a condução da regeneração natural se destaca como a principal técnica de restauração a ser adotada na maior parte dessas duas grandes regiões do país.

O potencial de aproveitamento inicial da regeneração no bioma Cerrado apresenta situações extremas. Por ser uma formação natural com grande resiliência em virtude de a reprodução vegetativa ser a estratégia dominante de multiplicação das espécies lenhosas nessa vegetação, a substituição do Cerrado por pecuária ou agricultura pouco tecnificada não resulta em grandes desafios para a restauração, pois apenas o abandono da área pode levar à expressão massiva da regeneração natural. No entanto, quando essa formação é substituída por agricultura tecnificada, na qual uma das ações iniciais de preparo do solo após o desmatamento é exatamente a eliminação dessas estruturas de reprodução vegetativa do solo por meio do desenraizamento mecânico ou do controle dos regenerantes com aplicação de herbicidas, a resiliência dessas áreas fica muito baixa, com o agravante de que o plantio de mudas ou a semeadura direta para a restauração de Cerrado ainda é pouco conhecido e distinto da restauração das formações florestais.

Assim, da mesma forma como iniciado há meio milênio, o processo de destruição dos ecossistemas naturais no Brasil prossegue em passos largos até os dias de hoje, sem sinais evidentes de que esteja chegando a um fim ou muito menos a um final feliz. Na contramão desse processo, destaca-se a restauração ecológica, já que essa substituição das formações naturais por atividade agropecuária é feita sem nenhum planejamento agrícola e ambiental, gerando muitas áreas de baixa produtividade e irregulares, sem produção agrícola efetiva, mas que podem ser restauradas e apresentar papel muito mais nobre na conservação dos recursos naturais em comparação com a produção agrícola ineficiente. A destruição das formações naturais nas áreas de alta aptidão agrícola, que efetivamente servem para a produção com elevada produtividade, é mais aceitável para atender às demandas nacionais e globais por produtos agrícolas, desde que feita com planejamento ambiental adequado e, portanto, com menor impacto. Já a destruição de formações naturais nas áreas de baixa aptidão agrícola e nas áreas já protegidas na legislação ambiental brasileira, como as matas ciliares e a Reserva Legal, é inaceitável, pois essas situações deveriam permanecer cobertas com formações naturais. A restauração ecológica atua na recuperação desses ecossistemas nativos que foram indevidamente degradados no processo de expansão da fronteira agrícola brasileira, feito sem planejamento, além de promover o fim da degradação dos ecossistemas remanescentes.

Essa breve descrição da conversão histórica de ecossistemas naturais em áreas de uso antrópico no Brasil serve de pano de fundo para que se entenda que as diferentes regiões do país podem apresentar maior ou menor potencial de aproveitamento da regeneração natural, dependendo do tempo transcorrido entre a mudança do uso do solo e a implantação das ações de restauração, bem como da intensidade desse processo de degradação e de uso do solo. Isso porque as áreas ocupadas há mais tempo normalmente possuem menor resiliência, já que o uso continuado do solo com práticas agrícolas ou pecuárias, tais como o preparo do solo, as queimadas, a roçagem de pastagens e a aplicação de herbicidas, reduz progressivamente a resiliência das áreas a serem restauradas. Por exemplo, a produção intensiva de culturas agrícolas anuais, como a soja, pode não eliminar a resiliência de uma dada área caso esse tipo de ocupação seja mantido por um período relativamente curto, em uma paisagem ainda com muitos remanescentes de vegetação natural (Fig. 7.3). Por outro lado, se esse modelo de produção intensiva for mantido por muito tempo, reduzindo drasticamente a resiliência local, e continuar havendo desmatamento e fragmentação da vegetação remanescente, reduzindo assim a resiliência da paisagem, a resiliência final da área não poderá mais ser aproveitada para o início do processo de restauração. Nas áreas mais antigas de degradação antrópica, são encontrados normalmente os menores índices de cobertura florestal nativa, o que agrava o aproveitamento da regeneração natural na restauração devido ao comprometimento da resiliência da paisagem.

7.1.2 Formas de uso do solo

Cada forma de uso do solo possui particularidades que podem refletir diretamente em diferentes níveis de redução da resiliência dos ecossistemas, pois, no caso de áreas agrícolas, cada cultura possui um manejo específico, com diferentes formas de preparo do solo, controle de plantas daninhas e intensidade de cultivo. Por exemplo, culturas agrícolas anuais normalmente adotam um sistema mais intensivo de controle de plantas daninhas, com aplicações frequentes de diferentes herbicidas pré-emergentes e pós-emergentes, que resultam tanto na morte das plantas não desejadas quando, logicamente, das nativas que em algum momento estavam ocupando os campos de produção agrícola. Já em pastagens extensivas, o controle de plantas

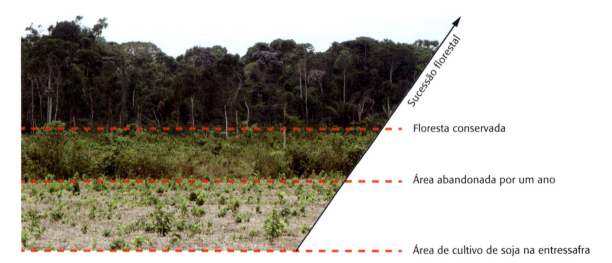

Fig. 7.3 *Campo de produção de soja em Santarém (PA) instalado há cinco anos em uma área anteriormente ocupada por Floresta Amazônica, ainda com floresta remanescente no entorno da cultura. É possível observar elevada densidade de espécies nativas regenerando no período de entressafra, quando a área permanece em pousio, que se adensa conforme se aproxima da floresta remanescente do entorno, pois o período recente de conversão agrícola não foi suficiente ainda para eliminar a resiliência local e muito menos a resiliência da paisagem nesse contexto*

daninhas é normalmente conduzido pela roçagem de indivíduos lenhosos que regeneram no meio do capim, o que permite a posterior rebrota de algumas espécies perenes por meio do caule e de raízes gemíferas (Fig. 7.4). Principalmente em áreas de baixa aptidão agrícola, geralmente em relevo acidentado, que não possibilitam a mecanização e, portanto, a prática de cultivos agrícolas intensivos e tecnificados, há maior potencial de aproveitamento da regeneração natural (Fig. 7.5 e Boxe 7.1).

Há também o caso dos plantios florestais que, devido ao longo ciclo de produção, baixa intensidade das práticas tecnificadas de cultivo e manutenção do solo permanentemente recoberto com vegetação, reduzindo processos erosivos e a infestação de gramíneas exóticas, oferecem condições propícias para que se estabeleça uma comunidade vegetal nativa no seu sub-bosque, a qual pode ser plenamente aproveitada para a restauração da área após a colheita da madeira. Contudo, nem todos os reflorestamentos comerciais têm a mesma capacidade de catalisar os processos de regeneração natural e, consequentemente, vir a possuir uma comunidade vegetal nativa regenerante no sub-bosque. Isso porque os usos anteriores do solo, antecedentes à implantação do reflorestamento, podem ter eliminado o banco de sementes e de plântulas de espécies nativas, e isso, se somado à baixa resiliência para paisagem regional, resulta em plantios florestais de espécies exóticas sem indivíduos regenerantes de espécies nativas no sub-bosque, apesar das condições propícias para isso ocorrer. Por exemplo, reflorestamentos de eucalipto vêm sendo ultimamente implantados em áreas tradicionalmente utilizadas como pastagem, nas quais já não havia possibilidades efetivas de aproveitamento inicial da regeneração natural. Quando o reflorestamento é implantado em uma condição como essa (baixa resiliência local) e em paisagens com pouca cobertura

Fig. 7.4 *A roçagem de pastagens extensivas (A) remove a parte aérea dos indivíduos lenhosos regenerantes de espécies nativas, os quais podem rebrotar por meio do caule ou de raízes gemíferas, reocupando a área (B)*

Fig. 7.5 *À esquerda da imagem, o pasto apresenta vários indivíduos adultos e juvenis de espécies nativas regenerando, cuja densidade é controlada periodicamente via roçagem da área, eliminando a parte aérea dos regenerantes. Essa área nunca foi ocupada por culturas agrícolas tecnificadas devido à declividade do terreno e possui enorme potencial de aproveitamento inicial da regeneração natural na restauração, dado o potencial de expressão do banco de sementes, da rebrota de tocos e raízes e da chuva de sementes advinda do remanescente vizinho (à direita na imagem)*

Boxe 7.1 Modelos preditores das chances de regeneração florestal em paisagens agrícolas

A avaliação histórica da dinâmica de regeneração florestal em uma determinada região permite que se façam projeções futuras sobre quais áreas possuem maiores chances de regenerar por meio da restauração passiva, o que reduz os custos e aumenta a eficiência da restauração. Para exemplificar essa perspectiva, tome-se como exemplo a modelagem da dinâmica da cobertura florestal nativa da bacia do rio Piracicaba (12.500 km^2), no Estado de São Paulo. Primeiramente, avaliou-se a importância de alguns determinantes espaciais (variáveis de transição) de características físicas, ambientais e antropogênicas no processo de regeneração e desmatamento de fragmentos florestais. Foi desenvolvido um modelo de dinâmica da vegetação nativa com mapas temáticos de cobertura e uso do solo dos anos 1990, 2000 e 2010 originados de imagens Landsat 5 TM, utilizando-se a metodologia de Pesos de Evidência, incorporada ao *software* Dinamica EGO. As variáveis foram divididas em físicas e ambientais (tipos de solo, rede de drenagem, pluviosidade e presença de fragmentos florestais) e antrópicas (densidade populacional, produto interno bruto, rede viária, zonas urbanas e predominância de atividade rural). O uso do método de Pesos de Evidência possibilita analisar individualmente e espacialmente cada variável em relação ao evento de transição observado ao sobrepor dois mapas de uso do solo. Desse modo, foi possível calcular a probabilidade de um determinado *pixel* de transitar entre um uso florestal para um não florestal e vice-versa, indicando quais variáveis se destacam mais em cada transição.

A cobertura florestal reduziu de 24,4% para 20,1% entre 1990 e 2000 e aumentou para 21,8% em 2010. A perda de floresta foi influenciada principalmente pelas variáveis antrópicas, enquanto o ganho florestal foi condicionado por variáveis físicas e ambientais. De forma geral, a supressão de florestas nativas ocorreu em altitudes específicas, variando entre 400 m e 800 m de altitude, próximo a rodovias e zonas urbanas. Já a regeneração de floresta nativa foi consistentemente observada em regiões de maior declividade, próximo aos rios e outros fragmentos florestais e acompanhado de médias altas de pluviosidade. Uma grande parcela de regeneração ocorreu devido ao abandono de terras agrícolas e pastoris. A primeira se deve principalmente à mecanização da cana-de-açúcar e à impossibilidade de colheita em áreas com declividade acima de 12%, enquanto a segunda está relacionada a fatores socioeconômicos de pequenos proprietários de gado leiteiro, que, por questões econômicas, abandonam terras declivosas, ao passo que a proximidade de fragmentos facilita a recolonização da área por espécies lenhosas nativas. O estudo não só evidencia as variáveis e probabilidades espaciais de regeneração florestal para cada uso do solo, mas também abre um caminho como uma ferramenta gestora, permitindo simular cenários futuros e até mesmo o custo da restauração de uma paisagem, possibilitando priorizar a restauração de áreas com maiores chances de regeneração espontânea e, assim, com menores custos e maior eficiência.

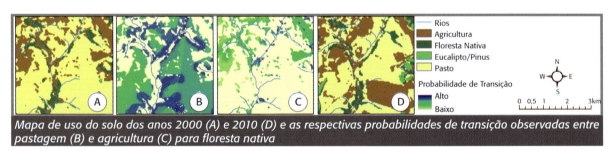

Mapa de uso do solo dos anos 2000 (A) e 2010 (D) e as respectivas probabilidades de transição observadas entre pastagem (B) e agricultura (C) para floresta nativa

Paulo Guilherme Molin (pgmolin@gmail.com), Laboratório de Hidrologia Florestal (LHF), Escola Superior de Agricultura "Luiz de Queiroz" (Esalq), Universidade de São Paulo, Piracicaba (SP) (Projeto Fapesp nº 2010/19670-8)
Silvio Frosini de Barros Ferraz (silvio.ferraz@usp.br), Laboratório de Hidrologia Florestal (LHF), Escola Superior de Agricultura "Luiz de Queiroz" (Esalq), Universidade de São Paulo (USP), Piracicaba (SP)

Referência bibliográfica

MOLIN, P. G. *Dynamic modeling of native vegetation in the Piracicaba River basin and its effects on ecosystem services*. 2014. Tese (Doutorado em Recursos Florestais) – Escola Superior de Agricultura "Luiz de Queiroz", Universidade de São Paulo, Piracicaba, 2014.

florestal nativa (baixa resiliência da paisagem), normalmente não se observa no sub-bosque uma densa e diversificada regeneração natural (Fig. 7.6A). Muitas vezes, essa situação é erroneamente atribuída à hipotética alelopatia, à competição por água ou à acidificação do solo causada pelo eucalipto. Se isso fosse verdade, em nenhuma situação seria constatado um rico sub-bosque de espécies nativas sob plantios de eucalipto, tal como amplamente observado em várias regiões do país (Fig. 7.6B).

Assim, as diferentes formas de ocupação anterior e atual das áreas a serem restauradas, principalmente no que se refere ao sistema de produção agrícola, pecuária ou florestal que é ou foi adotado, podem determinar o potencial de autorrecuperação local e, portanto, o potencial de aproveitamento inicial da regeneração natural no processo de restauração da área. Contudo, há situações mais drásticas, tais como no caso de mineração ou quando há processos erosivos intensos na atividade agrícola. Nessas situações, normalmente é removida a camada superficial do solo, a qual contém o banco de sementes, a maior parte dos nutrientes, a fauna e os microrganismos, restando apenas uma camada inerte de substrato, com limitações físicas e químicas ao crescimento vegetal (sem resiliência local). Nesse tipo de situação, são necessárias ações intensivas de recuperação do solo e reintrodução em área total de uma comunidade vegetal nativa para dar início ao processo de restauração (Fig. 7.7), mesmo que seja observada resiliência da paisagem.

7.1.3 Histórico de degradação da área a ser restaurada

A identificação dos fatores de degradação de uma dada área a ser restaurada tem fundamental importância dentro de um programa de restauração florestal, pois o isolamento desses fatores é

Fig. 7.6 *(A) Reflorestamento de eucalipto implantado em área anteriormente ocupada por agricultura tecnificada e pastagem, desprovido de indivíduos regenerantes de espécies nativas no sub-bosque e densamente colonizado por braquiária. (B) Reflorestamento de eucalipto com sub-bosque densamente povoado por indivíduos regenerantes de espécies nativas*

Fig. 7.7 *Áreas sem resiliência local pelo fato de a camada superficial do solo ter sido removida para a extração de argila (A) ou ter sido removida pelos processos erosivos decorrentes do uso inadequado do solo para a pecuária (B)*

o ponto de partida para que sejam implantadas as ações mais adequadas para a recuperação do ecossistema degradado. Por sua vez, o resgate histórico dos fatores de degradação que ao longo do tempo prejudicaram ou até mesmo eliminaram a vegetação nativa também pode ser útil para que se diagnostique o potencial real de aproveitamento da regeneração natural nas ações de restauração. Por exemplo, tome-se como estudo de caso uma pastagem que no momento do diagnóstico ambiental apresentou, na observação visual da área, reduzida densidade de indivíduos regenerantes de espécies nativas. Caso se saiba de antemão que essa pastagem tem que ser periodicamente roçada, provavelmente será possível contar com a regeneração natural para iniciar o restabelecimento de uma floresta nativa no local, que poderá ou não ser enriquecida no futuro com mais espécies nativas, dependendo da resiliência da paisagem. Isso porque a baixa densidade observada de indivíduos regenerantes pode ser resultado da prática recente de roçagem da área, que prejudicou a avaliação da resiliência local. Como os pecuaristas apenas roçam o pasto e geralmente não aplicam herbicidas, caso a densidade de espécies lenhosas seja alta o suficiente para prejudicar o desenvolvimento das espécies forrageiras, isso indica que, se a roçada for interrompida por um dado período, a regeneração natural recolonizará o pasto e dará início ao processo de restauração da área (Fig. 7.8). Assim, a simples informação de que é realizada a roçagem periódica da área já é um ótimo indicativo de que há potencial favorável de aproveitamento da regeneração natural.

Em uma outra situação, a reduzida densidade de indivíduos regenerantes de espécies nativas pode ser observada em uma pastagem que não é roçada, indicando que essa baixa densidade é reflexo direto da baixa resiliência da área. Essa baixa resiliência local é muito provavelmente resultado do histórico de degradação dessa área, que pode ter sido de agricultura tecnificada em um passado recente, e não de fatores que dificultam que essa resiliência se expresse. Esse mesmo raciocínio pode ser aplicado para diferenciar no diagnóstico ambiental áreas de pastagem de áreas abandonadas. Em áreas de pastagens, a expressão da regeneração natural pode

Fig. 7.8 *Aspecto de uma pastagem ainda não roçada (A) adjacente a um remanescente florestal (C) e de uma pastagem recém-roçada (B). O potencial de aproveitamento da regeneração natural da área recém-roçada pode ser o mesmo que o da área ainda não roçada. A diferença de densidade de indivíduos regenerantes entre elas é devida apenas ao período transcorrido entre a roçagem e o registro fotográfico*

ser prejudicada devido à roçagem periódica, ao uso da vegetação nativa como alimento pelo gado e até mesmo à destruição dos regenerantes por pisoteio, ao passo que, em áreas abandonadas, esses fatores não dificultariam que a regeneração natural se expressasse, de modo que não seria necessário aguardar para que o potencial de regeneração da área fosse avaliado de forma segura.

Em algumas situações, o conhecimento do histórico de degradação do local possibilita ainda que se descubra por que a sucessão ecológica não avança em determinadas situações, mesmo depois de a área em questão ser abandonada. Nesses casos, é fundamental identificar os fatores que bloqueiam o desenvolvimento da regeneração natural antes que se adote qualquer medida de indução ou condução dos indivíduos regenerantes. Por exemplo, quando se altera a dinâmica da água do solo em florestas típicas de áreas encharcadas, tais como as matas-de-brejo, as florestas sobre restinga e as veredas, a comunidade vegetal gradativamente entra em declínio (Fig. 7.9). Nessa situação, é fundamental que se identifique e remova o fator que está destruindo ou prejudicando o desenvolvimento da vegetação nativa, tal como o maior tempo de retenção da água no solo, o aumento do nível da lâmina d'água ou até a redução do nível de encharcamento do solo, para que depois possam ser adotadas formas de favorecimento dos indivíduos remanescentes.

Outro exemplo típico da importância de conhecer o histórico de degradação da área a ser restaurada para que se adotem medidas efetivas de condução da regeneração natural é o de fragmentos florestais degradados. Algumas características de ecossistemas florestais degradados são resultado do processo de fragmentação, o qual altera as características microclimáticas e ecológicas principalmente das áreas de borda, fazendo com que haja predomínio de espécies iniciais da sucessão florestal, proliferação de espécies de trepadeiras e redução da altura e da complexidade do dossel. Parte dessas características é inerente a remanescentes pequenos e com maior proporção de bordas e dificilmente pode ser muito alterada por ações de restauração conduzidas no fragmento, a não ser que se amplie a área do fragmento ou que se adotem medidas de redução dos efeitos de borda.

Contudo, em alguns fragmentos florestais (provavelmente na maioria deles), os efeitos indesejados da fragmentação são somados à recorrência dos fatores diversos de degradação, tais como incêndios, extração seletiva de madeira e pastoreio no sub-bosque pelo gado. Nesse caso, é premente diagnosticar qual fator de degradação é preponderante, qual o efeito desse fator na vegetação e o que poderia ser feito para reverter essa situação e favorecer a regeneração natural. Por exemplo, a queimada de fragmentos florestais geralmente resulta na colonização do dossel por trepadeiras muito agressivas, iniciais da sucessão, tanto nas áreas de borda como nas de interior do fragmento, dependendo da frequência e da intensidade dessas queimadas. Quando isso ocorre, pode-se estabelecer uma condição de estado alternativo estável, na qual a vegetação permanece "estacionada" em um dado estágio de degradação devido à limitação que as trepadeiras hiperabundantes impõem ao avanço da sucessão florestal. Nesse caso, a condução da regeneração natural consiste primeiramente, e incondicionalmente, em proteger a área de futuras queimadas, para que depois se possam adotar ações de restauração do remanescente, como manejar as trepadeiras hiperabundantes que estão em desequilíbrio, favorecer a reocupação do dossel pelas espécies arbóreas nativas e até proporcionar o enriquecimento com espécies extintas localmente com a degradação natural da paisagem e perturbações recorrentes.

7.1.4 Tipo de vegetação

Outro fator importante que interfere no potencial de aproveitamento da regeneração natural como estratégia de restauração é o tipo de vegetação

Fig. 7.9 *Mata-de-brejo (A) e vereda (B) em senescência devido ao maior tempo de retenção da água no solo e ao aumento do nível da lâmina d'água, resultado do barramento do riacho pela construção de uma represa e de um carreador rural, respectivamente*

que ocorria na área a ser restaurada. Ao longo da evolução, as espécies de cada comunidade vegetal foram submetidas a diferentes filtros seletivos, muitos dos quais são resultantes de distúrbios naturais que essas comunidades vivenciaram ao longo do tempo. Como resposta a essas perturbações, várias espécies vegetais desenvolveram estratégias adaptativas que possibilitaram resistir mais a certos tipos de estresse, os quais seriam letais para espécies sem tais adaptações. Assim, quando as espécies vegetais que constituem a comunidade possuem adaptações específicas para suportar os distúrbios mais frequentes que afetam o ambiente dessa comunidade, o ecossistema como um todo pode ter sua resiliência aumentada, o que em última instância permite o aproveitamento inicial da regeneração natural como estratégia de restauração dessa dada comunidade.

Por exemplo, as espécies de Cerrado foram selecionadas evolutivamente para resistirem a eventos sazonais de incêndios e de déficit hídrico, o que resultou na evolução de estruturas subterrâneas especializadas para o acúmulo de reservas e para a reprodução vegetativa. O mesmo é observado nos ecossistemas Caatinga e Floresta Estacional Decidual, cujas espécies também possuem acúmulos de reservas nas raízes e estruturas subterrâneas de reprodução vegetativa, fruto da adaptação dessas espécies ao déficit hídrico sazonal (Boxe *on-line* 7.1). Consequentemente, a resiliência de uma área de Cerrado, Caatinga ou Floresta Estacional Decidual é geralmente expressiva, pois o corte da parte aérea dificilmente implica a morte do indivíduo. Em razão dessa particularidade e da dificuldade que essas estratégias adaptativas trazem à produção de mudas dessas espécies, a condução da regeneração natural é sempre a alternativa mais viável para a restauração desses ecossistemas. No entanto, se a prática de preparo e condução do solo agrícola conseguir eliminar as estruturas de reprodução vegetativas presentes no solo, por exemplo, com práticas de desenraizamento, a resiliência dessas áreas fica muito comprometida, dificultando enormemente a restauração, já que não se domina a produção de mudas de espécies dessas formações.

Enquanto o Cerrado constitui um exemplo típico de vegetação com maior resiliência quando os propágulos vegetativos do solo não foram eliminados, existem outros ecossistemas mais sensíveis aos fatores de distúrbio antrópicos, principalmente quando estes afetam características do meio físico que são condicionantes do tipo de vegetação. Por exemplo, as matas-de-brejo desenvolvem-se em solos permanentemente encharcados, onde a água produzida nas nascentes difusas flui continuamente por pequenos canais superficiais, sendo que a vegetação ocupa os montículos entre os canais, possibilitando assim níveis adequados de oxigenação para as raízes das espécies adaptadas a essa condição. Nesse tipo de ecossistema, as variações de microrrelevo também são determinantes para o estabelecimento de plântulas e para a seleção de espécies com diferentes níveis de tolerância ao encharcamento.

Contudo, quando uma mata-de-brejo é desmatada, assoreada ou represada, a dinâmica da água no solo e as condições de microrrelevo são profundamente alteradas, passando a haver um maior tempo de permanência da água no solo e, consequentemente, menor oxigenação das raízes. Diante disso, quando uma mata-de-brejo é destruída e as características de meio físico condicionantes desse tipo de vegetação são alteradas, dificilmente as espécies arbustivas e arbóreas típicas dessa vegetação voltarão a crescer nesse local espontaneamente, o qual passa a ser ocupado por uma vegetação predominantemente herbácea, definida como campo úmido de origem antrópica (Fig. 7.10). Nessas condições, o plantio de mudas de espécies arbóreas, mesmo daquelas adaptadas a solos de matas-de-brejo, é pouco efetivo, havendo normalmente elevada mortalidade e reduzido crescimento. Tais campos são muito comuns em paisagens muito alteradas e geralmente são ocupados por algumas espécies exóticas típicas dessa condição brejosa, sendo as mais comuns a taboa (*Typha domingensis*), o lírio-do-brejo (*Hedychium coronarium*) e a braquiária-do-brejo (*Brachiaria humidicola*).

7.1.5 Conectividade da paisagem

O principal fator que afeta a conectividade de uma paisagem é o nível de fragmentação a que ela

200   Restauração Florestal

Fig. 7.10 *(A) Vista geral de uma mata-de-brejo e (B) campo úmido de origem antrópica sobre solo hidromórfico, na parte mais baixa do terreno, formado em uma área anteriormente ocupada por uma mata-de-brejo que fora desmatada e assoreada como consequência do uso agrícola do entorno*

está submetida, o qual determina, juntamente com a constituição da matriz que forma o plano de fundo dessa paisagem, o quão difícil será para um organismo, semente ou grão de pólen se movimentar de um fragmento para outro ou de um fragmento para a área em restauração, transpondo os obstáculos impostos pela ruptura da continuidade de hábitat. Essa fragmentação é resultado direto da ausência histórica e atual de planejamento agrícola e ambiental na abertura de fronteiras agrícolas no Brasil. Considerando-se que a maioria das espécies florestais nativas é zoófila (polinizada por animais) e zoocórica (dispersa por animais), a abundância e diversidade de polinizadores para a produção de frutos e de dispersores de sementes também são fatores determinantes da facilidade de fluxo de sementes em uma paisagem. Assim, em regiões onde houve redução da população de polinizadores e de vertebrados frugívoros devido à aplicação de pesticidas agrícolas, caça, tráfico de animais silvestres ou redução da qualidade e quantidade de hábitat, os efeitos nocivos da fragmentação tendem a ser mais intensos.

Esses efeitos se agravam para espécies com sementes grandes, que normalmente são dispersas por aves e mamíferos de maior tamanho corporal e que por isso mesmo são os mais caçados e, portanto, mais raros nesses ambientes muito perturbados. Consequentemente, a possibilidade de aproveitar a regeneração natural nas ações de restauração cresce à medida que aumenta a probabilidade de chegada de propágulos dos remanescentes florestais existentes na paisagem regional à área que está sendo restaurada. Assim, fatores como o tempo e as formas de uso do solo, o histórico de degradação e o tipo de vegetação estão mais relacionados à persistência das espécies nativas na área degradada, ao passo que a conectividade está mais relacionada à chegada de propágulos ao longo do tempo à área em processo de restauração, definindo o potencial atual e futuro de aproveitamento da regeneração natural, bem como do enriquecimento natural das áreas em restauração e mesmo da vegetação remanescente (Fig. 7.11). Quando há restrições à chegada de sementes, avaliada pela presença ou não de regenerantes naturais nessa área, costuma-se dizer que ela possui limitação de dispersão. A limitação de polinização é ainda muito pouco conhecida, pela dificuldade de ser comprovada em campo.

Além da distância da área fonte, da permeabilidade da paisagem e da presença de polinizadores e de dispersores de sementes, outro fator que afeta diretamente a quantidade e diversidade de propágulos que chegam a uma área em processo de restauração é a qualidade ambiental dos remanescentes. Quanto mais degradado for o fragmento, maior a possibilidade de ele estar dominado por espécies iniciais da sucessão e menor a diversidade de espécies mais finais da sucessão que ele poderá fornecer às áreas em processo de restauração por meio da chuva de sementes. Adicionalmente, fragmentos florestais muito degradados podem oferecer condições pouco favoráveis à manutenção, abrigo e alimentação de vertebrados dispersores de sementes.

Dessa forma, as sementes oriundas dos fragmentos florestais existentes na paisagem regional que chegam à área a ser restaurada são determinantes da densidade e diversidade da comunidade vegetal preexistente e da comunidade que se estabelecerá na área ao longo do tempo, definindo o potencial presente e futuro de condução da regeneração natural e da necessidade ou não de enriquecimento induzido dessa área após a ocupação pelas espécies iniciais da sucessão.

7.1.6 Limitação de microssítio de regeneração

Conforme discutido no item anterior, a quantidade e diversidade de sementes que chegam a uma área são potenciais determinantes da densidade e composição da comunidade vegetal regenerante. Contudo, para que uma semente depositada em uma área possa dar origem a uma plântula e esta possa se estabelecer, crescer e se reproduzir, é necessário superar vários filtros bióticos e abióticos. Nesse sentido, de nada adianta uma semente ser dispersa para uma determinada área se não houver microssítios favoráveis para o estabelecimento nessa área e o posterior recrutamento, dando suporte à colonização da área degradada pelas espécies nativas. Entre os filtros bióticos, destaca-se o papel de gramíneas exóticas invasoras, tais como as braquiárias (*Urochloa* spp.), o capim-colonião (*Panicum maximum*), o capim-elefante (*Pennisetum purpureum*) e o capim-gordura (*Melinis minutiflora*), e de samambaias nativas, como a samambaia *Pteridium* spp., as quais são reconhecidas por limitar a regeneração natural de espécies nativas.

Além das gramíneas, espécies arbóreas exóticas, tais como a leucena (*Leucaena leucocephala*), a acácia (*Acacia mangium*) e o ipê-de-jardim (*Tecoma stans*), podem formar densos povoamentos em áreas degradadas e inibir o estabelecimento de uma comunidade vegetal nativa. Essas espécies exóticas dificultam o estabelecimento ou mesmo selecionam ou deslocam as espécies nativas de uma determinada área devido à alelopatia e à competição por água, luz e nutrientes (Fig. 7.12). Assim, dependendo da ocupação prévia da área por espécies exóticas competidoras, haverá maior ou menor potencial de aproveitamento da regeneração natural como estratégia de restauração florestal, de forma que o controle dessas espécies indesejáveis consiste justamente em uma estratégia complementar da condução da regeneração natural.

Outro filtro biótico que pode inibir a regeneração natural de espécies nativas é a presença abundante de formigas-cortadeiras, com destaque para as saúvas. Monoculturas que hoje ocupam extensas áreas agrícolas, como cana-de-açúcar, eucalipto e laranja, valem-se de inseticidas muito eficientes no combate a formigas, de forma que as populações desses insetos normalmente se refugiam em áreas abandonadas ou marginais das áreas agrícolas, onde justamente se concentram as ações de restauração florestal. Apesar de as saúvas e quenquéns serem fundamentais para a incorporação de matéria orgânica no solo, o deslocamento desses insetos para as áreas de restauração pode resultar em desequilíbrio ecológico, com as formigas-cortadeiras se alimentando massivamente das espécies nativas que estão regenerando nessas áreas, de maneira

Fig. 7.11 *Plantio de restauração em uma faixa ciliar de uma represa imerso em uma matriz dominada por canaviais (A), onde a reduzida cobertura de florestas e a distância entre os poucos e muito degradados fragmentos remanescentes existentes na paisagem regional dificultam a chegada de sementes e, portanto, a colonização do sub-bosque por espécies nativas (B)*

Fig. 7.12 *Sob a copa de um indivíduo de* Ficus benjamina, *uma árvore exótica, a regeneração de espécies nativas é praticamente nula, ao passo que, logo depois da zona de influência dessa árvore, a regeneração do sub-bosque do plantio de restauração volta a ser densa e diversificada*

que a sucessão secundária é retardada ou mesmo impedida devido à herbivoria excessiva. Caso haja uma concentração de sauveiros em uma determinada área a ser restaurada ou no seu entorno imediato, poderá haver limitações ao recrutamento de espécies nativas, uma vez que as saúvas poderão se alimentar intensamente das plântulas recém-emergidas. Nessas situações, o controle das formigas-cortadeiras é necessário para permitir a expressão da regeneração natural. Vale destacar que esse desequilíbrio, com as formigas devorando os indivíduos regenerantes, não é tão comum, ou seja, esse controle só será necessário onde esse efeito for efetivamente identificado.

Adicionalmente, existem ainda diversas limitações abióticas, principalmente relacionadas à degradação do solo, que podem impedir o estabelecimento de plântulas de espécies nativas. O preparo do solo para uso agrícola e mesmo a ocorrência de processos erosivos alteram profundamente as características de microssítio de regeneração de áreas degradadas em comparação com as condições presentes dentro de remanescentes florestais. Por exemplo, enquanto no interior de um remanescente as sementes oriundas da dispersão natural são depositadas sobre a serapilheira, a qual possui rugosidade, umidade e estrutura favoráveis à germinação de sementes e ao estabelecimento de plântulas, em áreas degradadas as sementes dispersas naturalmente são depositadas sobre o solo nu, quando não coberto por gramíneas exóticas invasoras. Nesse solo, as sementes têm dificuldade de fixação no substrato e ficam mais expostas à desidratação e mais vulneráveis a predadores, ao passo que as plântulas geradas podem sofrer maior competição e encontrar maiores dificuldades para o enraizamento e a absorção de água e nutrientes. Dessa forma, a limitação de microssítio, expressa por restrições bióticas e abióticas ao estabelecimento e ao recrutamento, e a limitação de dispersão determinam conjuntamente o potencial de uma área degradada vir a possuir indivíduos regenerantes de espécies nativas originados por meio da chuva de sementes proveniente dos remanescentes florestais circunvizinhos e, portanto, a possibilidade de aproveitamento inicial da regeneração natural nas ações de restauração ecológica.

7.2 Avaliação da regeneração natural

Com base no que foi discutido nos itens anteriores, é possível compreender melhor por que se verificam em campo situações ambientais tão distintas com relação ao potencial de aproveitamento inicial da regeneração natural nas ações de restauração de uma dada área e quais as interferências desses diferentes fatores apresentados anteriormente na predição desse potencial. No dia a dia dos projetos, a melhor forma de sintetizar a expressão de todos os fatores que afetam o potencial de aproveitamento inicial da regeneração natural nas ações de restauração é a própria avaliação da comunidade regenerante de espécies nativas. Essa avaliação, que consiste basicamente na quantificação da densidade, da distribuição espacial e da composição da regeneração natural, já foi apresentada no passo 7 do capítulo anterior e por isso não será novamente tratada aqui. Com base nos resultados obtidos nessa avaliação é que se definirá o método ou o conjunto de métodos de condução e favorecimento da comunidade regenerante, conforme discutido nos próximos itens.

7.3 Condução da regeneração natural

As primeiras intervenções de favorecimento dos indivíduos regenerantes referem-se às ações que podem favorecer a expressão da sucessão secundária em áreas mantidas degradadas por fatores de distúrbio antrópicos, tais como a instalação de cercas para exclusão do gado, a prevenção de incêndios e o controle de espécies-problema tanto da flora, como gramíneas invasoras, quanto da fauna, como formigas-cortadeiras. Essas intervenções por si só já podem ser capazes de desencadear o processo de sucessão e permitir a ocupação progressiva de uma área em processo de restauração florestal por espécies nativas regenerantes. Assim, em áreas com maior resiliência local, muitas vezes como consequência da maior resiliência da paisagem, basta que os fatores de degradação sejam isolados para que a sucessão secundária resulte na formação de uma capoeira em um curto período, sem que seja necessária a adoção de qualquer medida de condução da regeneração natural (Fig. 7.13).

Contudo, em muitas áreas há filtros biológicos restritivos ao desenvolvimento dos indivíduos regenerantes de espécies nativas, principalmente no que se refere à competição exercida por gramíneas invasoras ou a forte herbivoria. Caso esses filtros biológicos não sejam removidos, a comunidade nativa regenerante pode ser prejudicada a ponto de permanecer estagnada no tempo ou mesmo retroceder em relação à densidade e riqueza de indivíduos observados em um dado momento inicial do diagnóstico ambiental. Assim, as técnicas de favorecimento da regeneração natural consistem justamente da remoção dos filtros que prejudicam o estabelecimento e crescimento dos indivíduos regenerantes das espécies nativas na área a ser restaurada, ou então que restrinjam a colonização dessa área por tais espécies. Os procedimentos operacionais associados ao uso das técnicas descritas a seguir serão apresentados em detalhes no Cap. 9. Serão descritas

Fig. 7.13 *Área de Preservação Permanente recoberta por uma floresta jovem, resultante do abandono por cinco anos de uma área anteriormente cultivada por soja em Santarém (PA). Como a área em questão apresentava ainda muitos propágulos de espécies arbóreas pioneiras no banco de sementes (elevada resiliência local) em razão dessa área ter sido desmatada há apenas poucos anos e estar inserida em uma região de elevada cobertura florestal (elevada resiliência da paisagem), a simples interrupção do cultivo foi suficiente para desencadear a sucessão secundária e a área entrar em processo de restauração passiva*

agora as estratégias de restauração que podem ser usadas para maximizar o aproveitamento inicial da regeneração natural de espécies nativas em diferentes situações ambientais elencadas pelo diagnóstico.

7.3.1 Remoção de povoamentos florestais de espécies exóticas visando ao aproveitamento da regeneração natural ocorrente no sub-bosque

Embora vários povoamentos florestais de espécies exóticas possuam alta densidade e diversidade de regenerantes de espécies nativas no sub-bosque, eles coíbem o desenvolvimento completo de uma floresta nativa com base na regeneração natural. Pela dominância que as espécies arbóreas exóticas exercem em reflorestamentos comerciais, elas ocupam o dossel e condicionam a ocorrência dos regenerantes de espécies nativas no sub-bosque, dificultando o restabelecimento da estrutura típica das florestas nativas. Com o manejo desses reflorestamentos, busca-se a substituição gradual ou mesmo brusca das espécies exóticas que estão dominando o dossel por indivíduos de espécies naturalmente ocorrentes na região, que estão ocupando o sub-bosque desses povoamentos florestais, favorecendo nesse manejo o desenvolvimento do sub-bosque no sentido de transformá-lo em uma floresta nativa com estrutura e composição típicas dos ecossistemas naturais da região.

No caso de povoamentos florestais com eucalipto, que é uma espécie sem potencial de persistência na área, já que não regenera no sub-bosque, o simples abandono do reflorestamento que tenha grande densidade e diversidade de regenerantes no sub-bosque pode resultar na restauração da vegetação nativa ao longo de muitas décadas, como resultado da morte gradual das árvores do dossel dessa espécie e da substituição pelos regenerantes nativos. Isso também pode ocorrer com povoamentos florestais de outras espécies florestais exóticas, que não se caracterizam como invasoras. Contudo, em virtude da ampla longevidade da maioria das espécies arbóreas exóticas usadas comercialmente no Brasil, a retirada induzida dos indivíduos dessas espécies exóticas da área em que a regeneração natural será conduzida pode acelerar muito o processo de restauração, além de

gerar recursos financeiros, já que a madeira extraída poderá ser comercializada e, por isso mesmo, sua colheita deve ser estimulada em certas situações. Nesse sentido, a retirada das árvores exóticas do sistema, tanto de reflorestamentos comerciais como de áreas invadidas por árvores de espécies exóticas, pode ser conduzida com diferentes níveis de impacto na regeneração natural e com diferentes possibilidades de aproveitamento da madeira obtida das espécies exóticas manejadas, dependendo da densidade de indivíduos regenerantes presente no sub-bosque e do nível de desenvolvimento estrutural da comunidade regenerante.

Retirada da madeira de povoamentos florestais com elevada densidade e diversidade de regenerantes nativos no sub-bosque com técnicas de impacto reduzido

Em situações em que o povoamento florestal encontra-se inserido em área de relevo pouco acidentado, de fácil acesso, que permite a tecnificação da exploração, é possível derrubar as árvores sem que elas se desloquem morro abaixo e danifiquem muito a regeneração natural preexistente no sub-bosque. Nessas situações, a retirada da madeira com técnicas de impacto reduzido é uma alternativa viável por minimizar os danos à regeneração natural presente no sub-bosque e possibilitar um retorno econômico satisfatório com a venda da madeira extraída, que pode ser investido no custeio das ações de restauração. Essa técnica de exploração de baixo impacto se baseia no direcionamento da queda das árvores exóticas de duas linhas paralelas e consecutivas na entrelinha entre essas duas linhas, de forma que a regeneração natural de metade das entrelinhas seja poupada do impacto resultante da queda das árvores exóticas para que o sub-bosque não seja prejudicado a ponto de comprometer seu desenvolvimento subsequente (Fig. 7.14).

Evidentemente, mesmo essa técnica de exploração de baixo impacto ainda causa danos ao sub-bosque, mas, se aplicada nas situações recomendadas e da forma correta, com posterior adoção de ações de condução dos regenerantes que foram afetados pela exploração, a comunidade regenerante nativa não será prejudicada a ponto de restringir o seu aproveitamento na restauração da

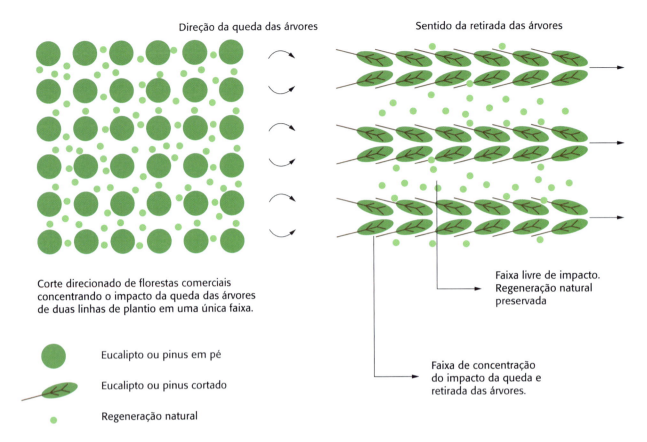

Fig. 7.14 *Esquema da retirada de espécies exóticas de povoamentos florestais por meio da técnica de colheita de baixo impacto das espécies arbóreas comerciais, com o objetivo de preservar o máximo possível da regeneração natural presente no sub-bosque*

área (Fig. 7.15). No período que sucede a retirada da madeira, é importante controlar a rebrota do eucalipto ou de qualquer outra espécie exótica para que não voltem a dominar o dossel da floresta em reconstrução. Contudo, é possível, e muitas vezes até recomendável, não controlar essa rebrota ainda muito jovem, de forma que a morte definitiva dos indivíduos de eucalipto ocorra apenas um ano ou um pouco mais após o início da brotação. Essa situação, com a rebrota do eucalipto promovendo algum sombreamento da área, é favorável por possibilitar uma transição mais gradual de condição ambiental para as espécies nativas e por colaborar no controle das gramíneas exóticas agressivas, que foram favorecidas com a exploração dos adultos de eucalipto. Nessa condição, a rebrota do eucalipto pode atuar como uma espécie de recobrimento nas ações de restauração da área, mantendo o solo parcialmente sombreado até que a regeneração nativa se desenvolva a ponto de sombrear o solo por si mesma e iniciar a reconstrução do dossel florestal, quando, então, a rebrota deve ser eliminada.

Morte das árvores em pé

Em situações em que o povoamento florestal de espécie exótica encontra-se inserido em área de relevo acidentado, de difícil acesso e sem possibilidade de muita tecnificação da exploração e/ou a comunidade nativa regenerante do sub-bosque encontra-se bem desenvolvida estruturalmente, a retirada da madeira da espécie exótica por meio de técnicas tradicionais de colheita florestal ou mesmo de técnicas de baixo impacto pode resultar em danos muito relevantes na regeneração natural, comprometendo seu aproveitamento nas ações de restauração da área (Fig. 7.16). Nessas situações, tem sido recomendado o controle das espécies exóticas, comerciais ou invasoras por meio da técnica de morte em pé gradual dos indivíduos. Além de causar menor impacto na vegetação regenerante,

Fig. 7.15 *Na parte inferior da figura, é possível observar a vegetação nativa em regeneração após a retirada dos indivíduos de eucalipto do povoamento florestal usando técnicas de exploração de baixo impacto. A rebrota dos indivíduos cortados de eucalipto deverá ser controlada com corte até que um dossel florestal seja reconstituído pelas espécies nativas*

Fig. 7.16 *A colheita do eucalipto por técnica tradicional em área de relevo acidentado (A) destruiu por completo a regeneração natural de espécies nativas existente no sub-bosque desse povoamento florestal como resultado do impacto da queda das árvores, do corte das toras e da acomodação das toras sobre essa regeneração (B)*

essa técnica impede mudanças repentinas no dossel dessa área e, portanto, no regime de luz e na estrutura típica do sub-bosque. Caso o dossel da floresta fosse removido em um único momento, o sub-bosque ficaria sob grande exposição de luz, afetando as espécies dessa condição, como a flora e a fauna tipicamente presentes em condições de sub-bosque, além de ser criada condição favorável para a colonização da área por gramíneas invasoras e desfavoráveis para as plantas nativas já adaptadas ao ambiente sombreado.

Para obter a morte em pé de árvores exóticas indesejadas, pode-se utilizar o anelamento, que consiste na remoção da casca externa e interna em toda a volta da árvore, em largura usual de 30 cm e profundidade aproximada de 10 cm, utilizando-se motosserra ou machado (Fig. 7.17). Outra possibilidade é a aplicação de herbicida próprio para esse fim, com base em recomendação técnica, na qual são realizadas aberturas nas árvores com machado para posterior aplicação de herbicida com pincel ou pistola dosadora, o qual irá ser absorvido pela planta e resultará na sua

Fig. 7.17 *A morte em pé das espécies arbóreas exóticas (A) em área de restauração ecológica pode ser realizada pelo anelamento, que consiste na retirada de uma parte da seção transversal do tronco onde se encontra o floema (B e C), impedindo assim a condução de seiva elaborada das folhas para as raízes da planta e causando a morte do indivíduo. Após cerca de três meses, as folhas dos indivíduos anelados começam a amarelar e aos poucos caem, permitindo a entrada maior de luz no sub-bosque, o que estimula o desenvolvimento das espécies nativas nele presente (D).*

morte (Fig. 7.18). Tais métodos não são recomendados para locais próximos a estradas públicas nem para locais que possuam intensa circulação de pessoas, dado o risco de acidentes causados pela queda gradual de galhos e troncos após o início da senescência dessas árvores e apodrecimento do tronco.

Uma opção para evitar que as mudanças ambientais no regime de luz e na estrutura do reflorestamento possam afetar negativamente as espécies animais e vegetais adaptadas a essa condição de sub-bosque, bem como possam favorecer a recolonização da área por gramíneas invasoras, é o parcelamento da morte das árvores. Uma possibilidade é o parcelamento no tempo e no espaço da morte das árvores, restringindo o anelamento/envenenamento a 1/4 dos indivíduos por ano, de forma estratificada, fazendo com que todo o processo se complete em quatro anos.

Esse parcelamento reduz ainda mais a intensidade de transformação da estrutura do ambiente e permite que as espécies nativas se expandam para áreas ainda sem vegetação, restringindo a invasão do local por gramíneas exóticas. Entretanto, a presença de árvores já secas na área por ocasião do anelamento dos indivíduos restantes gera o risco de queda de galhos, comprometendo a segurança da operação nos anos seguintes. Em virtude disso, deve-se dar preferência à morte das árvores em pequenos talhões, parcelando a retirada das exóticas em um esquema de mosaico, em vez de matar árvores independentes no meio do reflorestamento.

7.3.2 Adensamento

A comunidade regenerante, quando presente na área, geralmente tem duas características marcantes:

Fig. 7.18 *Aspecto da floresta de eucalipto em faixa ciliar após a morte das árvores e a queda das folhas por aplicação de herbicida no tronco (A) e vegetação nativa em pleno desenvolvimento com a maior disponibilidade de luz (B)*

a) a heterogeneidade espacial na distribuição dos indivíduos, com trechos de alta densidade e trechos de baixa densidade de regenerantes, o que é definido pela resiliência local de cada trecho, muito associada ao histórico de uso; e, geralmente, b) a baixa diversidade. Essas duas características podem demandar duas ações de restauração ecológica quando a área a ser restaurada apresenta potencial de aproveitamento da regeneração natural, que são o adensamento e o enriquecimento. Quando a distribuição espacial e/ou a densidade dos indivíduos regenerantes de espécies nativas não são satisfatórias para que a regeneração natural resulte na formação de uma fisionomia florestal em toda a área a ser restaurada dentro de um período razoável e sem intervenção humana, tornam-se necessárias não só medidas de favorecimento dos indivíduos regenerantes já presentes na área, como também ações que visem à ocupação dos espaços vazios não regenerados naturalmente com espécies nativas. Para essas situações, recomenda-se o adensamento, que consiste no plantio de mudas ou semeadura de espécies nativas regionais do grupo de recobrimento, já que o que se pretende é a ocupação dos espaços vazios, nos trechos em que não ocorreu a regeneração natural de espécies arbustivas e arbóreas nativas regionais.

Esse procedimento é recomendado para suprir eventuais falhas da regeneração natural no espaço, ou seja, apenas nas situações de restauração em que já foi decidida a ação de condução da regeneração natural, pela presença de indivíduos regenerantes identificados no diagnóstico (Fig. 7.19), mas cuja regeneração natural não permitiu a ocupação satisfatória de toda a área. Vale destacar que quanto mais tempo a área for protegida de perturbações externas, com a regeneração natural sendo conduzida adequadamente nesse ínterim, os espaços vazios podem gradualmente ser preenchidos pelos próprios indivíduos regenerantes presentes no resto da área a ser restaurada, sem necessidade de adoção da ação de adensamento. Sendo assim, recomenda-se que o adensamento seja adotado apenas nas situações de restauração que não dispõem desse tempo por algum motivo, por exemplo, restrições legais, pelas quais o proprietário rural é obrigado a apresentar uma área já com vegetação nativa em bom estado de desenvolvimento para cumprir as exigências de licenciamento ambiental, termos de ajustamento de conduta e outros mecanismos. Em situações em que não há tais restrições de tempo, o adensamento pode ser também necessário, como nas situações em que, mesmo após três ou quatro anos aguardando a expressão dessa regeneração natural, ela não tenha ocorrido de forma satisfatória.

7.3.3 Enriquecimento

Na regeneração natural é muito comum encontrar situações com densa e bem distribuída comunidade de espécies nativas na área a ser restaurada, porém com ocorrência quase que exclusiva de poucas espécies iniciais da sucessão florestal. As espécies mais finais de sucessão vão gradualmente chegando e colonizando essas áreas de baixa diversidade inicial, promovendo o incremento natural da diversidade vegetal, que é necessária para a perpetuação da área em processo de restauração. No entanto, esse enriquecimento natural só é possível em paisagens com muitos fragmentos bem conservados, que abrigam espécies finais e mais sensíveis. Nas paisagens muito degradadas, onde os fragmentos são pequenos e muito degradados, esse enriquecimento natural é limitado, mesmo em médio prazo, pois as fontes regionais dessas espécies são muito escassas, fazendo com que a sucessão possa permanecer estagnada, mantendo a floresta em um permanente estágio pioneiro de desenvolvimento. Assim, nessas áreas de condução de regeneração natural, pode ser necessário se valer do enriquecimento artificial (Fig. 7.19).

O enriquecimento refere-se, assim, à semeadura direta ou ao plantio de mudas de espécies nativas regionais do grupo de diversidade ou do grupo das não pioneiras nas áreas em processo de restauração que se caracterizam por elevada regeneração natural de espécies arbustivas e arbóreas nativas regionais (geralmente acima de 3.000 indivíduos regenerantes/ha), mas por baixa diversidade e predominância de espécies pioneiras, em paisagem com limitações para a chegada contínua de sementes de espécies mais tardias da sucessão florestal (enriquecimento natural). As mudas ou sementes das espécies de enriquecimento são normalmente implantadas sob o dossel já inicialmente estabelecido pela regeneração natural, no espaçamento 6 m × 6 m no interior da área com regeneração natural, visando colonizar a comunidade com espécies que permitam o avanço da sucessão secundária e o ganho da complexidade estrutural e florística do ecossistema.

Nas ações de enriquecimento, são recomendadas especialmente as espécies arbóreas, arbustivas e das demais formas de vida que apresentem grande interação com a fauna. A implantação de fontes de alimentação que atraiam animais dispersores, como aves e morcegos, de remanescentes florestais próximos para a própria área em processo de recuperação é uma importante forma de acelerar o processo

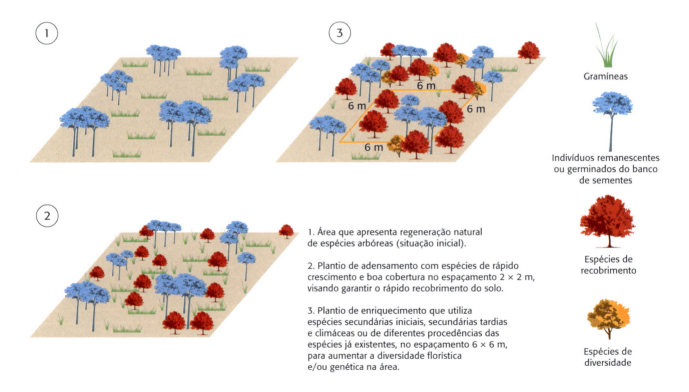

Fig. 7.19 *Esquema exemplificativo de plantios de adensamento e enriquecimento de uma área em processo de restauração florestal por meio da condução da regeneração natural*

de regeneração natural da floresta e de compensar parte das limitações eventualmente presentes pela fragmentação da paisagem, contribuindo, assim, para o enriquecimento natural da área em processo de restauração, potencializando os plantios de enriquecimento no sentido de favorecer o incremento de novas espécies no sistema.

Como já comentado, o enriquecimento não se restringe apenas ao plantio de espécies arbóreas de estágios intermediários e finais da sucessão. Trata-se de uma metodologia ampla que abrange também a possibilidade de reintrodução de espécies representantes de outras formas de vida vegetal, tais como arbustos, trepadeiras, herbáceas e epífitas, bem como de espécies arbóreas localmente extintas ou com população drasticamente reduzida pelas perturbações históricas, sempre que se diagnostique a limitação de dispersão dessas espécies. Por exemplo, remanescentes florestais em que a palmeira-juçara (*Euterpe edulis*) foi sobre-explorada para a extração do palmito podem ser enriquecidos com o plantio de mudas ou de sementes dessa espécie no sub-bosque, o que beneficia não só a espécie em questão, mas também toda a comunidade de frugívoros que se alimentam abundantemente de seus frutos.

Adicionalmente, podem-se reintroduzir orquídeas, bromélias e outros grupos de epífitas em fragmentos dos quais foram extraídas até a extinção local ou então em áreas antigas em processo de restauração nas quais esse grupo de plantas não se restabeleceu via colonização espontânea. A prática do enriquecimento pode também ter o objetivo de contemplar o resgate da diversidade genética, o que pode ser realizado pela introdução de indivíduos das espécies já presentes na área, mas produzidos por meio de diferentes matrizes, contendo, consequentemente, diferentes genótipos e proporcionando, com isso, o enriquecimento genético das áreas em processo de restauração. Essa intervenção pode ser importante futuramente para sustentar populações vegetais submetidas a condições de reduzido fluxo gênico na paisagem, evitando, dessa forma, problemas decorrentes da depressão endogâmica e perda de alelos por deriva genética.

7.3.4 Restauração de fragmentos florestais degradados

Em situações em que o fragmento florestal encontra-se estacionado em um clímax condicionado pela limitação que as trepadeiras hiperabundantes impõem ao avanço da sucessão florestal, podem ser necessárias medidas de controle dessas espécies em desequilíbrio e de condução da regeneração natural de espécies arbóreas para que o fragmento retorne a uma trajetória de sucessão normal. O grupo das trepadeiras é composto tanto por espécies herbáceas, muitas vezes chamadas de vinhas, como por lenhosas, estas chamadas de lianas. Essas medidas devem ser adotadas sempre de forma complementar ao isolamento desses fragmentos aos fatores de degradação, pois o desequilíbrio de trepadeiras é apenas um reflexo da recorrência de perturbações, geralmente em paisagens fragmentadas de baixa resiliência nas quais os fragmentos são submetidos a incêndios recorrentes.

Cabe ressaltar que as trepadeiras constituem uma forma de vida vegetal de elevada importância para o funcionamento de florestas tropicais 1) por fornecer recursos para agentes polinizadores e dispersores de sementes, principalmente em épocas em que as demais formas de vida (com destaque para as árvores e arbustos) não estão fornecendo, garantindo a permanência desses agentes na comunidade; 2) por conectar árvores do dossel e favorecer o deslocamento da fauna arborícola; e 3) por participar ativamente da fase de "cicatrização" de clareiras e bordas, criando barreiras ao deslocamento do vento para o interior da floresta. Contudo, algumas poucas espécies de trepadeiras nativas iniciais da sucessão podem ser favorecidas pela recorrência de perturbações, entrando em desequilíbrio e vindo a constituir populações hiperabundantes.

Entre os distúrbios mais comuns que favorecem as trepadeiras, destacam-se os incêndios e as grandes aberturas de clareiras pela extração madeireira. As trepadeiras heliofitas favorecidas pela degradação rapidamente recobrem o dossel e restringem o desenvolvimento das árvores adultas e o recrutamento das espécies de sub-bosque e dificultam, inclusive, a sobrevivência das trepadeiras típicas de interior de floresta. Como as espécies arbóreas de dossel não conseguem vencer a competição com as trepadeiras em desequilíbrio, os fragmentos permanecem em um estado de degradação permanente, que dificilmente seria revertido em poucas décadas, considerando o contexto de elevada fragmentação em que geralmente estão inseridos. Assim, para acelerar a restauração desses fragmentos, é recomendado o manejo dessas trepadeiras hiperabundantes.

A identificação taxonômica dessas espécies de trepadeiras em desequilíbrio, que necessitam ser manejadas, é o ideal como forma de garantir o controle apenas dessas espécies (que são minoria em termos de número de espécies), e não das demais espécies de trepadeiras, que são muito numerosas e têm papel importante na dinâmica florestal. No entanto, o reconhecimento taxonômico dessas espécies e o manejo apenas desses indivíduos são muito complexos no campo e quase impossíveis de serem feitos. Por isso, uma saída é associar o reconhecimento taxonômico a uma limitação espacial das situações a serem manejadas, eliminando as trepadeiras apenas dos trechos da floresta onde estão claramente em desequilíbrio, sem manejar as dos demais trechos. Dessa forma, o manejo das trepadeiras é limitado apenas para essas situações de hiperabundância, associando a limitação espacial ao reconhecimento taxonômico.

Esse controle normalmente é realizado pelo corte da base dos indivíduos adultos das trepadeiras em desequilíbrio com foice ou facão, podendo ser necessária também a aplicação de herbicidas dessecantes nas superfícies de corte para evitar a rebrota ou nos brotos que surgirem após o corte para que as trepadeiras não voltem a ocupar o dossel. Aos poucos, as trepadeiras morrem e a parte aérea das espécies arbóreas vai sendo gradualmente liberada e voltam a rebrotar, recobrindo novamente o dossel e restabelecendo a sucessão secundária (Fig. 7.20). Em bordas e grandes clareiras, pode ser necessária uma rápida reocupação do espaço por árvores pioneiras para que as trepadeiras não voltem a dominar a vegetação. Isso pode ser obtido por meio do revolvimento do solo nos trechos não preenchidos pela regeneração natural, para que o banco de sementes de espécies arbóreas pioneiras seja induzido com a exposição à luz a fim de que, consequentemente, haja a recolonização do local por essas espécies, conforme discutido no próximo item. Outra possibilidade é o adensamento da vegetação arbustiva e arbórea no local via plantio de mudas de espécies de bom crescimento e boa cobertura do solo em curto prazo, visando reconstituir rapidamente o dossel florestal e, consequentemente, criar um ambiente desfavorável à recolonização da área pelas trepadeiras pioneiras.

Fig. 7.20 *Manejo de trepadeiras hiperabundantes como estratégia de restauração ecológica de fragmentos florestais degradados: dossel dominado por trepadeiras (A), trepadeiras secas sobre a copa de árvores após corte da base das trepadeiras (B) e reocupação do dossel pelas árvores (C)*

Vale destacar que a presença de trepadeiras nas bordas de fragmentos florestais pode contribuir para reduzir o efeito de borda, uma vez que cria uma cortina vegetal que bloqueia a passagem de ventos quentes e secos, reduz a incidência de luz e aumenta a retenção de umidade, o que minimiza as alterações microclimáticas negativas nas áreas mais internas do fragmento.

7.4 METODOLOGIAS DE FACILITAÇÃO DA EXPRESSÃO DA REGENERAÇÃO NATURAL

Conforme apresentado no início deste capítulo, o aproveitamento da regeneração natural de espécies nativas deve ser adotado sempre que possível, como forma de aumentar a efetividade e reduzir os custos da restauração florestal. Embora na maioria dos casos esse aproveitamento represente a condução de indivíduos regenerantes já presentes na área a ser restaurada, também pode haver casos em que eles não estejam presentes no local e mesmo assim possam ali se estabelecer após ações de facilitação da expressão da regeneração natural, que inclusive podem ser adotadas junto com a condução dos regenerantes já existentes. Assim, antes de se decidir pela adoção de estratégias de restauração que se valem da implantação completa de uma comunidade vegetal inicial, conforme discutido no capítulo seguinte, podem-se adotar ações de facilitação da expressão da regeneração natural nos casos onde isso é viável.

7.4.1 Indução do banco de sementes

Conforme já discutido anteriormente, a dinâmica do banco de sementes é determinada basicamente pelo ingresso de sementes, provenientes da dispersão, e pela saída de sementes do banco, resultado da germinação ou da morte das sementes, via deterioração ou predação. Como as plantas pioneiras dependem de condições de maior incidência de luz para se desenvolver, as quais, em uma formação florestal, estão restritas às bordas e clareiras, essas espécies desenvolveram ao longo de sua evolução mecanismos de dormência que impedem a germinação sob dossel fechado. Conforme já apresentado no Cap. 4, esses mecanismos de dormência estão associados principalmente à necessidade de

exposição da semente a comprimentos de onda nas faixas do vermelho (~ 660 ηm), responsável por ativar certos fitocromos que desencadeiam o processo germinativo, bem como estão associados à exposição das sementes a temperaturas alternadas ou picos de temperatura mais elevada, que afetam o balanço entre substâncias promotoras e inibidoras da germinação, estimulando a superação da dormência. Dessa forma, a estratégia ecológica adotada para a reprodução e dispersão dessas espécies foi a de produzir um grande número de sementes pequenas, sem grande investimento de energia na sua constituição, com grande poder de dispersão espacial, para que possam ser abundantemente distribuídas por toda a floresta e tenham, assim, maiores chances de serem depositadas em uma futura área de clareira, que não é possível de ser prevista. Dessa forma, devido ao acúmulo de sementes dormentes no solo e devido ao tempo que resistem no solo sem germinar, aguardando algum estímulo ambiental específico, são as espécies pioneiras que predominantemente constituem o banco de sementes permanente da floresta. Por outro lado, a maioria das espécies não pioneiras deixa de compor o banco de sementes assim que suas sementes são expostas a condições ambientais favoráveis à germinação, principalmente de umidade, passando a constituir o banco de plântulas.

Após essa breve revisão sobre o banco de sementes, é possível inferir que, em determinadas situações, pode-se não observar uma grande densidade de indivíduos regenerantes em uma dada área a ser restaurada, mas é possível que o solo dessa área ainda contenha uma grande densidade de sementes de espécies pioneiras nativas, que devem e podem ser aproveitadas nos processos de restauração. O banco de sementes, se devidamente estimulado, pode gerar uma grande densidade de indivíduos regenerantes de espécies lenhosas nativas e, assim, contribuir para a rápida formação de uma floresta jovem. Também conforme conceitos discutidos anteriormente, a indução do banco de sementes é baseada principalmente na exposição das sementes à luz, o que é possível pelo revolvimento do solo. No entanto, cabe ressaltar que o banco de sementes, além de ter espécies pioneiras nativas, pode conter sementes de espécies de gramíneas exóticas agressivas, que, por serem espécies ruderais, são igualmente estimuladas pela exposição à luz. Nessa condição, quando além do banco de sementes de espécies nativas tem-se também o banco de sementes das temidas gramíneas invasoras, não se adota a ação de indução do banco de sementes na restauração dessas áreas, pois essa indução resultaria também na indução da gramínea invasora, que ganharia em competição com as nativas. A forma de renovação de pastos agrícolas ocupados com gramíneas forrageiras africanas é exatamente por meio do revolvimento do solo, expondo as sementes dessas espécies à luz.

Diante do exposto, é preciso diagnosticar corretamente as situações ambientais nas quais a indução do banco de sementes pode ser adotada como estratégia de restauração. No geral, as situações mais favoráveis são aquelas em que a floresta foi destruída há pouco tempo, tal como se observa nos arcos do desmatamento. Contudo, o potencial de aproveitamento do banco de sementes diminui drasticamente com o tempo após o desmatamento e com as características do uso agrícola posterior do solo. Como as práticas agrícolas se valem da forte mecanização do preparo do solo, com aração e gradagem frequentes, o banco de sementes é induzido a todo momento, fazendo com que parte do estoque de sementes se converta em plântulas, que posteriormente são mortas com o novo revolvimento do solo ou com a aplicação de herbicidas pós-emergentes. Como essas plântulas de espécies nativas são controladas no manejo das culturas agrícolas, normalmente pelo corte manual ou pela aplicação de herbicidas, o banco de sementes de espécies nativas se esgota com o passar do tempo.

Algumas culturas usam inclusive a estratégia de aplicação de herbicidas pré-emergentes no preparo da área para agricultura, com objetivo exatamente de restringir o recrutamento de plantas competidoras, tanto de plantas daninhas típicas de culturas agrícolas como das espécies nativas iniciais da sucessão, vindas do banco de sementes. Paralelamente, a repetição de cultivo agrícola em uma dada área favorece a disseminação de plantas daninhas, as quais colonizam a área por meio da dispersão de sementes de lavouras próximas ou mesmo como resultado da con-

taminação dos lotes de sementes de espécies agrícolas introduzidas em cultivo na área com sementes de plantas daninhas. Assim, à medida que diminui a participação das espécies nativas no banco de sementes, aumenta a das plantas daninhas, com destaque para gramíneas invasoras. Outra situação de restauração em que a indução do banco de sementes é viável é na restauração de fragmentos florestais degradados. Como nesses casos a invasão por gramíneas e demais plantas daninhas geralmente é reduzida e restrita às bordas, e o banco de sementes de espécies nativas iniciais da sucessão não foi exaurido por práticas agrícolas, é possível acelerar a cicatrização de clareiras e de áreas onde houve o manejo de trepadeiras hiperabundantes pelo revolvimento do solo.

7.4.2 Nucleação como estratégia de facilitação da regeneração natural

A nucleação é uma técnica de restauração ecológica que se baseia no estabelecimento ou favorecimento do surgimento de pequenos núcleos de vegetação nativa em uma área degradada, para que esses núcleos se expandam naturalmente e preencham toda a área degradada em um certo período de tempo (Fig. 7.21). Essa técnica surgiu provavelmente com base em observações de campo de que árvores isoladas na paisagem podem atuar como plantas facilitadoras para o estabelecimento de outras espécies nativas sob suas copas, como resultado da atração e abrigo da fauna de animais dispersores de sementes e da criação de microssítios favoráveis ao estabelecimento de plântulas. Com o aparecimento de novos indivíduos de espécies nativas nesses núcleos (expressão da regeneração natural) e com o crescimento desses regenerantes, espera-se que o núcleo se expanda gradativamente sobre a área degradada e que as espécies nativas, por fim, colonizem os trechos vazios desprovidos de regeneração, de acordo com o ritmo estabelecido pela intensidade dos processos ecológicos característicos da área. Como resultado desse processo, espera-se restaurar florestas com menores custos, uma vez que a nucleação se baseia em menores níveis de intervenção do homem no processo e maior aproveitamento dos processos naturais de regeneração. Mas, como já comentado anterior-

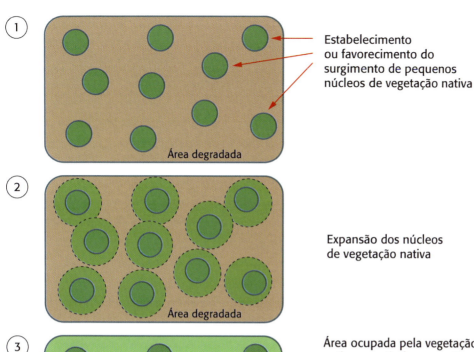

Fig. 7.21 *Esquema ilustrativo das etapas de estabelecimento ou favorecimento e expansão de núcleos de vegetação nativa para a colonização de áreas degradadas, esperadas por meio do uso da metodologia de nucleação*

mente, a expressão desses processos é dependente das características da paisagem (resiliência da paisagem) e do histórico de uso e uso atual da área a ser restaurada (resiliência local).

Podem ser utilizadas diversas técnicas para o estabelecimento direto de núcleos de vegetação nativa em áreas degradadas. Parte dessas técnicas se baseia na transferência direta de propágulos obtidos em florestas nativas por meio da transposição de porções de solo superficial (que também atua como núcleo introdutor e disseminador de insetos, minhocas e microrganismos) e da chuva de sementes coletada nessas florestas. Outro conjunto de técnicas se apoia na indução da chegada e facilitação do estabelecimento de propágulos de espécies nativas, podendo ser por meio da implantação de poleiros artificiais (Fig. 7.22A), da deposição de galharia (Fig. 7.22B) e do plantio de mudas em núcleos (Fig. 7.22C). Quando o plantio de mudas de espécies arbóreas e/ou arbustivas é realizado em ilhas, costuma-se adotar o modelo desenvolvido pelo pesquisador Mark L. Anderson, o qual é denominado *núcleos de Anderson*. Na implantação dos grupos de Anderson, recomenda-se que sejam utilizadas espécies que sejam atrativas da fauna dispersora de sementes e que também promovam uma ampla cobertura do solo dentro dos primeiros anos de plantio. Outra possibilidade para a instalação desses núcleos é o uso de estacas grandes, feitas com pedaços de caule de espécies arbóreas com facilidade de enraizamento, tais como espécies do gênero *Ficus*, *Erythrina*, *Citharexylum*, *Croton* e *Clusia*. O Boxe 7.2 apresenta um estudo sobre o método de nucleação para a restauração de florestas tropicais.

É frequente também a recomendação de instalação de abrigos para morcegos na área em processo de restauração como forma de aumentar o fluxo de sementes dos remanescentes do entorno para a área em questão. Há também trabalhos de pesquisa que têm mostrado o potencial de utilizar espumas embebidas com óleos essenciais de espécies nativas,

BOXE 7.2 "ILHAS DE ÁRVORES" COMO UMA ESTRATÉGIA PRÁTICA PARA A RESTAURAÇÃO DE FLORESTAS TROPICAIS EM LARGA ESCALA

Ao longo dos últimos cinco anos, foram estabelecidas numerosas metas globais, regionais e nacionais para a restauração de paisagens florestais em larga escala. A restauração de uma área tão grande de floresta vai requerer estratégias viáveis economicamente e robustas em termos ecológicos em áreas tropicais onde a recuperação natural é lenta. Uma abordagem consiste em plantar "ilhas" ou "manchas" de árvores, também conhecida como nucleação aplicada. Essa abordagem de restauração reduz os custos de plantio e manutenção das árvores e melhor estimula o processo natural de regeneração florestal. No entanto, ela não tem sido testada rigorosamente.

Assim, há uma década, entre 2004 e 2006, nós instalamos 13 sítios experimentais com cerca de 1 ha cada em uma área de 100 km^2 coberta originalmente por floresta submontana no sul da Costa Rica para testar essa estratégia de restauração. Em cada local, foram estabelecidos três tratamentos: (1) regeneração natural – sem plantio; (2) plantio em ilhas – plantio com seis ilhas de árvores com três tamanhos (4 m × 4 m, 8 m × 8 m e 12 m × 12 m); e (3) plantio total – plantio de toda a área com mudas de árvores. Nós replicamos o experimento em vários lugares para poder generalizar os resultados. Atualmente, os experimentos estão com idade entre 9 e 11 anos, com um dossel de 11 m a 17 m de altura e amplo recrutamento de espécies lenhosas. Na última década, foram coletados inúmeros conjuntos de dados, incluindo o recrutamento de plântulas de espécies arbóreas, a chuva de sementes, os nutrientes do solo e a comunidade de aves e morcegos tanto em nossas parcelas de restauração como em florestas de referência próximas.

Os resultados têm apontado diferenças marcantes na dinâmica de recuperação entre tratamentos, com fortes implicações para a restauração florestal (ver <www.holl-lab.com/tropical-forests.html>). Primeiro, eles mostram que o plantio total e o plantio em ilhas são similares em efetividade em aumentar a chuva de sementes e o estabelecimento de plântulas se comparados com as parcelas de regeneração natural (Zahawi et al., 2013). Segundo, há em nosso sistema um tamanho mínimo crítico de ilhas (~ 100 m^2), em que as ilhas de árvore efetivamente aumentam a atividade de aves, a chuva de sementes e o estabelecimento de plântulas de espécies arbóreas em comparação com ilhas menores ou áreas sem plantio. Terceiro, as ilhas plantadas estão se expandindo em razão tanto do crescimento das árvores plantadas como do recrutamento de novos indivíduos, e em alguns locais as ilhas já se juntaram. Finalmente, o plantio em ilha resultou em maior hetero-geneidade de dossel e reduziu os impactos na ciclagem de nutrientes em comparação com o estilo tradicional de plantio. Juntos, esses resultados evidenciam que plantar árvores em ilhas é efetivo e comparativamente mais barato para acelerar a recuperação de florestas tropicais, além de melhor simular os processos naturais de recuperação, do que o método tradicional de plantio em área total.

Embora os resultados do estudo sugiram que plantar ilhas de árvores é uma abordagem interessante em florestas tropicais submontanas, testes adicionais são necessários em outros ecossistemas florestais. Por exemplo, pesquisas em florestas temperadas sugerem que em alguns casos a extensa herbivoria nas bordas das ilhas de árvores pode limitar sua expansão. Assim, nós estamos no processo de estabelecer um novo experimento, testando o plantio de árvores em ilhas e em faixas na Mata Atlântica do Brasil, e planejamos conduzir um monitoramento de longo prazo para avaliar a efetividade desse sistema.

Karen D. Holl (kholl@ucsc.edu), Environmental Studies Department, University of California, Santa Cruz (EUA)

Rakan A. Zahawi (zak.zahawi@ots.ac.cr), Estação Biológica de Las Cruces, Organization for Tropical Studies, San Vito (Costa Rica)

Referência bibliográfica

ZAHAWI, R. A.; HOLL, K. D.; COLE, R. J.; REID, J. L. Testing applied nucleation as a strategy to facilitate tropical forest recovery. *J. Appl. Ecol.*, v. 50, p. 88-96, 2013.

  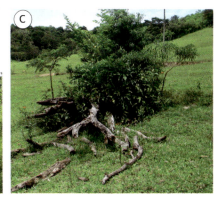

Fig. 7.22 *Exemplo de métodos de nucleação: instalação de poleiro artificial (A), deposição de galharia (B) e plantio de mudas em núcleos (C)*

tais como das famílias Piperaceae e Moraceae, para a atração de morcegos frugívoros para áreas em processo de restauração, potencializando, assim, a chegada de sementes trazidas nas fezes por esses importantes dispersores às áreas degradadas.

Com base no exposto, verifica-se que o método de nucleação se sustenta sob dois pressupostos básicos para a restauração de uma dada área degradada: (1) condições favoráveis para a dispersão das espécies nativas para a área em restauração, e (2) condições favoráveis para o estabelecimento das sementes dispersas e para a expansão dos núcleos de espécies nativas. Consequentemente, esse método trará maiores chances de sucesso se esses pressupostos forem atendidos no contexto ambiental do projeto de restauração florestal. Com relação ao primeiro pressuposto, a limitação de dispersão pode ser estimada com base na quantidade e qualidade de fragmentos florestais nativos presentes na paisagem regional, na distância desses fragmentos das áreas a serem restauradas e na diversidade, abundância e mobilidade de animais dispersores de sementes nessa área, conforme discutido anteriormente e definido como resiliência da paisagem. Já para o segundo pressuposto, deve-se verificar a presença de filtros ambientais que poderão impedir a germinação e o estabelecimento das sementes recém-dispersas, por exemplo, restrições de solo (processos erosivos, compactação, limitação de nutrientes), competição com espécies exóticas (tanto herbáceas como lenhosas) e predação de sementes e herbivoria, conforme também já discutido anteriormente. Caso esses pressupostos não sejam respeitados, as chances de insucesso com o uso da nucleação são grandes, levando ao desperdício de recursos e à frustração daqueles que tinham a expectativa ou mesmo a obrigação legal de restaurar a área.

Atualmente, tem havido grande discussão a respeito do uso da nucleação para a restauração florestal no Brasil, principalmente nas regiões Sul e Sudeste, pois, embora essa técnica esteja sendo largamente recomendada e difundida, o seu uso tem obtido resultados bons em paisagens pouco fragmentadas, de elevada resiliência, e muito aquém do esperado em paisagens muito fragmentadas, de baixa resiliência. Certamente, boa parte dessas discussões, bem como dos resultados negativos, seria evitada se o método fosse utilizado nas situações corretas, com atendimento adequado dos dois pressupostos mencionados. Assim, muitas vezes o problema não é do método, mas sim de sua aplicação na situação errada. Por exemplo, em boa parte do Sudeste do Brasil, há reduzida cobertura florestal nativa, elevada fragmentação da paisagem, degradação dos fragmentos remanescentes e defaunação. Nessa situação, é muito clara a inadequação da nucleação como método principal de restauração, pois a resiliência da paisagem e das áreas a serem restauradas é tão baixa que não se pode contar exclusivamente com ela para o início da restauração de uma floresta. Isso não implica que a nucleação não seja usada nesses casos. Esse método pode ser adotado como medida complementar, ou método acessório, como possível potencializador do processo de enriquecimento natural das áreas em restauração que já estão ocupadas com alguma cobertura florestal de espécies nativas, obtida nas ações de restauração ativa.

Vale reforçar que a densa colonização da área a ser restaurada por gramíneas exóticas invasoras pode restringir os processos de regeneração natural, mesmo que haja a chegada de sementes na área via dispersão de fragmentos vizinhos. Por exemplo, podem-se instalar poleiros de bambu para servirem de local de pouso para aves, algumas das quais frugívoras que dispersam sementes, esperando que isso catalise o recrutamento de espécies nativas na área degradada. Contudo, se o solo estiver recoberto por gramíneas exóticas invasoras, de nada terá adiantado as sementes terem chegado ao solo, pois elas dificilmente conseguirão originar plantas estabelecidas no local (ver exemplos na Fig. 7.22). Dessa forma, chega-se à conclusão de que não há geração espontânea ou mágica na restauração florestal: todos os métodos e estratégias devem ser cuidadosamente avaliados tecnicamente e confrontados com o resultado do diagnóstico ambiental para que se ampliem as chances de sucesso com seu uso.

Outras contestações frequentes do método de nucleação dizem respeito à vantagem de utilizar poleiros de bambu ou outros tipos de poleiros mortos em relação ao plantio de árvores. Não seria muito melhor plantar uma árvore pioneira atrativa da fauna e que também sombreie o solo em vez de implementar poleiros de bambu? Questionamentos como esse sempre irão existir perante propostas novas de restauração florestal, e isso é de extrema importância para que se reflita melhor, sejam feitos testes científicos sobre os métodos e paulatinamente possam se realizadas as adequações necessárias para o seu aperfeiçoamento, mas sem cercear o espírito criativo que deve ser parte natural do desenvolvimento de novos métodos de restauração florestal.

7.5 Conclusão

A condução da regeneração será sempre a alternativa mais viável técnica e economicamente para a restauração florestal, uma vez que se vale da resiliência da vegetação da área ou da paisagem, maximizando a contribuição da natureza para reverter a degradação do ecossistema que por algum motivo foi degradado no passado. Contudo, não se deve interpretar o aproveitamento da regeneração natural como sinônimo do simples abandono de qualquer área a ser restaurada. Muitas vezes, a área a ser restaurada não apresenta esse potencial de regeneração espontâneo, em razão da paisagem regional e das características de uso da própria área. Mesmo nos casos em que a área a ser restaurada apresenta esse potencial, na maioria das vezes são necessárias ações de condução da comunidade nativa regenerante para acelerar os processos naturais de regeneração ou impedir que a trajetória ambiental da área fique estagnada ou retroceda em virtude de alguma limitação ambiental, como o efeito indesejado da competição com gramíneas e árvores exóticas agressivas, além de ações para minimizar a limitação de dispersão. Assim, com base no entendimento dos processos naturais que resultam na expressão da regeneração natural, bem como no conhecimento dos métodos passíveis de serem adotados para cada situação particular, é possível em muitas paisagens brasileiras aumentar a eficiência, reduzir os custos e ampliar a escala das ações de restauração florestal com base no aproveitamento inicial da regeneração natural de espécies nativas, nas situações em que isso é possível.

Literatura complementar recomendada

CHAZDON, R. L. *Second growth*: the promise of tropical forest regeneration in an age of deforestation. Chicago: University Of Chicago Press, 2014.

LUKEN, J. O. *Directing ecological succession*. London: Chapman and Hall, 1990.

MARTINS, S. V. (Org.). *Restauração ecológica de ecossistemas degradados*. 2. ed. Viçosa: Editora UFV, 2015. v. 1. 376 p.

RODRIGUES, R. R.; LEITÃO FILHO, H. F. (Ed.). *Matas ciliares*: conservação e recuperação. São Paulo: Edusp, 2010.

RUDEL, T. K. *Tropical forests*: paths of destruction and regeneration. New York: Columbia University Press, 2013.

Métodos de restauração florestal: áreas que não possibilitam o aproveitamento inicial da regeneração natural

A indução e a condução da regeneração natural constituem, sem dúvida, a estratégia de restauração florestal com maiores chances de sucesso e menores custos, devendo ser adotada sempre que possível nas situações em que for constatada a presença de resiliência local e de paisagem. Contudo, em regiões de antigo histórico de uso e ocupação do solo pela agricultura e/ou pecuária, com destaque para as regiões com grande extensão de áreas agrícolas tecnificadas, as áreas a serem restauradas frequentemente apresentam regeneração natural nula ou muito reduzida, resultado de um longo processo de comprometimento da resiliência do ecossistema por ações como mecanização do solo, uso de fogo em práticas agrícolas, aplicação de herbicidas pré-emergentes e pós-emergentes e sobrepastoreio, com consequentes processos erosivos em algumas áreas de menor aptidão agrícola. Tais distúrbios progressivamente eliminam os indivíduos de espécies nativas já estabelecidos na área a ser restaurada ou que venham a colonizá-la, determinando, assim, uma resiliência local muito baixa. Essas áreas agrícolas, principalmente as de maior aptidão, geralmente estão inseridas em paisagens muito antropizadas, com poucos fragmentos naturais remanescentes, em sua maioria muito isolados e degradados, que determinam uma resiliência de paisagem reduzida.

Nesse contexto, resta, como uma alternativa para a restauração, a implantação de uma comunidade vegetal nativa em área total, já que nesse tipo de situação não há indivíduos regenerantes em quantidade suficiente para garantir o início de uma trajetória de restauração e são reduzidas as possibilidades de chegada de propágulos externos de espécies nativas para desencadear os processos de regeneração na velocidade desejada, pelo fato de não haver fragmentos naturais próximos e/ou esses fragmentos estarem muito degradados. Assim, é necessário reocupar a área degradada com uma comunidade inicial de espécies nativas de forma a promover a criação de um ambiente favorável para a regeneração natural por meio da melhoria das condições de microssítio, dando suporte a um processo lento e contínuo de recolonização dessa área pela fauna e flora nativas.

Justamente por depender mais nas fases iniciais da ação do homem e menos da regeneração para restabelecer a sucessão secundária, o sucesso nesses casos é altamente dependente da adequação dos métodos utilizados na implantação e das ações de condução da comunidade vegetal durante o processo de restauração. O grande desafio nesse sentido é restabelecer uma floresta nativa, que se caracteriza pela alta complexidade biológica e estrutural, usando um método quase totalmente artificial, que se fundamenta na intervenção antrópica direta sobre os processos ecológicos. Se fosse para produzir um bosque ou uma simples fisionomia florestal, sem preocupação com o restabelecimento dos processos ecológicos, não haveria grandes problemas, pois são implantados anualmente milhões de hectares de povoamentos comerciais homogêneos de espécies arbóreas exóticas no Brasil, por exemplo, os povoamentos de eucalipto e pinus, e mesmo áreas abandonadas de grande extensão podem ser rapidamente recobertas por espécies arbóreas exóticas invasoras, como é o caso da leucena (*Leucaena leucocephala*), do ipê-de-jardim (*Tecoma stans*) e da jaqueira (*Artocarpus heterophyllus*). Contudo, quando se pensa que essa floresta em processo de restauração deverá restabelecer não só a fisionomia florestal, mas também os processos ecológicos e os níveis de biodiversidade suficientes para assegurar a sustentabilidade ecológica do ecossistema em restauração, fica evidente que se está diante de um grande desafio. Nesse sentido, é coerente e responsável assumir que os métodos que serão descritos neste capítulo representam apenas o pontapé inicial de um processo de restauração efetiva de uma floresta funcional, biologicamente viável e que se autoperpetue no tempo. Mesmo nesses casos, o sucesso da restauração vai depender essencialmente dos processos naturais de regeneração, porém cabe ao homem criar as condições necessárias para desencadeá-los.

Uma vez que cada um dos indivíduos introduzidos na área irá morrer um dia, a continuidade da floresta no tempo irá depender justamente do restabelecimento dos processos ecológicos que resultam na substituição gradual de indivíduos, espécies e grupos funcionais na comunidade, bem como da recuperação da composição e da estrutura do ecossistema em processo de restauração, com base nos padrões e valores do ecossistema de referência. Há que se ressaltar que, na maioria dos projetos de restauração florestal de áreas que exigem a introdução inicial de espécies nativas em área total, somente são reintroduzidas espécies arbustivas e arbóreas, em virtude da impossibilidade de introduzir as demais formas de vida vegetal da comunidade nessa fase do projeto, já que o ambiente para essas formas de vida ainda não foi recriado no momento inicial da restauração. Fica evidente, assim, que poderão ser futuramente necessárias ações de manejo adaptativo para corrigir a trajetória de restauração, por exemplo, a reintrodução dessas formas de vida faltantes, se isso não ocorrer naturalmente em razão da degradação da paisagem regional.

Se os processos ecológicos responsáveis pela sustentabilidade e/ou perpetuação de florestas tropicais biodiversas não forem devidamente restabelecidos, toda a comunidade vegetal implantada poderá sucumbir, fazendo com que a área volte para uma condição próxima ao estágio inicial de degradação. Essa paralisação, ou mesmo o retrocesso da trajetória sucessional do ecossistema em restauração, pode ocorrer em diferentes tempos e intensidades, havendo casos em que o projeto já é perdido no início, por erro na escolha do método ou por falhas na sua implantação e/ou condução, e casos em que são necessários cerca de dez anos ou mais para que isso ocorra, até que as árvores pioneiras comecem a morrer, sendo gradualmente substituídas pelas gramíneas africanas, que recolonizam o local em razão da dinâmica florestal não ter sido restabelecida a ponto de permitir a reconstrução do dossel. Em outras situações, a floresta pode não entrar em um processo de declínio tão intenso, mas também a trajetória de restauração pode permanecer estagnada, sem que se atinjam os objetivos inicialmente propostos de restauração de uma floresta nativa complexa e perpetuada no tempo.

Nessa linha de raciocínio, a comunidade vegetal inicialmente implantada em uma dada área não representa uma floresta acabada ou muito menos restaurada. Trata-se apenas de um agrupamento inicial de algumas poucas espécies nativas, na maioria das vezes somente de espécies arbustivas e arbóreas, implantado com a função de criar condições iniciais favoráveis para desencadear os processos naturais de restauração. Por exemplo, espera-se que os indivíduos implantados inicialmente na área a ser restaurada auxiliem o processo de restauração por i) sombrear o solo, o que restringe o crescimento de gramíneas invasoras, minimiza processos erosivos e cria condições favoráveis para o estabelecimento e o crescimento de espécies nativas típicas de interior de floresta; ii) fornecer alimento e abrigo para a fauna, com destaque para os animais dispersores de sementes e polinizadores; iii) criar microssítios favoráveis à regeneração natural de espécies nativas como resultado do sombreamento e do acúmulo de serapilheira sobre o solo, que favorece a germinação de sementes e o estabelecimento de plântulas; e iv) criar as condições adequadas para a reintrodução de espécies nativas regionais, principalmente aquelas com maiores limitações para colonizar naturalmente a área, tais como as espécies raras, as extintas localmente e/ou as que demandam dispersores de maior tamanho.

Para implantar uma comunidade vegetal nativa ao longo de toda a área degradada que será objeto de restauração, costuma-se adotar a semeadura direta ou o plantio de mudas, preferencialmente de espécies nativas regionais, a transposição de solo florestal superficial, também chamada de *topsoil* ou serapilheira alóctone, ou ainda a combinação dessas metodologias. Os dois primeiros métodos se caracterizam por maior previsibilidade, pois permitem um maior controle sobre a composição e a estrutura inicial da comunidade implantada, já que é possível definir as espécies que serão introduzidas e o espaçamento e a distribuição espacial de grupos de plantio, por exemplo. Por outro lado, a transposição de solo florestal superficial se caracteriza como um método muito menos previsível, pois não se conhece de antemão a composição do banco de sementes e muito menos o número de sementes de cada espécie que será depositado ou que irá germinar em cada trecho da área. Diante dessa diferença, é importante discutir, antes de detalhar cada um dos métodos, as implicações dessa previsibilidade ou imprevisibilidade das ações, já que esses métodos só devem ser usados quando não se dispõe de resiliência local e de paisagem para desencadear, no tempo almejado, a restauração da área em que o trabalho será realizado.

Quando há expectativa de que a dispersão de sementes de fragmentos florestais do entorno permita que a área em processo de restauração atinja níveis de riqueza, diversidade e representação de grupos funcionais característicos dos ecossistemas de referência, ou seja, quando se tem resiliência de paisagem, não há necessidade de uso de alta diversidade nos plantios ou semeadura direta em área total. Essa situação é encontrada, por exemplo, na restauração de uma área na serra da Mantiqueira ocupada por plantio de batata, que, pelo intenso revolvimento do solo e uso de herbicidas, elimina a resiliência local, mas há muitos fragmentos na paisagem regional, situação essa típica de várias regiões brasileiras. Em outras palavras, quando um dado conjunto de espécies típicas do ecossistema de referência conseguir se estabelecer em pouco tempo na área em restauração via processos naturais, não há necessidade de introduzir deliberadamente essas espécies na área já no início da restauração, pois se tem um bom indicativo de que essas espécies chegarão naturalmente em poucos anos, embora isso só possa ser confirmado com o monitoramento da área em restauração. Nesse tipo de situação, podem ser usadas apenas espécies com maior potencial de sombreamento do solo e/ou atração de animais frugívoros, que cumprem o papel de espécies facilitadoras, as quais podem ser classificadas de acordo com o conceito de *framework species*. Assim, espera-se que a comunidade de espécies nativas implantada apenas ajude a catalisar os processos naturais de regeneração, em função das características da paisagem regional.

Contudo, quando, além da resiliência local, a resiliência da paisagem também é reduzida, ou seja, as características da paisagem não favorecem o incremento natural de espécies nativas na área por meio da dispersão dos fragmentos do entorno, a introdução de uma elevada diversidade de espécies nativas via ações de restauração pode ser necessária. Isso porque os indivíduos das espécies reintroduzidas na área podem persistir na comunidade em processo de restauração, ao passo que, se essas espécies não tivessem sido ali plantadas, nunca fariam parte da comunidade e poderiam ser fundamentais para o avanço da trajetória de sucessão. Esse plantio de alta diversidade se efetivará desde que ocorra o crescimento até a fase adulta dos indivíduos plantados e o florescimento, a frutificação e a dispersão de sementes desses indivíduos, permitindo que seus descendentes colonizem o sub-bosque da floresta em restauração e estabeleçam na área uma população que se perpetue no tempo. Assim, cada espécie reintroduzida pode ali permanecer ao longo do tempo por meio de sucessivas gerações, contribuindo para o restabelecimento de parte da composição de espécies que se espera atingir em uma floresta em restauração. Diante disso, a reintrodução de um número elevado de espécies será uma alternativa para minimizar as limitações impostas pela alta degradação local e pela reduzida conectividade da paisagem, até porque ainda hoje não há diferenças de custo de plantios com baixa ou alta diversidade, já que o preço das mudas não varia nos viveiros em função da identidade da espécie, sendo geralmente aplicado um valor médio para todas as espécies.

Dessa forma, para aumentar as chances de atingir florestas com alta diversidade de espécies vegetais nativas no futuro, em condições não favoráveis ao enriquecimento natural dessas florestas, deve-se introduzir boa parte das espécies desejadas, visando garantir o aumento da complexidade ecológica da área e, consequentemente, sua sustentabilidade futura. Essa introdução de elevada diversidade pode ocorrer em diferentes momentos da restauração, desde a fase de implantação do projeto, como nos casos de reflorestamentos de alta diversidade de espécies nativas iniciais (plantios em um único tempo), até fases mais posteriores do processo de restauração (de dois até cinco anos após o plantio inicial), via plantios de enriquecimento em florestas implantadas com baixa diversidade inicial (plantios escalonados). Traduzindo esse raciocínio para a realidade dos projetos, quanto mais crítica for a resiliência da paisagem da área a ser restaurada, maior deverá ser a quantidade de espécies nativas inserida nos reflorestamentos ou posteriormente via ações de enriquecimento, sempre tendo como base a composição de ecossistemas de referência da região.

Escolhidas as espécies, o próximo passo é agrupá-las para possibilitar o uso de modelos sucessionais na implantação das mudas no campo. A adoção de modelos sucessionais possibilita obter uma rápida cobertura da área com espécies arbustivas e arbóreas, ou seja, a construção de uma fisionomia florestal em curto prazo, com consequente redução da incidência de gramíneas invasoras, que certamente é um dos principais limitantes do sucesso de iniciativas de restauração ecológica, e favorecimento dos indivíduos plantados e dos recrutados naturalmente de espécies arbustivas e arbóreas tolerantes ao sombreamento. Além disso, o uso de proporções equilibradas de indivíduos de espécies de diferentes grupos ecológicos, com diferentes comportamentos, também favorece a sustentabilidade do ecossistema em processo de restauração, por meio da reconstrução permanente do dossel via substituição gradual das espécies dos diferentes grupos ecológicos.

Os primeiros reflorestamentos de espécies nativas que se apoiaram em modelos sucessionais buscaram repetir a mesma classificação ecológica das espécies arbóreas segundo a dinâmica de clareiras, agrupando as espécies em pioneiras, secundárias e climácicas. No entanto, sempre houve dificuldade em realizar esse agrupamento, já que a literatura sobre o tema fornece informações muito contraditórias, de forma que a inclusão de espécies nesses grupos foi quase sempre realizada de forma subjetiva. Adicionalmente, a experiência de campo evidenciou dois aspectos importantes: i) que as espécies arbóreas se comportavam de forma diferente nas áreas em processo de restauração em comparação com clareiras florestais e ii) que o comportamento dessas espécies, tanto em dinâmica de florestas naturais como em áreas restauradas, não necessariamente cumpria as funções que eram pretendidas com seu uso na restauração.

Por exemplo, algumas espécies pioneiras, como a embaúba (*Cecropia* sp.), o guapuruvu (*Schizolobium parahyba*), o morototó (*Schefflera morototoni*) e outras muito comuns, justamente por serem espécies pioneiras, não desempenhavam adequadamente a função que delas era esperada no reflorestamento, que é a de promover um rápido sombreamento do solo, em razão de a estrutura da copa dessas espécies não promover um bom recobrimento do solo nas densidades de plantio usuais (de 1.000 a 2.500 indivíduos/ha). A ocupação das clareiras por essas espécies pioneiras é geralmente promovida pela elevada densidade de indivíduos regenerantes, e não pelo bom recobrimento do solo de cada um dos indivíduos, tal como se espera em um plantio de restauração, no qual o plantio de alta densidade eleva muito os custos de implantação. Por outro lado, algumas espécies iniciais, mas não tipicamente pioneiras, cumpriam muito bem essa função em curto prazo, por mais que não participassem do processo inicial de colonização de clareiras. Por causa disso, alguns pesquisadores sugeriram abandonar a aplicação direta do modelo sucessional aos reflorestamentos, de forma que as espécies fossem agrupadas com base no seu comportamento em condições de plantio, o que foi chamado de grupos funcionais de plantio, em substituição ao conceito de grupos sucessionais de plantio.

Nesse contexto é que surgiu o modelo de restauração ecológica com espécies nativas baseado no uso de dois grupos funcionais de plantio: i) grupo de recobrimento e ii) grupo de diversidade, conforme já discutido no Cap. 3. Relembrando, a aplicação desse método consiste no uso de algumas poucas espécies muito bem escolhidas para a função de recobrimento inicial da área (grupo de recobrimento) e de muitas espécies que não são boas sombreadoras na fase inicial (grupo de diversidade), mas que exercem outras funções fundamentais para o sucesso e a perpetuação da área em restauração. Esses dois grupos, se dispostos no campo em um arranjo espacial favorável e com uma abundância adequada, podem produzir um ambiente florestal em apenas dois anos. Gradualmente nos primeiros 10 a 20 anos da restauração, a presença das pioneiras no dossel vai se reduzir e elas serão aos poucos substituídas por espécies de estágios sucessionais mais avançados, cada vez mais tolerantes à sombra, aumentando gradualmente a heterogeneidade florística e arquitetural desse estrato. As metodologias de restauração ecológica devem, assim, garantir que espécies pioneiras, secundárias e clímaces estejam presentes em abundância e distribuição espacial adequadas, a fim de permitir que o dossel seja continuamente refeito por meio de um processo de substituição sucessional. Nas florestas maduras, o dossel permanecerá como um mosaico em que as espécies pioneiras e secundárias estarão presentes, porém com menor abundância, predominando as espécies mais finais da sucessão, pois nessas florestas predomina o ambiente de regeneração natural dessas espécies mais tardias, com poucas clareiras em estágio inicial de sucessão, distribuídas de forma esparsa pela área.

Para que a sucessão secundária seja favorecida, esses grupos ecológicos devem estar presentes em proporções equilibradas no plantio. Recomenda-se também a adoção de um modelo de distribuição espacial desses grupos de plantio para que não haja no campo núcleos de vegetação com predomínio de espécies de um dos grupos. Caso haja o agrupamento de indivíduos de espécies de recobrimento, haverá possivelmente uma grande abertura de dossel concomitante à morte natural das árvores com o tempo, que não serão substituídas pela ausência do grupo de diversidade naquele trecho, favorecendo assim a reinfestação da área por gramíneas invasoras na falta de uma densa regeneração de espécies nativas no sub-bosque. Caso se concentrem em um determinado local da área em restauração indivíduos de espécies do grupo de diversidade, certamente demorará mais para formar um dossel contínuo e fechado, o que demandará maior quantidade de ações de manutenção, logicamente elevando o custo ou inviabilizando o projeto de restauração (Fig. 8.1). Essa situação favorece ainda a mortalidade de mudas de espécies mais finais da sucessão, que, por estarem em uma condição distinta (exposta ao sol) de sua condição natural de regeneração (interior da floresta), ficam mais susceptíveis à morte em virtude do ambiente e da competição com gramíneas, demandando vários replantios para manter a densidade de plantas próxima à inicialmente utilizada. Visando contornar esses problemas, têm sido adotados modelos de distribuição espacial dos grupos de recobrimento e diversidade nos projetos de restauração.

Para facilitar a distribuição ordenada desses grupos de plantio na implantação de reflorestamentos, as mudas devem ser previamente organizadas, de preferência no momento de expedição do viveiro, em grupos de recobrimento e de diversidade, e dentro de cada um desses grupos deve haver uma boa mistura das diferentes espécies. Como estratégia para facilitar o uso desse modelo no plantio, as mudas em tubetes podem ser enviadas para o campo em caixas plásticas ou em "rocamboles" (mudas acomodadas lado a lado em uma faixa de plástico que depois é enrolado) com cores distintas para cada grupo, e as mudas em sacos ou sacolas de plástico

Fig. 8.1 *Área com distribuição concentrada de indivíduos do grupo de diversidade (A) e de indivíduos de recobrimento (B) em um mesmo projeto de restauração com um ano de idade, em razão de erros no campo para a distribuição espacial dos grupos funcionais de plantio*

podem ser produzidas em recipientes com cores diferentes, como sacos pretos para espécies de diversidade e brancos para espécies de recobrimento. Essa estratégia permite que os trabalhadores de campo implantem reflorestamentos em modelo funcional mesmo que eles não conheçam as espécies ou a que grupo de plantio elas pertençam. O mesmo raciocínio pode ser adotado no caso da semeadura direta, separando-se as sementes dos diferentes grupos de plantio em embalagens com cores diferentes.

Cabe ressaltar que o uso de modelos funcionais de plantio só é essencialmente recomendado para áreas com baixa resiliência local e de paisagem, ou seja, para áreas muito tecnificadas em termos agrícolas e/ou com restrições mais severas para chegada e estabelecimento de indivíduos regenerantes. Nesse tipo de situação ambiental, não se espera que o sub-bosque do reflorestamento seja colonizado naturalmente, já nos primeiros anos, por uma densa e diversificada comunidade regenerante, de forma que a continuidade de reconstrução do dossel após a morte das árvores pioneiras é dependente da inclusão orientada desse grupo funcional no plantio (diversidade), que vai gradualmente substituir o grupo de recobrimento na estruturação do dossel florestal.

Há situações em que não há resiliência local, por ser uma área fortemente tecnificada historicamente pela agricultura e/ou com um filtro ecológico muito restritivo para a regeneração natural, mas há resiliência de paisagem. Nesses casos, será usado apenas o grupo funcional de recobrimento, criando as condições para que a regeneração natural ocorra, o que, se confirmado no monitoramento da área, dispensará o plantio de enriquecimento futuro com o grupo de diversidade. E existem situações nas quais não há resiliência de paisagem, que é muito antropizada, mas há resiliência local, pois a área nunca foi muito tecnificada, casos em que será usada como metodologia para ocupação inicial da área a condução da regeneração natural, dispensando o plantio de recobrimento; mas depois que a área for ocupada por essa regeneração, será necessário introduzir o grupo de diversidade, por meio do chamado enriquecimento artificial, para aumentar as chances de perpetuação temporal devido ao fato de o enriqueci-

mento natural ser prejudicado pela baixa resiliência de paisagem.

Existem ainda situações em que o uso dos modelos funcionais é desnecessário, tais como as áreas com elevada resiliência local (muitos indivíduos regenerantes de espécies nativas) e de paisagem (muitos fragmentos florestais remanescentes e elevada cobertura florestal da paisagem), conforme descrito em detalhes no Cap. 7. Nesse caso, seria possível, além da condução da regeneração natural na área em restauração, promover o plantio de alguns indivíduos de poucas espécies pioneiras atrativas da fauna para aumentar a chegada de propágulos de espécies nativas regionais, permitindo, assim, acelerar a recolonização da área com espécies mais finais da sucessão e de outras formas de vida (Boxe *on-line* 8.1). Posteriormente à formação de um dossel inicial, essas espécies zoocóricas poderiam ainda criar condições favoráveis para que a chuva de sementes proveniente dos fragmentos do entorno desse suporte à regeneração natural de espécies nativas no sub-bosque, permitindo a continuidade da sucessão secundária após a senescência das pioneiras conduzidas na regeneração natural. Trata-se, assim, de uma estratégia que favorece a rápida formação de uma fisionomia florestal e que evita o risco de declínio da floresta em restauração, acelerando a recolonização massiva do sub-bosque pela regeneração natural oriunda da paisagem favorável. Nesses casos, o enriquecimento poderia ser direcionado apenas para possíveis grupos funcionais comprometidos nessa paisagem, como espécies ameaçadas de extinção e espécies raras, quando isso for apontado em estudos regionais.

Agora que a escolha do número de espécies e do uso de modelos sucessionais e funcionais já foi discutida, por serem comuns à semeadura direta e ao plantio de mudas, serão tratadas agora as particularidades de cada um desses métodos, bem como a transposição de solo florestal superficial.

8.1 PLANTIO DE MUDAS EM ÁREA TOTAL

O plantio de mudas de espécies arbóreas em área total foi o primeiro método de restauração florestal testado e utilizado no Brasil, sendo muitas vezes aplicado de forma equivocada, como sinônimo de restauração florestal. Mesmo sendo um dos métodos mais caros de restauração, o plantio de mudas é muito adotado no país em razão de a restauração florestal estar concentrada principalmente nas regiões com maiores níveis de degradação, com reduzidas resiliências local e de paisagem, tais como as áreas agrícolas do Sudeste e Sul brasileiros, onde os prejuízos ambientais decorrentes dessa ocupação antiga e intensa demandam essas ações. Como muitas áreas a serem restauradas nessas regiões fortemente agrícolas normalmente apresentam baixa resiliência (local e de paisagem), com poucos fragmentos remanescentes e na maioria muito degradados, o uso de reflorestamentos tem sido, infelizmente, a alternativa que resta para iniciar um processo de restauração. Adicionalmente, como a maior parte dessas ações de restauração é realizada para atender a demandas legais, que requerem resultados rápidos, o plantio de mudas tem sido visto – muitas vezes equivocadamente – pelos órgãos fiscalizadores como o método mais garantido de restauração, e por isso tem sido muito estimulado na prática. Diante da importância desse método no contexto das iniciativas de restauração no Brasil, será feita uma breve revisão, baseada no conteúdo do Cap. 2, de como o plantio de mudas em área total tem se modificado ao longo do tempo como resultado dos avanços no entendimento da restauração ecológica.

Inicialmente, os plantios de restauração eram conduzidos principalmente por meio do uso de algumas espécies nativas e exóticas, algumas dessas exóticas inclusive confirmadas mais recentemente como invasoras, mas sem combinação sucessional, funcional e espacial dessas espécies no campo, o que resultou em uma elevação do tempo e dos custos para a obtenção de uma vegetação de porte florestal perpetuada no tempo. Na busca por iniciativas mais eficientes de restauração tanto em termos de resultados como de custos, houve uma maior aproximação com os institutos de pesquisa e com as universidades, as quais fundamentaram suas recomendações na ecologia das florestas tropicais e formações florestais brasileiras, criando novas estratégias de restauração com base, principalmente, no

conceito de sucessão secundária e no uso de espécies nativas regionais. Buscando maior eficiência na produção de uma cobertura florestal para reduzir custos e possibilitar iniciativas de larga escala, bem como a redução dos problemas com o uso de espécies exóticas invasoras, passou-se a privilegiar o plantio de espécies nativas pioneiras, que eram combinadas com espécies não pioneiras, usadas em menor proporção. Nesse momento, a restauração passou a ser interpretada sob um ponto de vista mais ecológico, marcando o início da ecologia da restauração sustentando as ações de restauração ecológica, pois incorporou o conceito de sucessão florestal na definição metodológica.

Para acelerar a obtenção de uma fisionomia florestal em uma área degradada, privilegiou-se, muitas vezes, a realização de plantios com grande predominância de indivíduos de poucas espécies arbóreas pioneiras. Apesar de em poucos anos esses plantios terem sido capazes de formar uma fisionomia florestal, essas florestas, quando implantadas em áreas muito degradadas e inseridas em paisagens altamente fragmentadas, mostraram-se biologicamente inviáveis, pois entraram em declínio com menos de 20 anos de idade em virtude da ausência de regeneração natural no interior dessas áreas em restauração (Fig. 8.2). Esse fato decorreu da presença de um banco de sementes ativo e de indivíduos remanescentes de gramíneas invasoras na área, do ciclo de vida curto da maioria dos indivíduos plantados, da mortalidade sincrônica das árvores do dossel e da chegada insatisfatória de sementes de espécies nativas para colonizar o sub-bosque, por conta da degradação da paisagem regional. Assim, a senescência dos indivíduos pioneiros permitiu a reinvasão dessas áreas por gramíneas invasoras, fazendo com que a área retornasse a seu estado original de degradação.

Em síntese, o simples plantio de uma população pioneira, com baixa riqueza e elevada dominância, embora capaz de sombrear rapidamente o solo e inibir temporariamente as gramíneas, mostrou-se insuficiente para desencadear o processo de sucessão secundária nessas paisagens muito fragmentadas, que deveria ocorrer por meio da substituição gradual e direcional desse grupo por grupos mais avançados

Fig. 8.2 Com a morte das árvores pioneiras do dossel, gramíneas invasoras podem recolonizar gradualmente áreas em processo de restauração em que o sub-bosque não foi reocupado por regenerantes nativos em virtude da baixa resiliência da paisagem (A). Caso o plantio de restauração seja composto predominantemente por indivíduos de espécies pioneiras e esteja inserido em paisagem de baixa resiliência, o reflorestamento de espécies nativas poderá entrar em declínio (B)

sucessionalmente, caminhando para uma floresta biologicamente viável. Esse padrão emergiu, principalmente, nessas paisagens com longo histórico de degradação e resiliência severamente comprometida, mas funcionou em paisagens com menor fragmentação e maior conectividade, favorecendo os processos de regeneração natural. No entanto, são nessas paisagens muito fragmentadas, que predominam em regiões mais agrícolas do Brasil, como em grande parte da Mata Atlântica, que as maiores demandas de restauração têm sido observadas.

Nesse momento, passou-se a adotar estratégias de restauração que evitassem que esses erros do passado se repetissem, podendo-se destacar:

1) aumento da diversidade dentro do grupo sucessional inicial da sucessão, para que não houvesse uma mortalidade tão sincrônica no tempo;
2) abandono da classificação das espécies em função da classe sucessional e adoção da classificação de grupos de plantio para a restauração, de maneira que as espécies da fase inicial deveriam ter características que otimizassem a formação de um ambiente florestal no menor tempo possível, em densidades compatíveis com as adotadas em plantios, possibilitando redução de custo sem, no entanto, comprometer a sustentabilidade da floresta;
3) uso de maior densidade e diversidade de espécies na restauração, incluindo espécies mais tardias da sucessão para possibilitar a substituição gradual no tempo das espécies mais iniciais, bem como favorecimento de alguns grupos funcionais que beneficiam a dinâmica florestal, como espécies atrativas da fauna, para oferta regular e diversificada de recursos para polinizadores e dispersores de sementes;
4) uso de proporções equilibradas de número de indivíduos por espécie, sem que houvesse a dominância de poucas espécies do plantio, o que aumentaria a vulnerabilidade ecológica da restauração;
5) manutenção mais efetiva dos reflorestamentos, possibilitando que as espécies arbustivas e arbóreas nativas pudessem vencer a competição com gramíneas exóticas agressivas, que tem se mostrado um dos principais filtros para o sucesso das iniciativas de restauração florestal nos trópicos.

Atualmente, outros desafios técnicos e científicos se fazem presentes para que esses plantios de restauração ampliem seu papel de resgate da biodiversidade e de restabelecimento dos processos ecológicos. Embora haja maior consenso sobre os métodos que deverão ser utilizados para cada situação de degradação e a não existência de um método eficiente de restauração que sirva para todas as situações, muito ainda precisa ser investigado para que haja maior efetividade de uso desses métodos, principalmente o de plantio total, em outros tipos de florestas no Brasil. Isso se justifica pelo fato de cada formação florestal poder apresentar particularidades ecológicas, estruturais, funcionais e de composição, particularidades essas que deverão estar diretamente refletidas na adequação dos métodos tradicionalmente empregados para Florestas Estacionais Semideciduais e Ombrófilas da Mata Atlântica. Apesar da importância e da urgência de entendimento dessas particularidades, é inegável o avanço tecnológico que ocorreu nos últimos anos em relação aos reflorestamentos de espécies nativas com fins de restauração ecológica. Esses avanços ocorreram principalmente após a restauração de áreas de Floresta Estacional Semidecidual no Sudeste brasileiro, sobre a qual boa parte do conhecimento atual em restauração de florestas no Brasil está apoiada. Finalizado esse resgate histórico dos plantios de restauração, passa-se agora ao detalhamento técnico desse método.

A premissa básica do plantio de mudas em área total é que ele seja capaz de formar uma fisionomia florestal no menor tempo possível, recobrindo definitivamente a área degradada para que as gramíneas exóticas agressivas sejam controladas rapidamente com o sombreamento e para que a sucessão florestal seja potencializada, com a criação de um ambiente adequado para a regeneração no sub-bosque. Entre os fatores que determinam o cumprimento dessa premissa destaca-se – além do uso de modelos sucessionais e, principalmente, funcionais, conforme já discutido – o uso de uma densidade adequada de indivíduos na área a ser restaurada.

8.1.1 Grupos sucessionais × grupos de plantio

Grupos sucessionais de espécies florestais já são bem estudados e amplamente utilizados em estudos de dinâmica florestal e também na recuperação de áreas degradadas, como visto anteriormente. Como grupo sucessional, os mais utilizados são: grupo das pioneiras e grupo das não pioneiras, em uma aplicação direta do conhecimento ecológico da dinâmica de clareiras em restauração ecológica. No entanto, nem todas as espécies pioneiras que se especializaram em ocupar clareiras o fazem em áreas degradadas com bom recobrimento e consequente sombreamento em curto prazo. Por sinal, as pioneiras mais típicas não são boas sombreadoras na fase inicial, como a embaúba e o guapuruvu, ao passo que outras pioneiras são excelentes sombreadoras, como o pau-pólvora ou corindiba (*Trema micrantha*), o peito-de-pomba (*Tapirira guianensis*) e o mutambo (*Guazuma ulmifolia*), e algumas boas sombreadoras na fase inicial não são tipicamente pioneiras, como os ingás (*Inga* spp.) e o pente-de-macaco (*Apeiba tibourbou*) (Fig. 8.3).

Sendo assim, a proposta de uso do conceito de grupos sucessionais na restauração evoluiu para uso de grupos de plantio, que incorpora também o conceito sucessional, pois o que se quer inicialmente é que as espécies plantadas promovam o sombreamento da área no menor tempo possível, ou seja, escolhem-se espécies para o plantio inicial que obrigatoriamente tenham duas características, que são: um bom crescimento inicial e um bom recobrimento de solo. Esse grupo tem sido comumente chamado de grupo de recobrimento, e as espécies que deverão compor esse grupo devem ser escolhidas regionalmente, pois nem todas as espécies vegetais têm o mesmo comportamento em diferentes regiões, ou seja, não se recomenda uma lista padrão de espécies de recobrimento. Essa lista deve ser construída regionalmente e revista sistematicamente, alterando as espécies continuamente para maior eficiência dessa função de recobrimento rápido da área. Nesse momento de amadurecimento conceitual da restauração ecológica, ficou claro que não se pode importar direto o conceito da ecologia vegetal de classificação sucessional de espécies para a restauração, mostrando que esses conceitos da dinâmica de florestas remanescentes precisam ser adaptados para o seu uso em restauração ecológica, fortalecendo, assim, a ecologia da restauração.

A forma mais eficiente de escolher as espécies de recobrimento é visitando ou monitorando sistemati-

Fig. 8.3 *Exemplo de espécies pioneiras de rápido crescimento incluídas no grupo de recobrimento — (A)* Heliocarpus popayanensis *— e de diversidade — (B)* Cecropia pachystachya) *— em função da diferença de sombreamento promovido por suas copas*

camente áreas recém-restauradas, com até dois anos de idade, e anotando as espécies mais sombreadoras do solo nessa fase. Se a espécie sempre se apresentar como boa sombreadora em várias áreas recentes de restauração, deve ser incluída no grupo de recobrimento, sendo que esse número não precisa ser muito extenso, já que a função desse grupo é apenas promover a construção de uma estrutura florestal no menor tempo possível. Tem sido recomendado o uso de cerca de dez espécies, incluindo apenas as boas sombreadoras na fase inicial. Além da característica de boas sombreadoras, sempre se procura incorporar outras características de interesse na escolha das melhores espécies de recobrimento, como serem espécies atrativas da fauna, fomentando o enriquecimento natural da comunidade, mesmo que a paisagem tenha baixa resiliência.

Se não forem utilizadas espécies de estágios mais avançados da sucessão junto com espécies de recobrimento em plantios inseridos em paisagens muito degradadas, as florestas formadas podem não receber quantidade necessária de propágulos das espécies mais avançadas da sucessão (enriquecimento natural), e essas áreas poderão voltar a ser degradadas em uma ou duas décadas em decorrência do ciclo de vida curto das espécies de recobrimento, por serem iniciais da sucessão. Sendo assim, nessas paisagens muitos fragmentadas, de baixa resiliência, deve-se realizar a introdução de indivíduos e espécies do grupo de diversidade para aumentar as chances de perpetuação temporal da estrutura florestal formada pelo grupo de recobrimento, substituindo gradualmente esse grupo na formação do dossel florestal.

O grupo de diversidade normalmente tem sido plantado concomitantemente com o grupo de recobrimento (plantio total em um único momento ou plantio não escalonado) em razão de custos. O que se recomenda é um grande investimento na estratégia de campo, para uma adequada distribuição espacial dos indivíduos do grupo de recobrimento, de forma a produzir uma estrutura florestal homogênea em toda a área, ou seja, os indivíduos do grupo de recobrimento devem estar equidistantemente distribuídos no campo, atentando ainda para que indivíduos da mesma espécie não estejam agrupados. O grupo de diversidade deve ser implantado de forma intercalada com o grupo de recobrimento, atentando para não comprometer o papel de recobrimento homogêneo da área por esse grupo, mas, ao mesmo tempo, garantir uma substituição gradual do grupo de recobrimento pelo de diversidade na formação do dossel florestal.

Várias formas de promover a combinação desses grupos funcionais no campo já foram testadas, mas essa combinação está em frequente evolução e por isso não se apresentará aqui uma receita para que a distribuição desses grupos de plantio seja realizada em campo, recomendando-se apenas uma exaustiva experimentação, atentando fortemente para que os conceitos apresentados sejam considerados na operacionalização do plantio. Mais recentemente, tem sido recomendado que o grupo de diversidade, quando necessária sua implantação posterior pela ausência de enriquecimento natural, seja introduzido na área de restauração no máximo três anos após o plantio inicial (plantio escalonado), após a formação da estrutura florestal pelo grupo de recobrimento. No entanto, o mais indicado é que esse plantio ocorra de 1,5 a 2 anos, pois nesse estágio de desenvolvimento do plantio ainda há luz suficiente para um bom crescimento das mudas no sub-bosque em formação e menor competição com gramíneas. O plantio escalonado tem sido principalmente recomendado em alguns casos pela constatação de que os indivíduos do grupo de diversidade, quando plantados na fase inicial, sem sombreamento e com grande competição com gramíneas exóticas, apresentam elevada mortalidade.

8.1.2 Densidade de plantio e tipo de muda

A densidade de mudas de um plantio é determinada em uma análise conjunta envolvendo a expectativa de rápida ocupação da área, que estimula o uso de um grande número de mudas, e a busca por um menor custo, que, por sua vez, estimula o uso do menor número possível de mudas. A densidade que tem sido usada e que aparentemente equaciona melhor essa dualidade é a de aproximadamente 1.700 plantas por hectare, resultante de um espaçamento 3 m × 2 m ou 2 m × 3 m. Essas 1.700 plantas podem ser colocadas em um único momento (plantio total inicial, não escalonado) ou em momentos subsequentes (plantio escalonado).

Esse espaçamento permite o trânsito inicial de trator nas entrelinhas do plantio na faixa de 3 m, o que favorece a mecanização de algumas atividades de manutenção, otimizando a rápida formação de um ambiente florestal. Em alguns casos, tem sido utilizado o espaçamento final de 3 m × 3 m (1.111 mudas/ha) como estratégia de redução de custos, já que reduz

valores de compra, de plantio e de manutenção das mudas, uma vez que essa densidade representa cerca de 2/3 da densidade anterior. No entanto, o uso desse espaçamento mais amplo pode resultar em uma extensão do período necessário para que se promova um efetivo sombreamento do solo, aumentando assim o número de operações de manutenção demandadas, podendo não compensar a economia inicial feita com a redução do número de mudas plantadas. Cabe também considerar que, nos casos em que se pretende conduzir cultivos de entrelinha como estratégia de controle de competidores e/ou de geração de renda, o uso de espaçamentos mais amplos e, consequentemente, o plantio de menor densidade de mudas, podem ser recomendados, desde que já seja assumido que a formação da estrutura florestal vai levar mais tempo.

Escolhidas as espécies que farão parte dos grupos de plantio e o espaçamento a ser adotado, o próximo passo é definir o tipo de muda que será usado no plantio da área a ser restaurada. Os principais sistemas de produção de mudas de espécies nativas se baseiam no uso de sacos ou sacolas plásticas e tubetes, os quais comumente se utilizam de terra e substrato florestal, respectivamente. Existem ainda várias opções de tamanho para esses recipientes, ampliando a gama de opções disponíveis sobre o tipo de muda a ser utilizado nos plantios de restauração. Vantagens e desvantagens desses sistemas de produção de mudas para os viveiros florestais e também para a implantação desses reflorestamentos no campo são discutidas em detalhes no Cap. 12. Já as ações propriamente de implantação desses tipos de muda no campo e de sua manutenção ao longo dos meses e anos pós-plantio de reflorestamentos de espécies nativas estão apresentadas no Cap. 9, referente aos procedimentos operacionais de restauração florestal.

8.1.3 Desafios para o plantio de mudas em área total

Fortalecimento do uso de grupos funcionais

Um grande desafio atual da restauração é a incorporação do conceito de grupos funcionais, que vai muito além do uso de grupos sucessionais, característica das primeiras iniciativas de restauração ecológica no Brasil. Dessa forma, espécies seriam selecionadas e combinadas de acordo com seus potenciais de desempenhar papéis particulares no processo de restauração, otimizando tempo e custos no restabelecimento de processos ecológicos fundamentais para desencadear a sucessão secundária em condições adversas para isso. Essa seleção leva em consideração vários aspectos da biologia das espécies, como hábito de crescimento, arquitetura de copa, disposição de raízes, fenologia, capacidade de fixação de nitrogênio, potencial para fitorremediação, deciduidade, épocas de floração e frutificação, síndrome de polinização e dispersão, entre outros.

Enfoque especial tem sido dado dentro desse conceito de grupo funcional para:

1] Escolher espécies que promovam um bom recobrimento do solo em curto prazo, facilitando o controle de gramíneas agressivas, que é um dos principais filtros de sucesso na restauração de florestas tropicais, e criando as condições adequadas para a regeneração das espécies mais avançadas da sucessão. Dentro do grupo de espécies iniciais de sucessão, que necessitam de luz para germinar e se estabelecer na fase jovem, algumas espécies são boas recobridoras do solo em curto prazo, pelas características arquiteturais de sua copa. Aquelas espécies definidas localmente como boas sombreadoras do solo em curto prazo foram incluídas num grupo funcional de espécies para plantio inicial em projetos de restauração, chamado de grupo de recobrimento, conforme já discutido.

2] Para que os projetos de restauração ecológica tenham sucesso, precisam ser auto-perpetuáveis, e, para que isso ocorra, as espécies nativas regionais precisam regenerar na área em processo de restauração, por intermédio de sementes produzidas na própria área e/ou que cheguem à área por meio da dispersão de fragmentos florestais remanescentes da paisagem regional. A produção de sementes é fortemente dependente da presença de polinizadores para a grande maioria das espécies nativas, ou seja, para uma área em processo de restauração produzir sementes viáveis faz-se necessária a presença de polinizadores, e esses polinizadores só vão estar presentes se houver disponibilidade de recursos durante a maior parte do ano. Essa necessidade fica ainda mais evidente em paisagens muito antropizadas, com poucos fragmentos remanescentes.

Dessa forma, tem-se hoje a necessidade de identificar espécies nativas regionais que floresçam com abundância em épocas do ano em que a maioria das espécies florestais não está florescendo, sendo que essas espécies seriam introduzidas na área em restauração exatamente com a função de oferecer recursos para os polinizadores em períodos de restrição, criando um grupo que pode ser chamado de *grupo de espécies atrativas de polinizadores*. Essa mesma importância destacada para os polinizadores nos processos ecológicos das áreas em restauração também deve ser atribuída aos dispersores de sementes e, assim, a importância de identificar também espécies vegetais que sejam boas atrativas dos vários grupos de fauna, auxiliando, desse modo, na atração e manutenção de polinizadores e dispersores nas áreas em restauração, grupo esse que tem sido denominado *grupo de espécies atrativas de dispersores*.

3] Em paisagens muito antropizadas, os fragmentos florestais remanescentes foram historicamente muito perturbados, com extrativismo, caça, fogo e outras fontes de degradação, e nesse processo de redução de área e perturbações recorrentes vários grupos de espécies foram extintos localmente, conforme já foi amplamente demonstrado cientificamente, como as árvores emergentes, que foram exploradas ao longo do tempo, as espécies de sementes grandes, que sofreram com a caça de seus dispersores, as espécies de flores especializadas, que tiveram restrição de produção de sementes pela perda de polinizadores específicos, as espécies exigentes em sombra, que sofreram com a abertura do dossel pelas perturbações etc. Dessa forma, um grande esforço recente tem sido feito para identificar os grupos de espécies que mais sofreram com esse processo histórico e que poderiam ser reintroduzidos, como metodologia de enriquecimento, tanto nas áreas em processo de restauração como nos fragmentos remanescentes da paisagem regional, usando como metodologia o enriquecimento dessas áreas com espécies incluídas na categoria *grupos funcionais comprometidos*. Mas outros grupos funcionais também merecem destaque, por exemplo, o das espécies recuperadoras de solo, como espécies que produzem muita matéria orgânica, as fixadoras de nitrogênio, as que disponibilizam umidade superficial etc. Em resumo, o propósito maior do uso desses grupos funcionais, fundamentados na biologia das espécies vegetais, é criar condições favoráveis para a restauração da enorme diversidade funcional das florestas tropicais, que dependem dessa diversidade para conseguir se recuperar.

Uso de elevada diversidade genética

Apesar da preocupação atual e crescente dos projetos de restauração ecológica de garantir processos que restaurem a diversidade vegetal, ainda não é clara a preocupação com a restauração da diversidade genética dessas áreas. A fragmentação florestal tem consequências genéticas indesejáveis, como a perda de alelos raros pela supressão direta dos indivíduos que os conservam, a redução da densidade populacional, prejudicando o fluxo gênico, redução de heterozigoze e deriva genética. A restauração ecológica pode contribuir muito na amenização dessas consequências, desde que ferramentas de genética de populações sejam incorporadas no planejamento das ações de restauração. Essa é uma

abordagem muito recente, mas extremamente necessária, já que a diversidade genética é a expressão mais pura da diversidade natural.

Pode-se citar, por exemplo, o uso de uma base genética estreita nas ações de restauração ecológica, que pode levar ao efeito fundador. Mesmo que seja usado número suficiente de genótipos das espécies nas ações de restauração ecológica, é preciso garantir que os indivíduos sobrevivam até a fase de reprodução para que essa base genética seja transferida para as gerações seguintes. Outro exemplo se refere à dúvida de se utilizarem matrizes locais ou não locais como fonte de sementes para os projetos de restauração, em termos do risco de poluição genética e invasão críptica. A escolha de genótipos locais parece ser a mais adequada quando a resiliência local é elevada e as condições abióticas da área a ser restaurada não são muito distintas da condição original, antes da degradação.

Em áreas em que a resiliência local está muito baixa em virtude da elevada degradação das condições abióticas (como áreas mineradas ou áreas de empréstimo, onde novos filtros ecológicos foram incorporados), o uso de altos níveis de diversidade genética obtidos pela mistura de genótipos locais com não locais de diferentes origens, para fornecer uma ampla base genética, pode ser o mais adequado para garantir a sobrevivência em longo prazo da população restaurada. No entanto, quando a área ser restaurada está inserida em uma paisagem de elevada resiliência, o uso de ampla base genética ou de genótipos selecionados não deve representar grandes riscos, mas, quando a resiliência da paisagem for baixa, alelos nativos estarão em desvantagem numérica e, a menos que estejam sob forte seleção, serão perdidos por deriva, sendo recomendável o uso de ecótipos locais, ainda que o grau de degradação da área seja severo.

Uso de diferentes formas de vida

Apesar das várias iniciativas atuais de restauração com elevada diversidade, principalmente nas paisagens de baixa resiliência, a riqueza média nos remanescentes florestais é, no mínimo, cinco vezes maior que o número de espécies usadas na restauração, se forem consideradas todas as formas de vida que ocorrem na floresta. Além disso, o uso restrito de espécies arbustivas e arbóreas pode não ser capaz de recompor a biodiversidade florestal e, consequentemente, garantir o restabelecimento das interações ecológicas. Assim, a inclusão de outras formas de vida (isto é, ervas terrestres, lianas e epífitas) na restauração ecológica surge como um desafio importante que deverá aumentar muito o número de espécies nas áreas restauradas. Nesse contexto, ganham destaque as ações posteriores de enriquecimento artificial nas áreas em processo de restauração já sombreadas pelas espécies de recobrimento, especialmente em paisagens de baixa resiliência, sem fragmentos próximos o bastante para promover a dispersão de tais formas de vida e, portanto, o enriquecimento natural dessas áreas. Essas outras formas de vida também são muito importantes para favorecer a reprodução das espécies arbustivas e arbóreas, pois a grande maioria das espécies vegetais depende de elementos da fauna para se reproduzir, como polinizadores e dispersores (ver Cap. 4), e geralmente o fornecimento de recursos pelas demais formas de vida vegetais ocorre em períodos distintos das árvores e arbustos, em intervalos de tempo menores e/ou de maneira mais bem distribuída entre os estratos da floresta, favorecendo a presença desses polinizadores e dispersores com maior riqueza e por mais tempo dentro da floresta em restauração.

8.2 SEMEADURA DIRETA

A semeadura direta consiste na distribuição de sementes – e não no plantio de mudas – no solo da área a ser restaurada visando estabelecer ali uma comunidade florestal que favoreça ou acelere os processos de sucessão. A semeadura direta tem sido estimulada por dispensar a produção e o transporte de mudas florestais, permitir a mecanização das atividades de semeadura e, consequentemente, a redução dos custos de implantação, e o uso de maior densidade de plantas, favorecendo a ocupação e o sombreamento mais rápidos da área degradada. A semeadura direta é vantajosa também por permitir a formação de uma comunidade vegetal mais bem adaptada às condições de degradação da área, diferentemente do plantio de mudas, que predetermina

o número de indivíduos por espécie. Por mais que se tente também controlar o número de indivíduos estabelecidos por espécie na semeadura direta, esse é um processo mais aberto, no qual o tamanho da população das espécies semeadas é mais influenciado pelas características ambientais da área. Apesar dessas vantagens, o sucesso de uso da semeadura direta como método de restauração depende de uma série de fatores que precisam ser previamente conhecidos e manejados pelo restaurador. Dessa forma, vale reforçar que esse método tem grande potencial de uso em restauração se praticado adequadamente, mas ainda está em fase de teste e consolidação, dadas as particularidades apresentadas a seguir, e sua aplicação em larga escala ainda depende de ajustes significativos.

A primeira decisão diz respeito ao objetivo da semeadura direta, o qual determina o conjunto de espécies que será utilizado na restauração florestal. Por exemplo, se a semeadura direta for utilizada para o recobrimento inicial da área, chamada de *semeadura direta de recobrimento*, deverão ser escolhidas justamente espécies de recobrimento (Fig. 8.4). Adicionalmente, se a semeadura direta de recobrimento for realizada por meio da hidrossemeadura, deverão ser selecionadas espécies de sementes pequenas, que consigam passar pelo rotor da bomba de pressurização no momento de distribuição das sementes no campo. Já a semeadura direta de enriquecimento é realizada com objetivo de promover o enriquecimento artificial de uma área já ocupada pelas espécies iniciais de sucessão, oriundas da condução da regeneração natural, do plantio de mudas ou da semeadura direta de recobrimento. Nesse caso, devem-se utilizar apenas sementes de espécies que se regeneram na sombra, tais como espécies secundárias e climácicas, já que essa semeadura será realizada sob o dossel.

Uma vez escolhidas as espécies nativas regionais desejadas para integrar a semeadura direta, passa-se à fase de obtenção de sementes. A obtenção de sementes de qualidade é, sem dúvida, um dos passos mais decisivos para o sucesso da semeadura direta, que depende da germinação das sementes e da regularidade dessa germinação em condição de campo, que são muito

Fig. 8.4 *Floresta em restauração com dois anos de idade produzida por meio da semeadura de espécies nativas de recobrimento em uma área anteriormente ocupada por culturas agrícolas*

distintas das condições controladas de germinação no viveiro. Conforme discutido no Cap. 11, a qualidade de sementes é o resultado final do efeito cumulativo que as diversas etapas do processo de produção – coleta, beneficiamento e armazenamento – exercem nas características fisiológicas e sanitárias das sementes. Dessa forma, se as sementes utilizadas na semeadura direta não apresentarem elevado potencial fisiológico (boa germinação e bom vigor), bem como se estiverem contaminadas por patógenos, não haverá sucesso no estabelecimento de uma comunidade vegetal nativa por meio do uso dessa técnica. A necessidade de uso de sementes de alta qualidade é maior ainda para a semeadura direta do que para a produção de mudas, pois, no campo, as sementes estarão mais sujeitas a condições ambientais estressantes, patógenos de solo e predadores de sementes, de forma que a perda de sementes será inevitavelmente maior na semeadura direta do que nos canteiros de germinação dos viveiros florestais.

Outro fator de destacada importância para a semeadura direta é a quebra da dormência das sementes, principalmente na semeadura direta de recobrimento, que usa sementes de espécies iniciais da sucessão, para as quais a dormência das sementes é muito mais acentuada (ver Caps. 4 e 12). Partindo-se do pressuposto de que se deseja na semeadura direta uma emergência rápida e uniforme de plântulas, é fundamental que os mecanismos de bloqueio da germinação sejam removidos antes da semeadura, para que as sementes possam germinar tão logo encontrem condições favoráveis de umidade e temperatura no solo. Assim, a semeadura direta não visa recompor o banco de sementes do solo, o que justificaria a distribuição de sementes dormentes e não dormentes no solo, mas sim a rápida formação de uma população das espécies nativas. Detalhes sobre os procedimentos de superação da dormência de sementes nativas podem ser conferidos no Cap. 12.

Para que se defina a quantidade de sementes por espécie a ser usada na semeadura direta, é preciso inicialmente estabelecer qual a taxa de semeadura que será utilizada. Essa taxa é determinada com base na expectativa que se tem sobre a eficiência de uso das sementes, ou seja, quantas sementes acredita-se que serão necessárias para que se obtenha um indivíduo daquela espécie estabelecido em campo. Para isso, deve-se definir inicialmente o número total de plantas almejado na área (por exemplo, 1.666 indivíduos/ha) e o consequente número de indivíduos de cada espécie. Com base na porcentagem de germinação e de estabelecimento de plântulas estimadas (por exemplo, pode-se estimar que apenas 10% das sementes irão gerar plântulas estabelecidas), calculam-se quantas sementes serão necessárias por unidade de área (por exemplo, 15.000 sementes/ha). Finalmente, com base no número estimado de sementes por quilo, disponível em várias bibliografias do tema ou estimado por contagem, calculam-se quantos quilos de sementes serão necessários de cada espécie. Tem-se agora um exercício numérico para fixar esse raciocínio.

Considere-se que se espere alcançar 2.000 indivíduos de espécies nativas/ha e que esse valor resultaria hipoteticamente na necessidade de obter 250 indivíduos/ha de capinxigui (*Croton floribundus*). Com base no conhecimento prévio do desempenho germinativo dessa espécie (com base em bibliografia) ou nos resultados de um teste de germinação realizado com o lote de sementes a ser utilizado, estima-se empiricamente que serão necessárias quatro sementes para que se tenha uma planta estabelecida em campo e, assim, mil sementes de capixingui são necessárias para cada hectare. Considerando-se que 1 kg de sementes de capixingui contém aproximadamente 20.000 unidades, serão necessárias cerca de 50 g de sementes de capixingui/ha para uso na semeadura direta. Cabe ressaltar que o número de sementes por quilo é altamente variável entre os lotes de sementes, pois o tamanho unitário da semente pode variar muito dependendo da matriz que gerou as sementes e das condições ambientais durante o processo de maturação. Por isso, o uso de informações contidas na literatura sobre o número de sementes por quilo de cada espécie pode gerar grande imprecisão no cálculo da quantidade de sementes necessária para a semeadura e, consequentemente, no sucesso do método.

A princípio, calcular a densidade de semeadura parece fácil, tal como acabou de ser exemplificado. Contudo, é uma das decisões mais difíceis de quem planeja um projeto de semeadura direta. Isso porque não se conhece de antemão o desempenho em campo das espécies a serem semeadas, e esse desempenho pode variar em função das características da área, da época e do método de semeadura e da qualidade fisiológica das sementes. Para determinar a qualidade do lote de sementes, é necessário no mínimo um teste de germinação, o qual dificilmente é realizado para todas as espécies a serem semeadas previamente ao uso dessa técnica. Por fim, é necessário também determinar o número de sementes por quilo para cada lote de sementes, pois os valores obtidos podem ser amplamente variáveis em função da procedência das sementes, sendo os valores presentes na literatura apenas uma referência, que deverá ser usada com cautela. O ideal é calcular uma estimativa daquele lote, procedendo a uma contagem de sementes, com repetições.

Essa preocupação com o cálculo da densidade de sementes a ser utilizada não está relacionada à intenção de obter um número exatamente definido de plantas de uma determinada espécie por hectare, uma vez que a semeadura direta é essencialmente um método não determinístico, naturalmente mais sujeito a variações de resultados devido a fatores ambientais não controlados. Por exemplo, áreas com solo mais degradado podem ter menor eficiência do uso desse método, pois a germinação é mais baixa e a mortalidade inicial de plântulas tende a ser maior. No entanto, deve-se buscar atingir os objetivos do projeto com o máximo de sucesso, ou seja, uma boa colonização da área com a menor quantidade possível de sementes. Obviamente, seria muito mais fácil simplesmente usar uma grande quantidade de sementes de cada espécie, o que aumentaria as chances de obter uma grande densidade de indivíduos estabelecidos, mas isso certamente traria custos adicionais desnecessários ao projeto. Além disso, a alta densidade de plântulas poderia inclusive atrasar a recolonização da área por outras espécies nativas, por criar um ambiente altamente competitivo. Para exemplificar a amplitude de variação nas taxas de semeadura entre diferentes espécies, toma-se aqui como exemplo os resultados obtidos em uma tese de doutorado (Isernhagen, 2010) que testou diferentes densidades de semeadura direta de espécies nativas para o recobrimento de áreas agrícolas em Araras (SP) (Tab. 8.1).

Com base nessa tabela, observa-se que a eficiência de uso de sementes na semeadura direta pode ser extremamente diferente entre as espécies, variando de 3 a 5.866 sementes para cada planta estabelecida em campo. Essa variação afeta diretamente a viabilidade econômica dessa técnica. Por exemplo, algumas das espécies apresentadas na tabela, tais como *Enterolobium contortisiliquum*, *Solanum lycocarpum* e *Peltophorum dubium*, apresentam enormes vantagens econômicas quando introduzidas na restauração via semeadura direta, ao passo que, para outras espécies, tais como *Croton urucurana*, *Guazuma ulmifolia* e *Luehea divaricata*, seria mais economicamente vantajoso plantar mudas, dada a baixa germinação, exigindo grande quantidade de sementes, pelo menos até que se domine a tecnologia de sementes dessas espécies. Assim, com base em pesquisas mais detalhadas sobre a germinação em campo das espécies nativas, será possível aperfeiçoar consideravelmente a semeadura direta, indicando as espécies mais adaptadas para uso nesse método.

Justamente em virtude dessa baixa eficiência de uso de sementes de algumas espécies, resultando em elevação do custo, é que a semeadura direta tem se difundido mais em regiões nas quais o custo das sementes é baixo e o de mudas, alto. Por exemplo, os projetos de semeadura direta em larga escala coordenados pelo Instituto Socioambiental (ISA) para restaurar as cabeceiras do rio Xingu, no Mato Grosso, valem-se de uma rede de sementes na qual comunidades indígenas realizam a coleta de sementes em uma paisagem ainda altamente florestada, fornecendo sementes de espécies nativas por um valor consideravelmente inferior ao praticado em outras regiões do país, onde a coleta é muito mais onerosa pela enorme fragmentação da paisagem e pela dificuldade de encontrar coletores bem capacitados. Em Estados do Sudeste do Brasil, onde as matas para coleta de sementes são escassas e não há grupos organizados como esse para a produção de sementes nativas, certamente o custo elevado e a escassez de sementes representam obstáculos importantes até esse momento para a transferência dessa tecnologia de restauração, dadas as limitações de conhecimento sobre tecnologia de sementes de espécies nativas que permitam um melhor desempenho das sementes em campo.

Tais observações indicam que a semeadura direta dificilmente poderá ser utilizada como um único método para introduzir elevada diversidade de espécies nativas na restauração, em virtude da restrição da oferta e maior custo de sementes, devendo as espécies que ainda apresentam desempenho deficiente nesse método ser introduzidas na área via plantio de mudas ou outras técnicas. Mas no caso da semeadura direta de recobrimento, que se utiliza de algumas poucas espécies de rápido crescimento inicial e boa cobertura de copa, o avanço pode ser mais rápido e essa metodologia tem sido impulsionada por vários motivos: 1) nas regiões de muito baixa resiliência local e de paisagem, as espécies de recobrimento têm a função de promover o recobrimento rápido da área de restauração, reduzindo assim os custos, já que a manutenção inicial é o maior custo e a principal causa de insucesso do plantio de mudas em área total para a restauração florestal; 2) como poucas espécies são utilizadas na semeadura direta de recobrimento, em razão de o grupo funcional de recobrimento ser naturalmente constituído por cerca de dez espécies nativas regionais, é possível investir mais em pesquisa e experimentação para desenvolver a tecnologia de uso dessas espécies; 3) como não é necessário ter grande preocupação com a diversidade genética das sementes das espécies de recobrimento, devido ao fato de elas serem iniciais da sucessão e saírem naturalmente da comunidade com a maturação sucessional da floresta, além de essas espécies iniciarem a produção de sementes com poucos anos de idade e apresentarem produção

Tab. 8.1 Número de sementes necessário para obter uma planta estabelecida no campo por meio da semeadura direta em uma área agrícola de Araras (SP) e valor de investimento em sementes e mudas para cada planta hipoteticamente estabelecida em campo

Espécies	Número de sementes para obter uma planta estabelecida no campo	Investimento por plântula	
		Semeadura	Plantio
1. *Senegalia polyphylla*	5	R$ 0,05	R$ 0,80
2. *Ceiba speciosa*	9	R$ 0,11	R$ 0,80
3. *Croton floribundus*	25	R$ 0,33	R$ 0,80
4. *Croton urucurana*	256	R$ 1,10	R$ 0,80
5. *Enterolobium contortisiliquum*	3	R$ 0,06	R$ 0,80
6. *Guazuma ulmifolia*	1.969	R$ 5,56	R$ 0,80
7. *Luehea divaricata*	5.866	R$ 8,32	R$ 0,80
8. *Peltophorum dubium*	4	R$ 0,02	R$ 0,80
9. *Senna multijuga*	347	R$ 1,04	R$ 0,80
10. *Solanum lycocarpum*	4	R$ 0,01	R$ 0,80

Fonte: Isernhagen (2010).

muito alta, é altamente viável implantar pomares para a obtenção de sementes em quantidade e com baixo custo; 4) conseguindo-se recobrir rapidamente a área de restauração usando a técnica de semeadura direta de recobrimento, será possível investir em um momento seguinte (1,5-2,5 anos pós-semeadura direta) no enriquecimento artificial dessa área com espécies do grupo de diversidade (plantio escalonado) em alta diversidade florística, genética e de formas de vida, sem a competição com gramíneas exóticas agressivas.

Resultados ainda preliminares têm mostrado que a semeadura direta de recobrimento é muito promissora, principalmente quando combinada com a semeadura de espécies de adubação verde na entrelinha. Quando se usam sementes de espécies de recobrimento, que resultam em uma grande redução de custos da restauração, o recobrimento da área é mais lento do que se fossem usadas mudas, pois com mudas abrevia-se o ciclo, já que as espécies semeadas ainda têm que passar pelas fases de germinação e estabelecimento de plântulas até que cheguem ao porte das mudas que são plantadas, que passam por essas fases no viveiro. Sendo assim, a área ficará mais tempo sem cobertura por espécies nativas e poderá ser mais facilmente reinvadida por gramíneas exóticas agressivas, cujo controle elevará significativamente os custos desse método, ficando próximo do plantio de mudas. Por isso a semeadura direta de recobrimento com espécies nativas tem sido combinada com a semeadura direta de espécies de adubação verde, que são, na maioria, espécies exóticas de ciclo curto, cuja função principal nesse sistema é promover um rápido recobrimento do solo nos primeiros meses pós-plantio e melhorar as condições edáficas.

A semeadura direta de adubação verde tem sido feita na entrelinha da semeadura direta de recobrimento, usando uma ou duas linhas, dependendo do porte das espécies usadas na adubação verde, para não promover a redução do crescimento das espécies nativas em função do sombreamento excessivo das linhas de recobrimento. Algumas experiências misturam as espécies de recobrimento com as espécies de adubação verde na mesma técnica de semeadura direta, ou seja, os dois grupos de espécies são semeados na mesma linha ou mesmo a lanço. Como é uma técnica ainda muito nova, não há uma recomendação operacional que tenha se mostrado como a mais eficiente, variando entre regiões e formações vegetais, e, por isso, muitos experimentos ainda precisam ser feitos nesse sentido. Não se podem apontar restrições quanto ao uso de espécies exóticas de adubação verde, desde que não invasoras, pois essas espécies são de pleno sol e têm ciclo curto, de meses ou poucos anos, e gradualmente vão sair do sistema com o efetivo recobrimento da área pelas espécies nativas. Em síntese, a adubação verde promove o recobrimento da área do primeiro ao 24º mês pós-plantio, controlando as gramíneas agressivas que comprometem o sucesso e elevam o custo da restauração, recobrimento esse que é gradualmente assumido pelas espécies nativas a partir do 12º mês pós-plantio, até o recobrimento total da área pelas nativas.

Uma vez escolhidas as espécies e obtidas as suas sementes, seja de espécies arbustivas e arbóreas nativas, seja de espécies de adubação verde, passa-se ao preparo da área de semeadura. Nessa fase, é fundamental que se criem condições de microssítio favoráveis à germinação das sementes e ao estabelecimento das plântulas, maximizando o uso das sementes no campo, bem como limitando a exposição e a consequente expressão do banco de sementes de gramíneas exóticas invasoras. De forma geral, a semeadura direta pode ser realizada em sulcos lineares, em covas e a lanço. A distribuição das sementes nos sulcos pode ser feita manualmente, com base em uma quantidade predefinida de sementes por metro linear, ou com máquinas.

Para aumentar o rendimento da semeadura direta, costuma-se fazer uma mistura de sementes das espécies cuidadosamente escolhidas como boas sombreadoras em curto prazo, em vez de semear uma espécie por vez. Essa mistura de espécies nativas na semeadura direta tem sido referida na literatura como *muvuca*. Contudo, é conveniente agrupar as espécies conforme o tamanho de sementes, para aumentar a homogeneidade de distribuição espacial dos indivíduos e das espécies no campo. É recomendado também que as sementes pequenas sejam misturadas com areia, pó de serra ou outro componente para aumentar o volume do material a ser distribuído, evitando que uma quantidade muito grande de sementes caia acidentalmente em um ponto específico do terreno. A semeadura direta em sulcos também pode ser feita de forma mecanizada, adaptando-se, para isso, plantadeiras de espécies agrícolas ou distribuidoras de calcário a lanço, como o distribuidor pendular.

O ISA tem tido papel importante no desenvolvimento dessa técnica, aproveitando o conhecimento e os equipamentos de agricultores da região da bacia do rio do Xingu para ampliar a escala das ações de restauração em propriedades rurais, o que tem resultado em redução dos custos de implantação de florestas nativas e bons resultados em campo (Boxe 8.1). Na semeadura mecanizada em linha, as sementes pequenas também são separadas das grandes para evitar a segregação por tamanho e peso no reservatório de sementes, o que resultaria na distribuição desigual no campo de espécies com tamanhos de semente diferentes. O plantio mecanizado reduz muito o custo da operação de semeadura, além de permitir agregar operações, como a semeadura direta de nativas junto com a de adubação verde. As sementes pequenas de espécies de recobrimento são misturadas com areia ou solo para facilitar a distribuição.

Uma estratégia interessante adotada pelo ISA para minimizar os ataques de formigas-cortadeiras às plântulas nativas recém-germinadas no campo é a semeadura conjunta de tamarindo (*Tamarindus indica*), embora seja uma espécie exótica e não se tenha conhecimento sobre o risco de desequilíbrio ecológico. As plântulas de tamarindo são muito consumidas pelas formigas-cortadeiras, sendo preferidas em relação às plântulas de outras espécies. Dessa forma, quando se utilizam sementes de tamarindo na mistura de sementes da semeadura direta, incorpora-se à mistura alimento para as formigas, na expectativa de que elas se alimentem das plântulas de tamarindo e deixem de consumir as plântulas das nativas semeadas. Cabe ressaltar que o tamarindo não tem qualquer efeito negativo sobre as formigas. No entanto, pode-se também usar sementes de gergelim (*Sesamum indicum*) nessa mistura, para o controle das formigas. Vários estudos apontam que as folhas de gergelim, quando consumidas pelas formigas, podem prejudicar tanto esses insetos como o fungo simbiôntico do qual se alimentam e que é cultivado no interior do formigueiro. Dessa forma, a semeadura conjunta de tamarindo e gergelim pode constituir uma alternativa de controle natural de formigas-cortadeiras.

Além da semeadura em linha, a semeadura direta também pode ser conduzida distribuindo-se as sementes a lanço, após aração e gradagem do solo, tal como realizado para a semeadura de pastagem. Após a distribuição das sementes, que pode ser feita manualmente a lanço ou com uma distribuidora de calcário adaptada, metodologia esta também desenvolvida pelo ISA, pode-se recobrir as sementes com enxada ou com a passagem de uma grade leve sobre o solo. Contudo, essa técnica possui a desvantagem de induzir o banco de sementes de gramíneas invasoras quando é feito o preparo da área com o revolvimento do solo, o que dificulta muito o controle posterior de plantas daninhas. Dessa forma, a técnica de semeadura direta a lanço não é recomendada quando constatada a presença de banco de sementes abundante de gramíneas agressivas na área a ser restaurada, como no caso de pastagens. Além disso, a distribuição das sementes em área total dificulta a localização dos indivíduos de espécies nativas, principalmente quando ainda são pequenos, atrapalhando a manutenção da área. Como não se diferenciam facilmente quem se quer favorecer (plantas nativas) e quem se quer controlar (plantas daninhas), o manejo de plantas competidoras é dificultado, podendo haver elevada mortalidade de indivíduos de espécies nativas com o controle de gramíneas, bem como as plantas daninhas podem permanecer crescendo junto às nativas devido às limitações do controle localizado.

Já a semeadura direta em covetas tem se mostrado muito interessante principalmente em áreas de difícil mecanização, que é uma situação muito comum na restauração de áreas degradadas. Covetas são construídas regularmente na área a ser restaurada e sobre elas são colocadas as sementes de espécies de recobrimento, misturadas e recobertas com algum substrato, para melhorar as condições do microssítio de germinação.

BOXE 8.1 SEMEADURA DIRETA MECANIZADA: INOVAÇÃO EM MATO GROSSO

A fim de reverter o passivo de aproximadamente 240.000 ha de Áreas de Preservação Permanente degradadas na bacia do rio Xingu, em Mato Grosso, o Instituto Socioambiental (ISA), no âmbito da campanha Y Ikatu Xingu, decidiu inovar, utilizando a semeadura direta mecanizada de árvores nativas para a restauração em larga escala. A técnica é escolhida analisando os maquinários da propriedade, o histórico de uso e o potencial de erosão do solo. Em terrenos pequenos ou com declividade alta, o plantio pode ser feito em covas, junto com culturas agrícolas como feijão, mandioca e abóbora. A semeadura a lanço é realizada com lançadeiras de sementes de capim, com espalhadores de calcário ou à mão, enquanto a semeadura em linhas utiliza plantadeiras de grãos. Nos terrenos planos ocupados por pastagem, são feitas gradagens para a descompactação do solo, aplicados herbicidas para o controle das gramíneas, quando necessário, e semeadura em linhas ou a lanço, recobrindo-se as sementes com gradagem leve. Em áreas de lavoura mecanizada, a semeadura pode ser em linhas com plantadeiras de plantio direto, dispensando as operações de gradagem. Antes de ir para as máquinas, as sementes, fornecidas pela Rede de Sementes do Xingu, são homogeneizadas em uma mistura com terra, de acordo com a técnica batizada de *muvuca de sementes* pelo Grupo Mutirão Agroflorestal. Cada muvuca inclui de 45 a 70 espécies de árvores e arbustos, além de leguminosas de adubação verde, como feijão-de-porco, feijão-guandu e crotalária. Sementes muito grandes, que não passam pelas máquinas, são lançadas manualmente. Nos plantios são utilizadas entre 15 e 30 sementes de árvores e arbustos por metro quadrado e dez de leguminosas. Em restaurações com cerca de quatro anos de idade, a densidade de árvores e arbustos pode chegar a 6.000 indivíduos/ha, três vezes mais que em plantio de mudas tradicionais, e o número de espécies a cerca de 50. Os custos do plantio mecanizado, considerando o manejo por três anos, gira em torno de R$ 3.540,00/ha, em áreas que dispensam cercamento, e R$ 7.600,00/ha, considerando os custos da cerca. Essa técnica já foi implantada em mais de 1.000 ha na bacia do Xingu por meio das atividades da campanha.

Vista de uma área antes (A) e dois anos depois (B) do plantio mecanizado na Fazenda São Roque, em Canarana (MT)

Rodrigo G. P. Junqueira (rodrigojunqueira@socioambiental.org), Instituto Socioambiental (ISA), Programa Xingu, Canarana (MT)
Eduardo M. C. Filho (eduardomalta@socioambiental.org), Instituto Socioambiental (ISA), Programa Xingu, Canarana (MT)
Natalia Guerin (natalia@socioambiental.org), Instituto Socioambiental (ISA), Programa Xingu, Canarana (MT)
Sites: <www.socioambiental.org> e <www.sementesdoxingu.org.br>.

Uma outra possibilidade é a hidrossemeadura, que se vale da distribuição de sementes pequenas de espécies nativas em área total com o mesmo equipamento que é muito utilizado para a hidrossemeadura de gramíneas exóticas em taludes de rodovias para estabilização do solo (Fig. 8.5 e Boxe *on-line* 8.2). Para aumentar a aderência das sementes ao solo, costuma-se primeiramente cavar microcovetas no substrato local em que a semeadura será realizada, visando criar mais rugosidade e locais para acomodar as sementes a fim de que elas não sejam carregadas com a água da chuva, e utilizar uma pasta de celulose misturada à solução que contém as sementes, atuando como um colante na fixação das sementes ao solo. Em relevos inclinados, pode-se também cobrir a superfície do solo já semeado com uma tela de sisal ou de fibra de coco, visando reduzir o efeito do impacto das gotas de chuva e da erosão laminar na remoção das sementes (Fig. 8.6). Realizada a semeadura, atenção especial deve ser dada ao controle de gramíneas invasoras, pois as plântulas recém-emergidas são altamente sensíveis à competição com essas espécies indesejadas, podendo haver elevada mortalidade caso se descuide da manutenção da área nos meses que sucedem à semeadura. Mais detalhes sobre o controle de plantas daninhas serão apresentados no Cap. 9.

Conforme já discutido, a semeadura direta possui a desvantagem de dificultar a definição da população de plantas nativas que permanecerá na área (Fig. 8.7). Caso se obtenha uma densidade aquém da desejada, pode ser realizada uma semeadura complementar ou mesmo um plantio de mudas para adequar a população de plantas e corrigir a presença de trechos não

Fig. 8.5 *Hidrossemeadura para a reconstituição da vegetação nativa em um deslizamento de terra: hidrossemeadura de sementes de espécies nativas na superfície do substrato exposto (A); cobertura do solo já semeado com uma tela de sisal, em virtude dos elevados índices de precipitação da região (B); emergência de plântulas por entre as fibras da tela três meses após a semeadura (C); e aspecto da vegetação obtida oito meses após a semeadura (D). Em muitos casos a cobertura com tela de sisal é dispensável*

Fig. 8.6 *Colonização do terreno hidrossemeado por espécies nativas de recobrimento, com uma manta ou tela de sisal, visando reduzir o arraste de sementes com as chuvas e o vento. Na imagem, já é possível observar as plântulas de espécies nativas emergindo nas aberturas da tela de sisal*

ocupados pela vegetação nativa. Contudo, o que se deve fazer se for obtida uma população de plantas maior que a planejada? Deve-se simplesmente abandonar a área após o recobrimento do solo, que seria mais rápido nesse caso, ou deve ser feita uma correção da densidade de plantas via desbaste?

O desbaste se justificaria caso a maior densidade de plantas aumentasse a competição por recursos a ponto de comprometer o desenvolvimento da comunidade florestal e talvez o recrutamento de juvenis no sub-bosque. No entanto, pode-se argumentar que a maior densidade de plantas, embora diminua o crescimento individual, aumente o acúmulo de biomassa na comunidade. Nesse caso, a maior competição intraespecífica e interespecífica naturalmente favoreceria os indivíduos mais vigorosos, criando uma estrutura populacional de indivíduos dominados e dominantes, que naturalmente evoluiria para uma floresta sem maiores restrições, tal como ocorre na dinâmica de clareiras. Contudo, as espécies arbóreas mais competitivas podem se sobressair nessas condições, prejudicando as outras espécies. Enfim, há muitas perguntas e poucas respostas sobre a necessidade de realizar desbastes em populações adensadas obtidas em condições favoráveis de semeadura direta, devendo esses questionamentos e hipóteses ser temas de futuras pesquisas. Apesar dessas dúvidas do que fazer, uma coisa é certa: as populações muito adensadas obtidas na semeadura direta indicam que muitas sementes foram semeadas sem necessidade, aumentando o custo da restauração. A adequação do número de sementes a ser usado na semeadura direta é o grande desafio atual.

Enfim, a semeadura direta representa um método altamente promissor de restauração florestal, principalmente a semeadura direta de recobrimento, com perspectivas muito favoráveis de redução de custos e consequente aumento da escala dos projetos de restauração. Cabe ressaltar que, embora a semeadura direta tenha sido apresentada neste capítulo no contexto da implantação de uma comunidade nativa em área total em uma paisagem de baixa resiliência, como já comentado, esse método também pode ser empregado para o enriquecimento de áreas em processo de restauração, definido como semeadura direta de enriquecimento. Contudo, é necessária ainda muita pesquisa para que esse método seja conduzido de forma mais técnica e planejada, com resultados mais adequados às expectativas estabelecidas na concepção do projeto, em

Fig. 8.7 *Visão interna de um reflorestamento de espécies nativas implantado por meio da semeadura direta de recobrimento, com dois anos, no qual as sementes foram plantadas em sulcos e obteve-se mais de oito mil indivíduos de espécies arbóreas por hectare, o que pode ser constatado pela grande proximidade dos indivíduos arbóreos nas linhas*

vez de simplesmente se distribuírem sementes de espécies nativas em uma área e esperar para ver o que acontece. Nesse contexto, a semeadura direta representa uma das principais fronteiras do conhecimento a serem investigadas pela restauração florestal. Mais detalhes dos procedimentos operacionais envolvidos na implantação da semeadura direta e manutenção de áreas implantadas com esse método serão descritos em detalhes no Cap. 9.

8.3 Transposição de solo florestal superficial

A camada de solo superficial de uma floresta, juntamente com a serapilheira que o recobre, é um importante reservatório de sementes de espécies nativas, matéria orgânica, insetos, mesofauna e microfauna de solo, microrganismos e nutrientes. Em razão disso, essa camada de solo apresenta um enorme potencial de uso na restauração florestal se transferida de uma formação natural para uma área degradada. Com base nos conhecimentos sobre a formação, constituição e dinâmica do banco de sementes em florestas tropicais, conforme já foi discutido nos Caps. 3, 4 e 7, é possível extrapolar algumas indicações para o uso dessa camada superficial de solo florestal em ações de restauração:

- A constituição do banco de sementes temporário varia sazonalmente, havendo maior densidade e riqueza de sementes nos períodos de maior dispersão natural das espécies. Assim, espera-se uma maximização do uso do banco de sementes florestal caso este seja coletado no período um pouco posterior ao pico de dispersão de sementes na região.
- Quanto mais tempo a camada superficial de solo for armazenada, menor será a participação do banco de sementes temporário no recrutamento, uma vez que suas sementes, por terem menor incidência de dormência, deterioram-se com mais facilidade do que sementes de espécies pioneiras, que geralmente têm dormência.
- A camada superficial de solo de florestas secundárias jovens tende a ter maior potencial de aproveitamento do banco de sementes nas ações de restauração quando comparada com o banco de sementes de florestas maduras, uma vez que o predomínio de pioneiras nas florestas secundárias, em regeneração inicial, faz aumentar a produção e a dispersão de sementes dessas espécies, que consequentemente ingressam no banco de sementes. Florestas maduras tendem a ter

banco de plântulas mais desenvolvido, mas que não é adequadamente aproveitado pela transposição da camada superficial de solo.

- O uso da camada superficial de solo de florestas muito degradadas, que já estejam invadidas por gramíneas exóticas, poderá trazer problemas, já que, junto com as sementes de nativas, virão sementes de espécies invasoras, promovendo assim a proliferação dessas gramíneas na área a ser restaurada.
- O solo florestal superficial deverá ser coletado em uma camada aproximada de 20 cm a 30 cm de espessura, onde estão a grande maioria das sementes viáveis, mas a distribuição desse solo na área de restauração deverá ser mais fina que isso para permitir o maior aproveitamento do banco de sementes devido à maior exposição das sementes à luz. Contudo, camadas muito finas reduzem os efeitos benéficos ao solo que a distribuição desse material pode trazer, pois diminuem as quantidades de matéria orgânica e nutrientes incorporadas por unidade de área, bem como expõem os organismos benéficos à radiação solar e ao ressecamento.
- A transposição das camadas superficiais de solo de florestas secundárias não é recomendada para o enriquecimento de florestas em restauração, pois o banco de sementes dessas camadas é formado principalmente por espécies pioneiras, que, por sua vez, não germinam na sombra.
- Caso esse método seja usado em áreas inseridas em paisagens muito fragmentadas, onde há reduzida dispersão de sementes nativas dos fragmentos para a área em restauração, pode ser necessário o enriquecimento artificial (ver detalhes dessa técnica no Cap. 7), pois a capoeira formada pela regeneração natural, que tem forte influência do banco de sementes, será geralmente de baixa diversidade, já que o banco é predominantemente composto por espécies pioneiras.
- O método de transposição das camadas superficiais de solo florestal só deve ser usado para recuperação de áreas degradadas próximas

de onde o solo foi coletado, respeitando assim o ecossistema de referência da área que será restaurada e a diversidade regional.

- Esse método é excelente como restaurador de elevada diversidade vegetal, pois no banco de sementes do solo florestal geralmente há propágulos de todas as formas de vida que ocorrem na floresta, com exceção das epífitas, e não apenas de árvores e arbustos, que são normalmente as formas de vida usadas no plantio de mudas.
- O custo da transposição de solo florestal superficial é elevado, pois depende da coleta e transporte de muito material. Como a maioria desse material ainda é o próprio solo, que contém os propágulos vegetais e a fauna de solo, normalmente o uso dessa metodologia na restauração de áreas degradadas é mais favorável para áreas que tenham o solo como fator limitante da regeneração, como é o caso de taludes, áreas de empréstimos, solos erodidos, áreas mineradas etc., já que o solo trazido da floresta, repleto de nutrientes, mesofauna, microfauna e microrganismos, vai colaborar muito com a melhoria do substrato da área degradada, facilitando sua recuperação. Entretanto, a área precisa ser devidamente preparada para receber esse material, em termos de descompactação, fixação do material que será depositado, fertilização etc.

Os benefícios obtidos com o uso da camada superficial de solo nas ações de restauração florestal não se restringem ao aproveitamento das sementes presentes no solo. A rebrota de tocos, raízes e galhos também potencializa o recrutamento de espécies nativas após a transposição da camada superficial de solo para uma área em processo de restauração (Fig. 8.8). Tais materiais de reprodução vegetativa estão nas camadas superficiais do solo florestal e, durante a raspagem dessa camada, após o corte da floresta, eles se misturam ao material retirado. Adicionalmente, a presença de inóculos de fungos micorrízicos e bactérias simbiônticas fixadoras de nitrogênio, de matéria orgânica, de nutrientes e de uma diversa comunidade de minhocas, insetos e microrganismos potencializa o desenvolvimento das plantas que venham a se estabelecer no local, tornando esse método particularmente interessante para situações que demandam a recuperação do solo, como já comentado anteriormente.

Uma vez discutidos alguns dos aspectos ecológicos envolvidos no aproveitamento da camada superficial de solo de floresta nativa como estratégia de restauração, passa-se agora ao detalhamento técnico dessa metodologia. O primeiro passo quando se objetiva usar essa camada de solo florestal é definir de onde obtê-la. Obviamente, não há qualquer sentido em retirá-la em larga escala de uma floresta que não será desmatada, pois a restauração de uma floresta nunca deve ser feita à custa da degradação de outra floresta. Tal como apresentado anteriormente na descrição do método de nucleação, alguns pesquisadores adotam a remoção de pequenos trechos de solo superficial florestal para a criação de núcleos de vegetação nativa em áreas degradadas. Contudo, não há ainda trabalhos que tenham avaliado o impacto dessa remoção para a floresta remanescente. Mas, se essa técnica for escolhida, todo cuidado deve ser tomado para minimizar o eventual impacto da remoção de solo superficial de florestas nativas, evitando a criação de sulcos de erosão e o comprometimento da comunidade regenerante.

De forma geral, os projetos de restauração que adotam a transposição de solo superficial obtêm-no de fragmentos de florestas nativas que serão legalmente desmatadas por algum motivo. Existem inúmeras situações em que o desmatamento de florestas nativas é autorizado pelo poder público, tais como para abertura de áreas para agricultura e pecuária, construção de rodovias, de hidrelétricas, mineração, passagem de gasodutos e linhas de transmissão, instalação de indústrias e loteamentos etc. Em várias dessas situações, a remoção dessa camada superficial de solo é normalmente uma operação padrão, executada logo após o corte da floresta e a remoção da madeira, o que é feito de forma conjunta com o destocamento da área. Em outras situações, essa camada de solo florestal superficial é simplesmente soterrada ou inundada, sem que seja aproveitada para a restauração. Muito frequentemente, empresas de mineração desperdiçam esse material e depois recorrem a custosos plantios de mudas em solo praticamente estéril, sem que obviamente se tenham resultados satisfatórios.

Uma vez identificada a fonte do solo florestal e obtida a autorização para seu aproveitamento, as camadas de serapilheira e solo superficial remanescentes do desmatamento são raspadas e agrupadas com o uso de um trator de esteira e uma pá carregadeira. Como esse material normalmente não é utilizado no próprio local, ele é carregado em caminhões e transferido para os locais próximos em que será usado para a restauração de uma área degradada (Fig. 8.9). Como o transporte dessa camada superficial

Fig. 8.8 *A camada superficial de solo retirada de remanescentes de floresta nativa, que, por algum motivo, vai ser suprimido (construção de represas, estradas, mineração), contém seu banco de sementes de espécies nativas, o qual se expressa após exposição à luz (A). Essa camada é também composta por um aglomerado de raízes, tocos e galhos de espécies nativas, os quais podem rebrotar e gerar novos indivíduos nas áreas em que essa camada for depositada (B). Por sua vez, a concentração de matéria orgânica e nutrientes nessa camada de solo, que a deixa mais escura (C), favorece o crescimento dos indivíduos originados via sementes ou reprodução vegetativa*

de solo para as áreas a serem restauradas constitui parte significativa dos custos desse método, deve-se minimizar ao máximo os deslocamentos, planejando com antecedência os pontos de oferta e demanda desse material.

Conforme já mencionado, esse método é especialmente indicado para situações ambientais em que haja degradação do solo, como na mineração, pois contribui também para a sua recomposição física, química e biológica (Boxe 8.2). Nessas situações, é normalmente necessária a preparação do solo degradado para receber a transposição, com a remoção de camadas de impedimento, a descompactação do solo e, algumas vezes, até sua fertilização. Caso isso não seja feito, as plantas geradas por meio do banco de sementes ou rebrota de estruturas de reprodução vegetativa conseguirão explorar um volume muito restrito de solo, referente apenas à camada de material que foi depositado, prejudicando a fixação dos indivíduos e a absorção de água pelas raízes. Além disso, a compactação do substrato da área degradada facilita o arraste pela enxurrada da camada superficial de solo que foi depositada, comprometendo o aproveitamento desse material (Fig. 8.10). É fundamental que se realize também a suavização do relevo com maquinário ou enxada, a fim de minimizar a movimentação, pelo escoamento superficial, do solo orgânico distribuído superficialmente.

Após a preparação do terreno, é distribuída a camada de solo superficial obtida da floresta, podendo-se usar trator de esteira ou até enxada, dependendo da extensão da área a ser restaurada (Fig. 8.11). A fim de maximizar o uso desse material e expor as sementes à luz solar, costuma-se adotar camadas finas de distribuição de solo florestal, de cerca de 5 cm, mas pode-se também distribuir esse material em faixas para aumentar seu rendimento de uso. Considerando-se que se extrai normalmente uma camada de 30 cm de profundidade de solo florestal das áreas desmatadas, cada hectare de floresta destruída pode contribuir para a restauração de 6 ha. Em relevos muito acidentados, que não permitem regularização com maquinário, e/ou regiões de elevada pluviosidade, tem sido usado como medida complementar o recobrimento da superfície do terreno, após a distribuição do solo superficial florestal, com uma manta de sisal para reduzir o deslocamento desse material depositado com as chuvas. Como medida de manutenção de áreas em processo de restauração em que foi realizada a transposição de solo superficial florestal, é necessária a contenção de focos de erosão (Fig. 8.12) e também o controle regular de gramíneas invasoras que vão competir com os regenerantes, bem como podem ser realizadas adubações de cobertura para estimular o crescimento da comunidade vegetal regenerante.

Cerca de 20 dias após a distribuição do material na área a ser restaurada, já se observa a emergência de plântulas, caso haja umidade e temperatura favoráveis para a germinação. Por se tratar de espécies pioneiras, o crescimento da comunidade vegetal é geralmente rápido e alcança mais de 3 m de altura em dois anos, com elevada diversidade vegetal (Figs. 8.13 e 8.14). Uma das vantagens mais interessantes do uso desse método é que ele permite a introdução de espécies de várias formas de vida vegetal, notada-

Fig. 8.9 *Remoção da camada superficial de solo florestal com um trator de esteira (A), seguida pelo carregamento desse material em caminhões por pá carregadeira (B) e transporte do material para os locais em que será conduzida a restauração florestal (C)*

BOXE 8.2 USO DE SOLO SUPERFICIAL FLORESTAL PARA A RESTAURAÇÃO DE ÁREAS MINERADAS

Há três décadas tiveram início as experiências de recuperação ambiental de áreas mineradas de bauxita no planalto de Poços de Caldas (MG), com a implantação de povoamentos puros de *Eucalyptus* sp. Posteriormente, passou-se a adotar o plantio de mudas florestais (nativas e exóticas) consorciadas com a semeadura a lanço de gramíneas e herbáceas exóticas de rápido crescimento (tapete verde). O comportamento dominante dessas gramíneas exóticas impediu que o banco de sementes nativas contidas no *topsoil* (solo superficial florestal decapeado antes da abertura da mina, constituído pelo horizonte A do solo e serapilheira, e que é espalhado na área antes da revegetação) tivesse condições adequadas para germinação, o que reduziu drasticamente a resiliência natural e resultou na formação de ecossistemas similares a um pasto sujo. Em 2005, foi implantada uma nova técnica nas minas onde o uso anterior do solo era constituído por floresta estacional, que consistia no plantio de mudas de espécies nativas em elevada densidade (4.400 mudas ha^{-1}) e diversidade. O uso do tapete verde foi eliminado, o que favoreceu a resiliência do banco de sementes do *topsoil* e resultou no estabelecimento de uma grande diversidade de espécies nativas de diversas formas de vida, aumentando a densidade de plantas e gerando um aspecto similar ao do estágio inicial de reconstrução de uma clareira. No entanto, o *topsoil* deve ser armazenado durante o menor tempo possível, pois sua resiliência é inversamente proporcional ao tempo de armazenamento, e seu espalhamento deve ocorrer durante a estação seca para que o material fique mais desagregado, favorecendo a germinação e o desenvolvimento do sistema radicular das plantas.

Área minerada após o espalhamento do solo superficial florestal (A). Nota-se, 28 meses após o plantio de mudas em alta densidade, o recobrimento do terreno proveniente das mudas e da elevada regeneração natural (B)

João C. C. Guimarães (joao.guimaraes77@gmail.com),
Universidade Federal de Lavras, Lavras (MG)

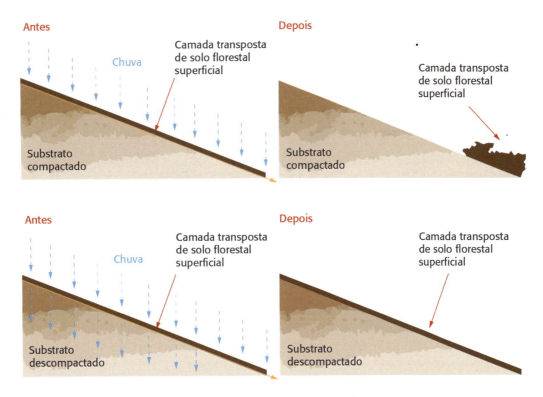

Fig. 8.10 *Se a distribuição da camada de solo florestal superficial for realizada sobre solo compactado, a água da chuva não infiltrará devidamente no substrato da área degradada, gerando um escoamento subsuperficial que carreará essa camada de solo que foi depositada, a qual é menos densa devido à elevada concentração de matéria orgânica, para a parte mais baixa do declive. Contudo, se o substrato não estiver compactado, a água da chuva poderá penetrar em profundidade e reduzir o volume de escoamento subsuperficial, sem deslocar o solo orgânico*

Fig. 8.11 *Distribuição da camada de solo superficial florestal em áreas a serem restauradas, com o uso apenas de trator (A) ou com trator e ajuda adicional de trabalhadores com enxadas (B)*

mente plantas herbáceas, arbustivas e trepadeiras, que contribuem para a rápida cobertura do solo. Por exemplo, em um trabalho de mestrado (Jakovac, 2007) no qual se testou o uso da transposição de solo florestal superficial para a restauração de taludes, foram observadas 150 espécies nativas, sendo 81 herbáceas, 26 lianas, dez arbustivas e 33 arbóreas. Tais resultados apontam que esse método de restauração apresenta um enorme potencial e que seu uso deve ser estimulado sempre que possível, principalmente de

Fig. 8.12 *Quando a distribuição da camada de solo superficial florestal é adotada em locais de relevo muito acidentado (A), o que é muito comum, normalmente surgem focos de erosão, os quais devem ser rapidamente controlados (B) para evitar o alargamento dos sulcos erodidos e o carreamento de todo o material depositado para as partes baixas do terreno, onde normalmente existem cursos d'água, comprometendo a restauração e degradando os recursos hídricos*

Fig. 8.13 *Transposição de solo florestal superficial para a restauração de áreas mineradas: na área com subsolo exposto, é realizada a descompactação do substrato e a suavização do relevo com maquinários, para então promover a transposição da camada superficial de solo florestal (A). Após dois anos, a comunidade florestal regenerante já se apresenta bem desenvolvida (B), com elevada cobertura do solo e mais de 3 m de altura (C)*

Fig. 8.14 *Transposição de solo florestal superficial para a restauração de taludes de rodovias (A). Pouco tempo após a distribuição desse material, já se observam núcleos de vegetação pioneira na área (B), os quais se desenvolvem rapidamente e passam a recobrir todo o solo, protegendo-o contra a erosão (C)*

forma associada aos inúmeros projetos de infraestrutura em implantação nas diversas partes do país. A obrigatoriedade de uso dessa camada de solo florestal superficial em ações de restauração seria um procedimento de grande importância para mitigar os impactos negativos de projetos de infraestrutura que resultam na supressão de remanescentes naturais, com destaque para a construção de hidroelétricas e de rodovias, e, por isso, deveria ser estimulada em novos instrumentos legais.

8.4 Conclusão

Nas situações em que a resiliência na área a ser restaurada está muito comprometida, pelo uso intensivo, histórico e/ou atual ou pela presença de algum filtro ecológico muito limitante para os processos de regeneração (baixa resiliência local), e a conectividade da paisagem regional encontra-se comprometida pela fragmentação e baixa cobertura remanescente de hábitat (baixa resiliência de paisagem), a estratégia mais viável de restauração florestal é a implantação inicial de uma comunidade vegetal nativa em área total usando o plantio de sementes e/ou mudas ou a transposição de solo florestal superficial. Qualquer uma dessas estratégias pode ser usada, dependendo das características da área a ser restaurada, dos custos e do contexto do projeto. O plantio de mudas e sementes tem evoluído significativamente nos últimos anos, buscando alternativas para viabilizar restaurações com elevada diversidade de espécies nativas tanto em termos ecológicos como econômicos. Foram apresentadas neste capítulo as metodologias mais atuais que já estão testadas e monitoradas, confirmando suas viabilidades. Mas certamente novas metodologias deverão surgir em um futuro próximo, as quais precisam ser acompanhadas, testadas e monitoradas, sempre se atentando a dois aspectos importantes: a) nenhuma metodologia de restauração é milagrosa e poderá ser usada indistintamente para qualquer situação de degradação e b) consistência e qualidade do referencial teórico por meio do qual as metodologias foram concebidas no contexto da ecologia da restauração e como esse referencial foi adequadamente adaptado a essas metodologias para uso prático na restauração ecológica em cada região.

Cabe ressaltar também que os métodos apresentados neste capítulo permitem essencialmente reocupar uma área degradada com espécies nativas, principalmente arbustivas e arbóreas, e que essa ocupação inicial não é garantia de que a floresta terá seus processos ecológicos restabelecidos e, assim, possa resultar em uma trajetória sucessional desejada. Dessa forma, o monitoramento de áreas em restauração implantadas por meio do plantio de mudas, semeadura direta ou transposição de solo florestal superficial é essencial para aumentar as chances de sustentabilidade ecológica, por meio da adoção de ações corretivas caso se identifiquem problemas na trajetória de sucessão dessas áreas. Dadas as restrições de resiliência local e de paisagem em que esses métodos são normalmente aplicados e os riscos inerentes à restauração florestal em condições tão restritivas, o monitoramento faz-se ainda mais necessário quando não se pode contar inicialmente com a regeneração natural.

Literatura complementar recomendada

ELLIOTT, S.; BLAKESLEY, D.; HARDWICK, K. *Restoring tropical forests*: a practical guide. Chicago: The University of Chicago Press, 2014.

LAMB, D. *Regreening the Bare Hills*: tropical forest restoration in the Asia-Pacific region. New York: Springer-Verlag, 2011.

MANSOURIAN, S.; VALLAURI, D. *Forest restoration in landscapes*: beyond planting trees. New York: Springer Science & Business Media, 2006.

MARTINS, S. V. (Org.). *Restauração ecológica de ecossistemas degradados*. 2. ed. Viçosa: Editora UFV, 2015. v. 1. 376 p.

RODRIGUES, R. R.; MARTINS, S. V.; GANDOLFI, S. (Org.). *High diversity forest restoration in degraded areas*: methods and projects in Brazil. 1st ed. New York: Nova Science Publishers, 2007. v. 1. 274 p.

9
Procedimentos operacionais para aplicação de métodos de restauração florestal

Uma vez que os principais métodos de restauração florestal já foram apresentados, torna-se necessário descrever os procedimentos operacionais requeridos para que esses métodos possam ser aplicados na prática, no dia a dia dos projetos. Essa descrição é essencial porque a escolha de um método adequado de restauração não é suficiente para obter sucesso nessa atividade, uma vez que os métodos constituem, em essência, um conjunto abstrato de ações que devem ser executadas em uma dada área para que nela se obtenham melhores resultados, com base no diagnóstico anteriormente realizado. No entanto, existe uma grande distância entre escolher o método mais apropriado e ter um projeto de restauração bem-sucedido. Isso porque o sucesso de um projeto de restauração depende da implantação correta das ações que viabilizam o método no campo. A adoção de procedimentos operacionais adequados traz implicações diretas na eficiência ecológica, no planejamento logístico, na demanda de mão de obra e nos custos associados, que muitas vezes constituem barreiras bem mais relevantes para o sucesso de projetos de restauração do que a escolha do método visando superar alguns filtros ecológicos.

A falta de conhecimento sobre ações ou procedimentos operacionais necessários para a implantação de métodos de restauração florestal leva, invariavelmente, ao fracasso. São comuns os casos de projetos de restauração bem concebidos teoricamente, mas que não conseguem restabelecer uma cobertura florestal inicial na área degradada em razão do uso inadequado de procedimentos operacionais para a implantação do método. Por exemplo, considere-se que um determinado projeto de restauração baseado no plantio de mudas em área total fez um planejamento ultradetalhado da composição do plantio, escolhendo uma alta diversidade de espécies nativas e utilizando grupos funcionais de forma a favorecer os processos de sucessão com o tempo, considerando aspectos como uma boa distribuição espacial dos indivíduos, uma disponibilização continuada de recursos para a fauna, um bom ritmo de crescimento das espécies e uma arquitetura de copa para promover o devido recobrimento da área no curto prazo. No campo teórico, seria um projeto com grandes chances de sucesso. Mas, na prática, problemas no preparo do solo, no controle de formigas-cortadeiras e no controle continuado de plantas competidoras podem resultar em elevada mortalidade e reduzido crescimento, fazendo com que a área permaneça em uma condição ecológica parecida com aquela antes da aplicação do método de restauração.

Em outros casos, escolhas baseadas em precauções, em ideologias ou até em opções particulares, por exemplo, o não uso de herbicidas para o controle de competidores ou a preferência por condução manual da operacionalização da restauração para aumentar a geração de trabalho, podem diminuir muito o rendimento das ações de restauração, elevando os custos e comprometendo o sucesso do projeto. É evidente que cada restaurador vai tomar decisões sobre as ações de restauração baseadas em seus princípios e valores pessoais, fruto de sua formação profissional e visão de mundo, mas essas decisões devem conscientemente considerar as limitações de rendimento e custos associados, para evitar surpresas desagradáveis na hora de transformar desejos em realidade, abstrações em coisas concretas.

Como a restauração florestal é um campo de atividade que atrai pessoas de várias áreas do conhecimento e das mais diversas formações acadêmicas, o que é natural diante da paixão despertada pela conversão de áreas degradadas em florestas restauradas, frequentemente boas intenções são limitadas pela falta de conhecimento técnico, e os planos de recuperar a natureza acabam custando muito caro e são operacionalmente inviáveis. Como a restauração florestal é uma atividade multidisciplinar e transdisciplinar, que extrapola os limites de cada disciplina acadêmica e requer a integração de conhecimentos trabalhados em diferentes cursos técnicos e de graduação, é necessário ir além dos aprendizados em sala de aula e vivenciar o dia a dia do trabalho de campo junto a profissionais com larga experiência prática para que se desenvolvam habilidades necessárias para o desenvolvimento bem-sucedido de projetos. Isso não se obtém do dia para a noite nem lendo e relendo os capítulos deste livro.

Embora não muito atrativo para profissionais das áreas de Biologia e Ecologia, é essencial conhecer e vivenciar as máquinas e equipamentos utilizados nas operações de campo, os adubos e agrotóxicos empregados comumente em cultivos florestais e os custos e rendimentos associados a cada atividade de restauração. Muitas das restrições aqui apresentadas são consequência da estrutura curricular limitada dos cursos acadêmicos. Enquanto biólogos e ecólogos detêm mais conhecimento sobre os processos ecológicos e a biodiversidade, pouco sabem sobre solos e principalmente sobre preparo de solo para manejo e plantio, sobre recomendação de adubação, sobre equipamentos e implementos agrícolas, sobre uso de agrotóxicos etc., ao passo que, para engenheiros agrônomos e florestais, essa situação se inverte – há formação adequada em assuntos mais aplicados e falta formação sobre processos ecológicos e biodiversidade. Gestores ambientais possuem melhor formação para gerir projetos, mas formação limitada para implantar projetos e muitas vezes até para entender processos ecológicos na profundidade necessária para a tomada de decisão. Em resumo, nenhuma carreira acadêmica oferece uma formação completa para atuar na restauração florestal, sendo essencial o desenvolvimento de atividades extracurriculares para capacitar profissionais para atuarem em um campo de atividade tão complexo, além, é claro, da necessidade urgente de uma adequação dos currículos escolares dos cursos de graduação descritos para atender às atuais demandas do mercado de trabalho por profissionais no campo da restauração ecológica.

Nesse contexto, o objetivo deste capítulo é contribuir com a escolha orientada de procedimentos operacionais para a implantação de métodos de restauração florestal. Como tais procedimentos são atividades essencialmente práticas, o conteúdo aqui apresentado deve ser necessariamente complementado pela vivência dessas atividades. Vale chamar atenção para o fato de que essas ações ou procedimentos operacionais são muito dinâmicos no tempo, evoluindo continuamente no sentido de aumentar a sua eficiência e reduzir custos, de forma que o presente capítulo apresenta apenas conceitos associados a esses procedimentos, devendo o restaurador se atualizar continuamente em cursos de

extensão e/ou leitura apropriada para ter acesso aos melhores equipamentos, insumos e procedimentos operacionais disponíveis no momento.

Conforme apresentado ao longo deste capítulo, há diversas formas de realizar a mesma ação ou operação de restauração, cada uma delas com vantagens e limitações próprias, que se refletem em rendimentos operacionais e custos diferenciados. Diante disso, faz-se necessária uma descrição detalhada de cada uma das etapas envolvidas na implantação de métodos de restauração e na manutenção de áreas em processo de restauração, bem como das várias possibilidades e estratégias de se executarem essas etapas. Nesse contexto, serão apresentadas essas etapas na mesma ordem seguida na prática por projetos de restauração, para que os leitores visualizem a sequência de atividades e de decisões a serem tomadas na implantação e gestão de projetos.

9.1 PROCEDIMENTOS OPERACIONAIS DE RESTAURAÇÃO

9.1.1 Recuperação do solo

A necessidade de recuperação do solo antes da implantação de ações de restauração é frequentemente constatada por meio da presença de subsolo exposto e/ou de intenso processo erosivo, sendo normalmente resultado do mau uso do solo por atividades agrícolas e pastoris ou da extração minerária. Essa recuperação é necessária porque as camadas superficiais de solo possuem maior disponibilidade de nutrientes e conteúdo de matéria orgânica, além de características físicas que facilitam a infiltração e o armazenamento de água. Ao perder essa camada, resta o subsolo, o qual não apresenta condições propícias ao desenvolvimento vegetal (Fig. 9.1). Em outras situações, a degradação do solo pode não ter sido tão intensa a ponto de comprometer o desenvolvimento vegetal, mas a devida preparação do solo, aumentando sua aeração, capacidade de infiltração de água e disponibilidade de nutrientes, favorece muito o processo de restauração. A recuperação do solo depende primeiramente da proteção da área a ser restaurada da enxurrada produzida nas áreas agrícolas do entorno, que intensifica o arraste de solo e, assim, contribui para a continuidade do processo de degradação. Essa proteção pode ser obtida, de forma isolada ou conjunta, pela instalação de terraços e bacias de acúmulo de água e pelo controle da drenagem superficial. Em seguida, deve-se promover a descompactação do solo, por meio do uso de subsolador florestal e outras práticas de escarificação do solo, visando romper eventuais camadas de impedimento físico que restringem o desenvolvimento radicular das plantas e a infiltração de água no solo. Posteriormente, é realizada a correção química do solo, visando reduzir sua acidez e aumentar a disponibilidade de nutrientes, o que é feito com base na análise do solo. Por fim, quando as limitações físicas e químicas já estiverem sendo parcialmente corrigidas, passa-se à reocupação da área com a vegetação desejada. Quando o solo não se encontra muito degradado, pode-se passar direto ao plantio ou semeadura de espécies nativas, de forma conjunta ou não com a condução de indivíduos regenerantes presentes no local. Mas, quando o solo foi muito degradado, é recomendável a implantação de uma vegetação de cobertura, com destaque para o uso de espécies de adubação verde (Fig. 9.2).

A reocupação do terreno com vegetação, mesmo que essa ocupação seja com espécies exóticas de adubação verde, é fundamental para proteger o solo contra a erosão e promover a incorporação de matéria orgânica ao solo por meio da decomposição da biomassa produzida por essas espécies de cobertura. Essa cobertura rápida do solo com vegetação também favorece que os fertilizantes adicionados à área no momento da correção do solo ou do plantio da adubação verde não sejam perdidos por lixiviação ou erosão, sendo incorporados à biomassa e integrados ao sistema por meio da ciclagem de nutrientes promovida pelas plantas. Além de ser uma estratégia excelente de controle de plantas competidoras, o uso de adubação verde também tem a vantagem adicional de contribuir para a recuperação física, química e biológica do solo. Essa recuperação é resultado principalmente do uso de espécies fixadoras de nitrogênio e com intensa micorrização, com raízes fortemente pivotantes e descompactadoras, que produzem elevada massa vegetal para ser incorporada ao solo, e do recobrimento permanente do solo pelas plantas ou por seus restos culturais, que o protegem contra a erosão.

Depois dessa primeira ocupação do solo por espécies de adubação verde e do restabelecimento de condições mínimas para o desenvolvimento de uma comunidade florestal é que se realizará o plantio de

Fig. 9.1 *Áreas degradadas pela extração de argila, com subsolo exposto. Mesmo estando ao lado de um grande fragmento florestal, que certamente lança muitas sementes para essa área, não se observa a expressão da regeneração natural de espécies arbustivas e arbóreas nativas, que não conseguem se estabelecer no local em virtude da degradação do solo, que necessita ser recuperado antes de qualquer intervenção de restauração*

Fig. 9.2 *Uso de feijão-guandu* (Cajanus cajan) *como adubação verde para a recuperação de solos degradados em área na qual deverá ocorrer a restauração florestal*

espécies arbóreas. Em situações críticas, com reduzida resiliência, costuma-se recorrer ao plantio adensado de espécies de recobrimento de maior rusticidade para acelerar o processo de substituição da adubação verde na proteção do solo, já que a maioria dessas espécies são exóticas, de ciclo curto e dependentes de luz, para que então seja posteriormente realizado um enriquecimento, de acordo com as necessidades de cada local. Nesse tipo de situação restritiva, as metas do projeto podem se resumir à reabilitação florestal, dando mais ênfase à fase inicial do restabelecimento da funcionalidade do ecossistema do que a sua composição ou estrutura. Quando forem utilizadas espécies de adubação verde para a recuperação do solo antes da implantação de reflorestamentos, recomenda-se que essas espécies sejam controladas apenas nas linhas de plantio, onde vão ser substituídas pelas espécies nativas de recobrimento, e que as entrelinhas sejam mantidas recobertas pela adubação verde para minimizar os processos erosivos e contribuir com o acúmulo progressivo de matéria orgânica no solo (Fig. 9.3). Inclusive, os restos de roçada dessas espécies de adubação verde podem ser distribuídos sob a linha de plantio ou junto ao colo dos indivíduos jovens de recobrimento, contribuindo para o fornecimento de nutrientes, o armazenamento de água, a redução da incidência de gramíneas invasoras e a proteção do solo. Em fases posteriores, com o solo já bem estabilizado, pode-se iniciar o enriquecimento artificial, caso o natural não ocorra satisfatoriamente.

Em algumas situações, a recuperação do solo consiste no restabelecimento das condições de drenagem superficial, alterada pelo assoreamento dos corpos d'água e pela degradação do solo. Nesse tipo de situação, em que são encontrados os chamados campos úmidos antrópicos gerados por assoreamento, há predomínio com frequência de taboas (*Typha* spp.), de lírio-do-brejo (*Hedychium coronarium*) e de braquiária-d'água (*Urochloa humidicola*), e o desenvolvimento de espécies lenhosas é impedido devido ao maior tempo de retenção da água no solo e à consequente menor oxigenação das raízes. Assim, para que se possa plantar árvores como medida de restauração florestal nessas situações de campo úmido antrópico, é preciso inicialmente remover o assoreamento da calha do curso d'água. Por não ser uma situação natural, tendo sido causada pelo uso inadequado do solo da bacia, a remoção do assoreamento é necessária para que a água acumulada no solo possa ser drenada e este volte a oferecer condições propícias de aeração para o crescimento da vegetação lenhosa. Contudo, é fundamental que sejam adotadas medidas efetivas de controle da erosão das áreas agrícolas da bacia, com destaque para as áreas do entorno do curso d'água, visando evitar que haja novamente seu assoreamento e o posterior restabelecimento do encharcamento do solo na área do plantio, o que resultaria na morte das árvores.

9.1.2 Controle de formigas-cortadeiras

O controle de formigas-cortadeiras – saúvas (*Atta* spp.) e quenquéns (*Acromyrmex* spp.) – normalmente é essencial para evitar que a herbivoria excessiva causada por esses insetos resulte na morte ou redução intensa de crescimento por desfolhação dos indivíduos regenerantes ou plantados de espécies nativas para a restauração de uma dada área (Fig. 9.4). Os problemas com formigas-cortadeiras são maiores em plantios, pois as mudas produzidas em viveiro possuem folhagem tenra, em razão da elevada disponibilidade de água e nutrientes no cultivo, que as torna mais susceptíveis ao ataque de pragas na fase inicial do desenvolvimento. Esse controle deve ser iniciado antes das primeiras intervenções de restauração, como o preparo do solo e o controle de competidores, pois qualquer alteração na área pode resultar na mudança de comportamento das formigas, que diminuem seu forrageamento e fazem com que o uso de iscas granuladas inseticidas – o método mais empregado de controle de formigas-cortadeiras – seja menos efetivo.

Muitas vezes, critica-se o controle de formigas-cortadeiras na restauração florestal, pois se argumenta que esses insetos são importantes dispersores secundários de sementes e contribuem para a dinâmica natural da vegetação. Contudo, cabe ressaltar alguns pontos para justificar esse controle no início da restauração, nos casos em que ele se faz necessário: 1) saúvas e quenquéns são basicamente herbívoras e pouco contribuem com a dis-

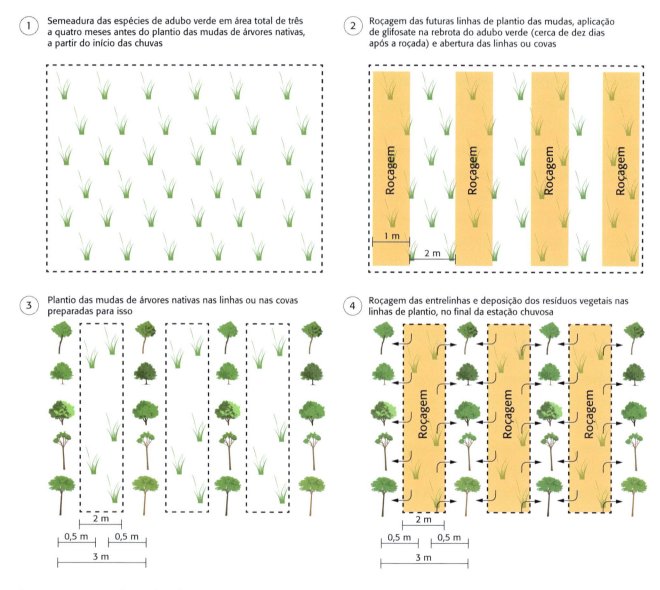

Fig. 9.3 *Esquema ilustrativo da sequência de operações envolvidas na recuperação de solos degradados, iniciando com semeadura em área total de espécies de adubo verde em um ou vários ciclos e com posterior implantação de mudas de espécies florestais nativas de recobrimento*

persão efetiva de sementes de espécies nativas no início do processo de restauração, quando há baixo aporte de sementes à área e predomina a cobertura do solo por gramíneas forrageiras africanas e/ou espécies ruderais; 2) essas formigas podem impedir que os regenerantes naturais ou as mudas plantadas se desenvolvam e, assim, restringir o restabelecimento de uma cobertura florestal, prejudicando a recolonização da área pelas inúmeras espécies que dependem de um ambiente sombreado; e 3) o objetivo dos restauradores não é eliminar completamente as formigas-cortadeiras, mas apenas minimizar as perdas causadas pela herbivoria nas fases iniciais da condução da regeneração natural ou de um plantio ou semeadura. Cerca de dois anos após esse controle inicial, com a área já recoberta com vegetação nativa, não é feito mais nenhum controle adicional de formigas, o que permite a recolonização da área por esses insetos. A partir dessa fase, as formigas podem voltar a desempenhar suas funções ecológicas sem maiores limitações para a restauração, incorporando matéria orgânica ao solo, servindo de alimento para a fauna insetívora e dispersando sementes. Assim, recomenda-se que o controle de formigas-cortadeiras na restauração florestal seja realizado apenas quando confirmada sua necessidade por meio da constatação de herbivoria por esses insetos, o que pode ser realizado nas fases e pelos métodos descritos a seguir:

Fases:

- *Controle inicial pré-plantio*: é realizado cerca de 30 dias antes do plantio ou de qualquer intervenção na área a ser restaurada. Isso é necessário em virtude de as formigas restringirem sua atividade e alimentação quando se sentem ameaçadas pelas operações de campo, dificultando o controle posterior ao início do trabalho pelo uso de iscas granuladas.

Fig. 9.4 *Muda de mutambo* (Guazuma ulmifolia) *com as ponteiras desfolhadas (A) por saúvas (B)*

- *Controle no plantio*: é realizado cerca de cinco a sete dias antes do plantio e com um repasse logo após a implantação das mudas, sendo conduzido da mesma forma que o controle anterior.
- *Repasses de manutenção (pós-plantio)*: realizados a cada 15 dias nos primeiros dois meses após o plantio e, posteriormente, a cada dois meses até o segundo ano após o plantio, visando evitar a reinfestação da área pelas formigas nesse período.

Métodos:

- *Distribuição de iscas formicidas pela área*: as iscas convencionais se utilizam de sulfluramida como princípio ativo e podem ser espalhadas pela área na forma granulada ou dentro de microporta-iscas. Há também no mercado iscas formicidas orgânicas à base de rotenona e iscas produzidas com extratos naturais e polpa de maçã, os quais são prejudiciais ao fungo que a formiga utiliza para se alimentar. Para as iscas à base de sulfluramida, a recomendação usual consiste normalmente na distribuição de forma sistemática pela área (10 g de isca a cada 30 m^2) e junto aos "olheiros", que são pequenos buracos na superfície do solo que servem de comunicação com o formigueiro e por onde as formigas entram e saem (20 g ao redor de cada olheiro e 10 g por metro quadrado de terra solta em volta dos formigueiros), mas deve-se sempre seguir a recomendação do fabricante, incluindo-se o uso de equipamentos de proteção individual e normas de segurança no armazenamento e manuseio dos produtos. Nos repasses, o controle deve ser realizado de forma concentrada na vizinhança das mudas cortadas. As iscas não devem ser distribuídas sobre o solo úmido ou quando há previsão de chuva.
- *Aplicação de formicidas diretamente no formigueiro*: pode ser realizada pela termonebulização, que consiste na injeção de inseticida na forma gasosa dentro do formigueiro, por meio de um equipamento que transforma o inseticida líquido em fumaça (termonebulizador). Outra opção é o uso de pó seco, que é aplicado por meio de polvilhadeiras, que inserem o pó à base de deltametrina no formigueiro. Por fim, existe ainda a opção de aplicar inseticida na forma líquida, por meio de uma solução diluída de inseticida. Tais produtos são aplicados diretamente nos olheiros, a partir de dosagens indicadas nas especificações técnicas de cada produto e com o uso de equipamentos de proteção individual recomendados. Esses métodos apresentam grande eficiência de controle de formigas, desde que todos os formigueiros presentes na área ou em seu entorno sejam localizados.

Vale ressaltar que a eficiência de todos os métodos descritos depende do controle de formigas tanto na área de restauração como no seu entorno imediato, pois formigas de áreas vizinhas podem facilmente se deslocar para a área em restauração e causar danos severos ao desenvolvimento das mudas ou indivíduos regenerantes. Essa medida é especialmente importante porque o controle sistemático de insetos em áreas agrícolas faz com que as formigas-cortadeiras se refugiem em áreas não cultivadas, tais como áreas abandonadas nas margens de cursos d'água, fazendo com que a densidade de sauveiros seja normalmente elevada nas áreas alvo das ações de restauração.

9.1.3 Controle de plantas competidoras

Como grande parte das áreas a serem restauradas já se encontra abandonada, com seu cultivo agrícola interrompido em razão das demandas da legislação ambiental, tais áreas são rapidamente colonizadas por espécies ruderais, na maior parte das vezes por espécies exóticas cosmopolitas, que geralmente se comportam como competidoras das espécies nativas no contexto da restauração florestal. Há também diversas espécies de árvores, arbustos e palmeiras exóticas, muitas vezes invasoras, que colonizam áreas abertas abandonadas e áreas jovens em sucessão secundária, estabelecendo ali densas populações que também restringem a regeneração de espécies nativas. No caso da restauração de antigas áreas de pecuária, o predomínio de uso de gramíneas forrageiras africanas na implantação de pastagens também traz grandes desafios para a restauração, pois essas espécies são altamente competidoras e podem constituir um filtro ecológico muito forte, restringindo a regeneração natural de espécies nativas mesmo quando há chegada abundante de sementes dessas espécies à área. Nesse sentido, o controle de plantas competidoras, que deve ser priorizado já nas fases iniciais do projeto, é essencial para abrir espaço para a regeneração natural, a semeadura ou o plantio de espécies nativas, minimizando-se a competição.

Existem diferentes procedimentos operacionais para o controle de espécies competidoras na restauração florestal, que são determinados essencialmente pela forma de vida (árvore, palmeira, ervas), estágio de desenvolvimento (semente, plântula, juvenil e adulto) e espécie de planta competidora. Em termos gerais, o controle dessas espécies pode ser realizado de forma química (utilizando-se herbicidas), mecânica (utilizando-se, no geral, ferramentas ou máquinas que cortam a parte aérea das plantas) e de manejo (ações que criam condições desfavoráveis para o crescimento de plantas competidoras, como o uso de cobertura morta, adubação verde ou o próprio sombreamento promovido pelas copas das árvores nativas), ao passo que praticamente inexistem métodos de controle biológico, com exceção do uso controlado do gado para consumo de plantas competidoras. Para o controle inicial, utilizam-se métodos químicos ou físicos apenas, pois os de manejo são aplicados apenas quando já houve um controle inicial e objetiva-se evitar a reinfestação da área pelas plantas competidoras. Entre essas formas de controle, a mais polêmica é o uso de herbicidas, em virtude dos riscos de contaminação do solo e da água e dos consequentes danos ao homem e à biodiversidade.

Como a restauração florestal é conduzida principalmente em áreas ambientalmente frágeis, como nascentes e zonas ripárias, e para fins de conservação da biodiversidade e dos recursos naturais, seria completamente inadequada a utilização de estratégias de restauração que trouxessem mais prejuízos que benefícios ao ambiente. Da mesma forma, há que se considerar que o uso de herbicidas é temporário, pois após a restauração florestal não será mais feito, pode trazer redução considerável de custos e pode beneficiar muito o desenvolvimento de espécies nativas. Enquanto alguns grupos defendem o emprego desses produtos como uma forma de aumentar a eficiência e reduzir os custos das ações de restauração, outros argumentam que essa prática é extremamente danosa para a biodiversidade e resulta na poluição dos corpos d'água. Em razão disso, cabe uma discussão inicial sobre o uso de herbicidas na restauração florestal antes de se apresentarem em detalhes os métodos para controle de plantas competidoras nessa atividade, que podem incluir a utilização dessas substâncias.

Filosofias à parte, é preciso analisar essa questão sob um ponto de vista técnico-científico, sem interferência direta de questões ideológicas e subjetivas. Nesse contexto, a primeira coisa que se deve questionar é: de qual herbicida está-se falando? Muitas vezes, técnicos de áreas não diretamente relacionadas à produção agrícola e florestal, tais como biólogos, ecólogos e geógrafos, não fazem distinção entre os diferentes tipos de herbicida, desde os muito tóxicos até aqueles de toxicidade muito reduzida, tratando diferentes classes de produto com o mesmo rigor e de forma genérica. Quando se começa a analisar a questão dessa forma, rapidamente se conclui que alguns produtos devem de fato ter uma proibição de uso em áreas ambientalmente frágeis e maior controle nas áreas menos frágeis, tais como aqueles de alta mobilidade no solo, maior persistência no ambiente e maior toxicidade aos animais. Contudo, alguns produtos podem sim apresentar um uso mais seguro, mesmo em áreas ambientalmente frágeis, caso sejam adotados procedimentos técnicos que visem ao manuseio e à aplicação corretos desses produtos. E, quando se fala em aplicação de herbicidas nas ações de restauração florestal, na quase totalidade dos casos está-se referindo ao emprego de glifosato (Boxe 9.1).

O glifosato é composto por um princípio ativo classificado como inibidor da enzima 5-enolpiruvilshiquimato-3-fosfato sintase (EPSPS), a qual ocorre em plantas, fungos e na maioria das bactérias, mas não em animais, de forma que a inibição dessa enzima não ocorre em mamíferos, aves, répteis, anfíbios e peixes. Uma vez absorvido pelas plantas, o glifosato

BOXE 9.1 CONTROLE DE GRAMÍNEAS EXÓTICAS NA RESTAURAÇÃO FLORESTAL

Espécies exóticas invasoras estão comumente presentes em áreas degradadas, dificultando o estabelecimento de plantas nativas e o restabelecimento de processos naturais de sucessão vegetal. Entre as espécies mais comuns estão as gramíneas africanas, que, além de competir com a vegetação nativa em regeneração e com mudas plantadas para fins de restauração, podem gerar alelopatia e impedir a germinação de espécies nativas. O controle mecânico tem se mostrado ineficiente para viabilizar a restauração de áreas invadidas por espécies exóticas, dado que o vigor competitivo delas tende a ser superior ao de espécies nativas e que dificilmente há recursos suficientes para manutenção de alta frequência. Assim sendo, é fundamental que ações de restauração ambiental ganhem eficiência e minimizem custos, viabilizando o acompanhamento prolongado.

Na Fazenda Arraial, localizada na Serra do Mar do Paraná, em área de transição entre as Florestas Ombrófila Densa e Ombrófila Mista, foram realizados plantios de pinus num total de 1.300 ha na década de 1960, em grande parte em Áreas de Preservação Permanente. A matriz de vegetação circundante encontra-se em excelente estado de conservação, havendo disponibilidade de sementes de espécies nativas, assim como agentes dispersores. A remoção de pinus para restauração ambiental dessas áreas foi realizada pela empresa florestal Norske Skog entre 2009 e 2013 sob supervisão da Poiry Silviconsult Engenharia e do Instituto Hórus. Essa remoção foi feita de modo a potencializar a regeneração de espécies nativas, iniciando por uma operação intitulada pré-colheita, com a remoção de todas as plântulas e árvores jovens sem valor comercial. Seguiu-se a colheita, em que as árvores com valor para venda foram removidas por meio de corte não mecanizado. Após a colheita, os resíduos de pinus foram enleirados na perpendicular das encostas e, quando abundantes, removidos de dentro dos cursos d'água. Em caso de necessidade, foram realizados repasses posteriores.

Diversas dessas áreas foram inicialmente ocupadas e dominadas por gramíneas que impediram a regeneração de espécies arbustivas e arbóreas. Doze parcelas foram estabelecidas para testar distintos métodos de controle: roçada mecânica com foice, roçada acrescida de plantio de mudas de espécies nativas, controle químico com aspersão de herbicida à base de glifosato dirigido às gramíneas e controle químico acrescido de plantio de espécies nativas. Um ano depois dessa única intervenção, observou-se que as áreas onde havia sido feita a roçada, com ou sem plantio de nativas, continuavam sob dominância de gramíneas, sem que houvesse evolução sucessional. Por outro lado, as áreas onde foi realizado controle químico dirigido às gramíneas evoluíram para a fase de capoeirinha, tendo as gramíneas sido eliminadas praticamente na totalidade. Em razão do contexto ambiental favorável, observou-se que as mudas plantadas não favoreceram a restauração ambiental, não sendo de fato necessárias, outro fator que permitiu a redução de custos das operações em diversas áreas de restauração.

Com base nesses resultados, o controle químico por aspersão de glifosato em diluição de 2% em água foi utilizado em áreas análogas com vistas a acelerar a regeneração natural. Em todos os casos, foi utilizado corante na mistura para facilitar a visualização das plantas aspergidas, aumentar o nível de segurança dos aplicadores e otimizar o volume de herbicida utilizado. Não se observou mortandade de espécies não alvo ou qualquer outro impacto à vegetação ou à fauna nativas. Inferiu-se ainda que a mortandade das plantas aspergidas fez cessar efeitos alelopáticos, ativando a germinação do banco de sementes de espécies nativas no solo. Além disso, os aplicadores avaliaram que, em especial no cenário local de encostas íngremes, o controle químico era ergonomicamente superior ao uso de foice, assim como mais rápido, sendo preferível ao controle mecânico tanto por atingir as plantas-alvo com precisão quanto por requerer uma intervenção única para viabilizar a autossustentabilidade da regeneração e desencadear a sucessão vegetal.

Sílvia R. Ziller (sziller@institutohorus.org.br), Instituto Hórus de Desenvolvimento e Conservação Ambiental (www.institutohorus.org.br), Florianópolis (SC)

inibe a biossíntese de aminoácidos aromáticos. Trata-se de um herbicida sistêmico, que, ao entrar na planta pelas folhas, age em todo o indivíduo, levando-o à morte. Dessa forma, é um método muito mais eficiente que a roçada, que na maior parte dos casos não leva à morte da planta e permite sua rebrota pouco tempo após a remoção da parte aérea.

Quando em contato com o solo, o glifosato sofre rapidamente degradação microbiana e é metabolizado por desfosforilação. Além de rapidamente degradado no solo, ele é fortemente adsorvido às partículas de argila e matéria orgânica, podendo também se ligar à fração oxidada do solo. Em virtude disso, esse produto é dificilmente lixiviado, ficando retido nas camadas superficiais do solo, e não tem qualquer efeito herbicida quando aplicado sobre o solo, já que as plantas não conseguem absorvê-lo. Para ter noção da sensibilidade de adsorção do glifosato às partículas de argila, ele é inativado caso se utilize água barrenta para a preparação da calda de pulverização. Além desses argumentos, uma vantagem do glifosato é que seu uso reduz em pelo menos 30% o custo dos reflorestamentos, dada a maior economia nas manutenções. Sempre lembrando que, em um bom projeto de restauração, o herbicida será utilizado até no máximo o terceiro ano. Seu uso prolongado em restauração florestal indica que o projeto não foi bem concebido e não teve sucesso na reconstrução da fisionomia florestal.

Outro ponto que merece destaque nessa discussão é a questão do ganho ambiental. Quando se trata da restauração de matas ciliares anteriormente ocupadas por culturas agrícolas, está-se referindo a áreas em que foram aplicados diversos tipos de agrotóxico, tais como inseticidas, acaricidas, fungicidas e herbicidas, incluindo os mais tóxicos, sem nenhum controle. Em áreas de antigo uso e ocupação agrícola, essas práticas têm sido conduzidas rotineiramente há muitos anos em margens de rios e no entorno de nascentes, sem qualquer limitação prática ou ativismo ambiental de destaque, havendo a perspectiva de interrompê-las a partir do momento em que essas áreas forem convertidas em florestas nativas.

Nas áreas agrícolas, não se observa a aplicação de qualquer restrição legal para minimizar os danos das pulverizações, inclusive a aérea, na vegetação nativa, o que certamente traz muitos danos à água e à biodiversidade, pois muitos dos agrotóxicos acabam indo parar nos cursos d'água, mesmo que haja uma mata ciliar. Além disso, o uso desses agrotóxicos no ambiente agrícola não tem nenhuma perspectiva de ser interrompido no curto prazo, já que essas áreas continuarão em uso agropecuário. Apesar disso, quando se faz uma proposta de uso de glifosato para a restauração dessas áreas, que é um herbicida de toxicidade muito inferior aos demais produtos corriqueiramente utilizados na agricultura, são encontradas grandes resistências, e por parte dos próprios promotores da restauração. Vale de novo destacar que se está falando do uso desse produto por dois ou três anos apenas, visando aumentar a efetividade das ações de restauração e a redução dos custos, para que nunca mais seja aplicado qualquer produto químico na área. Ora, se há preocupação quanto à contaminação dos cursos d'água com agrotóxicos, a primeira iniciativa deve ser lutar para que as atividades agrícolas tenham maior controle legal no uso de agrotóxicos, de acordo com suas respectivas toxicidades. A segunda é que essas atividades de produção não sejam mais conduzidas em áreas ambientalmente frágeis, e a terceira é que essas áreas sejam o quanto antes restauradas, mesmo que seja necessário o uso temporário de herbicidas nesse processo.

Embora todo o cuidado seja necessário para evitar danos à pessoa que irá aplicar o produto e ao meio ambiente, é incoerente proibir o uso de glifosato na restauração com base apenas em argumentos ideológicos e ainda subjetivos, tal como tem sido feito hoje. No entanto, são necessárias mais pesquisas para corroborar os pressupostos hoje utilizados para sustentar o uso de glifosato na restauração a fim de que se possa regular sua utilização, inclusive por meio de instrumentos legais, ou então para banir seu emprego em determinadas situações. Caso se queira de fato expandir as ações de restauração florestal e estimular que cada vez mais áreas degradadas pelo uso indevido sejam convertidas em florestas nativas, é preciso contar com métodos de baixo custo, alto rendimento e elevada eficiência, como o controle de plantas competidoras com glifosato. Diante do exposto, será apresentado ao longo deste capítulo o uso de herbicidas, principalmente o glifosato, como uma opção recomendada para o controle de plantas competidoras, incluindo as invasoras, no contexto da restauração florestal, embora parte dessas recomendações possa ser aperfeiçoada ou mesmo descartada no futuro em decorrência do avanço técnico-científico sobre o assunto.

Controle de árvores e palmeiras invasoras

Destacam-se como árvores e palmeiras competidoras na restauração florestal no Brasil a leucena (*Leucaena leucocephala*, em todas as regiões do país), o ipê-de-jardim (*Tecoma stans*, principalmente no Sudeste), o pinus (*Pinus* spp., principalmente na região Sul e no Cerrado), a acácia-australiana e o dendê (*Acacia mangium* e *Elaeis guianensis*, respectivamente, principalmente na Mata Atlântica do Nordeste), a jaqueira e a palmeira-australiana (*Artocarpus heterophyllus* e *Archontophoenix cunninghamiana*, respectivamente, principalmente na Mata Atlântica de encosta no Sudeste) e a algaroba (*Prosopis juliflora*, na Caatinga). Diversas outras espécies arbóreas com potencial invasor podem ser encontradas em listagens apresentadas pelo Instituto Hórus (http://www.institutohorus.org.br/inf_fichas.htm) e por órgãos ambientais estaduais.

O controle dos indivíduos de maior porte dessas espécies pode ser realizado pelo corte com motosserra ou machado e por morte em pé pelo uso de herbicidas ou anelamento, ao passo que o controle das arvoretas e indivíduos juvenis pode ser realizado com foice ou roçadeira. O controle de eucalipto, que não é uma espécie invasora no Brasil, mas pode competir intensamente com os indivíduos regenerantes de espécies nativas, serve para ilustrar as operações utilizadas no combate de espécies arbóreas exóticas, para as quais se têm recomendado cortes no tronco com machadinha e/ou facão, na altura do peito, de forma que fique uma fenda na casca e no lenho, onde será depositado o herbicida. A aplicação do herbicida é então realizada dentro da fenda com um pulverizador (1 L a 2 L), com 2 mL de calda com herbicida glifosato (15% de concentração) ou triclopir (10% de concentração). O número de fendas a ser aberto é dependente do diâmetro da árvore, conforme recomendações a seguir:

- 4 cm a 8 cm de diâmetro: duas fendas (4 mL de calda);
- 8,1 cm a 18 cm de diâmetro: quatro fendas (8 mL de calda);
- 18,1 cm a 40 cm de diâmetro: seis fendas (12 mL de calda);
- Acima de 40 cm de diâmetro: oito fendas (16 mL de calda).

Em caso de plantas mais finas e com possibilidade de rebrota, o corte é realizado com facão e é aplicada a mesma calda de herbicida no local do corte. Os ferimentos devem ocorrer em 100% do diâmetro do tronco, caso contrário, o tratamento não será eficaz.

Cabe ressaltar que as informações apresentadas sobre métodos, herbicidas e dosagens servem apenas para ilustrar as operações que podem ser realizadas para o controle de árvores exóticas, baseadas na experiência de controle de eucalipto para favorecimento da regeneração do sub-bosque. Como não se dispõe ainda de recomendações específicas de controle químico para cada espécie invasora, o que é necessário em razão de cada espécie poder responder de forma diferenciada aos produtos e dosagens utilizados, as informações apresentadas devem ser vistas com cautela e não devem ser aplicadas sem a orientação de um profissional responsável.

Controle de herbáceas de grande porte

Refere-se ao controle inicial de espécies herbáceas de grande porte, como capim-elefante (*Pennisetum purpureum)*, capim-colonião (*Panicum maximum)* e samambaia-açu (*Pteridium* spp). O corte dos indivíduos pode ser feito de forma manual, utilizando foice ou facão, ou mecanizada, usando trator com lâmina ou pá carregadeira. Algumas semanas após o corte ou arranquio dos indivíduos, pode ser pulverizado herbicida dessecante (geralmente glifosato) nas brotações, visto que essas espécies rapidamente rebrotam após o corte da parte aérea. Nos casos em que ocorre geração de grande volume de resíduo vegetal e não há regeneração natural na área a ser restaurada, pode ser necessária a incorporação dos resíduos ao solo com o uso de grade ou rolo-faca, para que as operações subsequentes de preparo do solo, no caso de plantio de mudas em área total, possam ser realizadas com maior eficiência. A incorporação dos resíduos deverá ser feita, sempre que possível, fora do período chuvoso, para que não haja favorecimento dos processos erosivos e estímulo à germinação do banco de sementes de plantas competidoras. Tais resíduos nunca devem ser queimados.

Controle de gramíneas invasoras de menor porte

Refere-se ao controle de gramíneas competidoras de menor porte presentes na área, tais como braquiária (*Urochloa* spp.), capim-carrapicho (*Cenchrus echinatus*) e capim-gordura (*Melinis minutiflora*), ou também de capim-colonião quando este ainda se encontra com porte reduzido (Fig. 9.5). Inclui-se também nesse item o controle de gramíneas nativas hiperabundantes, tais como o capim-rabo-de-burro (*Andropogon* spp.) e o capim-sapê (*Imperata brasiliensis*), que podem prejudicar o crescimento dos regenerantes ou das mudas. O controle inicial dessas espécies pode ser realizado de forma mecânica, por meio do uso de roçadeira costal, roçadeira tratorizada, capina com enxada e roçagem com foice, ou de forma química, por meio da aplicação de herbicidas dessecantes (geralmente glifosato) com costais e/ou com trator, utilizando-se barra ou mangueira de pulverização (Fig. 9.6). A pulverização não deve ser realizada em dias chuvosos ou com previsão de chuva, pois são necessárias cerca de cinco horas sem chuva após a aplicação, para a maioria das fórmulas comercialmente disponíveis de glifosato, para que haja a efetiva absorção do herbicida pelas plantas competidoras, embora existam produtos cuja absorção é mais rápida.

Nos casos em que há grande volume dessas espécies recobrindo a área, pode ser necessário, inicialmente, o controle mecânico para que se realize, posteriormente, a aplicação de herbicida nas brotações e indivíduos jovens dessas espécies, nos quais o efeito dessecante do herbicida é mais eficiente. O controle químico é recomendado sempre que possível, em virtude de o controle mecânico não resultar, na maioria das vezes, na morte dos indivíduos, mas apenas em uma poda da parte aérea, já que essas espécies normalmente possuem estruturas de reprodução vegetativa que favorecem sua rápida rebrota após o corte. Cabe ressaltar que esse controle deve ser restrito às espécies invasoras e competidoras, sendo necessário ter especial atenção para não realizar esse tipo de controle nos indivíduos regenerantes de espécies nativas, com especial cuidado para evitar aplicações de herbicida quando a vegetação nativa é campestre (tal como campos úmidos, campos gerais e campo cerrado, onde não devem ser plantadas árvores), bem como a deriva de herbicidas nas espécies nativas (deslocamento não intencional da névoa de herbicida com o vento, fazendo com que o produto atinja espécies não alvo).

9.1.4 Preparo do solo para semeadura direta ou plantio de mudas

O preparo do solo visa primariamente remover impedimentos físicos, tais como a presença de camadas compactadas, que restringem o desenvolvimento do sistema radicular das mudas. No entanto, não se trata aqui de situações de solos degradados, como descrito em item anterior, mas sim de solos que apresentam condições subótimas para o desenvolvimento radicular das espécies arbóreas, resultantes da compactação do solo pela pecuária ou atividades agrícolas. Para evitar que as ações de restauração tragam problemas de erosão e assoreamento de cursos d'água, já que a maioria dessas ações é conduzida na condição ripária, os métodos que envolvem plantio de espécies nativas devem sempre ser implantados por meio do sistema de cultivo mínimo, no qual o preparo do solo fica restrito à linha ou cova de plantio, sem gradagem ou aração do solo como um todo. Nesse sistema, os resíduos de plantas competidoras devem ser mantidos sempre que possível sobre o solo para controlar a erosão. Esse sistema reduz a ocorrência de processos erosivos e também não estimula a germinação das plantas competidoras presentes no banco de sementes, já que mantém o solo coberto, reduzindo a necessidade de intervenções para o controle dessas espécies ao longo da manutenção da área. O preparo do solo pode ser realizado por dois sistemas principais:

- *Em linha*: feito com o uso de subsolador florestal, em profundidade aproximada de 50 cm,

Fig. 9.5 *Reflorestamento de espécies nativas (parte superior da figura) implantado sobre área anteriormente ocupada por pastagem de braquiária (*Urochloa *spp.), uma gramínea exótica competidora de pequeno porte*

Fig. 9.6 *Métodos mecânicos – (A) roçadeira tratorizada e (B) roçadeira costal – e químicos – (C) pulverização tratorizada e (D) pulverização com aplicador costal – para o controle de plantas competidoras de pequeno porte no preparo inicial da área na restauração florestal*

dependendo da profundidade da camada compactada (Fig. 9.7). Essa técnica é utilizada principalmente em áreas com declividade adequada para as atividades de mecanização e sem afloramento rochoso ou solo raso. A subsolagem deve sempre ser realizada seguindo as curvas de nível do terreno, para que a enxurrada não transforme os sulcos de plantio em sulcos de erosão. Não se recomenda o uso de sulcador para a abertura de linhas de plantio em reflorestamentos de espécies nativas, principalmente em áreas com suspeitas de compactação em subsuperfície, justamente pelo fato de esse implemento não possibilitar a superação efetiva dessas camadas de impedimento do solo. No sulco produzido pelo subsolador, poderá ser feita a semeadura direta de espécies nativas e/ou de adubação verde ou a abertura de pequenas covetas para o plantio de mudas. Quando o subsolador for utilizado para preparar o solo para a semeadura direta, deve-se esperar que chova o suficiente a fim de que o solo das linhas de semeadura se acomode, para que, então, se faça a semeadura. Caso as sementes sejam distribuídas nos sulcos de semeadura logo após o preparo do solo, parte delas, principalmente das pequenas, pode ser arrastada para o fundo do sulco com a chuva, impedindo a germinação de espécies pioneiras e dificultando a emergência de plântulas pelo soterramento. Cuidado semelhante deve ser observado no recobrimento das sementes após a semeadura, evitando a deposição de uma camada excessiva de solo sobre elas. O uso do arado de aiveca pode ser sugerido como forma de minimizar a colonização do sulco de semeadura por gramíneas exóticas invasoras, pois esse implemento agrícola retira do sulco a camada de solo que contém o banco de sementes e a tomba com a superfície do solo voltada para baixo, evitando que as sementes de gramíneas sejam estimuladas pela luz. Assim, o sulco de semeadura fica mais livre da infestação por gramíneas. No entanto, como essa camada retirada é a de maior fertilidade do solo, e dado que esse implemento ainda compacta a camada inferior do solo, logo abaixo do corte, ele tem sido evitado.

- *Em cova*: esse sistema de preparo do solo é normalmente utilizado em situações que não permitem a subsolagem, tais como em áreas declivosas, pedregosas ou com elevada densi-

Fig. 9.7 *Preparo do solo em sulcos com subsolador florestal*

dade de indivíduos regenerantes, em situações em que não se dispõe de trator com subsolador ou em plantios pequenos, onde o deslocamento do trator seria de custo elevado. A abertura de covas também é necessária em plantios de adensamento e enriquecimento, pois o preparo de sulcos mecanizados em condições de vegetação já estabelecida é praticamente impossível. Para o plantio de mudas, as covas devem ter dimensões mínimas de 30 cm de diâmetro × 40 cm de profundidade, mas, em caso de solo compactado, é necessário aumentar a profundidade mínima para 50 cm. No caso de semeadura direta, as covas podem ter dimensões bem menores, uma vez que deverão apenas acomodar as sementes que serão distribuídas pela área. A abertura das covas pode ser feita de forma manual, com enxadão e cavadeira, ou mecanizada, usando motocoveadora com broca especial para plantio de mudas (Fig. 9.8).

A abertura manual de covas tem a desvantagem de possuir baixo rendimento operacional, dificultar o preparo do solo na profundidade recomendada e, eventualmente, resultar no *espelhamento* das paredes da cova, que consiste na formação de uma camada selada nas laterais da cova como resultado do corte de solos argilosos umedecidos pela lâmina dessas ferramentas. Esse mesmo espelhamento pode ser causado com o uso de broca de construção de cerca na motocoveadora ou em trator, que é um método empregado com frequência. Já a utilização de motocoveadora com broca de plantio de mudas apresenta alto rendimento e não resulta no espelhamento das covas, pois sua broca é própria para isso, formada por várias hastes ligadas em um eixo central, as quais destorroam o solo da cova sem que haja seu corte. Essas hastes não removem o solo da cova, deixando-o fofo para o plantio da muda e a penetração das raízes. A utilização desse equipamento não é recomendada em solos pedregosos, que podem danificar a broca ou aumentar seu desgaste, bem como trazer problemas de segurança na operação do equipamento. Em locais com presença de resíduos de palha no solo, é necessária a abertura de coroas para que não haja o enrolamento da palhada no eixo da broca, situação chamada de *embuchamento*.

9.1.5 Adubação de base ou de plantio

Deve ser realizada antes do plantio das mudas, misturando-se bem o adubo ao solo da cova ou da linha de plantio. A recomendação de adubação deve sempre ser feita com base em uma análise química do solo, que vai subsidiar a definição do tipo, formulação e quantidade de adubo a ser utilizado. Em situações de solo muito ácido (pH bem inferior a 5), é recomendada frequentemente a aplicação prévia (preferencial) ou concomitante de calcário para reduzir a imobilização dos nutrientes a serem fornecidos pela adubação de

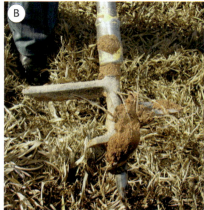

Fig. 9.8 *Preparo do solo com motocoveadora e uso de uma broca especial para plantio de mudas (A), que possui hastes laterais (B) que desagregam o solo no local de plantio, sem retirá-lo de lá (C)*

base e de cobertura, bem como para elevar os teores de cálcio e magnésio trocáveis no solo (exceto em áreas de Cerrado). A disponibilização de cálcio e magnésio, bem como a redução da imobilização dos demais macronutrientes, é a principal função da calagem em restauração, pelo fato de as espécies nativas estarem bem adaptadas à acidez do solo. O calcário deve ser misturado ao solo da cova ou da linha de plantio ou ser aplicado em semicoroa ao redor das mudas.

Nessa etapa, deve ser fornecida toda a quantidade de fósforo necessária, na forma orgânica (5 L a 10 L de esterco de gado ou composto orgânico, por exemplo) ou mineral, na formulação e dosagem baseada na análise prévia do solo. Além disso, pode ser necessária a incorporação de uma fonte de micronutrientes, dependendo da fertilidade do solo. O fósforo deve ser essencialmente fornecido via adubação de base em virtude de ter baixa mobilidade no perfil do solo, ficando fortemente adsorvido aos coloides de argila e de matéria orgânica. Caso a adubação fosfatada seja realizada por cobertura, na superfície do solo, o fósforo ficará retido nas camadas superficiais e não chegará às raízes. Se, por algum motivo o fósforo não for incorporado à cova, por exemplo, pela falta de adubo no momento de plantio, a adubação de base deverá ser feita em covetas nas laterais das mudas, que permitam o acesso das raízes ao fósforo à medida que o sistema radicular cresce.

9.1.6 Plantio de mudas e semeadura direta
Métodos

O plantio consiste na colocação da muda na cova ou sulco devidamente preparado para recebê-la e no posterior preenchimento com solo dos espaços vazios entre o torrão da muda e a cova ou sulco, ao passo que a semeadura consiste em depositar as sementes na cova ou sulco e em cobrir as sementes com quantidade adequada de substrato. Tanto o plantio quanto a semeadura podem ser feitos de forma manual ou mecanizada, utilizando-se diferentes máquinas e equipamentos.

O plantio manual é mais utilizado para mudas produzidas em sacos plásticos, que inviabilizam o uso de plantadoras, mesmo as manuais, conforme discutido adiante. Quando há suspeita de enove-lamento (acúmulo de raízes enroladas no fundo do recipiente) do sistema radicular em mudas produzidas em sacos plásticos, suspeita levantada pela idade e qualidade da muda, o fundo do torrão da muda deve ser cortado à altura de 1 cm para que haja a poda das raízes enoveladas, o que favorece o enraizamento da muda no solo. Em todos os casos, o saquinho plástico que envolve a muda deve ser retirado antes do plantio e devidamente encaminhado para reciclagem. Quando se realiza o plantio manual de mudas em tubetes, a abertura do buraco no solo para a inserção do torrão da muda retirada do tubete, em cova já devidamente preparada, é feita com um *chucho*, que consiste em um tubete preso a um cabo de madeira que é inserido e retirado do solo para produzir um buraco com dimensões próximas da do torrão das mudas. O plantio semimecanizado de mudas produzidas em tubete pode ser obtido por meio do uso de uma *plantadeira manual*, que consiste em um tubo de aço com uma ponta cônica, que se abre acionada por um gatilho. Esse equipamento proporciona uma melhor ergonomia de trabalho e um maior rendimento operacional, já que não é necessário se agachar para efetuar o plantio, aumentando o rendimento da atividade (Fig. 9.9).

Tanto no plantio de mudas manual quanto no mecanizado, deve-se realizar uma leve compactação com o pé ao redor da muda recém-plantada para remover eventuais bolsas de ar presentes entre o solo e o torrão, o que prejudica a estabilização da muda no solo e a absorção de água e nutrientes pelas raízes. Além disso, o colo da muda deve permanecer rente ao nível do solo ou um pouco abaixo deste, sem que haja seu soterramento, que pode levar ao apodrecimento da planta ou à exposição ao ar de parte do torrão, que pode levar à maior perda de água. Adicionalmente, a construção de uma pequena bacia ao redor da muda auxilia muito na retenção de água e também contribui para que os adubos de cobertura distribuídos na coroa não sejam carregados com a enxurrada.

A semeadura direta de espécies nativas, tanto de recobrimento como de diversidade, é uma possibilidade muito promissora de restauração florestal, pois representa uma possibilidade de uso de máquinas agrícolas, o que melhora muito o rendimento das operações e reduz os custos, com consequente possibilidade de aumentar a escala das ações de restauração. Nesses casos, costumam-se utilizar máquinas distribuidoras pendulares de calcário e adubo para semeadura a lanço, e semeadora de grãos para semeadura em linha. Para facilitar a distribuição das sementes no campo, tem se recomendado preparar uma mistura de sementes de árvores e arbustos nativos com sementes de adubação verde, areia ou terra, e fertilizantes, mistura essa denominada, em alguns casos, muvuca. Essa mistura aumenta o volume a ser distribuído e, assim, evita que caia uma grande quantidade de sementes em um mesmo local. Essa estratégia também ajuda a minimizar os problemas de segregação das sementes na caixa da máquina semeadora, que faz com que as sementes menores se depositem no fundo da caixa com a vibração e sejam semeadas antes das sementes maiores, concentrando espécies pela área. Esse problema é decorrente da grande variação no tamanho de sementes de espécies nativas, que se reacomodam com o deslocamento da máquina e dificultam a semeadura contínua de uma mistura adequada de espécies pela área.

Mais recentemente, a semeadura direta tem sido feita de forma mais organizada funcionalmente, semeando inicialmente espécies de recobrimento na linha de plantio e espécies de adubação verde na entrelinha, na perspectiva de a cobertura da área ser feita pela adubação verde no primeiro ano, sendo gradualmente substituída pela cobertura das espécies de

Fig. 9.9 *Plantio de mudas em tubetes utilizando-se plantadeira manual: trabalhando em pé, a pessoa introduz a ponta cônica do tubo no solo já previamente preparado para plantio em linhas ou covas (A), e depois a muda, já fora do tubete (B), é colocada dentro da extremidade superior desse tubo (C). Quando a muda chega ao final do tubo, é acionado o gatilho que abrirá sua ponta cônica, deixando a muda já na profundidade ideal de plantio, com seu colo rente ao nível do solo. Depois é só compactar levemente o solo ao redor da muda com um dos pés para remover eventuais bolsas de ar entre o torrão e o solo (D)*

recobrimento semeadas nas linhas. Essa cobertura promovida pelas espécies de recobrimento vai permanecer por muitos anos, sendo gradualmente substituída pelas espécies da diversidade que estão se desenvolvendo sob o dossel inicialmente formado.

Uso de gel superabsorvente

Consiste no uso de gel superabsorvente já hidratado, que é inserido na cova no momento do plantio das mudas. O gel é formado por um polímero com alta capacidade de absorção de água, o qual pode aumentar até 200 vezes seu volume devido à retenção de água em sua estrutura. A vantagem de uso do gel é a retenção de água por mais tempo no entorno do torrão das mudas, permitindo que elas se mantenham hidratadas mesmo entre intervalos maiores de chuvas ou de irrigação. Esse método é particularmente utilizado para o plantio de mudas produzidas em tubete de 56 cm³, pois o menor volume do torrão reduz sua capacidade de retenção de água e, consequentemente, aumenta a vulnerabilidade à desidratação das mudas produzidas nesse tamanho de recipiente.

Nunca se deve distribuir o gel não hidratado nas covas, pois o rápido aumento em volume das partículas de gel em condições de umidade posterior ao plantio pode resultar na expulsão do torrão para fora da cova. Deve-se ter atenção também para que o gel seja devidamente misturado ao solo na cova ou linha de plantio, a fim de que as mudas não fiquem boiando no gel. Caso isso ocorra, podem ser formadas bolsas de ar ao redor do torrão com a secagem do gel, impedindo o fluxo de água por capilaridade do solo para as raízes, o que resultará na morte da muda. A aplicação do gel tem sido normalmente associada ao plantio de mudas em tubetes com plantadeiras, no qual o gel contido em um tanque costal ou tratorizado é distribuído por intermédio de mangueiras acopladas às plantadeiras, que dosam a quantidade de gel aplicada, normalmente de 500 mL, por meio de um gatilho (Fig. 9.10).

9.1.7 Irrigação

Recomenda-se que o plantio seja feito no período chuvoso, pois o plantio fora do período de chuva aumenta a mortalidade e exige irrigação, ele-vando muito o custo da restauração. No entanto, caso se decida ou haja necessidade de plantar fora do período de chuva, será então necessário prever a atividade de irrigação para aumentar as chances de sobrevivência das mudas. A irrigação das mudas é necessária principalmente nos dias que sucedem o plantio, em razão de ainda não ter havido o enraizamento das mudas no solo para suprir suas demandas hídricas. Esse procedimento é necessário principalmente para mudas produzidas em tubetinho (56 cm³), pois o menor volume do torrão reduz a capacidade de retenção de água e aumenta a vulnerabilidade desse tipo de muda à desidratação. A irrigação deve ser realizada até que haja o *pegamento* das mudas, ou seja, até que elas se enraízem no solo e consigam ter mais autonomia para suprir suas demandas hídricas. Os intervalos de irrigação subsequentes irão depender do uso de gel, da quantidade e distribuição das chuvas, da intensidade de evapotranspiração no período, da capacidade de retenção de água do solo, das espécies utilizadas e da qualidade da rustificação das mudas antes do plantio.

Utilizam-se, no mínimo, 5 L de água por planta, sendo normalmente previstas três irrigações até que haja o pegamento das mudas, ou sempre que necessário para as espécies mais sensíveis. O uso de gel superabsorvente aumenta a eficiência da irrigação, pois ele retém parte do volume de água fornecido junto ao torrão da muda. Essa operação pode ser realizada com mangueiras acopladas a um tanque-pipa ou por mangueiras alimentadas por uma motobomba, no caso de haver um curso d'água próximo, ao passo que em reflorestamentos pequenos pode-se utilizar também um regador. O jato de água deverá ser direcionado para as bordas da coroa, visando evitar a exposição do sistema radicular próximo ao colo da muda. Não se recomenda o uso de canhão hidráulico, pois os fortes jatos de água podem danificar as mudas, remover o solo no entorno do torrão e causar processos erosivos na área.

9.2 Manutenção

As atividades de manutenção devem contemplar toda a fase compreendida entre a implan-

Fig. 9.10 *Por meio de uma mangueira acoplada à plantadeira (A), o hidrogel já hidratado (B) é misturado ao solo e colocado dentro da cova de plantio, junto com a muda (C)*

tação do método de restauração e a formação de uma fisionomia florestal, até que não sejam mais necessárias as intervenções de manutenção, como o controle de plantas competidoras por causa do sombreamento efetivo do solo pela copa das árvores. A duração da fase de manutenção é normalmente de até 36 meses, podendo-se estender por um período maior dependendo do tipo de fitofisionomia em restauração, do tipo de solo e regime de precipitação, das condições iniciais de degradação da área, do acerto da metodologia escolhida para condução da regeneração natural, plantio ou semeadura, da qualidade do trabalho executado na implantação dessa metodologia e, principalmente, das espécies presentes na comunidade em construção, sejam elas introduzidas ou regenerantes.

Como a maioria dos projetos de restauração florestal não é conduzida visando à exploração econômica de produtos florestais madeireiros e/ou não madeireiros, as atividades de manutenção não são priorizadas em muitos projetos. Isso faz com que a fase de manutenção da restauração seja uma das mais críticas para seu sucesso, principalmente nos primeiros meses após o plantio, semeadura ou condução da regeneração, uma vez que a falta de cuidados nessa fase pode resultar na perda de todo o trabalho de implantação, levando a área à condição original de degradação. A realização de ações de manutenção de forma eficiente, como uma boa adubação e controle efetivo de plantas competidoras, é fundamental, mesmo em projetos com fins exclusivamente ambientais, pois certamente isso melhora a relação custo/efetividade do projeto. Por exemplo, caso haja a necessidade de restauração de uma área para cumprimento de um Termo de Ajustamento de Conduta ou como condicionante de licenciamento ambiental e a falta de manutenção adequada do reflorestamento levar ao insucesso do projeto, todo o trabalho terá de ser refeito, desperdiçando-se o investimento inicial, fazendo com que o gasto de recursos seja ainda maior do que o inicialmente previsto.

Diante disso, a manutenção inadequada tem sido uma das principais responsáveis pelo insucesso de projetos de restauração florestal, sendo um dos principais focos de melhoria nos projetos atuais e futuros (Fig. 9.11). As atividades tipicamente executadas na fase de manutenção são o controle de formigas, incluindo os repasses, conforme já descrito, e também o replantio das mudas que não sobreviveram nos primeiros meses, a adubação de cobertura e o controle continuado de plantas competidoras (Boxe 9.2).

9.2.1 Replantio

O replantio é realizado com a finalidade de substituir as mudas que morreram devido aos estresses pós-plantio, como falta d'água e herbivoria. Mas, antes de substituir uma muda por outra, é preciso estar atento a dois aspectos importantes: a) saber a possível causa da morte, para que a muda reposta não morra também, e b) assegurar que a muda a ser substituída de fato morreu, pois muitas vezes as mudas perdem as folhas em virtude da seca ou do ataque de formigas-cortadeiras e rebrotam depois de certo tempo. Para saber se uma muda sem folhas está morta ou não, costuma-se arranhar com a unha a superfície do caule da muda até que se remova a casca e se exponha uma camada interna. Se a área raspada ficar verde, isso indica que a planta ainda está viva e deve ser mantida no local, sem ser substituída por outra muda, até que se façam novas avaliações para fins de replantio. Para efeito de corrigir as falhas do plantio, a reposição de mudas é realizada entre 60 e 90 dias após a implantação do reflorestamento, geralmente quando a mortalidade é superior a 5%. Após esse período, a mortalidade observada está mais relacionada a falhas na manutenção do que no plantio ou então a problemas decorrentes de geadas, invasão de gado e outros fatores indesejados, devendo-se também realizar o replantio quando necessário.

De forma geral, consideram-se aceitáveis taxas de replantio em torno de 10%, sendo que valores muito acima desse limite já indicam eventuais problemas em uma ou mais etapas do plantio, tais como na qualidade das mudas, no controle inicial de formigas, nas operações de plantio e no controle inicial de plantas competidoras. Para efeito de replantio, devem sempre ser substituídas mudas mortas por outras pertencentes ao mesmo grupo de plantio, respeitando-se a metodologia definida de restauração, como descrito anteriormente. No geral, observam-se maior mortalidade e necessidade de replantio no grupo de diversidade, pois as espécies pertencentes a esse grupo normalmente apresentam crescimento mais lento e são mais vulneráveis à competição com gramíneas invasoras. O replantio deverá continuar durante todo o período de manutenção do projeto, sendo realizado sempre que necessário. Após a fase pós-plantio de substituição de mudas (60-90 dias), deve-se realizar novamente a adubação de base da cova onde será realizado o replantio.

Fig. 9.11 *Trechos de um experimento em que se testaram diferentes metodologias de implantação e manutenção de plantios de restauração florestal. Quando se utilizaram as ações de manutenção tradicionalmente empregadas na restauração (adubação mínima e controle de competidores com roçada apenas nas coroas), o desenvolvimento da floresta foi muito lento e, mesmo após oito anos, o dossel ainda se mantém aberto o suficiente para permitir o crescimento de gramíneas invasoras no sub-bosque (A). Já quando se adotou uma manutenção mais intensiva da área em restauração (adubação reforçada e controle de competidores com herbicida em área total), o crescimento das mudas foi muito melhor, resultando em valores quatro vezes maiores de biomassa em comparação com a restauração tradicional (B)*
Fonte: Campoe et al. (2010).

BOXE 9.2 A IMPORTÂNCIA DA SILVICULTURA PARA O ESTABELECIMENTO E O DESENVOLVIMENTO DE PLANTIOS FLORESTAIS DE ESPÉCIES NATIVAS VISANDO À RESTAURAÇÃO DA MATA ATLÂNTICA

Áreas degradadas apresentam barreiras físicas, químicas ou biológicas que impedem os processos sucessionais naturais, e plantios florestais com espécies nativas podem superar parcialmente tais fontes de estresse, auxiliando o processo de regeneração natural. A fase pós-plantio é a etapa mais crítica para o sucesso da restauração, pois o estresse imposto às plantas afeta seus processos fisiológicos. Assim, para reduzir ou eliminar os estresses ambientais, práticas silviculturais similares àquelas aplicadas em florestas plantadas monoespecíficas, como preparo de solo, fertilização e controle de gramíneas invasoras, podem ser uma ferramenta para aumentar o sucesso de plantios de restauração, em virtude do seu efeito benéfico na sobrevivência e no crescimento inicial.

Com essa fundamentação, o estudo de restauração de Mata Atlântica foi instalado em março de 2004 na EECF de Anhembi (SP) (Esalq/USP), por meio de um convênio entre Ipef e a Petrobrás. O experimento, instalado sobre pastagem de *Brachiaria decumbens*, estuda o desenvolvimento e a ecofisiologia de 20 espécies nativas da região (dez pioneiras e dez não pioneiras), plantadas em espaçamento de 3 m × 2 m e submetidas a dois níveis de manejo silvicultural: usual (adubação de base e capina mecânica ao longo do primeiro ano) e intensivo (adubações de base e complementares e capina química em área total até o fechamento do dossel).

No início do desenvolvimento do plantio, aos 2 anos de idade, já era possível observar que o manejo intensivo aliviava o estresse ambiental, resultando em elevada sobrevivência das mudas (98% *versus* 84%) e crescimento em diâmetro e altura de quatro a 25 vezes maior em comparação com o manejo usual. As taxas fotossintéticas do manejo intensivo foram 18% maiores para as espécies pioneiras e 30% maiores para as não pioneiras, com elevados teores de clorofila e nutrientes nas folhas.

Aos 3,5 anos, o manejo intensivo elevou o estoque de lenho (de 4,6 t ha^{-1} para 18,6 t ha^{-1}) e a produtividade de biomassa total da floresta em aproximadamente quatro vezes comparativamente ao manejo usual (de 2,4 t ha^{-1} ano^{-1} para 8,5 t ha^{-1} ano^{-1}). Nessa idade, o dossel do manejo intensivo estava próximo do fechamento, absorvendo 68% da radiação solar. O efeito do sombreamento causado pelo fechamento do dossel inibiu quase completamente a infestação de plantas daninhas, enquanto no manejo usual, cujo dossel pouco desenvolvido absorvia apenas 29% da radiação, o nível de infestação de gramíneas e outras daninhas permanecia elevado.

Contabilizando todo o sistema florestal plantado (biomassa de raízes, estrato herbáceo, serapilheira, biomassa lenhosa da parte aérea e copa), ao longo de seis anos de estudo, as taxas de sequestro de C para o manejo intensivo atingiram 3,4 t C ha^{-1} ano^{-1}, sendo que, para o manejo usual, a taxa foi menor que 1,0 t C ha^{-1} ano^{-1}. Nessa idade, com o dossel completamente fechado e o sub-bosque sombreado e sem competição com *Brachiaria*, os plantios sob manejo intensivo já apresentam considerável regeneração natural. Sob manejo usual, intensamente dominado por gramíneas C4, a regeneração natural é ainda inexistente.

O estudo demonstra que as práticas silviculturais utilizadas no manejo intensivo favorecem as espécies nativas plantadas, possibilitando que elas mostrem seu verdadeiro potencial de crescimento, ao aliviarem-se os estresses ambientais. Destaca-se ainda que esse comportamento de crescimento acelerado é observado tanto nas espécies pioneiras como nas não pioneiras. Dessa forma, os resultados evidenciam que o aumento do sucesso na restauração da Mata Atlântica é dependente de manejos mais intensivos, que são mais custosos, mas que propiciarão maior efetividade de restauração.

Otávio C. Campoe (otavio@ipef.br), Departamento de Ciências Florestais (LCF), Escola Superior de Agricultura "Luiz de Queiroz" (Esalq), Universidade de São Paulo, Piracicaba (SP)l)

José Luiz Stape (jlstape@ncsu.edu), Department of Forestry and Environmental Resources (FER), North Carolina State University (NCSU) (EUA)

Referência bibliográfica

CAMPOE, O. C.; STAPE, J. L.; MENDES, J. C. T. Can intensive management accelerate the restoration of Brazil's Atlantic forests. *Forest Ecology and Management*, v. 259, p. 1808-1814, 2010.

9.2.2 Adubação de cobertura

Na adubação de cobertura ou pós-plantio, são fornecidos elementos de grande mobilidade no perfil do solo, principalmente nitrogênio e potássio, sendo que 60% a 80% do total desses nutrientes são normalmente fornecidos via adubação de cobertura. A adubação de cobertura pode ser realizada em plantios de mudas ou semeadura direta em área total, de adensamento e enriquecimento, ou na condução da regeneração natural, dependendo das necessidades de cada caso, identificadas na análise prévia de solo. A aplicação dos fertilizantes deve ser parcelada no tempo, possibilitando o fornecimento dos nutrientes à medida que as plantas se desenvolvem, o que aumenta o aproveitamento desses elementos. Caso toda a demanda de nitrogênio e potássio fosse incorporada na adubação de base, poderia haver problemas de lixiviação desses nutrientes antes que as mudas pudessem absorvê-los, principalmente no caso de espécies de diversidade, que apresentam crescimento mais lento.

A formulação e a dosagem de adubo, bem como o intervalo de aplicação, deverão ser sempre definidas conforme as necessidades do solo do local e das plantas utilizadas. Como exemplo de recomendação de adubação de cobertura, pode-se citar o uso de 50 g por planta da fórmula NPK 20:05:20 a partir dos 30 dias após o plantio, com outras duas aplicações por ano, na estação chuvosa, em intervalos de 60 dias. A adubação de cobertura deve ser sempre realizada durante a estação das chuvas e em semicoroa, nunca concentrando o adubo no colo da muda. No caso de uso de adubo orgânico, este deverá ser levemente misturado ao solo da coroa para evitar que seja carregado pela água das chuvas. Para que a adubação de cobertura não favoreça o crescimento de plantas competidoras, sua aplicação deverá ser sempre realizada após capina, roçagem, coroamento ou em condições de baixa infestação de plantas competidoras.

A adubação de cobertura é fundamental para suprir as necessidades nutricionais das árvores, principalmente daquelas com maior intensidade de crescimento, como as do grupo de recobrimento, e por isso esse procedimento é fundamental para acelerar a formação de um ambiente florestal e evitar a redução do crescimento potencial dos indivíduos plantados em virtude da deficiência nutricional (Fig. 9.12). Mesmo em condições de solo de maior fertilidade natural, a adubação de cobertura pode favorecer o crescimento inicial das mudas e, assim, contribui para que os indivíduos plantados ou regenerantes superem a competição exercida pelas plantas competidoras, sombreando rapidamente o solo e antecipando o abandono da área, resultando em maior eficiência ecológica e redução de custos. Trabalhos científicos têm mostrado que as espécies nativas são muito exigentes em micronutrientes e, por isso, tem sido recomendado recentemente o uso de adubos que contenham micronutrientes na sua formulação.

9.2.3 Controle de plantas competidoras

O controle de plantas competidoras durante a condução da restauração é essencial para reduzir a competição por água, luz e nutrientes dessas plantas com os indivíduos plantados ou regenerantes de espécies nativas, além de também minimizar eventuais problemas de alelopatia causados por algumas espécies. Embora qualquer planta que se desenvolva no entorno imediato da muda possa prejudicar seu desenvolvimento por causa da competição por recursos, são as gramíneas africanas agressivas, notadamente a braquiária, o capim-gordura e o colonião, os principais alvos das ações de manutenção. De forma geral, o controle de plantas competidoras pode ser realizado apenas no entorno das mudas (coroamento) ou também em área total, por meio dos seguintes métodos:

- *Controle mecânico*: consiste na remoção com enxada das plantas competidoras em um raio mínimo de 50 cm no entorno da muda, o que é chamado de *coroamento* (Fig. 9.13).

  Deve-se atentar não só para cortar a parte aérea das plantas competidoras, como também para remover a base das touceiras e estolões, a fim de retardar possíveis rebrotas da vegetação invasora indesejável. Contudo, essa operação deve ser realizada com cautela e atenção para que o colo das mudas e raízes superficiais não seja danificado pela lâmina da enxada durante a capina. Recomenda-se também que sejam depositados restos vegetais na coroa, para ajudar a manter a umidade do solo junto às mudas e restringir o estímulo luminoso das sementes de plantas competidoras presentes no banco de sementes, o qual é exposto pelo coroamento. Nos casos de braquiária, não se recomenda a deposição de restos vegetais ao redor da muda em razão da possibilidade de rebrota de touceiras e de alelopatia. O controle mecânico pode ser também realizado fora do entorno imediato das mudas, nas entrelinhas de plantios ou nos espaços não ocupados pela regeneração natural. Nesses casos, pode-se utilizar uma roçadeira acoplada a um trator para cortar a parte aérea das plantas competidoras na entrelinha de plantios de restauração, principalmente quando se usa um espaçamento de plantio de, pelo menos, 3 m entre linhas e as mudas ainda não se desenvolveram a ponto de dificultar o deslocamento do trator no reflorestamento. Quando o uso de roçadeira tratorizada não é possível – como nos casos de áreas declivosas, espaçamentos menores, mudas já bem desenvolvidas e presença de regeneração natural nas entrelinhas –, pode-se recorrer ao uso de roçadeira costal para o controle de plantas competidoras em área total (Fig. 9.14).

- *Controle químico*: o coroamento químico consiste no controle de plantas competidoras por meio da aplicação de herbicidas dessecantes, normalmente glifosato, conforme já discutido anteriormente, em um raio de 50 cm a 60 cm no entorno de cada muda. Quando se objetiva controlar as plantas competidoras em área total, mas que estão distribuídas de forma dispersa e não contínua na área, tanto as plantas no entorno das mudas como aquelas nas entrelinhas de plantio devem ser pulverizadas, sendo essa operação denominada *catação*. A catação é viabilizada porque, ao longo da manutenção, o número de indivíduos competidores, com destaque para as touceiras de gramíneas, tende a diminuir consideravelmente, principalmente quando o ciclo de regeneração da espécie é

Fig. 9.12 *Falhas na adubação de cobertura podem ser visualmente observadas por meio de sintomas de deficiência nutricional, que reduziram significativamente o crescimento de alguns indivíduos de capixingui* (Croton floribundus) *— em comparação com outros indivíduos da mesma espécie que foram adubados (A) —, os quais apresentam folhas de cor amarela, como sintoma de deficiência nutricional (B)*

Fig. 9.13 *Atividade de coroamento, que consiste no controle mecânico de plantas daninhas com enxada, ao redor de indivíduos regenerantes ou plantados*

quebrado pelo controle dos indivíduos antes de eles frutificarem. A aplicação pode ser realizada por meio de pulverizadores costais ou por mangueiras acopladas a um tanque pulverizador tratorizado, conforme já apresentado neste capítulo.

Para evitar que o herbicida atinja os indivíduos de espécies nativas, recomenda-se que a sua aplicação não seja realizada em condições de vento, bem como se adotem as seguintes estratégias para evitar deriva: 1) uso de chapéu de napoleão: consiste em uma estrutura plástica em forma de cone que envolve o bico do pulverizador e evita que a névoa de solução herbicida se desloque lateralmente com o vento e atinja as mudas; 2) uso de bicos antideriva: consiste no uso de bicos especiais de pulverização que reduzem as chances de deriva por utilizarem gotas maiores e/ou por produzirem

Fig. 9.14 *Controle de plantas daninhas com roçadeira costal nas linhas e entrelinhas após coroamento das mudas em um plantio de restauração*

jatos com configuração espacial desfavorável ao deslocamento lateral da névoa de solução herbicida; e 3) proteção das mudas com cano de PVC: consiste em inserir as mudas ou indivíduos regenerantes no interior de um cano de PVC antes da aplicação do produto, para que a deriva porventura gerada de solução herbicida não atinja a muda, e sim as paredes externas do cano (Fig. 9.15).

Fig. 9.15 *Coroamento químico com aplicação de glifosato nas plantas daninhas presentes no entorno das mudas, que foram protegidas da deriva de herbicida com o uso de um cano de PVC*

Outra possibilidade é a aplicação de herbicidas pré-emergentes nas coroas após o coroamento mecânico, já que esse coroamento expõe o banco de sementes de plantas competidoras e promove a emergência de plântulas no entorno dos indivíduos regenerantes ou plantados. Esse tipo de herbicida controla a emergência de plântulas competidoras por até três meses após a aplicação, podendo ser uma importante ferramenta de manejo. Ao contrário do que algumas pessoas imaginam, os herbicidas pré-emergentes não atuam nas sementes contidas no solo, mas sim nas plântulas recém-germinadas, que absorvem a solução herbicida pelo coleóptilo, epicótilo ou hipocótilo enquanto se encontram ainda embaixo do solo. Assim, esse tipo de herbicida não elimina o banco de sementes, mas impede que, durante o período de atuação do produto, as plântulas recém-emergidas se desenvolvam. Por isso que a atuação desse tipo de herbicida é restrita a alguns meses, pois, após a deterioração do produto, as plântulas originadas por meio da germinação do banco de sementes poderão livremente se desenvolver e competir com as nativas. Sua aplicação deve sempre ser realizada em condições de solo úmido e nunca com a muda muito jovem, pois os herbicidas pré-emergentes tendem a gerar efeitos fitotóxicos mais frequentes em plantas de menor porte.

Embora em muitos projetos de restauração as plantas competidoras sejam controladas apenas na coroa, como estratégia de redução de custos, recomenda-se fortemente o controle em área total, principalmente no caso de gramíneas africanas agressivas, em razão dos seguintes motivos (Fig. 9.16):

- A manutenção de plantas competidoras adultas nas entrelinhas favorece a produção de sementes por essas espécies, resultando na alimentação do banco de sementes e na rápida colonização da coroa já capinada, aumentando o custo com a manutenção permanente da área. Esse problema pode ser minimizado com a roçagem em área total.
- A presença de espécies competidoras em área total, mesmo que a coroa esteja limpa, pode resultar em intensa competição, porque as gramíneas africanas agressivas possuem um vigoroso sistema radicular fasciculado, que pode consumir parte da adubação e da água das mudas e ainda exercer forte inibição por alelopatia, mesmo crescendo na borda das coroas (Fig. 9.17).
- A presença de elevada massa de gramíneas secas na entrelinha, durante a estação seca, pode favorecer a propagação de incêndios.
- A presença de elevada massa de gramíneas verdes na entrelinha, durante a estação chuvosa, pode estimular a invasão da área em processo de restauração pelo gado.
- Cultivos consorciados: a adoção de cultivos consorciados de espécies agrícolas e/ou de adubação verde nas entrelinhas do refloresta-

Fig. 9.16 *Aspecto de uma área em processo de restauração usando metodologia de condução da regeneração natural em que foi realizado o controle de plantas competidoras apenas pelo coroamento (A) e de outra área onde esse controle foi realizado com a aplicação de glifosato em área total (B)*

mento de espécies nativas pode ser uma interessante alternativa para reduzir as aplicações de herbicida, melhorando custos e a sustentabilidade ambiental do projeto, já que as plantas agrícolas e/ou de adubação verde vão ocupar e sombrear as entrelinhas de plantio, inibindo as plantas competidoras, e também podem gerar renda para os agricultores nos primeiros anos da restauração, estimulando o controle permanente de plantas competidoras.

O plantio de espécies agrícolas nas entrelinhas dos reflorestamentos é particularmente recomendado para a restauração de áreas inseridas em pequenas propriedades rurais, já que auxilia a amortizar as despesas com a restauração e com a redução de rendimento resultante da conversão de áreas que estavam sendo utilizadas para a produção agropecuária em florestas nativas. Nesses casos, simultaneamente ao controle das plantas competidoras nas espécies agrícolas cultivadas nas entrelinhas, como abóbora, feijão, milho, mandioca etc. (Fig. 9.18), o agricultor realiza a manutenção de sua restauração. Assim, além de reduzir os custos da restauração, é possível gerar renda com a exploração de cultivos intercalares. Esse tipo de cultivo pode ser normalmente conduzido até que o sombreamento conferido pela copa das árvores nativas inviabilize a produção, quando plantas nativas de interesse econômico, como erva-mate, juçara, espécies medicinais e madeireiras, podem ser cultivadas e futuramente exploradas no sistema.

No caso de uso de adubação verde, normalmente não é possível explorar produtos de interesse comercial por meio do cultivo da entrelinha, mas podem ser obtidas várias vantagens ecológicas de interesse para o restaurador, como a ciclagem de nutrientes, a incorporação de matéria orgânica ao solo, a proteção do solo contra erosão, a atração precoce de polinizadores, a incorporação de nitrogênio (no caso do uso de leguminosas) e a restrição da regeneração de espécies competidoras. No entanto, há que se considerar que a adubação verde só vai atingir esses objetivos se forem dadas condições favoráveis para que ela se estabeleça na área a ser restaurada e produza muita biomassa. Em razão do uso do termo *adubação* verde, é comum as pessoas considerarem que não é necessário adubar o solo para o plantio dessas espécies. Contudo, as espécies de adubação verde, mesmo aquelas que fixam nitrogênio atmosférico, precisam de todos os outros macronutrientes e micronutrientes para um bom desenvolvimento a fim de, assim, produzirem grande biomassa, sendo então necessária a adubação mineral ou orgânica em casos de solos deficientes. Caso contrário, a adubação verde não resultará nos benefícios desejados e será apenas um desperdício de dinheiro.

Além disso, em virtude da recomendação do uso de adubos verdes como estratégia de controle

Pré-coroamento

Pós-coroamento

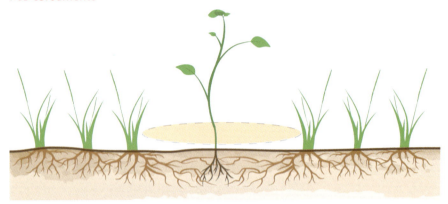

Fig. 9.17 *Ilustração de como as gramíneas continuam a competir com as espécies nativas mesmo após o coroamento, em virtude do crescimento lateral das raízes das plantas da borda da coroa*

Fig. 9.18 *Cultivo de mamão, milho, quiabo, mandioca e abóbora em meio a plantio de restauração florestal como estratégia de redução da infestação de plantas competidoras e produção de alimento*

de plantas competidoras, muitos consideram que não será necessário controlar gramíneas invasoras e outras plantas indesejadas na área, uma vez que se semeiam adubos verdes, o que é incorreto. Dificilmente as espécies de adubação verde conseguirão ganhar a competição com gramíneas invasoras, que são muito agressivas e eficientes no uso de recursos. Assim, as espécies de adubação verde são, no geral, rapidamente suprimidas pelas gramíneas invasoras quando não há um controle inicial de plantas competidoras associado ao uso de adubação verde. Mas, caso haja esse controle efetivo durante o estabelecimento da adubação verde, ela poderá promover uma cobertura temporária do solo que desfavoreça a regeneração de plantas competidoras pelo sombreamento, auxiliando na redução do número de aplicações de herbicida para controle de competidores e, portanto, na redução de custos com a manutenção da área.

Há também que se considerar que, dependendo do espaçamento e da densidade de semeadura, a própria adubação verde poderá se tornar um importante competidor e, assim, restringir o crescimento das espécies nativas. Além da definição adequada da densidade e do espaçamento de semeadura, é importante também selecionar espécies que tenham as seguintes características (Quadro 9.1):

a] altura suficiente para sombreamento das plantas competidoras, mas não a ponto de competir excessivamente por luz com os indivíduos de espécies nativas regenerados, plantados ou semeados na área em restauração. Essas dificuldades podem ser minimizadas, em parte, com o distanciamento da planta de adubo verde em relação à muda;

b] não causam danos mecânicos às espécies florestais, devendo-se evitar, por exemplo, as trepadeiras;

c] não têm potencial invasor;

d] à medida que avança o processo de recuperação, devem dar lugar às espécies herbáceas e arbustivas nativas, possibilitando a continuidade do processo natural de sucessão. Sendo assim, não se devem usar espécies de adubação verde que sejam perenes em condições de sombreamento, devendo-se evitar a perpetuação dessas espécies no local em restauração.

9.3 EQUIPAMENTOS, INSUMOS, RENDIMENTOS OPERACIONAIS E CUSTOS DE RESTAURAÇÃO

Conforme já apresentado anteriormente, cada ação de restauração pode ser realizada por meio de vários métodos diferentes, os quais apresentam distintos rendimentos operacionais, demandas de equipamentos e insumos, requerimentos de capacitação de mão de obra e custos associados (Quadro 9.2).

Quadro 9.1   Recomendações de espécies de adubo verde nos projetos de restauração florestal

Espécies recomendadas para o cultivo na entrelinha do reflorestamento
(semeadura das espécies de adubo verde no momento do plantio das mudas de espécies nativas)

maior	←	rusticidade	→	menor

Anuais de verão (requerem maior umidade)

feijão-de-porco →	guandu-anão →	crotalária-breviflora →	mucuna-anã
Canavalia ensiformis	*Cajanus cajan* cv. IAPAR 43	*Crotalaria breviflora*	*Mucuna deeringiana*

Anuais de inverno – região Centro-Sul (inverno seco)

aveia-preta →	nabo-forrageiro →	tremoço-branco
Avena strigosa	*Raphanus sativus*	*Lupinus albus*

Anuais de inverno – região Sul (inverno úmido)

trevo →	ervilhaca →	azevém
Trifolium spp.	*Vicia sativa*	*Lolium multiflorum*

Perenes (atentar para a competição por água com as mudas das espécies nativas na época seca)

estilosante →	desmodium →	amendoim-rasteiro
Stylosanthes spp.	*Desmodium* spp.	*Arachis pintoi*

Espécies recomendadas para o cultivo em área total antes do reflorestamento ou nas entrelinhas junto com restauração de nativas
(semeadura das espécies de adubo verde três a quatro meses antes do plantio das mudas de espécies nativas)

crotalária →	guandu
Crotalaria juncea	*Cajanus cajan* cv. caqui ou cv. fava-larga

Espécies não recomendadas como adubo verde no consórcio com o reflorestamento
(espécies de adubo verde com hábito trepador e/ou com potencial invasor ou perene)

calopogônio	pueraria	soja-perene	siratro
Calopogonium mucunoides	*Pueraria phaseoloides*	*Glycine wightti*	*Macroptilium atropurpureum*
centrosema	mucuna-preta	leucena	braquiária
Centrosema spp.	*Mucuna aterrima*	*Leucaena leucocephala*	*Urochloa* spp.
amendoim-forrageiro			
Arachis pintoi			

Assim, não há método melhor ou pior, mas sim método mais ou menos recomendado para cada situação particular de restauração, dependendo da topografia da área, da disponibilidade de máquinas e equipamentos, de quantidade e nível de capacitação de mão de obra, das características de solo, das opções pessoais ou restrições legais e, principalmente, dos custos. O custo da restauração é diretamente proporcional ao nível de intervenção necessário para restabelecer a trajetória ambiental desejada em um dado ecossistema degradado. Assim, como já amplamente explorado neste livro, quanto menor for a resiliência local e de paisagem do ecossistema a ser trabalhado, mais intensivos deverão ser os métodos de restauração e, consequentemente, maior será o custo dessa atividade, resultado do maior número e intensidade de intervenções inerentes a cada método de restauração. Além do método a ser utilizado, existem vários outros fatores envolvidos na definição dos custos da restauração, como as diferentes possibilidades técnicas de executar o mesmo método de restauração, exemplificadas no Quadro 9.2. Além das necessidades particulares de cada área, do custo dos insumos e do rendimento operacional associado aos procedimentos e técnicas escolhidos, há que se considerar também os aspectos logísticos da execução de projetos. Por exemplo, o custo médio por hectare da restauração de uma área contínua de 100 ha é bem inferior ao custo de restauração de 15 áreas não contínuas que, somadas, totalizam 100 ha. Adicionalmente, quanto mais distantes estiverem essas áreas umas das outras, maior será o custo, dado o maior investimento em logística.

Outro fator relevante é o custo local e a capacitação da mão de obra para restauração florestal, o qual é muito variável nas diferentes regiões do Brasil. A definição do executor das ações de restauração também é outro fator de grande importância para o cálculo dos custos do projeto. Por exemplo, empresas especializadas e capacitadas para executar projetos de restauração florestal apresentam rendimento de trabalho muito maior que ONGs, produtores rurais ou ações voluntárias, pois contam com profissionais que foram capacitados e apresentam experiência para essas atividades, bem como

equipamentos específicos para atender à demanda dos projetos de restauração florestal. Por sua vez, a contratação de uma empresa desse tipo, via terceirização do trabalho de restauração, pode resultar em um custo maior por hectare do que quando o próprio produtor rural ou ONG executa o projeto, uma vez que a empresa associa uma margem de lucro e de segurança ao custo real do projeto, bem como paga vários impostos e taxas para que realize essa atividade profissional. Nas situações em que o próprio proprietário da área executa essas atividades de restauração, esse lucro e os custos com impostos não são colocados nos cálculos da restauração, assim como acontece com uma ONG, que pode não ter o lucro como objetivo principal da atividade (Tab. 9.1). Em virtude dessa diversidade de condicionantes que determinam as necessidades de intervenções de restauração, o custo de implantação e manutenção de projetos de restauração pode ser muito variável, indo desde o simples cercamento da área, que pode ser realizado pelo próprio agricultor a baixo custo, até plantios de restauração em áreas de solo degradado, cujo custo de restauração pode chegar a até R$ 30.000,00/ha.

Considerando-se que o custo das ações de restauração é, na maioria das vezes, o principal determinante da quantidade de áreas que serão restauradas por um dado projeto ou programa, é fundamental que se faça um detalhamento rigoroso das atividades, rendimentos e custos operacionais para que se estabeleça com segurança o valor a ser demandado por hectare de restauração (Tab. 9.2). Esse detalhamento das atividades operacionais e custos esperados é imprescindível para empresas que prestam serviços de restauração, pois o erro no cálculo do custo do serviço poderá implicar prejuízos e risco da sobrevivência da empresa, caso o valor tenha sido subestimado, ou dificuldades de concorrência, caso o valor tenha sido superestimado. Esse mesmo raciocínio vale para ONGs que captam recursos para a execução de projetos de restauração florestal e se comprometem perante doadores ou clientes com a restauração de um dado número de hectares de florestas nativas. O que se observa na maioria dos casos é que a quantidade de recursos disponível para a restau-

Quadro 9.2 Exemplos de opções e custos associados de procedimentos operacionais aplicados à restauração florestal

Atividade	Condição	Opção técnica	Rendimento operacional
1) Limpeza da área			
Controle inicial de espécies invasoras	Árvores invasoras	Corte com machado	Baixo
		Corte com motosserra	Alto
		Manutenção dos resíduos no local	—
		Remoção dos resíduos	Baixo
	Gramíneas de grande porte	Foice	Baixo
		Trator com pá carregadeira	Alto
	Gramíneas de baixo porte	Roçagem tratorizada	Alto
		Roçagem com motorroçadeira costal	Baixo
		Aplicação de herbicida com barra de pulverização	Alto
		Aplicação de herbicida com pulverizadores costais	Médio
2) Preparo do solo			
Recuperação do solo	Solo degradado	Remoção de impedimentos físicos e correção química	Baixo
		Uso de adubação verde	Baixo
Controle de formigas-cortadeiras		Sem necessidade de controle	—
		Iscas granuladas	Médio
		Inseticida em pó ou líquido	Médio
Abertura da cova ou linha de plantio		Manual (cavadeira e/ou enxadão)	Baixo
		Motocoveadora	Moderado
		Subsolador/sulcador	Alto
	Relevo não declivoso		Alto
	Relevo declivoso		Baixo
	Terreno com pedregosidade		Baixo
Adubação		Com calagem	—
		Sem calagem	—
		Adubação mineral	Alto
		Adubação orgânica	Baixo
		Adubação de base na cova de plantio	Alto
		Adubação de base em covetas laterais	Baixo
3) Plantio			
Densidade de plantio		2 m x 2 m (2.500 indivíduos/ha)	Baixo
		3 m x 2 m (1.667 indivíduos/ha)	Médio
		3 m x 3 m (1.111 indivíduos/ha)	Alto
Tipo de muda		Sacos plásticos	Baixo
		Tubetão (250 cm³)	Médio
		Tubetinho (56 cm³)	Alto
Uso de hidrogel		Sem necessidade de uso	—
		Integrado à plantadeira	Alto
		Usado separadamente	Baixo
Forma de plantio		Manual	Baixo
		Com plantadeira	Alto
		Com *chucho*	Alto

Quadro 9.2 (Continuação)

Atividade	Condição	Opção técnica	Rendimento operacional
4) Manutenção			
Irrigação	Casos especiais em que se requer irrigação		Baixo
		Regador	Baixo
		Motobomba	Alto
		Mangueiras acopladas a um tanque	Alto
Coroamento		Enxada	Baixo
		Pulverização direcionada de herbicida	Alto
Limpeza de entrelinha		Sem limpeza de entrelinha	—
		Limpeza com roçadeira costal	Baixo
		Limpeza com aplicação dirigida de herbicida	Alto
Replantio	Média-alta mortalidade		Baixo
	Baixa mortalidade		Alto
Adubação de cobertura		Mineral	
		Orgânica	

Tab. 9.1 Exemplo de composição de preço de projeto de restauração florestal por empresa especializada nessa atividade

Sistema	Cenários	Custo próprio	Custo do serviço terceirizado		
			Margem de segurança (10%)	Taxa de retorno (20%)	Impostos (18%)
Reflorestamento (3 m × 2 m)	Sem tecnologia	R$ 8.109,50	R$ 8.836,78	R$ 10.654,97	R$ 12.650,55
	Com tecnologia em área mecanizável	R$ 6.441,50	R$ 7.024,33	R$ 8.481,42	R$ 10.080,65
	Com tecnologia em área não mecanizável	R$ 6.751,90	R$ 7.369,22	R$ 8.912,53	R$ 10.606,40
Condução da regeneração natural	Sem tecnologia, com cercamento da área	R$ 4.478,40	R$ 4.900,44	R$ 5.955,56	R$ 7.113,60
	Com tecnologia, com cercamento da área	R$ 4.048,40	R$ 4.440,44	R$ 5.420,56	R$ 6.496,29

ração é escassa e insuficiente para a realização de um trabalho bem-feito. Essa limitação econômica tem reflexos imediatos na qualidade das ações e constitui uma das causas do grande percentual de insucesso e de falhas que se observa hoje nos projetos de restauração florestal no Brasil.

Essa tabela deve ser utilizada apenas como exemplo, pois os rendimentos operacionais reais variam muito de uma região para outra, em função das características da área (declividade, densidade de mudas plantadas ou indivíduos regenerantes, planta competidora dominante, tipo de solo etc.), da máquina, equipamento e ferramenta utilizados (potência do trator, modelo do equipamento, regulagens etc.) e da mão de obra envolvida na execução das atividades (qualificação, regime de trabalho, aptidão à atividade, experiência em restauração florestal etc.).

Tab. 9.2 Exemplo de planilha de controle de equipamentos, mão de obra, insumos, rendimentos operacionais e custos para implantação e manutenção de projetos de restauração florestal em área mecanizável e com a adoção de maior tecnologia possível

Atividade	Máquina/Equipamento	Rendimentos		Dose/ha	Unidade	Custos operacionais			Observações	Custo total			Repetições	Custo próprio	Margem de segurança (10%)	Custo do serviço terceirizado	
		Horas·homem/ha	Horas·máquina/ha			Horas·homem	Horas·máquina	Insumo	Insumo	Horas·homem/ha	Horas·máquina/ha	Insumo/ha				Taxa de retorno (20%)	Impostos (18%)
Implantação																	
Limpeza de área mecanizada	Trator 80 HP + roçadeira		3			10,00	60,00			R$ 0,00	R$ 180,00	R$ 0,00	R$ 1,00	R$ 180,00	R$ 200,00	R$ 250,00	R$ 304,88
Aplicação de herbicida	Trator 80 HP + pulverizador		1,5	3,5	L	10,00	60,00	20,00	Glifosato	R$ 0,00	R$ 90,00	R$ 70,00	R$ 1,00	R$ 160,00	R$ 177,78	R$ 222,22	R$ 271,00
Combate a formigas	Microporta-iscas	1		3,5	kg	10,00	60,00	7,00	Isca granulada	R$ 10,00	R$ 0,00	R$ 24,50	R$ 1,00	R$ 34,50	R$ 38,33	R$ 47,92	R$ 58,43
Subsolagem na linha de plantio	Trator de 100 HP + subsolador		3			10,00	60,00			R$ 0,00	R$ 180,00	R$ 0,00	R$ 1,00	R$ 180,00	R$ 200,00	R$ 250,00	R$ 304,88
Mudas tubetes	-			1840	Muda	10,00	60,00	0,65	1.670 + 10%	R$ 0,00	R$ 0,00	R$ 1.196,00	R$ 1,00	R$ 1.196,00	R$ 1.196,00	R$ 1.196,00	R$ 1.196,00
Plantio semi-mecanizado	Trator 65 HP/apoio	21	2	1670	Unidade	10,00	60,00	0,00	Tubete	R$ 210,00	R$ 120,00	R$ 0,00	R$ 1,00	R$ 330,00	R$ 366,67	R$ 458,33	R$ 558,94
Adubação de base	Dosador + chucho	10	1	350	kg	10,00	50	1,7	Adubo	R$ 100,00	R$ 50,00	R$ 595,00	R$ 1,00	R$ 745,00	R$ 827,78	R$ 1.034,72	R$ 1.261,86
Replantio	Trator 65 HP/apoio	2	0,25	170	Unidade	10,00	60,00	0,00	Muda	R$ 20,00	R$ 15,00	R$ 0,00	R$ 1,00	R$ 35,00	R$ 38,89	R$ 48,61	R$ 59,28
Irrigação	Trator 80 HP/tanque de irrigação	9	5	3300	L	10,00	60,00	0,00	Água	R$ 90,00	R$ 300,00	R$ 0,00	R$ 2,00	R$ 780,00	R$ 866,67	R$ 1.083,33	R$ 1.321,14
Total parcial/ha														*R$ 3.640,50*	*R$ 3.912,11*	*R$ 4.591,14*	*R$ 5.336,41*

Tab. 9.2 (Continuação)

Atividade	Máquina/Equipamento	Horas·homem/ha	Horas·máquina/ha	Dose/ha	Unidade	Horas·homem	Horas·máquina	Insumo	Observações Insumo	Horas·homem/ha	Horas·máquina/ha	Insumo/ha	Repetições	Custo próprio	Margem de segurança (10%)	Taxa de retorno (20%)	Impostos (18%)
Manutenção — 1º ano																	
Aplicação de herbicida em área total	Pulverizador costal	13	1	3,5	L	10,00	60,00	20,00	Glifosato	R$ 130,00	R$ 60,00	R$ 70,00	R$ 4,00	R$ 1.040,00	R$ 1.155,56	R$ 1.444,44	R$ 1.761,52
Coroamento	Enxada	42				10,00	60,00	0,00		R$ 420,00	R$ 0,00	R$ 0,00	R$ 1,00	R$ 420,00	R$ 466,67	R$ 583,33	R$ 711,38
Adubação de cobertura	Dosador	8	1	250,00	kg	10,00	50,00	1,70	Adubo	R$ 80,00	R$ 50,00	R$ 425,00	R$ 1,00	R$ 555,00	R$ 616,67	R$ 770,83	R$ 940,04
Controle de formiga em repasses	Microporta-iscas	1		2	kg	10,00	60,00	7,00	Isca granulada	R$ 10,00	R$ 0,00	R$ 14,00	R$ 4,00	R$ 96,00	R$ 106,67	R$ 133,33	R$ 162,60
Total parcial/ha														*R$ 2.111,00*	*R$ 2.345,56*	*R$ 2.931,94*	*R$ 3.575,54*
Manutenção - 2º ano																	
Controle de formiga em repasses	Microporta-iscas	1		2	kg	10,00	60,00	7,00	Isca granulada	R$ 10,00	R$ 0,00	R$ 14,00	R$ 2,00	R$ 48,00	R$ 53,33	R$ 66,67	R$ 81,30
Aplicação de herbicida nas entrelinhas	Pulverizador costal	12	1	2	L	10,00	60,00	17,00	Glifosato	R$ 120,00	R$ 60,00	R$ 34,00	R$ 3,00	R$ 642,00	R$ 713,33	R$ 891,67	R$ 1.087,40
Total parcial/ha														*R$ 690,00*	*R$ 766,67*	*R$ 958,33*	*R$ 1.168,70*
Total/ha														*R$ 6.441,50*	*R$ 7.024,33*	*R$ 8.481,42*	*R$ 10.080,65*

9.4 CONCLUSÃO

O conhecimento e a definição adequada dos procedimentos operacionais envolvidos na implantação e manutenção de projetos de restauração florestal são essenciais para que o restaurador possa tomar decisões conscientes sobre como seu projeto será conduzido, objetivando sucesso com custo baixo, considerando as restrições e oportunidades existentes para cada situação de restauração florestal em particular. Dessa forma, é esse conhecimento e a definição adequada dos procedimentos operacionais que possibilitam a transformação de um projeto bem concebido, sustentado no correto diagnóstico da área e posterior recomendação de um método, em um projeto bem realizado, eficiente na utilização dos recursos materiais, humanos e financeiros disponíveis no restabelecimento de florestas nativas em áreas degradadas.

A escolha e a utilização adequada de procedimentos operacionais para a restauração florestal constituem hoje um dos principais desafios para a profissionalização da atividade e a formação acadêmica de futuros restauradores. É necessário que haja maior investimento no treinamento de profissionais para a definição, implantação e gestão de projetos, indo além do estudo das bases conceituais que sustentam a compreensão dos processos ecológicos de restauração. O conhecimento das bases conceituais precisa também ser mais bem integrado à prática da restauração florestal, ou seja, a ecologia da restauração precisa ser mais bem integrada à restauração ecológica, e vice-versa, para que se tenham profissionais completos para desempenhar as atividades necessárias para chegar a projetos bem-sucedidos. Adicionalmente, é necessário que os procedimentos operacionais atualmente empregados, que foram, em sua maioria, copiados da silvicultura comercial de eucalipto e pinus, sejam agora adaptados para atender melhor às demandas específicas da restauração florestal, que têm muitas particularidades em relação à silvicultura comercial de espécies exóticas. Há imenso espaço para desenvolvimento de novas técnicas e produtos, gerando patentes e soluções inovadoras que melhorem o custo/efetividade das ações de restauração florestal, que é o grande desafio atual. Assim, é fundamental que se agreguem melhor gestão e tecnologia aos projetos de restauração, para que se possa otimizar o uso dos recursos escassos e restaurar mais e melhor com menos.

Literatura complementar recomendada

ALVES-COSTA, C. P.; LÔBO, D.; LEÃO, T. et al. *Implantando reflorestamentos com alta diversidade na Zona da Mata Nordestina*: guia prático. Recife: J. Luiz Vasconcelos, 2008. 220 p.

GONÇALVES, J. L. M.; BENEDETTI, V. (Org.). *Nutrição e fertilização florestal*. 1. ed. Piracicaba: Instituto de Pesquisas e Estudos Florestais, 2000. 427 p.

GONÇALVES, J. L. M.; STAPE, J. L. (Org.). *Conservação e cultivo de solos para plantações florestais*. 1. ed. Piracicaba: Instituto de Pesquisas e Estudos Florestais, 2002. 498 p.

GONÇALVES, J. L. M.; NOGUEIRA JÚNIOR, L. R.; DUCATTI, F. Recuperação de solos degradados. In: KAGEYAMA, P. Y.; OLIVEIRA, R. E.; MORAES, L. F. D.; ENGEL, V. L.; GANDARA, F. B. (Org.). *Restauração ecológica de ecossistemas naturais*. Botucatu: Fepaf, 2003. p. 111-163.

NAVE, A. G.; BRANCALION, P. H. S.; COUTINHO, E.; CESAR, R. G. Descrição das ações operacionais de restauração florestal. In: RODRIGUES, R. R.; BRANCALION, P. H. S.; ISERNHAGEN, I. (Org.). *Pacto para a Restauração da Mata Atlântica*: referencial dos conceitos e ações de restauração florestal. 1. ed. São Paulo: Instituto BioAtlântica, 2009. v. 1. p. 176-217.

Avaliação e monitoramento de projetos de restauração florestal

10

A restauração florestal tem apresentado uma rápida expansão no Brasil na última década, em razão, entre vários motivos, da demanda cada vez maior pela regularização ambiental das propriedades agrícolas por exigência legal e/ou de mercado, pela mitigação e compensação de impactos ambientais de obras públicas e privadas e pela atuação intensa de governos e organizações não governamentais na recuperação de ecossistemas nativos para proteger a biodiversidade e melhoria da geração de serviços ecossistêmicos. Essa expansão tem sido acompanhada por uma constante revisão dos métodos de restauração florestal, que evoluíram em alguns casos de reflorestamentos compostos predominantemente por espécies arbóreas exóticas a plantios com alta diversidade de espécies nativas regionais, incluindo também outras formas de catalisar o potencial de autorrecuperação da área a ser restaurada, tais como a condução da regeneração natural, a semeadura direta, a nucleação e a transposição de solo florestal superficial.

Parte importante dessa evolução foi possível justamente em virtude do processo contínuo de avaliação empírica dos erros e acertos dessas metodologias no tempo, que permitiu readequar os métodos anteriormente utilizados a fim de favorecer o restabelecimento de ecossistemas funcionais e ricos em espécies nativas. Adicionalmente, o avanço do conhecimento científico em restauração florestal demonstrou que o desenvolvimento de ecossistemas é um processo dinâmico e afetado por múltiplos fatores, com destaque para distúrbios naturais e antrópicos, que podem alterar a trajetória sucessional do ecossistema em recuperação ou até definir que essa trajetória permaneça estagnada ou em processo de regressão. Nesses casos, podem ser necessárias novas intervenções para assegurar que a trajetória de restauração seja corrigida a fim de conduzir o ecossistema para a condição de restaurado. Apenas o monitoramento do ecossistema em processo de restauração permitirá definir se, quando e como intervir para restabelecer uma trajetória adequada.

É justamente essa necessidade de repensar a restauração a todo instante que torna o monitoramento, talvez, a etapa mais essencial de todo o projeto de restauração ecológica, pois convida à reflexão permanente dos processos envolvidos e permite analisar continuamente como a área degradada está reagindo aos tratamentos que lhe são impostos. Da mesma forma que um paciente precisa retornar ao médico para saber se o tratamento que lhe foi recomendado está surtindo os efeitos esperados, os restauradores precisam retornar continuamente às áreas em processo de restauração para verificar se as metodologias aplicadas estão conduzindo o ecossistema degradado por uma trajetória de recuperação adequada. Diante dessa necessidade de aprimoramento e revisão constantes, metodologias podem ser melhoradas ou mesmo completamente descartadas, permitindo que novas formas de enxergar e conduzir a restauração surjam como vias alternativas.

Apesar da importância do tema, pouca atenção tem sido dada à avaliação e ao monitoramento de áreas em processo de restauração no Brasil e no mundo, havendo hoje uma grande lacuna a ser preenchida pela pesquisa e por trabalhos técnicos nesse sentido (Boxe 10.1). Parte desse problema está relacionada à forma como a restauração é interpretada tanto pelos órgãos públicos licenciadores como pelas empresas que contratam e executam serviços de restauração. Isso porque, muitas vezes, a restauração é conduzida apenas para o cumprimento de demandas específicas de regularização ambiental, de certificação ou de cumprimento de demandas de mercado, sem que haja um efetivo comprometimento com a perpetuação e a sustentabilidade ecológica dessas áreas. Nesse sentido, rotineiramente a restauração florestal é confundida com simples plantios de mudas, e a cobrança por resultados nesses projetos se restringe apenas à fase de estabelecimento inicial de um plantio, sem acompanhamento no tempo do desenvolvimento do ecossistema.

Assim, a avaliação e o monitoramento são fundamentais para redefinir a trajetória ambiental de áreas em processo de restauração nos casos em que essa trajetória está conduzindo para o declínio ou para a não sustentabilidade futura, evitando que todo o tempo e recurso investidos para a sua recuperação sejam desperdiçados em curto e médio prazo (Fig. 10.1). Devido às lacunas de conhecimento ainda

BOXE 10.1 O PROGRAMA DE MONITORAMENTO DA SOS MATA ATLÂNTICA

A escala de atuação da Fundação SOS Mata Atlântica por meio dos seus programas de restauração Clickarvore e Florestas do Futuro, ao mesmo tempo que imprime um alcance enorme das nossas atividades, resultando em áreas em processo de restauração em distintas regiões, impõe uma lógica e um racional para a gestão dos projetos. A questão que se segue é: como otimizar os esforços e recursos para atuar nessa escala? Primeiramente, essa abrangência revela o grande número de parceiros que temos e que fomentamos nos mais diferentes Estados do Bioma. Por outro lado, o acompanhamento dos projetos nessa escala de atuação exige um controle das ações, que, se não for muito bem realizado, pode levar ao insucesso dos programas de restauração e à perda de recursos e credibilidade das ações de restauração. Nesse sentido, a Fundação SOS Mata Atlântica desenvolveu um sistema de gerenciamento de informações contendo toda a base de dados dos plantios, inclusive com a localização geográfica dos projetos. É por meio desse sistema que são feitos a avaliação e a seleção de áreas, o acompanhamento de produção e a entrega de mudas até o plantio e a manutenção dos projetos de restauração, além de monitoramentos e vistorias. O acompanhamento dos projetos é realizado de diferentes formas: i) avaliação visual, pela fisionomia da floresta, por meio de padrões vegetacionais predeterminados; ii) avaliação por amostragens, em que são realizados levantamentos de parcelas nas áreas em restauração. A análise integrada dos dados por meio do sistema de gerenciamento permite um olhar mais preciso para a evolução dos plantios, resultando em avaliações de situações de risco e redefinição de ações. Dessa forma, um dos compromissos que temos com os programas de restauração da SOS Mata Atlântica é o foco no resultado para o Bioma. Com isso, vemos que nem só de avanços são traçados os caminhos percorridos pelos programas de restauração. Nesses casos, vemos que o esforço necessário à restauração muitas vezes é maior do que os inicialmente previstos e, por isso, uma gestão correta dos projetos é fundamental. A gestão dos projetos não apenas inclui a parte de planejamento e execução, utilizando técnicas adequadas à restauração, mas também exige um conhecimento das questões sociais e econômicas. Esse *know-how* tem se mostrado um dos gargalos para muitos projetos, o que nos fez refletir ainda mais sobre o papel que temos no atual cenário, em que todos estão apostando alto na restauração florestal. Para que esse mercado cresça e seja sustentável, é necessário treinamento e capacitação de pessoas. Essa tem sido uma das linhas de atuação do Centro de Experimentos Florestais SOS Mata Atlântica – Grupo Brasil Kirin.

Equipe de Restauração Florestal SOS Mata Atlântica

existentes em relação à restauração de florestas tropicais e à grande complexidade de fatores envolvidos com o sucesso desses projetos, há que se considerar que os riscos de falhas são reais e a necessidade de ações corretivas são inerentes a todo e qualquer projeto de restauração florestal, o que torna o monitoramento essencial. Como exemplo de medidas complementares a um determinado projeto de restauração já implantado, podem-se citar ações de controle de gramíneas e de árvores exóticas invasoras, de adensamento e de enriquecimento da regeneração natural, de controle de formigas, de correção da fertilidade do solo, de controle de lianas em desequilíbrio, de desbastes etc. (Fig. 10.2). Contudo, tais

ações de manejo adaptativo são pouco realizadas no dia a dia dos projetos de restauração florestal, justamente porque esses problemas não são identificados pela falta de monitoramento, pois o sucesso das fases posteriores ao estabelecimento dos métodos de restauração geralmente não é cobrado pelos órgãos fiscalizadores.

Assim, o monitoramento de uma área em processo de restauração deve conseguir identificar se a trajetória atual está levando a uma condição de ecossistema restaurado. Caso não esteja, podem ser adotadas ações corretivas, no contexto do manejo adaptativo, para o redirecionamento dessa trajetória ambiental, e o processo de monitoramento será novamente necessário para que se defina se essas medidas foram ou não efetivas. Caso não se adote essa dinâmica, a área em processo de restauração pode retornar à condição original de degradação ou desviar para a condição de ecossistema reabilitado.

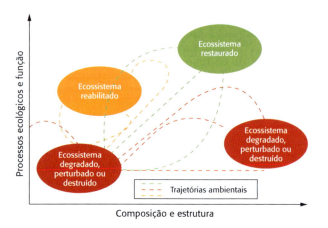

Fig. 10.1 *Em função das diferentes trajetórias ambientais condicionadas pelas intervenções realizadas em um dado ecossistema degradado, perturbado ou destruído, este poderá apresentar variações em relação à função, aos processos ecológicos, à composição e à estrutura, definindo a sua condição futura. Note-se que um mesmo ecossistema pode ser restaurado por meio de diferentes trajetórias ambientais, as quais são fundamentalmente determinadas pelos métodos de restauração adotados, pela influência da paisagem nos processos de recolonização e por alterações causadas por distúrbios naturais e antrópicos ao longo do processo*

Além disso, somente uma avaliação adequada de áreas em processo de restauração permite confirmar se o projeto técnico foi adequadamente executado, o que é fundamental quando tais iniciativas são fruto do cumprimento de termos de ajustamento de conduta ou até para avaliar e pagar o trabalho executado por uma determinada empresa prestadora de serviços de restauração. Enfim, existem diversas demandas hoje para a avaliação e o monitoramento de áreas em processo de restauração no Brasil, embora ainda pouco se pesquise sobre o assunto, justificando, dessa forma, uma reflexão dos estudiosos e dos executores de restauração para que se possam alcançar relações de maior custo-benefício e maiores chances de sustentabilidade futura dos projetos.

10.1 Conceitos aplicados à avaliação e ao monitoramento

A Ecologia da Restauração é uma ciência recente e multidisciplinar cuja aplicação prática – a restauração ecológica – possui ainda necessidades prementes de aprimoramento técnico-científico para que se alcance maior efetividade e sucesso das ações, com o menor custo possível. Em virtude disso, a avaliação e o monitoramento da restauração não são tarefas simples, pois ainda não se tem conhecimento suficiente sobre a importância relativa e os valores de referência de cada atributo ou indicador a ser medido para que uma determinada área degradada, perturbada, danificada ou destruída possa ter seus processos ecológicos recuperados e sua biodiversidade restabelecida ao longo do tempo.

Diante desse desafio, o ponto de partida é justamente definir qual o objetivo quando se vai restaurar uma determinada área, ou seja, o que se espera obter por meio das ações intencionais que desencadeiam ou aceleram a recuperação de um ecossistema em relação a sua saúde, integridade e sustentabilidade. Caso não se saiba onde se quer chegar, certamente será mais difícil saber, por meio da avaliação e do monitoramento, se a trajetória está adequada e se os condicionantes para a restauração da área estão sendo cumpridos ou não. De forma geral, deve-se considerar que a restauração do ecossistema implica que ele terá os recursos abióticos e bióticos suficientes para continuar seu desenvolvimento sem mais assistência ou subsídio do homem, com a capacidade de: 1) sustentar-se estruturalmente e funcionalmente; 2) possuir resiliência às condições naturais de estresse ambiental e perturbação; e 3) interagir com ecossistemas contíguos por meio de fluxos abióticos e bióticos e ainda promover interações culturais. Assim, é necessário estabelecer medidas que indiquem o quão próximo ou distante se está de chegar a essa condição e que ações complementares são necessárias para que a área em processo de restauração se aproxime cada vez mais da condição almejada.

Fig. 10.2 *Exemplos de problemas frequentemente apontados pelo monitoramento de áreas em processo de restauração florestal após a implantação dos métodos, e que requerem ações corretivas para a readequação da trajetória sucessional do ecossistema: (A) invasão da área por espécies exóticas (no detalhe, sub-bosque de plantio de restauração de 23 anos com alta diversidade, massivamente colonizado por* Clausena excavata*); (B) baixa disponibilidade de nutrientes no solo, como mostrado pelos sinais de deficiência nutricional em indivíduo plantado; e (C) desequilíbrio de herbívoros em um plantio de 13 anos, evidenciado nesse caso pela presença de grandes sauveiros na área em processo de restauração, limitando o recrutamento de plântulas no sub-bosque pela pressão de herbivoria exercida pelas formigas-cortadeiras*

Para determinar se esses objetivos da restauração foram ou estão sendo progressivamente atingidos é que se recorre à avaliação e ao monitoramento. A avaliação é uma medida de sucesso do projeto que será executado e, portanto, é um juízo de valor, necessitando assim de uma referência considerada como adequada ou desejável para comparação. Embora muitas vezes se pense que a avaliação seja uma simples ação de coleta padronizada de dados que deverá ser executada após a implantação do projeto de restauração, essa não é uma visão adequada da questão. Deve-se pensar na avaliação como um programa voltado a colaborar com o sucesso da restauração e que envolve vários passos antes da coleta de dados e da sua interpretação, a começar pela clara definição do objetivo do projeto (Fig. 10.3).

Os objetivos são ideias e abstrações que delimitam um conjunto de resultados possíveis e aceitáveis para um determinado projeto. Caso esses objetivos não tenham sido devidamente estabelecidos no projeto, a avaliação será pouco útil no redirecionamento do processo de restauração quando eventuais problemas forem detectados. A falta de objetivos claramente definidos no planejamento da restauração também dificulta a cobrança por resultados no caso da contratação de prestação de serviços, pois, uma vez que não se define o que se quer, qualquer resultado passa a ser aceitável. Essa falta de clareza na definição dos objetivos da restauração tem levado a muitos problemas reais e de ampla extensão, que precisam ser corrigidos em um futuro próximo (Boxe 10.2). Por exemplo, os contratos e termos de ajustamento de conduta (TAC) nunca ou raramente definem com clareza o resultado que se espera da restauração, mas sim estabelecem como o método de restauração deverá ser executado (número mínimo e período total de manutenções, adubação, espécies etc.). Se, no final do processo, uma dada empresa cumprir com essas exigências metodológicas de contrato ou TAC, mas não atingir as condições mínimas para a área continuar no processo de restauração, o projeto poderá ser aceito e dado por encerrado, apesar de não ter garantido a restauração da área. Esse raciocínio tem orientado muitas ações de restauração que, em vez de focarem o produto área restaurada, têm voltado suas ações apenas para o plantio do maior número de mudas possível, sem critério de escolha e combinação dessas espécies, muitas das quais morrem dentro de poucos anos ou não promovem os processos de regeneração natural. Analogamente, seria como contratar uma construtora para entregar um prédio habitacional focando, em contrato, apenas os materiais a serem usados e a construtora, mesmo tendo usado todos os materiais demandados, entregasse ao final do processo uma estrutura inabitável em razão de falhas de estrutura. Felizmente, várias iniciativas têm sido recentemente observadas no sentido de reverter essa situação, passando a focar

Boxe 10.2 Perspectivas para o monitoramento de áreas em restauração da Secretaria do Meio Ambiente do Estado de São Paulo

As políticas públicas devem gerar sinergia em benefício da restauração ecológica e da sociedade. Porém, como garantir que toda a energia despendida nesse processo realmente leve ao restabelecimento de ecossistemas íntegros e autossustentáveis? Longe de ser simples, tal questão tangencia cada página deste livro, mas jamais escapará de uma premissa: sem monitoramento, jamais será respondida.

Ciente disso, a Secretaria do Meio Ambiente do Estado de São Paulo (SMA) há anos promove, em parceria com pesquisadores e profissionais da área, o aprofundamento das discussões sobre por que e como monitorar os ecossistemas em restauração. Hoje, há duas situações principais para as quais o monitoramento é obrigatório em São Paulo: os casos nos quais a restauração decorre de compromissos legais relacionados à regularização, licenciamento ou infração ambiental e os projetos financiados com verba pública. Em ambas as situações, deve-se atingir certos objetivos em um determinado período de tempo. Para atestar o cumprimento efetivo dos compromissos, faz-se necessário verificar não a execução das ações propostas, mas se tais ações resultaram no restabelecimento de processos ecológicos básicos capazes de sustentar, no ecossistema, uma trajetória de restauração. Mas como definir critérios simples para avaliar sistemas complexos? Para isso recorremos aos indicadores ecológicos, que devem ser poucos, fáceis de medir, e devem representar não um, mas diversos atributos do ecossistema.

Na Resolução SMA 32/2014 foram consolidados três indicadores: a) cobertura; b) densidade de regenerantes; c) riqueza de regenerantes. São indicadores que, na superfície, olham para a vegetação, mas trazem respostas subjacentes sobre funções como ciclagem de nutrientes, interceptação de chuvas e hábitat para a fauna e sobre serviços ecossistêmicos como conservação de solo, água e biodiversidade.

Para comparar os resultados obtidos com os esperados em cada projeto, a SMA padroniza um protocolo de monitoramento para a aferição (ver Portaria CBRN 01/2015). Cabe ao restaurador identificar, primeiramente no dia a dia de campo e, posteriormente, por meio da aferição dos indicadores, se algo não vai bem no andamento do projeto e prontamente realizar as ações corretivas necessárias. Todas as etapas, desde a delimitação e o diagnóstico da área, passando pela metodologia e pelas ações propostas, até o monitoramento, devem ser registradas no Sistema informatizado de Apoio à Restauração Ecológica (Sare).

Com esse arranjo normativo/legal, espera-se incremento da efetividade dos esforços de campo, maior eficiência das diversas técnicas de restauração e consequente otimização de custos, além de uma maior compreensão do público sobre o funcionamento dos ecossistemas.

Garantir que a restauração contemple o restabelecimento de processos ecológicos fundamentais é uma responsabilidade do poder público e da sociedade. A Constituição Federal assim determina. As futuras gerações devem ter esse direito assegurado. Cabe a todos nós consolidar e continuamente aprimorar as ferramentas para dar efetividade a esse desígnio.

Rafael Barreiro Chaves (rafaelbc@ambiente.sp.gov.br), diretor do Centro de Restauração Ecológica,
Secretaria do Meio Ambiente do Estado de São Paulo

mais os resultados do processo de restauração do que a forma como esse resultado é atingido.

Cabe ressaltar que os objetivos de um projeto de restauração são diferentes daqueles das ações de manutenção do projeto. Quando se trata de objetivos de restauração, o importante é saber como se encontra a trajetória ecológica da área e se o processo está avançando da forma como foi previsto no projeto. No caso de manutenção do projeto, o importante é definir procedimentos operacionais que visem aumentar as chances de sucesso de implantação da técnica de restauração inicialmente definida como a mais adequada para aquela condição de degradação. Além disso, na realização de ações de manutenção, não são necessários valores de descritores de ecossistemas de referência para comparação e análise dos resultados, mas apenas parâmetros técnicos específicos e recomendações usuais para diagnosticar se os procedimentos operacionais adotados estão produzindo resultados adequados. Por exemplo, na fase de manutenção, pode-se verificar a necessidade de controle de gramíneas para favorecer a regeneração natural ou mudas plantadas, replantio de mudas, correção de deficiências nutricionais, controle de formigas-cortadeiras etc., havendo a necessidade de decisões rápidas para não comprometer o sucesso do projeto. Não há nesses casos valores de referência determinados pelo ecossistema que se quer restaurar e que é usado como referência. É óbvio que essa fase inicial de implantação de ações de restauração influi diretamente no sucesso do projeto, mas trata-se de uma dinâmica completamente diferente de definição de parâmetros a serem avaliados e de tomada de decisão do que deve ser adotado no monitoramento da restauração. Assim, na fase de implantação da técnica de restauração, devem ser concentrados esforços na manutenção adequada da área, ao passo que, no momento em que essas ações já foram estabelecidas – por exemplo, um reflorestamento que já não demanda intervenções de manutenção, cerca de três anos após o plantio, ou uma área em que a regeneração natural foi conduzida e já deu origem a uma estrutura florestal –, inicia-se a fase de monitoramento para acompanhar a trajetória que essa área vai desenvolver no tempo.

Dando continuidade à discussão da importância dos objetivos no contexto de um projeto de restauração, é com base na definição desses objetivos que se define um plano de avaliação, que consiste no estabelecimento de medidas de sucesso dos padrões e processos ecológicos que indicam a evolução do projeto como um todo. Esse plano de avaliação deve apre-

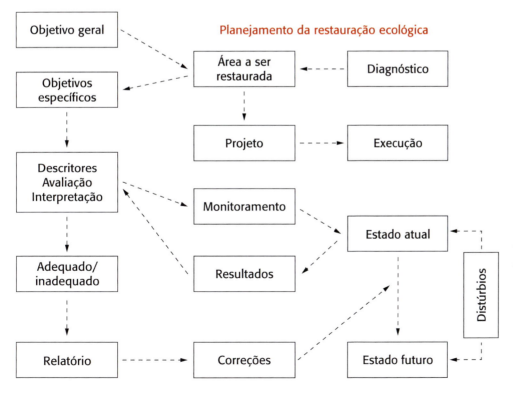

Fig. 10.3 *Principais etapas do processo de planejamento da restauração ecológica, incluindo a avaliação e o monitoramento no conjunto de atividades que visam direcionar a área em processo de restauração para uma trajetória de sucesso em termos de restabelecimento de níveis de composição, estrutura e funcionamento similares aos do ecossistema eleito como referência*

sentar quais indicadores (variáveis cuja finalidade é medir alterações no tempo em um fenômeno ou processo) e metas (objetivos específicos de um projeto, mensuráveis e com prazos para serem atingidos) serão utilizados. Em restauração ecológica, devem ser escolhidas variáveis ou indicadores que podem ser aferidos com facilidade e precisão para o monitoramento das alterações da área em restauração ao longo de sua trajetória para o estado almejado. Já as metas são conjuntos de estados de um dado indicador ou variável, estabelecidos com base nos níveis de funcionamento e diversidade esperados para o ecossistema em restauração, que são interpretados como resultados desejáveis ou como sucesso da restauração (Fig. 10.4).

Cabe ressaltar aqui que os objetivos e metas de um projeto ou programa de restauração florestal podem ir muito além dos aspectos ecológicos. Conforme discutido adiante, um projeto de restauração pode e deve incluir diversos objetivos socioeconômicos, tais como geração de trabalho e renda, serviços ecossistêmicos e bem-estar para a sociedade, ou mesmo objetivos meramente legais, visando ao cumprimento de padrões mínimos estabelecidos por legislações específicas da área, como a recuperação de determinada faixa de vegetação nativa nas margens de um rio.

Definido o plano de avaliação da área, passa-se à fase de monitoramento, que consiste na observação e no registro regular das atividades de um projeto ou programa para verificar se seus objetivos estão sendo atingidos de forma satisfatória, nos prazos esperados. Em outras palavras, o monitoramento consiste na coleta de dados sobre os indicadores para verificar se os objetivos e metas em cada etapa da restauração estão sendo atingidos. O monitoramento pode ser feito uma única vez ou várias vezes, dependendo do programa de avaliação estabelecido no projeto inicial ou de demandas que surjam após a sua implantação. Nem sempre os indicadores usados nos monitoramentos sucessivos serão os mesmos, visto que os processos ecológicos que se quer descrever podem ainda não ter se expressado em um dado monitoramento ou podem não ter a mesma importância relativa em um determinado momento para a definição de sucesso da restauração (Fig. 10.5).

Com base nos dados do monitoramento é que se realiza a avaliação final do projeto, que consiste no julgamento do sucesso do projeto com base no confronto dos resultados obtidos com a aplicação dos indicadores escolhidos no monitoramento com as metas estipuladas e o objetivo geral do projeto. Percebe-se, dessa maneira, que, apesar de avaliação e monitoramento serem palavras comumente usadas

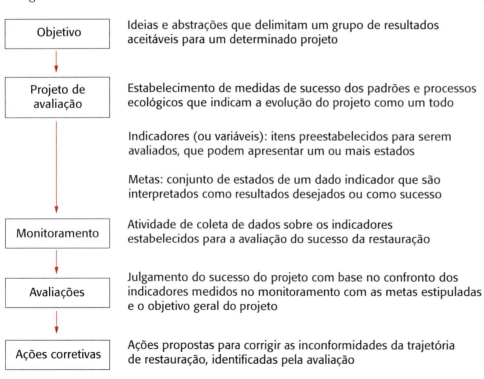

Fig. 10.4 *Síntese dos conceitos aplicados à avaliação e ao monitoramento de projetos de restauração ecológica*

como sinônimos, elas representam conceitos distintos em termos técnicos. Enquanto a avaliação é um julgamento ou um juízo de valor sobre o sucesso ou insucesso do processo de restauração que está em curso, o monitoramento é uma constatação e representa a coleta orientada de dados sobre indicadores preestabelecidos que permitem descrever o estado atual de uma área e, assim, possibilitar que se faça uma avaliação sobre ela. Com base nos resultados do monitoramento é que são propostas medidas de restauração para corrigir as inconformidades identificadas pela avaliação, o que tem sido chamado de *manejo adaptativo* ou *ações corretivas*.

Por exemplo, um dos objetivos do projeto pode ser restabelecer a regeneração natural de espécies nativas no sub-bosque de uma dada área em processo de restauração. Como a comunidade regenerante é composta por indivíduos, a densidade de indivíduos regenerantes pode constituir um indicador. Esse indicador apresenta valores contínuos, mas, para facilitar a interpretação, os valores obtidos poderiam ser agrupados em três possíveis estados: reduzido, médio ou elevado número de indivíduos regenerantes. Então, para que a restauração atinja o funcionamento adequado, não se pode ter um *reduzido* número de indivíduos regenerantes, de forma que os estados *médio* e *elevado* serão considerados como metas a serem atingidas. Após coletados os dados (monitoramento), se os resultados do indicador forem *médio* ou *elevado*, então se considerará que a meta desejada foi atingida (avaliação). Caso os resultados indiquem regeneração *reduzida*, ações corretivas deverão ser tomadas para que, em um futuro próximo, um novo monitoramento indique que a área tenha tido aumento da densidade de regenerantes, passando para os estados de regeneração média ou elevada.

Um programa de avaliação e monitoramento envolve, assim, vários passos a serem definidos na fase de projeto, tais como: 1) escolha de indicadores; 2) definição dos critérios para a interpretação dos pos-

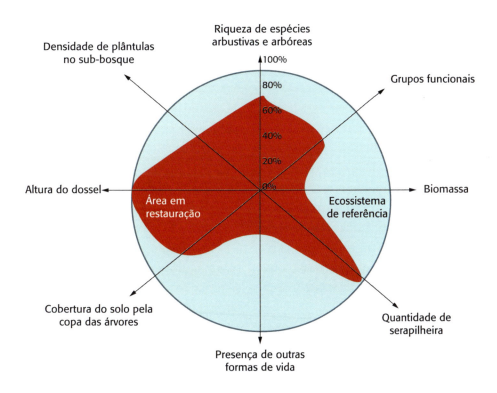

Fig. 10.5 *Ilustração do resultado do monitoramento de um projeto de restauração florestal ainda jovem mostrando que cada indicador ecológico possui uma dinâmica própria, de forma que apenas indicadores com capacidade de medir alterações importantes na trajetória de restauração da área, no momento em que o ecossistema é monitorado, devem ser considerados. A linha externa (azul) da figura representa os estados que cada indicador possui no ecossistema de referência, ao passo que a linha interna (vermelha) representa os estados de cada indicador na área em processo de restauração*

síveis resultados apresentados e esperados por cada indicador; 3) definição de como cada indicador será medido, incluindo nisso o método de amostragem, coleta e análise de dados; 4) definição do que será considerado como sucesso geral ou não da restauração (metas), para todos os indicadores escolhidos; e 5) definição de um cronograma de monitoramento, ou seja, de coleta de dados dos indicadores. Os passos posteriores do programa de avaliação são realizados após a implantação do projeto, ou seja, executa-se a coleta de dados, interpretam-se os resultados de acordo com os critérios preestabelecidos e, por fim, definem-se e executam-se as ações corretivas que se fizerem necessárias. No entanto, pode-se ainda definir *a priori* um conjunto de ações corretivas específicas para corrigir cada um dos indicadores que apresentaram resultados insatisfatórios.

Após a coleta de dados em um certo momento da restauração, muitos dos indicadores podem mostrar resultados favoráveis, enquanto outros, ao contrário, podem mostrar resultados insatisfatórios ou não desejados. Essa é uma situação comum esperada, uma vez que a restauração florestal depende de muitos processos naturais que interagem de forma complexa e não necessariamente resultam em uma trajetória linear para todos os indicadores avaliados, mesmo porque as áreas em restauração estão sujeitas a distúrbios naturais, que podem retardar ou mesmo desviar a trajetória esperada de restauração mesmo que o restaurador tenha feito tudo o que estava ao seu alcance para que a restauração fosse bem-sucedida. No geral, a estrutura da comunidade florestal é um dos atributos mais rapidamente recuperados, ao passo que a composição e o funcionamento são recuperados com maior dificuldade e mais lentamente.

Dessa maneira, uma vez que vários indicadores estão sendo usados simultaneamente, será necessário definir quais serão considerados mais críticos em cada momento do monitoramento para garantir a autoperpetuação e a evolução do ecossistema, devendo ser esses os que irão ter maior peso na definição global de se houve ou não o sucesso esperado na fase atual da restauração. Por exemplo, usando-se dez indicadores para avaliar, após três

anos, os resultados observados em uma área em que se plantaram espécies arbóreas para restaurar uma floresta, seria possível concluir que em nove indicadores os resultados foram os esperados. Por exemplo, eles descrevem que a floresta, depois de três anos, já possui um dossel contínuo, que o solo está recoberto pelo dossel e protegido contra a erosão, que o crescimento das árvores foi muito favorável e a mortalidade foi mínima. Todavia, o resultado encontrado para um dado indicador pode não ter sido o esperado. Por exemplo, o incremento de novas espécies vegetais, arbóreas e de outras formas de vida, além daquelas que foram inicialmente plantadas, pode ter sido muito reduzido, mesmo existindo um fragmento florestal próximo. Assim, considerando que a restauração tem apenas três anos, não se pode assumir nesse momento que esse pequeno ingresso de novas espécies seja um fator que irá retardar ou impedir a evolução futura da restauração, e, portanto, esse indicador não pode ter, nessa fase do processo, a mesma importância que os outros indicadores na definição geral do sucesso atual da restauração. No entanto, a caracterização da comunidade regenerante deverá ser um dos elementos mais importantes nas fases futuras da restauração, pois permite diagnosticar a sustentabilidade ecológica de áreas em que a fisionomia florestal já foi restabelecida.

10.2 Indicadores para avaliação e monitoramento de áreas em processo de restauração

Conforme já discutido no Cap. 3, que discorre sobre a importância das características do ecossistema de referência para o planejamento das ações de restauração, cada tipo de ecossistema a ser restaurado terá metas particulares para serem atingidas. Isso torna impossível a definição de modelos de avaliação e monitoramento universais, que se apliquem a uma ampla gama de ecossistemas ou mesmo para diferentes formações florestais.

Diferentes metodologias de avaliação e monitoramento também podem ser necessárias para um mesmo tipo de ecossistema em função do objetivo dessa avaliação e monitoramento e do público que se espera atender com esse trabalho. Cabe ressaltar aqui que o universo de indicadores que podem ser avaliados em projetos de restauração é excessivamente extenso, podendo-se medir, por exemplo, a riqueza, a diversidade e a densidade de espécies nativas, a cobertura da área, a biomassa, a invasão biológica, a chuva e o banco de sementes, a fenologia das espécies plantadas, a diversidade genética dos indivíduos e o fluxo gênico, os serviços ecossistêmicos e a interação planta-animal. Diante dessa complexidade de possíveis indicadores que podem ser avaliados em uma área em processo de restauração, dependendo do objetivo e do público para o qual os resultados do monitoramento serão apresentados, esses indicadores devem ser escolhidos de forma a atender melhor esses quesitos e reduzir os custos associados ao processo.

Por exemplo, quando se trata da apresentação dos resultados de um projeto de restauração para a comunidade que vive no entorno da área, ou mesmo como forma de promoção das ações ambientais de uma determinada empresa, certamente um relatório rico em informações científicas, com muitos gráficos e análises, não seria adequado, justificando-se, nesses casos, um relatório fotográfico temporal e focado principalmente em indicadores de fácil entendimento para o público em geral. Quando o objetivo for a fiscalização de uma dada área em restauração pelo poder público, os indicadores devem ser focados para demonstrar resultados apenas, de forma clara e didática, sem qualquer perspectiva de indicação de ações corretivas, já que, com isso, se assumiria a responsabilização técnica do projeto, que não deve ser a função da fiscalização. Por outro lado, quando o objetivo do monitoramento for a identificação de trajetória não desejável, os indicadores escolhidos deverão permitir a definição de ações corretivas, reconduzindo o projeto para uma trajetória de sucesso. Já quando a avaliação e o monitoramento são demandados por empresas que contratam serviços de restauração, o foco principal deve ser uma avaliação de qualidade dos serviços prestados e da evolução da área em restauração visando a uma sustentabilidade futura, após o fim dos serviços contratados. Não obstante, a percepção dos atores envolvidos no processo de restauração com relação à evolução temporal da área seria também um importante indicador de monitoramento, embora isso raramente seja incluído nos projetos, talvez pelo seu caráter fortemente empírico.

Para facilitar o planejamento da avaliação e do monitoramento, podem-se utilizar divisões didáticas do processo de restauração, detalhadas nos itens a seguir.

10.2.1 Possibilidades de medição ou de coleta do indicador

A grande variedade de indicadores possíveis de serem medidos ou coletados em áreas em processo de restauração implica a necessidade de uso de uma também elevada variedade de métodos para a medição e coleta desses indicadores. Cada um desses métodos terá suas particularidades metodológicas, de aferição, de sensibilidade, de forma de obtenção dos dados, de rendimento operacional e de custos associados, cabendo ao responsável pelo planejamento da restauração e pelo processo de avaliação e monitoramento decidir quais indicadores serão avaliados e, ainda, como eles serão medidos ou coletados no campo. De forma geral, os indicadores que são obtidos por meio da medição e coleta de dados podem ser agrupados em indicadores quantitativos e indicadores qualitativos.

Indicadores qualitativos

Os indicadores qualitativos são aqueles obtidos de forma não mensurável, com base na observação e julgamento do observador. Tais indicadores são utilizados normalmente de forma abstrata e subjetiva, sem que haja parâmetros descritivos claros. Por exemplo, a ocorrência de processos erosivos pode ser categorizada em escalas de alta, média ou baixa intensidade com base na observação visual da área pelo avaliador. Embora a intensidade de processos erosivos possa ser objeto de uma avaliação quantitativa, esta é difícil, demorada e muito custosa de ser realizada em termos práticos. Além disso, pode-se verificar visualmente com certa segurança se a área apresenta problemas de conservação de solos, sendo que o mais complicado é quantificar a intensidade desse problema na área. Outro exemplo é a avaliação dos serviços ecossistêmicos culturais, a qual depende da percepção das pessoas em relação aos benefícios da restauração ecológica. Sendo assim, tais serviços não podem ser objetivamente avaliados, mas poderiam ser qualitativamente diagnosticados usando-se, por exemplo, questionários semiestruturados.

Uma forma interessante de utilizar avaliações qualitativas seria executá-las segundo uma ordenação hierárquica dos indicadores. Nela se estabelece uma sequência lógica e uma ordem de importância entre os diferentes indicadores qualitativos selecionados para avaliar a área em questão, de forma que só se passa a coletar dados de um próximo indicador caso a área tenha sido aprovada qualitativamente no indicador anterior. Esse procedimento tem a vantagem de não desperdiçar esforços na avaliação quantitativa, que é mais trabalhosa e onerosa, principalmente de áreas que apresentam problemas graves evidentes, nas quais não seria necessário avaliar uma série de indicadores para diagnosticar que em um futuro próximo a restauração não seria atingida (Fig. 10.6).

Indicadores quantitativos

Os indicadores quantitativos são aqueles que se valem da mensuração de determinados descritores da área em processo de restauração, tais como altura média dos indivíduos, densidade de indivíduos regenerantes, riqueza e diversidade de espécies, mortalidade etc. Os indicadores quantitativos permitem muitas possibilidades de análise dos resultados obtidos. Uma maneira interessante de análise é promover o agrupamento dos resultados numéricos de um dado indicador em classes de valores, atribuindo-se notas a cada classe, que podem ser relacionadas com valores de referência previamente estabelecidos (Tab. 10.1).

Outra possibilidade é o estabelecimento de diferentes níveis de importância dos indicadores quantitativos para a efetividade da restauração, permitindo atribuir diferentes pesos a esses indicadores, criando grupos de indicadores com alta, média e baixa importância para o sucesso da restauração (Tab. 10.2). A integração das notas obtidas em cada indicador com seus respectivos pesos permite atribuir uma nota final para a área em processo de restauração (Tab. 10.3) e, consequentemente, obter a comparação entre áreas.

Essas estratégias de análise de indicadores quantitativos reduzem a interferência do avaliador nos resultados e possibilitam uma maior replicabilidade de um dado método de monitoramento, conferindo maior segurança e transparência ao processo, que passa a se basear em valores numéricos obtidos na área em restauração, em vez de avaliações qualitativas de grande subjetividade, suportadas em opiniões pessoais. Por meio da obtenção de indicadores quantitativos, é possível também a comparação estatística de diferentes áreas ou modelos, o que reduz ainda mais a parcialidade da avaliação.

Fig. 10.6 *Exemplos de problemas graves em projetos de restauração florestal que são facilmente diagnosticados de forma qualitativa: (A) reflorestamento não isolado do gado; (B) reflorestamento implantado em área com evidentes problemas de compactação e conservação de solos, os quais certamente limitarão o desenvolvimento da vegetação; e (C) grandes trechos abertos em área reflorestada resultantes do baixo desenvolvimento dos indivíduos plantados, pelo fato de terem sido definidas espécies típicas do ambiente ripário ou ciliar (jenipapo,* Genipa americana*; ingá,* Inga vera*; e sangra-d'água,* Croton urucurana*) para recuperação do ambiente de Cerradão*

Para que se adote um método quantitativo de avaliação de uma área em restauração, é necessário primeiramente definir quais indicadores serão utilizados para caracterizar a área. A falta de definição de bons indicadores quantitativos em modelos de avaliação e monitoramento dá margem a uma série de problemas que são frequentemente observados na prática. Por exemplo, na ausência de indicadores quantitativos, se uma mesma área em processo de restauração for apresentada a diferentes avaliadores, diferentes resultados poderão ser observados, dando insegurança técnica à tomada de decisão. Isso ocorre porque cada pessoa avalia qualitativamente uma área em restauração sob uma ótica distinta e de forma intimamente ligada às suas experiências pessoais, sem que essa visão esteja necessariamente amparada na realidade de campo. No entanto, é dessa forma que muitos órgãos ambientais ainda monitoram projetos. Alguns atributos da área em restauração são praticamente impossíveis de serem descritos qualitativamente, necessitando de uma abordagem quantitativa na coleta, de forma que não se obtém uma avaliação segura da área se esta não for baseada em dados numéricos coletados. Nesse sentido, relatórios fotográficos não contribuem com o monitoramento de indicadores quantitativos, apenas ilustram momentos de uma área em restauração.

10.2.2 Atributos avaliados do ecossistema em restauração florestal

Diferentes componentes do ecossistema podem ser medidos para estimar seu potencial de restabelecimento da composição, estrutura e processos ecológicos. Conforme já mencionado, há uma grande quantidade de indicadores que podem ser utilizados para diagnosticar se a área em questão já atingiu os valores esperados, de alguns ou de todos os indicadores, em relação à referência. Contudo, dadas as dificuldades operacionais de utilizar um grande número de indicadores, muitos dos quais de difícil obtenção de dados, os modelos de avaliação e monitoramento de áreas em processo de restauração têm se utilizado, na prática, de um número de indicadores mais restrito, buscando aqueles indicadores de síntese, que expressam melhor o atributo escolhido para avaliar a comunidade em restauração.

De forma geral, a maioria dos estudos de avaliação do sucesso das iniciativas de restauração florestal tem focado a avaliação da composição, estrutura e dinâmica – também referida como pro-

Tab. 10.1 Exemplo de pontuações possíveis de cada indicador ecológico avaliado com base em critérios recomendados para áreas em processo de restauração com idade de um a dois anos nas quais o plantio de mudas em área total foi adotado como método de restauração

Indicador	Critério	Pontuação
Riqueza média de espécies arbustivas e arbóreas	< 30	0
	de 30 a 59	1
	de 60 a 79	2
	≥ 80	3
Diversidade (H')	abaixo de 1,0	0
	entre 1,1 e 2,0	1
	entre 2,1 e 3,0	2
	> 3,0	3
Presença de espécies arbustivas e arbóreas exóticas invasoras	presença	0
	ausência	3
Presença de espécies arbustivas e arbóreas exóticas (não regionais ou de outros países)	presença	0
	ausência	3
Presença de espécies arbustivas e arbóreas ameaçadas de extinção	presença	3
	ausência	0
Altura média das mudas plantadas	< 0,5 m	0
	entre 0,6 m e 1,0 m	1
	entre 1,1 m e 1,5 m	2
	> 1,5 m	3

Tab. 10.1   (Continuação)

Mortalidade após replantio	> 10%	0
	entre 5,1% e 10,0%	1
	entre 3,1% e 5,0%	2
	< 3%	3
Cobertura de copa	< 20%	0
	entre 20% e 50%	1
	entre 50% e 80%	2
	> 80%	3
Cobertura de gramíneas invasoras	> 30%	0
	entre 20% e 30%	1
	entre 10% e 19%	2
	< 10%	3
Distribuição ordenada das mudas no campo por meio de grupos de plantio (ex.: preenchimento e diversidade)	houve	3
	não houve	0

cessos ecológicos ou funcionamento – da comunidade vegetal, justamente em virtude de a maioria dos processos de restauração estar intrinsecamente relacionada com a vegetação. Sendo assim, serão descritos neste item os principais indicadores relacionados ao desenvolvimento da comunidade vegetal e sua possível interação com o restabelecimento da biota e dos serviços ecossistêmicos. Embora a avaliação da comunidade vegetal possa ser didaticamente separada em relação aos atributos estrutura, composição, funcionamento e serviços ecossistêmicos, cada um desses atributos possui elevada interdependência entre si. Por exemplo, a estrutura da vegetação é resultante justamente das características das espécies que compõem a restauração. Caso se utilizem espécies de pequeno/médio porte, certamente o dossel terá uma altura menor e será menos estratificado. A estrutura também é dependente do funcionamento, pois, se os processos ecológicos não forem restabelecidos, a ocupação do sub-bosque e a perpetuação do dossel ficarão comprometidas. Por sua vez, o funcionamento também afetará diretamente a composição de espécies da área restaurada, pois as espécies plantadas ou já presentes na regeneração só permanecerão na vegetação caso os processos ecológicos relacionados com a reprodução dessas espécies (polinização, dispersão de sementes e outros) forem restabelecidos.

Tab. 10.2   Exemplo de agrupamento e ponderação de indicadores ecológicos em graus de importância para o sucesso da restauração, considerando o monitoramento de plantios de restauração

Grau de importância	Indicador	Critério	Peso
Alto	- Riqueza de espécies; - Diversidade; - Cobertura de copa; - Cobertura de gramíneas; - Mortalidade das mudas plantadas; - Presença de espécies exóticas invasoras; - Distribuição ordenada das mudas no campo por meio de grupos de plantio.	Podem comprometer todo o plantio da área restaurada em curto prazo e são de difícil correção.	3
Médio	- Presença de espécies exóticas não invasoras; - Altura das mudas plantadas.	Podem comprometer o plantio da área restaurada em médio prazo e podem ser corrigidos.	2
Baixo	- Presença de espécies incluídas em algum nível de ameaça de extinção.	Não comprometem o plantio, mas são indicadores positivos e, por isso, devem ser valorizados.	1

Tab. 10.3 Tabela diagnóstica de uma área hipotética em processo de restauração apresentando as notas obtidas em cada parâmetro, a ponderação dessas notas por seus respectivos pesos e a nota final do projeto. Essas notas podem ser comparadas a uma nota final máxima que seria obtida por um projeto ideal

Parâmetros avaliados	Peso (grau de importância)	Nota máxima do indicador	Nota obtida do indicador	Nota final máxima	Nota final obtida
Comunidade implantada: diversidade e florística					
- Riqueza de espécies	3	3	2	9	6
- Diversidade média	3	3	3	9	9
- Presença de espécies exóticas invasoras	3	3	1	9	3
- Presença de espécies exóticas não invasoras	2	3	0	6	0
- Presença de espécies ameaçadas de extinção	1	3	0	3	0
Comunidade implantada: estrutura					
- Mortalidade das mudas plantadas	3	3	3	9	9
- Altura média das mudas plantadas	2	3	2	6	4
- Cobertura de copa	3	3	2	9	6
- Cobertura de gramíneas	3	3	1	9	3
- Distribuição orientada dos grupos de plantio	3	3	3	9	9
				78	49

Estrutura

A estrutura da área em processo de restauração diz respeito à forma como a comunidade vegetal está organizada espacialmente, tanto no plano horizontal como vertical. Diferentes indicadores podem ser usados para caracterizar esse atributo, tais como a altura média do dossel, a presença de indivíduos emergentes, o número de estratos verticais, a cobertura do solo pela copa das árvores, a estrutura do sub-bosque, a densidade total de indivíduos, a cobertura de gramíneas etc.

Composição

A composição da vegetação em processo de restauração diz respeito às espécies que integram a comunidade vegetal e aos possíveis agrupamentos que podem ser formados com essas espécies em resposta às suas características funcionais, que expressam o papel que essas espécies exercem nos processos ecológicos da área. Diferentes indicadores podem ser medidos para caracterizar esse atributo, por exemplo: a riqueza de espécies nativas regionais plantadas ou regenerantes, a riqueza de árvores exóticas invasoras e não invasoras, os dife-

rentes grupos funcionais em que as espécies estão agrupadas – como em relação às diferentes formas de vida (árvores, arvoretas, arbustos, herbáceas, lianas, epífitas, parasitas), ao grupo sucessional (pioneiras, secundárias e clímaces), ao grupo de plantio (recobrimento e diversidade), à perda foliar (perenifólias, caducifólias e semicaducifólias), à síndrome de polinização (zoofilia e subsíndromes referentes aos diferentes tipos de animais, anemofilia, hidrofilia), à síndrome de dispersão de sementes (zoocoria, anemocoria, barocoria, hidrocoria etc.), às espécies-chave para a fauna, às fixadoras de nitrogênio, ao período de disponibilização de recursos e assim por diante.

Funcionamento

O funcionamento da área em processo de restauração diz respeito ao restabelecimento dos processos ecológicos que permitirão conduzir a área em restauração para uma condição de autoperpetuação da comunidade vegetal. Diferentes indicadores podem ser medidos para caracterizar esse atributo, tais como a mortalidade dos indivíduos na comunidade, o recrutamento de indivíduos, a herbivoria, a predação de sementes, a fenologia, a polinização, a frutificação, a dispersão de sementes, a chuva de sementes, o recrutamento, o fluxo gênico, a sucessão secundária, a ciclagem de nutrientes, o restabelecimento da fauna, o acúmulo de biomassa e assim por diante.

Serviços ecossistêmicos

Os serviços ecossistêmicos da área em processo de restauração dizem respeito aos benefícios para as populações humanas que são gerados pelo restabelecimento dos processos ecológicos. De acordo com o Millennium Ecosystem Assessment (2005), os benefícios gerados pelos serviços ecossistêmicos podem ser agrupados nas categorias: 1) produção – são bens produzidos ou aprovisionados pelos ecossistemas, tais como alimento, água doce, lenha, fibras, recursos genéticos, produtos farmacêuticos e de uso em medicina natural, recursos ornamentais etc.; 2) regulação – são benefícios obtidos pela regulação dos processos do ecossistema, tais como purificação da água, polinização de cultivos agrícolas, regulação do clima e das cheias, controle de erosão, de doenças, de pragas e de riscos ambientais etc.; 3) culturais – são benefícios sociais e psicológicos gerados à sociedade pela interação com ecossistemas naturais, tais como valores estéticos e educativos, geração de conhecimentos, recreação, inspiração, ecoturismo e agroturismo, diversidade cultural, valores espirituais e religiosos, relações sociais etc.; 4) suporte – serviços necessários para a produção de todos os outros serviços, tais como a formação de solo, a fotossíntese, a produção primária, a ciclagem de nutrientes etc.

10.2.3 Classificação quanto à época em que o indicador deverá ser avaliado

A avaliação e o monitoramento de cada indicador são diretamente dependentes do estágio de maturação em que a área em processo de restauração se encontra, pois determinados processos ecológicos e atributos funcionais só se expressarão na área a partir de um determinado período. Assim, é fundamental que se inclua o fator tempo na definição da expectativa associada aos resultados a serem atingidos em cada indicador. Seria, por exemplo, difícil avaliar a oferta completa de recursos a aves frugí-

voras em reflorestamentos jovens, quando a maioria dos indivíduos plantados nem sequer atingiu a idade reprodutiva. De forma semelhante, a colonização do sub-bosque de reflorestamentos inseridos em paisagens de reduzida cobertura florestal poderá apenas ocorrer após os indivíduos plantados desse estrato chegarem à idade reprodutiva, devido à reduzida chegada de propágulos de fragmentos florestais do entorno, ao passo que, em áreas imersas em paisagens mais favoráveis, espera-se que essa colonização ocorra mais precocemente. Nesse sentido, o momento de medição da comunidade regenerante do sub-bosque pode ser diferente dependendo da paisagem em que a área em processo de restauração está inserida e, consequentemente, da expectativa (valores de referência) que se tem de surgimento e desenvolvimento dessa comunidade.

De forma geral, tanto o atributo de funcionamento como o de serviços ecossistêmicos demandam um período maior para serem restabelecidos e, em razão disso, o planejamento da avaliação e monitoramento das áreas em processo de restauração precisa considerar o momento ideal para a obtenção e coleta dos indicadores relacionados a esses atributos. Assim, cada fase do processo de restauração possui indicadores específicos a serem avaliados ou com maior peso no processo de avaliação e monitoramento.

Avaliação e monitoramento na fase de implantação do projeto de restauração

Conforme discutido anteriormente, essa fase corresponde mais ao acompanhamento da implantação das ações operacionais do que propriamente ao monitoramento da trajetória de restauração, que busca garantir a perpetuação da área no tempo. Essa fase inicial pode ser dividida em duas subfases: 1) uma que abrange os três primeiros meses pós-implantação das ações de condução da regeneração natural, ou pós-plantio e pós-semeadura, quando as avaliações devem ser realizadas em intervalos curtos (quinzenais ou mensais) por ser uma fase crítica e que exige rápida tomada de decisão para ações corretivas; 2) outra em que as avaliações passam a ser mais espaçadas no tempo, por exemplo, a cada três meses.

São medidos nessa fase indicadores como condições do solo/substrato em termos de processos erosivos, cobertura vegetal do solo, cobertura da área por gramíneas invasoras (identificação da espécie predominante, avaliação da porcentagem de cobertura do solo e da altura média das gramíneas), profundidade da cova (nos casos de plantio), identidade taxonômica, altura e cobertura dos indivíduos regenerantes, plantados ou germinados, taxa de mortalidade, índices de herbivoria, de deficiência de nutrientes nos regenerantes ou nas mudas e densidade dos indivíduos regenerantes ou plantados (Fig. 10.7).

Avaliação e monitoramento na fase de trajetória ecológica do projeto de restauração

Nessa fase deve-se priorizar o uso de indicadores que possibilitem descrever a trajetória de restauração de uma dada área, com o propósito de que esses indicadores sustentem uma possível tomada de decisão sobre a recomendação de ações corretivas imediatas ou apenas a continuidade do monitoramento permanente da área, garantindo que a trajetória conduza a área em restauração para a sustentabilidade ecológica. Essa fase se inicia no momento em que não são mais necessárias intervenções intensivas de manutenção da área na fase inicial, pois a vegetação já está desenvolvida o suficiente, com recobrimento adequado da área, a ponto de garantir a continuidade do processo sucessional sem requerer, para isso, grandes intervenções. Nessa fase, são avaliados principalmente os indicadores que permitem inferir sobre os processos ecológicos, com destaque para a avaliação dos regenerantes naturais jovens que porventura surgirem no interior das áreas em restauração, pois o ambiente florestal só se perpetuará caso o dossel seja continuamente refeito e seja agregada, com o tempo, diversidade taxonômica e funcional à comunidade. Assim, os indivíduos de espécies pioneiras, em curto prazo, e os indivíduos de espécies mais tardias da sucessão, em médio e longo prazo, devem ser gradativamente substituídos por indivíduos oriundos da regeneração natural, sejam eles estabelecidos por meio dos indivíduos plantados ou regenerantes na área, sejam vindos dos fragmentos remanescentes na paisagem.

Fig. 10.7 *Exemplos de indicadores medidos na fase de acompanhamento: (A) avaliação da cobertura de gramíneas em área na qual será conduzida regeneração natural e (B) crescimento das mudas plantadas*

A comunidade vegetal em fase avançada de restauração já pode, então, ser avaliada em relação a seus aspectos fisionômicos, tal como pela estratificação (presença ou não de estratos da floresta), pela chegada de outras formas de vida (levantamento florístico das espécies não arbóreas colonizadoras e seus hábitos de vida), pela comunidade regenerante jovem no interior da floresta (densidade e riqueza), pela cobertura de gramíneas, pela ciclagem de nutrientes, pelo acúmulo de biomassa e pelo restabelecimento da fauna.

10.3 EXEMPLO DE UM PROTOCOLO DE MONITORAMENTO DA RESTAURAÇÃO FLORESTAL

Embora existam diversos protocolos de avaliação e monitoramento da restauração florestal sendo adotados no Brasil e em outros países tropicais por empresas, ONGs, poder público e institutos de pesquisa, será apresentado neste capítulo, como exemplo ilustrativo e de organização de protocolo de monitoramento, o Protocolo de Monitoramento para Programas e Projetos de Restauração Florestal do Pacto pela Restauração da Mata Atlântica, por se tratar do principal protocolo de monitoramento construído coletivamente e aplicado em larga escala no Brasil nos últimos anos, envolvendo as principais organizações relacionadas com restauração da Mata Atlântica, que é o bioma brasileiro em que a restauração florestal é conduzida com maior intensidade. Trata-se de um exemplo único no mundo em que critérios ecológicos, socioeconômicos e de gestão são integrados em um único protocolo, e que pode ser utilizado para outros biomas e ecossistemas florestais brasileiros, apenas adequando as metas que deverão ser atingidas para cada indicador ecológico e os respectivos valores de referência.

10.3.1 A criação do protocolo

Numa visão mais abrangente e atual, a restauração ecológica considera não só aspectos ecológicos, que tratam do restabelecimento da biodiversidade e dos processos ecológicos nos ecossistemas, mas também aspectos econômicos e sociais. Além disso, diante da importância do gerenciamento adequado das etapas da restauração para garantir seu sucesso, inclusive nas questões financeiras, e da necessidade de replicação de experiências bem-sucedidas, é fundamental que programas de restauração utilizem, no planejamento e na condução das atividades, as múltiplas ferramentas existentes para gestão de

projetos. Nesse sentido, as decisões e ações práticas de um dos aspectos (ecológicos, socioeconômicos e de gestão) podem ter reflexo direto ou indireto nos demais e, consequentemente, no sucesso ou insucesso da restauração. Dessa forma, entende-se que, embora o objetivo primário da restauração seja ecológico, o mesmo não se sustenta na prática sem uma abordagem conjunta dos demais aspectos (sociais, econômicos e de gestão), que possibilitam transformar métodos e conceitos de Ecologia de Restauração em projetos de restauração ecológica bem-sucedidos no campo.

No entanto, a maioria das iniciativas de avaliação e monitoramento até então adotadas em projetos de restauração ecológica no Brasil e também no mundo tem focado apenas os aspectos ecológicos, ao passo que os demais aspectos, que podem ser até mais importantes para o sucesso das ações de restauração, são negligenciados. Consciente dessa limitação e da importância de uma visão multidisciplinar e transdisciplinar na abordagem da restauração ecológica, o Pacto pela Restauração da Mata Atlântica estabeleceu a meta de desenvolver um protocolo de monitoramento holístico e integrado, que abordasse os principais fatores envolvidos no sucesso da restauração florestal e que contribuísse com o avanço do sucesso dos projetos à medida que os resultados do monitoramento fossem processados, analisados, transformados em ações corretivas e divulgados. Além disso, a utilização de um protocolo padrão para os mais de 300 membros do pacto permitirá futuramente que os dados obtidos pelos diferentes projetos sejam comparados, uma vez que foram obtidos por meio da mesma metodologia.

Esse protocolo foi baseado em uma versão prévia desenvolvida por um grupo técnico-científico e de economia do pacto, que teve como membros os autores deste livro e outros pesquisadores membros desse grupo. Essa versão preliminar foi discutida, aperfeiçoada e validada em plenária em duas reuniões técnicas, que contaram com a participação de representantes de instituições de vários Estados do Brasil, entre governos, empresas, universidades e ONGs, todos signatários do pacto e que trabalham pela restauração da Mata Atlântica. A versão integral desse protocolo pode ser obtida em <http://www.pactomataatlantica.org.br/protocolo-projetos-restauracao.aspx?lang=pt-br>. Justamente por se tratar de um documento produzido coletivamente, esse protocolo, ou parte de seu conteúdo, não deve ser citado como de autoria dos autores deste capítulo, mas sim como de autoria do Pacto pela Restauração da Mata Atlântica, conforme o documento original presente no *link* acima.

Na construção desse protocolo, uma das principais ideias norteadoras foi a de que ele deveria ser abrangente o suficiente para ser aplicado na escala do bioma e robusto o bastante para gerar informações relevantes para o sucesso da restauração de forma prática e objetiva, evitando a coleta de dados pouco relevantes ou de informações redundantes. Essa preocupação se sustenta na premissa de que o protocolo deverá ser aplicado por todas as instituições envolvidas no Pacto, e não apenas por órgãos de pesquisa. Assim, espera-se que o protocolo seja aplicado no dia a dia dos projetos, trazendo-lhes benefícios e melhorias, e, para isso, é preciso haver coerência no nível de detalhamento considerado. Outra preocupação norteadora foi a de que o protocolo não deveria ser específico para um determinado método de restauração ecológica, mas sim aplicável a todos os métodos possíveis de restauração. Embora essa informação seja coletada na aplicação do protocolo, o monitoramento tem foco no produto ou resultado da ação de restauração, ou seja, em como a área em processo de restauração se encontra no momento do monitoramento. Assim, o protocolo não traz indicadores específicos para alguns métodos, mas se baseia no uso de indicadores generalistas, focados na des-crição da composição, estrutura e funcionamento do ecossistema em processo de restauração, de acordo com as premissas estabelecidas pela Sociedade para a Restauração Ecológica (SER).

10.3.2 A estrutura do protocolo

O protocolo em questão foi dividido estruturalmente em *princípios*, *critérios*, *indicadores* e *verificadores* (Quadro 10.1) que devem ser utilizados como guia para o monitoramento dos projetos de restauração ecológica e descrevem como esses aspectos devem ser verificados, mensurados e/ou avaliados nesses projetos. Esse esquema fornece uma estrutura coerente e consistente para alcançar, a cada nível, os valores almejados pela restauração florestal.

10.3.3 Princípios, critérios, indicadores e verificadores para o monitoramento dos projetos de restauração florestal

Agora serão apresentados os três princípios para o monitoramento da restauração ecológica e seus respectivos critérios, indicadores e verificadores. Cumpre ressaltar que alguns indicadores são verificados em programas de restauração, ao passo que outros, como a maior parte dos indicadores do Princípio Ecológico, são avaliados em projetos de restauração.

Conceitualmente, os programas de restauração são definidos, para o propósito desse protocolo, como

> o conjunto de projetos de restauração, com o mesmo objetivo, de uma instituição ou de um conjunto de instituições parceiras numa determinada região". Já os projetos de restauração equivalem a "unidades espaciais em processo de

Quadro 10.1 Estrutura do Protocolo de Monitoramento para Programas e Projetos de Restauração Florestal

Princípio (P): Uma regra fundamental. No contexto de restauração ecológica, os princípios fornecem a estrutura primária para a avaliação de um projeto.

Critério (C): Um item de avaliação ou meio de julgar um princípio. Um critério pode ser entendido como um princípio de "segunda ordem" que acrescenta significado e operacionalidade a um princípio, sem que, por si próprio, constitua uma medida direta de desempenho.

Indicador (I): Indicador é qualquer variável do projeto de restauração ecológica usada para inferir a condição de um determinado critério. Os indicadores devem transmitir uma informação e não devem ser confundidos como condições para satisfazer os critérios.

Verificador (V): Formas de verificar, mensurar ou avaliar um indicador.

Fonte: Pacto pela Restauração da Mata Atlântica (2013).

restauração ecológica, com características homogêneas em relação ao método de restauração adotado, data de implantação, ao tipo de solo e vegetação, ao histórico da área e à instituição executora. (Pacto pela Restauração da Mata Atlântica, 2013).

Princípio ecológico da restauração florestal

De acordo com o Princípio Ecológico, as atividades de restauração florestal devem restabelecer a diversidade regional de espécies nativas e os processos ecológicos envolvidos com a sustentabilidade dos ecossistemas naturais e restaurados. Esse princípio está dividido em duas fases: Fase I ou de Estruturação do Dossel, cujo objetivo é avaliar a formação de uma cobertura florestal na área em processo de restauração, e a Fase II ou de Monitoramento da Trajetória Ecológica, cujo objetivo é monitorar se a dinâmica de regeneração da área está conduzindo a restauração dentro da trajetória desejada e esperada (Fig. 10.8). A Fase I foi desenvolvida visando permitir ao executor do projeto reconhecer os eventuais filtros que impediriam a área em restauração de atingir uma cobertura florestal do solo de, no mínimo, 70% da área, assegurando uma mínima estruturação do dossel para a supressão de plantas ruderais e o desencadeamento dos processos de regeneração florestal. Dessa forma, o principal indicador a ser avaliado é a cobertura do solo pelas copas das árvores, que deve ser complementado por indicadores que permitam identificar as causas ou filtros responsáveis por resultados insatisfatórios (Quadro 10.2).

A partir do ponto em que a cobertura do dossel é superior a 70%, inicia-se a Fase II, que tem como objetivo avaliar a área em restauração por meio de indicadores que permitam caracterizar sua trajetória ecológica, com base principalmente na estrutura e na composição da comunidade vegetal regenerante, sustentando assim os processos ecológicos necessários para a perpetuação da área em processo de restauração. Embora o foco dessa fase seja nos processos ecológicos, ou seja, no funcionamento do ecossistema, não foram incluídos no protocolo indicadores ecológicos tipicamente utilizados para medir processos, dada a dificuldade prática de uso desses indicadores. Por exemplo, alguns dos principais processos ecológicos envolvidos na restauração são a dispersão de sementes, germinação, predação de sementes, herbivoria e recrutamento; mas o monitoramento desses processos requer medidas periódicas e muito detalhadas, que se aplicam mais a projetos de pesquisa do que a projetos técnicos de monitoramento. No entanto, o monitoramento de alguns indicadores ecológicos de composição e estrutura pode

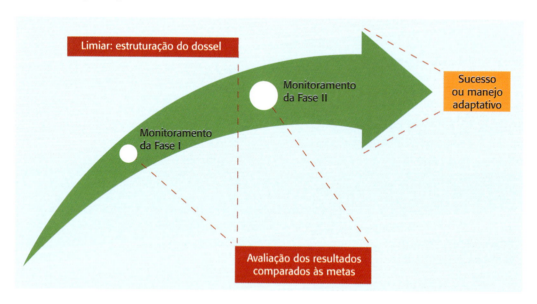

Fig. 10.8 *Desenho esquemático das fases do Princípio Ecológico do monitoramento da restauração florestal proposto no protocolo de monitoramento de projetos/programas de restauração do Pacto pela Restauração da Mata Atlântica*

Fonte: Pacto pela Restauração da Mata Atlântica (2013).

auxiliar muito na compreensão dos processos ecológicos atuantes na área. Retomando o exemplo dos processos de regeneração natural, o monitoramento da densidade de indivíduos e riqueza de espécies no sub-bosque pode servir como medida integradora dos vários processos ecológicos descritos e dar o suporte de informação necessário para a tomada de decisão. Nesse sentido, o protocolo do Pacto traz apenas indicadores de composição e estrutura, mas que estão diretamente associados aos processos ecológicos determinantes do sucesso da restauração florestal (Quadro 10.3). O monitoramento do Princípio Ecológico deve ser realizado no nível de *projetos de restauração*, conforme já definido.

Para facilitar o uso das informações obtidas no monitoramento em prol de todos os membros do Pacto, permitindo o desenvolvimento de *softwares* de coleta e análise de dados, de um banco de dados, de um sistema de recomendação de ações corretivas e de estabelecimento de valores de referência regionais para os indicadores ecológicos, o protocolo apresenta normas para a coleta de dados, incluindo a configuração das parcelas amostrais (parcelas com tamanho fixo de 100 m^2, podendo ser retangulares, com um comprimento de 25 m e largura de 4 m, ou circulares, com diâmetro de 11,3 m), o esforço amostral (não indicação para uso em áreas menores que 0,5 ha, cinco parcelas para projetos com área entre 0,5 ha e 1,0 ha, e cinco parcelas mais uma parcela por hectare adicional ao primeiro para projetos com área superior a 1,0 ha – exemplos: para projetos com 6 ha, dez parcelas; para projetos com 120 ha, 124 parcelas etc.) e orientações para a distribuição de parcelas no campo (distribuídas de modo mais aleatório possível, evitando-se ao máximo o agrupamento de parcelas, com distância entre parcelas sistematizada ou aleatorizada). São apresentadas ainda orientações sobre os métodos a serem utilizados na verificação dos indicadores propostos e a forma de análise dos dados obtidos, a fim de minimizar erros na aplicação do protocolo.

Quadro 10.2 Critérios, indicadores e verificadores da Fase I (estruturação do dossel) do Princípio Ecológico do protocolo de monitoramento de projetos/programas de restauração do Pacto pela Restauração da Mata Atlântica

Fase I – Estruturação do dossel

Item	Descrição
C.1. Estrutura	Distribuição vertical e horizontal da comunidade vegetal em restauração.
I.1.1. Cobertura de copa[1]	Percentual de cobertura do solo pela projeção da copa das árvores não invasoras.
V.1.1.1. Percentual de linha do terreno coberta pela projeção da copa de árvores *não invasoras*	Soma das medidas dos trechos da linha amostral cobertos por copa das árvores não invasoras (m), em relação ao comprimento da linha.
I.1.2. Cobertura de *herbáceas invasoras* e *superdominantes*	Cobertura do solo por herbáceas invasoras e herbáceas superdominantes.
V.1.2.1. Percentual de cobertura do solo por herbáceas invasoras e superdominantes	Estimativa visual do percentual de cobertura do solo por herbáceas invasoras e herbáceas superdominantes.
C.2. Composição de espécies arbustivas e arbóreas	Aspectos da composição de espécies vegetais na área em restauração.
I.2.1. Identificação das espécies nativas plantadas de recobrimento[2]	Identificação das melhores espécies recobridoras plantadas em cada parcela.
V.2.1.1. Identificação das espécies que apresentam maior recobrimento do solo no projeto de restauração (para projetos com semeadura direta ou plantio de mudas)	Identificar e listar, por meio de observação visual, as espécies que apresentaram maior recobrimento do solo no projeto de restauração, em comparação com as demais espécies plantadas.
I.2.2. *Espécies invasoras* arbóreas	Quantidade de indivíduos de espécies arbóreas invasoras.
V.2.2.1. Composição e *densidade* de espécies arbóreas invasoras	Organização de lista das espécies arbóreas invasoras e suas respectivas densidades (considerando plantas com altura > 50 cm), a partir de registros de espécies de levantamentos do Estado de origem ou do mais próximo.

Quadro 10.2 (Continuação)

Fase I – estruturação do dossel	
Item	**Descrição**
C.3. Edáfico	Aspectos inerentes ao solo da área em restauração.
I.3.1. Fertilidade química e textura do solo	Disponibilidade de nutrientes, teor de matéria orgânica, pH, metais pesados (quando necessário) e análise de textura do solo (percentual de areia, argila e silte).
V.3.1.1. Análise química do solo	Coleta de solo para análise química.
I.3.2. Compactação do solo	Grau de compactação do solo.
V.3.2.1. Resistência mecânica do solo à penetração	Constatação da ocorrência de camadas compactadas e/ou de impedimento mecânico ao desenvolvimento radicular dos vegetais por meio de observação visual ou via uso de penetrômetro de impacto.
I.3.3. Conservação do solo	Grau e práticas de conservação do solo.
V.3.3.1. Presença de erosão laminar, em sulcos ou voçorocas	Avaliação visual da presença de erosão laminar, em sulcos ou voçorocas na área em restauração.
V.3.3.2. Ausência de boas práticas agrícolas relacionadas à conservação do solo	Avaliação visual da presença de solo descoberto na entrelinha (preparo convencional com revolvimento do solo) e da ausência de cultivo em nível.
I.3.4. Outros filtros edáficos	Avaliação de outros filtros do solo, inerentes à área, não incluídos nos indicadores anteriores, mas que podem limitar o desenvolvimento das plantas.
V.3.4.1. Avaliação visual da presença de limitações no solo para o desenvolvimento da cobertura florestal	Avaliação visual da presença de afloramento de rocha, cascalho, encharcamento etc. na área do projeto em restauração.
C.4. Fatores de degradação	Presença de fatores de degradação na área em restauração.
I.4.1. Ocorrência de fogo	Ocorrência de incêndio e fogo após a implantação das práticas de restauração.
V.4.1.1. Avaliação visual e verificação do histórico recente de ocorrência de fogo na área	Levantamento do registro histórico e atual de fogo na área após implantação das práticas de restauração.
I.4.2. Presença de gado e outros animais domésticos e isolamento da área	Avaliação da presença de gado e outros animais domésticos na área em restauração e cercamento, caso se aplique.
V.4.2.1. Avaliação visual e verificação do histórico recente de presença de gado e outros animais	Levantamento do registro histórico e da presença atual (visualização dos animais, plantas danificadas, pegadas, fezes etc.) de gado e outros animais (equinos, moares, bubalinos etc.) na área em restauração.
I.4.3. Ataque de formigas-cortadeiras e outros herbívoros	Ocorrência de danos por formigas-cortadeiras e outros herbívoros nos indivíduos arbustivos ou arbóreos nativos da área em restauração.
V.4.3.1. Avaliação visual de danos por formigas-cortadeiras e outros herbívoros	Levantamento visual de danos por formigas-cortadeiras e outros herbívoros (ex.: lebre, lagartas desfolhadoras etc.) nas plantas arbustivas e arbóreas nativas da área em restauração.

[1] É o indicador obrigatório para a Fase I. Caso ele não apresente desempenho satisfatório, os demais indicadores ajudam a reconhecer filtros e orientar ações corretivas. Embora o método sugerido seja o de cobertura do solo pela projeção da copa das árvores na linha, o uso de mecanismos de sensoriamento remoto para o monitoramento desse indicador é bem-vindo.

[2] Avaliado apenas se outros indicadores dessa fase registrarem desempenho insatisfatório. Se o indicador apontar valores inferiores aos preconizados como limite inicial da Fase II, recomenda-se nova avaliação dos indicadores previstos na Fase I, visando à identificação dos problemas e aplicação das práticas corretivas recomendadas.

Fonte: Pacto pela Restauração da Mata Atlântica (2013).

Quadro 10.3 Critérios, indicadores e verificadores da Fase II (trajetória ecológica) do Princípio Ecológico do protocolo de monitoramento de projetos/programas de restauração do Pacto pela Restauração da Mata Atlântica

Fase II – Trajetória ecológica

Item	Descrição
C.1. Estrutura	Distribuição vertical e horizontal da comunidade vegetal em restauração.
I.1.1. Densidade de indivíduos de menor porte	Quantidade de indivíduos de menor porte de espécies arbustivas e arbóreas não invasoras por área.
V.1.1.1. Número de indivíduos de espécies não invasoras por área	Contagem de indivíduos de espécies não invasoras por área, com *altura* entre $0,5 \geq H < 1$ m.
I.1.2. Densidade de indivíduos de maior porte	Quantidade de indivíduos de maior porte de espécies arbustivas e arbóreas não invasoras por área.
V.1.2.1. Número de indivíduos de espécies não invasoras por área	Contagem de indivíduos de espécies não invasoras por área, com altura ≥ 1 m.
I.1.3. Área basal	Soma das áreas das secções transversais de caules.
V.1.3.1. Soma das medidas das áreas basais de indivíduos de espécies não invasoras	Soma das medidas das áreas basais das secções transversais de caules, obtidas a partir das medidas de todas as ramificações das plantas com pelo menos uma das ramificações com $CAP \geq 15$ cm.
I.1.4. Cobertura de copa[1]	Cobertura do solo pela projeção da copa das árvores.
V.1.4.1. Percentual de linha do terreno coberta pela projeção da copa de árvores	Soma das medidas dos trechos da linha amostral cobertos por copa (m), em relação ao comprimento da linha.
C.2. Composição de espécies arbustivas e arbóreas	Descrição quantitativa e qualitativa das espécies que compõem a comunidade vegetal em restauração.
I.2.1. Número de espécies não invasoras por projeto de restauração	Quantidade de espécies e *morfoespécies* (1) *regionais* e (2) *exóticas*.
V.2.1.1. Número total de espécies e morfoespécies regionais	Contagem de espécies e morfoespécies regionais.
V.2.1.2. Número total de espécies e morfoespécies exóticas	Contagem de espécies e morfoespécies exóticas.
I.2.2. *Espécies arbóreas invasoras*	Quantidade de indivíduos de espécies arbóreas invasoras.
V.2.2.1. Composição e densidade de espécies arbóreas invasoras	Organização de lista das espécies arbóreas invasoras e respectivas densidades, a partir de registros de espécies de levantamentos do Estado de origem ou do mais próximo.

[1] Avaliado apenas se outros indicadores dessa fase registrarem desempenho insatisfatório. Se o indicador apontar valores inferiores aos preconizados como limite inicial da Fase II, recomenda-se nova avaliação dos indicadores previstos na Fase I, visando à identificação dos problemas e aplicação das práticas corretivas recomendadas.

Fonte: Pacto pela Restauração da Mata Atlântica (2013).

Princípios socioeconômico e de gestão da restauração florestal

De acordo com o Princípio Socioeconômico, o pagamento por serviços ambientais, a exploração de produtos florestais madeireiros e não madeireiros, a geração de trabalho e renda e a obtenção de vantagens competitivas pela certificação ambiental são favoráveis para a consolidação e o sucesso das iniciativas de restauração ecológica. Além disso, as atividades de restauração florestal devem manter ou ampliar o bem-estar socioeconômico das demais partes interessadas no projeto, incluindo todos os colaboradores diretos e indiretos, confrontantes e comunidades envolvidas/interessadas no programa. Para avaliar esses pressupostos, o Princípio Socioeconômico conta com sete critérios, 15 indicadores e 29 verificadores (Quadro 10.4). Já o Princípio de Gestão se vale do pressuposto de que o planejamento, avaliação, controle e documentação adequados de programas de restauração florestal contribuem para uma boa execução e, ao mesmo tempo, para a preservação da memória do programa, permitindo resgatar informações sobre uso histórico da área e método de restauração utilizado, registros fotográficos e planilhas de custos. Dessa forma, a avaliação desse princípio é necessária para permitir o resgate de possíveis causas de sucesso ou insucesso das iniciativas de restauração e a transferência desse aprendizado para novos programas. Para isso, o Princípio de Gestão se vale também de uma extensa lista de critérios, indicadores e verificadores, que, em conjunto, oferecem uma perspectiva integrada de como o programa é gerido e auxiliam na identificação de falhas na gestão das diversas etapas e atividades do programa de restauração (Quadro 10.5).

Diferentemente do Princípio Ecológico, recomenda-se a aplicação dos Princípios Socioeconômico e de Gestão a *programas de restauração*, conforme definição já apresentada. Essa recomendação se justifica por esses princípios serem sensíveis à forma como um conjunto de projetos de restauração é planejado, coordenado e implementado, e não à forma como a prática da restauração é con-

duzida ou à resiliência local e da paisagem. Dessa forma, a coleta de dados não é realizada nas áreas em processo de restauração, mas sim junto às partes envolvidas e na instituição gestora do programa, por meio de entrevistas semiestruturadas (procedimento técnico que se desenvolve com base em um roteiro básico para a condução de um diálogo com o interlocutor, registrando-se as informações pertinentes), observação participante (presença do observador em uma situação social para fins de investigação científica de um processo) e análise documental (levantamento, análise e extração de informações de documentos relativos ao programa, como contratos, ofícios, planilhas, registros fotográficos, relatórios, orçamentos e documentos contábeis) (Quadro 10.6). Para facilitar a aplicação do protocolo, são fornecidas planilhas-modelo para sistematizar a coleta de informações nos programas monitorados.

Quadro 10.4 Critérios, indicadores e verificadores do Princípio Socioeconômico do protocolo de monitoramento de projetos/programas de restauração do Pacto pela Restauração da Mata Atlântica

Item	Descrição
C.1. Trabalho e/ou renda com a implantação/manutenção da área em processo de restauração	Quantidade de postos de trabalho e valor de investimento do programa/projeto de restauração.
I.1.1. Geração de postos de trabalho	Postos de trabalhos gerados diretamente pelas atividades de restauração ecológica.
V.1.1.1. Número de postos de trabalho e tipo de mão de obra (permanentes/temporários/familiar)	Levantamento e registro da lista de trabalhadores do projeto. Mão de obra: permanente, temporária ou familiar?
I.1.2. Valor de investimento do programa/projeto	Montante total de recursos do programa investidos diretamente com a restauração (incluindo a gestão do projeto).
V.1.2.1. Investimento total do Projeto nas atividades de restauração	Levantamento e registro do orçamento total do projeto.
V.1.2.2. Valor de investimento do programa em serviços	Levantamento e registro do orçamento e despesas realizadas do projeto em outros serviços com pessoa jurídica ou física (incluindo locação e/ou empréstimos de máquinas e mão de obra terceirizada).
V.1.2.3. Valor de investimento do programa em insumos	Levantamento e registro do orçamento e despesas realizadas em insumos (adubo, combustível, mudas, mourões, arame etc.).
V.1.2.4. Valor de investimento do programa/projeto em mão de obra (contrato direto)	Levantamento e registro do orçamento e despesas realizadas em mão de obra para as atividades de restauração.
V.1.2.5. Valor de investimento do programa/projeto em aquisição de ferramentas, máquinas e implementos	Levantamento e registro do orçamento e despesas realizadas em depreciação, aquisição, conserto de máquinas e implementos.
V.1.2.6. Valor de investimento do programa/projeto em impostos	Levantamento e registro do orçamento e despesas realizadas em taxas e impostos.
V.1.2.7. Valor de investimento do programa/projeto em gestão	Levantamento e registro do orçamento e despesas realizadas para gestão do projeto (aluguel de escritório, água, luz, telefone, equipe de coordenação etc.).

310   RESTAURAÇÃO FLORESTAL

Quadro 10.4 (Continuação)

Item	Descrição
C.2. Receitas e incentivos associados à restauração	Remuneração paga a produtos e processos oriundos das ações de restauração florestal que são benéficos à sociedade.
I.2.1. Pagamento por serviços ambientais para o proprietário da área	Pagamento por serviços ambientais relacionados à água, biodiversidade, mudança de uso do solo, carbono ou outros.
V.2.1.1. Projeto técnico circunstanciado visando o PSA	Verificação da existência do projeto técnico.
V.2.1.2. Programa de restauração certificado por entidade independente	Verificação da existência de certificado.
V.2.1.3. Montante de recursos recebidos pelo PSA	Levantamento e registro do valor transferido por contratos de PSA.
V.2.1.4. Fonte pagadora do PSA	Levantamento e registro da fonte pagadora do PSA (governo, empresa privada, mercado etc.).
V.2.1.5. Créditos de carbono gerados (exclusivo para PSA carbono)	Levantamento e registro dos créditos de carbono emitidos.
I.2.2. Incentivos tributários para o projeto de restauração	Isenção de tributos ou outras formas de incentivos tributários diretamente relacionados ao processo de restauração.
V.2.2.1. Incentivo tributário relacionado à área em restauração ecológica	Levantamento e registro do valor de isenção dos tributos a serem aplicados na área em processo de restauração florestal.
I.2.3. Renda associada à compensação de Reserva Legal (CRA, servidão etc.)	O projeto ou parte dele compensará o déficit de Reserva Legal de propriedades de terceiros.
V.2.3.1. Renda obtida na negociação de áreas em restauração, para compensação de Reserva Legal	Levantamento e registro da renda obtida e verificação da existência do contrato de compensação de Reserva Legal.
I.2.4. Comercialização de produtos florestais madeireiros	Geração de renda pela comercialização de madeira.
V.2.4.1. Projeto de floresta produtiva existente e, quando necessário, aprovado pelo órgão ambiental	Verificação da existência do projeto técnico.
V.2.4.2. Montante gerado pela comercialização de produtos madeireiros	Levantamento e registro do volume comercializado bem como dos valores envolvidos; Verificação da existência de contratos de venda.
I.2.5. Comercialização de produtos florestais não madeireiros e agroflorestais (SAFs)	Geração de renda pela comercialização de produtos florestais não madeireiros oriundos das áreas em restauração.
V.2.5.1. Atividade de exploração de produtos florestais não madeireiros e agroflorestais (SAFs) na área em processo de restauração (consumo próprio)	Levantamento e registro de atividade de produtos florestais não madeireiros (semente, mel, extratos, folhas, frutos etc.).
V.2.5.2. Projeto comercial de exploração de produtos florestais não madeireiros e agroflorestais (SAFs) na área em processo de restauração	Verificação da existência de plano de negócios para produtos não madeireiros.
V.2.5.3. Montante gerado pela comercialização de produtos não madeireiros e agroflorestais (SAFs)	Levantamento e registro do montante de renda gerado pela comercialização de produtos não madeireiros.
C.3. Fonte de recursos para a restauração	Forma como os custos da implantação do projeto de restauração estão sendo cobertos.
I.3.1. Origem do montante de recursos investido no projeto de restauração	Levantamento da fonte de recursos que arcará com os custos da implantação e manutenção do projeto de restauração.
V.3.1.1. Origem dos recursos investidos	Levantamento e registro de origem e montante dos recursos utilizados para investimento no projeto.

Quadro 10.4 (Continuação)

Item	Descrição
C.4. Oportunidades de trabalho, treinamento e outros serviços para as comunidades locais	Devem ser dadas às comunidades adjacentes às áreas de restauração florestal oportunidades de trabalho, treinamento e outros serviços.
I.4.1. Contratação de mão de obra	Identificação dos critérios utilizados para contratação de mão de obra.
V.4.1.1. Porcentagem de mão de obra local contratada	Avaliação, levantamento e registro quantitativo da origem da mão de obra local contratada.
V.4.1.2. Existência de lista de trabalhadores na faixa etária de aprendizes incluindo descrição de atividades e comprovantes de frequência escolar	Levantamento e registro da listagem dos trabalhadores e registro das respectivas idades. Avaliações sobre a existência de trabalhadores na faixa etária de aprendiz, e, nesse caso, levantamento de comprovante de frequência escolar.
I.4.2. Geração de renda para a economia local	Identificação do impacto sobre a economia local.
V.4.2.1. Porcentagem do investimento total do projeto investido na região de implantação do projeto	Levantamento e registro quantitativo da fração do investimento total do projeto (V.2.1.2.1.) que foi gasto na região (ex.: município) de implantação do projeto.
C.5. Saúde ocupacional dos trabalhadores de restauração florestal	Condições sanitárias, ambientais e de trabalho que garantam a saúde e bem-estar dos trabalhadores.
I.5.1. Assegurar os benefícios à saúde do trabalhador	Cumprimento das exigências existentes na legislação vigente, para que o trabalhador tenha acesso à saúde.
V.5.1.1. Existência de equipamentos de primeiros socorros no local de trabalho	Avaliação da existência de equipamentos de primeiros socorros no local do trabalho.
I.5.2. Responsabilidade no cumprimento da legislação que assegure condições sanitárias e ambientais apropriadas	Responsabilidade do gestor do projeto de restauração em cumprir as exigências existentes na legislação vigente, para que o trabalhador tenha condições sanitárias e ambientais apropriadas.
V.5.2.1. Qualidade e quantidade de alimentação e água no campo para o exercício das atividades de restauração	Avaliação da qualidade da alimentação e dessedentação dos trabalhadores do campo.
C.6. Garantir condições de segurança de trabalho apropriadas	A realização das atividades de restauração florestal não deve trazer riscos aos trabalhadores envolvidos.
I.6.1. Disponibilidade de equipamentos de proteção individual aos trabalhadores	Responsabilidade do gestor do projeto de restauração em cumprir as exigências existentes na legislação vigente, para que o trabalhador tenha condições de segurança de trabalho apropriadas.
V.6.1.1. Existência de equipamento de proteção individual (EPI) cedidos aos trabalhadores sem ônus, quando a atividade assim o exigir	Avaliação da existência de EPI apropriado, cedido aos trabalhadores sem ônus.
C.7. Relação do projeto com a comunidade de entorno	Impactos positivos e negativos do projeto de restauração na comunidade do entorno.
I.7.1. Participação de comunidades e atores locais no planejamento do projeto	Comunidades e atores locais têm canais e espaços para participação no planejamento do projeto.
V.7.1.1. Reuniões com a comunidade e atores locais	Verificação e avaliação de registros e reuniões.
I.7.2. O projeto possui ações de educação ambiental	Ações que visem à conscientização dos atores sociais envolvidos com relação à importância da conservação das florestas.
V.7.2.1. Implantação das ações de educação ambiental	Verificação e avaliação das propostas de EA.

Fonte: Pacto pela Restauração da Mata Atlântica (2013).

Quadro 10.5 Critérios, indicadores e verificadores do Princípio de Gestão do protocolo de monitoramento de projetos/programas de restauração do Pacto pela Restauração da Mata Atlântica

Item	Descrição
C.1. Planejamento e documentação do processo	O projeto deve possuir uma forma de organização de sua execução bem como o registro dos resultados obtidos.
I.1.1. Existe um projeto de restauração com diagnóstico e planejamento das atividades	Projeto contendo as informações pertinentes ao planejamento e execução das diversas etapas do processo de restauração.
V.1.1.1. Diagnóstico socioambiental da área a ser restaurada	Verificação da existência de diagnóstico da área a ser restaurada contendo minimamente: levantamento socioeconômico, histórico de uso e ocupação do solo, caracterização ambiental das áreas que serão restauradas.
V.1.1.2. Delimitação das áreas em restauração bem como sua caracterização ambiental	Verificação da existência de arquivos digitais com os polígonos, delimitados e georreferenciados, das áreas a serem restauradas, contendo ainda informações sobre uso do solo.
V.1.1.3. Lista de espécies indicadas	Verificação da existência de lista de espécies nativas regionais, indicada para a área a ser restaurada, por levantamento direto ou por dados secundários da vegetação regional.
V.1.1.4. Protocolo metodológico para tomada de decisão da técnica de restauração mais apropriada	Verificação da existência de protocolo metodológico para escolha da técnica de restauração em função de cada situação ambiental diagnosticada.
V.1.1.5. Orçamento do projeto	Verificação e avaliação da existência, no projeto de restauração, de um orçamento com alíneas para as diversas atividades do projeto.
V.1.1.6. Cronograma de execução física	Verificação da existência de cronograma de execução do projeto.
V.1.1.7. Estudo de viabilidade econômica do projeto (somente nos casos em que há previsão de aproveitamento econômico da restauração)	Verificação da existência do estudo de análise de viabilidade econômica do projeto.
I.1.2. Existem registros de execução do projeto	Documentação de cada etapa e atividade das ações de restauração.
V.1.2.1. Registro das intervenções no projeto	Verificação da existência de registro de datas de cada intervenção realizada (plantio, controle de competidores, adubação, monitoramento etc.).
V.1.2.2. Lista de espécies utilizadas	Verificação da existência de lista das espécies utilizadas na restauração (anotar quantidade por espécie e número de espécies).
V.1.2.3. Origem do propágulo para restauração: condução da regeneração, mudas, sementes, *topsoil*, galharia etc.	Verificação de registro da origem dos propágulos utilizados na restauração.
V.1.2.4. Registro audiovisual	Verificação da existência de registro audiovisual (fotos e/ou vídeos) da área em processo de restauração, em diferentes momentos de escala temporal.
V.1.2.5. Registro de despesas	Verificação da existência de registro dos custos de cada etapa do projeto em planilhas de despesas.
V.1.2.6. Controle de produtividade	Verificação de registro da documentação do rendimento operacional das atividades desenvolvidas ao longo da restauração.
C.2. Parceria com o proprietário do imóvel rural está formalizada para executar as atividades de restauração florestal (somente no caso em que o projeto não é de responsabilidade e execução do proprietário)	Documentação do aceite do proprietário do imóvel rural em participar do projeto de restauração.
I.2.1. Existe acordo de parceria com o proprietário	Entendimento mútuo entre o executor do projeto de restauração e o proprietário do imóvel rural.

Quadro 10.5 (Continuação)

Item	Descrição
V.2.1.1. Termo de compromisso para o desenvolvimento do projeto entre o proprietário e o executor do projeto	Verificação da existência de acordo documentada com o proprietário do imóvel rural.
V.2.1.2. Documento de comprovação de vínculo do imóvel rural com o proprietário referido no termo de compromisso	Verificação de documento de comprovação de vínculo entre o proprietário com o imóvel rural.
C.3. Capacidade técnica da equipe executora	Há uma equipe executora com capacidade técnica para a execução do projeto de restauração florestal.
I.3.1. Responsável técnico está habilitado	Habilitação do responsável técnico do projeto de restauração.
V.3.1.1. Habilitação profissional do responsável técnico para a execução da atividade	Verificação da habilitação profissional do técnico responsável pelo projeto.
I.3.2. Equipe técnica está capacitada	Equipe técnica apta para desenvolvimento das atividades planejadas.
V.3.2.1. Experiência profissional da equipe para a execução da atividade	Avaliação da capacidade da equipe executora por meio da experiência profissional (histórico de atuação e participação em capacitações/cursos) com as atividades previstas e/ou executadas no projeto.
C.4. Existência de sistema de monitoramento	Sistema de acompanhamento e monitoramento das ações e resultados do projeto de restauração.
I.4.1. Plano de acompanhamento ou monitoramento próprio ou de protocolo já existente	Há um plano de acompanhamento e monitoramento das áreas em restauração próprio ou de protocolo já existente.
V.4.1.1. Existência de plano de acompanhamento e monitoramento	Verificação da existência do plano de acompanhamento e monitoramento da área em restauração.
V.4.1.2. Aplicação de plano de acompanhamento e monitoramento	Verificação da existência de relatórios específicos de acompanhamento e monitoramento da área em restauração.
C.5. Existe comunicação fluida no projeto com os atores envolvidos	Diálogo entre os atores envolvidos no projeto de restauração florestal.
I.5.1. Existe um bom fluxo de informação interna entre a equipe gestora e a executora	Articulação comunicativa entre a equipe gestora e a executora.
V.5.1.1. Comunicação das recomendações dos gestores aos executores do projeto	Verificação da existência de registros e/ou relatos da comunicação entre gestores e executores.
V.5.1.2. Comunicação das dificuldades encontradas pelos executores aos gestores	Verificação da existência de registros ou relatos da comunicação entre executores e gestores.
I.5.2. Existe um bom fluxo de informação externo	Existe uma boa comunicação do projeto com demais atores sociais interessados.
V.5.2.1. Comunicação com a comunidade do entorno	Verificação da existência de registros de reuniões, atividade de mobilização, material de divulgação etc. com a comunidade do entorno.
V.5.2.2. Comunicação científica	Verificação da existência de registros de publicações em periódicos científicos, participação em eventos científicos etc. do projeto de restauração.
V.5.2.3. Comunicação com a mídia	Verificação da divulgação do projeto em meios de comunicação em massa.
V.5.2.4. Comunicação com o Pacto	Verificação da existência de registros de comunicação com o Pacto.
C.6. O projeto promove inovação tecnológica ou metodológica em restauração	Melhoria da prática da restauração florestal.
I.6.1. Inovação tecnológica ou metodológica	Existência de inovação tecnológica ou metodológica não descrita no referencial teórico do Pacto.
V.6.1.1. Existência de inovação metodológica ou tecnológica	Verificação da existência da inovação e se esta já foi comunicada ao Pacto ou descrita/divulgada em outros meios.

Fonte: Pacto pela Restauração da Mata Atlântica (2013).

Quadro 10.6 Ações propostas na descrição dos verificadores dos Princípios Socioeconômico e de Gestão, tipo de dado armazenado e respectiva metodologia para sua coleta

Ação proposta na descrição do verificador	Tipo de dado a ser armazenado	Metodologias recomendadas para coleta dos dados
Verificação	Sim ou Não	Entrevista semiestruturada; Análise documental; Observação participativa.
Levantamento e registro	Sim ou Não Quantitativo: dados numéricos, valores, listas e registros	Análise documental; Entrevista semiestruturada.
Avaliação	Sim ou Não Qualitativo: informações, inferências e observações	Observação participativa; Entrevista semiestruturada; Análise documental.

Fonte: Pacto pela Restauração da Mata Atlântica (2013).

10.3.4 Perspectivas futuras de uso e melhorias do protocolo

O protocolo de monitoramento de projetos/programas de restauração do Pacto pela Restauração da Mata Atlântica deverá ser testado e aprimorado ao longo dos próximos anos, com sua utilização rotineira e com contribuições por parte dos diversos membros do Pacto usuários desse protocolo. Uma limitação do protocolo é que ainda não foram definidas as metas ou valores de referência para cada um dos indicadores propostos para cada momento da trajetória de restauração e para cada tipo de ecossistema a ser restaurado no bioma, o que dificulta a tomada de decisão. Por exemplo, não há hoje um valor de referência para indicar níveis adequados ou insatisfatórios de riqueza de espécies arbóreas em projetos de restauração de Floresta Estacional Semidecidual com cinco anos de idade, de forma que, embora o monitoramento possa ser realizado sem qualquer dificuldade maior usando-se o protocolo, a avaliação ainda é comprometida. Para superar esse desafio, conta-se com a aplicação massiva do protocolo em diferentes projetos e programas ao longo de toda a Mata Atlântica, para que em pouco tempo se tenha um banco de dados robusto para a definição de metas específicas para os diferentes ecossistemas e regiões do bioma, estabelecendo-se, com base no conjunto de programas e projetos amostrados por região, a amplitude de variação possível dos indicadores ecológicos para que então sejam estabelecidas classes de adequabilidade. Todo esse esforço é gerenciado por um robusto banco de dados vinculado ao site do pacto (www.pactomataatlantica.org.br) que armazena e analisa os dados dos monitoramentos para gerar os valores de referência para cada região e recomendações de ações corretivas.

10.4 CONCLUSÃO

A avaliação e o monitoramento são etapas fundamentais e decisivas de todo e qualquer projeto de restauração ecológica, embora não estejam sendo rotineiramente incorporadas à maioria dos projetos de restauração em andamento no Brasil. Além de permitir a identificação e correção de problemas no momento adequado, impedindo que extensas áreas em processo de restauração entrem em declínio, o monitoramento será fundamental para a readequação dos métodos utilizados até o momento, uma vez que a efetividade das ações de restauração florestal ainda está muito aquém do mínimo necessário para o estabelecimento de florestas restauradas sustentáveis no tempo que apresentem composição, estrutura e funcionamento minimamente similares aos ecossistemas de referência e que deem suporte à formação de ecossistemas ricos em espécies nativas e autoperpetuáveis no tempo.

Um dos principais problemas conceituais da restauração florestal no Brasil é justamente a não definição de metas claras e bem fundamentadas, ajustadas com as ações de campo, quando se planeja restaurar uma dada área. Uma vez que não se definem metas claras, como é possível avaliar e monitorar projetos de restauração ao longo de seu desenvolvimento? Assim, para que a avaliação e o monitoramento sejam empregados de forma adequada, é preciso inicialmente que se repense a forma de planejar a restauração e que nessa reflexão passem-se a estabelecer objetivos claros e metas bem definidas, que deverão ser atingidos em diferentes momentos do processo de restauração a fim de que se possa obter um conjunto de resultados interpretados com sucesso. Por fim, a pesquisa também tem muito ainda que avançar para que se estabeleçam indicadores confiáveis e seguros, com respectivos valores de referência, para a avaliação e o monitoramento de áreas em processo de restauração, de forma que se evite o uso de indicadores pouco significantes ou redundantes e que se possam definir também quais indicadores estão mais diretamente associados ao sucesso da restauração, definindo-se valores de referência para esses indicadores em cada etapa do processo de restauração e para cada tipo de ecossistema considerado.

Literatura complementar recomendada

DURIGAN, G.; RAMOS, V. S. (Org.). *Manejo adaptativo*: primeiras experiências na restauração de ecossistemas. São Paulo: Páginas & Letras, 2013. 49 p.

GARDNER, T. *Monitoring forest biodiversity*: improving conservation through ecologically-responsible management. London: Earthscan, 2010. 652 p.

LINDENMAYER, D. B.; LIKENS, G. E. *Effective ecological monitoring*. Melbourne: CSIRO Publishing; London: Earthscan, 2010.

McKENZIE, D. H.; HYATT, D. E.; McDONALD, V. J. *Ecological indicators*. Springer, 2012.

UEHARA, T. H. K.; GANDARA, F. B. (Org.). *Monitoramento de áreas em recuperação*. São Paulo: Secretaria de Meio Ambiente do Estado de São Paulo, 2009. (Cadernos da Mata Ciliar, n. 4). Disponível em: <http://www.sigam.ambiente.sp.gov.br/sigam2/Repositorio/222/Documentos/Cadernos_Mata_Ciliar_4_Monitoramento.pdf>.

Produção de sementes de espécies nativas para fins de restauração florestal

Um dos principais condicionantes para o sucesso das ações de restauração ecológica é que o processo se desenvolva com incremento de diversidade de espécies nativas regionais e que essas espécies estejam bem representadas em grupos funcionais compatíveis com o observado em ecossistemas de referência, o que possibilita restabelecer os processos ecológicos e parte importante da biodiversidade que foram comprometidos com a degradação. Como a maioria das florestas brasileiras apresenta elevada diversidade de espécies arbustivas e arbóreas nativas, a presença de um grande número dessas espécies nas áreas restauradas é requisito para que se restabeleçam florestas biologicamente viáveis, com grandes chances de se autoperpetuarem no futuro independentemente da ajuda do homem. Mesmo em florestas com menor diversidade natural devido à restrição edáfica, tais como Florestas Paludícolas, Florestas Estacionais Deciduais e florestas de Restinga, a presença de um conjunto representativo das suas espécies típicas é fundamental para o sucesso da restauração, pois são essas espécies que conseguem superar as limitações de solo impostas nesses tipos de ecossistema.

Conforme já discutido em outros capítulos, quando a resiliência da área a ser restaurada é reduzida e esta se encontra inserida em uma paisagem muito fragmentada, que não favorece seu enriquecimento natural satisfatório, recomenda-se a reintrodução de boa parte das espécies nativas regionais no local. Isso vale tanto para restaurações com alta diversidade como para restaurações com baixa diversidade em virtude de restrições ambientais. Assim, como não se espera que as espécies nativas regionais se regenerem espontaneamente nessas áreas em processo de restauração, pela elevada degradação local e regional, elas devem ser deliberadamente reintroduzidas via semeadura direta ou plantio de mudas, em ações de adensamento (preenchendo os vazios não preenchidos naturalmente), enriquecimento (aumento gradual do número de espécies, garantindo a perpetuação da floresta) ou de plantio total de espécies nativas. Mas de que forma se consegue obter essas espécies?

No caso da semeadura direta, é evidente a necessidade de obter sementes para essa atividade.

Contudo, a produção de mudas não é sempre totalmente dependente de sementes, visto que se pode recorrer à estaquia, tal como amplamente adotado em espécies agrícolas e florestais exóticas. No entanto, a estaquia resulta na produção de indivíduos com a mesma constituição genética (clones), o que não é adequado para a restauração ecológica. Um dos princípios da restauração ecológica é que as áreas restauradas possuam atributos semelhantes aos observados nos ecossistemas de referência. Como as populações de espécies nativas apresentam elevada diversidade genética natural, seria incoerente e muito arriscado implantar uma ação de restauração com clones de uma mesma espécie. Assim, deve-se buscar representar na restauração a ampla heterogeneidade de genótipos presentes em populações naturais. Conforme discutido adiante, essa questão vai além de um capricho ou de uma preocupação filosófica dos pesquisadores em restauração, mas tem implicações diretas no sucesso da restauração. Além disso, experiências prévias demonstram que apenas poucas espécies arbóreas nativas seriam reproduzidas com sucesso via técnicas de propagação vegetativa, sendo que a multiplicação da maioria dessas espécies ainda é dependente do uso de sementes colhidas em remanescentes naturais. Diante disso, é inevitável recorrer à produção de sementes com qualidade para dar suporte à produção de mudas de espécies nativas visando à implantação de ações de restauração florestal (Boxe 11.1).

Diferentemente do observado para as espécies comerciais, não se pode, hoje, obter facilmente no mercado sementes de todas as espécies nativas que se deseje usar na restauração. Embora seja um mercado em franca expansão, as empresas produtoras de sementes nativas ainda não suprem boa parte da demanda dos viveiros comerciais, de forma que esses viveiros precisam ainda se dedicar também à colheita de sementes, além da produção de mudas. Adicionalmente, o comércio de sementes de espécies nativas tem gerado sérias distorções, promovendo uma distribuição de espécies não regionais para diversas localidades do país. Isso ocorre porque essas empresas estão localizadas predominantemente nas regiões Sul

Boxe 11.1 Redes de sementes no Brasil

A primeira rede visando organizar a produção de sementes e mudas florestais foi criada no Rio de Janeiro em 5 de maio de 1994, com a formação das Unidades Regionais de Colheita e Armazenamento de Sementes (URCAs), dos Centros de Treinamento e Armazenamento (CETAs) e dos Bancos Ativos de Germoplasma (BAGs). A ação, que reuniu várias instituições, serviu de modelo para os editais do Ministério do Meio Ambiente (MMA) que criaram as redes de sementes nos anos de 2000 e 2001, dos quais resultaram oito redes em vários biomas. Os seus objetivos foram: (a) efetuar um diagnóstico do setor, (b) organizar e capacitar pessoal, (c) desenvolver tecnologias aplicadas e (d) disponibilizar informações de pesquisa sobre sementes visando a restauração de áreas degradadas. Nessa fase, a meta do MMA era o plantio de 50.000 ha/ano de florestas, mas foi constatada a falta de sementes e mudas e de pessoal capacitado. Para colaborar com esses objetivos, as redes atuaram em parceria e contribuíram decisivamente para a formulação da legislação brasileira de sementes e mudas (Lei nº 10.711, Decreto-lei nº 5.153), além de virem atuando nos aspectos legais para a regularização da produção. Criou-se a figura do "coletor de sementes florestais", estabeleceram-se parâmetros técnicos de marcação de matrizes e seleção de espécies e gerou-se informação em linguagem acessível aos técnicos e às comunidades. Por meio dos sites, todo o conhecimento sistematizado vem sendo disponibilizado nas redes (http://sementeflorestaltropical.blogspot.com). Indo além de sua tarefa, também foram criados grupos on-line aproximando os produtores e os consumidores, mantendo acesso para a troca e a compra de sementes e mudas. Mas talvez um dos maiores impactos das redes tenha sido a capacitação de mais de oito mil pessoas, de comunidades, técnicos, analistas de sementes, entre outros, não apenas em temas relativos à produção de sementes e mudas, como também sobre restauração e conservação de áreas naturais. Destaque também no que se refere à transformação das sementes em biojoias, com a formação de artesãos e a geração de trabalho e renda de forma sustentável. Novas redes foram formadas, integrando a Rede Brasileira de Sementes Florestais, estabelecida para a busca da sustentabilidade na produção de sementes e mudas e a sua própria continuidade e contribuição com os processos de restauração de áreas degradadas.

Treinamento para colheita de sementes florestais

Fatima C. M. Piña-Rodrigues (fpina@ufscar.br), Universidade Federal de São Carlos, campus Sorocaba, e membro da Rede Mata Atlântica de Sementes Florestais-RioEsBa e Rede Rio-São Paulo

e Sudeste do Brasil, onde os projetos de restauração florestal se concentram e onde são feitas as colheitas de sementes, que são distribuídas para diversas regiões brasileiras. Como os projetos de restauração estão rapidamente se expandindo em outras regiões e Estados, tais como no sul da Bahia, norte do Espírito Santo, Pernambuco, norte de Mato Grosso e noroeste do Pará, é comum que viveiros florestais dessas regiões adquiram sementes de empresas sediadas no Paraná ou em São Paulo, por exemplo, para produzir mudas a serem usadas nas ações locais de restauração. Isso demonstra uma falta completa de preocupação com a questão florística e genética na restauração, que infelizmente é ainda uma realidade em várias iniciativas de restauração ecológica no Brasil. Assim, é fundamental fomentar a produção regional de sementes, o que envolve o conhecimento das técnicas de produção de sementes das espécies ocorrentes nos mais diversos ecossistemas do país (Boxe 11.2).

Outro fator de importância destacada para o sucesso de produção de mudas de espécies nativas regionais é o conhecimento da fisiologia de sementes das espécies que se pretende produzir, o qual contribui, por exemplo, com a adequação do armazenamento da semente e com a seleção da metodologia mais adequada de superação da dormência de sementes, no momento de produzir a plântula. Muitas vezes, consegue-se até colher sementes de um grande número de espécies nativas, mas a falta de conhecimento sobre o manuseio dessas espécies impede que muitas dessas sementes se transformem em mudas. Diante disso, é fundamental que os restauradores conheçam alguns aspectos básicos da ecologia, fisiologia e tecnologia de produção de sementes de espécies nativas.

Há que se considerar também a grande heterogeneidade e complexidade de estratégias ecofisiológicas que as espécies florestais nativas possuem, de forma que cada espécie pode ter uma técnica muito particular de colheita, beneficiamento, armazenamento e superação da dormência de suas sementes. Assim, o objetivo deste capítulo não é dar detalhes específicos sobre a produção de sementes de milhares de espécies florestais nativas brasileiras, até porque o conhecimento atual não permitiria ir

muito além de algumas dezenas de espécies, mas sim apresentar alguns conceitos gerais que podem orientar o trabalho de produção de sementes visando suprir a demanda de sementes e/ou mudas para as ações de restauração florestal. Com base no conhecimento desses conceitos, acredita-se que cada técnico envolvido com a produção de sementes de espécies nativas regionais terá melhores condições de analisar os problemas encontrados em algumas das etapas da produção e propor soluções inovadoras para disponibilizar sementes e mudas com qualidade de cada espécie em particular, para a qual não se encontram informações técnicas disponíveis. Nesse contexto, este capítulo foi organizado com foco nas principais perguntas que se fazem ao longo do processo de produção de sementes de espécies nativas.

11.1 Onde colher sementes de espécies nativas regionais?

Uma pergunta recorrente na produção de sementes de espécies nativas regionais é se seria possível colher sementes de árvores dessas espécies localizadas em ruas, praças, jardins e outros espaços urbanos. Como não se conhece a origem das sementes que geraram essas árvores, não há garantias de que se trata de matrizes com genética regional ou suficientemente diversificada em termos genéticos. Nessas condições, espera-se também que as sementes produzidas possuam reduzida diversidade genética em virtude de as cidades não estimularem um intenso fluxo gênico entre indivíduos da mesma espécie, favorecendo o predomínio de autofecundação. Pelo mesmo motivo, não se recomenda também a colheita de árvores isoladas em pastagens ou áreas agrícolas, pois a maior distância de outras árvores da mesma espécie aumenta as chances de que a fertilização ocorra com o pólen do próprio indivíduo.

Essa restrição de colheita vale também para áreas que foram restauradas com espécies nativas, pois a ausência de preocupação no passado com a diversidade genética na produção de mudas levou à implantação de populações vegetais com altos níveis de parentesco, resultado do uso de poucas matrizes na colheita de sementes. Por exemplo, suponha-se

Boxe 11.2 Rede de sementes do Xingu: do poder das sementes nasce uma economia florestal solidária

As sementes e suas relações socioculturais, funções e características ecológicas unem agricultores familiares, produtores rurais, comunidades indígenas, pesquisadores, organizações governamentais e não governamentais, prefeituras, movimentos sociais, escolas e entidades da sociedade civil. Essa união se dá por meio da Rede de Sementes do Xingu (RSX), que é uma rede de desenvolvimento comunitário liderada pelo Instituto Socioambiental. A RSX surgiu em 2007, a partir do crescimento da demanda por sementes para plantios de restauração na região, realizados, principalmente, via semeadura direta. Na rede, os coletores organizam-se em grupos (núcleos coletores) formados por agricultores familiares, indígenas e viveiristas. Cada núcleo possui um responsável, chamado de elo, que tem como funções básicas: registrar e divulgar as experiências na rede, gerir o estoque, a coleta, as encomendas e controlar a qualidade das sementes de seu grupo. A RSX visa disponibilizar sementes da flora regional em quantidade e com a qualidade que o mercado demanda; formar uma plataforma de troca e comercialização de sementes; gerar renda para agricultores familiares e comunidades indígenas e servir como um canal de comunicação e intercâmbio entre coletores de sementes, viveiros, ONGs, proprietários rurais e demais interessados por onde circule o conhecimento que valorize a floresta, o cerrado e seus usos culturais diversos. Para isso, a RSX busca criar espaços de diálogos, tais como: visitas, oficinas, reuniões, encontros regionais, além de publicações periódicas que divulgam os trabalhos em desenvolvimento. Nesses espaços, estimulam-se as discussões sobre a localização, a época de floração e a frutificação das espécies; as técnicas de coleta, beneficiamento, armazenamento, germinação e quebra de dormência das sementes; as técnicas e a evolução dos plantios. Além disso, discute-se a contínua melhoria na estrutura e no funcionamento, que envolve a comunicação entre os coletores, elos e compradores, a comercialização e as trocas de sementes e a consolidação e a gestão dos núcleos coletores, buscando a autonomia desses núcleos por meio de um processo continuado e participativo de formação. Em quatro anos de existência e duas casas de sementes em funcionamento, a RSX se tornou uma referência de economia solidária de base florestal, já tendo comercializado 53 t de sementes de 214 espécies, movimentando R$ 459.000,00. Fazem parte da rede 300 coletores, 15 núcleos coletores, 12 subnúcleos coletores, 11 assentamentos, nove comunidades indígenas e 25 entidades de 23 municípios.

José Nicola M. N. da Costa (nicola@socioambiental.org), Instituto Socioambiental (ISA),
Programa Xingu, Canarana (MT)
Rodrigo G. P. Junqueira (rodrigojunqueira@socioambiental.org), Instituto Socioambiental (ISA),
Programa Xingu, Canarana (MT)
Eduardo M. C. Filho (eduardomalta@socioambiental.org), Instituto Socioambiental (ISA),
Programa Xingu, Canarana (MT)

um caso em que foram colhidas sementes de uma única matriz e que essas sementes foram utilizadas na produção de mudas. Essas mudas são, pelo menos, meias-irmãs, pois são filhas da mesma árvore-mãe, embora não se possa afirmar que são descendentes de um mesmo indivíduo doador de pólen. Quando essas mudas atingirem a idade reprodutiva na respectiva área em processo de restauração, seus descendentes podem ter problemas de vigor, em razão do alto grau de parentesco entre os indivíduos parentais disponíveis naquela restauração, principalmente se a área for muito isolada de outros remanescentes naturais na paisagem regional.

Salvo nos casos de pomares de sementes implantados para fins de restauração, em que são feitos plantios planejados de espécies nativas com alta diversidade genética, a colheita de sementes para a restauração florestal deve, assim, concentrar-se nos remanescentes naturais de vegetação nativa identificados na paisagem regional, do mesmo tipo florestal que ocorria na área que se pretende restaurar. Embora possam ser encontradas mais espécies nativas em fragmentos florestais conservados, a escolha de áreas de colheita de sementes deve abranger o maior número possível de fragmentos florestais da região, mesmo que alguns se encontrem em estágio mais avançado de degradação, pois isso amplia a base genética das sementes. Além disso, a escolha na paisagem regional de fragmentos do mesmo tipo florestal, mas inseridos em diferentes condições de relevo e solo, bem como submetidos a diferentes históricos de degradação, amplia as chances de obtenção de sementes com maior base genética de um conjunto representativo de espécies nativas típicas de uma dada região, da mesma forma que permite que se consigam sementes de mais espécies. Por exemplo, a colheita de sementes de espécies pioneiras é mais fácil em fragmentos degradados do que conservados. Apesar das vantagens para a obtenção de sementes com maior diversidade florística e genética, no Brasil a colheita de sementes para uso na restauração florestal não é autorizada em Unidades de Conservação de proteção integral, tais como parques estaduais e nacionais, estações ecológicas e reservas biológicas. A exceção é o Estado de São Paulo, que possui uma resolução estadual específica que autoriza a colheita de sementes de espécies nativas nesses locais, desde que essas sementes ou mudas produzidas delas sejam usadas para fins de pesquisa e uso específico. No entanto, as exigências para que isso possa ser feito desestimulam os coletores autônomos e viveiros comerciais, de forma que a colheita nesses locais tem sido praticada hoje basicamente pelos próprios órgãos estaduais de pesquisa.

Como nas paisagens tropicais e subtropicais brasileiras há sempre uma grande variedade de formações florestais (muitas unidades fitogeográficas), as quais possuem poucas espécies em comum entre si, é fundamental que a colheita de sementes seja realizada de forma particularizada em cada tipo de vegetação. Por exemplo, em uma região de tensão ecológica onde ocorrem áreas de Floresta Estacional Semidecidual, Cerradão e Floresta Paludícola (ou floresta de brejo), a colheita de sementes deve abranger as espécies típicas de cada um desses ecossistemas, dependendo da formação que ocorria na área que se pretende restaurar, já que muito provavelmente ocorrerão áreas degradadas desses três tipos de vegetação para serem restauradas com tais grupos próprios de espécies.

Outro fator de grande importância é a regionalidade de colheita de sementes. Isso é importante porque populações de uma mesma espécie que porventura ocorram ao longo de uma ampla área de distribuição geográfica podem desenvolver adaptações regionais para as diferentes condições ecológicas presentes, formando ecótipos. Os ecótipos podem ser definidos como populações de uma mesma espécie que divergem geneticamente entre si como resultado da seleção natural, originando populações mais bem adaptadas aos seus respectivos hábitats regionais em comparação com populações de outras procedências. Assim, a ocorrência de uma mesma espécie em diferentes tipos de vegetação, que normalmente ocorrem em condições de clima e solo contrastantes, pode resultar na formação de ecótipos. No entanto, a sua formação também pode ocorrer dentro de uma mesma formação florestal. Por exemplo, a Floresta Ombrófila Densa ocorre no bioma Mata Atlântica ao longo de toda a faixa litorânea e possui espécies, como a palmeira-juçara (*Euterpe edulis*), que ocorrem ao longo de quase toda essa extensão (Fig. 11.1). Dessa forma, para favorecer o uso de ecótipos nas ações de restauração, a colheita de sementes deve ser realizada em fragmentos do mesmo tipo florestal e localizados o mais próximo possível das áreas a serem restauradas. Isso é importante para favorecer a adaptação ecológica dos indivíduos na área em processo de restauração e evitar problemas de invasão críptica de populações naturais. Para facilitar esse trabalho e contribuir para a organização da colheita de sementes de espécies nativas em uma escala maior, é recomendada a criação de zonas ecológicas para a colheita de sementes.

11.2 DE QUANTAS ÁRVORES SE DEVEM COLHER SEMENTES DE ESPÉCIES NATIVAS REGIONAIS?

A definição do número de árvores que serão usadas para a colheita não tem relação apenas com a quantidade de sementes que se pretende produzir. A colheita de sementes é também uma forma de amostragem genética, pois o genótipo de cada semente pode conter um amplo conjunto de genes característicos da espécie como um todo e também genes particulares daquela população em questão. Assim, a colheita de sementes é uma atividade nobre, que apresenta inúmeras implicações para o efetivo sucesso da restauração ecológica. Como um dos objetivos da restauração é o restabelecimento da biodiversidade, que, por sua vez, é composta pela diversidade de ecossistemas, de espécies e de genes, é fundamental que a questão genética seja incluída no planejamento da colheita para que as sementes e as mudas com elas produzidas possuam uma diversidade genética adequada e representativa da espécie que se pretende utilizar nas ações de restauração florestal.

Caso os indivíduos da espécie introduzida no local em processo de restauração sejam geneticamente semelhantes entre si, produzidos por meio de sementes de uma mesma matriz ou de poucas matrizes, os cruzamentos futuros entre esses indivíduos podem não resultar em sementes viáveis ou resultar em descendentes pouco vigorosos e com baixo potencial de adaptação, como resultado da redução da heterose (vigor híbrido), da depressão por endogamia, da expressão de genes deletérios e da perda de alelos por deriva genética. Ou seja, ocorrerão problemas de erosão genética e as chances de perpetuação futura da espécie na área restaurada serão muito reduzidas. Além disso, uma elevada diversidade genética pode ser fundamental para que a espécie mantenha um potencial evolutivo satisfatório para se adaptar aos distúrbios antrópicos, tais

Fig. 11.1 *Distribuição geográfica da palmeira-juçara* (Euterpe edulis) *ao longo do bioma Mata Atlântica no Brasil Fonte: adaptado de Reis et al. (2000).*

como os impactos resultantes das mudanças climáticas globais, perpetuando-se na área restaurada mesmo diante de condições desfavoráveis ou nunca antes enfrentadas pelas populações ancestrais da espécie.

Assim, diante da importância da diversidade genética para a perpetuação das populações vegetais introduzidas nas áreas em processo de restauração, é evidente que se deve maximizar essa diversidade genética na colheita de sementes de cada espécie florestal. Diante disso, quando se questiona de quantas árvores se devem colher sementes, a resposta óbvia é que se deve colher do maior número possível. Apesar de essa resposta estar correta do ponto de vista técnico, ela não é a mais adequada do ponto de vista operacional. Isso porque a colheita de sementes de várias matrizes demanda um grande esforço, que logicamente resulta em custo operacional. Como há interesse em colher sementes com diversidade genética satisfatória de um grande número de espécies nativas regionais, não se pode perder muito tempo com a colheita de sementes de poucas espécies, o que seria observado caso se buscasse indefinidamente conseguir mais e mais árvores matrizes. Assim, se um coletor de sementes ficasse por um longo período procurando muitas matrizes de uma mesma espécie, ele provavelmente deixaria de colher sementes de inúmeras outras espécies nativas que estivessem em fase de frutificação no mesmo período. Dessa forma, deve ser adotado algum número de matrizes que sirva como referência para predizer que a representatividade genética da população colhida já foi satisfatoriamente amostrada para a maioria das espécies nativas regionais. Para chegar a esse número, é preciso contar com alguns conceitos e estimativas de genética de populações.

Um desses conceitos é o de tamanho efetivo de população (N_e), o qual corresponde ao número de indivíduos que contribuíram com gametas para a formação da geração seguinte. Em outras palavras, representa a base genética da população. Para que se tenha uma conservação genética de curto prazo (dez gerações da espécie), minimizando os danos por depressão endogâmica, é necessário ter um N_e de 50 a 100. Caso se almeje manter a variabilidade genética

da população por muitas gerações, é necessário ter um tamanho efetivo de 500, pois a perda de alelos por deriva genética é compensada pela formação de novos alelos via mutação. Esse parâmetro representa o tamanho da amostra que maximiza a representatividade genética de uma população colhida em relação à população parental e que normalmente está relacionado à diversidade genética potencial que pode ser obtida em uma dada população. Assim, com um N_e mínimo de 50, espera-se que a população se mantenha por no mínimo dez gerações sem problemas genéticos, mesmo que não haja fluxo gênico entre a população estabelecida na área em processo de restauração e as populações presentes nos remanescentes florestais da região, o que é muito pouco provável, se forem considerados um longo espaço de tempo e o importante papel dos polinizadores nesse processo.

Quando as sementes são irmãs de autofecundação (óvulos da mesma planta fecundados pelo seu próprio pólen), o tamanho efetivo é 1,0, pois apenas um indivíduo está representado geneticamente. Assim, se forem colhidas sementes produzidas por autofecundação por uma única árvore e delas forem produzidas 10.000 mudas, o N_e da população implantada com essas mudas será 1. Quando as sementes são irmãs completas (filhas da mesma mãe e do mesmo pai), o N_e é 2. Já quando as sementes são meias-irmãs (filhas da mesma mãe e de pais diferentes ou filhos do mesmo pai e de mães diferentes), o N_e será variável de acordo com o número de indivíduos que contribuíram com gametas para a formação das sementes, mas no geral considera-se que o tamanho efetivo nesse caso é de 4. Contudo, esse N_e não é gerado intuitivamente. Para gerá-lo, aplica-se uma equação complexa de genética quantitativa, que considera a taxa de cruzamento, a correlação de paternidade, a correlação de autofecundação e o coeficiente de endogamia da geração parental (admite-se que os pais não são parentes). Dessa forma, quando as sementes são meias-irmãs, cada matriz representa um N_e de 4. Dessa forma, a colheita de sementes de 12 matrizes, desde que elas ou os pais não sejam aparentados, possibilita que se atinja aproximadamente um N_e de 50 (Fig. 11.2A). Caso haja desvios de cruzamentos aleatórios e consequentemente ocorram cruzamentos biparentais, ou seja, as árvores matrizes compartilhem algum nível de parentesco com as fornecedoras de pólen, cada árvore matriz representará um $N_e < 4$, sendo necessárias, nessa situação, aproximadamente 25 matrizes para atingir um N_e total de 50 (Fig. 11.2B).

Esse tipo de situação, de ocorrência de cruzamentos biparentais, pode ser mais comum em florestas secundárias, que, por sua vez, constituem a maioria dos remanescentes florestais presentes em paisagens antropizadas. Isso acontece porque a sucessão secundária em áreas degradadas normalmente ocorre sob forte efeito do fundador, isto é, a regeneração da floresta ocorre com base na descendência dos poucos indivíduos que colonizaram inicialmente a área. Adicionalmente, há que se considerar o grau de isolamento e degradação do fragmento onde as matrizes estão inseridas. Por exemplo, as abelhas nativas Euglossini, que são importantes polinizadoras, são comumente extintas de fragmentos degradados, levando a problemas de polinização em certas espécies. Em situações de degradação, a abelha-europeia (Apis mellifera) pode assumir o posto de principal polinizadora das espécies nativas, normalmente realizando o fluxo gênico em um raio de 2.500 m. Em virtude disso, alguns fragmentos podem constituir "ilhas" com grupos de matrizes reprodutivamente isoladas, o que certamente reduzirá o tamanho efetivo do lote de sementes mesmo que a colheita seja feita de um número elevado de matrizes. Assim, além da quantidade em si de matrizes, deve-se também buscar realizar a colheita de sementes em um maior número de fragmentos da paisagem regional. Uma recomendação usual, mas pouco aplicada, para que se aumente o tamanho efetivo de cada progênie (matriz) é que se realize a colheita de sementes de árvores separadas por no mínimo 100 m entre si. Uma proposição mais razoável é que se coletem sementes de matrizes alternadas, evitando a colheita de sementes da árvore que estiver mais próxima da matriz anteriormente utilizada. Assim, recomenda-se colher sementes de 12 a 25 matrizes por espécie, buscando-se sempre escolher indivíduos que não estejam próximos entre si para minimizar as chances de se obterem sementes oriundas de cruzamentos biparentais, além de se buscarem sementes em diferentes fragmentos. De fato, trabalhos recentes de pesquisa realizados com espécies nativas têm demonstrado que esse número de matrizes é suficiente para que se atinja um tamanho efetivo de 50.

No entanto, nem sempre essa meta pode ser facilmente atingida. Quando se trata da colheita de sementes de espécies que ocorrem em baixa densidade natural na floresta (espécies raras) e em paisagens muito antropizadas, com reduzida cobertura florestal e elevada fragmentação, essa limitação é ainda mais evidente. Nesses casos, o que deve ser feito: colher de

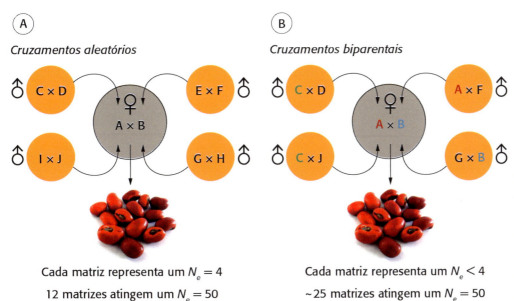

Fig. 11.2 Número de matrizes de espécies arbóreas para atingir um tamanho efetivo de 50 em situações de cruzamentos aleatórios (A) e biparentais (B)

poucas matrizes e assumir que se estão produzindo sementes com uma diversidade genética inferior à adequada ou não colher sementes dessa espécie? Para responder essa pergunta, é preciso entender que a diversidade genética é importante para que uma população reintroduzida em uma área em processo de restauração se perpetue no local e se mantenha indefinidamente na comunidade vegetal. No entanto, como o plantio de mudas ou a semeadura direta são realizados justamente nas situações em que se espera que a espécie não colonize a área via dispersão natural, o fato de não se plantarem mudas por elas terem baixa diversidade genética já sentencia a exclusão da espécie da comunidade. Além disso, a presença de indivíduos de uma dada espécie no ecossistema, mesmo que estes tenham baixa diversidade genética, pode ter inúmeros outros benefícios à restauração, tais como o suprimento de recursos para animais polinizadores e dispersores de sementes. Por exemplo, uma ave não deixa de se alimentar de um fruto porque suas sementes possuem baixa diversidade genética. Assim, por mais que a questão genética seja importante, não se deve deixar de incluir uma espécie nativa na restauração porque suas sementes e mudas foram produzidas de poucas matrizes. Mas isso deve estar registrado, para que, ao longo dos anos, sejam adotadas ações de enriquecimento genético daquelas espécies introduzidas com baixa diversidade genética. No entanto, essa dificuldade não pode ser usada como desculpa para não se dedicar à colheita de sementes com elevada diversidade genética da maioria das espécies nativas regionais.

11.3 MARCAÇÃO DE MATRIZES PARA A COLHEITA DE SEMENTES DE ESPÉCIES NATIVAS REGIONAIS

Como diversas espécies ocorrem em baixa densidade na floresta, encontrar 12 ou mais indivíduos reprodutivos, ou mesmo um único indivíduo para as espécies mais raras, pode ser muito dificultoso e de alto custo se não houver um trabalho prévio de localização e marcação de matrizes (Fig. 11.3). A marcação de matrizes não implica seleção, ou seja, não se baseia em um conjunto de características

fenotípicas predeterminadas para que se escolham as árvores fornecedoras de sementes. A marcação de matrizes para fins de restauração ecológica visa, acima de tudo, ampliar a base genética do lote de sementes que será utilizado na produção das mudas. Além de facilitar a obtenção de sementes de um número maior de espécies e também de uma quantidade maior de matrizes por espécie, colher sementes de matrizes já previamente marcadas é importante para garantir a rastreabilidade do processo de produção de sementes e mudas, que é uma exigência do processo de certificação ambiental. Em um trabalho de marcação de matrizes, primeiramente é realizado um levantamento de quais fragmentos florestais da região poderiam atuar como áreas de produção de sementes, conforme critérios já discutidos anteriormente. Nesses fragmentos, são estabelecidas trilhas georreferenciadas para a colheita de sementes, aproveitando-se de trilhas já presentes na mata ou criando-se novos acessos para as futuras matrizes. De forma geral, a marcação de matrizes ocorre em trilhas ou nas bordas do fragmento pela facilidade de acesso e maior probabilidade de obtenção de sementes nesses locais, em razão da maior incidência de luz na copa das matrizes, que favorece o florescimento desses indivíduos. Sendo assim, não se recomenda a marcação de matrizes em áreas de difícil acesso ou então em situações de dossel muito fechado, que podem reduzir a frequência da frutificação, além de dificultarem muito a visualização dessa frutificação durante a colheita.

Uma vez definido o trajeto, é preciso escolher quais indivíduos serão marcados como matriz. Com base no princípio de que a produção de sementes está sendo tratada neste capítulo para uso na restauração ecológica, e não para a produção de sementes e mudas visando à produção de madeira, ou uso no paisagismo ou na arborização urbana, a colheita de sementes deve ser feita de forma a representar uma população natural da espécie em toda a sua variedade de formas, em vez de favorecer um grupo restrito de fenótipos. Assim, não se deve empregar qualquer tipo de seleção de indivíduos com base em eventuais características de interesse da árvore, tais como seu porte, fuste ou características específicas da floração

Fig. 11.3 *Caso a coleta de sementes de ipê-amarelo (*Tabebuia ochracea*), que é uma espécie rara, fosse realizada no remanescente florestal da imagem, dificilmente seriam encontrados um ou mais indivíduos produzindo sementes nessa área sem um trabalho prévio de marcação de matrizes*

ou da frutificação. Nesse mesmo sentido, tentar aplicar critérios que definam a "saúde" da árvore, tais como tortuosidade, avaliações visuais da presença de pragas e doenças, também não é necessário. Isso porque essas características fenotípicas podem não ter qualquer relação com aquelas adaptativas, que são as mais importantes para a perpetuação da espécie na área restaurada. Por exemplo, uma árvore com fuste reto ou florada exuberante pode ser menos resistente à seca e sucumbir mais facilmente nas áreas em processo de restauração. Diante disso, a escolha das árvores que serão marcadas como matriz deve se restringir à facilidade de acesso e expectativa de boa produção de sementes em termos de regularidade e intensidade. Adicionalmente, pode-se evitar a marcação como matriz da árvore que estiver mais próxima da matriz anteriormente selecionada para que se diminuam as chances de colheita de sementes com relações de parentesco entre si.

Uma vez definida a árvore, o procedimento padrão de marcação de matrizes consiste em fixar uma placa de alumínio na árvore contendo um número específico e exclusivo daquele indivíduo. Além disso, é obtida a coordenada geográfica do indivíduo na área e coletado um ramo seu, de preferência reprodutivo, para confirmação da identificação e devida incorporação desse material em algum herbário da região devidamente institucionalizado e registrado nessa função. Após a fixação da placa, são anotadas informações sobre o indivíduo (espécie, nome popular ou código utilizado para marcar o ramo quando não se conhece a espécie), o local (nome da fazenda, nome do fragmento, dicas e coordenadas de acesso), as coordenadas geográficas da matriz e o seu número em uma prancheta de marcação de matrizes (Fig. 11.4).

Com base em informações presentes na literatura e obtidas em campo durante a marcação dessas matrizes e nas colheitas futuras de sementes nessas matrizes, é possível elaborar um banco de dados em que também são inseridas informações sobre a fenologia das espécies, sobre o hábitat preferencial, sobre as quantidades e as características dos frutos e das sementes no momento da colheita e outros. Assim, com base em um registro histórico da periodicidade de produção de sementes e das datas mais prováveis de dispersão de sementes, podem-se planejar melhor as saídas a campo para a colheita de sementes. Com isso, essas saídas a campo são direcionadas às espécies que se espera estarem frutificando naquele período do ano, elaborando-se uma planilha de colheita semanal de sementes de espécies nativas regionais, em vez de se procurar aleatoriamente por toda e qualquer espécie que esteja frutificando no meio da floresta, o que diminui muito o rendimento da colheita de sementes e consequentemente aumenta os custos operacionais.

11.4 Quando colher os frutos para a obtenção das sementes?

Embora se use corriqueiramente o termo *colheita de sementes*, que se refere à obtenção do produto final desse processo, na maioria dos casos está-se referindo à colheita de frutos maduros para posterior extração das sementes. Coincidentemente, na maioria das vezes há sincronia na maturação das sementes e dos frutos. Quando os frutos ainda estão verdes, supondo o caso de espécies dispersas por aves frugívoras, eles apresentam consistência, cor, odor e caracterís-

Fig. 11.4 *Fixação de uma placa metálica numerada para a marcação da árvore de uma determinada espécie nativa regional como matriz (A e B), e prancheta na qual são anotados os dados referentes a essa matriz (C)*

ticas químicas que desestimulam sua ingestão por essas aves, o que, em última instância, é uma forma natural de a espécie evitar que as sementes ainda imaturas e não aptas a germinarem sejam dispersas antes do tempo. No entanto, logo após as sementes atingirem a maturidade fisiológica, alcançando seu máximo potencial germinativo, o fruto adquire características que atraem organismos frugívoros e dispersores de sementes, indicando que as sementes já estão prontas para serem dispersas. Assim, o ponto de colheita da semente é normalmente indicado pela maturidade do fruto, que, por sua vez, se evidencia principalmente pela mudança de coloração e consistência do epicarpo (parede externa do fruto) ou pelo início de sua abertura espontânea.

Ao longo do processo de maturação, que vai da fecundação do óvulo até o ponto de maturidade fisiológica, quando a semente se desliga fisiologicamente da planta-mãe, há aumento progressivo da massa de matéria seca, da germinação e do vigor da semente, ao passo que o teor de água se reduz no final do processo (Fig. 11.5). Conforme discutido adiante neste capítulo, as chamadas sementes recalcitrantes não passam por um período tão intenso de dessecação no período final de maturação, mantendo-se com elevados teores de água no momento da dispersão. Assim, com base no entendimento do processo de formação e desenvolvimento da semente, fica claro que não é possível colher uma semente ainda imatura e tentar utilizá-la para a produção de mudas, pois ela não vai germinar. O que pode ser feito é colher as sementes um pouco antes da dispersão, quando elas já estiverem bem formadas e ainda com elevado teor de água. Esse estágio do desenvolvimento, que popularmente é referido como *de sementes granadas*, costuma ser coincidente com o ponto de maturidade fisiológica, que é o momento em que as sementes apresentam a máxima qualidade para a semeadura. Trata-se de uma situação muito comum na colheita de sementes de frutos secos deiscentes, tal como discutido adiante, na qual os frutos devem ser colhidos um pouco antes de iniciarem sua abertura espontânea, quando as sementes ainda se apresentam com elevado teor de água. Uma vantagem da colheita de sementes na maturidade fisiológica é que o mecanismo de dormência normalmente não está instalado, possibilitando a semeadura sem o uso de qualquer procedimento para a superação da dormência. Retomando o exemplo apresentado na

Fig. 11.5 para a espécie olho-de-cabra, a colheita de sementes aos 225 dias após o florescimento, quando os frutos ainda estavam fechados e as sementes com elevado teor de água, possibilita que a semeadura seja realizada sem quebra de dormência, ao passo que o uso de sementes obtidas de frutos já abertos, que apresentam sementes secas e vermelhas, requer a escarificação do tegumento como tratamento pré-germinativo.

Apesar de a duração da fase de maturação ser razoavelmente semelhante para os frutos presentes em uma mesma árvore, pode haver variações significativas de maturidade dos frutos e sementes entre os indivíduos de uma mesma população e de populações diferentes como resultado da assincronia do florescimento e/ou da duração diferenciada do processo. Dessa forma, podem ser necessárias várias visitas às matrizes de uma mesma espécie até que o período de colheita de sementes se esgote. Considerando a comunidade vegetal como um todo, há sempre alguns períodos de maior oferta de sementes de um maior número de espécies nativas regionais para a colheita, quando é possível obter maior diversidade florística e genética de espécies. Por exemplo, no Sudeste brasileiro, nos meses de agosto e setembro, pode-se colher um grande número de espécies anemocóricas, que concentram a dispersão de suas sementes nesse período de maior intensidade de ventos. No entanto, podem ser encontradas espécies nativas produzindo sementes ao longo de todo o ano, justificando a presença permanente dos coletores nas áreas de produção de sementes.

Dessa forma, para que se alcance a maior diversidade possível de espécies, é essencial que o coletor de sementes visite periodicamente os fragmentos florestais e as matrizes marcadas. Essa presença constante na área de colheita também ajuda no planejamento da atividade, pois permite o acompanhamento constante da fenologia das matrizes e facilita a definição do momento mais adequado de colheita. A periodicidade de acompanhamento da fenologia das matrizes assume maior importância ainda para espécies que possuem um curto período de dispersão, como aquelas com dispersão anemocórica, pois intervalos maiores de visita às matrizes ampliam as chances de que as sementes sejam dispersas por completo antes de serem colhidas. Além disso, algumas espécies em particular, como várias espécies ocorrentes no sub-bosque de florestas, produzem frutos de forma muito irregular e distribuída no tempo, demandando vários momentos de colheita para que se consiga a quantidade desejada de sementes. Assim, apenas essa experiência de campo com a colheita de sementes e a vivência no viveiro com a germinação dessas sementes vai permitir ao coletor de sementes de espécies nativas regionais identificar o melhor momento para a colheita de sementes de cada espécie e da comunidade como um todo.

11.5 Como colher os frutos?

A forma mais simples de colheita é por meio do recolhimento de frutos maduros caídos no solo da floresta, que se aplica principalmente a grandes frutos secos indeiscentes dispersos por mamí-

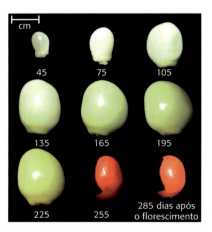
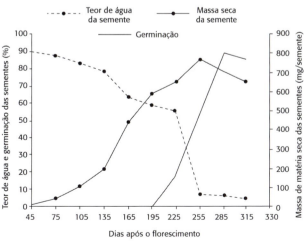

Fig. 11.5 *Várias fases (em dias) da maturação de sementes de olho-de-cabra* (Ormosia arborea)

feros, tais como os frutos do jatobá (*Hymenaea* spp.). Trata-se de uma situação em que os dispersores de sementes não destacam os frutos diretamente da planta-mãe, mas aguardam até que eles caiam naturalmente no chão para então se alimentarem da polpa. Para algumas espécies, é possível ainda estender uma lona sobre o solo na área de projeção da copa e chacoalhar a árvore ou seus ramos para que os frutos maduros caiam naturalmente e sejam recolhidos. No entanto, para a maioria das espécies florestais os frutos maduros precisam ser destacados diretamente da árvore. Quando se trata de árvores e arbustos de menor porte, tais como espécies de sub-bosque ou espécies mais iniciais da sucessão (pioneiras e secundárias iniciais), a colheita pode ser realizada com uma tesoura de poda nos ramos mais baixos. Contudo, muitas vezes é necessário retirar os frutos da copa de indivíduos mais altos, quando então se recorre ao uso de podão (Fig. 11.6). O podão consiste em uma vara, que pode ser de bambu, fibra de vidro, alumínio ou outros materiais, em que se encaixa uma tesoura de poda alta em uma das extremidades, tornando possível alcançar do solo os ramos localizados a mais de 10 m de altura. Contudo, em árvores mais altas, a escalada se torna imprescindível. A escalada de árvores pode ser realizada basicamente pelo uso de esporas ou por meio de técnicas de ascensão por cordas. Independentemente da forma como ela será feita, trata-se de um procedimento que traz sérios riscos ao coletor e que só deve ser realizada por pessoas devidamente treinadas e capacitadas para esse trabalho e com todos os equipamentos de segurança necessários. Quando o escalador se ancora em um ponto seguro na copa da árvore, inicia-se a colheita de frutos com o podão.

No uso do podão, seja no nível do solo, seja sobre a copa da árvore, a colheita dos frutos é feita cortando-se a base das infrutescências (conjunto de frutos) e frutos ou do ramo que as contém. Para facilitar o recolhimento dos frutos, costuma-se estender um pano, lona plástica ou *sombrite* sobre o solo na área de projeção de queda dos frutos. Tal procedimento é vantajoso por impedir que os frutos recém-colhidos se misturem àqueles já presentes sobre o solo, que muitas vezes já estão decompostos e possuem sementes atacadas por pragas e patógenos. Isso também facilita o recolhimento dos frutos após o fim da colheita, já que, para muitas espécies, quando a infrutescência cai, muitos frutos se desprendem dessa estrutura, perdendo-se no solo, o que torna o recolhimento desses frutos uma atividade demorada e de baixo rendimento. Adicionalmente, aumenta-se o risco de acidentes com animais peçonhentos ao vasculhar a serapilheira.

Fig. 11.6 *Uso de podão para a coleta de sementes*

Independentemente da técnica de colheita, é fundamental que sejam adotados alguns procedimentos e equipamentos de segurança para evitar acidentes. A primeira recomendação geral é que a colheita seja sempre realizada por, no mínimo, duas pessoas, para que uma possa socorrer a outra em caso de acidentes, como aqueles resultantes de picadas de cobra, torções dos membros, quedas de galhos, ferroadas de abelha e indisposições gerais resultantes de diversos problemas de saúde. O uso de rádios de comunicação é muito útil no caso de acidentes e também facilita a organização das operações envolvidas com a colheita de sementes. Com relação aos equipamentos de proteção individual, é recomendado o uso de camiseta e calça compridas (para evitar picadas de insetos, contato com plantas urticantes e ferimentos por plantas espinescentes ou que causem esfoliações, tais como os capins-navalha e bambus), botas (para evitar torções dos membros inferiores), perneiras (para evitar picadas de cobra), capacete (para evitar problemas decorrentes da queda de frutos, galhos e do próprio podão na cabeça do coletor), óculos de segurança (para evitar a entrada de insetos, poeira e resíduos em geral, bem como a queda de frutos nos olhos) e luvas (para evitar acidentes com insetos e ferimentos nas mãos resultantes do manuseio de frutos e ramos com espinhos) (Fig. 11.7).

Uma dúvida recorrente sobre a produção de sementes de espécies florestais nativas consiste em saber a quantidade de frutos que pode ser colhida de uma árvore sem prejudicar a perpetuação da espécie na floresta e o fornecimento de alimento para os animais frugívoros, no caso de espécies zoocóricas, que são a maioria nas formações tropicais. Trata-se de uma questão importante, pois certamente a colheita de sementes não deve prejudicar a perpetuação das espécies da flora e fauna nativas. Apesar de não haver ainda estudos que tenham investigado com profundidade essa questão para cada espécie nativa, uma recomendação geral encontrada em trabalhos de língua inglesa é que se colete no máximo um terço dos frutos de uma árvore. No entanto, qualquer pessoa com um pouco de experiência na área sabe que dificilmente um coletor de sementes consegue retirar a maioria dos frutos de uma árvore, mesmo que tentasse. Isso se deve ao fato de a colheita se restringir geralmente aos ramos mais baixos e externos da planta, dadas as dificuldades de acesso aos frutos localizados no alto e no interior da copa. Somadas a isso, as recomendações mencionadas no item anterior, de que se colham sementes de um grande número de árvores, também contribuem para que se reduza o montante de frutos colhidos de cada indivíduo, fazendo com que permaneça na árvore uma quantidade de frutos e sementes ainda satisfatória para a alimentação de frugívoros e para suprir

Fig. 11.7 *Colheita de sementes com podão, evidenciando o uso de óculos de proteção e capacete como medidas de proteção individual contra acidentes*

a perpetuação da espécie, respectivamente. Apesar da necessidade premente de estudos para investigar essa questão, acredita-se que a produção de sementes florestais nativas não seja hoje um fator de degradação importante, se for mantida uma intensidade de colheita de no máximo 20% a 30% dos frutos de um mesmo indivíduo.

11.6 Como beneficiar as sementes?

Quando os frutos chegam do campo, eles geralmente se encontram ainda aderidos aos ramos com folhas, principalmente no caso de frutos colhidos ainda um pouco verdes. Isso ocorre porque a colheita normalmente se baseia no corte de pedaços da planta que contêm os frutos, geralmente as extremidades dos ramos, em vez de cortar individualmente cada fruto na sua base, o que não seria operacionalmente viável. Assim, antes de iniciar o beneficiamento das sementes, é preciso destacar os frutos dos ramos e folhas, o que pode ser facilmente realizado ao se esfregarem esses ramos com folhas e frutos em uma grade de ferro (Fig. 11.8).

Fig. 11.8 *Separação dos frutos de canelinha* (Nectandra megapotamica) *dos ramos e folhas utilizando uma grade de aço*

O beneficiamento consiste em preparar as sementes que estão dentro dos frutos para a semeadura, isto é, consiste na retirada das sementes de dentro dos frutos, na remoção de estruturas que revestem as sementes e na separação de impurezas que possam estar misturadas às sementes ao final do processo. Em termos gerais, o beneficiamento de sementes tenta simular os processos pelos quais as sementes passam na natureza, fazendo com que essas sementes sejam semeadas de maneira muito similar à forma como são dispersas. Por exemplo, no caso de frutos carnosos, as sementes devem ser extraídas dos frutos via despolpamento para só depois serem semeadas, simulando a digestão e a consequente retirada da polpa no trato digestivo de animais frugívoros. Caso sejam semeados os próprios frutos, em vez das sementes já limpas, a germinação poderá ser malsucedida em virtude de a parede do fruto dificultar ou impedir a embebição das sementes e a emissão da plântula, bem como por facilitar o desenvolvimento de patógenos. Em razão da enorme variação de forma, tamanho, estrutura e composição de frutos entre as inúmeras espécies florestais nativas, diferentes estratégias de beneficiamento devem ser adotadas. Justamente por causa dessa grande complexidade de tipos de fruto nas espécies nativas regionais, as sementes dessas espécies são beneficiadas predominantemente por procedimentos manuais e com o uso de peneiras, embora algumas máquinas possam ser adaptadas para essa finalidade (Fig. 11.9).

De forma geral, as estratégias de beneficiamento são definidas para grupos de frutos, como as estratégias usadas para os frutos secos, aquelas usadas para os carnosos, para os frutos deiscentes (que se abrem naturalmente) e para os não deiscentes (ou indeiscentes, que não se abrem sozinhos), ao passo que podem ser necessárias ainda ações complementares para sementes revestidas ou não por arilo e sementes protegidas ou não por endocarpo lenhoso (frutos com caroço). Para algumas espécies, podem ser necessárias até duas técnicas: uma para a extração das sementes dos frutos e outra para a remoção do arilo que envolve as sementes, por exemplo. Tal como discutido no início deste capítulo, a intenção é apresentar alguns aspectos básicos da morfologia de frutos e sementes que podem facilitar os procedimentos técnicos envolvidos nas diversas etapas da produção de sementes de espécies nativas. No entanto, cabe ressaltar que um mesmo procedimento, tal como o despolpamento, pode ser realizado de diferentes maneiras para uma mesma espécie como resultado da criatividade dos produtores de sementes e da disponibilização de equipamentos e infraestrutura locais. A seguir, são apresentadas as recomendações gerais de beneficiamento para os diferentes tipos de frutos e sementes, com base em aspectos básicos de morfologia, fisiologia e ecologia das espécies florestais nativas.

a] *Frutos secos indeiscentes*: são frutos que não se abrem sozinhos, geralmente dispersos pelo

Fig. 11.9 *Beneficiamento de sementes de espécies nativas por meio de procedimentos manuais (A) e do uso de máquinas construídas especificamente para essa finalidade (B)*

tipos de vagens de leguminosas, que são consumidas por mamíferos, como o fruto do jatobá, que apresenta uma casca dura e não atrativa para a fauna, mas que, quando quebrada, expõe uma polpa farinácea altamente nutritiva que reveste as sementes. Após a queda do fruto da árvore, grandes mamíferos, como a anta, podem quebrar essa casca, alimentar-se da polpa farinácea juntamente com as sementes e promover a dispersão delas. Assim, a etapa inicial de beneficiamento nesses casos consiste justamente em quebrar o fruto, o que pode ser feito com martelo, com um pedaço de madeira, com alguns instrumentos de ferro, com o pé ou com máquinas (Fig. 11.10).

No entanto, existem frutos secos indeiscentes que são dispersos pelo vento e que não passam por um processo natural de extração de sementes do fruto durante a dispersão. Como exemplos desse tipo de fruto, podem ser citados a sâmara (o pericarpo seco apresenta uma expansão alada ou asa) e o aquênio (o pericarpo seco reveste uma única semente), os quais constituem a unidade de dispersão natural das espécies. Nesses casos, não há necessidade de extração da semente de dentro do fruto, podendo ele próprio ser semeado. Contudo, no caso da sâmara, costuma-se quebrar ou cortar a asa do fruto para reduzir o espaço ocupado na câmara de armazenamento, nas sementeiras e no transporte de sementes comercializadas.

Já no caso de vagens secas, a extração das sementes é favorável ao processo germinativo por facilitar a absorção de água pela semente e diminuir a resistência à emergência da plântula. Assim, mesmo não ocorrendo naturalmente, a extração das sementes é recomendada para esse tipo de fruto, trazendo também as mesmas vantagens apresentadas no caso da remoção das asas de sâmaras. Como exemplos de espécies com esse tipo de fruto, podem-se

vento, mas podendo ser dispersos por animais também. No caso dos frutos dispersos por animais, o revestimento do fruto é seco e não serve de alimento para a fauna. No entanto, os animais têm acesso à polpa, normalmente farinácea, após quebrar o fruto. São exemplos desse tipo de fruto alguns

Fig. 11.10 *Quebra de frutos secos indeiscentes de jatobá* (Hymenaea courbaril) *(A) com um pedaço de madeira (B) e extração de sementes desse mesmo tipo de fruto, na espécie timboril* (Enterolobium contortisiliquum) *(C) com uma faca (D)*

citar a canafístula *(Peltophorum dubium)*, o pau-cigarra *(Senna multijuga)*, a terereca *(Lonchocarpus* spp.) e várias outras espécies de leguminosas. Em algumas dessas espécies, as sementes são extraídas manualmente, uma a uma. No entanto, podem ser adotados procedimentos que aumentem o rendimento dessa atividade. Para isso, costuma-se deixar os frutos secando ao sol por um longo período, até que se quebrem facilmente. Em seguida, eles são colocados dentro de um saco, que é batido externamente com um pedaço de pau para que os frutos sejam quebrados e posteriormente se possam separar as sementes das cascas de fruto com uma peneira.

b] *Frutos secos deiscentes:* são frutos que se abrem espontaneamente com a secagem, em pontos de sutura bem definidos. São muito comuns em espécies com dispersão anemocórica (pelo vento), barocórica (pela gravidade) e explosiva (os frutos lançam as sementes para longe da planta-mãe ao se abrirem) e também em espécies zoocóricas (por animais) com sementes revestidas por arilo (Fig. 11.11). Nesses casos, os frutos se abrem sozinhos à medida que secam progressivamente, expondo ou liberando as sementes já maduras e prontas para serem dispersas. Como seria inviável, no caso de espécies anemocóricas e autocóricas, recolher as sementes no solo da floresta depois que fossem liberadas pela abertura dos frutos, já que a grande maioria se perderia na serapilheira, a estratégia adotada para essas espécies é colher os frutos ainda fechados. Para não correr o risco de obter sementes ainda imaturas com a colheita dos frutos antes da deiscência, os frutos fechados devem ser colhidos apenas quando outros frutos da árvore já iniciaram sua abertura espontânea, evidenciando que a maturidade fisiológica já foi ou está próxima de ser atingida pelas sementes contidas nos frutos ainda fechados (Fig. 11.12).

Fig. 11.11 *Abertura espontânea de frutos secos deiscentes de (A) cedro-rosa* (Cedrela fissilis)*, liberando sementes aladas dispersas pelo vento, e de (B) ucuuba (*Virola *spp.), expondo sementes envoltas por arilo*

Para forçar a abertura dos frutos colhidos ainda fechados, eles podem ser expostos ao sol (Fig. 11.13), mantidos em sombra ou então colocados em uma estufa com circulação forçada de ar, a 30 °C. Deve-se ter especial atenção para cobrir os frutos com uma peneira ou sombrite a fim de que as sementes não se espalhem e se percam após a abertura deles. A remoção das alas ou asas de sementes também pode ser realizada, pelos mesmos motivos já apresentados para sâmaras.

c] *Frutos carnosos e sementes com arilo*: a remoção da polpa do fruto ou do arilo das sementes é normalmente realizada pelo esfregaço em peneira, na presença de água corrente (Fig. 11.14). O diâmetro de abertura do crivo da peneira deve ser um pouco menor que o diâmetro das sementes, para que estas não passem pela peneira e para que a polpa ou o arilo seja rapidamente removido da massa de sementes. Diante da grande variação de tamanho de sementes presentes nas espécies florestais nativas, verifica-se que é necessário um conjunto muito diversificado de peneiras, com diferentes aberturas de crivo, para que se possa despolpar ou remover o arilo adequadamente nessas espécies. Uma estratégia para facilitar a separação das sementes nesses casos é manter os frutos ou sementes ariladas em um saco plástico ou balde com água por período suficiente para amolecer a polpa ou o arilo, mas não o bastante para resultar na decomposição do material.

d] *Sementes envoltas por endocarpo lenhoso (frutos com caroço)*: são sementes envoltas por um endocarpo duro e lenhoso, o qual, na natureza, constitui-se na unidade de dispersão da espécie. Embora o próprio endocarpo possa ser semeado, a extração

Fig. 11.12 *A abertura espontânea de um fruto de cedro-rosa* (Cedrela fissilis) *que já liberou suas sementes aladas sinaliza que os outros frutos presentes no ramo – de tamanho e coloração semelhantes ao que se abriu, mas que ainda estão fechados – já podem ser colhidos*

Fig. 11.13 *Secagem ao sol de frutos secos deiscentes ainda fechados, para que se abram e liberem as sementes*

das sementes é recomendada em alguns casos para acelerar e uniformizar a germinação, já que esta só vai ocorrer após o apodrecimento desse endocarpo, se ele não for retirado. Isso pode ser feito abrindo-o com martelo, prensa ou instrumentos de corte. Deve-se sempre realizar esses procedimentos com o máximo de cuidado para evitar danos mecânicos às sementes e também acidentes de trabalho. O baru (*Dipteryx alata*) é uma espécie típica para a qual esse procedimento é realizado.

Complementarmente, podem ser necessários procedimentos adicionais para remover as impurezas presentes na massa de sementes, visando melhorar a qualidade física do lote de sementes. Para isso, podem ser utilizadas peneiras com crivo maior que o diâmetro das sementes para remover resíduos mais grosseiros, tais como galhos, folhas e restos de fruto, pois as sementes passam pela malha da peneira e esses resíduos ficam ali retidos. Já para remover impurezas mais finas, tais como terra, areia, sementes quebradas e resíduos menores do que o fruto, são usadas peneiras de crivo menor que o diâmetro das sementes, para que essas impurezas passem pelo crivo da peneira, enquanto as sementes ficam retidas (Fig. 11.15). Impurezas leves, mas com tamanho semelhante ao das sementes, podem ser removidas por ventilação. Para isso, costuma-se agitar a massa de sementes na presença de um ventilador a fim de que essas impurezas voem e as sementes permaneçam na peneira. Outra técnica comumente utilizada é a imersão das sementes em água, para que aquelas malformadas, quebradas ou predadas por insetos, que normalmente

Fig. 11.14 *Remoção da polpa de frutos carnosos (A) da palmeira-juçara* (Euterpe edulis)*, liberando as sementes (B), e do arilo (C) que envolve as sementes de ingá* (Inga vera)*, deixando-as limpas (D)*

estão ocas e, portanto, flutuam na água, sejam removidas do lote. Esse procedimento também pode ser adotado para a remoção de fragmentos de cascas secas de frutos, como no caso da aroeira-pimenteira (*Schinus terebinthifolius*).

11.7 Como armazenar as sementes?

O armazenamento de sementes é recomendado por vários motivos, tais como:

i] Para assegurar a produção de mudas de espécies que possuem frutificação irregular (supra-anual) em meses ou anos em que a colheita não pôde ser realizada. Por exemplo, a peroba-rosa (*Aspidosperma polyneuron*) produz sementes a cada três ou quatro anos, e, se as sementes colhidas em um dado ano não forem armazenadas, haverá disponibilidade de mudas dessa espécie apenas nos meses dos anos de produção de sementes, impossibilitando o fornecimento continuado de mudas para as ações de restauração florestal.

ii] Para parcelar a produção de mudas de espécies pioneiras. Como geralmente são necessários menos de quatro meses para obter mudas dessas espécies prontas para o plantio, é preciso realizar a semeadura em diferentes momentos do ano para que sempre se tenham à disposição mudas de qualidade. Por exemplo, se todas as sementes de uma dada espécie pioneira que frutifica em janeiro forem semeadas de uma só vez após a colheita, as mudas produzidas já não estarão em boas condições para uso nos plantios de final de ano, pois permaneceram por muito tempo no viveiro.

iii] Para concentrar a semeadura nos períodos mais favoráveis à germinação. Por exemplo, várias espécies nativas frutificam antes ou durante o inverno, que é um período muito desfavorável à germinação nas regiões Sul e Sudeste, dadas as baixas temperaturas. Para essas espécies, é recomendado que a semeadura seja realizada apenas quando a temperatura aumentar, o que somente será possível se essas sementes forem armazenadas.

iv] Para dar suporte à comercialização de sementes de alto potencial fisiológico. Como toda a quantidade de sementes não é comercializada de uma única vez após a produção, é necessário manter as sementes em condições favoráveis de armazenamento para que elas estejam com potencial germinativo favorável no momento em que forem adquiridas pelos compradores.

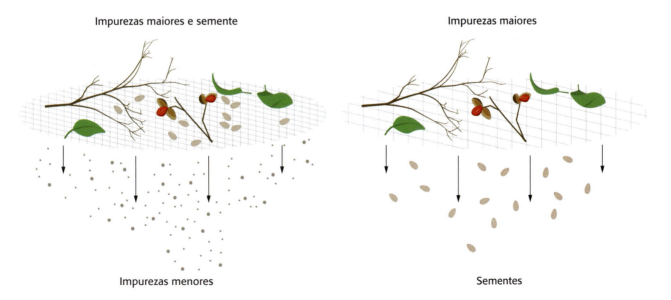

Fig. 11.15 *Uso de peneiras com diferentes tamanhos de abertura de crivo para separar as sementes das impurezas finas e grosseiras do processo de beneficiamento*

No entanto, é preciso entender alguns aspectos fisiológicos de sementes para que se realize o armazenamento de forma segura, mantendo o potencial germinativo e o vigor das sementes pelo tempo desejado. Nesse sentido, conhecer a tolerância à dessecação das sementes é um aspecto fundamental a ser considerado, pois, ao passo que algumas sementes podem ser secas e mantidas armazenadas por longos períodos, outras são intolerantes à dessecação, impossibilitando o armazenamento seguro em razão de as sementes terem que ser obrigatoriamente mantidas com elevado teor de água, o que certamente resultaria em seu apodrecimento com o tempo. Diante disso, as sementes foram didaticamente classificadas em três grupos com base em seu comportamento fisiológico relativo à tolerância à dessecação, conforme apresentado a seguir:

a] *Sementes recalcitrantes*: possuem alto teor de água (normalmente acima de 40%) ao final do processo de maturação, não tolerando o dessecamento (por exemplo, redução desse teor de água para 10%) nem a exposição a temperaturas muito baixas. De forma geral, são sementes condicionadas fisiologicamente a germinarem logo após a sua dispersão na natureza, sem que permaneçam no solo aguardando por condições favoráveis. Consequentemente, são sementes que não apresentam dormência. Diante da elevada atividade metabólica que apresentam, uma vez que são produzidas com elevado teor de água, não é possível armazená-las por longos períodos. Caso se insista no armazenamento de sementes recalcitrantes, certamente elas irão germinar ou se deteriorar durante o período em que forem mantidas armazenadas (Fig. 11.16). Como não podem ser secas nem muito menos congeladas, já que o congelamento de tecidos vivos resulta na formação de cristais de gelo que rompem as células, não há alternativa que não seja semear as sementes recalcitrantes logo após o seu beneficiamento, e esse processo vai ter maior sucesso quanto menor for o tempo entre a colheita no campo e a sua semeadura no viveiro. Uma opção nesses casos para parcelar o processo de produção de mudas é armazenar a espécie no viveiro na forma de banco de plântulas, ou seja, manter indivíduos dessa espécie por meio de sementes já germinadas. Conforme apresentado no capítulo sobre produção de mudas florestais nativas, a semeadura é geralmente realizada em canteiros de areia e em condições de sombreamento, que restringem o crescimento das plântulas. Dessa forma, é possível parcelar a produção de mudas ao se retirarem plântulas dos canteiros em diferentes momentos ao longo do ano, para que, então, elas sejam transferidas para os recipientes com substrato adubado e em condições de pleno sol.

De forma geral, as espécies de maior frequência nas florestas úmidas apresentam sementes recalcitrantes, tais como as espécies comuns da Floresta Ombrófila, das Florestas Paludícolas (de brejo) e das Florestas Estacionais Semideciduais Ribeirinhas, onde não há um período de déficit hídrico prolongado no qual as sementes permaneçam quiescentes no solo seco aguardando o início das chuvas. Contudo,

Fig. 11.16 *Sementes recalcitrantes de palmeira-juçara* (Euterpe edulis) *que se deterioraram (esquerda) e que germinaram (direita) no processo inadequado de armazenamento*

são encontradas espécies nativas com sementes recalcitrantes em todas as formações florestais brasileiras, inclusive naquelas mais secas, mas nesses casos a frutificação concentra-se justamente na estação das chuvas, possibilitando a germinação das sementes logo após a sua dispersão natural. Embora todas as espécies intolerantes ao dessecamento sejam incluídas no grupo das recalcitrantes, há ampla variação entre elas no nível de recalcitrância, havendo sementes que não podem ser armazenadas por uma semana sequer, tais como as dos ingás (*Inga* spp.), até sementes que podem ser armazenadas por alguns meses, como as da palmeira-juçara (*Euterpe edulis*). Geralmente, as sementes que germinam mais rápido são as mais sensíveis, justamente por apresentarem intensa atividade metabólica, resultante da preparação para a germinação. Como exemplos de grupos de espécies florestais com sementes recalcitrantes, podem-se citar as famílias Lauraceae (a grande maioria das espécies usadas na produção de mudas), Myrtaceae (a grande maioria das espécies usadas na produção de mudas, exceto o gênero *Psidium*) e os gêneros *Euterpe, Garcinia, Geonoma, Guarea, Inga, Matayba, Maytenus, Posoqueria, Protium, Rhamnidium, Strychnos, Trichilia* e *Virola*.

b] *Sementes ortodoxas*: possuem baixo teor de água (geralmente entre 10% e 15%) no momento em que as sementes são dispersas, pois passam por uma fase de intensa redução do teor de água após a maturidade fisiológica (Fig. 11.17). Esse tipo de semente é fisiologicamente preparado para permanecer quiescente ou dormente no solo até que sejam restabelecidas condições de umidade, luz e/ou temperatura favoráveis ao processo germinativo. Diante disso, verifica-se que os bancos de sementes temporário e permanente são majoritariamente constituídos de sementes ortodoxas.

De forma geral, são sementes produzidas com maior frequência em comunidades vegetais que apresentam algum período no qual o estabelecimento de plântulas é restringido pela limitação hídrica, assim como em florestas estacionais. Como as sementes são mais resistentes a estresses ambientais do que plântulas, sua permanência temporária no solo possibilita que elas superem os períodos de baixa disponibilidade de água.

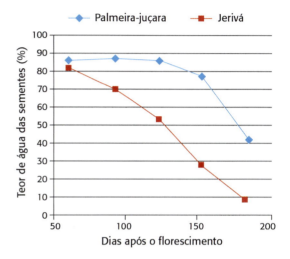

Fig. 11.17 *Exemplos de curvas de maturação de sementes recalcitrantes e ortodoxas. A palmeira-jerivá* (Syagrus romanzoffiana), *que possui sementes ortodoxas, apresenta uma fase de intensa secagem das sementes ao final do processo de maturação, atingindo teor de água próximo a 9%. Já as sementes da palmeira-juçara* (Euterpe edulis), *que são recalcitrantes, apresentam uma redução menos acentuada em seu conteúdo de água, atingindo teor de água próximo a 40% no final do processo de maturação*

Em virtude dessa característica fisiológica de quiescência, são sementes que podem ser armazenadas com sucesso por longos períodos, desde que mantidas em condições de baixa temperatura e umidade relativa do ar. Uma regra que funciona bem, promovendo uma condição de armazenamento muito favorável, é quando a soma do valor de temperatura, em graus Celsius, com o valor de umidade relativa do ar, em porcentagem, é inferior a 55. Tais condições contribuem para que as sementes se mantenham com baixa atividade metabólica, o que reduz a intensidade do processo de deterioração. É altamente recomendável a secagem das sementes ortodoxas antes do armazenamento, principalmente quando ainda estão úmidas, tal como no caso de frutos secos deiscentes colhidos ainda fechados ou então de sementes beneficiadas com uso de água. A secagem é normalmente realizada em viveiros florestais pela exposição das sementes ao sol, embora possa ser também utilizada uma estufa com circulação forçada de ar, com temperatura regulada em torno de 30 °C.

c] *Sementes intermediárias*: apesar das descrições detalhadas anteriormente, ainda não existem limites muito bem definidos que separem esses grupos de sementes, sendo esta uma classificação artificial. Com o avanço da pesquisa em fisiologia de sementes, verificou-se que as sementes de algumas espécies em particular não se enquadravam bem tanto no grupo das sementes ortodoxas quanto no grupo das recalcitrantes. Dessa forma, foi criada uma nova categoria referente à classificação das sementes com relação à tolerância à dessecação, que foi chamada de *sementes intermediárias*. Esse tipo de semente apresenta normalmente teor de água entre 20% e 30% ao final do processo de maturação e, embora passe por uma fase de redução do teor de água após o ponto de maturidade fisiológica, essa redução não é tão intensa. Assim, são sementes que podem ser armazenadas com sucesso, mas por períodos não muito longos. Como exemplos de espécies com sementes intermediárias, podem-se citar o guanandi (*Calophyllum brasiliensis*), o jenipapo (*Genipa americana*), o pau-brasil (*Caesalpinia echinata*),

a pinha-do-brejo (*Magnolia ovata*) e o peito--de-pombo (*Tapirira guianensis*).

Cabe ressaltar novamente que essa classificação em recalcitrantes, ortodoxas e intermediárias é artificial, uma vez que não há limites bem estabelecidos entre esses grupos, além de existir ampla variação de tolerância à dessecação dentro de cada grupo.

Uma vez discutidos os principais grupos de sementes com relação à tolerância à dessecação e consequente potencial de armazenamento, passa-se agora às possíveis formas de armazenar as sementes. As embalagens utilizadas no armazenamento de sementes podem ser classificadas em três tipos, dependendo da possibilidade de trocas gasosas:

- *Embalagem permeável*: permite a livre troca de gases, incluindo vapor d'água, entre a semente e o ambiente, possibilitando que as sementes entrem em equilíbrio higroscópico com o ambiente de armazenamento. Assim, se sementes já secas forem armazenadas em uma embalagem permeável e esta for mantida em um ambiente com elevada umidade relativa do ar, de nada terá adiantado a secagem, pois as sementes voltarão a apresentar elevado teor de água e irão se deteriorar mais rápido. Podem-se citar como exemplos de embalagens permeáveis os sacos de papel, de pano e de ráfia.

- *Embalagem semipermeável*: restringe parcialmente a troca de gases entre a semente e o ambiente, sendo recomendada para sementes já secas que serão armazenadas em ambientes com umidade relativa do ar mais alta, tais como geladeiras. Esse tipo de embalagem é recomendado também para sementes intermediárias e recalcitrantes, pois favorece a manutenção do seu teor de água. Nesse caso, costuma-se preencher apenas metade da embalagem semipermeável com sementes, para que não haja limitações de oxigênio para a respiração das sementes intermediárias e recalcitrantes, que normalmente apresentam elevadas taxas respiratórias. Podem-se também realizar alguns orifícios na embalagem para facilitar a troca de gases. São exemplos de embalagens semipermeáveis os sacos plásticos e as barricas de papelão.

- *Embalagem impermeável:* impede a troca de gases entre as sementes e o ambiente. A desvantagem desse tipo de embalagem é que ela restringe a entrada de oxigênio, de forma que apenas sementes muito secas (com teor de água abaixo de 8%) podem ser mantidas nessa condição por apresentarem menor taxa respiratória e, consequentemente, menor consumo de oxigênio. Caso sementes com maior teor de água sejam armazenadas em embalagens impermeáveis, o oxigênio do interior da embalagem vai se esgotar rapidamente e será iniciado o processo de respiração anaeróbica nas sementes, que as deteriora. Podem ser citadas como embalagens impermeáveis as latas, vidros e embalagens aluminizadas.

O conhecimento desses três tipos de embalagem é fundamental para que se manejem as sementes adequadamente em função do ambiente de armazenamento, conforme discutido na sequência. Em viveiros florestais com infraestrutura mais rústica e que apresentam limitações de recursos financeiros, as sementes são armazenadas principalmente em condições naturais, em ambiente sem controle da temperatura ou da umidade do ar (Fig. 11.18). Trata-se evidentemente de uma condição com sérias limitações à manutenção do potencial fisiológico das sementes, pois possibilita que estas entrem em equilíbrio higroscópico com a umidade atmosférica, que é essencialmente elevada em se tratando de um país tropical por excelência como o Brasil. Assim, o armazenamento de sementes em ambiente não controlado deve ser restrito a curtos períodos e realizado em recintos protegidos da chuva, do sol e do ataque de pragas. No entanto, sementes que apresentam dormência causada pela impermeabilidade do tegumento à água podem ser armazenadas com segurança nesse tipo de ambiente se devidamente secas, pois não terão seu teor de água aumentado em função da elevada umidade relativa do ar.

Uma estratégia muito adotada em viveiros florestais é o uso de geladeira para o armazenamento de sementes (Fig. 11.18). No entanto, é preciso compreender que a geladeira controla a temperatura do ar, mas não a umidade, o que se agrava em razão de a menor temperatura aumentar a umidade relativa do ar. Diante disso, o armazenamento em geladeira de um lote de sementes já seco pode possibilitar a absorção de água pela semente se for usada uma embalagem permeável. A abertura e o fechamento constantes da porta da geladeira agravam ainda mais esse problema por favorecerem a condensação de água. Assim, recomenda-se o uso de embalagem semipermeável quando o armazenamento for realizado em geladeira. Cabe ressaltar que o congelamento das sementes não deve ser realizado em quaisquer circunstâncias, pois a formação de cristais de gelo rompe as células e leva a semente à morte.

Fig. 11.18 *Armazenamento de sementes de espécies florestais nativas em ambiente com temperatura e umidade controladas respectivamente por ar-condicionado e desumidificador (A), em geladeira (B) e em ambiente não controlado em termos de temperatura e umidade do ar (C)*

Dessa forma, o uso de embalagens permeáveis para o armazenamento de sementes é recomendado quando se controlam a umidade e a temperatura do ar, pois se consegue manter sementes ortodoxas com baixos teores de água. Isso pode ser obtido por meio do uso de uma câmara de armazenamento equipada com ar-condicionado e desumidificador de ar (Fig. 11.18A). Apesar de possuir a condição de armazenamento mais favorável, esse tipo de ambiente não é muito utilizado em viveiros florestais devido ao custo elevado de energia elétrica e de manutenção dos equipamentos para manter uma câmara fria desse tipo.

11.8 Considerações finais

A produção de sementes de espécies nativas regionais é de grande importância para o sucesso dos projetos de restauração florestal, pois é por meio dessa atividade que são obtidas sementes com as diversidades florística e genética necessárias para a sustentabilidade ecológica desses projetos. Quanto menor a resiliência da área e da paisagem onde o projeto será implantado, maior será a importância da produção de sementes no contexto da restauração ecológica. Devido às maiores limitações de enriquecimento natural de áreas degradadas inseridas em paisagens muito antropizadas, o restabelecimento de muitas espécies nativas regionais na área em processo de restauração só será possível se elas forem ali reintroduzidas via semeadura direta ou plantio de mudas, e caberá à produção de sementes disponibilizar essas espécies aos restauradores. Embora a grande diversidade de espécies nativas regionais utilizadas em projetos de restauração florestal no Brasil dificulte a criação de manuais técnicos deta-lhados sobre o manuseio das sementes de cada espécie em particular, o conhecimento de alguns princípios básicos de morfologia, fisiologia, ecologia e tecnologia de sementes, conforme detalhado neste capítulo, pode ajudar muito a suprir as necessidades dos viveiros florestais por informações. Cabe lembrar que o uso de sementes para fins de restauração ecológica traz algumas especificidades ao sistema de produção, tais como a preocupação com a diversidade genética e a regionalidade de colheita, que devem ser sempre consideradas.

Literatura complementar recomendada

ALVES-COSTA, C. P.; LÔBO, D.; LEÃO, T. et al. *Implantando reflorestamentos com alta diversidade na Zona da Mata Nordestina*: guia prático. Recife: J. Luiz Vasconcelos, 2008. 220 p.

FENNER, M. (Ed). *Seeds*: the ecology of regeneration in plant communities. Wallingford, UK: Commonwealth Agricultural Bureau International, 1992.

FERREIRA, A. G.; BORGHETTI, F. (Org.). *Germinação*: do básico ao aplicado. Porto Alegre: Artmed, 2004. 323 p.

MARCOS FILHO, J. *Fisiologia de sementes de plantas cultivadas*. Piracicaba: Fealq, 2005. 465 p.

PIÑA-RODRIGUES, F. C. M.; FREIRE, J. M.; LELES, P. S. S.; BREIER, T. B. (Org.). *Parâmetros técnicos para a produção de sementes florestais*. Seropédica: Edur, 2007. 188 p.

SALOMÃO, A. N.; SOUSA-SILVA, J. C.; DAVIDE, A. C.; GONZÁLES, S.; TORRES, R. A. A.; WETZEL, M. M. V. S.; FIRETTI, F.; CALDAS, L. S. *Germinação de sementes e produção de mudas de plantas do cerrado*. Brasília: Rede de Sementes do Cerrado, 2003. 96 p.

Produção de mudas de espécies nativas para fins de restauração florestal

Dependendo da resiliência da área a ser restaurada e da integridade da paisagem regional onde essa área está inserida, diferentes métodos de restauração poderão ser empregados. Em vários desses métodos, existe a demanda por mudas de espécies nativas para a implantação dessas ações de restauração. Muitas vezes, as mudas são necessárias já nas fases iniciais do processo, principalmente nas áreas degradadas com baixa resiliência, enquanto naquelas com resiliência maior as mudas podem ser necessárias nas etapas mais finais, por exemplo, na implantação de ações de enriquecimento com espécies arbustivas e arbóreas nativas regionais ou então de outras formas de vida. Como a restauração ecológica usando espécies nativas regionais e de elevada diversidade ainda é muito recente e praticada em escala muito pequena quando comparada com a escala de degradação dos ambientes naturais, a oferta de sementes e mudas dessas espécies tem sido considerada um dos principais gargalos para a expansão dos projetos de restauração florestal no Brasil, principalmente se planejados com elevada diversidade, que é o recomendado para paisagens muito antropizadas, visando garantir a sustentabilidade da floresta.

Por mais que a produção de sementes apresente grande importância, não basta apenas ter sementes à disposição para que se obtenham mudas de todas as espécies que se pretende produzir dentro de padrões de qualidade satisfatórios. Isso porque cada espécie pode demandar um tipo específico de quebra de dormência e posterior semeadura, tolerar ou não a repicagem, ser mais ou menos exigente em luz e umidade e ter diferentes requerimentos nutricionais. Tal como comentado no capítulo sobre produção de sementes, cada espécie florestal nativa pode demandar cuidados específicos de produção, os quais apenas serão conhecidos com base na experiência prática de cada profissional, uma vez que hoje há pouca informação disponível sobre técnicas particularizadas de produção de mudas da grande maioria das espécies nativas brasileiras. Assim, o objetivo deste capítulo é apresentar alguns padrões gerais que podem ser adotados para a produção de mudas de um grande número de espécies florestais nativas em viveiros florestais, suprindo a demanda das ações de restauração por mudas de espécies nativas regionais em quantidade, qualidade e diversidade.

12.1 INSTALAÇÃO DO VIVEIRO

Os viveiros que produzem espécies florestais nativas são administrados por diversos tipos de entidade, tais como empresas, governos municipais e estaduais e organizações não governamentais (ONGs), e produzem mudas de espécies nativas regionais por diferentes motivações, mas principalmente para plantios de mudas visando ao cumprimento da legislação ambiental brasileira. Por exemplo, empresas do setor agrícola podem implantar viveiros para suprir as demandas de programas de adequação ambiental de suas propriedades rurais no que se refere à restauração das Áreas de Preservação Permanente e da Reserva Legal; e empresas do setor hidrelétrico, para atender a termos de compromisso ambiental, restaurando as margens dos reservatórios. ONGs podem produzir mudas para fomentar ações, por exemplo, de restauração de corredores ecológicos interligando fragmentos florestais em uma dada região ou formação florestal ou para ações de educação ambiental; empresas podem fomentar viveiros florestais comunitários com fins socioambientais, e prefeituras municipais, para obter mudas visando à ocupação e à revitalização de espaços urbanos e a doação à população em geral. No entanto, alguns viveiros de espécies nativas regionais são implantados como atividade econômica mesmo, visando à venda de mudas para os produtores rurais e empresas interessadas na regularização ambiental de suas propriedades, ou até para fins paisagísticos e de silvicultura de espécies nativas (Fig. 12.1).

Essa grande variação de atores interessados na produção de mudas de espécies nativas torna essa atividade muito complexa e diversificada. Em uma mesma região, é comum constatar viveiros de espécies nativas com produção anual de mudas variando de 20 mil a 3 milhões de mudas/ano, com grande variação ainda no nível tecnológico adotado e na qualificação da mão de obra. Nesse contexto, redigir um capítulo com recomendações técnicas para a produção de mudas de espécies nativas regionais é muito difícil, em virtude de objetivos, níveis tecnológicos, escalas de produção e tecnificação tão distintos. No entanto, algumas recomendações podem ser generalizadas para qualquer uma dessas situações, tais como alguns cuidados com a escolha do local em que será implantado o viveiro de espécies nativas regionais, conforme se vê adiante.

- *Facilidade de acesso*: o escoamento das mudas do viveiro ocorre predominantemente no período chuvoso, quando as vendas se concentram em razão da disponibilidade de água para o plantio, dispensando as irrigações, que têm custo muito elevado. Contudo, é justamente nesse período que as estradas rurais apresentam maiores problemas de trafegabilidade, o que pode dificultar o trânsito dos veículos que irão transportar as mudas, que são geralmente de grande porte, dado o elevado volume de mudas demandado por unidade de área de projeto. Dessa forma, o local de instalação do viveiro, independentemente se ele for comercial ou não tiver fins lucrativos, não deve oferecer limitações quanto à retirada das mudas do viveiro.

Fig. 12.1 *Alguns exemplos de viveiros florestais instalados por diferentes entidades envolvidas na produção de mudas de espécies nativas regionais: empresa do setor hidrelétrico (A), associações comunitárias (B), organizações não governamentais (C), empresas agrícolas (D) e viveiros comerciais (E)*

- *Quantidade e qualidade de água:* os viveiros florestais normalmente demandam grandes quantidades de água para suprir a evapotranspiração das mudas, que é muito intensa principalmente nos períodos de alta temperatura. Essa demanda é ainda mais crítica para mudas produzidas em tubetes plásticos, principalmente os tubetinhos (56 cm^3 de volume), pois o tamanho reduzido do recipiente resulta na retenção de um volume restrito de água no substrato, o qual se esgota em poucas horas nos dias quentes. Apenas para exemplificar, são necessários cerca de 6 L de água por metro quadrado para suprir a evapotranspiração em dias quentes de mudas produzidas em tubetinhos. Considerando-se um viveiro que tenha 100.000 mudas em produção, são necessários cerca de 10.000 L diários. No entanto, de nada adianta ter água em quantidade se a sua qualidade não for adequada. Quando se obtém água para irrigação de poços, são comuns problemas de excesso de ferro e salinidade. Quando isso ocorre, as mudas têm seu desenvolvimento prejudicado, podendo até inviabilizar a produção. Problemas com acúmulo de ferro na água podem ser constatados quando as folhas das mudas apresentam aspecto amarronzado ou prateado, resultado da deposição desse metal na superfície do limbo. Infelizmente, é muito difícil contornar esses problemas com a instalação de filtros. Diante dessas considerações, um dos requisitos básicos para que um viveiro florestal possa ser instalado em um dado local é a questão da água em termos de quantidade e qualidade satisfatórias. São comuns os casos de viveiro que tem que mudar de localização em virtude de problemas com água, de forma que essa questão deve ser prioritariamente avaliada na escolha do local em que ele será implantado. Adicionalmente, deve-se considerar a capacidade de expansão futura desse viveiro, que pode vir a demandar um volume muito maior de água do que a fonte local pode oferecer.
- *Drenagem:* como os viveiros florestais necessitam de várias irrigações diárias para o cultivo das mudas, o solo sob os canteiros se mantém praticamente saturado o ano todo, facilitando o acúmulo de água em poças. Ao mesmo tempo, como eles são instalados preferencialmente em locais planos ou de reduzida declividade, o acúmulo de água tende a ser mais intenso, criando um ambiente insalubre aos trabalhadores do viveiro e favorecendo a proliferação de pragas, doenças e plantas daninhas. Diante disso, devem ser tomadas medidas que visem promover a drenagem eficiente do solo na área do viveiro e no seu entorno, tais como a instalação de drenos internos e de contorno para a condução adequada dessa água que sai do viveiro e uma regularização do terreno para favorecer o adequado escoamento superficial da enxurrada, evitar acúmulos de água dentro do viveiro e reduzir processos erosivos no seu entorno. Como a água de drenagem que sai do viveiro é rica em nutrientes devido à lixiviação do substrato, deve-se preferencialmente conduzi-la a um tanque de reúso, visando reaproveitar esses nutrientes no sistema de produção e evitar a eutrofização de corpos d'água superficiais.
- *Cobertura do solo:* Após a correta instalação e teste de funcionamento dos drenos, o terreno sobre o qual as mudas serão produzidas deverá ser coberto com algum material para evitar o desenvolvimento de plantas daninhas e reduzir o contato das mudas e dos trabalhadores com o solo permanentemente encharcado, bem como para facilitar o deslocamento dos funcionários e das mudas dentro do viveiro. Uma opção é a construção de piso de concreto, embora seja uma alternativa de alto custo e que impede qualquer infiltração de água no solo. Por causa disso, essa alternativa dificilmente é adotada pelos viveiros que produzem espécies nativas regionais. Dessa forma, as estratégias mais adotadas nesses casos são o recobrimento do solo com pedriscos ou com lonas permeáveis, tais como filtro de celulose e ráfia de solo (Fig. 12.2). Entretanto, a instalação de uma camada de pedriscos tem efeito limitado no tempo, necessitando ser refeita

periodicamente, principalmente nas áreas de corredores do viveiro, pois o caminhamento contínuo e o encharcamento permanente do solo favorecem que os pedriscos sejam gradualmente soterrados e que solo encharcado reapareça. O raleamento do pedrisco cria também condições favoráveis para o crescimento de plantas daninhas, o que deve ser evitado para não contaminar as mudas. Nesse sentido, vale chamar atenção para o fato de que o controle de plantas invasoras deve ser muito cuidadoso, pois essas plantas podem colonizar os recipientes das mudas e provocar um retardamento do desenvolvimento delas por competição. Esse controle no viveiro deve ser feito regularmente, impedindo que as plantas invasoras entrem em reprodução e ocorra a consequente dispersão de sementes. Esse controle deve ser estendido ao entorno do viveiro, onde são encontradas também fontes de propágulos de plantas invasoras. Uma vez que as plantas daninhas já colonizaram o substrato em que as mudas estão sendo produzidas, seu controle é extremamente dispendioso, resultando em incremento significativo no custo de produção (Fig. 12.3). Assim, é muito melhor evitar essa situação por meio do controle permanente da infestação do viveiro por essas plantas.

- *Proteção contra o vento*: o excesso de vento pode aumentar ainda mais a evapotranspiração das mudas, fazendo com que se demande mais água para a irrigação. Isso é indesejável, pois o maior volume de irrigação contribui para a lixiviação dos nutrientes do substrato, prejudicando o crescimento das mudas. Ventos muito fortes também podem rasgar as folhas das mudas e até provocar o tombamento delas no viveiro. Além disso, a exposição das mudas ao vento pode facilitar a exposição delas à deriva de herbicidas aplicados nas áreas agrícolas do entorno, podendo provocar a morte de todas as mudas em produção. Essa exposição das mudas ao vento incrementa inclusive a chegada de sementes de plantas invasoras que vão colonizar os recipientes das mudas, competindo e retardando seu desenvolvimento. Diante desses motivos, recomenda-se a instalação de quebra-ventos ao redor do viveiro, o que pode ser feito mediante o plantio de espécies arbustivas recomendadas para esse fim (Fig. 12.4). Cabe ressaltar que essas espécies devem ser muito bem escolhidas, pois não devem ser altas o suficiente para promover o sombreamento dos canteiros e não podem dispersar sementes que vão atuar como invasoras no viveiro, competindo com as mudas. Cada região terá uma ou mais espécies adequadas para esse fim, necessitando apenas de uma boa pesquisa regional.

12.2 Estratégias para aumentar a diversidade florística e genética das mudas

No capítulo anterior, foram apresentadas algumas estratégias para a colheita de sementes com elevada diversidade florística e genética, bem como metodologias de armazenamento para garantir o alto potencial germinativo dessas sementes. Apesar

Fig. 12.2 *Cobertura do solo com lona permeável (A), pedriscos (B) e ráfia de solo (C) em área de implantação de viveiros florestais*

Fig. 12.3 *Recipientes infestados por plantas invasoras, com evidentes sinais de redução do crescimento das mudas pela competição*

Fig. 12.4 *Quebra-vento implantado nos limites de um viveiro de espécies florestais nativas*

de cada viveiro florestal em particular poder se utilizar dessas estratégias e metodologias, colhendo suas sementes com equipe própria e capacitada para esse fim, existem outras opções complementares à colheita de sementes com equipe própria, que muitas vezes possibilitam uma redução dos custos dessa operação e promovem um aumento da diversidade florística e genética das mudas a serem produzidas. Como alternativas, podem-se citar as seguintes:

- *Participação de uma rede regional de coleta e de troca de sementes*: essas redes permitem uma integração maior entre os viveiros de uma determinada região, favorecendo o auxílio mútuo com relação à obtenção de mudas com elevada diversidade florística e genética. Possibilitam várias atividades de integração entre os viveiros regionais, como a organização de cursos de capacitação para a produção de sementes de espécies nativas regionais, legislação, troca de experiências entre os viveiros para produção de mudas dessas espécies etc. Mas, certamente, a possibilidade mais interessante dessa rede regional é a troca de sementes. Por exemplo, suponha-se o caso de um viveiro que tenha coletado grande quantidade de sementes de cabreúva *(Myroxylon peruiferum)*. Caso esse viveiro integre uma rede de sementes, poderá trocar o excedente de cabreúva por sementes de outra espécie nativa que não tenha sido coletada por ele naquele ano em particular. Dessa forma, eventuais falhas de frutificação ou problemas para a coleta de uma determinada espécie não comprometem necessariamente sua produção no viveiro, já que alguns dos participantes da rede podem ter um excedente de sementes dessa espécie que podem ser trocadas por outras espécies. Além da troca de sementes, é possível também que se realize a mistura de lotes, na qual distintos lotes de sementes de uma mesma espécie coletados pelos diferentes viveiros da rede regional são misturados para ampliar a diversidade genética. Por exemplo, suponha-se que um determinado viveiro da cidade X tenha coletado 1 kg de sementes de cedro-rosa *(Cedrela fissilis)* de oito matrizes presentes em três fragmentos florestais do município. Outro viveiro localizado em uma cidade vizinha (cidade Y) também coletou 1 kg de sementes dessa espécie, mas de cinco matrizes presentes em dois fragmentos florestais daquele município, distintos daqueles em que o viveiro da cidade X realizou sua coleta. Na visita dos técnicos da rede regional, é promovida a mistura desses dois lotes de sementes e a posterior devolução do mesmo 1 kg utilizado para a mistura para cada um desses viveiros. Depois disso, tanto o viveiro do município X como o do município Y continuam com 1 kg de sementes de cedro-rosa, mas cada lote em si é formado agora por sementes de 13 matrizes provenientes de cinco populações. Como essa mistura pode ocorrer entre lotes de diversos viveiros regionais, a ampliação da diversidade genética é crescente. Essa integração dos viveiros em uma rede regional, facilitando também a troca de informações, deve ser muito destacada, pois eventuais soluções encontradas por cada viveiro da rede para a produção de determinadas espécies podem ser compartilhadas, contribuindo para que todos os viveiros participantes da rede possam produzir mudas daquelas espécies com a qualidade necessária para uso na restauração florestal. Redes de sementes também podem ser formadas em escala nacional, para facilitar a troca de informações e a capacitação conjunta para a produção de sementes em diferentes biomas [Boxe *on-line* 12.1].

- *Compra de sementes*: a produção de sementes é uma atividade completamente diferente da produção de mudas, envolvendo conhecimento e infraestrutura específicos. Em razão disso, muitos viveiros florestais não conseguem estruturar uma equipe treinada e dedicar o tempo necessário para essa atividade de forma a garantir sua autossuficiência para as necessidades anuais de sementes com diversidades florística e genética adequadas. Nesses casos, para evitar que a produção de mudas se dê com baixa diversidade, recomenda-se que seja feita uma complementação da diversidade florística e genética das sementes coletadas pela própria equipe do viveiro por meio da compra de sementes no mercado de empresas especializadas, de grupos comunitários de coleta de sementes ou mesmo de coletores individuais. No entanto, essa compra deve se restringir às espécies reconhecidamente nativas da região onde as mudas serão implantadas, bem como deve priorizar lotes de sementes coletadas próximo das áreas que serão restauradas. Como esses grupos comunitários ou os coletores individuais se dedicam quase que exclusivamente à atividade de coleta de sementes, eles geralmente conseguem obter sementes de um número bem maior de espécies e de indivíduos dessas espécies que o viveiro coletaria por conta própria. Um trabalho sério de organização desses coletores, considerando-se a capacitação técnica, a demanda de sementes pelos viveiros, a formação de cooperativas e a formalização dessa atividade de acordo com a legislação vigente, pode ter importante papel socioambiental regional, gerando renda em comunidades tradicionais e indígenas. Um excelente exemplo disso são os coletores da cooperativa de restauradores Cooplantar, que é uma experiência já publicada em revistas especializadas, instalada no município de Caraíva (BA), já com quatro anos de existência e com produtividade crescente nesses anos.

- *Resgate de plântulas*: embora a produção de mudas de espécies florestais nativas seja conduzida predominantemente com base no uso de sementes, é possível também complementá-la com o uso de plântulas coletadas a partir da regeneração natural de florestas nativas que serão legalmente suprimidas ou coletadas em povoamentos de árvores exóticas, em área agrícola da paisagem regional, que apresentam regeneração de espécies nativas no seu interior. Nessas situações, as plântulas são cuidadosamente retiradas do solo, com raízes nuas, levadas ao viveiro e utilizadas para a produção de mudas. É importante ressaltar que essa técnica tem ainda a vantagem de permitir a produção de espécies que não são produzidas com frequência em viveiros florestais, em virtude da dificuldade de coleta, da rápida dispersão pela fauna ou de problemas com a germinação de suas sementes. Dado o potencial de impacto em populações naturais, não se recomenda a retirada de plântulas de florestas nativas que não venham a ser suprimidas.

Para aumentar a sobrevivência no viveiro, deve-se priorizar: (1) o resgate de plântulas e indivíduos juvenis de pequeno porte (de preferência até 20 cm); (2) a remoção das plantas com solo úmido e com o auxílio de uma pá de jardinagem, minimizando os danos ao sistema radicular (Fig. 12.5); (3) o acondicionamento das plântulas em um balde contendo água e coberto com plástico, para reduzir a desidratação das plantas durante o transporte; e (4) o rápido transplante para recipiente de cultivo. Em razão do volume de raízes presente nas plântulas e indivíduos juvenis obtidos da regeneração natural, costuma-se realizar o transplante para tubetões (250 cm^3) e sacos plásticos, já que o uso de recipientes menores é mais difícil nesses casos.

Uma dificuldade de uso dessa técnica é a identificação das mudas, pois os materiais depositados em herbário, os livros de identificação e as chaves dicotômicas são voltados apenas para a identificação de indivíduos adultos das espécies, com base em caracteres reprodutivos. Apesar dessa dificuldade, o uso na restauração de plântulas e indivíduos juvenis resgatados é plenamente possível em razão de se tratar de espécies nativas de ocorrência regional, já que estão sendo retiradas de fragmentos florestais remanescentes da região. Nos casos de coletas em povoamentos de árvores exóticas, recomenda-se a coleta apenas das espécies reconhecidamente nativas regionais. Como as plântulas resgatadas do interior de fragmentos florestais normalmente não são pioneiras típicas, já que estão sendo coletadas do banco de plântulas presente no sub-bosque desses fragmentos, as mudas produzidas por meio do resgate devem ser implantadas no grupo da diversidade, podendo compor um *mix* juntamente com outras mudas desse grupo de plantio produzidas por intermédio de sementes – a não ser que sejam de espécies claramente reconhecidas como de bom crescimento e bom recobrimento, coletadas nas clareiras ou nas bordas desses fragmentos, podendo, nesses casos, ser usadas para esse fim.

12.3 Planejamento das metas de produção de mudas

Conforme já discutido em capítulo anterior, recomenda-se que os plantios de restauração inseridos em paisagens antropizadas sejam planejados usando proporções similares entre os indivíduos das espécies de recobrimento e de diversidade, visando à construção em curto prazo de uma estrutura florestal e a posterior substituição gradual dessas espécies de recobrimento no tempo pelas de diversidade, garantindo a perpetuação da floresta mesmo em condições de reduzido aporte de chuva de sementes. Isso permite conjuntamente aumentar a eficiência do recobrimento do solo e as chances de restabelecimento da sucessão secundária. No entanto, para que esse modelo de restauração possa ser implantado, é

Fig. 12.5 *Resgate de plântulas de cabreúva* (Myroxylum peruiferum) *do sub-bosque de um povoamento de eucalipto para produção de mudas: retirada das plântulas do solo (A), seu transporte para o viveiro (B) e seu transplante para tubetes (C)*

preciso que o viveiro que produzirá as mudas esteja alinhado a essa metodologia, identificando e planejando a produção das espécies de recobrimento e de diversidade. Como naturalmente se tem um menor número natural de espécies classificadas no grupo de recobrimento, quando comparado com o grupo de diversidade, dadas as exigências de comportamento das espécies de recobrimento no campo em termos de crescimento e cobertura do solo, será necessário produzir um número maior de mudas por espécie desse grupo para que se tenham números similares de mudas de espécies de recobrimento e diversidade. Embora para a maioria das regiões se consigam identificar aproximadamente 20 espécies do grupo de recobrimento, a prática mostra que dificilmente se conseguem produzir mudas em quantidades suficientes para atingir a meta de produção de todas essas espécies. Assim, para garantir a produção do número estabelecido de mudas desse grupo, os viveiros florestais costumam ser conservadores e estabelecem a meta de produção de mudas de recobrimento com base em dez a 15 espécies. Recomenda-se que essas espécies sejam definidas com muito rigor, restringindo-se àquelas que comprovadamente demonstrem a função de recobrir adequadamente a área, pois grande parte do sucesso inicial dessas iniciativas de restauração está em uma boa definição das espécies usadas como recobrimento. Como o número de espécies de diversidade é muito maior, é preciso produzir quantidade inferior de mudas por espécie desse grupo, quando comparada com a necessidade de mudas de recobrimento. Para exemplificar essa questão, suponha-se a produção de 100.000 mudas/ano em um determinado viveiro florestal (50.000 mudas de recobrimento e 50.000 mudas de diversidade), com base em dez espécies de recobrimento e 70 espécies de diversidade. Para que se obtenha o mesmo número de mudas por espécie dentro de cada grupo, verifica-se que a meta de produção de mudas de recobrimento é de 5.000 mudas por espécie, ao passo que a produção de mudas de diversidade deve ter a meta de 714 mudas por espécie. Diante disso, verifica-se que os viveiros florestais precisam incorporar alguma metodologia adequada de classificação das espécies nativas regionais em

grupos funcionais, de acordo com a função que se deseja para cada espécie no projeto de restauração. O que vários trabalhos publicados podem demonstrar é que, por enquanto, com o conhecimento atual sobre a biologia e a ecologia de espécies nativas, a definição de dois grupos funcionais de plantio – espécies de recobrimento e espécies de diversidade – tem funcionado bem na prática. Caso não se planeje conscientemente a produção de mudas tendo-se em vista esses agrupamentos funcionais das espécies, com base em objetivos claros do papel desses grupos na restauração, o que se observa é uma produção excessiva de mudas das espécies de diversidade, justamente porque a maioria das espécies pertence a esse grupo, e uma consequente baixa produção de mudas das espécies de recobrimento. As consequências disso são muito negativas, pois se implantam restaurações com predominância de indivíduos de espécies de crescimento mais lento e menor capacidade de sombreamento de gramíneas invasoras, o que aumenta muito as chances de insucesso no estabelecimento da floresta.

Para alcançar metas definidas por espécie, é preciso determinar a quantidade de sementes a ser semeada, que, por sua vez, é dependente do número de sementes por quilo e da expectativa de emergência de cada espécie na sementeira. Exemplos desse tipo de cálculo estão apresentados na Tab. 12.1.

No entanto, há elevado grau de incerteza na definição do número de sementes por quilo e nas porcentagens de germinação de sementes e estabelecimento de plântulas, de forma que nunca se sabe com exatidão a quantidade de sementes a ser semeada para que se obtenha um número determinado de mudas. Diante disso, o que se observa no dia a dia dos viveiros que estabelecem metas de produção de mudas por espécies ou por grupos funcionais de espécies é que se produz sempre um pouco a mais de mudas de algumas espécies, principalmente para as quais se obtiveram bons lotes de sementes naquele ano em particular, bem como para espécies que germinam bem, ao passo que para outras espécies o número de mudas é inferior à meta inicialmente estabelecida, pelas dificuldades de sementes em quantidade e qualidade desejadas naquele ano. Contudo, apesar de haver uma tendência de equilíbrio entre as espécies, recomenda-se sempre a semeadura de uma quantidade superior de sementes para que se diminuam os riscos associados à imprevisibilidade do processo. Assim, não se devem considerar as metas de produção de mudas como números imutáveis, que devem ser seguidos com rigor e inflexibilidade. Trata-se apenas de um valor de referência, que visa evitar que o viveiro produza muitas mudas de um grupo reduzido de espécies e poucas mudas da maioria das espécies ou valores muito desiguais de mudas por espécies. Isso resultaria em restaurações com dominância muito elevada de poucas espécies nativas regionais, quando o que se deseja é uma alta heterogeneidade florística e ecológica na ocupação da área degradada. Como as restaurações também têm a função de reintroduzir populações de espécies que naturalmente teriam dificuldades de colonizar a área, espera-se também que o conjunto de mudas implantado estabeleça condições de dinâmica populacional e fluxo gênico que contribuam para a perpetuação da espécie na área restaurada, o que é favorecido quando se usa um número adequado de indivíduos daquela espécie. Novamente, todas essas questões só podem ser adequadamente consideradas se o viveiro florestal incorporar metas de produção de mudas que contemplem alguma metodologia de distribuição de grupos funcionais de espécies no campo, como no caso exemplificado usando espécies de recobrimento combinadas com espécies

de diversidade. Outros desafios para o planejamento e produção de mudas são apresentados no Boxe 12.1.

12.4 SEMEADURA

12.4.1 Superação da dormência de sementes

Conforme já visto em capítulos anteriores, a dormência é conceituada como o fenômeno no qual um ou mais mecanismos de bloqueio restringem a germinação da semente. Na produção de mudas de espécies nativas, a dormência é diagnosticada na prática quando sementes vivas e sem nenhum tratamento pré-germinativo são semeadas em condições favoráveis de substrato, temperatura, umidade e aeração, mas não germinam dentro de um período razoável de tempo ou então apresentam germinação muito irregular e distribuída ao longo de um amplo período de tempo. Para que se possam estabelecer metodologias eficientes de superação da dormência de sementes de espécies nativas, é necessário que se compreenda por que esse mecanismo existe, qual a sua importância para a sobrevivência de algumas espécies e de que formas esse mecanismo pode se expressar.

Apesar das vantagens contundentes da dormência à sobrevivência de muitas espécies nativas nos seus respectivos ambientes naturais, esse mecanismo é um entrave para a produção de mudas dessas espécies nos viveiros florestais, pois a germinação

Tab. 12.1 Exemplo do cálculo da quantidade de semente a ser semeada por espécie para que se atinja a meta de produção de mudas por grupo funcional de plantio, considerando-se o número de sementes por quilo, a expectativa de germinação de sementes e estabelecimento de plântulas e o número de espécies por grupo funcional

Nome popular	Nome científico	Grupo de plantio	Meta de produção	Sementes/ kg	% esperada de germinação e estabelecimento	Quantidade de sementes a ser semeada (g)
Andira	*Andira fraxinifolia*	*Diversidade*	714	70	60	17.000,0
Embaúba	*Cecropia pachystachya*	*Diversidade*	714	800.000	20	4,5
Figueira- -mata-pau	*Ficus guaranitica*	*Diversidade*	714	1.800.000	30	1,3
Ipê-roxo	*Tabebuia impetiginosa*	*Diversidade*	714	8.950	80	99,7
Jatobá	*Hymenaea courbaril*	*Diversidade*	714	250	80	3.570,0
Pitanga	*Eugenia uniflora*	*Diversidade*	714	2.350	80	379,8
Mutambo	*Guazuma ulmifolia*	*Recobrimento*	5.000	164.000	50	61,0
Crindiúva	*Trema micrantha*	*Recobrimento*	5.000	135.000	25	148,0
Fumo-bravo	*Solanum granuloso- -leprosum*	*Recobrimento*	5.000	100.000	40	125,0

BOXE 12.1 DESAFIOS DA PRODUÇÃO EM LARGA ESCALA DE MUDAS DE ESPÉCIES NATIVAS

O estabelecimento e o fortalecimento da cadeia da restauração dependem basicamente de uma demanda crescente e contínua ao longo do tempo que garantam o retorno do investimento no setor. Apesar de essa afirmação parecer óbvia, uma das principais dificuldades da maioria dos atuais produtores de sementes e mudas nativas é o desconhecimento da demanda anual para seus produtos. Esse conhecimento é fundamental para o planejamento da produção, que deve começar com pelo menos um ano de antecedência, possibilitando a adequada aquisição de sementes, insumos e contratação de pessoas no momento certo. A incerteza da dimensão de tais necessidades pode causar tanto uma produção subestimada quanto superestimada, e os dois casos, na maioria das vezes, significam grandes prejuízos para o produtor, que pode deixar de obter o retorno esperado de seus investimentos. Além disso, essa flutuação na produção pode acarretar na perda de mão de obra já capacitada. Outra questão é que existe uma grande falta de conhecimento disponível sobre todos os procedimentos envolvidos na produção de sementes e mudas nativas. Desde guias de reconhecimento de espécies até mesmo os procedimentos para colheita, beneficiamento e armazenamento de sementes e produção de mudas. Esse tipo de publicação deveria ser amplamente incentivado e financiado, resgatando e sintetizando todo o conhecimento que, embora muitas vezes exista, acaba ficando restrito aos viveiristas mais experientes. Muitos avanços tecnológicos já estão surgindo e devem ser incorporados ao sistema de produção e serviços na cadeia da restauração florestal. Técnicas como semeadura direta de nativas, uso de adubação verde, criação de modelos de restauração florestal com fins econômicos, entre outros, poderão revolucionar os produtos fornecidos pelos viveiros. *Mix* de sementes de espécies nativas e de adubação verde, específicas para a restauração, já são encontradas no mercado e estão sendo usadas em grande escala, barateando e ao mesmo tempo melhorando a qualidade das áreas restauradas. Nesses casos, por exemplo, não existe o tempo de produção de mudas no viveiro, já que o crescimento da planta acontece diretamente no campo, facilitando todo o planejamento de produção e comercialização e evitando também possíveis prejuízos com mudas estocadas. Já em outros casos, como a produção de mudas de espécies econômicas, raras ou ameaçadas, essas devem ser produzidas no próprio viveiro e ter maior valor agregado. Acreditamos que esse é o futuro da restauração florestal.

Visão geral do viveiro BioFlora, em Piracicaba (SP)

André Gustavo Nave (agnave@gmail.com), Bioflora (www.viveirobioflora.com.br)

pode ser reduzida e irregular caso não se adotem métodos adequados para a superação da dormência. Adicionalmente, algumas espécies nativas não são produzidas nos viveiros simplesmente porque não se sabe como superar a dormência das suas sementes e promover a sua germinação, o que inviabiliza o uso delas nas ações de restauração. Exemplos dessas espécies são a pimenta-de-macaco (*Xylopia aromatica*), a macaúba (*Acrocomia aculeata*) e as mamicas-de-porca (*Zanthoxylum* spp.), que, por incrível que pareça, são espécies muito comuns na natureza, mas praticamente ausentes nos viveiros. Há também várias espécies nativas do Cerrado para as quais ainda não há estudos que permitam identificar metodologias adequadas de superação da dormência.

Conforme já visto no Cap. 4, há dois tipos principais de dormência: 1) a presença na semente de cobertura temporariamente impermeável à água (dormência mecânica) e 2) a presença na semente de substâncias inibidoras da germinação (dormência química). Nos viveiros de espécies florestais nativas, a impermeabilidade à água do tegumento da semente pode ser superada pelos seguintes métodos:

- *Escarificação mecânica*: consiste na raspagem da semente em alguma superfície abrasiva a fim de desgastar parte de seu tegumento, abrindo uma passagem artificial para a entrada de água na semente. Cabe ressaltar que não é necessário raspar toda a semente para superar sua dormência, mas apenas uma área limitada da superfície do tegumento, já que o elevado potencial matricial da semente possibilita seu rápido intumescimento e a consequente desestruturação do tegumento. Diversas estratégias podem ser utilizadas para a escarificação mecânica do tegumento, tais como a raspagem da semente no concreto ou em uma lixa, o uso de esmeril e o uso de tambores rotativos com paredes revestidas por lixa. Entretanto, essa escarificação nunca deve ser feita na região do hilo da semente, pois isso aumentaria as chances de danos ao eixo embrionário e, consequentemente, poderia resultar na morte da semente ou na germinação de plântula defeituosa (Fig. 12.6). Embora esse tipo de dormência possa ser encontrado em diversas famílias vegetais, as leguminosas se destacam por possuir grande quantidade de espécies com esse mecanismo, chamadas popularmente de espécies com sementes duras.

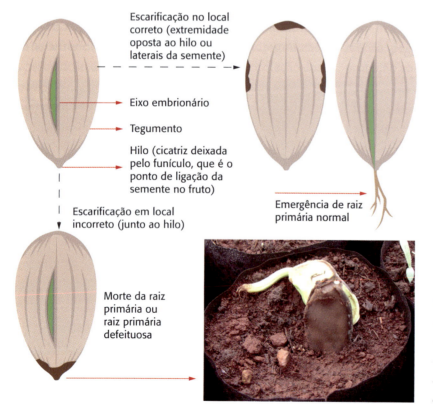

Fig. 12.6 *Ilustração dos locais adequados e inadequados para a escarificação mecânica do tegumento da semente visando permitir a entrada de água e a consequente superação da dormência*

- *Corte do tegumento*: baseia-se na abertura de um ponto para a entrada de água no tegumento da semente pelo uso de algum instrumento de corte, tal como uma tesoura de poda. Trata-se de um procedimento com fundamentação semelhante à da escarificação mecânica, mas restrito às espécies com sementes que apresentam tegumento não tão duro e que não sejam tão pequenas a ponto de dificultar o manuseio. Esse corte deve ser o menor possível para minimizar a entrada de patógenos na semente.

- *Choque térmico*: baseia-se na imersão repentina das sementes das espécies com dormência em água quente e posteriormente em água fria, para que a rápida expansão e contração do tegumento ocasionadas pela variação de temperatura causem microfissuras nesse tegumento, possibilitando a absorção de água. Esse método é particularmente recomendado para sementes com grande superfície de exposição (área de superfície/unidade de massa), tal como observado nas sementes de guapuruvu ou ficheira (*Schizolobium parahyba*), pois isso favorece a expansão/contração do tegumento com maior intensidade. Quando esse processo ocorre, é comum ouvir estalos vindos das sementes. No entanto, trata-se de um método de eficiência não tão alta, porque muitas das sementes submetidas a esse tratamento se mantêm dormentes, além do risco de matá-las pelo cozimento no momento que são colocadas em água quente.

- *Escarificação química em ácido sulfúrico*: diferentemente da escarificação mecânica, que se baseia no desgaste físico do tegumento da semente por abrasão, o uso de ácido sulfúrico causa o desgaste químico da superfície do tegumento por corrosão. Cabe ressaltar que esse método, apesar de usar o mesmo princípio, não visa imitar a passagem da semente pelo estômago de animais, pois a concentração de ácido clorídrico do suco gástrico é baixa e não chega perto da capacidade de corrosão de uma solução de ácido sulfúrico a 96%, comumente usada para essa função de quebra de dormência. Apesar de a escarificação mecânica ser mais simples e de menor risco ao operador, é inviável para sementes pequenas, pois não se consegue manusear as sementes individualmente para promover a escarificação de cada uma delas. O procedimento envolvido no uso desse método consiste: (1) na limpeza inicial de todos os resíduos de materiais orgânicos presentes na massa de sementes (pó, restos de fruto, folhas etc.); (2) na imersão das sementes em ácido sulfúrico concentrado (96%), dentro de um béquer de vidro, por período de tempo variável entre 15 e 50 minutos, dependendo da espécie nativa, que deve ser suficientemente amplo para possibilitar a quebra da dormência e reduzido o suficiente para que não haja a morte do embrião por corrosão do tegumento (existem na literatura trabalhos específicos sobre os tempos de imersão em ácido sulfúrico recomendados para muitas espécies nativas); (3) na mistura constante das sementes com o ácido sulfúrico concentrado (96%), utilizando um bastão de vidro ou outro material resistente à corrosão, para que não se formem crostas; (4) na retirada, transcorrido o tempo de escarificação, de todo o resíduo líquido de ácido, que deve ser mantido em um recipiente de vidro para que se dê destinação adequada a ele após seu uso; (5) no despejo da massa de sementes remanescente no béquer de uma vez em um balde contendo no mínimo 20 L de água, para que haja a rápida diluição do ácido sulfúrico impregnado nas sementes; nunca se deve misturar ácido sulfúrico com água a não ser que em proporção muito maior de água do que de ácido, pois essa mistura resulta no rápido aquecimento da solução e pode causar graves acidentes para o operador; e (6) no despejo do conteúdo desse balde (água + sementes) sobre uma peneira e na lavagem das sementes em água corrente, as quais devem, em seguida, ser colocadas para secar à sombra. Devido aos riscos de segurança dessa operação, ela deve ser conduzida sempre com pequenos volumes de sementes, apenas por profissionais devidamente capacitados para isso, sempre em ambiente muito bem ventilado (de preferência em capela) e com o uso correto de equipamentos de proteção individual, tais como óculos, luvas e jaleco. No entanto, a aquisição de ácido sulfúrico concentrado é muito restrita e controlada, em razão dos riscos de manuseio e do uso indevido desse material, devendo ser autorizada pelo Exército Brasileiro. Isso limita muito o uso corrente desse método em viveiros florestais.

Já a dormência causada pelo desbalanço entre substâncias promotoras e inibidoras da germinação (dormência química) tem sido superada, em sementes afotoblásticas, pela imersão das sementes em uma solução de ácido giberélico. Normalmente, essa imersão é feita em uma solução de GA_3 (500 ppm) por 48 h. Existem diversos produtos comerciais disponíveis à venda para esse tipo de uso. No entanto, pode haver espécies com requerimentos específicos de tempo de imersão e de concentração de GA_3 ou mesmo de outros compostos giberélicos, existindo a necessidade de expansão do conhecimento sobre os métodos mais eficazes de superação da dormência química de espécies nativas. A família Annonaceae em particular se destaca por ter várias espécies cuja dormência pode ser superada com a imersão das sementes em ácido giberélico. Caso a espécie possua sementes fotoblásticas positivas, como a maioria das espécies pioneiras, o método mais efetivo de superação da dormência é a exposição das sementes à luz, o que pode ser obtido pela semeadura superficial (Fig. 12.7). Cabe ressaltar que essa ativação só ocorre quando as sementes estão hidratadas, de forma que não adianta nada expor sementes secas à luz.

Apesar de os procedimentos descritos poderem ser bem-sucedidos para a superação da dormência da maioria das espécies nativas utilizadas nos projetos de restauração florestal, uma das formas mais fáceis de estimular a germinação de sementes dormentes é por meio do armazenamento. Isso porque a dormência decai progressivamente à medida que as sementes permanecem adequadamente armazenadas (ver condicionantes no capítulo anterior), independentemente do tipo de dormência, de modo que um bom armazenamento pode ser uma estratégia eficiente de quebra de dormência.

Fig. 12.7 *Emergência das minúsculas plântulas de embaúba* (Cecropia pachystachya), *cujas sementes foram distribuídas superficialmente no substrato de germinação para permitir a incidência da luz nelas e, assim, favorecer a superação da dormência*

12.4.2 Semeadura direta e indireta

O processo de produção de mudas propriamente dito inicia-se com a semeadura, visando à obtenção de plântulas das espécies nativas de interesse. Pode ser realizada a semeadura direta, na qual as sementes já são colocadas diretamente no recipiente no qual a muda será produzida (saquinhos ou tubetes), ou a semeadura indireta, na qual a semeadura ocorre em um canteiro preenchido com areia ou substrato florestal, para que as plântulas ali emergidas sejam posteriormente transplantadas para o recipiente definitivo, onde a muda será produzida.

Na semeadura direta, são normalmente utilizadas três ou mais sementes por recipiente, dependendo da porcentagem de germinação esperada, para que pelo menos uma delas gere uma plântula que possa crescer e vir a formar uma muda no futuro. Quando mais de uma semente germina, podem-se transplantar as plântulas excedentes para novos recipientes ou então fazer o raleamento, que consiste na eliminação sistemática das outras plântulas, para que se tenha apenas uma planta por recipiente. A principal vantagem desse sistema de semeadura é a de reduzir o número de operações, já que a necessidade de transplante é ausente. Em virtude disso, na semeadura direta há maior rendimento do trabalho e se reduz o estresse causado às plântulas com o transplante. No entanto, não se recomenda esse sistema de semeadura para espécies que apresentam problemas de germinação, pois pode haver 1) grandes falhas nos recipientes semeados em razão da baixa porcentagem de germinação, 2) lixiviação dos nutrientes do substrato e colonização de espécies invasoras devido à baixa velocidade de germinação e 3) irregularidade de tamanho de mudas em um mesmo lote devido à desuniformidade de germinação. Por isso, deve-se priorizar nesse sistema o uso de sementes de alta qualidade e com as metodologias de quebra de dormência já bem conhecidas e de eficiência comprovada.

Contudo, muitas espécies nativas exibem germinação naturalmente irregular ou muito lenta (Fig. 12.8) ou podem apresentar germinação baixa em razão de problemas no beneficiamento e armazenamento. Além disso, espécies com sementes muito grandes dificilmente conseguem ser usadas via semeadura direta em tubetes, por serem maiores que a entrada do recipiente.

Fig. 12.8 *Tal como a boleira* (Joannesia princeps), *outras espécies nativas possuem germinação irregular e muito distribuída no tempo, o que desestimula o uso da semeadura direta das sementes no recipiente definitivo de produção das mudas dessas espécies*

Diante disso, a semeadura indireta tem sido o método mais utilizado hoje na produção de mudas da maioria das espécies nativas. Nesse sistema de semeadura, as sementes são normalmente distribuídas sobre um canteiro contendo areia, o qual é usualmente denominado de alfobre ou sementeira (Fig. 12.9). O interior das sementeiras deve ser preenchido primeiro com brita, para facilitar a drenagem, e depois com areia média lavada, não sendo recomendado o uso de terra em razão de esse substrato dificultar a drenagem e favorecer a ocorrência de patógenos e de plantas daninhas. As sementes são assim distribuídas sobre a areia e, em seguida, cobertas com uma camada desse substrato em espessura equivalente ao tamanho da semente. Se a semeadura for muito superficial, a plântula pode ter problemas para se fixar e as sementes podem também ser facilmente retiradas do substrato pela ação do vento, da chuva ou da irrigação. Por outro lado, pode haver problemas na emergência das plântulas se a semeadura for muito profunda, pois elas terão de superar uma camada de areia mais espessa, gastando parte de suas reservas e apresentando ainda estiolamento do hipocótilo ou epicótilo.

Uma estratégia interessante para aliar os benefícios dessas duas formas de semeadura (direta e indireta) é o uso de bandejas plásticas comumente utilizadas na horticultura (Fig. 12.10). A semeadura é realizada em cada uma das células da bandeja, para que as plântulas emergidas sejam posteriormente transferidas para os recipientes definitivos de crescimento. A vantagem nesse caso é que as plântulas são transferidas com um pequeno torrão, em vez de apenas com raiz nua, como ocorre quando se realiza a semeadura indireta em canteiros. Isso diminui os estresses pós-transplante e acelera o pegamento da plântula. Mesmo que haja falhas de emergência na bandeja, o reduzido volume de cada célula faz com que não se perca muito substrato. Recentemente, alguns viveiros passaram a comercializar plântulas de espécies nativas, além de mudas. O comprador dessas plântulas, geralmente outro viveiro, leva-as para o seu próprio viveiro, transfere-as para o recipiente definitivo de crescimento e cultiva-as até que estejam prontas para a expedição. A vantagem dessa estratégia é a de não ter que comprar ou colher sementes, quebrar a dormência, fazer a semeadura etc. Isso é muito interessante para viveiros com tempo de vida previamente determinado, construídos apenas para atender a produção de mudas de um grande projeto de restauração, sendo posteriormente desativados com a conclusão do projeto.

Independentemente da modalidade de semeadura, recomenda-se a cobertura das sementeiras ou dos recipientes recém-semeados com tela sombreadora, visando proteger as sementes e as plântulas da insolação direta e excessiva, de fortes chuvas, do vento e da presença de pássaros e animais que possam remover ou danificar as sementes. Já nos períodos mais frios, principalmente nas regiões Sul e Sudeste, recomenda-se que as sementeiras estejam dentro de estufas plásticas ou que sejam cobertas com plástico, para auxiliar na manutenção de uma temperatura adequada para o processo germinativo (Fig. 12.11). Isso se torna necessário em regiões de temperaturas baixas em algum período do ano, principalmente abaixo dos 17 °C, que reduzem significativamente a velocidade e a porcentagem de germinação, além de favorecer o ataque de patógenos às sementes e às plântulas.

Recomenda-se que a irrigação das sementeiras seja realizada com microaspersores, os quais produzem gotas de menor tamanho e, assim, não deslocam as sementes e as plântulas com o impacto das gotas. A irrigação das sementeiras deve ser programada de forma a manter o substrato sempre úmido, mas sem excesso de água, o que pode ser obtido por cerca de três irrigações diárias de 3 L/m² cada. Justamente por isso que alguns viveiros fazem a opção de cobrir todas as sementeiras com plástico transparente, pois, além de beneficiar a germinação, aumentando a temperatura no período mais frio, controla-se a umidade do substrato com maior facilidade no período das chuvas. Caso o substrato fique encharcado com frequência,

Fig. 12.9 *Diferentes estruturas construídas ou adaptadas como sementeiras em viveiros de espécies nativas: canteiros (A) de alvenaria e (B) de bambu e canteiros suspensos (C) de madeira e (D) de fibrocimento*

Fig. 12.10 *Detalhe da semeadura de espécies nativas em bandejas tipicamente usadas na produção de mudas na horticultura, para posterior transferência das plântulas para os recipientes definitivos de formação da muda*

podem ocorrer focos de tombamento de plântulas causados por fungos e também a redução da germinação, em virtude da limitação de oxigênio para o processo germinativo pela menor aeração do substrato (Fig. 12.12). Embora possam ser utilizados certos fungicidas para controlar a incidência desses patógenos, a solução mais coerente é resolver o problema de encharcamento das sementeiras.

Após a emergência, espera-se até que as plântulas atinjam tamanho adequado para então realizar o transplante da sementeira para os recipientes em que as mudas serão formadas, sendo essa operação denominada *repicagem*. As espécies com sementes muito pequenas produzem plântulas também muito pequenas, dada a reduzida quantidade de reservas disponíveis para seu desenvolvimento inicial. Para essas espécies, pode ser necessária a semeadura em canteiro contendo terra em vez de areia, ou então, no caso de semeadura em areia, a cobertura das sementes com uma fina camada de adubo orgânico (esterco ou torta de filtro bem curtidos, por exemplo) ou ainda a pulverização das plântulas com uma solução diluída de fertilizante, para que essas plântulas atinjam tamanho adequado para serem repicadas. Assim, quando as plântulas apresentarem tamanho adequado, elas serão então repicadas. A repicagem é realizada após as seguintes etapas: 1) as plântulas são cuidadosamente retiradas da sementeira com substrato úmido e transferidas para uma bandeja plástica contendo água; 2) é aberto um pequeno buraco, com o auxílio de um pedaço de madeira ou plástico, no substrato que preenche o tubete ou saco plástico, para que as raízes das plântulas retiradas da sementeira sejam cuidadosamente acondicionadas dentro do novo recipiente; 3) quando as raízes estão muito compridas (> 5 cm) ou muito densas, é realizada uma *desponta* de

Fig. 12.11 *Sementeiras dentro de estufa plástica (A) e cobertura de sementeiras com túneis de plástico (B e C) para permitir a germinação de sementes nos períodos mais frios do ano*

raiz ou um raleamento dessas raízes, que consiste no corte manual ou com tesoura da extremidade da raiz ou do excesso de raízes para evitar que fiquem enroladas após a repicagem. Com a retirada da ponta da raiz, é removida sua dominância apical e favorecida, consequentemente, a ramificação lateral do sistema radicular, que acelera o pegamento da plântula transplantada; 4) a raiz é inserida no buraco até que o colo da plântula fique rente ao nível do substrato; 5) deve-se pressionar levemente o substrato sobre as raízes, em pressões laterais ao colo da muda, para evitar que permaneçam bolsas de ar na região do sistema radicular, o que dificultaria o enraizamento e prejudicaria a fixação da plântula; 6) caso as plântulas sejam transferidas para tubetes, recomenda-se a distribuição de uma camada de vermiculita sobre o substrato, após a repicagem, para aumentar o armazenamento de água junto à muda (Fig. 12.13).

Fig. 12.12 *Tombamento e morte de plântulas causados por patógenos, que foram favorecidos pelo encharcamento do substrato na sementeira*

Fig. 12.13 *Semeadura direta (A) e repicagem de plântulas para tubetes (B e C)*

12.5 Recipiente

A produção de mudas de espécies florestais nativas para fins de restauração ecológica tem sido conduzida predominantemente em tubetes e em sacos plásticos, de diferentes tamanhos (Fig. 12.14). Embora pareça uma escolha simples, a opção pelo recipiente a ser utilizado define todo o sistema de produção de mudas e também interfere diretamente na comercialização dessas mudas, de forma que essa decisão deve ser tomada com muito cuidado. O tamanho do recipiente tem implicações desde a escolha do substrato utilizado até a quantificação dos investimentos e do número de funcionários do viveiro, sendo de fundamental importância uma escolha cuidadosa para adequar o sistema de produção tanto para as questões técnicas da produção como para as demandas regionais. Em virtude das diversas vantagens e desvantagens associadas tanto à produção de mudas em tubete de diversos tamanhos como à produção em saco plástico, é inadequado julgar um sistema de produção melhor do que o outro sem considerar todos os fatores envolvidos nessa tomada de decisão.

No passado, o mercado de restauração florestal dava preferência a mudas produzidas em saco plástico, pois havia o preconceito de que a produção de mudas em tubetes não se aplicava às espécies nativas. Nessa época, tanto a produção de mudas como a implantação de reflorestamentos de espécies nativas eram conduzidas de forma ainda amadora, sem espaço para tecnologias que demandassem maior investimento em infraestrutura e conhecimento técnico por parte dos profissionais. Diante disso, todos os viveiros pioneiros na produção de mudas de espécies florestais nativas iniciaram suas atividades utilizando sacos plásticos como recipiente e terra como substrato. No entanto, à medida que essa atividade evoluiu, ganhou escala e começou a usar a produção de mudas de espécies florestais exóticas como modelo de tecnologia, o sistema de produção de mudas de espécies florestais nativas em tubetes se desmistificou e todos os grandes viveiros passaram a adotá-lo. Isso ocorreu por causa das inúmeras vantagens operacionais e de custos apresentadas pela produção de mudas em tubetes (Quadro 12.1), principalmente nos casos de viveiros comerciais com grande volume de produção de mudas. Consequentemente, a maioria dos viveiros que apresentam produção anual acima de cem mil mudas adota, hoje, o tubete como recipiente, como no exemplo do Boxe 12.2.

Fig. 12.14 *Tubetes de diferentes formas e tamanhos, usados na produção de mudas de espécies florestais nativas*

Embora a produção de mudas em tubete seja geralmente mais vantajosa que a produção em saco plástico, muitos dos viveiros regionais e de menor porte ainda optam pela produção de mudas em sacos plásticos, bem como viveiros que produzem mudas de espécies do Cerrado, as quais dificilmente podem ser produzidas em tubetes em razão do sistema radicular avantajado (Fig. 12.15). No geral, a produção de mudas em sacos plásticos é escolhida por esses viveiros em virtude de 1) poder ser conduzida com infraestrutura rústica, barata e fácil de ser implementada e mantida; 2) utilizar de terra como substrato, a qual pode ser obtida em qualquer região do país a um baixo custo quando comparada com o uso de substrato, que tem valor muito variável, dependendo da distância de onde é produzido; 3) não demandar profissionais com maior capacitação técnica para o gerenciamento do viveiro, os quais apresentam maior custo de contratação e ainda não estão disponíveis na maior parte do país; 4) as mudas produzidas em sacos plásticos poderem ser mantidas por mais tempo no viveiro, embora percam qualidade progressivamente, ao passo que as mudas produzidas em tubete têm um prazo de validade mais restrito, devendo ser produzidas de forma muito planejada conforme a demanda, para que possam ser escoadas tão logo estejam prontas para o plantio. Diante da importância do uso de tubetes e sacos plásticos na produção de mudas de espécies florestais nativas, os procedimentos particulares requeridos por esses sistemas de produção serão detalhados a seguir,

Quadro 12.1 Vantagens da produção e plantio de mudas em tubete em comparação com mudas produzidas em saco plástico

• Maior rendimento operacional e facilidade em todas as atividades de produção, por exemplo, no preparo do substrato, no transporte das mudas no viveiro, na repicagem e na expedição;

• O substrato é predominantemente composto por resíduos vegetais decompostos, tais como casca de pinus e casca de arroz carbonizado, não sendo necessário o uso de terra. Além de contribuir para a melhor destinação de resíduos, evitam-se problemas ambientais causados pela extração irregular de solo;

• O substrato orgânico é mais higiênico e de mais fácil manuseio que a terra, já que não fica pegajoso ao ser umedecido;

• O substrato orgânico facilita a incorporação de fertilizantes e de outros compostos necessários durante a preparação do substrato, a qual é normalmente mecanizada com o uso de betoneira;

• Permite menor consumo de substrato por muda;

• O uso de substrato orgânico, que é mais leve que o solo, e o menor volume do recipiente diminuem o peso a ser carregado pelos funcionários durante as diversas operações no viveiro, contribuindo para a melhoria da ergonomia;

• A presença de haletas verticais no interior do tubete conduz o crescimento do sistema radicular para baixo e evita o enovelamento das raízes, favorecendo o enraizamento após o plantio;

• Como a extremidade do tubete não fica em contato com o solo, não há o enraizamento das mudas no chão do viveiro, já que as raízes verticalmente param de crescer ao se exporem à luz;

• Como não há o enraizamento das mudas no chão, não é necessário mudar as mudas de lugar no viveiro, procedimento normalmente referido como *danças e moveção* no sistema de produção em sacos plásticos;

• O cultivo suspenso das mudas, facilitado pelo uso de tubetes, melhora a ergonomia de trabalho ao possibilitar que os tratos culturais sejam realizados em pé em vez de agachado;

• Permite o controle maior do espaçamento entre as mudas durante as diferentes fases de desenvolvimento, evitando o estiolamento e favorecendo o melhor equilíbrio entre o desenvolvimento do sistema radicular e da parte aérea da muda, formando mudas robustas e de alta qualidade para a restauração;

• Possibilidade de reúso dos tubetes por até dez vezes, reduzindo custos e resíduos gerados pelo uso de sacos plásticos;

• Maior produção de mudas por unidade de área, o que aumenta a eficiência de uso do terreno;

• Menor custo de produção por muda, possibilitando um menor custo de venda;

• Menor necessidade de mão de obra;

• Facilita a produção em larga escala;

• Menor uso de mão de obra na expedição das mudas e menores custos de transporte;

• Melhor operacionalização do plantio, possibilitando inclusive o uso de técnicas de maior rendimento, tais como o plantio com plantadeiras.

Boxe 12.2 A produção comercial de mudas de espécies nativas: o estudo de caso do viveiro Camará

No país, a maioria dos viveiros é de pequeno porte e utiliza o método tradicional de produção de mudas em sacos plásticos de diversos tamanhos, utilizando terra como substrato. Contudo, o crescimento da demanda por mudas de espécies florestais nativas para restauração de áreas degradadas em alguns Estados, principalmente em São Paulo, tem estimulado a modernização dos viveiros. No caso do viveiro Camará, localizado em Ibaté (SP), a produção de mudas nativas começou há 14 anos, utilizando-se o sistema tradicional de sacos plásticos. Com o aumento da escala de produção, houve uma transição para o sistema de produção em tubetes, com base no modelo utilizado para a produção de mudas de eucalipto (tubete de 56 cm^3). Adicionalmente, houve o aprimoramento das técnicas de coleta de sementes com marcação de matrizes, beneficiamento e armazenamento das sementes no próprio viveiro, formação das mudas em bancadas suspensas e produção com alta diversidade de espécies regionais.

Atualmente, a produção de mudas nativas do viveiro Camará é de dois milhões/ano, de aproximadamente 150 espécies que ocorrem na região central do Estado de São Paulo. Para sustentar essa produção, foi fundamental ter um planejamento criterioso da produção e da expedição, evitando assim que as mudas ficassem velhas no viveiro e perdessem qualidade, o que aumenta o custo de produção e compromete o desenvolvimento das florestas implantadas.

Como novos desafios, verificamos a necessidade de aumentar o tamanho do recipiente de 56 cm^3 para 290 cm^3 como forma de melhorar a qualidade do sistema radicular das variadas espécies, gerando mudas mais rústicas e com maior resistência aos estresses encontrados na fase pós-plantio, como matocompetição, o que favorece a redução da mortalidade e o aumento do crescimento das mudas em campo nos projetos de restauração florestal.

Casa de semeadura com germinação de várias espécies (A), muda em tubete de 290 cm^3 pronta para plantio (B) e mata ciliar reflorestada com 1 ano em Santa Cruz do Rio Pardo (SP) (C)

Carlos Nogueira Souza Junior (camara@mudasflorestais.com.br), Madaschi, Périgo e Souza Ltda. Camará Mudas Florestais, Ibaté (SP) (www.mudasflorestais.com.br)

quando forem apresentadas as próximas etapas de produção de mudas de espécies florestais nativas.

Fig. 12.15 *Rompimento de tubete pelo crescimento da raiz de uma muda de ipê-amarelo-do-cerrado* (Tabebuia aurea)

12.6 Preparo do substrato

Uma particularidade da produção de mudas em sacos plásticos é a utilização de terra como substrato. Embora seja possível também utilizar substrato florestal comercial, essa opção aumentaria muito os custos de produção de mudas quando comparada com os tubetes, em virtude da necessidade do maior volume de substrato para encher os sacos plásticos e também pelo fato de esse tipo de substrato ser mais caro que a terra. Recomenda-se para a produção de mudas em sacos plásticos o uso de terra de subsolo, em razão de esta não conter banco de sementes de plantas daninhas. No entanto, a terra de subsolo também não apresenta conteúdo satisfatório de nutrientes, exatamente por ser das camadas mais profundas, sendo necessária a incorporação de uma fonte de nutrientes no preparo do substrato, bem como um acréscimo de areia na mistura com a terra e com a fonte de nutrientes, para melhorar a drenagem. Normalmente, utiliza-se a seguinte mistura de componentes na preparação de substrato para produção de mudas de espécies nativas com uso de sacos plásticos: três partes de terra de subsolo para uma parte de matéria orgânica rica em nutrientes (esterco de gado ou de frango ou torta de filtro, sempre bem curtidos) e uma parte de areia grossa. Esses componentes são misturados usando-se uma peneira, para remover eventuais torrões endurecidos, pedras e galhos. Quando não se usa uma fonte de matéria orgânica rica em nutrientes, pode-se recorrer à adubação mineral de base, misturando-se 150 g de N, 700 g de P_2O_5, 100 g de K_2O e 100 g de "fritas" a cada metro cúbico de solo. Cada saquinho é preenchido individualmente com essa mistura, o que demanda grande quantidade de mão de obra, em razão do baixo rendimento (Fig. 12.16).

Já no caso de tubetes, não é possível utilizar esse tipo de substrato que tem a terra como base, pois essa mistura não proporciona condições adequadas de drenagem e aeração quando as mudas são produzidas nesse tipo de recipiente. Quando se usa terra como base do substrato para a produção de mudas em tubetes, observa-se que o sistema radicular não se desenvolve adequadamente e, como consequência, não há a formação de um torrão coeso e firme, que possibilite a retirada da muda do tubete e o posterior plantio sem expor seu sistema radicular (Fig. 12.17). Diante dessa limitação, recomenda-se que a produção de mudas em tubetes seja feita sempre com substrato orgânico, o qual pode ser adquirido comercialmente ou preparado no próprio viveiro. Os principais ingredientes desse tipo de substrato são a casca de pinus triturada e semicompostada, a casca de arroz carbonizada, a vermiculita e a turfa. No entanto, dadas as dificuldades de obtenção desses ingredientes em pequena quantidade, de padronização da sua qualidade e de uso de proporções adequadas desses ingredientes, dificilmente compensa a produção desse tipo de substrato no próprio viveiro. Assim, a maioria dos viveiros florestais opta por comprar o substrato de empresas especializadas nessa atividade, já havendo diversas marcas comerciais no mercado.

Fig. 12.16 *Etapas envolvidas no preparo e uso de terra como substrato para a produção de mudas de espécies florestais nativas: mistura de terra de subsolo com uma fonte de matéria orgânica rica em nutrientes e com areia (A) e enchimento dos saquinhos de forma manual (B) e com uma moega (C)*

No caso de o substrato comercial não vir previamente fertilizado, é preciso realizar uma adubação de base antes do plantio. Essa adubação de base pode ser realizada de acordo com a mesma receita apresentada para a fertilização de terra de subsolo visando à produção de mudas em sacos plásticos, devendo-se apenas reduzir pela metade a quantidade de P_2O_5. No entanto, o uso de fertilizantes de rápida solubilização traz problemas de lixiviação dos nutrientes antes mesmo que as mudas em desenvolvimento possam utilizá-los. Isso se deve ao fato de os tubetes, principalmente os tubetinhos (56 cm^3), demandarem uma maior frequência de irrigação por causa do reduzido volume de substrato, resultando em um aumento da lixiviação de nutrientes. Em virtude disso, recomenda-se o uso de adubos de liberação lenta, nos quais os nutrientes são inseridos no interior de cápsulas revestidas por uma resina, que possibilitam a liberação gradual de nutrientes para a muda por até 120 dias. Costumam-se usar 400 g desse tipo de adubo em formulação NPK 19 – 06 – 10 por saco de 25 kg de substrato nos períodos de rápido crescimento de mudas (verão) e apenas 100 g desse adubo quando a semeadura ou a repicagem é realizada nos períodos mais frios do ano, pois o crescimento mais lento das mudas faz com que menores quantidades de nutrientes sejam demandadas. No entanto, a oferta de nutrientes às mudas deve ser complementada posteriormente via adubação de cobertura. Visando homogeneizar a mistura do adubo no substrato, recomenda-se o uso de uma betoneira (Fig. 12.18). Cada saco de substrato assim preparado é suficiente para preencher aproximadamente 750 tubetinhos (56 cm^3) e 150 tubetões (250 cm^3).

12.7 Estabelecimento de plântulas

Após a repicagem das plântulas da sementeira para o recipiente em que ocorrerá a formação das mudas ou então após a emergência das plântulas obtidas via semeadura direta, inicia-se a fase de estabelecimento de plântulas no recipiente escolhido pelo viveiro. As plântulas recém-emergidas ou recém-transplantadas são muito frágeis e sensíveis a condições do ambiente, que naquele momento são desfavoráveis, tais como insolação direta, ventos, baixa umidade relativa do ar e falta d'água. Principalmente no caso das mudas recém-transplantadas, para as quais normalmente se realiza uma poda de raízes, o sistema radicular pode não conseguir suprir a demanda hídrica da parte aérea, o que resultaria em alta mortalidade no caso de essas plântulas serem submetidas a condições de elevada evapotranspiração e exposição direta ao sol.

Para minimizar a mortalidade das plântulas recém-transplantadas, que é uma fase crítica da produção de mudas, essas plântulas passam por uma fase de estabelecimento, na qual são mantidas em condição de sombreamento e alta umidade relativa do ar. Para criar tais condições, costuma-se manter as mudas em uma casa de sombra coberta com tela sombreadora que intercepta 50% da radiação solar, embora nos viveiros mais rústicos possam-se também utilizar estruturas de bambus ou estacas de madeira cobertas com folhas de palmeiras ou conduzir essa fase sob a copa de árvores (Fig. 12.19). Para manter as plântulas constantemente hidratadas e sem déficit hídrico nesse ambiente, recomenda-se o uso da microaspersão, a qual se utiliza de gotas de menor diâmetro que criam uma névoa no ambiente. Além de manter a umidade relativa do ar elevada, essas gotas de menor diâmetro não danificam ou removem as plântulas por impacto. No sistema de produção em tubetes, costuma-se também distribuir uma fina camada de vermiculita sobre o substrato para aumentar a retenção de água. Nessa fase, as mudas dependem basicamente das reservas nutricionais contidas nas sementes e dos nutrientes fornecidos pela adubação de base do substrato, não sendo necessária a adubação de cobertura.

O tempo em que as mudas são mantidas nessa condição é de, no mínimo, 15 a 20 dias, embora esse período seja amplamente variável em função das características ecológicas da espécie. De forma geral, as espécies mais tardias da sucessão necessitam ficar por um período maior na fase de estabelecimento por serem mais sensíveis à luz solar direta. Caso essas espécies sejam submetidas a maior irradiação quando ainda muito jovens, pode haver alta mortalidade, paralisação do crescimento e queimadura das folhas. Por outro lado, as espécies

Fig. 12.17 *Diferença da formação do torrão e do sistema radicular quando se utiliza substrato florestal comercial (A) e terra (B) na produção de mudas em tubetes*

mais iniciais da sucessão florestal (pioneiras e secundárias iniciais) devem permanecer nessa fase pelo menor tempo possível, em virtude de serem intolerantes ao sombreamento.

12.8 Crescimento de mudas

12.8.1 Formação de canteiros

Para facilitar o trabalho e o deslocamento de funcionários e otimizar a ocupação do terreno do viveiro, costumam-se formar canteiros de mudas com 1 m a 1,5 m de largura, separados por corredores de 0,5 m de largura. Na produção de mudas em sacos plásticos, esses canteiros são formados no chão, pois o peso excessivo dos sacos plásticos preenchidos com terra exigiria uma estrutura de apoio muito reforçada e, portanto, muito cara. Para evitar o tombamento de mudas produzidas em sacos plásticos, recomenda-se instalar nas laterais do canteiro algum tipo de estrutura que sirva de suporte ao recipiente, tal como barras de ferro, tábuas de madeira, arames esticados e até muretas feitas de tijolo ou de blocos de concreto. Adicionalmente, é necessário cobrir a base ou o chão do canteiro com algum material que impeça o enraizamento das mudas no solo, conforme já discutido no início deste capítulo (Fig. 12.20).

No caso de mudas produzidas em tubetes, estes são colocados em bandejas plásticas que vão acondicioná-los adequadamente e que podem ser colocadas sobre o solo ou suspensas em estruturas de apoio. Recomenda-se também que sejam acondicionadas em canteiros suspensos, em razão do seu menor custo pelo menor peso unitário de cada muda, pelo menor volume do recipiente e pelo uso de substrato orgânico (Fig. 12.21). Esses canteiros suspensos são altamente recomendáveis para melhorar a ergonomia de trabalho dos funcionários do viveiro, o que certamente resultará em uma maior produtividade.

Fig. 12.18 *Preparo e uso de substrato comercial para a produção de mudas de espécies nativas: mistura do substrato com adubos de liberação lenta em betoneira (A), máquina para enchimento de tubetes (B) e enchimento manual (C, D e E)*

Fig. 12.19 Estabelecimento de plântulas recém-transplantadas para os recipientes definitivos de produção (sacos plásticos ou tubetes) em diferentes condições de infraestrutura: sob a copa de árvores (A), utilizando-se uma cobertura móvel de canteiros para mudas em sacos plásticos (B), dentro de casa de sombra coberta com sombrite (C) e dentro de estufa coberta com plástico transparente (D)

Fig. 12.20 Enraizamento de mudas de paineira (Ceiba speciosa) sob canteiro de produção de mudas florestais. Pela maior disponibilidade de água e nutrientes, as mudas enraizadas são maiores e apresentam folhas de verde mais escuro (A). No detalhe (B), muda removida do solo

Fig. 12.21 *A produção de mudas em tubetes pode ser realizada junto à superfície, utilizando-se bandejas plásticas específicas para esse fim (A), ou em canteiros suspensos, os quais podem ser construídos de diversas formas, tais como: base de eucalipto tratado e laterais constituídas por arame esticado para dar suporte a quadros plásticos de sustentação de tubetes (B), base de eucalipto tratado e uso de tela de aço com revestimento plástico para dar suporte direto aos tubetes, sem uso de bandejas (C), mesa de aço coberta por tela de aço (D), base de concreto e laterais de ferro para dar suporte a quadros plásticos de sustentação de tubetes (E) e estrutura de alumínio para dar suporte a quadros plásticos de sustentação de tubetes (F)*

12.8.2 Espaçamento entre as mudas

Após a fase de estabelecimento, as mudas são transferidas para condições de pleno sol, o que acelera seu desenvolvimento e permite a aclimatação gradual às condições que estarão presentes no campo, após o plantio da muda (Fig. 12.22). Mesmo no caso de espécies das fases mais finais da sucessão, que são tolerantes ao sombreamento e não crescem tão bem a pleno sol na fase juvenil, é necessário retirar as mudas do ambiente sombreado e expô-las à insolação direta, para que se aclimatem às condições tipicamente presentes na fase pós-plantio. A exposição ao sol é fundamental para que se obtenham mudas robustas, com engrossamento de caule e adequada proporção de raiz e parte aérea, fase essa chamada de rustificação de mudas. Caso as mudas sejam mantidas em ambiente sombreado, haverá seu estiolamento, o qual resulta em mudas com caule fino e frágil, pouco lignificado, ficando mais sensível a quebras pelo vento e chuvas fortes e ao ataque de fungos e formigas-cortadeiras. Devido à competição por luz, mudas estioladas tendem também a apresentar folhas mais tenras, que são mais sensíveis à herbivoria, insolação direta e dessecação, o que aumenta significativamente a mortalidade no pós-plantio.

No entanto, é preciso mais do que expor as mudas ao sol para evitar o estiolamento. Canteiros com alta densidade de mudas podem apresentar competição excessiva por luz, de forma que uma muda sombreia a sua vizinha, e vice-versa, fazendo com que o autossombreamento favoreça o estiolamento de todas as mudas presentes na parte interna dos canteiros. Para evitar esse problema, é preciso aumentar gradativamente o espaçamento entre as mudas à medida que elas crescem e a copa se avoluma. Quando a produção de mudas é realizada em tubetes, inicia-se o processo de produção com 100% das células das mesas ou bandejas de suporte preenchidas, pois ganha-se espaço no viveiro e isso é possível por causa do tamanho reduzido das plântulas, que ainda não sofrem competição intensa por luz. Posteriormente, com o crescimento das mudas, reduz-se a ocupação das células para 50% e, quando as mudas entram na fase de rustificação, elas passam a ocupar 33% ou menos das células disponíveis, dependendo do porte da muda, para que haja a aclimatação progressiva às condições de maior insolação (Fig. 12.23). No entanto, esse manejo não é viável para sacos plásticos em razão de

Fig. 12.22 *Mudas produzidas em tubetes recém-transferidas da fase de estabelecimento para a fase de crescimento*

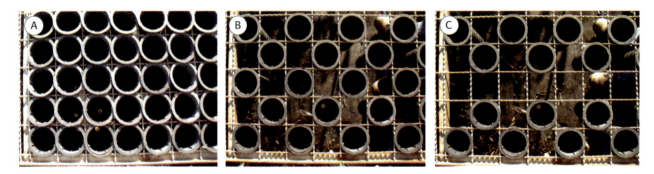

Fig. 12.23 *Esquema da abertura de mudas nas telas de arame de suporte dos tubetes ao longo do processo de produção: (A) 100% das células preenchidas com tubetes, (B) 50% das células preenchidas com tubetes, (C) 33% das células preenchidas com tubetes*

eles não terem um suporte que os mantenha em pé sem que as mudas estejam em contato umas com as outras, de forma que um problema recorrente da produção de mudas de nativas nesse sistema é o estiolamento (Fig. 12.24).

12.8.3 Irrigação

A irrigação adotada na fase de crescimento de mudas é a aspersão, pois o uso de gotas de maior diâmetro evita que ocorra o efeito guarda-chuva, o qual restringe o umedecimento do substrato contido no tubete devido à interceptação e retenção da água de irrigação pelas folhas das mudas (Fig. 12.25). Como gotas maiores possuem maior energia cinética, elas deslocam as folhas para baixo quando as atingem, alcançando a base do recipiente e, com isso, aumentando a eficiência da irrigação. Conforme já comentado no início do capítulo, podem ser necessários grandes volumes de água para suprir a evapotranspiração das mudas em períodos quentes do ano, devendo ser a irrigação um dos pontos principais no planejamento da implantação de um viveiro de espécies nativas. Uma estratégia adotada por viveiros comerciais é dispor sempre de uma bomba reserva, para que eventuais problemas na bomba que sustenta o sistema de irrigação não façam com que as mudas permaneçam por muito tempo sem ser irrigadas, o que poderia levá-las à morte e trazer sérios prejuízos econômicos. Em viveiros mais rústicos e de menor porte, a irrigação das mudas é comumente realizada com mangueira plástica (Fig. 12.26). No entanto, o dispêndio de tempo com essa operação é tão grande que não se justifica nem mesmo nessas situações, pois o custo de instalação de um sistema básico de irrigação compensa o gasto com mão de obra associado à irrigação com mangueiras.

Fig. 12.24 *Mudas de sangra-d'água* (Croton urucurana), *uma espécie de pioneira usada funcionalmente no grupo de recobrimento, que se encontravam excessivamente estioladas por causa da competição por luz com outras mudas na porção central do canteiro*

Fig. 12.25 *Detalhes de um aspersor e da irrigação por aspersão de mudas de espécies florestais nativas em viveiro comercial*

Fig. 12.26 *Irrigação de mudas nativas com mangueira plástica em viveiro florestal comunitário*

12.8.4 Adubação de cobertura

Conforme discutido anteriormente quando se tratou da adubação do substrato, há intensa lixiviação de nutrientes ao longo do processo de produção de mudas de espécies florestais nativas. Embora o uso de adubos de liberação lenta seja uma alternativa, esses produtos apresentam preços muito elevados, o que desestimula o uso de quantidades suficientes desses adubos para suprir toda a demanda nutricional das mudas até que estejam prontas para o plantio. Assim, alguns viveiristas preferem utilizar tais adubos para suprir as demandas iniciais das mudas, complementando o suprimento de nutrientes por meio da adubação de cobertura. Adicionalmente, espécies de crescimento lento, que permanecem no viveiro por mais tempo, podem necessariamente demandar adubação de cobertura, pois o período de liberação de nutrientes pelos adubos encapsulados pode ser inferior ao tempo total necessário para que mudas dessas espécies estejam prontas para o plantio.

Embora as necessidades de nutrientes sejam amplamente variáveis entre as espécies, a adoção de taxas variáveis de adubação para as dezenas de espécies nativas produzidas pelos viveiros florestais é atualmente impraticável. Nesse sentido, costuma-se utilizar uma adubação padrão para todas as espécies, a qual pode ser formulada de maneira particular para o estágio de desenvolvimento em que as mudas se encontram. Não obstante, a eventual presença de deficiências nutricionais deve ser avaliada para que se realize uma adubação de cobertura diferenciada para as espécies que apresentarem problemas.

12.8.5 Controle de pragas e doenças

Embora não seja comum, devido ao grande número de espécies presentes nos viveiros que se dedicam à produção de mudas para a restauração florestal, podem ser observados pontualmente problemas decorrentes do ataque de pragas e doenças às mudas. Por exemplo, algumas espécies podem ser desfolhadas por besouros, ao passo que outras podem ser atacadas por ácaros e pulgões. Nos casos mais críticos, deve-se recorrer ao controle químico ou controle alternativo com extratos vegetais. Algumas espécies, com destaque para as Mirtáceas, podem também ser atacadas por ferrugens. Nesse caso, deve-se melhorar a ventilação dos canteiros por meio do aumento do espaçamento entre as mudas, já que a ferrugem é favorecida por condições de elevada umidade relativa do ar. Adicionalmente, podem ser pulverizados fungicidas à base de cobre, como a calda bordalesa, para combater essa doença. Como a recomendação de produtos fitossanitários para o controle de pragas e doenças é uma atividade que exige muitos cuidados, recomenda-se que se procure um engenheiro agrônomo ou florestal para que, com base no receituário, sejam indicados os produtos e tratamentos específicos para cada caso particular.

12.9 Rustificação

A fase de rustificação compreende o processo de aclimatização gradual das mudas para as condições estressantes do campo. Em termos gerais, cessa-se o fornecimento de nitrogênio às mudas por meio da adubação de cobertura (o uso de nitrogênio resulta em folhas tenras, que são atrativas às saúvas e sensíveis ao déficit hídrico), amplia-se o intervalo de irrigação e, em alguns casos, aumenta-se o espaçamento das mudas para promover a maior insolação das folhas inferiores e enrijecimento do caule. Dessa forma, as mudas ficam mais preparadas para deixar as condições de viveiro, que são altamente favoráveis, para enfrentar os estresses típicos do campo, na fase pós--plantio. Isso aumenta significativamente a sobrevivência e o crescimento inicial dessas mudas no campo.

12.10 Expedição

A fase de expedição consiste na separação das mudas que já passaram pela fase de rustificação e no preparo dessas mudas para o transporte. Nessa fase, deve-se ter foco principalmente para que as mudas já sejam enviadas para o campo separadas em grupos de plantio, como grupos de recobrimento e de diversidade, e que dentro de cada um desses grupos também haja uma boa riqueza de espécies e uma boa mistura das diferentes espécies. Para facilitar a distribuição desses grupos de plantio na implantação do reflorestamento, as mudas podem ser enviadas para o campo separadas em caixas com cores diferentes, sendo uma cor referente às espécies de recobrimento e outra às de diversidade. As mudas podem também ser produzidas em tubetes ou sacos plásticos com cores diferentes para cada um desses grupos (Fig. 12.27).

Após essa organização é que as mudas serão agrupadas para o transporte. O ideal é que elas sejam transportadas em caminhão com carroceria fechada, mas, quando isso não for possível, recomenda-se que as mudas sejam cobertas com tela sombreadora para reduzir a desidratação e os danos mecânicos às folhas causados pelo excesso de vento do transporte. Além disso, deve-se dar preferência para o transporte em horários menos quentes do dia para reduzir a desidratação das mudas.

12.11 Resumo do processo de produção de mudas de espécies nativas

Conforme visto neste capítulo, o processo de produção de mudas de espécies nativas é dividido em quatro fases principais, sendo elas a semeadura, o estabelecimento de plântulas, o crescimento e a rustificação. Os setores do viveiro onde tais fases serão desenvolvidas devem ser sistematicamente planejados a fim de permitir um fluxo natural das mudas ao longo do sistema de produção, minimizando o seu transporte dentro do viveiro (Fig. 12.28). Adicionalmente, há que se considerar as diferentes necessidades de estrutura e manejo ao longo das diferentes fases de desenvolvimento das mudas (Tab. 12.2).

12.12 Considerações finais

Embora haja métodos de restauração que não dependem do uso de mudas de espécies florestais nativas, tais como a semeadura direta e a condução da regeneração natural, os plantios de restauração, sejam em área total, sejam restritos ao adensamento e/ou enriquecimento, continuam sendo muito necessários devido à reduzida resiliência da maioria das áreas degradadas. Nesse contexto, o conhecimento sobre a tecnologia de produção de mudas de espécies nativas possibilita que as sementes obtidas com diversidade florística e genética se transformem em mudas vigorosas, sadias e com grandes chances de pegamento em campo. Assim, o uso de mudas de qualidade é o ponto de partida para o sucesso dos projetos de restauração florestal. No entanto, é preciso reconhecer que há ainda uma grande lacuna de conhecimento a ser preenchida para que se produzam mudas de um grande número de espécies arbustivas e arbóreas nativas, as quais ainda têm sua incorporação aos plantios de restauração impossibilitada devido às limitações básicas sobre a quebra de

Fig. 12.27 *Produção de mudas em sacos plásticos brancos (A) e pretos (B) e expedição de mudas de tubetes em caixas plásticas com cores diferentes (C) facilitam a distribuição no campo dos grupos de recobrimento e diversidade e, consequentemente, melhoram a operacionalização do plantio*

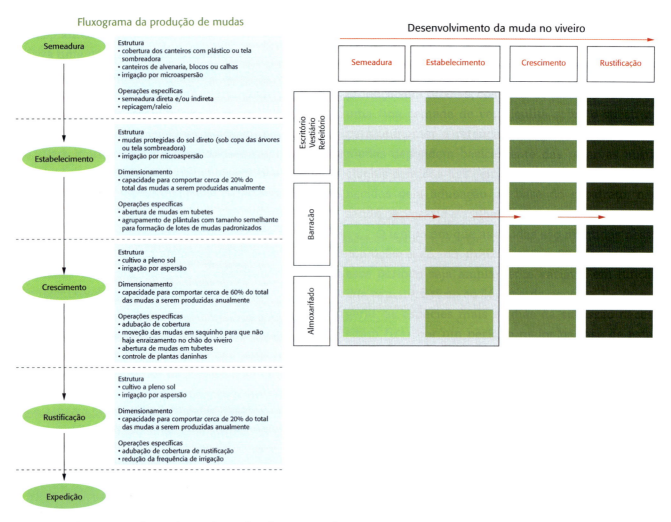

Fig. 12.28 *Fluxograma de produção de mudas de espécies florestais nativas*

Tab. 12.2 Particularidades de infraestrutura e manejo demandadas por mudas de espécies florestais nativas em diferentes fases de desenvolvimento

Fase/Necessidade	Semeadura	Estabelecimento	Crescimento	Rustificação
Período (média)	15 dias	15 dias	55 dias	20 dias
Espaçamento (densidade na bandeja)	100%	100%	25%	25%
Risco de doença	Alto	Baixo	Baixo	Baixo
Proteção contra intempéries (vento, chuva forte)	Necessária	Necessária	Desnecessária	Desnecessária
Insolação	Filtrada	Filtrada	Direta	Direta
Estrutura necessária	Estufa e/ou casa de sombra	Estufa e/ou casa de sombra	Pleno sol	Pleno sol
Nutrição	Baixa necessidade	Baixa necessidade	Alta necessidade	Baixa necessidade
Irrigação	Microaspersor	Microaspersor	Aspersor convencional	Aspersor convencional
Água (quantidade/gota)	Pouca/fina (5 a 8 mm)	Pouca/fina (5 a 8 mm)	Média/grossa (8 a 14 mm)	Média/grossa (10 a 15 mm)
Frequência de rega	Grande (5 a 6 vezes)	Grande (5 a 6 vezes)	Média (3 a 4 vezes)	Baixa (até 3 vezes)
Crescimento	Cerca de 1 a 3 cm	Cerca de 3 a 6 cm	Cerca de 6 a 30 cm	Cerca de 30 a 40 cm

dormência, recipiente e substratos, adubação e/ou irrigação. Mais ainda, é preciso avançar na tecnologia de produção de mudas de espécies nativas de outras formas de vida, como lianas e herbáceas, que podem e devem ser utilizadas em ações de enriquecimento sempre que as condições de paisagem não possibilitarem o retorno espontâneo dessas espécies às áreas em processo de restauração.

Literatura complementar recomendada

ALVES-COSTA, C. P.; LÔBO, D.; LEÃO, T. et al. *Implantando reflorestamentos com alta diversidade na Zona da Mata Nordestina*: guia prático. Recife: J. Luiz Vasconcelos, 2008. 220 p.

FENNER, M. (Ed). *Seeds*: the ecology of regeneration in plant communities. Wallingford, UK: Commonwealth Agricultural Bureau International, 1992.

GOMES, J. M.; PAIVA, H. N. *Viveiros florestais*: propagação sexuada. Viçosa: Editora UFV, 2011. 116 p.

HAHN, C. M.; OLIVEIRA, C.; AMARAL, E. M.; RODRIGUES, M. S.; SOARES, P. V. *Recuperação florestal*: da semente à muda. São Paulo: Secretaria do Meio Ambiente para a Conservação e Produção Florestal do Estado de São Paulo, 2006. 144 p.

MACEDO, A. C. *Produção de mudas em viveiros florestais*: espécies nativas. São Paulo: Fundação Florestal, 1993. 18 p. Disponível em: <http://www.ufsm.br/cepef/artigos/manual_prod_mudas_viveiros_1ed_1993.pdf>.

SORREANO, M. C. M.; RODRIGUES, R. R.; BOARETTO, A. E. *Guia de nutrição para espécies florestais nativas*. São Paulo: Oficina de Textos, 2012. 256 p.

13 GERAÇÃO DE RENDA PELA RESTAURAÇÃO FLORESTAL EM LARGA ESCALA NO CONTEXTO DA ADEQUAÇÃO AMBIENTAL E AGRÍCOLA DE PROPRIEDADES RURAIS

A restauração ecológica tem sido considerada como uma das formas mais concretas de potencialização das ações de conservação da biodiversidade remanescente e de restabelecimento de serviços essenciais prestados pelos ecossistemas naturais para o bem-estar e a sobrevivência do homem. Diante disso, inúmeras ONGs, empresas, universidades e governos têm se dedicado muito ao tema, o que tem resultado em várias iniciativas de restauração dispersas por todo o Brasil, com destaque para a Mata Atlântica. Contudo, apesar da enorme dedicação de muitas dessas organizações, dificilmente a restauração ecológica trará todos os benefícios que se espera dela se as ações não forem realizadas em larga escala. Por exemplo, para que os projetos de restauração contribuam efetivamente para reduzir os efeitos indesejados da fragmentação de hábitat na biodiversidade remanescente, esses projetos devem ser conduzidos em larga escala, abrangendo de centenas a milhares de hectares, de forma a interligar estrategicamente na paisagem regional os vários fragmentos naturais isolados pela atividade antrópica. De forma semelhante, apenas haverá volumes relevantes de carbono retidos na biomassa florestal e mananciais hídricos devidamente protegidos se extensas áreas degradadas, originalmente ocupadas com florestas e hoje com atividade agrícola, forem reconvertidas em ecossistemas nativos. Adicionalmente, somente serão obtidos produtos florestais madeireiros e não madeireiros em volume suficiente para a comercialização se houver um grande número de hectares em processo de restauração voltado para esse fim. Caso contrário, não haverá quantidade e regularidade da produção para alimentar o mercado consumidor e, consequentemente, dar suporte a empresas interessadas em processar esses produtos da biodiversidade. Assim, aumentar a escala das ações de restauração é um dos grandes desafios da atualidade para que se possa efetivamente reverter ou pelo menos mitigar os inúmeros impactos históricos negativos da degradação ambiental, bem como obter os vários benefícios para a sociedade resultantes da restauração de ecossistemas degradados.

Nesse contexto, um dos principais limitantes para o aumento da escala das ações de restauração no meio rural, onde a grande maioria das áreas a serem restauradas está localizada, é o envolvimento dos proprietários rurais e das empresas agrícolas. Para demonstrar a importância disso, considere-se o caso da Mata Atlântica, que é o domínio vegetacional mais degradado do Brasil e que concentra a maioria dos projetos de restauração florestal. Nesse bioma, que possui hoje cerca de 12% de cobertura florestal remanescente em diferentes estados de perturbação, menos de 10% dessa cobertura está protegida em Unidades de Conservação, o que representa cerca de 1% da área total do bioma. Um exemplo é o Estado de São Paulo, onde, do total de 4.340.000 ha de remanescentes naturais, apenas 864.000 ha (19,9%) estão inseridos em Unidades de Conservação, enquanto 3.476.000 ha (80,1%) estão localizados em propriedades particulares. Como agravante, verifica-se ainda uma desproporcionalidade na proteção dos diferentes tipos de ecossistema nesse domínio vegetacional. Florestas Estacionais mais interioranas, por exemplo, que foram as mais afetadas pelo avanço desordenado da fronteira agrícola, estão sub-representadas na rede de Unidades de Conservação da Mata Atlântica em comparação com as Florestas Ombrófilas, que ocorrem na região mais litorânea. Assim, verifica-se que a maior parte da cobertura florestal nativa remanescente da Mata Atlântica, em maior ou menor proporção, está nas mãos de proprietários rurais, de forma que a proteção e a interligação desses remanescentes na paisagem dependem obrigatoriamente da realização de projetos de restauração florestal em larga escala nessas propriedades.

Certamente, esse cenário também é acentuado em outros domínios brasileiros, fazendo com que o envolvimento dos proprietários particulares de forma organizada no processo de restauração seja uma condicionante básica para que se aumente a escala das ações. Adicionalmente, as áreas degradadas que demandam cuidados especiais de restauração em decorrência da importância destacada para o restabelecimento dos serviços ecossistêmicos, tais como áreas ciliares e em encostas íngremes, também se encontram inseridas em propriedades particulares e somente poderão ali ser restauradas se houver o consentimento e o envolvimento dos proprietários. Apesar da importância da participação organizada dos proprietários rurais nas ações de restauração, garantindo larga escala, há vários entraves que dificultam esse envolvimento. Por exemplo, para que uma área seja restaurada, ela deverá deixar de ser utilizada na propriedade para o cultivo de grãos, pecuária, silvicultura ou qualquer outra atividade de produção tradicional. Isso constitui um grande obstáculo, pois muitos proprietários rurais têm a sensação de estarem perdendo um pedaço de sua área, mesmo que essa área esteja sendo ocupada por atividade marginal da propriedade, com baixa produtividade e consequente reduzida rentabilidade. Obviamente, essa visão dos proprietários rurais de que eles precisam dessas áreas para produção dificulta muito a alocação de áreas para a restauração, a não ser que o proprietário vislumbre que vai ganhar algo em troca e que essa troca compense monetariamente e no curto prazo o que será perdido com a mudança de uso do solo para floresta nativa.

Por mais que diversas áreas degradadas apresentem usos do solo de baixo retorno econômico, como a pecuária extensiva em terrenos declivosos, o produtor conta com esse recurso e muitas vezes vive dele, de forma que dificilmente iria abandoná-lo espontaneamente caso não houvesse uma alternativa econômica mais interessante. Quando as atividades agropecuárias são substituídas por florestas nativas, deixa-se de ter esse lucro com a exploração da área, mesmo nos casos de baixo retorno, embora possam ser exploradas outras possibilidades; ainda, tem-se que investir nas ações de restauração ecológica, fazendo com que o produtor perca duas vezes: ao deixar de usar a área e ao ter que aplicar recurso próprio para a sua restauração. Sem dúvida, esse é um dos principais motivos da resistência dos produtores rurais em relação à disponibilização de áreas para a restauração florestal. Esse problema precisa necessariamente ser mais bem equacionado, trazendo os proprietários como protagonistas e defensores da regularização ambiental de suas propriedades a fim de que, um dia, a restauração seja conduzida em larga escala, com benefícios para todos: para a sociedade, que se beneficia das melhorias ambientais nas propriedades agrícolas, e para os produtores rurais, que

arcam com parte do ônus das ações de recuperação ambiental. Assim, se por um lado os métodos de restauração têm evoluído bastante, será apenas por meio de uma abordagem socioeconômica que a restauração poderá ser conduzida em larga escala.

Essa abordagem tem dois componentes importantes, sendo um deles a legislação ambiental e o outro a adequação agrícola das atividades de produção. Como exemplo de lei ambiental que regulamenta as iniciativas de restauração no Brasil, destaca-se a Lei de Proteção e Recuperação da Vegetação Nativa, também chamada de Código Florestal (Lei nº 12.651/2012). Nela, ficaram estabelecidos trechos da propriedade rural, tais como áreas ripárias, áreas de declividade acentuada e áreas de elevada altitude, que são protegidos na forma de Áreas de Preservação Permanente (APP), e ainda uma porcentagem da propriedade, como Reserva Legal (RL), que gradualmente deve parar de ser utilizada pela agropecuária e ser recomposta com vegetação nativa. Com isso, fica mais fácil convencer os produtores rurais a aderirem a um programa de restauração florestal, pois, como eles não vão mais poder usar parte dessas áreas para atividades de produção, não será mais preciso cobrir o custo de oportunidade de uso do solo dessas áreas para que a conversão para floresta nativa se viabilize. Outro aspecto importante dessa lei é que ela define um prazo para a restauração das áreas que estão legalmente irregulares na propriedade rural, o que é condicionado a sanções legais e restrições de crédito ao proprietário. Dessa forma, fica clara a importância de uma legislação ambiental bem consolidada para ampliar a disponibilidade de áreas para a restauração, mesmo que a restauração não resulte em lucros compatíveis com o uso anterior do solo. No entanto, o grande desafio continua ainda a ser o de transformar a restauração florestal em algo mais atrativo para o produtor rural, reduzindo o lado negativo da força legal e criando oportunidades para o aperfeiçoamento do sistema produtivo.

O segundo componente importante para garantir larga escala consiste em trabalhar a restauração florestal dentro do contexto de um programa de adequação ambiental e agrícola da propriedade rural, no qual o diagnóstico da propriedade permite identificar seus trechos com restrição de produção agrícola, caracterizando áreas marginalizadas devido à baixa produtividade potencial, ou onde a legislação ambiental define o impedimento de uso de determinados trechos da propriedade, como APP e RL. Ao mesmo tempo, esse diagnóstico permitirá identificar as áreas agrícolas com maior aptidão produtiva e, portanto, com maior possibilidade de aumento de produtividade e de renda ao proprietário rural, sem necessidade de uso das áreas de menor aptidão. A existência de irregularidades ambientais junto com a existência de áreas marginais da produção agrícola ocorre na grande maioria das propriedades rurais brasileiras e se deve à ausência histórica e atual de política agrícola adequada no Brasil, com consequentes limitações de assistência técnica, de financiamento, de crédito, de distribuição de terras e de investimento em infraestrutura que permitam que essas propriedades sejam aproveitadas com sustentabilidade. No entanto, a resistência do proprietário rural para cumprir a legislação é fortemente reduzida se a adequação ambiental e agrícola da propriedade forem trabalhadas integradamente, envolvendo a tecnificação das áreas de maior aptidão produtiva e o aumento de produtividade, para que então se liberem áreas agrícolas marginais para o aumento da cobertura de vegetação nativa por meio das ações de restauração ecológica. Isso porque, nesse caso, o processo ocorrerá de forma natural, com o aumento de renda da propriedade rural e o aumento de áreas em restauração pelo melhor planejamento das atividades produtivas, caminhando, assim, para a sustentabilidade econômica e ambiental da propriedade, em um cenário de ganhos mútuos e compensação de eventuais perdas de área cultivada.

Dessa forma, nessa proposta de adequação ambiental e agrícola, também é feita a análise de como as áreas de produção estão sendo utilizadas na propriedade rural. A grande maioria das propriedades rurais apresenta áreas de baixa aptidão agrícola, como áreas declivosas, com afloramento rochoso, com solo de baixa fertilidade, entre outras, que hoje estão em uso como uma tentativa do proprietário de ampliar um pouco os rendimentos da propriedade rural, que podem ser muito baixos pelo fato de as

áreas de maior aptidão agrícola ainda apresentarem baixa produtividade pela falta de tecnificação da atividade. Isso se deve à deficiência da política agrícola no Brasil, que não viabiliza orientação adequada aos proprietários rurais para a melhoria de desempenho da atividade produtiva, resultando em produtividade mais elevada nas áreas de maior aptidão agrícola para que as áreas de menor aptidão não sejam ocupadas com atividades de produção agropecuária, mas sim ecossistemas nativos. Esse processo ocorre principalmente nas propriedades familiares e de menor porte, que não têm condições financeiras e linhas de crédito condizentes para adquirir essa orientação técnica no mercado, a qual não é oferecida de forma satisfatória pelos órgãos públicos de assistência agrícola.

Essa ausência de política agrícola tem como consequência as limitações de assistência técnica, de crédito, de investimento em infraestrutura etc., resultando assim em uma forte concentração de terras nas mãos daqueles que conseguem viabilizar a tecnificação no Brasil, onde o cenário geral mostra que 20% dos proprietários rurais têm posse de 80% das terras e 80% dos proprietários rurais têm os 20% restantes. Apesar de esses problemas terem origem no histórico de ocupação do país, remontando ao período de concessão de sesmarias, e na falta de política agrícola adequada, eles necessariamente afetam a conservação dos recursos naturais, pois a expansão inadequada das áreas de cultivo – tanto nas áreas protegidas pela legislação ambiental como nas de menor aptidão agrícola – resulta em degradação ambiental, já que essas áreas deveriam estar ocupadas com ecossistemas nativos. Dessa forma, uma consequência imediata da tentativa de produtores descapitalizados e deficientes em assistência técnica de aumentar seus rendimentos é a destruição dos ecossistemas naturais para ampliação da área cultivada. Esse aumento de rendimentos poderia ocorrer sem prejuízo do meio ambiente caso houvesse a intensificação das atividades produtivas nas áreas de maior aptidão agrícola da propriedade, por meio da aplicação de técnicas agronômicas adequadas, permitindo que as áreas de menor aptidão fossem mantidas ou mesmo restauradas com ecossistemas naturais.

Nesse contexto, a restauração florestal apenas avançaria em larga escala se houvesse uma melhoria de desempenho produtivo nas áreas de maior aptidão agrícola, permitindo que os proprietários liberassem áreas para a restauração florestal sem prejudicar sua renda na propriedade rural, a qual poderia ser até ampliada mesmo se destinando áreas para a conservação e/ou a restauração dos ecossistemas naturais. Para que isso ocorra na prática, as entidades envolvidas na restauração florestal precisam trabalhar de forma conjunta e integrada com os órgãos responsáveis pela assistência técnica agrícola e ambiental, o que felizmente está sendo a preocupação de iniciativas em alguns Estados brasileiros, como no Espírito Santo e Pará.

Não bastassem essas dificuldades para mostrar ao produtor rural ou empresa agrícola que ceder áreas para a restauração florestal não necessariamente compromete sua atividade de produção e que essa decisão pode resultar até na ampliação de seus rendimentos, há ainda a necessidade de arcar com os custos do processo de restauração. O mais impressionante é que não se observa um maior planejamento ambiental e agrícola mesmo de propriedades rurais recém-abertas em paisagens com histórico mais recente de expansão da fronteira agrícola, como no Cerrado e na Amazônia, onde seriam esperados avanços pelo fato de a legislação ambiental já estar estabelecida desde 1965 e as técnicas agronômicas terem sido aperfeiçoadas. No entanto, felizmente a maior parte da restauração dessas áreas de fronteira agrícola recente se dará por restauração passiva ou assistida, ou seja, sem demandar intervenções onerosas de restauração, tais como o plantio de mudas. Isso porque a maior parte dessas áreas está inserida em paisagens com maior cobertura de remanescentes naturais (alta resiliência de paisagem), por serem objeto de degradação mais recente e por normalmente estarem ocupadas com atividades agrícolas menos tecnificadas, permitindo a coexistência da prática agrícola com propágulos de espécies nativas no solo (alta resiliência local).

Nesses casos, acredita-se que apenas o isolamento da área ou o isolamento e a condução da regeneração natural sejam suficientes para desencadear os processos naturais de sucessão secundária, pro-

porcionando o processo gradual de restauração ecológica da área. No entanto, nas regiões mais antigas de fronteira agrícola, onde a agricultura e a pecuária se instalaram há mais tempo e/ou se desenvolveram de forma mais intensiva, com poucos fragmentos na paisagem e sem propágulos de espécies nativas na área, as ações de restauração podem demandar grande montante de recursos, muitas vezes ultrapassando R$ 20.000,00/ha, sendo que, na maioria dos casos, cabe ao proprietário rural e às empresas agrícolas arcarem com esses custos.

Diante do panorama até aqui apresentado, fica evidente a necessidade de uma abordagem da restauração florestal que transforme essa atividade em uma opção atrativa ao produtor rural e às empresas agrícolas, em vez de constituir exclusivamente uma obrigação legal, que apenas trará ônus sem proporcionar nenhum ganho econômico efetivo que o compense. Para que isso ocorra, novas abordagens de restauração devem ser estabelecidas, passando a integrar análises de custo-benefício, modelagens econômicas, desenvolvimento de modelos de restauração voltados para a geração de serviços ambientais e produtos florestais e, sobretudo, de maior integração dessa adequação ambiental com a adequação agrícola da propriedade rural, por meio de políticas públicas adequadas. Em outras palavras, é preciso transformar a restauração florestal em uma atividade mais atrativa do ponto de vista econômico para o proprietário rural e integrada a uma visão mais sustentável e inteligente de uso do solo, incluindo aspectos ambientais, econômicos e sociais. Além desses fatores já citados, para que isso ocorra no meio rural, é preciso também inserir vários aspectos socioculturais nesse processo, considerando particularidades históricas, culturais, educacionais e sociais do grupo de pessoas com o qual se está lidando.

Como exemplo da importância dessas questões, que serão mais bem detalhadas ao longo deste capítulo, considere-se como estudo de caso o Programa de Adequação Ambiental e Agrícola de Propriedades Agrícolas em Paragominas (PA). O município de Paragominas (PA) era conhecido por apresentar uma das maiores taxas de desmatamento da Amazônia brasileira, concentrando grandes serrarias abastecidas pela madeira extraída, em grande parte, de forma irregular nas fronteiras do desmatamento. Recentemente, forçados pelo poder público, incluindo Ministério Público Federal e Prefeitura Municipal, vários produtores rurais desse município se viram obrigados a adequar ambientalmente e legalmente suas propriedades. Tomando-se essa necessidade local como estímulo, foi elaborado um grande projeto de regularização ambiental e agrícola de algumas propriedades desse município visando estabelecer projetos-piloto que demonstrassem a viabilidade técnica e econômica de conciliar a produção agropecuária com a conservação ambiental e a restauração florestal.

Além de todo o trabalho de adequação ambiental e cumprimento do Código Florestal, o que tem resultado na restauração de extensas áreas degradadas, esse projeto também focou a intensificação das atividades de produção pecuária nas áreas de maior aptidão agrícola da propriedade. Com base no uso de técnicas simples de melhoria de pastagens, a taxa de ocupação animal quintuplicou nas áreas de maior aptidão, o que permitiu concentrar a produção em uma área menor e liberar as áreas de menor aptidão pecuária e as áreas protegidas na legislação para a restauração florestal (Fig. 13.1).

Adicionalmente, foram desenvolvidas metodologias de restauração mais atrativas ao pecuarista, que incluem o uso do gado em algumas situações ambientais com agente facilitador da regeneração natural. Assim, em vez de investir no controle mecânico ou químico de plantas competidoras como estratégia de favorecimento dos indivíduos regenerantes de espécies nativas, é possível utilizar o próprio gado nas fases iniciais de restauração, por meio do controle da taxa de lotação e do tempo de pastoreio, para se alimentarem das plantas forrageiras competidoras como estratégia de condução da regeneração de baixo custo e alta atratividade para o pecuarista (Fig. 13.2).

Fig. 13.2 *Uso controlado do gado para consumo de gramíneas forrageiras em área de pastagem a ser restaurada como medida de favorecimento de indivíduos regenerantes de espécies nativas*

Assim, em vez de reduzir a produção pecuária em virtude da diminuição da área em uso para expansão de florestas nativas, esse projeto resultou em um grande aumento da produção e da lucratividade do pecuarista, bem como na restauração de áreas degradadas da propriedade e na proteção dos

Fig. 13.1 *A tecnificação das pastagens em propriedades rurais de Paragominas (PA) (A) permitiu, conjuntamente, o aumento da lucratividade de pecuaristas, a liberação de áreas produtivas marginais, como as mais declivosas, para o aumento das áreas em processo de restauração florestal (B) e a proteção dos fragmentos florestais remanescentes, restringindo a expansão da área cultivada (C)*

fragmentos florestais remanescentes. Tal estratégia permitiu, assim, a regularização ambiental e legal da propriedade rural, que pode ser um diferencial da carne produzida por essas propriedades no mercado. Adicionalmente, estão sendo implantados em Paragominas (PA) modelos de enriquecimento de capoeiras degradadas com espécies madeireiras, frutíferas e medicinais nativas de alto valor de mercado, bem como modelos econômicos de recomposição da Reserva Legal, como estratégias de otimizar os ganhos econômicos dos produtores rurais com a manutenção e a recuperação de florestas nativas (Fig. 13.3).

Esse tipo de abordagem do processo de adequação ambiental e agrícola da propriedade rural certamente facilita o avanço da restauração florestal em larga escala por aumentar a atratividade desse tipo de programa aos produtores rurais. Esses esforços estão sendo feitos principalmente para a pecuária no Brasil e em países vizinhos, como na Colômbia (Fig. 13.4), em razão de a pecuária ser a atividade agrícola de maior área ocupada nesses países e por ainda apresentar grandes oportunidades de aumento de produtividade pela tecnificação. A integração da restauração florestal com a tecnificação da pecuária representa uma oportunidade de ampliar a cobertura de vegetação nativa

Fig. 13.3 *Faixas de enriquecimento (A) abertas em florestas degradadas pela extração predatória de madeira e fogo em Paragominas (PA), onde foram plantadas espécies madeireiras nativas de alto valor de mercado, como o ipê-amarelo* (Handroanthus serratifolius) *(B)*

em milhões de hectares no Brasil, conforme já confirmado por trabalhos científicos de grande expressão (Soares Filho et al., 2014; Strassburg et al., 2014).

Dessa forma, fica claro que, além do envolvimento dos produtores rurais, outro elo da sociedade que precisa necessariamente integrar os programas de restauração em larga escala é o próprio governo, considerando os três poderes (executivo, legislativo e judiciário). Sem políticas públicas voltadas para a restauração florestal, concebidas de forma integrada com políticas agrícolas e baseadas em bons instrumentos legais, com linhas de financiamento compatíveis com a atividade, assistência técnica satisfatória, fiscalização efetiva e incentivo governamental, dificilmente essa atividade irá ocorrer em larga escala. E são diversos os benefícios trazidos pela restauração

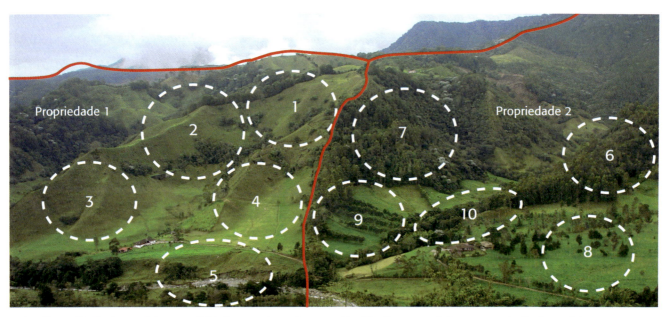

1 - Dependência da pecuária, sem atividades complementares
2 - Pecuária extensiva de baixa produtividade em encostas
3 - Pastagem extensiva de baixa produtividade, sem adubação ou rotação de pastejo
4 - Pastos abertos, sem cercas vivas, que expõem o capim ao vento e não oferecem sombra ao gado
5 - Mata ciliar degradada, sem floresta protetora
6 - Plantios comerciais para a produção de madeira, diversificando a produção
7 - Regeneração de florestas em áreas antes ocupadas por pecuária improdutiva
8 - Pastagem intensiva (observar a cor mais verde do capim), adubada e usada em sistema de rotação, e ainda arborizada
9 - Cercas vivas com árvores leguminosas, que protegem o capim contra o vento, são usadas como banco de forragem e fornecem sombra para o conforto do gado
10 - Mata ciliar recuperada

Fig. 13.4 *A propriedade rural à esquerda da figura representa o sistema de produção pecuária tradicional do vale do rio Quindio, na Colômbia, no qual a pecuária é conduzida de forma extensiva em todas as áreas possíveis, incluindo aquelas de baixa aptidão pecuária. Já a propriedade da direita ilustra os ganhos ambientais e econômicos que podem ser obtidos por meio do uso mais racional do solo. Por meio de um trabalho inovador realizado pela ONG Cipav há mais de 20 anos, houve um grande esforço de intensificação pecuária nas áreas de maior aptidão por meio da tecnificação da atividade, como o piqueteamento dos pastos, a rotação de uso das pastagens, a melhoria na fertilização do solo (evidenciada pela tonalidade mais escura do verde das pastagens à direita), a inclusão nas pastagens de espécies de alto valor nutritivo, o uso de quebra-ventos para diminuir a dessecação da pastagem e outras técnicas de melhoria da pecuária. Com isso, foi possível liberar áreas de baixa aptidão pecuária para a restauração florestal, as quais foram completamente convertidas em florestas nativas. Para complementar, estão sendo adotados sistemas silvipastoris para a melhoria da conectividade da paisagem, os quais já proveem hoje renda adicional por meio da produção de madeira para carvão e serraria*

florestal à sociedade como um todo, que facilmente justificariam um massivo esforço público para apoiar essa atividade, inclusive economicamente. Conforme será discutido neste capítulo, a restauração florestal oferece múltiplas oportunidades de geração de trabalho e renda, principalmente em comunidades rurais, as quais foram historicamente deslocadas para as áreas de menor aptidão agrícola e, portanto, marginalizadas no processo de produção rural. Esse deslocamento ocorreu como decorrência do modelo de desenvolvimento agrário adotado até então no Brasil, que privilegiou a expansão de culturas fortemente tecnificadas voltadas para a exportação, produzidas em grandes propriedades patronais, em detrimento da produção de bens de consumo interno em propriedades familiares. Assim, mais do que ajudar a distribuir renda em comunidades rurais marginalizadas, a restauração florestal poderia auxiliar na geração de renda nessas comunidades e no empoderamento efetivo de seus membros como profissionais atuantes em um setor-chave para o bem-estar da sociedade e com grandes oportunidades de promoção do desenvolvimento econômico regional.

Caso a restauração florestal se concretize da forma como se espera, milhares de empregos diretos e indiretos serão gerados por sua cadeia de negócios, gerando inclusão social em muitas comunidades tradicionais e agrícolas que se encontram hoje marginalizadas na sociedade. Trata-se, evidentemente, de uma atividade de destaque para todo e qualquer governo seriamente comprometido com a questão agrícola dentro de um contexto socioambiental e que certamente ganhará cada vez mais espaço na mídia, na opinião pública e na disputa política. Com base no contexto exposto até aqui, no qual a restauração florestal é integrada à adequação ambiental e agrícola de propriedades rurais, serão apresentadas nos próximos itens deste capítulo algumas das oportunidades de geração de trabalho e renda oferecidas por essa atividade, as quais podem e devem ser exploradas em programas de restauração em larga escala.

13.1 GERAÇÃO DE TRABALHO

A restauração florestal pode constituir uma importante mola propulsora do desenvolvimento rural regional, gerando trabalho e renda para populações marginalizadas do processo de desenvolvimento agrário, principalmente para aquelas que ainda subsistem dos recursos florestais. Essa atividade possui ainda a vantagem adicional de gerar um número proporcionalmente maior de empregos do que outras atividades agrícolas, em virtude da alta taxa de uso de mão de obra em praticamente todas as suas etapas, como a coleta de sementes, a produção de mudas, a implantação de ações de restauração, a manutenção das áreas, e a exploração de produtos florestais. Para exemplificar esse potencial, o Pacto pela Restauração da Mata Atlântica (www.pactomataatlantica.org.br) estima que serão gerados mais de 6 milhões de postos de trabalho diretos para o cumprimento de sua meta de restaurar 15 milhões de hectares até 2050 (Tab. 13.1).

Cabe ressaltar que a maior parte desses postos seria gerada em comunidades rurais, onde as oportunidades de trabalho para mão de obra não qualificada encontram-se cada vez mais escassas devido à expansão de monocultivos tecnificados voltados para a exportação, os quais se baseiam na forte mecanização das atividades de produção e, consequentemente, na baixa taxa de uso de mão de obra. Se, por sua vez, as grandes empresas agrícolas não geram um elevado número de oportunidades de trabalho por unidade de área, essas mesmas empresas demandam hoje muitas ações de restauração para se adequarem à legislação ambiental vigente e às demandas do mercado. Consequentemente, a mesma política que historicamente foi uma das responsáveis pelo êxodo rural poderia agora, fortalecendo ações de restauração no contexto do incentivo a programas de adequação ambiental e agrícola da propriedade rural, contribuir para a fixação do homem no campo ou mesmo para atrair moradores das cidades para o campo, diante das novas oportunidades no meio rural que poderão ser geradas pela restauração florestal. Assim, a restauração florestal pode atuar como uma importante estratégia de geração de trabalho e renda no meio rural e de fomento a uma economia de base florestal em comunidades tradicionais e rurais, o que certamente deve ser uma prioridade dos governos diante dos desafios consequentes do inchaço das cidades, do êxodo rural e da marginalização de pessoas excluídas do mercado de trabalho pela baixa capacitação técnica. Assim, ao serem considerados os aspectos socioeconômicos da restauração florestal, essa ciência-prática extravasa os limites da ecologia e assume de fato sua função de transformação não só de áreas degradadas e de paisagens muito alteradas, mas também da forma de a sociedade se relacionar com os ecossistemas naturais

Tab. 13.1 Detalhamento das estimativas de geração de trabalho na cadeia da restauração florestal para cumprimento da meta de restaurar 15 milhões de hectares do Pacto pela Restauração da Mata Atlântica

Método de restauração	Detalhamento	Uso de mão de obra	Quantificação	Nº de postos de trabalho
Ações de restauração				
Plantio total	Considera plantio de 1.666 indivíduos/ha e manutenção por dois anos. Acredita-se que 40% das áreas onde esse método será usado serão destinadas exclusivamente à restauração, ao passo que, no restante (60%), serão implantados modelos econômicos de restauração em áreas de baixa aptidão agrícola. Considera o rendimento médio obtido por meio do uso de herbicidas (0,4 hora · homem/ha) e do uso de apenas roçada (0,55 hora · homem/ha) para o controle de plantas daninhas.	0,5 hora · homem/ha	7.500.000 ha (50% da meta do pacto)	3.750.000
Condução da regeneração natural, enriquecimento e adensamento	Considera plantio de 800 indivíduos/ha em meio à regeneração natural e nos espaços não ocupados por ela e manutenção por dois anos dos indivíduos plantados e regenerantes.	0,5 hora · homem/ha	2.250.000 ha (15% da meta do pacto)	1.125.000
Condução da regeneração natural e enriquecimento	Considera plantio de 400 indivíduos/ha em meio à regeneração natural e manutenção por dois anos dos indivíduos plantados e regenerantes.	0,11 hora · homem/ha	2.250.000 ha (15% da meta do pacto)	247.500
Apenas condução da regeneração natural	Considera manutenção por dois anos da regeneração natural.	0,06 hora · homem/ha	1.500.000 ha (10% da meta do pacto)	90.000
Abandono da área	Considera que apenas o isolamento da área será suficiente para promover a restauração.	0 hora · homem/ha	1.500.000 ha (10% da meta do pacto)	-
Total parcial				**5.212.500**
Atividades relacionadas				
Produção de mudas	Considerou-se nas estimativas que metade das mudas será produzida em viveiros pouco tecnificados (cerca de 30 pessoas para produzir um milhão de mudas) e metade em viveiros tecnificados (dez pessoas para produzir um milhão de mudas)	20 pessoas/ 1 milhão de mudas	15.195.000.000 mudas	**303.900**
Produção de sementes	Cerca de três pessoas para produzir sementes em quantidade e diversidade suficiente para produzir um milhão de mudas	3 pessoas/ 1 milhão de mudas	Sementes para 15.195.000.000 mudas	**45.585**
Elaboração, acompanhamento e monitoramento de projetos	Acredita-se que, a cada mil postos de trabalho gerados com as ações de restauração e produção de sementes e mudas, outros 200 postos de trabalho sejam gerados para profissionais qualificados	200 profissionais qualificados/ 1.000 postos de trabalho		**1.112.397**
Total geral				**6.674.382**

e com as comunidades marginalizadas no processo histórico de desenvolvimento da agropecuária brasileira, como mostra o exemplo do Boxe 13.1.

Uma vez que são criadas oportunidades de negócio em restauração florestal, pessoas empreendedoras criam empresas para explorar esse novo nicho de mercado e, consequentemente, passam a empregar vários trabalhadores, que recebem salários e movimentam a economia local. São gerados também inúmeros empregos indiretos, com a venda de insumos, manutenção de equipamentos e assistência técnica, além dos empregos, geralmente informais, gerados pela coleta de sementes e associativismo. Como toda atividade econômica, a restauração florestal também movimenta a economia na forma de pagamento de impostos, geração de renda e de empregos diretos e indiretos, formais e informais, que em conjunto contribuem para a maior prosperidade social e econômica da região e, consequentemente, da nação, se esse incentivo for nacional. Um exemplo ilustrativo do potencial da cadeia de negócios da restauração florestal em gerar empregos é o crescimento da produção de mudas de espécies florestais nativas no Estado de São Paulo. De 2003 a 2008, o número de viveiros que se dedicaram a essa atividade cresceu de 55 para 114, e a produção anual de mudas de espécies nativas passou de 13 milhões para 33 milhões de unidades. Em 2010, um total de 208 viveiros produziu 42 milhões de mudas de espécies nativas. Essa quantidade de mudas equivale ao reflorestamento de aproximadamente 25.000 ha anuais, com base em uma densidade de plantio de 1.666 indivíduos/ha. Isso se deveu ao desenvolvimento de políticas públicas e instrumentos legais que incentivaram e organizaram a restauração florestal no Estado e sua fiscalização. Além dos empregos diretos gerados pela produção de mudas, há que se considerar também os postos de trabalho gerados pela produção de sementes de espécies florestais nativas, bem como os empregos indiretos gerados pela demanda de insumos e assistência técnica para a implantação e manutenção de viveiros, transporte de mudas e demais atividades associadas.

A título de comparação, o setor florestal brasileiro era praticamente inexpressivo antes da década de 1960, quando uma forte política de incentivos fiscais às indústrias de base florestal mudou essa realidade. Apoiadas por financiamentos atrativos e forte apoio público, empresas florestais surgiram e se desenvolveram vigorosamente, fazendo com que fossem estabelecidos 5 milhões de hectares de pinus e eucalipto – as duas principais espécies arbóreas cultivadas no Brasil – no período de 1967 a 1986. Como decorrência desse processo, apenas o segmento industrial associado ao setor de papel e celulose gera 113.945 empregos diretos e 262.074 indiretos (ABRAF, 2012). Essa política foi acompanhada pela criação de cursos de graduação e pós-graduação em Engenharia Florestal para atender à demanda de profissionais capacitados para atuar nesse setor, que proporcionaram os avanços tecnológicos necessários para que o setor se tornasse competitivo. A produtividade média do eucalipto, que era de 12 m³/ha/ano em 1970, hoje ultrapassa os 60 m³/ha/ano, o que foi possível mediante muito investimento público em pesquisa e desenvolvimento por meio das universidades e institutos de pesquisa. Atualmente, a indústria florestal é uma potência econômica, gerando milhares de empregos e contribuindo para o desenvolvimento do país, sem depender mais do governo para se sustentar, mas sempre recorrendo a ele, como toda atividade econômica, nos momentos de crise. Caso a restauração florestal também receba esse apoio governamental, ela também tem grande potencial de gerar milhares de postos de trabalho e de se tornar cada vez mais eficiente.

Diante dessas perspectivas, há muita expectativa de que a restauração florestal venha a se tornar um dos casos mais bem-sucedidos de geração de trabalho e renda em comunidades tradicionais e marginalizadas com foco na sustentabilidade, o que tem sido chamado na literatura internacional de *green jobs* ou empregos verdes. Trata-se de mais um benefício que a restauração traz para a sociedade brasileira, merecendo, por isso, também ser cada vez mais estimulada.

13.2 Geração de renda

Além da renda gerada pelo envolvimento de trabalhadores na cadeia da restauração, os quais

> **Boxe 13.1 Cooplantar: integrando restauração florestal e geração de trabalho e renda**
>
> A cobertura florestal da região entre os parques nacionais do Pau Brasil e do Monte Pascoal, duas das principais Unidades de Conservação do Corredor Central da Mata Atlântica, sofreu nos últimos 60 anos uma redução drástica em razão de atividades como a pecuária extensiva e a extração de madeiras, o que causou, entre outros problemas, a deterioração da qualidade das águas nas bacias dos rios Caraíva e Frades. Em 2004, comunidades locais da região se mobilizaram, em conjunto com o Instituto Cidade e o Grupo Ambiental NaturezaBela, e iniciaram um amplo projeto de recuperação ambiental e mobilização social, incluindo ações de restauração florestal de áreas críticas para a proteção dos recursos hídricos e a reconexão ecológica entre os dois parques. Percebendo essas ações como alternativas de trabalho e renda para moradores locais, lideranças comunitárias criaram, em 2007, a Cooperativa dos Reflorestadores de Mata Atlântica do Extremo Sul da Bahia (Cooplantar). Com o apoio de novos parceiros, em especial o Instituto BioAtlântica, a Conservação Internacional, a The Nature Conservancy, a Veracel Celulose e o Laboratório de Ecologia e Restauração Florestal da Esalq/USP, os membros da cooperativa receberam treinamento e orientação técnica e gerencial, permitindo a conciliação entre recuperação da cobertura florestal e geração de renda local. Até o final de 2010, a Cooplantar foi responsável pela execução das operações de restauração florestal em mais de 200 ha no corredor, sendo atualmente a maior fonte de renda individual das comunidades de Caraíva e Nova Caraíva, ainda que a primeira seja um importante destino turístico. Os contratos assinados em 2010 permitiram que a cooperativa restaurasse mais 300 ha até 2014. Os principais desafios da Cooplantar no momento são a profissionalização e o aumento da eficiência da gestão e a superação do preconceito com a contratação de cooperativas de trabalho. Além disso, a cooperativa prepara-se para atuar mais diretamente na coleta de sementes e na produção de mudas, de modo a ter maior inserção nos demais elos da cadeia produtiva da restauração florestal. Além da renda, o trabalho da cooperativa tem gerado outros benefícios à comunidade, incluindo uma maior participação em fóruns regionais sobre as questões socioambientais. O reconhecimento internacional veio em 2010, com um artigo de destaque e a capa de uma edição da *Ecological Restoration*.
>
> *Carlos Alberto Bernardo Mesquita (beto.mesquita@conservation.org), Conservação Internacional*
>
> *José Dílson da Silva Dias (cooplantar@yahoo.com.br), Cooplantar*
>
> *João José Pinto Walpoles Henriques (financeiro_mp.pb@bioatlantica.org.br),*
>
> *Conservação Internacional*

recebem salários, pagamentos por serviços, auxílios trabalhistas e outras formas de renda, a restauração florestal pode também prover renda ao proprietário rural por intermédio do uso de modelos de restauração com fins econômicos, voltados para a geração de serviços ambientais (água, carbono, polinização etc.) e produtos florestais (madeireiros e não madeireiros), conforme discutido adiante.

13.2.1 Pagamento por serviços ambientais

A necessidade de introduzir a sustentabilidade ambiental em todas as propostas de desenvolvimento, bem como corrigir as distorções de mercado que geram degradação ambiental, ficou claramente evidenciada na Avaliação Ecossistêmica do Milênio (Millennium Ecosystem Assessment). Trata-se de um programa de pesquisas que envolveu mais de 1.300 cientistas do mundo todo e que avaliou as mudanças ambientais e suas tendências para as próximas décadas. Os relatórios desse programa demonstraram que o planeta está atingindo um grau irreparável de depredação de seus recursos naturais. Para reverter esse quadro, é fundamental mostrar para a sociedade que os ecossistemas naturais são essenciais para sua sobrevivência e, assim, que a proteção dos remanescentes naturais e a recuperação daqueles inadequadamente degradados devem ser uma prioridade para as gerações presentes e futuras.

Nesse contexto, foram definidos por esse grupo de cientistas os chamados serviços ecossistêmicos, que são "benefícios à humanidade providos por múltiplos produtos e processos mantidos por ecossistemas naturais" (MEA, 2005), que incluem serviços de provisão (bens produzidos ou aprovisionados pelos ecossistemas, tais como alimento, água doce, lenha e produtos farmacêuticos), serviços de regulação (benefícios obtidos pela regulação dos processos do ecossistema, tais como purificação da água, polinização de culturas agrícolas e regulação do clima), serviços culturais (benefícios sociais e psicológicos gerados à sociedade pela interação com ecossistemas naturais, tais como recreação, inspiração, ecoturismo, valores espirituais e religiosos) e serviços de suporte (serviços necessários para a produção de todos os outros serviços, tais como a formação de solo, a fotossíntese e a ciclagem de nutrientes) (MEA, 2005). No entanto, não é tarefa tão fácil estabelecer um sistema de pagamento para esses diferentes serviços.

No Brasil, tem-se utilizado com maior frequência o termo *serviços ambientais*, o qual, na perspectiva dos autores deste livro, traz uma abordagem distinta, mas complementar, da proposta pela perspectiva do uso do termo *serviços ecossistêmicos*. Nesse caso, considera-se um serviço ambiental como uma atividade humana que contribui para manter ou aumentar a provisão de benefícios oriundos de ecossistemas funcionais e que não seriam gerados sem essa intervenção humana. Em outras palavras, podem-se conceituar os serviços ambientais como um benefício direto de alguma intervenção ou atitude humana para assegurar ou melhorar a qualidade de um ecossistema, ao passo que os serviços ecossistêmicos podem ser gerados independentemente da ação humana. O conceito de serviço ambiental se aproxima mais da visão de mercado do que se entende por *serviço*, e por isso mesmo pode facilitar a comunicação entre coordenadores de projetos de restauração e empreendedores. Para transformar o pagamento por serviços ambientais em uma oportunidade de negócios é preciso, portanto, que haja uma ação humana e uma quantificação confiável do serviço prestado por essa ação, de forma que se possa estabelecer um preço por esse serviço que seja

atrativo para provedor e pagador, e que haja uma relação de confiança entre os atores envolvidos nesse mercado, da mesma forma como se observa na prestação de outros serviços na sociedade. Serão vistas agora as diferentes modalidades de pagamento por serviços ambientais que já vêm sendo adotadas em projetos de restauração florestal no Brasil.

Pagamento por carbono

O pagamento por carbono nas ações de restauração florestal está relacionado à captura de carbono atmosférico na biomassa da vegetação que está em processo de restauração. À medida que a comunidade vegetal em restauração se desenvolve, tem-se um acúmulo nos estoques de carbono nos vários componentes do sistema florestal. Esse acúmulo adicional promovido pelas ações de restauração, comparado ao estoque existente antes das intervenções, que é chamado de linha de base ou nível de referência, ou seja, o cenário de referência existente na ausência do projeto de restauração, é o carbono a ser comercializado. Por exemplo, em uma condição na qual a ocupação atual do solo é a pecuária, a linha de base será determinada pelo estoque de carbono na vegetação herbácea e demais plantas que compõem esse sistema de produção, incluindo o carbono do solo em alguns casos. Quando um projeto de restauração florestal é implantado nesse tipo de situação e se estabelece uma comunidade florestal, o carbono a ser comercializado não será todo aquele presente na vegetação em processo de restauração (estoque), mas sim a diferença (sequestro) entre esse total e o carbono estocado inicialmente na área antes do projeto pela pecuária.

Tais pagamentos podem considerar os diferentes componentes ou reservatórios da floresta, os quais atuam como sumidouros de carbono e devem ser monitorados para verificar as variações nos estoques, sendo eles: i) a biomassa viva acima do solo, a qual inclui a parte aérea das árvores (tronco, galhos, folhas e miscelâneas) e a vegetação do sub-bosque; ii) a biomassa sob o solo, representada pelas raízes vivas; iii) a matéria orgânica morta sobre o solo (madeira morta e serapilheira); e iv) a matéria orgânica morta abaixo do solo (matéria orgânica dos solos) (Fig. 13.5). O carbono inorgânico do solo, apesar de relativa representatividade no estoque do carbono total do solo, não varia em curto tempo nem mesmo é considerado nos procedimentos de análise em laboratório. Assim, paga-se pelo serviço de captação e retenção de carbono atmosférico no sistema florestal.

A moeda desse mercado são os chamados Créditos de Carbono ou Redução Certificada de Emissões. Por convenção, uma tonelada de CO_2 corresponde a um crédito de carbono, e outros gases igualmente geradores do efeito estufa podem ser convertidos nessa mesma moeda com base no conceito de Carbono Equivalente. Em projetos florestais, a determinação da quantidade estocada na floresta é realizada em função do teor do elemento nos diferentes reservatórios da floresta em restauração. A unidade de medida utilizada para inferir sobre os estoques do elemento carbono nesse sistema em restauração é a tonelada de carbono, em sua forma elementar, por unidade de área. Assim, para conhecer a quantidade de créditos gerados pela restauração florestal, que são negociáveis nesse mercado, é necessária a transformação do estoque acumulado de C elementar em Carbono Equivalente (CO_2), a qual se dá pela multiplicação do valor encontrado por 44/12, ou seja, o peso molecular de CO_2 dividido pelo peso do elemento C.

Os compradores desses créditos são normalmente empresas e governos cujas atividades pioram o cenário de mudanças climáticas pela emissão de gases do efeito estufa, mas que se comprometeram em contribuir com a redução da concentração de gases do efeito estufa na atmosfera, sem que necessariamente consigam reduzir totalmente suas próprias emissões internas. Isso é possível porque, em escala global, certa quantidade de créditos de carbono gerada por um projeto em um dado local pode neutralizar a mesma quantidade de carbono emitida por um agente poluidor em outro local, mantendo o saldo retenção/emissão de carbono nulo.

Esse comércio teve origem em 1997, com o estabelecimento do Protocolo de Kyoto (mercado regulamentado), o qual passou a vigorar oficialmente a partir de 16 de fevereiro de 2005. Na organização desse mercado, os países signatários do Protocolo de Kyoto foram divididos em dois grupos, de acordo com a obrigação de redução de emissões. O grupo I, também chamado de Anexo I no documento, é composto por países desenvolvidos, responsáveis pela maior parte das emissões desses gases, e o grupo II, chamado de Anexo II no documento, é formado por países em desenvolvimento, entre os quais o Brasil. No entanto, esses agrupamentos podem ser alterados no tempo. Os países desenvolvidos signatários (grupo I) se comprometeram a reduzir suas emissões de gases de efeito estufa nesse primeiro período de acordo, entre 2008 e 2012, em 5,2%, em média,

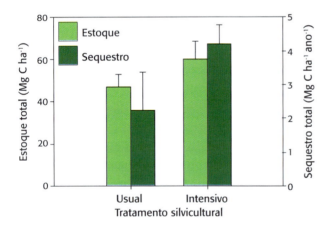
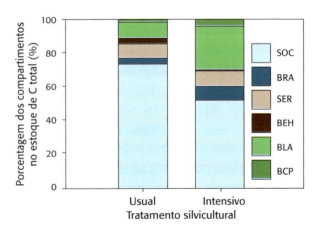

Fig. 13.5 *Estoque e sequestro de carbono total (solo, biomassa de raízes, estrato herbáceo, serapilheira, biomassa lenhosa aérea e biomassa da copa) e distribuição em diferentes compartimentos — solo (SOC), biomassa de raízes (BRA), serapilheira (SER), estrato herbáceo (BEH), biomassa lenhosa da parte aérea (BLA) e biomassa da copa (BCP) — obtidos em um plantio de restauração de Floresta Estacional Semidecidual de seis anos de idade manejado sob tratamento silvicultural usual e intensivo*

Fonte: adaptado de Ferez (2010).

tendo-se como base o ano de 1990. Contudo, para não comprometer a economia desses países e possibilitar tempo hábil para o desenvolvimento de tecnologias limpas, foi permitida a negociação entre nações por meio de mecanismos de flexibilização, como o Mecanismo de Desenvolvimento Limpo (MDL). Nesse sentido, os governos obrigariam as empresas a emitirem menos gases de efeito estufa (GEE) ou comprarem créditos de carbono em países do grupo II por meio do MDL. O MDL contempla o mercado de créditos de carbono mediante o uso de tecnologias mais eficientes, incluindo, entre outras, a racionalização do uso e a mudança da matriz energética, e atividades de uso da terra, mudança do uso da terra e floresta (sigla LULUCF, em inglês). Em termos florestais, contempla o florestamento e o reflorestamento. Segundo o MDL, somente atividades que implicam a captura ou o sequestro de gases de efeito estufa é que são considerados, ao passo que proteção e conservação florestal não foram consideradas elegíveis para esse primeiro período de compromisso (2008-2012).

Os projetos de MDL Florestal devem conter, resumidamente, 1) descrição detalhada do projeto técnico; 2) descrição das condições ambientais da área, do direito legal à terra, dos direitos de acesso ao carbono sequestrado e da situação atual de posse e uso da terra; 3) os reservatórios de carbono selecionados para o monitoramento e a creditação, metodologias para definição da linha de base (quantificação inicial de carbono no sistema antes da implantação do projeto e sua evolução considerando o cenário de não existência do projeto) e monitoramento; 4) medidas a serem implementadas para evitar potenciais perdas; 5) cronograma de início do projeto e períodos de obtenção dos créditos; e, por fim, 6) medidas de monitoramento e mitigação de impactos ambientais e socioeconômicos da atividade dentro e fora dos limites do projeto.

Esse conjunto de normas e protocolos constitui o chamado mercado oficial de carbono. Uma das principais limitações para a inclusão de projetos de restauração florestal no mercado oficial é o baixo preço pago pelo crédito de carbono até o momento. Isso porque os créditos de carbono gerados em projetos florestais são considerados não permanentes, pois ainda se acredita que os sistemas florestais estejam sujeitos à *desestocagem*, ou seja, à volta do carbono retido no sistema para a atmosfera, em virtude da possibilidade de incêndios, de desmatamento, de distúrbios naturais etc. Essa é uma das grandes questões em discussão no momento, pois os créditos de carbono não permanentes apresentam preço de mercado equivalente a cerca de um terço do valor dos créditos de carbono permanentes. Para viabilizar economicamente os projetos de restauração florestal, isso necessariamente tem que ser alterado e a restauração deve poder gerar créditos permanentes de carbono, o que é possível se uma estratégia eficiente de proteção dessas áreas for estabelecida, como o estabelecimento de instrumentos legais impedindo que essas áreas possam ser revertidas para situações de degradação e a criação de penalizações severas para possíveis degradações que ocorram e que poderiam ter sido evitadas.

Além disso, a complexidade e o custo das transações para se inserir no mercado oficial, bem como a morosidade do processo de aprovação e a inflexibilidade para agregar valor aos créditos de carbono, desestimularam a inclusão de projetos de restauração florestal no MDL. Adicionalmente, o Protocolo de Kyoto impede que mais de 15% do total dos projetos de MDL sejam da área florestal, tentando obrigar as empresas a reduzirem suas emissões, e não apenas compensá-las. Como resultado dessas restrições, apenas 21 projetos florestais no mundo todo foram registrados nesse tipo de mercado até 2014, dos quais apenas dois são brasileiros e um apenas de restauração florestal, que é o da geradora de energia elétrica AES Tietê, aprovado no mercado oficial de carbono. Isso não significa que o mercado de carbono florestal não exista, mas apenas que ele não está ocorrendo de acordo com as regras impostas pelo Protocolo de Kyoto, que não se concretizou como se esperava em sua primeira fase, encerrada em 2012. Hoje, há predomínio de iniciativas conduzidas no mercado voluntário de carbono florestal.

O mercado voluntário (não regulamentado) se constitui de iniciativas de venda e compra de créditos de carbono não regulamentados pelas exigências do Protocolo de Kyoto. A criação desse mercado voluntário de carbono foi motivada por grupos e setores interessados nesse negócio, mas que não têm compromisso de redução de suas emissões ou que estavam localizados em países que não ratificaram o Protocolo de Kyoto, tais como os Estados Unidos. Para dinamizar os negócios e promover alguma regulamentação nesse mercado, foram criados, por exemplo, o New South Wales Greenhouse Gas Reduction Scheme (NSW-GGAS) e a Chicago Climate Exchange (CCX), que é uma bolsa de valores autorregulada que atua no comércio internacional de carbono voluntário, contemplando EUA, México, Canadá e Brasil. Além das iniciativas de florestamento e reflorestamento, projetos de conservação e manejo florestal também são elegíveis na CCX. Em razão de o mercado voluntário ser mais flexível, estabeleceram-se inclusive certificados que consideram a inclusão social e a biodiversidade no processo de retenção e captura de carbono, tais como o CCB Standards (The Climate, Community and Biodiversity Alliance), que permitem muitas vezes agregar um valor adicional ao crédito de carbono gerado nesses projetos que incluíram algum componente social e de biodiversidade. No entanto, a maioria dos projetos é conduzida pela negociação direta entre as empresas interessadas em compensar suas emissões e as empresas ou produtores rurais interessados em vender créditos de carbono, sem emissão de créditos para venda no mercado. Tais facilidades fizeram com que o mercado voluntário fosse preferido ao mercado regulamentado ou oficial. Até 2008, o mercado voluntário respondeu por 17,9 milhões de tCO_2Eq (US\$ 137,9 milhões) e o mercado oficial, por 2,9 milhões de tCO_2Eq (US\$ 11,6 milhões) (Hamilton et al., 2009).

Os valores que podem ser obtidos pela venda de créditos de carbono em projetos de restauração florestal são bastante variáveis, pois a taxa de acúmulo de carbono de uma floresta em restauração varia caso a caso, sendo reflexo das características da condição inicial antes da restauração, da composição de espécies usada, do manejo da área feito para plantio, das características locais de solo, do regime de chuvas da região e de diversos outros fatores que afetam o desenvolvimento de uma comunidade vegetal. Além desses fatores inerentes ao desenvolvimento das áreas em processos de restau-

ração florestal, a cotação dos créditos de carbono varia em função do comportamento do mercado em determinado período, da cotação do dólar, dos custos específicos para a implantação e o monitoramento de cada projeto e dos valores negociados pelas diferentes instituições de negócio, sendo observados valores de mercado que variam de US\$ 0,65 por CO_2Eq a US\$ 50 por tCO_2Eq.

Nos projetos de restauração florestal que possuem uma abordagem de exploração econômica, principalmente naqueles voltados para a venda de créditos de carbono, é comum se observarem tentativas de minimização dos custos de implantação desses projetos, justamente para obter um balanço financeiro mais favorável. Tais tentativas são justificadas pelo fato de o rendimento obtido com a venda de créditos de carbono nessas florestas em restauração não ser nem suficiente para cobrir os custos de implantação e manutenção desses projetos. Por causa disso, métodos de baixo custo têm sido adotados, mesmo em situação em que eles não seriam recomendados, por exemplo, o uso do método de nucleação e/ou de restauração passiva em locais com baixo potencial de regeneração natural (baixa resiliência local e de paisagem), como áreas com longo histórico de uso como cultivo agrícola tecnificado. Contudo, em se tratando dessas situações de baixa resiliência em que muitos desses projetos de carbono são implantados, verifica-se que o uso dessas metodologias menos custosas não possibilitará o restabelecimento de uma floresta e, consequentemente, não proporcionará acúmulo relevante de carbono na biomassa para ser comercializado.

Assim, é ilusório utilizar um método menos oneroso em situações ambientais nas quais ele não é efetivo apenas com a visão de melhorar as relações de custo-benefício em projetos de carbono. Para que a venda de carbono seja mais vantajosa em projetos de restauração florestal, é fundamental que haja iniciativas de política pública que permitam que o carbono retido nesse tipo de projeto seja mais valorizado pelo mercado, por exemplo, agregando os benefícios promovidos também pela restauração da biodiversidade regional, de forma que o valor obtido pela tonelada de carbono equivalente proporcione ganhos competitivos, que possam pelo menos cobrir os custos das iniciativas de restauração. Além disso, é necessário desenvolver modelos de restauração que possibilitem uma retenção elevada de carbono, com base na escolha de espécies com maior potencial de crescimento e acúmulo de biomassa, bem como na adoção de práticas silviculturais que favoreçam o desenvolvimento dos indivíduos plantados.

Adicionalmente, com base em discussões iniciadas por países em desenvolvimento, a Convenção-Quadro das Nações Unidas sobre Mudança do Clima (UNFCCC, na sigla em inglês), estabeleceu o mecanismo de Redução de Emissões por Desmatamento e Degradação (REDD+), o qual engloba "abordagens políticas e incentivos positivos sobre questões relacionadas com a redução das emissões por desmatamento e degradação florestal em países em desenvolvimento, e o papel da conservação, manejo sustentável de florestas e aumento dos estoques de carbono das florestas nos países em desenvolvimento". Apesar de esse mecanismo não mencionar explicitamente a inclusão da restauração florestal como parte dos esforços, as florestas secundárias, que devem ser objeto de ações de restauração, como já amplamente discutido neste livro, e as florestas em restauração foram incluídas como uma das definições de floresta do REDD+, abrindo, assim, a inclusão da restauração florestal nesse mecanismo. Dessa forma, o REDD+ difere dos projetos de florestamento/reflorestamento no âmbito do MDL principalmente por tornar elegíveis iniciativas de manutenção dos estoques pelo desmatamento evitado de florestas remanescentes, incluindo florestas em restauração, em vez de focar apenas a captura de carbono atmosférico. Com isso, será possível obter compensações financeiras para proprietários rurais que se proponham a conservar e/ou restaurar suas florestas por meio do REDD+. Diante disso, há uma grande expectativa de transferência de recursos para países em desenvolvimento, como o Brasil, implementarem projetos de REDD+, o que certamente incluirá o custeio de ações de restauração florestal em larga escala.

Recentemente, tem também ganhado destaque a inclusão de projetos florestais, inclusive de restauração ecológica, em políticas públicas nacionais visando à mitigação dos distúrbios climáticos globais. Por exemplo, a Política Nacional de Mudanças Climáticas, regulamentada em dezembro de 2010, estabeleceu a meta de reduzir as emissões de gases do efeito estufa em 3 bilhões de toneladas até 2020. Para cumprir essa meta, foi incluída no plano de ação do decreto que regulamenta a lei a expansão do plantio de florestas em 3 milhões de hectares, incluindo espécies nativas e exóticas. Complementarmente, Estados da Federação estão começando a lançar suas próprias políticas sobre mudanças climáticas. Por exemplo, a política estadual de mudanças climáticas de São Paulo prevê claros incentivos para a restauração florestal entre as medidas mitigadoras estabelecidas, incluindo o pagamento por serviços ambientais e a conservação e restauração de remanescentes florestais.

Nesse contexto, as iniciativas de restauração florestal motivadas pela problemática do aquecimento global multiplicam-se por todo o país. Por exemplo, a medida de compensação das emissões decorrentes dos Jogos Olímpicos no Rio de Janeiro em 2016, na qual o governo estadual se comprometeu a plantar 24 milhões de árvores. Apesar dos incentivos positivos desses programas, deve-se atentar para não confundir o plantio de árvores como sinônimo de restauração florestal, o que infelizmente acontece na prática, principalmente no meio político. Grandes avanços seriam notados se, em vez de contabilizar o número de mudas plantadas, tanto de nativas como de exóticas, fosse considerada a área em restauração com espécies nativas, conforme indicadores claramente definidos, como cobertura de dossel, ou mesmo o número de mudas de espécies nativas estabelecidas, uma vez que muitas mudas não vingam devido à falta de manutenção. No âmbito dos projetos de carbono, há muitas iniciativas que consideram erroneamente o indivíduo arbóreo isoladamente como unidade para inferir o sequestro, o que leva a erros grosseiros de estimativas totais.

Apesar de o pagamento por créditos de carbono não cobrir totalmente os custos da implantação de projetos de restauração florestal até o momento, pelo menos se for considerada a restauração florestal ativa, trata-se de um valioso incentivo. Uma vez somado o retorno econômico proveniente da venda de créditos de carbono com os possíveis ganhos oriundos de outras oportunidades de negócio, sem se esquecer das demandas legais e pressões da sociedade para a adequação ambiental e legal das atividades produtivas, conclui-se que a restauração florestal terá cada vez mais estímulos do mercado de carbono para que seja conduzida em maior escala e com retorno econômico.

Pagamento por água

As matas ciliares estabilizam geologicamente os barrancos dos cursos d'água e ajudam a reter os sedimentos gerados pelos processos erosivos das áreas agrícolas do entorno, reduzindo o assoreamento dos cursos d'água (Fig. 13.6). Por outro lado, áreas florestadas presentes em encostas, topos de morro e áreas não ciliares apresentam grande contribuição para a recarga do lençol freático e, consequentemente, para a manutenção da regularidade dos fluxos hídricos. Isso se deve ao favorecimento da percolação profunda da água, uma vez que boa parte da água da chuva infiltra no solo da floresta em vez de escorrer superficialmente, como ocorre em áreas agropecuárias, vindo a alimentar o lençol freático. Entretanto, florestas jovens em restauração podem apresentar elevada evapotranspiração, contribuindo para reduzir temporariamente o deflúvio em microbacias hidrográficas. A associação das florestas nativas com a proteção dos recursos hídricos é antiga e foi estabelecida empiricamente antes mesmo de qualquer validação científica ou experimental disso. Por exemplo, a primeira iniciativa de restauração florestal de que se tem notícia no Brasil foi motivada pela proteção dos recursos hídricos, conforme já descrito no Cap. 2. A partir de 1861, o major Manoel Archer liderou a implantação de reflorestamentos com espécies nativas para proteger os mananciais que abasteciam a cidade do Rio de Janeiro com água potável, os quais foram degradados pelo desmatamento das encostas para extração de madeira e plantações de café.

Apesar da antiga associação entre florestas e água, os mananciais mais importantes para o suprimento de água potável para a sociedade têm sido paradoxalmente destruídos na história. Isso apresenta um problema de extrema relevância para as gerações presentes e futuras, uma vez que as fortes crises hídricas observadas a partir de 2014 em várias regiões do país têm representado forte obstáculo para o desenvolvimento econômico e o bem-estar geral da população. Nesse contexto, diante da associação entre o papel das florestas na proteção desse recurso insubstituível para a sobrevivência do homem e da enorme pressão da sociedade para um abastecimento público de água com quantidade, qualidade e regularidade, a esmagadora maioria dos projetos de restauração florestal tem sido conduzida em áreas ciliares, que no Brasil estão protegidas na forma da lei como APPs. Isso é um grande benefício ambiental, pois, além desse papel destacado de filtro das matas ciliares, elas têm ainda um enorme papel de elemento integrador da paisagem, atuando como corredores ecológicos. Ainda, por passarem por diferentes situações ambientais na paisagem, as matas ciliares se caracterizam como um ambiente de elevada biodiversidade, reforçando sua importância na conservação, que vem sendo fortemente confirmada na literatura científica.

Reconhecendo o importante serviço ambiental que a restauração de florestas ripárias pode trazer quanto ao suprimento de água potável à sociedade, tem havido um crescimento de projetos de pagamento por serviços ambientais na modalidade de proteção aos recursos hídricos no país. De fato, essa é a modalidade de pagamento por serviços ambientais mais comum na Mata Atlântica: dos 79 projetos registrados em 2011, 41 projetos tiveram como alvo a água, 33 o sequestro de carbono e cinco a conservação da biodiversidade (Guedes; Seehusen, 2011). O Programa Produtor de Água, gerenciado pela Agência Nacional de Águas, é um dos maiores nesse tema no Brasil. Esse programa tem a meta de

> redução da erosão e do assoreamento de mananciais no meio rural, propiciando a melhoria da qualidade, a ampliação e a regularização da oferta de água em bacias hidrográficas de importância estratégica para o País (www.ana.gov.br/produagua).

Com base no princípio do provedor-recebedor, o Programa Produtor de Água prevê a remuneração

Fig. 13.6 *Exemplo de um riacho protegido pela mata ciliar (A) e de um desprotegido (B), evidenciando o papel da vegetação nativa na contenção dos barrancos, na proteção do leito do curso d'água contra o assoreamento e na manutenção da qualidade da água*

dos agricultores que adotarem em suas propriedades rurais medidas que contribuam para atingir a meta do programa, por meio de ações que promovam a conservação do solo nas áreas de produção agropecuária e em estradas vicinais, melhorias no saneamento e, o mais importante para os objetivos deste livro, a restauração florestal de matas ciliares (Fig. 13.7).

Nesses casos, os pagamentos tendem a se equivaler ao custo de oportunidade da terra, ou seja, o valor recebido pela disponibilização da área de nascente ou margem de curso d'água para a restauração deve compensar aquele que seria obtido pela atividade agropecuária executada naquele local, mesmo considerando que essas áreas são protegidas na legislação, pois trata-se de um instrumento de estímulo e não permanente. Além disso, o custeio da implantação e manutenção das ações de restauração florestal é normalmente arcado pelo próprio projeto, e não pelo dono da terra, fazendo com que o valor pago pelo serviço seja integralmente aproveitado pelo produtor, que não precisará investir recursos na adequação legal de parte de sua propriedade, que é hoje uma obrigação de todos os proprietários rurais do Brasil.

Diante dessa perspectiva, a restauração florestal passa a ser uma atividade mais atrativa, principalmente no caso de pequenos e médios produtores rurais, na maioria descapitalizados, que teriam dificuldades para conduzir projetos de restauração sem a ajuda de outras instituições públicas, privadas ou do terceiro setor. Trata-se também de uma ajuda justa, pois a produção de água deve ser tão ou mais valorizada quanto a produção de bens agropecuários. Iniciativas apoiadas pelo Programa Produtor de Água estão hoje em andamento nos Estados de Minas Gerais (Extrema, ver Boxe 13.2), São Paulo (Comitês de bacias hidrográficas), Rio de Janeiro (Guandu), Paraná (Apucarana), Santa Catarina (Camboriú), Espírito Santo (vários municípios) e no Distrito Federal. Um exemplo estadual é o projeto Mina d'Água, em São Paulo, o qual prevê o pagamento de

Fig. 13.7 *Exemplos de medidas adotadas no programa de pagamento por serviços ambientais Conservador das Águas, em Extrema (MG): isolamento de nascentes e cursos d'água do pisoteio do gado (A), controle da erosão em estradas rurais (B) e restauração de matas ciliares (C)*

R$ 75 a R$ 300 por nascente a cada ano, sendo que essa variação é determinada pelas condições ambientais dessas nascentes.

Assim, a sociedade reconhece cada vez mais o papel fundamental que os ecossistemas naturais desempenham para a qualidade de vida e bem-estar da população, havendo agora a necessidade de valorar e valorizar a restauração florestal para que se possa progressivamente potencializar os benefícios por ela gerados e restabelecer importantes serviços ecossistêmicos prejudicados pela degradação. Apesar do conhecimento empírico, a ciência precisa ainda investir mais esforços em demonstrar claramente esse papel das florestas naturais e em restauração para melhorar a qualidade e aumentar/regular a quantidade de água de uma microbacia e os reflexos disso no abastecimento público, com a redução de custos de captação e tratamento, para sensibilizar a sociedade a apoiar mais fortemente a restauração em larga escala. Mas os resultados até agora disponíveis são reveladores: o custo de tratamento de água pode ser até cem vezes maior em mananciais degradados do que em áreas com maior cobertura de vegetação nativa (Toledo, 2014).

Pagamento por biodiversidade

O pagamento por cotas de biodiversidade tem levado em consideração o valor de opção (uso futuro) e de existência (conhecimento da existência e importância) da biodiversidade como estratégia de recompensar economicamente aqueles que estabelecerem formas de uso do solo ou implantarem projetos que contribuam para a conservação das espécies nativas. Contudo, pagamentos diretos por conservação da biodiversidade não são comuns na restauração florestal, sendo mais observados no caso de remanescentes

Boxe 13.2 Projeto Conservador das Águas: pagamento por serviços ambientais viabilizando a restauração florestal para a proteção de mananciais em Extrema (MG)

O projeto Conservador das Águas em Extrema (MG), importante município fornecedor de água para a região metropolitana de São Paulo por meio do sistema Cantareira, está inserido no Programa Produtor de Água, da Agência Nacional de Águas, focando a melhoria da qualidade e da regularidade de fornecimento de água para a população. Um dos primeiros passos para a construção do projeto foi a aprovação, em 2005, em caráter inédito no Brasil, de uma lei municipal (Lei nº 2.100/05) instituindo o programa e autorizando a prefeitura de Extrema a fornecer apoio financeiro aos agricultores. Os primeiros pagamentos aos agricultores foram realizados em 2007, e hoje, em 2015, eles recebem R$ 235/ha/ano pela adoção de práticas de conservação do solo e de saneamento ambiental, pela conservação de florestas remanescentes e pela restauração florestal de áreas ciliares. Além do pagamento, a prefeitura executa, com o apoio de vários parceiros, as atividades de restauração, conservação e cercamento de áreas importantes para a regulação hidrológica. Os pagamentos aos agricultores são mensais e os termos de compromisso firmados com a prefeitura têm validade de quatro anos, mas podem e têm sido renovados. Os recursos que pagam os agricultores provêm de um fundo municipal de meio ambiente implantado pela prefeitura e alimentado com recursos do ICMS Ecológico-MG, de empresas e outros doadores, de multas e licenciamentos ambientais municipais e de recursos da cobrança pelo uso da água pelos Comitês PCJ. Os valores pagos aos agricultores foram definidos com base no custo de oportunidade da pecuária leiteira, principal atividade produtiva na região. Como vantagem adicional, os produtores leiteiros que participam do projeto recebem 10% a mais no preço do leite quando negociado com o principal laticínio da região. Até julho de 2015, cerca de 180 produtores das microbacias das Posses e dos Saltos, as duas primeiras trabalhadas, tinham aderido ao projeto e implantado ações de restauração florestal em aproximadamente 400 ha. A prefeitura, por sua vez, já investiu cerca de R$ 3 milhões em PSA. Por ser um projeto pioneiro e bem-sucedido, o Conservador das Águas tem conquistado vários prêmios e despertado o interesse da mídia nacional e internacional e de outros municípios que querem implantar projetos similares. Os passos futuros são ampliar o projeto para as demais microbacias do município e ampliar o monitoramento hidrológico, para comprovar que a restauração e outras práticas de fato têm trazido benefícios à conservação dos recursos hídricos. O desafio, no entanto, é fazer com que iniciativas de PSA como essas sejam replicadas em outros municípios e regiões do país.

Ricardo Viani (viani@cca.ufscar.br), professor de Silvicultura da Universidade Federal de São Carlos (UFSCar)
Paulo Henrique Pereira (meioambiente@extrema.mg.gov.br), diretor de Meio Ambiente
da Prefeitura Municipal de Extrema (MG)
Henrique Bracale (hbracale@tnc.org), especialista em Conservação Programa Água,
The Nature Conservancy Brasil

florestais que possuem uma ou mais espécies ameaçadas ou então em casos de turismo de observação de espécies silvestres e ecoturismo. Em algumas situações, incluir nas propostas de restauração florestal uma estratégia bem definida de conservação da biodiversidade pode não resultar em ganhos econômicos diretos por meio de pagamento por serviços ambientais, mas certamente facilita a captação de recursos para o custeio dos projetos de restauração, constituindo-se, assim, em um ganho econômico indireto. Apesar disso, o pagamento por biodiversidade entra de forma indireta e implícita em outras formas de pagamento por serviços ambientais, tais como o pagamento por carbono.

Por exemplo, projetos de carbono que incluem o componente da conservação da biodiversidade em seu escopo, tais como projetos de restauração de corredores ecológicos, são elegíveis para receber certificações diferenciadas, como a *CCB Standards*, que possibilitam obter um maior valor pelo carbono retido no ecossistema. Nesses casos, a conservação da biodiversidade pode até triplicar o valor pago pela tonelada de carbono equivalente retida em comparação com o valor pago no mercado oficial. Nesse contexto, podem ser citados os projetos de restauração de corredores ecológicos Pau-Brasil – Monte Pascoal, conduzido no extremo sul da Bahia para conectar esses importantes parques nacionais, de grande importância para a conservação da biodiversidade e também pelos seus destaques culturais relacionados com o descobrimento do Brasil (Boxe *on-line* 13.1); o Projeto Muriqui de Carbono Florestal, que implanta ações de restauração florestal para reconectar as Reservas Particulares do Patrimônio Natural Feliciano Miguel Abdala e Mata do Sossego, na região leste de Minas Gerais, as quais abrigam o muriqui-do-norte *(Brachyteles hypoxanthus)*, um dos 25 primatas mais ameaçados do mundo; os corredores ecológicos visando à restauração de hábitat implantados no Rio de Janeiro pela Associação Mico-Leão-Dourado em propriedades particulares onde foram reintroduzidos micos-leões-dourados *(Leontopithecus rosalia)*; e os corredores ecológicos do Instituto de Pesquisas Ecológicas no Pontal do Paranapanema, no oeste do Estado de São Paulo, interligando uma das maiores Unidades de Conservação do Estado com grandes e pequenos fragmentos remanescentes da paisagem já muito fragmentada, reconstruindo corredores ecológicos entre as matas ciliares do rio Paranapanema e as do rio Paraná.

Nesse contexto, acredita-se que medidas de restauração de hábitat sejam estimuladas futuramente por esse tipo de pagamento visando à biodiversidade, tendo em vista que o restabelecimento de ecossistemas por meio de ações de restauração permita sustentar populações viáveis de espécies de interesse de conservação na paisagem, principalmente aquelas ameaçadas de extinção.

13.2.2 Geração de produtos florestais
Produtos madeireiros

A demanda em larga escala por madeira nativa iniciou-se logo após a colonização do Brasil pelos portugueses, com o estabelecimento do ciclo do pau-brasil *(Caesalpinia echinata)*, o qual resultou na extração de cerca de dois milhões de árvores dessa espécie apenas no primeiro século de exploração para a preparação de tinturas (Dean, 1996). Esse foi o primeiro exemplo de como a exploração madeireira não planejada e baseada exclusivamente no extrativismo leva uma espécie arbórea à beira da extinção e, consequentemente, à escassez do produto explorado, havendo tanto prejuízos ambientais como econômicos. A extinção econômica do pau-brasil ocorreu já em 1875 e, hoje, tem-se uma grande falta de madeira dessa espécie, não mais para uso em tinturas, mas como madeira para a confecção de arcos de violino e outros instrumentos clássicos de corda. Trata-se de um uso extremamente nobre e valorizado, que tem desencadeado o início dos plantios comerciais dessa espécie em algumas regiões do Espírito Santo e da Bahia, onde é nativa.

A escassez de madeira nativa no Brasil já era observada desde os séculos XVII e XVIII, quando a Coroa portuguesa teve inclusive que estabelecer decretos para proteger árvores de grande porte para uso na construção naval. Tal escassez era resultado imediato do sistema de uso do solo praticado na época, que consistia na derrubada e queimada de florestas primárias e secundárias, seguidas pelo estabelecimento de vários ciclos de cultivo intensivo até o esgotamento do solo da área, quando, então, havia a transferência dos campos de produção para outras áreas de mata. Esse sistema predatório de produção agrícola não estabelecia intervalos longos de pousio para que desse tempo de a floresta se regenerar, tal como praticado pelos povos indígenas, comprometendo progressivamente a capacidade de produção e de recuperação do ecossistema. Consequentemente, houve crescente falta de madeira para a construção civil e para lenha, o que elevou seu preço, principalmente perto dos grandes centros consumidores, onde se concentravam as terras agrícolas. Maiores detalhes desse processo podem ser obtidos no magistral livro *À ferro e fogo: a história da devastação da Mata Atlântica brasileira*, de autoria do americano Warren Dean. Nesse livro, Dean (1996, p. 154) relata que

> observadores da época queixavam-se constantemente dos preços elevados dos produtos florestais, da necessidade de trazê-los de longas distâncias até o centro das vilas e da desastrosa dilapidação de recursos que permitia que imensos tesouros de madeira de lei fossem incendiados para obter umas poucas safras de mandioca.

Nesse mesmo contexto de escassez de madeira nativa, foi estabelecido o Código Florestal Brasileiro, cuja primeira versão data de 1934, e foram introduzidas as primeiras espécies florestais exóticas para suprir parte dessa demanda de madeira, com destaque para o início dos testes de uso comercial do eucalipto em 1914 por Edmundo Navarro de Andrade.

Apesar de diversos trabalhos sobre a silvicultura de espécies nativas terem sido conduzidos em estações experimentais das regiões Sudeste e Norte a partir da segunda metade do século XX (Fig. 13.8) e de ter sido comprovada a potencialidade de produção de madeira de várias espécies nativas regionais, o plantio comercial de espécies nativas para uso da madeira não deslanchou. Infelizmente, há hoje uma hegemonia quase absoluta (96,32%) de espécies exóticas na composição dos reflorestamentos econômicos no Brasil (ABRAF, 2009). Se forem extraídas ainda as plantações de seringueira, as quais não têm finalidades madeireiras, será possível ver que os plantios comerciais de espécies nativas para a produção de madeira são hoje insignificantes em termos de representatividade, apesar do avanço dos plantios de paricá (*Schizolobium amazonicum*) na região Norte, que é hoje a espécie nativa madeireira mais plantada no Brasil (Fig. 13.9). Isso se deve em grande parte ao abastecimento do mercado interno brasileiro por madeira nativa serrada, fruto da extração predatória na Amazônia, sem nenhuma iniciativa de reposição dos estoques. O que é ainda mais chocante é que essa mesma realidade atual da madeira serrada vale também para a madeira usada como carvão, já que o abastecimento da maior parte

do carvão vegetal usado no Brasil vem do desmatamento do Cerrado e da Caatinga. Adicionalmente, as indústrias de base florestal encontraram no eucalipto e no pinus as espécies ideais, não havendo, hoje, grande interesse de produzir madeira de espécies nativas.

Contudo, as pressões cada vez maiores para a redução do desmatamento por parte do governo brasileiro, da sociedade, de organismos internacionais e do próprio mercado consumidor certamente gerarão em curto prazo um desbalanço entre a demanda sempre crescente de madeira nativa pela sociedade e sua oferta, hoje oriunda de frentes de desmatamento (Fig. 13.10). Nessa perspectiva, a produção de madeira nativa *in loco*, próximo aos mercados consumidores, parece ser uma alternativa muito promissora. Contudo, dado o longo ciclo normalmente demandado para a produção de espécies madeireiras nativas, é premente que se inicie o quanto antes a implantação desses reflorestamentos, para que, no momento dessa crise anunciada, com uma grande valorização da madeira nativa, a exploração desses plantios já possa contribuir para abastecer o mercado e reduzir a pressão sobre os fragmentos florestais remanescentes, já altamente perturbados historicamente.

No entanto, para a implantação de florestas nativas de produção, o modelo de cultivos monoespecíficos, tal como adotado para as espécies exóticas, não parece ser uma boa opção, pois a observação das iniciativas já realizadas de produção de espécies nativas usando tal modelo leva à conclusão intuitiva de que esse não é o caminho mais seguro. Por exemplo, plantios puros de mogno (*Swietenia macrophylla*) foram condenados em razão do ataque da ponteira das plantas pela broca-do-mogno (*Hypsipyla grandella*), a qual também ataca outras espécies de Meliaceae com importância madeireira, como o cedro-rosa (*Cedrela fissilis*). Outro exemplo ilustrativo é o ataque do fungo causador do mal-das-folhas (*Microcyclus ulei*) em seringais implantados no sistema de plantios de alta densidade (*plantation*) na região Amazônica. Isso reduz as chances de grandes quebras de produção ou mesmo de inviabilização total da atividade caso alguma espécie em particular não se adapte ao modelo de cultivo adotado, favorecendo alguma praga ou inimigo natural, ou não produza madeira com a qualidade desejada pelo mercado, como está acontecendo com a exploração de alguns plantios de teca *(Tectona grandis)* no Brasil.

Diante dessas considerações, a conclusão mais coerente é a de que os plantios monoespecíficos de espécies nativas trazem um maior risco e por isso mesmo devem ser priorizados plantios com maior diversidade de espécies e com manejo adequado dos processos ecológicos que regem o funcionamento das florestas nativas, ou seja, que esses plantios de espécies nativas para fins madeireiros sejam feitos muito mais próximos dos conceitos de restauração ecológica do que da silvicultura de espécies exóticas.

Além do número de espécies em si, outro componente ecológico importante para o sucesso da silvicultura de espécies nativas é o manejo dos grupos sucessionais, os quais são responsáveis pela substituição gradual no tempo de espécies com diferentes comportamentos ecológicos. As diferenças de comportamento desses grupos sucessionais são determinadas justamente pelas adaptações surgidas ao longo do processo evolutivo para determinadas condições de micro-hábitat, resultando na especialização convergente de algumas espécies em grupos sucessionais. Assim, as espécies florestais estão adaptadas para se desenvolver sob diferentes condições de luz e, de forma geral, podem ser agrupadas em espécies pioneiras, secundárias e climácicas em função da tolerância ao sombreamento, havendo também relação direta com a densidade da madeira produzida. Dessa forma, para os objetivos da produção madeireira, as espécies nativas mais tardias da sucessão florestal são certamente as mais visadas, pois fornecem madeira de maior qualidade e, portanto, de maior valor comercial. Por isso mesmo, essas espécies, as chamadas madeiras de lei, foram as mais exploradas historicamente e aquelas inicialmente testadas pelos pioneiros da silvicultura de espécies nativas.

Contudo, na maioria dos casos, os plantios dessas espécies madeireiras tardias da sucessão florestal foram conduzidos por meio de plantios puros ou, quando essas espécies foram consorciadas com outras, estas últimas também eram tardias da sucessão. Consequentemente, a não inserção do conceito de sucessão secundária no planejamento dos reflorestamentos de espécies nativas levou a

Fig. 13.8 *Plantio misto de cerca de 70 espécies nativas implantado em 1916, para teste do potencial de produção de madeira por essas espécies, na Fundação Edmundo Navarro de Andrade, em Rio Claro (SP)*

Fig. 13.9 *Plantação de paricá* (Schizolobium amazonicum) *na Amazônia Oriental*

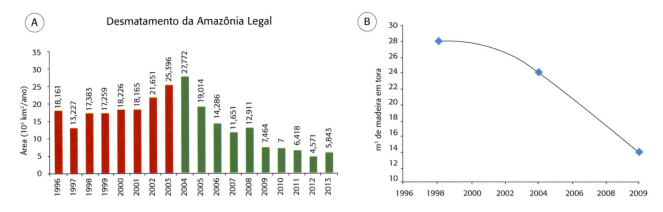

Fig. 13.10 *A redução do desmatamento na Amazônia Legal (A) resultou na redução de 50% na produção de madeira em tora na região entre 1998 e 2009 (B)*
Fonte: (A) Projeto PRODES (2013) e (B) Pereira et al. (2010).

inúmeros problemas, tais como alta mortalidade, longo período de manutenção para o controle de gramíneas invasoras devido ao lento sombreamento do solo, crescimento das árvores aquém do esperado e, principalmente, bifurcação e ramificação excessiva das árvores, que não geraram fustes de qualidade para a exploração madeireira futura, perdendo totalmente seu valor comercial (Fig. 13.11). Por outro lado, reflorestamentos de espécies nativas voltados para a restauração florestal apresentam indivíduos das espécies mais tardias da sucessão com poucas ramificações devido ao sombreamento inicial promovido pelas espécies mais iniciais e, consequentemente, tais espécies tardias apresentam fuste mais adequadas para a produção de madeira serrada, embora algumas espécies nativas necessitem de podas de condução, mesmo tendo crescido em ambiente mais sombreado (Fig. 13.12).

A maioria desses problemas foi decorrente da não observação das características ecológicas dessas espécies, tentando com insucesso moldar cada espécie aos métodos silviculturais comumente empregados para o plantio de espécies exóticas. Ou seja, todo o processo evolutivo que originou essas espécies e suas respectivas adaptações foi desconsiderado. Diante disso, o cultivo das espécies mais tardias da sucessão sob cobertura das espécies mais iniciais é uma alternativa lógica e mais viável economicamente, já que reduz custos de manutenção e permite produzir indivíduos com fuste adequado para uso como madeira serrada. Dessa forma, as espécies arbóreas iniciais da sucessão florestal, com madeira de menor qualidade e valor, também passam a integrar os reflorestamentos de espécies nativas para fins madeireiros, no momento da implantação. Depois de as espécies iniciais já terem criado um ambiente parcialmente sombreado para favorecer a formação de fustes retilíneos nas espécies madeireiras, pode ser realizada a poda de galhos das espécies iniciais que estejam cobrindo as espécies madeireiras ou mesmo o desbaste de alguns indivíduos, pelo corte ou anelamento, para reduzir a competição por luz e, assim, permitir o crescimento mais rápido das espécies de interesse (Fig. 13.13). Assim, é preciso realizar o manejo adaptativo dos plantios de restauração voltados para a produção madeireira, visando balancear o sombreamento das espécies de interesse para que haja a formação de fustes de qualidade, mas também luz suficiente para o crescimento adequado das árvores, que pode ficar estagnado devido ao sombreamento excessivo. Nesse sentido, cabe novamente questionar se é coerente contrariar essa tendência natural de espécies de diferentes grupos ecológicos se sucederem no tempo em função das condições de hábitat florestal.

Além dessa justificativa ecológica, a incorporação de diferentes grupos sucessionais nos reflorestamentos de espécies nativas também traz vantagens econômicas, pois permite a obtenção de rendimentos intermediários, mesmo que menores, à exploração final das madeiras mais nobres. Isso porque as espécies pioneiras e secundárias podem fornecer madeira para lenha e caixotaria dentro de um período de tempo muito inferior ao demandado para a exploração das espécies finais da sucessão, de maior valor, ao passo que espécies secundárias podem fornecer madeira para uso em estruturas e movelaria rústica, o que ajuda a amortizar os custos da implantação do reflorestamento e a gerar renda em um ciclo mais curto de produção.

Dessa forma, se a implantação das florestas nativas de produção é feita com base nas recomendações anteriormente descritas, com uso de maior diversidade de espécies arbóreas nativas, contemplando os diferentes grupos sucessionais e respeitando a autoecologia de cada espécie, está-se tratando basicamente de um plantio de restauração florestal, mas com fins econômicos. Assim, a produção de madeira nativa pode ser utilizada como um meio de viabilizar economicamente a restauração de uma área degradada (Fig. 13.14). A diferença é que, para viabilizar a exploração madeireira em termos operacionais, é preciso agrupar as espécies de acordo com suas características de exploração econômica, possibilitando a definição de um plano de exploração madeireira. Assim, os reflorestamentos com fins madeireiros podem atuar como uma importante ferramenta de restauração florestal em larga escala, cuja necessidade já foi amplamente discutida nos itens anteriores.

Essa abordagem da restauração de florestas nativas e aproveitamento madeireiro, dentro dos critérios permitidos pela legislação, terá grande importância, por exemplo, para a restauração em larga escala da Mata Atlântica. Visando definir áreas potenciais para a restauração nesse bioma sem que houvesse o deslocamento de atividades efetivamente produtivas, o Pacto pela Restauração da Mata Atlântica fez um levantamento das áreas de pastagem inseridas em locais com declividade

Fig. 13.11 *Plantio puro de vinhático* (Plathymenia reticulata), *uma espécie madeireira de alto valor comercial, cuja exploração futura de madeira foi inviabilizada pela bifurcação excessiva das árvores*

Fig. 13.12 *Poda de condução com tesoura de poda (A), serrote (B) e motopoda (C) de espécies nativas madeireiras incluídas em um plantio de restauração florestal voltado para a exploração de madeira serrada*

superior a 15° em toda a extensão do bioma, gerando o resultado impressionante de 6,5 milhões de hectares. Trata-se de áreas que hoje estão predominantemente ocupadas com pastagens de baixíssima capacidade de suporte de unidades animais devido à reduzida aptidão agrícola dessas áreas, que resultam em ganhos econômicos muito baixos, além, é claro, dos prejuízos ambientais causados pela manutenção de pastagens degradadas nessas áreas. A conversão de áreas de pastagens em florestas nativas de produção madeireira nas regiões onde a aptidão agrícola é reduzida permitirá ainda que essas áreas sirvam para a complementação do déficit de Reserva Legal dessas propriedades e o uso do excedente para a compensação do déficit de Reserva Legal de propriedades situadas em regiões de alta aptidão agrícola,

Fig. 13.13 *Redução da competição por luz entre espécies iniciais da sucessão e espécies madeireiras por meio da poda de ramos laterais (A), desbaste por anelamento (B) e corte de indivíduos (D). Após essas intervenções, há maior entrada de luz no plantio para crescimento das espécies madeireiras, mas não o suficiente para estimular a ramificação dessas espécies (C)*

conforme sistema de servidão florestal estabelecido na legislação ambiental brasileira.

Para ilustrar essa abordagem de implantar florestas nativas de produção para viabilizar economicamente a restauração florestal em larga escala, tomaram-se como exemplo alguns modelos desenvolvidos pelo Laboratório de Ecologia e Restauração Florestal e pelo Laboratório de Silvicultura Tropical, ambos da Escola Superior de Agricultura "Luiz de Queiroz", da Universidade de São Paulo. Nesses modelos, a seleção das espécies arbóreas com potencial de aproveitamento madeireiro foi feita com

Fig. 13.14 *Diferença estrutural entre um plantio de três espécies nativas para produção de madeira, manejado segundo métodos silviculturais tradicionais (à direita – poda de condução, desbaste e controle da regeneração natural), e um plantio de restauração manejado com a perspectiva de exploração de madeira nativa (à esquerda – poda de condução e desbastes em menor intensidade, sem eliminação da regeneração natural)*

base nas características silviculturais das espécies, obtidas em literatura e no monitoramento de áreas em processo de restauração. A escolha dessas espécies teve também como base o princípio da sucessão ecológica, considerando os diferentes comportamentos das espécies no que se refere à velocidade de crescimento, à cobertura do solo pela copa, à densidade da madeira e seus diferentes usos. Com base nessas colocações, as espécies arbóreas nativas foram classificadas em quatro categorias:

- *Madeira inicial*: tem como principal função ecológica ocupar rapidamente a área em processo de restauração, reduzindo as atividades de manutenção e criando condições adequadas para o crescimento das demais espécies de outras categorias sucessionais. Essas espécies são de crescimento rápido e copa ampla, mas de ciclo de vida curto, sendo características das fases iniciais de sucessão. Devido à baixa densidade da madeira e à elevada ramificação, as espécies nativas de madeira inicial são utilizadas principalmente para caixotaria e carvão e têm colheita planejada para dez anos pós-plantio. Apesar do baixo valor da unidade métrica, essas madeiras podem trazer bom retorno financeiro, em virtude do grande volume de exploração em curto período.
- *Madeira média*: são espécies intermediárias da sucessão secundária. O desenvolvimento desse grupo é moderado, ou seja, de crescimento um pouco mais lento e de ciclo de vida mais longo que as espécies de madeira inicial. As espécies de madeira média se desenvolvem à meia luz, têm densidade de madeira muito variável, inclusive ao longo do ciclo de vida, mas com bom valor econômico para uso em carpintaria rústica, sendo exploradas em ciclos de 20 anos após o plantio.
- *Madeira final*: são espécies típicas das etapas finais da sucessão florestal, características da floresta madura, que geralmente apresentam crescimento lento, ciclo de vida longo e alta densidade de madeira e também resistem ao sombreamento. Nesse grupo, está a maioria das espécies conhecidas como *madeiras de lei*. São madeiras de elevado valor econômico, com uso mais nobre em marcenaria e carpintaria. O corte desse grupo ocorre em ciclos de 30-40 anos pós-plantio, quando os indivíduos atingem o diâmetro adequado.
- *Madeira complementar*: são espécies que apresentam rápido crescimento e copa ampla, sendo plantadas nas linhas de madeira final, intercaladas com as espécies das etapas finais de sucessão florestal. O objetivo é fornecer

sombra às espécies da mesma linha e das linhas adjacentes, evitando bifurcação das espécies de maior interesse madeireiro. Após cerca de 20 anos, os indivíduos dessas espécies morrem naturalmente ou são eliminados via desbaste para aumentar a incidência de luz nos indivíduos de madeira final, visando aumentar o seu crescimento.

A dinâmica de exploração madeireira desses modelos segue ciclos de corte e replantio determinados de acordo com a expectativa de maturação econômica das espécies de cada grupo silvicultural (Fig. 13.15). Esse modelo já foi implantado em mais de 300 ha em uma fazenda localizada no município de Joaquim Egídio (SP), sendo que o crescimento das espécies dos diferentes grupos de madeiras e os custos de implantação e manutenção estão sendo monitorados ao longo do tempo nesse modelo, para posterior análise econômico-financeira. Contudo, uma análise muito preliminar demonstrou que ele pode apresentar uma margem de lucro de mais de R$ 470,00/ha/ano, e com valores aumentando a cada ano em virtude da valorização crescente do preço da madeira (Fasiaben, 2010), contra os R$ 150,00/ha/ano usualmente obtidos com pastagens extensivas e pouco tecnificadas, que é a ocupação predominante de áreas de baixa aptidão agrícola. Cabe ressaltar também que esse valor foi obtido considerando-se o preço final da madeira muito aquém do valor de mercado, não levando em conta a projeção de aumento do valor da madeira ao longo do tempo devido à redução da oferta ou a possibilidade de ágio obtido por meio da certificação florestal, bem como as possibilidades de exploração de múltiplos produtos florestais não madeireiros e ainda a possibilidade de esse modelo permitir o pagamento por diversos serviços ambientais. Dada a escassez crescente de madeira nativa no mercado em virtude da redução do desmatamento na Amazônia e do aumento da demanda interna, a produção de madeira nativa em projetos de restauração florestal será uma atividade cada vez mais vantajosa.

Com base na experiência vivenciada com a implantação dos modelos que foram apresentados neste capítulo e na participação de economistas no aperfeiçoamento dessas propostas inovadoras de res-

tauração, identificou-se a necessidade de repensar o grupo das madeiras iniciais para viabilizar economicamente esses modelos. Isso porque se verificou que 1) as espécies nativas plantadas como madeira inicial trariam retorno econômico insatisfatório, dada a baixa qualidade de fustes para caixotaria e uso como lenha, o baixo valor de mercado desses produtos e o elevado custo de colheita; 2) o custo com a implantação das madeiras iniciais é muito alto, pois metade de toda a área é plantada com esse grupo; 3) dado o alto custo de plantio e o baixo retorno econômico da exploração, as madeiras iniciais pouco contribuiriam para amortizar os altos custos de implantação, que, após 20 ou 30 anos de incidência de juros e correção monetária, inviabilizariam economicamente a exploração futura das madeiras mais valiosas. Diante desses desafios, foi criada a proposta de uso de espécies pioneiras comerciais.

Essa proposta consiste no uso de uma única espécie, nativa ou exótica, para promover o sombreamento inicial da área, desfavorecendo o crescimento de plantas competidoras e criando condições favoráveis para a formação de fustes retilíneos nas espécies madeireiras, conforme já discutido. Essa espécie deve ter obrigatoriamente bom potencial econômico e ser explorada poucos anos após o plantio, como forma de antecipar ao máximo o ingresso de receita para cobrir ou pelo menos amortizar os custos de implantação do projeto. Uma das espécies em teste nesses modelos é o eucalipto, que foi escolhido para uso nos experimentos pelos seguintes motivos: seu cultivo é bem conhecido; tem mercado estabelecido, com bons preços e facilidade de comercialização; pode ser colhido rapidamente, oferecendo retorno econômico em curto prazo; não é uma espécie invasora; desempenha o papel de espécie pioneira e ajuda a controlar gramíneas; tem custo de implantação mais baixo se comparado a uma grande variedade de outras espécies nativas, especialmente pelo baixo custo da muda (eucalipto em tubete custa cerca R$ 0,20 e nativa em tubete custa R$ 1,50, em média); tem múltiplos usos na propriedade rural (lenha, cercas, estruturas, móveis, mel etc.) e pode, assim, ser do interesse dos produtores rurais, independentemente da comercialização da produção.

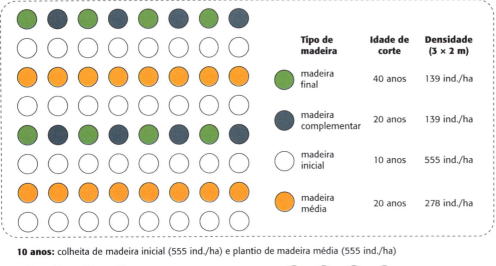

10 anos: colheita de madeira inicial (555 ind./ha) e plantio de madeira média (555 ind./ha)

20 anos: colheita de madeira média (278 ind./ha) e plantio de madeira final (139 ind./ha) e complementar (139 ind./ha)

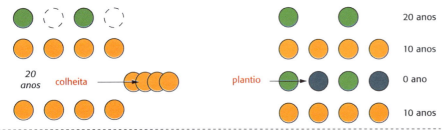

30 anos: colheita de madeira média (555 ind./ha) e plantio de madeira média (555 ind./ha)

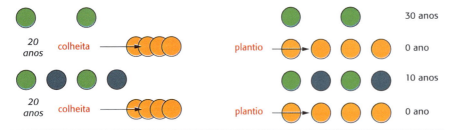

40 anos: colheita de madeira média (139 ind./ha) e plantio de madeira final (139 ind./ha) e madeira complementar (139 ind./ha)

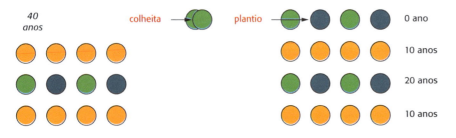

Fig. 13.15 *Ciclos sucessivos de exploração e replantio de diferentes tipos de madeira, desde a implantação do reflorestamento até a primeira colheita de madeiras finais, em um modelo de restauração florestal com plano de aproveitamento econômico*

A implantação e o manejo do eucalipto em plantios mistos com espécies nativas, o que já é autorizado hoje para a recomposição da Reserva Legal, dependem da finalidade de exploração da madeira. Nos modelos testados até então, tem sido dada prioridade para o plantio do eucalipto em linhas duplas, para reduzir a competição com as nativas, em espaçamento 3 m × 3 m, e uso potencial da madeira para carvão, mourão e celulose. Esses modelos têm demonstrado excelentes resultados para a formação de uma fisionomia florestal a baixo custo (Fig. 13.16), mas já dão indícios de haver elevada competição entre o eucalipto e algumas espécies nativas, justificando a seleção futura de espécies mais adaptadas a esses modelos, o uso de faixas mais largas de nativas e eucalipto para reduzir a competição entre esses grupos e o corte antecipado do eucalipto para uso como lenha ou mourão.

Com base nesses modelos, o agricultor cuidaria do reflorestamento de eucalipto tendo em vista o rendimento que ele iria lhe fornecer no futuro próximo, e indiretamente realizaria uma manutenção adequada do plantio das nativas também. Isso aumentaria a atratividade dessas propostas aos produtores rurais, dada a perspectiva mais favorável e segura de retorno econômico dentro de um período reduzido. Só a colheita de eucalipto nesse sistema poderia render ao produtor cerca de R$ 600,00/ha/ano de lucro líquido. Esse valor poderia ajudar a cobrir os custos com a implantação do projeto, considerando-se ainda que o plantio de eucalipto é mais barato que o de nativas, ao passo que a exploração posterior de produtos florestais madeireiros e não madeireiros de espécies nativas, bem como o pagamento por serviços ambientais, comporia o lucro praticamente líquido do projeto, já que o custo de implantação foi pago pela exploração de eucalipto. Contudo, tais modelos econômicos de restauração florestal não podem se desvincular de sua função de recuperação ambiental, o que poderia ser comprometido pelo uso permanente de espécies exóticas nesses modelos. Por isso, a proposta feita aqui é que essas espécies exóticas, como o eucalipto, saiam do sistema depois de dois ou mais ciclos de exploração, sendo substituídas pelo plantio ou regeneração de nativas.

Fig. 13.16 Plantio consorciado de eucalipto com espécies nativas madeireiras implantado na região baixo sul da Bahia logo após a implantação do reflorestamento (A), um ano depois (B) e dois anos e seis meses após o plantio (C)

Uma opção para conciliar melhor o uso da abordagem de pioneiras comerciais aos objetivos da restauração ecológica é a utilização de pioneiras comerciais nativas, que podem ser introduzidas tanto para a exploração de produtos madeireiros como não madeireiros. Existem inúmeras espécies nativas de crescimento rápido com potencial de exploração econômica, embora esse potencial seja hoje subutilizado e pouco conhecido. Como exemplo de espécies que podem ser utilizadas para esse fim e que estão sendo testadas em experimentos, é possível citar o guapuruvu (*Schizolobium parahyba*), que produz madeira de ótima qualidade para laminação, semelhante ao paricá, e pode ser cortado em apenas cinco anos, a pimenta-rosa (*Schinus terebinthifolius*), cujos frutos são utilizados como condimento e podem começar a ser colhidos com apenas dois anos, e o cajá (*Spondias mombin*), que produz frutos para produção de polpa para sucos e madeira para caixotaria (Fig. 13.17).

Com base no exposto, conclui-se que a restauração de florestas nativas por meio de modelos que permitam o aproveitamento econômico de madeira será uma importante alternativa tanto para suprir o mercado como para aumentar a escala das ações de restauração florestal, que poderão deixar de ser restritas às APPs e se expandir para áreas de Reserva Legal e, principalmente, para as áreas agrícolas de baixa aptidão, hoje na maioria ocupadas com pastagens de baixa produtividade. As promissoras perspectivas de retorno econômico dos modelos descritos, bem como a perspectiva de serem desenvolvidos modelos de maior rendimento econômico no futuro próximo, indicam a viabilidade técnica e econômica desse sistema sob o ponto de vista silvicultural. Contudo, para que esses reflorestamentos também tenham viabilidade ecológica, é fundamental que se atente para o uso de elevada diversidade de espécies nativas regionais e para o manejo dos processos ecológicos nessas áreas, aproximando os objetivos da produção madeireira aos da restauração florestal.

Produtos não madeireiros

Produtos florestais não madeireiros consistem em todos os produtos de origem vegetal que não sejam madeira, incluindo-se frutos, sementes, resinas, plantas fitoterapêuticas, entre outros. A exploração desses produtos apresenta grandes vantagens ecológicas em relação à extração de madeira por não requerer normalmente a morte do indivíduo, o que pode resultar em prejuízos relevantes para a espécie explorada e para todo o ecossistema. No contexto da restauração florestal, um dos produtos não madeireiros mais importantes é a produção de sementes. Essa atividade constitui uma profissão que contribui para a geração de renda em populações tradicionais e indígenas, oferecendo uma alternativa às atividades predatórias e valorizando o conhecimento dos moradores da floresta. Por exemplo, em remanescentes de Floresta Ombrófila Densa na Mata Atlântica, a extração clandestina do palmito da palmeira-juçara (*Euterpe edulis*) é um problema há tempos conhecido pelos agentes públicos de fiscalização, mas ainda sem solução. Para piorar a situação, a dizimação das populações naturais de juçara em propriedades particulares deslocou a extração predatória para as Unidades de Conservação, onde se encontram os últimos trechos bem conservados de Mata Atlântica no Brasil. No entanto, os moradores das bordas da floresta atlântica que ainda se arriscam nessa atividade provavelmente só o fazem por falta de alternativas locais de trabalho e renda. Paradoxalmente, é nas regiões mais bem conservadas que se encontram as comunidades mais carentes, justamente pelo fato de a baixa atividade econômica urbana e industrial dessas regiões não oferecer perspectivas favoráveis de geração de renda.

Com o corte de palmito, o palmiteiro obtém cerca de R$ 2,00 a R$ 5,00 por planta (a maior parte dos ganhos fica com os atravessadores). O indivíduo cujo palmito foi extraído morre, pois a palmeira-juçara não é capaz de perfilhar. Assim, sacrifica-se uma planta adulta, que levou, no mínimo, dez anos para chegar ao tamanho de corte, por muito pouco. Quando se explora a produção de sementes dessa espécie, as perspectivas de ganho econômico são muito melhores. Considerando-se que cada planta produz

Fig. 13.17 *Uso de (A) guapuruvu* (Schizolobium parahyba)*, (B) pimenta-rosa* (Schinus terebinthifolius) *e (C) cajá* (Spondias mombin) *como espécies pioneiras comerciais nativas em modelos econômicos de restauração florestal implantados em Mucuri (BA)*

cerca de três cachos por ano e que cada cacho produz aproximadamente 1,5 kg de sementes, obtém-se uma produção anual de 4,5 kg de sementes por planta. Como as sementes de juçara são vendidas por cerca de R$ 30/kg, estima-se que cada planta poderia render R$ 135,00 por ano, 67 vezes mais do que o obtido com o corte desse indivíduo (Fig. 13.18). Isso sem considerar a possibilidade de conciliação da produção de sementes com a produção de polpa por meio dos frutos, que já é uma realidade em vários municípios litorâneos. Assim, como os coletores de sementes passam a depender da floresta, eles a protegem da degradação e a defendem contra eventuais cortadores de palmito ou outras formas de degradação, transformando a coleta de sementes em uma oportunidade de grande valor para a geração de renda em comunidades tradicionais e para a proteção dos remanescentes naturais e das espécies nativas.

Essa mesma lógica econômica se aplica a outras espécies nativas historicamente sobre-exploradas. Por exemplo, no extremo sul da Bahia, a madeira do cedro era vendida em 2011 por moradores locais a R$ 74,00/m^3. No entanto, cada árvore produz 3 kg de sementes por ano, ao longo de dezenas de anos. Como os viveiros pagam de R$ 50 a R$ 150,00 por quilo da semente, explorar as sementes do cedro passou a ser mais vantajoso que cortar a árvore e vender sua madeira. Adicionalmente, os próprios plantios de restauração podem se constituir em pomares de sementes de espécies nativas, desde que a produção das mudas tenha sido feita com sementes com alta diversidade genética, obtidas conforme os critérios já discutidos no capítulo sobre produção de sementes. Como as áreas jovens em processo de restauração não apresentam dossel muito fechado, as copas das árvores estão sempre expostas à irradiação solar direta, o que estimula a produção de grandes quantidades de sementes. Assim, se forem tomados certos cuidados na obtenção das sementes que darão origem às mudas usadas na implantação do reflorestamento, as áreas em processo de restauração poderão ser utilizadas como campos de produção de sementes, sendo essa mais uma opção de geração de renda que a restauração pode oferecer.

Além da produção de sementes, é possível também introduzir nos plantios de restauração, ou mesmo no enriquecimento da regeneração natural, espécies nativas com potencial de geração de outros produtos não madeireiros, tais como frutos, amêndoas, óleos e fibras. Todos os biomas brasileiros apre-

Fig. 13.18 *Indivíduo de palmeira-juçara* (Euterpe edulis) *cortado para a extração do seu palmito (A), o qual é vendido pelos cortadores a preços muito baixos, de forma clandestina (B). Uma alternativa a essa atividade predatória é a venda de sementes dessa espécie, que apresenta perspectivas econômicas muito mais favoráveis (C)*

sentam uma riquíssima relação de espécies com esse potencial, e iniciativas pioneiras de avaliação do rendimento proporcionado por essas espécies têm gerado resultados surpreendentes. Por exemplo, a exploração do pequi (*Caryocar brasiliense*) em Goiás pode apresentar margem bruta superior à da produção de soja (SantAna, 2011). Para exemplificar, em áreas onde ocorram dez pequizeiros/ha, o proprietário poderá ter uma margem bruta de R$ 200,00 a R$ 600,00/ha/ano. No mesmo período e região, a margem bruta para a soja foi de R$ 430/ha/ano (SantAna, 2011). Além do pequi, há ainda no Cerrado quase 60 espécies de fruteiras nativas usadas pela população – tais como a mangaba (*Hancornia speciosa*), o buriti (*Mauritia flexuosa*), o marolo (*Annona crassiflora*), a cagaita (*Eugenia dysenterica*), o cajuí (*Anacardium humile*) etc. –, que poderiam vir a ter inserção no mercado, ser produzidas em plantios de restauração e comercializadas.

Na Amazônia, as possibilidades também são inúmeras, dada a grande diversidade de produtos florestais não madeireiros de uso comercial que esse bioma possui. Apenas para ilustrar, considere-se o modelo de produção florestal desenvolvido pela Embrapa Amazônia Oriental, o qual prevê a produção de madeira para serraria por meio do paricá (*Schizolobium amazonicum*), de madeira para energia por meio do taxi-branco (*Sclerolobium paniculatum*), e de amêndoas de castanha-do-pará (*Bertholletia excelsa*) e andiroba (*Carapa guianensis*). Apenas a exploração de amêndoas em uma densidade de 39 indivíduos/ha de cada espécie possibilitaria um retorno econômico de cerca de R$ 440,00/ha/ano para a castanha-do-pará, a partir do 14º ano, e de R$ 490,00/ha/ano para a andiroba, a partir do 20º ano (Tab. 13.2). Perspectivas muito favoráveis são também observadas com relação ao uso de palmeiras nativas nos projetos de restauração na Amazônia. Com a adoção de boas práticas de manejo, em áreas naturais ou em processo de restauração, o açaí-do-amazonas (*Euterpe precatoria*) produz de 6.000 kg a 10.000 kg de frutos/ha/ano, tendo de 200 a 500 plantas/ha. Para o açaí-do-pará (*Euterpe oleraceae*), a produção varia de 6.000 kg a 12.000 kg de frutos/ha/ano, com 300 a 500 plantas/ha. Considerando que a lata com 14 kg de frutos é vendida hoje por R$ 18,00 a R$ 40,00, verifica-se que

essa é uma ótima atividade econômica. A pupunha (*Bactris gasipaes*) é outra espécie de interesse na região Norte, podendo produzir de 4 t a 10 t de frutos/ha e também ter seu palmito explorado. Além de outros produtos alimentícios de relevância na economia regional, como o cupuaçu (*Theobroma grandiflorum*) e o taperebá (*Spondias mombin*), a Floresta Amazônica oferece inúmeras possibilidades de aproveitamento de plantas medicinais, tais como a própria andiroba, o breu (*Protium* sp.) e a copaíba (*Copaifera* sp.), que estão cada vez mais despertando o interesse de empresas nacionais e internacionais.

Dado o reduzido impacto ambiental normalmente resultante da exploração de produtos florestais não madeireiros e as perspectivas favoráveis de retorno econômico que eles proporcionam, o cultivo de espécies nativas de interesse comercial em áreas em processo de restauração florestal, incluindo as de APP, é uma das alternativas mais promissoras para viabilizar economicamente a restauração ecológica no Brasil. Outra vantagem importante da exploração de produtos florestais não madeireiros em áreas em processo de restauração é que ela gera renda todos os anos, diferentemente da exploração madeireira. Isso é muito bem visto pelo produtor rural, que, devido a limitações econômicas e descapitalização, possui dificuldades em esperar por muitos anos até que obtenha retorno econômico da atividade de restauração.

13.2.3 Modelos agrossilviculturais

Outra possibilidade interessante para gerar recursos com a restauração florestal é por meio de cultivos de entrelinha. Trata-se de uma modalidade de sistema agroflorestal temporário conhecida como *taungya*, na qual espécies de ciclo curto são cultivadas em meio a espécies arbóreas nas fases iniciais de um reflorestamento até que o crescimento das árvores e o consequente sombreamento do solo impeçam a continuidade desses cultivos. Essa é uma opção de manejo muito coerente, pois os custos de manutenção de reflorestamentos de espécies nativas são elevados, e, por isso mesmo, nem sempre as atividades de manutenção são conduzidas na frequência e intensidade recomendadas. Como são adotados espaçamentos amplos em plantios de restauração, como o 3 m × 3 m e o 3 m × 2 m, normalmente são necessários mais do que três anos para o sombreamento efetivo do solo e a interrupção das atividades de manutenção. Até que isso ocorra, a elevada disponibilidade de luz favorece as gramíneas invasoras, cujo controle constitui um dos maiores desafios e custos dos projetos de restauração florestal.

Nesse contexto, o cultivo de espécies agrícolas de ciclo curto, tais como a mandioca (Fig. 13.19), o milho, o feijão, a abóbora e tantas outras, possibilitaria ocupar o terreno do plantio de restauração e, consequentemente, desfavorecer o crescimento vigoroso das gramíneas invasoras. Evidentemente,

controles adicionais de plantas daninhas serão necessários para que a espécie agrícola apresente produtividade satisfatória na área. Mas, nesse caso, trata-se de um investimento na produção agrícola, que será recompensado pelo maior retorno econômico advindo de uma quantidade maior de produtos obtidos, e não apenas de despesas para a manutenção de um reflorestamento ou área de condução da regeneração natural. Com isso, há evidentemente um maior interesse do produtor rural em manter a área livre de plantas competidoras, fazendo com que tanto a espécie agrícola como as florestais sejam beneficiadas. Dado o curto ciclo de produção,

Tab. 13.2 Produção e rendimento de amêndoas de castanha-do-pará *(Bertholletia excelsa)* e andiroba *(Carapa guianensis)* em modelo de produção desenvolvido na Amazônia Oriental

Ano	Número de árvores	Castanha-do-pará		Andiroba		Total acumulado (R$)
		Sementes/árvore (kg)	Valor (R$)	Sementes/árvore (litros)	Valor (R$)	
1	39					0,00
2	39					0,00
3	39					0,00
4	39					0,00
5	39					0,00
6	39			5	48,75	48,75
7	39			5	48,75	48,75
8	39	4	70,20	5	48,75	118,95
9	39	4	70,20	5	48,75	118,95
10	39	5	87,75	10	97,5	185,25
11	39	5	87,75	10	97,5	185,25
12	39	10	175,5	10	97,5	273,00
13	39	10	175,5	10	97,5	273,00
14	39	25	438,75	10	97,5	536,25
15	39	25	438,75	25	243,75	682,50
16	39	25	438,75	25	243,75	682,50
17	39	25	438,75	25	243,75	682,50
18	39	25	438,75	25	243,75	682,50
19	39	25	438,75	25	243,75	682,50
20	39	25	438,75	50	487,50	926,25
21	39	25	438,75	50	487,50	926,25
22	39	25	438,75	50	487,50	926,25
23	39	25	438,75	50	487,50	926,25
24	39	25	438,75	50	487,50	926,25
25	39	25	438,75	50	487,50	926,25
26	39	25	438,75	50	487,50	926,25
27	39	25	438,75	50	487,50	926,25
28	39	25	438,75	50	487,50	926,25
29	39	25	438,75	50	487,50	926,25
30	39	25	438,75	50	487,50	926,25
Total			8.125,65		7.263,75	15.389,40

Fonte: adaptado de Brienza Júnior et al. (2008).

é possível obter várias safras de espécies agrícolas até que o fechamento do dossel do reflorestamento impeça essa atividade, podendo contribuir de forma relevante para suprir produtos agrícolas para a subsistência do produtor rural e também para a comercialização em mercados locais e regionais, ajudando a cobrir os custos da implantação do projeto e gerando renda. Diante das perspectivas favoráveis de uso de modelos agrossilviculturais na restauração florestal, tais modelos têm sido expressamente permitidos em instrumentos legais nacionais e estaduais relacionados ao tema da restauração (Boxe *on-line* 13.2).

Fig. 13.19 *Cultivo de mandioca em meio a indivíduos regenerantes de espécies nativas em projeto de restauração florestal em pequenas propriedades rurais na Amazônia*

Após o fechamento do dossel, quando o cultivo de espécies agrícolas de ciclo curto é desfavorecido pela baixa incidência de luz, é possível ainda introduzir na área espécies agrícolas lenhosas tolerantes ao sombreamento, tais como o café (Fig. 13.20), a erva-mate e o cupuaçu. Nos casos em que o objetivo do projeto é a restauração ecológica, e não a reabilitação, a exploração econômica dessas espécies é progressivamente abandonada devido ao sombreamento maior proporcionado pela evolução estrutural da floresta, rumo aos atributos observados em ecossistemas de referência. Caso o interesse do projeto seja a produção agrícola por meio de SAFs, a sucessão secundária é restringida por meio de capinas, desbastes e podas de espécies competidoras com as culturas agrícolas, incluindo as árvores nativas, de forma a manter o sistema com condições de luz adequadas às demandas de produção das espécies de interesse. Trata-se, assim, de uma situação típica de reabilitação florestal.

Fig. 13.20 *Café sombreado em região montanhosa da Colômbia*

13.3 Considerações finais

A restauração florestal precisa ser conduzida dentro de uma nova perspectiva para ocorrer em larga escala, que expanda a atual abordagem de ações pontuais e desconexas – que se assemelham mais a um processo de "jardinagem ambiental" do que à necessária transformação de paisagens degradadas – para ser integrada ao pacote de políticas agrícolas e ambientais que conjuntamente determinam os estímulos e restrições para mudanças de uso do solo no Brasil. Nesse contexto, o proprietário rural deve ser visto como um grande aliado, pois ele é quem detém a absoluta maioria dos ecossistemas nativos remanescentes e das áreas a serem restauradas, e, sem incorporar essas áreas, o processo de restauração em larga escala não pode acontecer. No entanto, para que isso ocorra, é preciso que empresas ambientais, ONGs e governos deixem de enxergar esses proprietários de forma utilitarista, ou seja, como quem vai apenas ceder a terra para se realizarem ações que sirvam ao interesse desses grupos, mas de fato integrem o proprietário como verdadeiro parceiro e beneficiário da restauração em larga escala, oferecendo incentivos e alternativas para que se criem cenários de vantagens mútuas, para ambos os lados, como exemplificado neste capítulo com os estudos de caso em que a tecnificação da pecuária permitiu a criação de espaços para a expansão de florestas nativas na Amazônia.

Para que essa perspectiva seja implementada, é necessário que a forma de apoio da sociedade à restauração, por meio do Poder Público que a representa, seja profundamente modificada. Torna-se imprescindível a incorporação de mecanismos de mercado a uma política de restauração em larga escala, abrangendo linhas de crédito adequadas, suporte técnico, incentivos fiscais etc. E há evidências muito concretas de que a restauração em larga escala possa constituir uma nova atividade produtiva – de madeira, produtos florestais não madeireiros e serviços ecossistêmicos –, que seja lucrativa e atrativa para os produtores rurais, desde que se superem os desafios iniciais de toda nova atividade econômica, que requer um "empurrão" inicial para que depois possa adquirir um ritmo próprio e ser sustentável economicamente. Isso ocorreu praticamente com todas as atividades econômicas no Brasil, que demandaram um programa de incentivo inicial para que depois pudessem se desenvolver de forma independente, como o Pró-Álcool, o Pró-Várzea, os programas de colonização da Amazônia e os de incentivo à indústria de base florestal.

Já existem, em alguns países, programas públicos de incentivo à recuperação de florestas nativas em larga escala, como na Costa Rica, que aplica uma taxa aos combustíveis para gerar fundos para pagar por serviços ambientais a proprietários rurais e, assim, estimular a expansão de florestas nativas, e na China, que tem investido muitos recursos públicos para a recuperação de áreas degradadas no país. No entanto, dadas as dimensões continentais do Brasil, bem como a importância do agronegócio na nossa economia e da integração desse agronegócio à demanda mundial por *commodities* agrícolas, é preciso ir além do pagamento a proprietários rurais pelos serviços ambientais gerados em sua propriedade, pois certamente não haveria recursos disponíveis para todos. É preciso transformar a restauração florestal em um uso do solo economicamente viável, superando os obstáculos técnicos, como a falta de modelos de restauração planejados para a geração de bens e serviços da floresta, e políticos, no sentido amplo, que incluem restrições para a continuidade da expansão não planejada da agropecuária e estímulos para a reconversão de áreas degradadas historicamente no país em ecossistemas nativos. É hora de apoiar de verdade a restauração florestal.

Literatura complementar recomendada

ARONSON, J.; SUZANNE, J. M.; BLIGNAUT, J. N. *Restoration natural capital*: science, business, and practice. Washington, D.C.: Island Press, 2007. 383 p.

CARVALHO, P. E. R. *Espécies arbóreas brasileiras*: recomendações silviculturais, potencialidade e uso da madeira. 1. ed. Brasília: Embrapa Informação Tecnológica, 2008. v. 3. 593 p.

CECCON, E. *Restauración en bosques tropicales*: fundamentos ecológicos, prácticos y sociales. Madrid: Ediciones Díaz de Santos, 2013. 288 p.

GUEDES, F. M.; SEEHUSEN, S. E. (Ed.). *Pagamento por serviços ambientais na Mata Atlântica*: lições aprendidas e desafios. Brasília: Ministério do Meio Ambiente, 2011. Disponível em: <http://www.mma.gov.br/estruturas/202/_arquivos/psa_na_mata_atlantica_licoes_aprendidas_e_desafios_202.pdf>.

LAMB, D. *Large-scale forest restoration*. London: Earthscan, 2014. 320 p.

MONTAGNINI, F.; FRANCESCONI, W.; ROSSI, E. *Agroforestry as a tool for landscape restoration*. New York: Nova Science Publishers, 2011.

NBL – ENGENHARIA AMBIENTAL LTDA.; TNC – THE NATURE CONSERVANCY. *Manual de Restauração Florestal*: um instrumento de apoio à adequação ambiental de propriedades rurais do Pará. Belém: The Nature Conservancy, 2013. 128 p. Disponível em: <http://www.nature.org/media/brasil/manual-de-restauracao-florestal.pdf>.

Anexo: Chave para escolha de métodos de restauração florestal

Uma forma de se fazer essa associação entre o diagnóstico e as ações de restauração é por meio de um modelo semelhante a chaves dicotômicas usadas em taxonomia. No caso particular da restauração florestal, cada item avaliado do diagnóstico remete a um item de ações de restauração, e vice-versa, até que se chegue à ação final de restauração indicada para cada situação ambiental. Cabe ressaltar que, nesse modelo, as situações diagnósticas e ações de restauração não foram descritas em detalhes, uma vez que isso já foi feito nos capítulos deste livro. No entanto, foi incluída, logo após cada item, uma descrição sucinta das situações apresentadas no diagnóstico e das ações de restauração para facilitar o entendimento da chave.

Atentar que situações muito específicas ou particulares de uma região podem não ter sido incluídas na chave, a qual representa um exercício do conteúdo do livro e deve ser constantemente revisada, adaptada e atualizada.

Diagnóstico
D1   Fatores de degradação

Diz respeito a toda atividade antrópica que resulte em impactos negativos nos fragmentos florestais remanescentes e nas áreas a serem restauradas.

D1.1 Incêndios (segue para o item A1.1)

Incêndios gerados por meio de atividades antrópicas, tais como queimada da palha da cana-de-açúcar, renovação de pastagens e situações criminosas ou irresponsáveis.

D1.2 Uso pecuário (segue para o item A1.2)

Uso da área a ser restaurada como local de criação de animais domésticos herbívoros, como gado, cavalo, bode, ovelhas etc., bem como roçagem do pasto.

D1.3 Uso agrícola (segue para o item A1.3)

Uso da área a ser restaurada para o cultivo de espécies agrícolas anuais ou perenes.

D1.4 Uso para silvicultura comercial (segue para o item D3)

Uso da área a ser restaurada para a silvicultura de espécies exóticas, como pinus, eucalipto etc., ou mesmo para monocultivos de espécies nativas, como a seringueira na região Norte.

D1.5 Descarga de enxurrada (segue para o item A1.4)

Direcionamento da enxurrada gerada por canais de drenagem, terraços agrícolas e escoamento superficial de estradas e áreas de uso alternativo para áreas naturais ou marginais de produção agropecuária.

D1.6 Mineração (segue para o item A1.5)

Remoção ou revolvimento do solo para extração de areia, argila, rochas ou minerais em geral, que invariavelmente resultam na perda das camadas superficiais do solo.

D1.7 Exploração predatória de fauna e flora (segue para o item A1.6)

Toda ação irregular de extração de produtos madeireiros e não madeireiros nativos, bem como de espécimes da fauna, nas áreas de abrangência do projeto.

D2   Condições do solo

Diz respeito à capacidade física, química e biológica do solo de sustentar o crescimento da comunidade vegetal nativa, fornecendo água, nutrientes e suporte físico para o desenvolvimento dos indivíduos regenerantes ou plantados de espécies nativas.

D2.1 Solo não degradado (segue para o item D4)

Solo que apresenta condições propícias para o desenvolvimento da vegetação nativa a ele associado, mantendo sua integridade física, química e biológica.

D2.2 Solo degradado (segue para o item A2)

Solo desprovido de sua camada superficial e/ou compactado. Em situações drásticas, a restauração ecológica não mais se aplica, e alternativas de engenharia ecológica, recuperação ambiental e/ou reabilitação devem ser buscadas. No entanto, em outras situações, é possível adotar medidas de recuperação do solo para que posteriormente sejam adotados métodos de restauração florestal. Essa situação é comum na restauração de estradas não pavimentadas abandonadas, margens de rodovias, locais de pisoteio do gado e áreas mineradas.

D3 Regeneração natural no sub-bosque de povoamentos comerciais de espécies arbóreas

Diz respeito ao grau de colonização espacial do sub-bosque de povoamentos comerciais de espécies arbóreas por indivíduos regenerantes de espécies arbustivas e arbóreas nativas com altura superior a 30 cm, de forma associada às condições de relevo em que os povoamentos comerciais de espécies arbóreas se encontram.

D3.1 Baixa ou nula, independentemente do relevo da área (segue para o item A3.1)

Sub-bosque desprovido de indivíduos regenerantes de espécies nativas ou com apenas alguns poucos indivíduos distribuídos pela área (geralmente menos de 1.000 indivíduos por ha).

D3.2 Moderada, em área de relevo suave ondulado (segue para o item A3.2)

Sub-bosque com vários indivíduos regenerantes de espécies nativas (geralmente entre 1.000 e 2.500 indivíduos por ha), mas não o suficiente para formar uma fisionomia florestal apenas com base no crescimento desses regenerantes. Geralmente, há trechos com baixa ou nula regeneração natural, irregularmente distribuídos ao longo da área com moderada regeneração. Consideram-se, nesse caso, relevos planos o suficiente para evitar que os troncos das árvores cortadas rolem morro abaixo durante a colheita madeireira.

D3.3 Moderada, em área de relevo acidentado (segue para o item A3.3)

Tal como descrito no item anterior, mas em relevos declivosos, nos quais a inclinação é acentuada o suficiente para que haja o deslocamento dos troncos na área após o corte.

D3.4 Elevada, independentemente do relevo da área (segue para o item A3.3)

Sub-bosque densamente povoado por regenerantes de espécies nativas, onde a colheita de madeira resultaria em danos expressivos na comunidade regenerante e prejudicaria seu aproveitamento nas ações de restauração posteriores à colheita da madeira.

D4 Comunidade regenerante de espécies nativas e isolamento da área na paisagem

Diz respeito à composição florística e ao grau de colonização espacial de áreas abertas por indivíduos regenerantes de espécies arbustivas e arbóreas nativas com altura superior a 30 cm, e ao potencial de chegada de propágulos a essas áreas provindos de remanescentes florestais nativos do mesmo tipo de vegetação. Quanto ao número de espécies que compõem a regeneração, deve-se considerar valores compatíveis com as fases iniciais de sucessão secundária de cada tipo de vegetação para estabelecer se há muitas ou poucas espécies regenerando. Esse diagnóstico inclui áreas anteriormente ocupadas por povoamentos comerciais de espécies arbóreas nas quais as árvores cultivadas já foram cortadas ou mortas em pé.

D4.1 Elevada densidade de várias espécies regenerantes, em área isolada ou não na paisagem (segue para o item A4.1)

Áreas densamente povoadas (geralmente mais do que 2.500 indivíduos por ha) por um número elevado de espécies nativas, permitindo que se obtenha uma floresta com diversidade de espécies e de grupos funcionais compatível com os ecossistemas de referência sem a necessidade de enriquecimento natural ou via ações de restauração.

D4.2 Elevada densidade de poucas espécies regenerantes, em área não isolada na paisagem (segue para o item A4.1)

Áreas densamente povoadas (geralmente mais do que 2.500 indivíduos por ha) por um número restrito de espécies nativas, nas quais a comunidade regenerante é geralmente dominada por poucas espécies nativas pioneiras. No entanto, considera-se que há potencial de enriquecimento natural da vegetação por meio da dispersão de sementes de remanescentes florestais do entorno, de forma que, ao longo do tempo, será atingida diversidade de espécies e de grupos funcionais compatível com os ecossistemas de referência sem necessidade de enriquecimento induzido.

D4.3 Elevada densidade de poucas espécies regenerantes, em área isolada na paisagem (segue para o item A4.2)

Tal como descrito no item anterior, mas em situações nas quais a baixa conectividade da paisagem limita o enriquecimento natural da comunidade regenerante, tornando necessário reintroduzir, via ações de restauração, espécies e grupos funcionais que teriam poucas chances de chegar à área por dispersão, para que, então, se atinja diversidade de espécies e de grupos funcionais compatível com os ecossistemas de referência.

D4.4 Moderada densidade de muitas espécies regenerantes, em área não isolada na paisagem (segue para o item A4.3)

Áreas com vários indivíduos regenerantes de espécies nativas (geralmente entre 1.000 e 2.500 indivíduos por ha), mas não o suficiente para formar uma fisionomia florestal apenas com base no crescimento desses regenerantes. Geralmente há trechos com baixa ou nula regeneração natural, irregularmente distribuídos pela área. Nessa classe de situação ambiental, incluem-se áreas não isoladas na paisagem, tal como descrito em itens anteriores.

D4.5 Moderada densidade de poucas espécies regenerantes, em área isolada na paisagem (segue para o item A4.4)

Tal como descrito no item anterior, mas em áreas isoladas na paisagem, onde a baixa conectividade limita a colonização das áreas não ocupadas pela regeneração natural e o enriquecimento natural da comunidade regenerante.

D4.6 Reduzida ou nula densidade de regenerantes, em área não isolada na paisagem (segue para o item A4.5)

Áreas com resiliência muito reduzida, nas quais a degradação histórica comprometeu a persistência de espécies nativas no local. Trata-se de áreas desprovidas de indivíduos regenerantes de espécies nativas,

ou então com densidade tão baixa desses indivíduos que apenas a condução deles teria pouco efeito para a restauração da área. No entanto, acredita-se que há potencial efetivo de a floresta implantada ser colonizada gradualmente por parte relevante das espécies típicas dos ecossistemas de referência, uma vez que a área não se encontra isolada de outros remanescentes florestais da região.

D4.7 Reduzida ou nula densidade de regenerantes, em área isolada na paisagem (segue para o item A4.6)

Tal como descrito no item anterior, mas em áreas isoladas na paisagem, onde a baixa conectividade limita o enriquecimento natural da floresta implantada e faz com que a regeneração de espécies nativas seja, em maior parte, dependente da reprodução das espécies introduzidas na área via plantio ou semeadura.

D5 Estado de degradação de fragmentos florestais

Diz respeito à necessidade e possibilidade de adoção de ações de restauração para recuperar parte da estrutura, funcionamento e/ou composição de fragmentos florestais que foram submetidos historicamente a fatores de degradação, visando ampliar o potencial de conservação da biodiversidade e de contribuição desses fragmentos para a restauração de áreas degradadas presentes em seu entorno imediato. Frequentemente, um mesmo fragmento apresenta trechos em diferentes estados de conservação e degradação, de forma que o modelo de diagnóstico apresentado a seguir possa ser aplicado também a um mesmo remanescente florestal.

D5.1 Fragmentos conservados (segue para o item A5.1)

Fragmentos ou trechos de fragmentos pouco afetados por ações de degradação, embora sensíveis aos efeitos nocivos da fragmentação. Nessa situação, basta mantê-los isolados de fatores de degradação para que sejam mantidos a estrutura e o funcionamento do ecossistema. No entanto, a composição desses fragmentos pode ser afetada devido a extinções locais mediadas por problemas decorrentes da fragmentação florestal, notadamente o isolamento reprodutivo e o efeito de borda.

D5.2 Fragmentos passíveis de restauração (segue para o item A5.2)

Fragmentos ou trechos de fragmentos nos quais a degradação não foi intensa e recorrente o suficiente para comprometer o potencial de restauração espontânea da vegetação, bastando que o fragmento não volte a ser degradado para que ele venha a atingir a condição de *conservado*. No entanto, ações de manejo podem acelerar o processo de recuperação. Em termos fisionômicos, são fragmentos com dossel contínuo, mas com altura reduzida em relação a áreas conservadas, e com presença de lianas em desequilíbrio, principalmente nas bordas, sem que o interior da floresta seja dominado por essas plantas ou mesmo por gramíneas invasoras.

D5.3 Fragmentos com necessidade de restauração (segue para o item A5.3)

Fragmentos ou trechos de fragmentos nos quais a degradação foi tão severa que comprometeu a continuidade da sucessão secundária, sendo necessárias ações de restauração para remover fatores impeditivos da recuperação da estrutura e funcionamento do ecossistema, bem como para restabelecer condições propícias para a manutenção de parte relevante da biota nativa. Em termos gerais, são fragmentos que apresentam lianas em desequilíbrio e gramíneas invasoras em suas bordas e interior, bem como dossel baixo, descontínuo e com poucos estratos. Em fragmentos não isolados do acesso do gado, é comum encontrar o sub-bosque ralo, com poucos indivíduos regenerantes. Nesse caso, acredita-se que o fragmento não recuperaria sua integridade ecológica, no prazo de décadas, sem intervenções de restauração.

AÇÕES DE RESTAURAÇÃO

A1 Isolamento de fatores de degradação

Diz respeito à adoção de medidas que impeçam ou reduzam as chances de um dado fator de degradação voltar a danificar um remanescente natural ou um ecossistema em processo de restauração, possibilitando o restabelecimento dos processos naturais de recuperação da flora e fauna nativas.

A1.1 Medidas de proteção contra incêndios (segue para o item D2, no caso de áreas em uso ou abandonadas, ou D5, no caso de remanescentes florestais)

Conscientização do proprietário rural e dos moradores do entorno, implantação de aceiros e, no caso de canaviais, colheita de uma faixa de cana-de-açúcar crua em um raio de, no mínimo, 50 m do entorno do fragmento.

A1.2 Fim do uso pecuário (segue para o item D2, no caso de áreas em uso ou abandonadas, ou D5, no caso de remanescentes florestais)

Retirada dos animais, instalação de cercas isolando a área a ser restaurada e suspensão da roçagem do pasto.

A1.3 Fim do uso agrícola (segue para o item D2)

Interrupção do uso da área após a colheita, no caso de culturas anuais, ou remoção dos indivíduos cultivados, no caso de espécies perenes, e impedimento do cultivo posterior da área.

A1.4 Adoção de práticas de conservação do solo nas áreas agrícolas do entorno (segue para o item D2, no caso de áreas em uso ou abandonadas, ou D5, no caso de remanescentes florestais)

Adoção de práticas de conservação do solo, tais como construção de terraços e readequação da drenagem superficial, tanto na área a ser restaurada como naquelas situadas no entorno imediato dessa área ou de remanescentes florestais, de forma a reduzir os processos erosivos, o acúmulo de sedimentos e o arraste de sementes e plântulas pela enxurrada.

A1.5 Fim do uso para mineração (segue para o item D2)

Interrupção das atividades de remoção ou revolvimento do substrato.

A1.6 Programas de proteção à natureza (segue para o item D5)

Campanhas de conscientização do proprietário rural e dos moradores do entorno, fixação de placas de advertência e fiscalização.

A2 Recuperação do solo (segue para o item D4)

Consiste na adoção de medidas para remover impedimentos físicos e químicos do solo que limitam o desenvolvimento da vegetação nativa. Primeiramente, deve-se combater a erosão na área a ser recuperada via readequação da drenagem superficial e interceptação da enxurrada. Isso pode ser feito por meio da construção de terraços na área a ser restaurada e em seu entorno, da instalação de paliçadas nos sulcos de erosão (fixação de toras de madeira justapostas, que interceptam a enxurrada) e do uso de técnicas adicionais de engenharia de solos. Em seguida, deve-se promover a descompactação do solo, por meio do uso de subsolador ou outro tipo de implemento com ação semelhante, em profundidade mínima de 80 cm. Uma vez descompactado o solo, deve-se corrigi-lo quimicamente, por meio da adição de calcário, micronutrientes e macronutrientes, com especial destaque para o fósforo, de acordo com resultados de análise de solo e com base em valores de referência para cada ecossistema a ser restaurado. A adição de matéria orgânica, quando possível, é altamente recomendável para corrigir tanto atributos físicos quanto químicos do solo, uma vez que ela auxilia na estruturação do solo e na formação de microporos e macroporos, no armazenamento de água e na retenção e disponibilização de nutrientes. A partir de então, recomenda-se a ocupação do terreno com espécies de adubação verde para recobrir o solo e protegê-lo contra processos erosivos, incorporar matéria orgânica e nitrogênio (no caso de uso de leguminosas) e auxiliar na descompactação por meio de espécies com raízes pivotantes bem desenvolvidas. Após a ocupação da área pela adubação verde, pode-se realizar o plantio de mudas de espécies arbóreas nativas que apresentem elevada rusticidade, com destaque para algumas espécies de leguminosas, que também acrescentam nitrogênio ao solo e têm grande potencial de produção de biomassa. No entanto, cabe ressaltar que, em situações mais drásticas de degradação do solo, os objetivos do projeto devem se restringir à recuperação ambiental ou à reabilitação ecológica, uma vez que dificilmente poderão ser restabelecidas no local condições edáficas que deem suporte à formação de florestas maduras. Especial atenção deve ser dada à possibilidade de transposição de solo florestal superficial para essas áreas com solo degradado, pois trata-se de uma das melhores alternativas para esse tipo de situação.

A3 Remoção de povoamentos comerciais de espécies arbóreas

Consiste no corte ou morte em pé de indivíduos de povoamentos comerciais de espécies arbóreas para criar condições propícias, particularmente de maior incidência de luz e disponibilidade de água, para as espécies nativas regenerando no sub-bosque, ou então para possibilitar a implantação de reflorestamentos de espécies nativas. Nas situações em que se observa uma comunidade regenerante no sub-bosque desses povoamentos comerciais de espécies arbóreas, a intenção é permitir que as espécies nativas se desenvolvam a ponto de formar uma capoeira, sem que tenham sua ocorrência condicionada ao sub-bosque.

A3.1 Colheita tradicional da madeira (segue para o item D4)

Consiste na colheita da madeira sem considerar o eventual impacto da queda das árvores, por meio das técnicas que foram operacionalmente mais apropriadas em termos silviculturais.

A3.2 Colheita de impacto reduzido (segue para o item D4)

Consiste no corte e queda direcionada de árvores presentes em duas linhas consecutivas de plantio, de forma a concentrar o impacto da queda em apenas metade da área onde a regeneração natural do sub-bosque será conduzida.

A3.3 Morte das árvores em pé (segue para o item D4)

Consiste na morte das árvores em pé por meio da aplicação de herbicida ou anelamento, sem que haja o seu corte. Nessa situação, as árvores morrem aos poucos e saem do sistema à medida que os troncos apodrecem e caem, causando mudanças graduais nos regimes de luz do sub-bosque.

A4 Método de restauração

Consiste em práticas de campo diretamente associadas ao favorecimento da reocupação da área degradada pela vegetação nativa, seja pela condução da regeneração natural, seja pelas diversas formas de implantação de espécies nativas em área total.

A4.1 Favorecimento da regeneração natural de espécies nativas

Consiste no controle de gramíneas invasoras no entorno dos indivíduos regenerantes ou em área total, controle de cipós competidores e de árvores exóticas invasoras e, eventualmente, na adubação de cobertura e controle de formigas-cortadeiras.

A4.2 Favorecimento da regeneração natural de espécies nativas e enriquecimento

Tal como descrito no item anterior, mas com a ação complementar de plantio ou semeadura, geralmente em espaçamento 6 m × 6 m, de espécies nativas do grupo de diversidade em meio à comunidade regenerante, principalmente visando contemplar espécies com maiores limitações de dispersão na paisagem e de elevada interação com vertebrados frugívoros.

A4.3 Favorecimento da regeneração natural de espécies nativas e adensamento

Tal como descrito no item A4.1, mas com a ação complementar de plantio ou semeadura de espécies nativas do grupo de preenchimento nos trechos não preenchidos pelos indivíduos regenerantes já presentes na área.

A4.4 Favorecimento da regeneração natural de espécies nativas, adensamento e enriquecimento

Consiste no favorecimento da regeneração natural por meio dos métodos descritos anteriormente, plantio ou semeadura de espécies nativas do grupo de preenchimento nos trechos não preenchidos pelos indivíduos regenerantes (adensamento) e plantio ou semeadura sistemáticos de espécies de diversidade (enriquecimento) em meio à vegetação regenerante e às áreas onde foi feito o adensamento.

A4.5 Introdução de espécies nativas em área total, sem necessidade de uso de elevada diversidade de espécies

Consiste na introdução de espécies arbustivas e arbóreas nativas em área total, em densidade suficiente para recobrir o solo e formar uma fisionomia florestal, favorecendo o recrutamento de outras espécies nativas no sub-bosque e desfavorecendo a ocupação do solo por gramíneas invasoras. Pode ser obtida por meio de diferentes técnicas, tais como plantio de mudas, semeadura direta e transposição de solo florestal superficial. Como essa ação contempla situações do diagnóstico em que há potencial de enriquecimento natural e contínuo das áreas a serem restauradas por meio da chegada de sementes vindas de fragmentos do entorno, não há necessidade de uso de elevada diversidade inicial de espécies, pois considera-se que, com o tempo, serão atingidos níveis de riqueza e diversidade compatíveis com os observados nos ecossistemas de referência. No entanto, nada impede que se utilize elevada diversidade de espécies nesse tipo de situação, uma vez que isso poderá acelerar a restauração do ecossistema por meio do aumento da complexidade do dossel e de microssítios de regeneração, bem como poderá atrair quantidade e diversidade maiores de organismos dispersores de sementes e polinizadores. Além disso, trata-se de uma garantia maior de que elevados níveis de diversidade de espécies nativas serão atingidos no caso da expectativa de contribuição da paisagem não se concretizar.

A4.6 Introdução de espécies nativas em área total, com necessidade de uso de elevada diversidade de espécies

Tal como apresentado no item anterior, mas em situações em que o enriquecimento natural é limitado devido à reduzida cobertura florestal nativa, elevada fragmentação da paisagem e distanciamento da área a ser restaurada do fragmento florestal mais próximo, as quais restringem a quantidade e diversidade de sementes de outras espécies não plantadas que chegam à área em processo de restauração. Nessa situação, espera-se que parte das várias espécies nativas introduzidas consiga se desenvolver, reproduzir e dispersar sementes dentro da própria área em processo de restauração, dando suporte à manutenção dessas espécies nessa área e compensando a restrição de recrutamento imposta pela limitada chuva de sementes provinda dos pequenos, escassos e distantes fragmentos florestais remanescentes. Assim, seria possível manter, nas áreas em processo de restauração, níveis de diversidade de espécies e de grupos funcionais próximos aos encontrados nos ecossistemas de referência, mesmo em situações desfavoráveis de paisagem. É nesse contexto que se recomendam, por exemplo, reflorestamentos de alta diversidade, conforme discutido em capítulos anteriores.

A5 Manejo de fragmentos florestais degradados

A5.1 Ampliação do papel de conservação da biodiversidade

Mesmo fragmentos conservados, que não passaram historicamente por um processo de degradação mais intenso, podem ter o seu papel de conservação ampliado por meio da adoção de estratégias que visam combater os efeitos nocivos da fragmentação na biodiversidade. Para atenuar o efeito de borda e a baixa conectividade da paisagem, seria possível, por exemplo, implantar zonas tampão e corredores ecológicos, respectivamente. Adicionalmente, pode-se reintroduzir espécies da fauna e flora que foram localmente extintas ou mesmo ampliar a população de espécies ameaçadas presentes na região.

A5.2 Ampliação do papel de conservação da biodiversidade e aceleração da sucessão secundária

Consiste na adoção das mesmas medidas de ampliação do papel de conservação da biodiversidade descritas no item anterior, mas podendo ser complementadas por ações de restauração visando acelerar o processo de sucessão secundária nos trechos degradados do remanescente. Tais ações consistem basicamente em controlar lianas em desequilíbrio, induzir e conduzir a regeneração natural, e, eventualmente, realizar plantios de enriquecimento para reintroduzir espécies cuja população foi drasticamente reduzida ou extinta localmente por serem mais sensíveis à degradação. Outra opção seria simplesmente isolar o fragmento florestal dos fatores de perturbação e monitorar sua restauração espontânea, de forma que sejam adotadas medidas complementares de restauração apenas se verificada essa necessidade.

A5.3 Ampliação do papel de conservação da biodiversidade e restauração de fragmentos degradados

Consiste na adoção das mesmas medidas indicadas no item anterior, com o diferencial de que, nesse caso, são necessárias ações mais intensivas de restauração do fragmento, uma vez que se considera que ele não sairia de seu atual estado de degradação caso fosse simplesmente abandonado. Em termos gerais, são implementadas ações de manejo de lianas hiperabundantes nas bordas e interior do fragmento, controle de espécies arbóreas e herbáceas exóticas invasoras, indução e condução da regeneração natural, enriquecimento da vegetação regenerante e, em casos de maior degradação, são também conduzidos plantios de mudas de espécies secundárias visando à reconstituição do dossel.

Dessa forma, conclui-se a chave de diagnóstico e tomada de decisões para projetos de restauração florestal. Outra forma de associar os resultados do diagnóstico ambiental com as ações de restauração demandadas por cada situação particular é por meio de um quadro-resumo. Nesse quadro, apresentam-se todas as situações ambientais encontradas, especificando-se a existência ou não de regeneração de espécies arbustivas e arbóreas nativas, bem como o grau de isolamento delas em relação a fragmentos bem conservados da vegetação nativa. A sequência de ações recomendada é determinada em função de sua necessidade para garantir o processo de restauração, de acordo com a seguinte sequência:

1] Ação prioritária (incondicional): a ação deve ser adotada sem necessidade de monitoramento prévio;

2] Ação complementar (condicional): a adoção dessa decisão é dependente do monitoramento prévio da área, mas só não será adotada se os resultados do monitoramento indicarem a possibilidade de dispensa;

3] Ação facultativa: pode ou não ser adotada, dependendo do monitoramento prévio.

Referências Bibliográficas

ABRAF – ASSOCIAÇÃO BRASILEIRA DE PRODUTORES DE FLORESTAS PLANTADAS. *Anuário estatístico da ABRAF*: ano base 2008. Brasília, 2009. 120 p.

ABRAF – ASSOCIAÇÃO BRASILEIRA DE PRODUTORES DE FLORESTAS PLANTADAS. *Anuário estatístico da ABRAF*: ano base 2011. Brasília, 2012. 149 p.

AGUIRRE, N.; ARONSON J.; MOENS, M. et al. Educación y transferencia sobre restauración del capital natural en el Contexto Iberoamericano. *Revista Chilena de Historia Natural*. No prelo.

ALMEIDA NETO, M.; CAMPASSI, F.; GALETTI, M.; JORDANO, P.; OLIVEIRA-FILHO, A. Vertebrate dispersal syndromes along the Atlantic Forest: broad scale patterns and macroecological correlates. *Global Ecology and Biogeography*, v. 17, p. 503-513, 2008.

ANDRADE, G. G.; BARBOSA, O.; SOARES, A. P. *Inventário florestal da vegetação natural do estado de São Paulo*. São Paulo: Secretaria do Meio Ambiente; Instituto Florestal; Imprensa Oficial, 2005.

ARONSON, J. What can and should be legalized in ecological restoration? *Revista Árvore*, v. 34, p. 451-454, 2010.

ARONSON, J. Sustainability science demands that we define our terms across diverse disciplines. *Landscape Ecology*, v. 26, p 457-460, 2011.

ARONSON, J.; FLOC'H, E. Vital landscape attributes: missing tools for restoration ecology. *Restoration Ecology*, v. 4, p. 377-87, 1996.

ARONSON, J. ; AGUIRRE, N. ; MOENS, M. et al. Leak plugging and clog removal: useful analogies for restorationists. *Restoration Ecology*. Em revisão.

ARONSON, J.; MILTON, S. J.; BLIGNAUT, J. N. (Ed.). *Restoring natural capital*: science, business and practice. Washington, D.C.: Island Press, 2007. 384 p.

ARONSON, J., FLORET, C.; FLOC'H, E.; OVALLE, C.; PONTANIER, R. Restoration and rehabilitation of degraded ecosystems: I. A view from the South. *Restoration Ecology*, v. 1, p. 8-17, 1993a.

ARONSON, J.; FLORET, C.; FLOC'H, E.; OVALLE, C. ; PONTANIER, R. Restoration and rehabilitation of degraded ecosystems: II. Case studies in Chile, Tunisia and Cameroon. *Restoration Ecology*, v. 1, p. 168-187, 1993b.

ARONSON, J.; CLEWELL, A. F.; BLIGNAUT, J. N.; MILTON S. J. Ecological restoration: a new frontier for conservation and economics. *Journal for Nature Conservation*, v. 14, p. 135-139, 2006.

BEGON, M.; HARPER, J. L.; TOWNSEND, C. R. *Ecology*: individuals, populations and communities. Oxford: Blackwell Science, 1996. 1068 p.

BRADSHAW, A. D.; CHADWICK, M. J. *The restoration of land*: the ecology and reclamation of derelict and degraded land. London: Blackwell Publishing, 1980.

BRANCALION, P. H. S.; RODRIGUES, R. R.; GANDOLFI, S.; KAGEYAMA, P. Y.; NAVE, A. G.; GANDARA, F. B.; BARBOSA, L. M.; TABARELLI, M. Instrumentos legais podem contribuir para a restauração de florestas tropicais biodiversas. *Revista Árvore*, v. 34, p. 455-470, 2010.

BRAND, F. S.; JAX, K. Focusing the meaning(s) of resilience: resilience as a descriptive concept and a boundary object. *Ecology and Society*, v. 12, p. 23, 2007. Disponível em: <http://www.ecologyandsociety.org/vol12/iss1/art23/>.

BRIENZA JÚNIOR, S.; PEREIRA, J. F.; YARED, J. A. G.; MOURÃO JÚNIOR, M.; GONÇALVES, D. A.; GALEÃO, R. R. *Recuperação de áreas degradadas com base em sistema de produção florestal energético-madeireiro*: indicadores de custos, produtividade e renda. Brasília: Embrapa, 2008. cap. 4, p. 197-219.

BRUNDTLAND COMMISSION ON ENVIRONMENT AND DEVELOPMENT. *Our common future*. Oxford: Oxford University Press, 1987. 416 p.

BUDOWSKI, G. Distribution of tropical American rain forest species in the light of successional process. *Turrialba*, v. 15, n. 1, p. 40-43, 1965.

CALLAWAY, R. M.; WALKER, L. R. Competition and facilitation: a synthetic approach to interactions in plant communities. *Ecology*, v. 78, p. 1958-1965, 1997.

CAMPOE, O. C.; STAPE, J. L.; MENDES, J. C. T. Can intensive management accelerate the restoration of Brazil's Atlantic forests? *Forest Ecology and Management*, v. 259, p. 1808-1814, 2010.

CHAZDON, R. L. Chance and determinism in tropical forest succession. In: CARSON, W. P.; SCHNITZER, S. A. (Ed.). *Tropical forest community ecology*. Oxford: Wiley-Blackwell, 2008. p. 384-408.

CHAZDON, R. L.; HARVEY, C. A.; KOMAR, O.; GRIFFITH, D. M.; FERGUSON, B. G.; MARTÍNEZ-RAMOS, M.; MORALES, H.; NIGH, R.; SOTO-PINTO, L.; VAN BREUGEL, M.; PHILPOTT, S. M. Beyond reserves: a research agenda for conserving biodiversity in human-modified tropical landscapes. *Biotropica*, v. 41, p. 142-153, 2009.

CHOMITZ, K. M.; BRENES, E.; CONSTANTINO, L. Financing environmental services: the Costa Rican experience and its implications. *The Science of The Total Environment*, v. 240, p. 157-169, 1999.

CLARK, W. C.; DICKSON, N. M. Sustainability science: the emerging research program. *Proceedings of the National Academy of Sciences*, v. 100, p. 8059-8061, 2003.

CLEMENTS, F. E. *Plant succession and indicators*. New York: H.W. Wilson, 1928. 453 p.

CLEWELL, A. F. Guidelines for reference model preparation. *Ecological Restoration*, v. 27, p. 244-246, 2009.

CLEWELL, A. F.; ARONSON, J. *Ecological restoration*: principles, values, and structure of an emerging profession. Washington, D.C.: Island Press, 2007. 216 p.

CLEWELL, A. F.; ARONSON, J. *La restauration écologique*: principes, valeurs et structure d'une profession émergente. Arles: Actes Sud, 2010. 340 p.

DAILY, G. C. *Nature's services*: societal dependence on natural ecosystems. Washington, D.C.: Island Press, 1997.

DAILY, G.; ALEXANDER, S.; EHRLICH, P. R.; GOULDER, L.; LUBCHENCO, J.; MATSON, P. A.; MOONEY, H. A.; POSTEL, S.; SCHNEIDER, S. H.; TILMAN, D.; WOODWELL, G. M. S. Ecosystem services: benefits supplied to human societies by natural ecosystems. *Issues in Ecology*, v. 2, p. 1-18, 1997.

DALE, V. H.; BEYELER, S. C. Challenges in the development and use of ecological indicators. *Ecological Indicators*, v. 1, p. 3-10, 2001.

DALY, H. E. Toward some operational principles of sustainable development. *Ecological Economics*, v. 2, p. 1-6, 1990.

DEAN, W. *A ferro e fogo*: a história da devastação da Mata Atlântica brasileira. São Paulo: Companhia das Letras, 1996. 484 p.

DE GROOT, R.; FISHER, B.; CHRISTIE, M.; ARONSON, J.; BRAAT, L.; HAINES-YOUNG, R.; GOWDY, J.; MALTBY, E.; NEUVILLE, A.; POLASKY, S.; PORTELA, R.; RING, I. Integrating the ecological and economic dimensions in biodiversity and ecosystem service valuation. In: KUMAR, P. (Ed.). *The economics of ecosystems and biodiversity*: ecological and economic foundations. London; Washington, D.C.: Earthscan, 2010. chap. 1, p. 9-40.

DIEGUES, A. C. Aspectos sociais e culturais do uso dos recursos florestais da Mata Atlântica. In: SIMÕES, L. L.; LINO, C. F. *Sustentável Mata Atlântica*: a exploração de seus recursos florestais. 2. ed. São Paulo: Editora Senac, 2003. 211 p.

DURIGAN, G.; MELO, A. C. G. Panorama das políticas públicas e pesquisas em restauração ecológica no estado de São Paulo, Brazil. In: FIGUEROA, B. *Conservación de la biodiversidad en las Américas*: Lecciones y recomendaciones de política. Santiago: Universidade do Chile, 2011.

DURIGAN, G.; ENGEL, V. L.; TOREZAN, J. M.; MELO, A. C. G.; MARQUES, M. C. M.; MARTINS, S. V.; REIS, A.; SCARANO; F. R. Normas jurídicas para a restauração ecológica: uma barreira a mais para dificultar o êxito das iniciativas? *Revista Árvore*, v. 34, 471-485, 2010.

ELLIOTT, S.; NAVAKITBUMRUNG, P.; KUARAK, C.; ZANGKUM, S.; ANUSARNSUNTHORN, V.; BLAKESLEY, D. Selecting framework tree species for restoring seasonally dry tropical forests in northern Thailand based on field performance. *Forest Ecology and Management*, v. 184, p. 177-191, 2003.

FAO – FOREST RESOURCE ASSESSMENT PROGRAMME. *Global forest resource assessment update 2005*: terms and definitions. Rome: Forest Resource Assessment Programme, 2004. 36 p.

FASIABEN, M. C. R. *Impacto econômico da reserva legal florestal sobre diferentes tipos de unidades de produção agropecuária*. Tese (Doutorado) – Universidade Estadual de Campinas, Campinas, 2010.

FEREZ, A. P. C. *Efeito de práticas silviculturais sobre as taxas iniciais de sequestro de carbono em plantios de restauração da Mata Atlântica*. Dissertação (Mestrado) – Universidade de São Paulo, Escola Superior de Agricultura "Luiz de Queiroz", São Paulo, 2010. 106 p.

FORMAN, R. T. T.; GORDON, M. *Landscape Ecology*. New York: John Wiley & Sons, 1986. 620 p.

GANDOLFI, S. *História Natural de uma Floresta Estacional Semidecidual no Município de Campinas (São Paulo, Brasil)*. Tese (Doutorado) – Instituto de Biologia, Universidade Estadual de Campinas, Campinas, 2000.

Gardner, T. A.; Barlow, J.; Chazdon, R. L.; Ewers, R. M.; Harvey, C. A.; Peres, C. A.; Sodhi, N. S. Prospects for tropical forest biodiversity in a human-modified world. *Ecology letters*, v. 12, p. 561-582, 2009.

GIRÃO, V. J. *Alterações iniciais na dinâmica de regeneração de um fragmento florestal degradado após manejo de trepadeiras superabundantes*. Dissertação (Mestrado) – Escola Superior de Agricultura "Luiz de Queiroz", Universidade de São Paulo, Piracicaba, 2014.

GUEDES, F. M.; SEEHUSEN, S. E. (Ed.). *Pagamento por serviços ambientais na Mata Atlântica*: lições aprendidas e desafios. Brasília: Ministério do Meio Ambiente, 2011. Disponível em: <http://www.mma.gov.br/estruturas/202/_arquivos/psa_na_mata_atlantica_licoes_aprendidas_e_desafios_202.pdf>.

GUREVITCH, J.; SCHEINER, S. M.; FOX, G. A. *The ecology of plants*. Sunderland, MA: Sinauer Associates, 2002. 523 p.

HAMILTON, K.; SJARDIN, M.; SHAPIRO, A.; MARCELLO, T. *Fortifying the foundation*: state of voluntary carbon markets 2009. New York: Ecosystem Market Place; New Carbon Finance, 2009. 108 p. Disponível em: <http://ecosystemmarketplace.com/documents/cms_documents/StateOfTheVoluntaryCarbonMarkets_2009.pdf>.

HIGGS, E. S. What is good ecological restoration? *Conservation Biology*, v. 11, p. 338-348, 1997.

HOBBS, R. J. The ecological context: a landscape perspective. In: Perrow, M.; Davy, A. J. (Ed.). *Handbook of ecological restoration*. Cambridge, UK: Cambridge University Press, 2002. p. 22-45.

HOBBS, R. J.; SAUNDERS, D. A. *Reintegration of fragmented landscapes*: towards sustainable production and nature conservation. New York: Springer, 1992. 332 p.

HOBBS, R. J.; HIGGS, E.; HARRIS, J. A. Novel ecosystems: implications for conservation and restoration. *Trends in Ecology and Evolution*, v. 24, p. 599-605, 2009.

HOBBS, R. J.; ARICO, S.; ARONSON, J.; BARON, J. S.; BRIDGEWATER, P.; CRAMER, V. A.; EPSTEIN, P. R.; EWEL, J. J.; KLINK, C. A.; LUGO, A. E.; NORTON, D.; OJIMA, D.; RICHARDSON, D. M.; SANDERSON, E. W.; VALLADARES, F.; VILÀ, M.; ZAMORA, R.; ZOBEL, M. Novel ecosystems: theoretical and management aspects of the new ecological world order. *Global Ecology and Biogeography*, v. 15, p. 1-7, 2006.

HOBBS, R. J.; HALLETT, L. M.; EHRLICH, P. R.; MOONEY, H. A. Intervention Ecology: applying ecological science in the twenty-first century. *BioScience*, v. 61, p. 442-450, 2011.

HOEGH-GULDBERG, O.; HUGHES, L.; MCINTYRE, S.; LINDENMAYER, D. B.; PARMESAN, C.; POSSINGHAM, H. P.; THOMAS C. D. Assisted colonization and rapid climate change. *Science*, v. 321, p. 345-346, 2008.

HUFFORD, K.; MAZER S. Plant ecotypes: genetic differentiation in the age of ecological restoration. *Trends in Ecology and Evolution*, v. 18, p. 147-155, 2003.

IBGE – INSTITUTO BRASILEIRO DE GEOGRAFIA E ESTATÍSTICA. *Mapas interativos*. 2006. Disponível em: <http://www.ibge.gov.br>.

ISERNHAGEN, I. *Uso de semeadura direta de espécies arbóreas nativas para restauração florestal de áreas agrícolas, sudeste do Brasil*. Tese (Doutorado) – Escola Superior de Agricultura "Luiz de Queiroz", Universidade de São Paulo, Piracicaba, 2010.

JACKSON, L. L. N.; LOPUKINE, N.; HILLYARD, D. Ecological restoration: a definition and comments. *Restoration Ecology*, v. 3, p. 71-75, 1995.

JACOVACK, A. C. *O uso do banco de sementes florestal contido no topsoil como estratégia de recuperação de áreas degradadas*. Dissertação (Mestrado) – Instituto de Biologia, Universidade Estadual de Campinas, Campinas, 2007.

JONES, C. G.; LAWTON, J. H.; SHACHAK, M. Organisms as ecosystem engineers. *Oikos*, v. 69, p. 373-386, 1994.

KATES, R. W.; CLARK, W. C.; CORELL, R.; HALL, J. M.; JAEGER, C. C.; LOWE, I.; MCCARTHY, J. J.; SCHELLNHUBER, H. J.; BOLIN, B.; DICKSON, N. M.; FAUCHEUX, S.; GALLOPIN, G. C.; GRUBLER, A.; HUNTLEY, B.; JAGER, J.; JODHA, N. S.; KASPERSON, R. E.; MABOGUNJE, A.; MATSON, P.; MOONEY, H.; MOORE III, B.; O'RIORDAN, T.; SVEDLIN, U. Environment and development: sustainability science. *Science*, v. 292, p. 641-642, 2001.

LAVELLE, P. Faunal activities and soil processes: adaptive strategies that determine ecosystem function. *Advances in Ecological Research*, v. 27, p. 93-132, 1997.

MACK, R. N.; SIMBERLOFF, D.; LONSDALE, W. M.; EVANS, H.; CLOUT, M. BAZZAZ, F. A. Biotic invasions: causes, epidemiology, global consequences, and control. *Ecological Applications*, v. 10, p. 689-710, 2000.

MACMAHON, J. A.; HOLL, K. D. Ecological restoration: a key to conservation biology's future. In: SOULÉ, M. E.; ORIANS, G. (Ed.). *Research priorities in conservation biology.* Washington, D.C.: Island Press, 2001. p. 245-269.

MCLAUCHLAN, J. S.; HELLMANN, J. J.; SCHWARTZ, M. W. A framework for debate of assisted migration in an era of climate change. *Conservation Biology*, v. 21, p. 297-302, 2007.

MCNEELEY, J. A. (Ed.). *The great reshuffling*: human dimensions of invasive alien species. Gland, Switzerland: IUCN, 2001. 242 p.

MEA – MILLENNIUM ECOSYSTEM ASSESSMENT. Ecosystems and human well-being: multiscale assessments. *Synthesis Report Series*, Washington, D.C., v. 4, 2005. Disponível em: <http://www.unep.org/maweb/en/Synthesis.aspx>.

METZGER, J. P. Como restaurar a conectividade de paisagens fragmentadas? In: KAGEYAMA, P. Y. et al. (Org.). *Restauração ecológica de ecossistemas naturais.* Botucatu: Fepaf, 2003. p. 51-76.

MILTON, S. J.; DEAN W. R. J.; RICHARDSON. D. M. Economic incentives for restoring natural capital in southern African rangelands. *Frontiers in Ecology and the Environment*, v. 1, p. 247-254, 2003.

MORELLATO, P. C.; LEITÃO FILHO, H. F. (Org.). *Ecologia e preservação de uma floresta tropical urbana*: reserva de Santa Genebra. Campinas: Editora da Unicamp, 1995. 136 p.

MORELLATO, P. C.; LEITÃO FILHO, H. F. Reproductive phenology of climbers in a southeastern Brazilian forest. *Biotropica*, v. 28, n. 2, p. 180-191, 1996.

MORRISON, M. *Restoring wildlife*: ecological concepts and practical applications. Washington, D.C.: Island Press, 2009. 351 p.

NAEEM, S. Biodiversity and ecosystem functioning in restored ecosystems: extracting principals for a synthetic perspective. In: Falk, D. A. et al. (Ed.). *Foundations of restoration ecology*: the science and practice of ecological restoration. New York: Island Press, 2006. p. 210-237.

NOGUEIRA, J. C. B. *Reflorestamento misto com essências nativas*: a mata ciliar. São Paulo: Instituto Florestal, 2010. 148 p.

NRC – NATIONAL RESEARCH COUNCIL. *Rehabilitation potential of western coal lands.* Cambridge, Massachusetts: National Research Council; Ballinger Publishing, 1974.

ODUM, E. P. *Ecology.* New York: Holt, Rinehart & Winston, 1963. 244 p.

OSBORNE, P. L. *Tropical ecosystems and ecological concepts.* Cambridge, UK: Cambridge University Press, 2000. 464 p.

PACTO PELA RESTAURAÇÃO DA MATA ATLÂNTICA. *Protocolo de Monitoramento para Programas e Projetos de Restauração Florestal.* 2013. Disponível em: <http://www.pactomataatlantica.org.br/pdf/_protocolo_projetos_restauracao.pdf>.

PARCIAK, W. Environmental variation in seed number, size, and dispersal of a fleshy-fruited plant. *Ecology*, v. 83, p. 780-793, 2002.

PEREIRA, D.; SANTOS, D.; VEDOVETO, M.; GUIMARÃES, J.; VERÍSSIMO, A. *Fatos florestais da Amazônia - 2010.* Belém: Imazon, 2010. 124 p.

PERES, C. A.; GARDNER, T. A.; BARLOW, J.; ZUANON, J.; MICHALSKI, F.; LEES, A. C.; VIEIRA, I. C. G.; MOREIRA, F. M. S.; FEELEY, K. J. Biodiversity conservation in human-modified Amazonian forest landscapes. *Biological Conservation*, v. 143, p. 2314--2327, 2010.

PETCHEY, O. L.; GASTON, K. J. Functional diversity: back to basics and looking forward. *Ecology Letters*, v. 9, p. 741-758, 2006.

PICKETT, S. T. A.; CADENASSO, M. L.; MEINERS S. J. Ever since clements: from succession to vegetation dynamics understanding to intervention. *Applied Vegetation Science*, v. 12, p. 9-21, Feb. 2009.

PROJETO PRODES - Monitoramento da floresta amazônica brasileira por satélite. 2013. Disponível em: <http://www.obt.inpe.br/prodes/index.php>.

PYŠEK, P. On the terminology used in plant invasion studies. In: Pyšek, P. et al. (Ed.). *Plant invasions*: general aspects and special problems. Amsterdam: SPB Academic Publishing, 1995. p. 71-81.

RATTER, J. A.; BRIDGEWATER, S.; RIBEIRO, J. F.; DIAS, T. A. B.; SILVA, M. R. Distribuição das espécies lenhosas da fitofisionomia Cerrado sentido restrito nos estados compreendidos pelo bioma Cerrado. *Boletim do Herbário Ezechias Paulo Heringer*, v. 5, p. 5-43, 2000.

REES, W. E. Cumulative environmental assessment and global change. *Environmental Impact Assessment Review*, v. 15, p. 295--309, 1995.

REIS, A.; BECHARA, F.; TRES, D. Nucleation in tropical ecological restoration. *Scientia Agricola*, v. 67, p. 244-250, 2010.

REIS, M. S.; GUERRA, M. P.; NODARI, R. O.; RIBEIRO, R. J.; REIS, A. Distribuição geográfica e situação atual das populações na área de ocorrência de *Euterpe edulis martius.* In: REIS, M. S.; REIS, A. (Ed.). *Euterpe edulis martius (palmiteiro)*: biologia, conservação e manejo. Itajaí: Herbário Barbosa Rodrigues, 2000. p. 324-335.

RIBEIRO, M. C.; METZGER, J. P.; MARTENSEN, A. C.; PONZONI, F. J.; HIROTA, M. M. The Brazilian Atlantic Forest: how much is left, and how is the remaining forest distributed? Implications for conservation. *Biological Conservation*, v. 142, p. 1141--1153, 2009.

RICCIARDI, A.; SIMBERLOFF, D. Assisted colonization is not a viable conservation strategy. *Trends in Ecology and Evolution*, v. 24, p. 248-253, 2008.

RICHARDSON, D. M.; PYSEK, P.; REJMANEK, M.; BARBOUR, M. G.; PANETTA, F. D.; WEST, C. J. Naturalization and invasion of alien plants: concepts and definitions. *Diversity and distributions*. v. 6, p. 93-107, 2000.

RIETBERGEN-MCCRACKEN, J.; MACINNIS, S.; SARRE, A. *The forest landscape restoration handbook*. London: Earthscan, 2008. 192 p.

ROBERTS, H. A. Seed banks in the soil. *Advances in Applied Biology*, v. 6, p. 1-55, 1981.

RODRIGUES, R. R.; TORRES, R. B.; MATTHES, L. A. F.; PENHA, A. S. Tree species sprouting from root buds in a semideciduous forest affected by fire. *Brazilian Archives of Biology and Technology*, v. 47, n. 1, p. 127-133, 2004.

RODRIGUES, R. R.; BRANCALION, P. H. S.; ISENHAGEN, I. (Org.). *Pacto pela Restauração da Mata Atlântica*: referencial dos conceitos e ações de restauração florestal. São Paulo: Instituto BioAtlântica, 2009.

RODRIGUES, R. R.; GANDOLFI, S.; NAVE, A. G; ARONSON, J.; BARRETO, T. E.; VIDAL, C. Y.; BRANCALION, P. H. S. Large-scale ecological restoration of high diversity tropical forests in SE Brazil. *Forest Ecology and Management*, v. 261, p. 1605-1613, 2011.

RONKA, F. J. N.; NALON, M. A.; MATSUKUMA, C. K.; KANASHIRO, M. M.; YWANE, M. S. S.; PAVÃO, M.; DURIGAN, G.; LIMA, L. M. P. R.; GUILLAUMON, J. R.; BAITELLO, J. B.; BORGO, S. C.; MANETTI, L. A.; BARRADAS, A. M. F.; FUKUDA, J. C.; SHIDA, C. N.; MONTEIRO, C. H. B.; PONTINHA, A. A. S.; RODRIGUES, R. R. et al. Diretrizes para a conservação e restauração da biodiversidade no estado de São Paulo. São Paulo: Instituto de Botânica; Biota; Fapesp, 2008. Disponível em: <http://www.ambiente.sp.gov.br/cpla/fi les/100111_biota_fapesp.pdf>.

ROSEMUND, A. D.; ANDERSON, C. B. Engineering role models: do non-human species have the answers? *Ecological Engineering*, v. 20, p. 379-87, 2003.

SCHWARCZ, K. D.; SIQUEIRA, M. V. B. M.; ZUCCHI, M. I.; BRANCALION, P. H. S.; RODRIGUES, R. R. O uso na conservação e restauração da diversidade genética. In: VEIGA, R. F. A.; QUEIROZ, M. A.; CIRINO, V. M. *Recursos fitogenéticos*: a base da agricultura sustentável no Brasil. Campinas: Amaro Publicações, 2014.

SEASTEDT, T. R.; HOBBS, R. J.; SUDING, K. N. Management of novel ecosystems: are novel approaches required? *Frontiers in Ecology and the Environment*, v. 6, p. 547-553, 2008.

SER – SOCIETY FOR ECOLOGICAL RESTORATION. *Minutes of the annual meeting of the Board of the Directors*. Madison, 1990.

SER – SOCIETY FOR ECOLOGICAL RESTORATION. *Minutes of the annual meeting of the Board of the Directors*. Madison, 1995.

SER – SOCIETY FOR ECOLOGICAL RESTORATION. Society for Ecological Restoration International's primer of ecological restoration. 2004. Disponível em português em: <http://www.ser.org/pdf/SER_Primer_Portuguese.pdf>.

SHAW, W. C. Integrated weed management systems technology for pest management. *Weed science*, v. 30 (supl. 1), p. 2-12, 1982.

SOARES-FILHO, B.; RAJÃO, R.; MACEDO, M.; CARNEIRO, A.; COSTA, W.; COE, M.; RODRIGUES, H.; ALENCAR, A. Cracking Brazil's forest code. *Science*, v. 344, p. 363-364, 2014.

STRANGHETTI, V.; RANGA, N. Pheological aspects of flowering and fruiting at the ecological station of Paulo de Faria - SP, Brazil. *Tropical Ecology*, v. 38, n. 2, p. 323-327, 1997.

STRASSBURG, B. B. N.; LATAWIEC, A. E.; BARIONI, L. G.; NOBRE, C. A.; SILVA, V. P.; VALENTIM, J. F.; VIANNA, M.; ASSAD, E. D. When enough should be enough: improving the use of current agricultural lands could meet production demands and spare natural habitats in Brazil. *Global Environmental Change*, v. 28, p. 84-97, 2014.

TABARELLI, M.; AGUIAR, A. V.; RIBEIRO, M. C.; METZGER, J. P.; PERES, C. A. Prospects for biodiversity conservation in the Atlantic Forest: lessons from aging human-modified landscapes. *Biological Conservation*, v. 10, p. 2328-2340, 2010.

TANSLEY, A. G. The use and abuse of vegetational concepts and terms. *Ecology*, v. 16, p. 284-307, 1935.

TEEB – THE ECONOMICS OF ECOSYSTEMS AND BIODIVERSITY; KUMAR, P. (Ed.). *The economics of ecosystems and biodiversity*: ecological and economic foundations. London; Washington, D.C.: Earthscan, 2010.

TEEB – THE ECONOMICS OF ECOSYSTEMS AND BIODIVERSITY; BRINK, P. T. (Ed.). *The economics of ecosystems and biodiversity*: in national and international policy making. London; Washington, D.C.: Earthscan, 2011.

TEMPERTON, V. M.; HOBBS, R. J.; NUTTLE, T.; HALLE, S. (Ed.). *Assembly rules and restoration ecology*. Washington, D.C.: Island Press, 2004. 424 p.

TOLEDO, K. Sem florestas, gasta-se mais. *Revista Fapesp*, p. 54-57, 2014. Disponível em: <http://revistapesquisa.fapesp.br/wp-content/uploads/2014/05/054-057_Biota_219.pdf>.

VAN ANDEL, J.; ARONSON, J. (Ed.). *Restoration ecology*: the new frontier. Oxford: Blackwell, 2006. 340 p.

VAN ANDEL, J.; GROOTJANS, A.; ARONSON, J. UNIFYING CONCEPTS. IN: VAN ANDEL, J.; ARONSON, J. (Ed.). *Restoration ecology*: the new frontier. 2. ed. Oxford: Blackwell. No prelo.

VELOSO, P. H.; RANGEL-FILHO, A. L. R.; LIMA, J. C. E. *Classificação da vegetação brasileira adaptada a um sistema universal*. Rio de Janeiro: IBGE, 1991. 123 p.

VITOR, M. A. M.; CAVALLI, A. C.; GUILLAUMON, J. R.; SERRA FILHO, R. *Cem anos de devastação*: revisitada 30 anos depois. Brasília: Ministério do Meio Ambiente, 2005. 72 p.

WACKERNAGEL, M.; REES, W. *Our ecological footprint*: reducing human impact on the Earth. Philadelphia, PA: New Society Publishers, 1996. 160 p.

WALKER, B. H. Biodiversity and ecological redundancy. *Biological Conservation*, v. 6, p. 18-23, 1992.

WALKER, B. H.; SALT, D. *Resilience thinking*: sustaining ecosystems and people in a changing world. Washington, D.C.: Island Press, 2006. 174 p.

WARDLE, D. A.; YEATES, G. W.; WILLIAMSON, W.; BONNER, K. I. The response of a three level trophic food web to the identity and diversity of plant species and functional groups. *Oikos*, v. 102, p. 45-56, 2003.

WEIHER, E.; KEDDY, P. *Ecological assembly rules*: perspectives, advances, retreats. Cambridge, UK: Cambridge University Press, 1999. 430 p.

WESTMAN, W. E. Measuring the inertia and resilience of ecosystems. *BioScience*, v. 28, p. 705-710, 1978.

WHISENANT, S. *Repairing degraded wildlands*. Cambridge, UK: Cambridge University Press, 1999. 312 p.

WILSON, E. O. *Consilience*: the unity of science. New York: Alfred A. Knopf, 1998.

WRIGHT, J.; SYMSTAD, A.; BULLOCK, J. M.; ENGELHARDT, K.; JACKSON, L.; BERNHARDT, E. Restoring biodiversity and ecosystem function: will an integrated approach improve results? In: Naeem, S. et al. (Ed.). *Biodiversity, ecosystem functioning and human wellbeing*. Oxford: Oxford University Press, 2009. p. 167-177.

WU, J. Landscape of culture and culture of landscape: does landscape ecology need culture? *Landscape Ecology*, v. 25, p. 1147--1150, 2010.

WU, J.; HOBBS, R. J. Landscape ecology: the state-of-the-science In: Wu, J.; Hobbs, R. J. (Ed.). *Key topics in landscape ecology*. Cambridge, UK: Cambridge University Press, 2007. p. 271-287.

WUNDER, S.; BÖRNER, J.; TITO, M. R.; PEREIRA, L. *Pagamentos por serviços ambientais*: perspectivas para a Amazônia Legal. Brasília: Ministério do Meio Ambiente, 2008. 136 p.

ZAKIA, M. J. B.; RIGHETTO, A. M.; LIMA, W. P. Delimitação da zona ripária em uma microbacia. In: LIMA, W. P.; ZAKIA, M. J. B. (Org.). *As florestas plantadas e a água*: implementando o conceito de bacia hidrográfica como unidade de planejamento. São Carlos: Rima, 2006. p. 89-106.

LISTA DE AUTORES DOS BOXES

CAP. 1

Cristina Godoy de Araújo Freitas
(cristinagodoy@mp.sp.gov.br),
coordenadora da área de Meio Ambiente do Centro de
Apoio Operacional Cível e de Tutela Coletiva – MP-SP

James Aronson (james.aronson@cefe.cnrs.fr),
Centre d'Ecologie Fonctionnelle et Evolutive/CNRS
(Montpellier, França) e Missouri Botanical Garden
(Saint Louis, EUA)

Luiz Fernando Duarte de Moraes
(luizfernando@cnpab.embrapa.br),
Centro Nacional de Pesquisa em Agrobiologia da
Embrapa

Margaret Palmer
(mpalmer@umd.edu; mpalmer@sesync.org),
University of Maryland/SESYNC (EUA)

Solange Filoso (filoso@umces.edu),
University of Maryland Center for Environmental
Science (EUA)

CAP. 2

Fulvio Cavalheri Parajara
(fulvioparajara@hotmail.com),
Instituto de Botânica/SP - Coordenação Especial de
Restauração de Áreas Degradadas – CERAD

Helena Carrascosa von Glehn
(hcarrascosa@sp.gov.br),
Coordenadoria de Biodiversidade e Recursos Naturais,
Secretaria do Meio Ambiente do Estado de São Paulo

João Dagoberto dos Santos (jdsantos@esalq.usp.br),
Escola Superior de Agricultura "Luiz de Queiroz"
(Esalq), da Universidade de São Paulo (Brasil)

Karina Barbosa (cbkarina@yahoo.com),
Instituto de Botânica/SP - Coordenação Especial de
Restauração de Áreas Degradadas – CERAD

Luiz Fernando Duarte de Moraes
(luizfernando@cnpab.embrapa.br),
Centro Nacional de Pesquisa em Agrobiologia da
Embrapa

Luiz Mauro Barbosa (lmbecol@terra.com.br),
Instituto de Botânica/SP - Coordenação Especial de
Restauração de Áreas Degradadas – CERAD

Rejan R. Guedes-Bruni (rejanbruni@puc-rio.br),
Jardim Botânico do Rio de Janeiro e PUC-Rio

Tiago Barbosa (barbosa_tiago@yahoo.com.br),
Instituto de Botânica/SP - Coordenação Especial de
Restauração de Áreas Degradadas – CERAD

CAP. 3

Geovane Siqueira (geovane.siqueira@vale.com),
Reserva Natural Vale, Vale S/A

Gilberto Terra (gilberto.terra@vale.com),
Reserva Natural Vale, Vale S/A

Letícia Couto Garcia (garcialcbio@yahoo.com.br),
Professora Visitante da Universidade Federal de Mato
Grosso do Sul

Letícia Ribes de Lima (lerilima@hotmail.com),
Instituto de Ciências Biológicas e da Saúde da Universidade Federal de Alagoas, Maceió (AL)

Natália Macedo Ivanaukas
(nivanaus@yahoo.com.br),
Instituto Florestal, Secretaria do Meio Ambiente do Estado de São Paulo, São Paulo (SP)

Silvio Brienza Júnior (brienza@cpatu.embrapa.br),
Embrapa Amazônia Oriental, Belém (PA)

Cap. 4

Simone Bazarian
(nonibazarian@yahoo.com.br),
Departamento de Ecologia, Instituto de Biociências (IB), Universidade de São Paulo (USP), São Paulo (SP)

Wesley Rodrigues Silva (wesley@unicamp.br),
Departamento de Biologia Animal, Instituto de Biologia, Universidade Estadual de Campinas (Unicamp), Campinas (SP)

Cap. 5

Giselda Durigan (giselda@femanet.com.br),
Instituto Florestal, Floresta Estadual de Assis, Assis (SP)

Marcelo Tabarelli (mtrelli@ufpe.br),
Universidade Federal de Pernambuco

Robin L. Chazdon (robin.chazdon@uconn.edu),
Department of Ecology & Evolutionary Biology, University of Connecticut, Storrs (EUA)

Cap. 6

Jaeder Lopes Vieira, engenheiro agrônomo e licenciado em Biologia – M. Sc. – gerente ambiental
(jaeder@institutoterra.org),
Instituto Terra, Aimorés (MG)

Jean Paul Metzger (jpm@ib.usp.br),
Laboratório de Ecologia da Paisagem e Conservação (Lepac), Instituto de Biociências (IB), Universidade de São Paulo (USP), São Paulo (SP)

Leandro Reverberi Tambosi (letambosi@usp.br),
Laboratório de Ecologia da Paisagem e Conservação (Lepac), Instituto de Biociências (IB), Universidade de São Paulo (USP), São Paulo (SP)

Cap. 7

André R. Terra Nascimento (arterra@inbio.ufu.br),
Instituto de Biologia, Programa de Pós-graduação em Ecologia e Conservação de Recursos Naturais, Universidade Federal de Uberlândia (UFU), Uberlândia (MG)

Karen D. Holl (kholl@ucsc.edu),
Environmental Studies Department, University of California, Santa Cruz (EUA)

Paulo Guilherme Molin (pgmolin@gmail.com),
Laboratório de Hidrologia Florestal (LHF), Escola Superior de Agricultura "Luiz de Queiroz" (Esalq), Universidade de São Paulo (USP), Piracicaba (SP)
(Projeto Fapesp nº 2010/19670-8)

Pedro Paulo Ferreira Silva
(pedropaulo.ferreirasilva@gmail.com),
Instituto de Biologia, Programa de Pós-graduação em Ecologia e Conservação de Recursos Naturais, Universidade Federal de Uberlândia (UFU), Uberlândia (MG)

Rakan A. Zahawi (zak.zahawi@ots.ac.cr),
Estação Biológica de Las Cruces, Organization for Tropical Studies, San Vito (Costa Rica)

Silvio Frosini de Barros Ferraz
(silvio.ferraz@usp.br),
Laboratório de Hidrologia Florestal (LHF), Escola Superior de Agricultura "Luiz de Queiroz" (Esalq), Universidade de São Paulo (USP), Piracicaba (SP)

Cap. 8

Eduardo M. C. Filho
(eduardomalta@socioambiental.org),
Instituto Socioambiental (ISA), Programa Xingu, Canarana (MT)

João C. C. Guimarães (joao.guimaraes77@gmail.com),
Universidade Federal de Lavras, Lavras (MG)

Luiz Gustavo Bento de Freitas
(luizgustavo.freitas@grupoccr.com.br),
Grupo CCR, Engelog, Jundiaí (SP)

Márcia C. M. Marques (mmarques@ufpr.br),
Departamento de Botânica, Universidade Federal do
Paraná

Natalia Guerin (natalia@socioambiental.org),
Instituto Socioambiental (ISA), Programa Xingu,
Canarana (MT)

Ricardo Miranda de Britez
(cachoeira@spvs.org.br),
SPVS - Sociedade de Pesquisa em Vida Selvagem e
Educação Ambiental; Curitiba (PR)

Rodrigo G. P. Junqueira
(rodrigojunqueira@socioambiental.org),
Instituto Socioambiental (ISA), Programa Xingu,
Canarana (MT)

CAP. 9

José Luiz Stape (jlstape@ncsu.edu),
Department of Forestry and Environmental Resources
(FER), North Carolina State University (NCSU) (EUA)

Otávio C. Campoe (otavio@ipef.br),
Departamento de Ciências Florestais (LCF), Escola
Superior de Agricultura "Luiz de Queiroz" (Esalq),
Universidade de São Paulo (USP), Piracicaba (SP)

Sílvia R. Ziller
(sziller@institutohorus.org.br),
Instituto Hórus de Desenvolvimento e Conservação
Ambiental (www.institutohorus.org.br), Florianópolis (SC)

CAP. 10

Equipe de Restauração Florestal SOS Mata Atlântica

Rafael Barreiro Chaves
(rafaelbc@ambiente.sp.gov.br),
diretor do Centro de Restauração Ecológica, Secretaria do Meio Ambiente do Estado de São Paulo

CAP. 11

Eduardo M. C. Filho
(eduardomalta@socioambiental.org),
Instituto Socioambiental (ISA), Programa Xingu,
Canarana (MT)

Fatima C. M. Piña-Rodrigues (fpina@ufscar.br),
Universidade Federal de São Carlos, *campus* Sorocaba,
e membro da Rede Mata Atlântica de Sementes
Florestais-RioEsBa e Rede Rio-São Paulo

José Nicola M. N. da Costa (nicola@socioambiental.org),
Instituto Socioambiental (ISA), Programa Xingu,
Canarana (MT)

Rodrigo G. P. Junqueira
(rodrigojunqueira@socioambiental.org),
Instituto Socioambiental (ISA), Programa Xingu,
Canarana (MT)

CAP. 12

André Gustavo Nave (agnave@gmail.com),
Bioflora (www.viveirobioflora.com.br)

Carlos Nogueira Souza Junior
(camara@mudasflorestais.com.br),
Madaschi, Périgo e Souza Ltda. Camará Mudas Florestais, Ibaté (SP) (www.mudasflorestais.com.br)

Renato F. Lorza (relorza@uol.com.br),
Fundação Florestal, São Paulo (SP)

CAP. 13

Carlos Alberto Bernardo Mesquita
(beto.mesquita@conservation.org),
Conservação Internacional

Christiane G. D. Holvorcem
(christiane.holvorcem@giz.de),
Deutsche Gesellschaft für, Internationale Zusamme-
narbeit – GIZ

Henrique Bracale (hbracale@tnc.org),
especialista em Conservação – Programa Água, The
Nature Conservancy Brasil

João José Pinto Walpoles Henriques
(financeiro_mp.pb@bioatlantica.org.br),
Conservação Internacional

José Dílson da Silva Dias
(cooplantar@yahoo.com.br),
Cooplantar

Maria do Socorro Gonçalves Ferreira
(socorro@cpatu.embrapa.br),
Embrapa Amazônia Oriental, Belém (PA)

Paulo Henrique Pereira
(meioambiente@extrema.mg.gov.br),
diretor de Meio Ambiente da Prefeitura Municipal de
Extrema (MG)

Ricardo Viani (viani@cca.ufscar.br),
professor de Silvicultura da Universidade Federal de
São Carlos (UFSCar)

Silvio Brienza Júnior (brienza@cpatu.embrapa.br),
Embrapa Amazônia Oriental, Belém (PA)